Radivoj V. Krstić

Die Gewebe des Menschen und der Säugetiere

Ein Atlas zum Studium für Mediziner und Biologen

Zweite, korrigierte, vervollständigte
und aktualisierte Auflage

Mit 190 vom Verfasser gezeichneten Tafeln

Springer-Verlag Berlin Heidelberg New York
London Paris Tokyo

Prof. Dr. R. V. KRSTIĆ
Université de Lausanne, Institut d'Histologie et d'Embryologie,
Rue de Bugnon 9, CH-1005 Lausanne/Suisse

1978 erstes Erscheinen
1982 japanische Ausgabe
1982 korrigierter Nachdruck der ersten Auflage
1984 zweiter korrigierter Nachdruck der ersten Auflage
1985 englische Ausgabe
1988 italienische Ausgabe
1988 französische Ausgabe

ISBN 3-540-19007-4 2. Auflage Springer-Verlag Berlin Heidelberg New York
ISBN 0-387-19007-4 2nd Edition Springer-Verlag New York Berlin Heidelberg

ISBN 3-540-08906-3 1. Auflage Springer-Verlag Berlin Heidelberg New York
ISBN 0-387-08906-3 1st Edition Springer-Verlag New York Heidelberg Berlin

CIP-Kurztitelaufnahme der Deutschen Bibliothek:

Krstić, Radivoj V.:
Die Gewebe des Menschen und der Säugetiere: e. Atlas zum Studium für Mediziner u. Biologen/Radivoj V. Kristić. Mit 190 vom Verf. gezeichn. Taf. – 2., korrigierte, vervollst. u. aktualisierte Aufl. – Berlin; Heidelberg; New York; London; Paris; Tokyo: Springer, 1988
ISBN 3-540-19007-4 (Berlin...) brosch.
ISBN 0-387-19007-4 (New York...) brosch.

Satz, Druck und Bindearbeiten: Brühlsche Universitätsdruckerei, Gießen
2121/3130-543210

Herrn Prof. Dr. Otto Bucher gewidmet

Vorwort zur zweiten Auflage

Das Erscheinen jeder neuen Auflage eines wissenschaftlichen Buches gibt dem Autor neben der Freude auch die Möglichkeit, sein Werk nach erneuter Durchsicht und kritischer Analyse zu verbessern und dem neuesten Stand der Forschung anzupassen. Das geschah mit der vorliegenden zweiten Auflage dieses Buches. Es wurden Fehler korrigiert, einige Texte zur Beseitigung von Unklarheiten geändert und mehrere Tafeln vervollständigt oder neu gezeichnet, um mit den jüngsten Entdeckungen auf dem Gebiet der Histologie Schritt zu halten. Die Literaturangaben wurden ebenfalls aktualisiert.

Wie im Vorwort zur ersten Auflage bereits betont, ist dieses Buch nur zur Veranschaulichung der bestehenden Histologielehrbücher gedacht. Den an der Histologie besonders interessierten Lesern empfehle ich mein Buch: Illustrated Encyclopedia of Human Histology, Springer-Verlag 1984. Es sind dort alle in der Histologie vorkommenden Begriffe alphabetisch aufgeführt, definiert und zum größten Teil illustriert.

Mein herzlicher Dank gilt allen Fachkollegen, die mich freundlicherweise auf Verbesserungsmöglichkeiten hingewiesen haben, sowie Frau D. Nicolas und Herrn P. Castella für ihre Hilfe bei der Vorbereitung dieser Auflage. Frau H. Bruder-Gerverdinck bin ich für die sprachliche Überprüfung der neu eingefügten Texte sehr verbunden.

Jede konstruktive Kritik nehme ich auch weiterhin gerne und dankbar entgegen.

Le Mont-sur-Lausanne, im Frühjahr 1988 R. V. Krstić

Vorwort zur ersten Auflage

Die räumliche Interpretation histologischer Strukturen bereitet dem weniger Geübten meistens große Schwierigkeiten, denn den im Durchstrahlungselektronenmikroskop gewonnenen Profilbildern fehlt die dritte Dimension, und die oft eindrucksvollen rasterelektronenmikroskopischen Aufnahmen sagen fast nichts über den inneren Bau der Zellen und Gewebe aus. Hier kann die Zeichnung eine Lücke füllen, da sie die gleichzeitige Darstellung der inneren und äußeren Morphologie erlaubt. Aus diesem Grunde habe ich mich entschlossen, den Stoff der allgemeinen Histologie – ebenso wie den Zellbau in *Ultrastruktur der Säugetierzelle* (Springer, 1976) – mit überwiegend dreidimensionalen Strichzeichnungen zu illustrieren. Die Stoffeinteilung ist der in den Lehrbüchern der Histologie üblichen Beschreibungssystematik angepaßt. Es handelt sich bei diesem Buch um einen Atlas, der nicht dazu gedacht ist, ein Lehrbuch zu ersetzen, sondern zu ergänzen. Er soll dem angehenden Mediziner, Veterinär, Biologen, Elektronenmikroskopiker, dem Arzt in der Weiterbildung sowie auch dem interessierten Laien den Bau der Gewebe des Menschen und der Säugetiere anschaulich und damit leichter verständlich machen.

Die didaktische Konzeption dieses Buches, nämlich allmählich in die Tiefe der Gewebestrukturen einzuführen, macht gewisse Wiederholungen unumgänglich. Auch war es bei manchen Zeichnungen unmöglich, alle Einzelheiten darzustellen und die Proportionen genauestens zu respektieren. Dafür bitte ich den Leser und Betrachter um Verständnis.

Die zur Vertiefung der Kenntnisse angegebene Speziallliteratur bezieht sich nicht unbedingt auf die jeweilige Tafel, sondern allgemein auf das dort behandelte Gewebe. In einer Reihe von Fällen ist auf Tafeln in meinem früheren Band *Ultrastruktur der Säugetierzelle* verwiesen, wo der Leser zusätzliche Informationen finden wird.

Für sein freundliches Entgegenkommen, das Manuskript dieses Buches kritisch zu beurteilen, bin ich Herrn Prof. Dr. G. Aumüller, Marburg/Lahn, sehr verbunden. Mein ganz besonderer Dank gilt Herrn Prof. Dr. Otto Bucher, meinem Chef, für seine wertvollen Bemerkungen und Verbesserungsvorschläge. Ich danke ebenfalls Fräulein Christa Thommen und Herrn Pierre-André Milliquet für die technische Hilfe bei der Vorbereitung der transmissions- und rasterelektronenmikroskopischen Präparate, die als Grundlage für die Zeichnungen dienten; Frau HELMTRUD BRUDER-GERVERDINCK für die sprachliche Korrektur, Frau SIMONE EVANS und Frau MARLIS VAN HOOYDONCK für das Schreiben der Texte und nicht zuletzt dem Springer-Verlag für die Berücksichtigung meiner Wünsche bezüglich der Ausstattung des Buches.

Neue Anregungen und konstruktive Kritik seitens der Leser und Betrachter sind mir jederzeit willkommen.

Le Mont-sur-Lausanne, 1978 R. V. KRSTIĆ

Inhaltsverzeichnis

Die Numerierung bezieht sich auf die Tafeln

I. Einleitung

Tafel 1. Herkunft der Gewebe

Die Entwicklung der Gewebe beginnt im Augenblick der Befruchtung, d. h. bei der Vereinigung eines Spermiums (Abb. **A 1**) mit einer Eizelle (Abb. **A 2**). Eizellkern und Spermienkopf, die jeweils nur eine Hälfte des Chromosomensatzes besitzen, schwellen an und bilden den weiblichen bzw. männlichen Vorkern (Pronucleus). Die beiden Vorkerne verdoppeln ihren Desoxyribonucleinsäuregehalt, verschmelzen miteinander und bilden so den Kern der ersten Zelle (Zygote) des neuen Organismus.

Bei der Mitose wird die Zygote (Abb. **B**) durch eine meridionale Schnürfurche (Abb. **B 1**) in zwei Tochterzellen – Blastomeren (Abb. **C**) – geteilt. In weiteren, schnell aufeinanderfolgenden meridionalen und äquatorialen Teilungen entstehen 4, 8, 16 usw. Blastomeren (Abb. **D**), die sich in Form einer Maulbeere, Morula (Abb. **E**), anordnen. Ihre inneren Zellen, aus denen der Embryo entsteht, nennt man Embryoblasten (Abb. **E 1**) und die äußeren, welche später das Ernährungsorgan des Embryos bilden, Trophoblasten (Abb. **E 2**).

Die Blastocyste (Abb. **F**) oder Keimblase entsteht durch die allmähliche Aufnahme von Flüssigkeit zwischen Embryoblast (Abb. **F 1**) und Trophoblast (Abb. **F 2**). Es bilden sich zuerst kleine Lücken, die bald zu einem größeren Hohlraum, der Blastocystenhöhle (Abb. **F 3**), zusammenfließen.

Etwa 1 Woche nach der Befruchtung (7.–8. Tag) beobachtet man im Embryoblast (Abb. **G 1**) eine kleine Spalte, die sich zur Amnionhöhle (Abb. **G 2**) erweitert. Ihr zum Blastocoel (Abb. **G 3**) gerichteter Boden besteht aus einer Schicht hochprismatischer Zellen, welche die Anlage des embryonalen Ektoderms (Abb. **G 4**) darstellen. Die dem Ektoderm gegenüberliegenden extraembryonalen Zellen wandeln sich in das amniotische Epithel um (Abb. **G 5**).

Unterhalb der Ektodermzellen (Abb. **H 1**) entsteht durch Delamination eine Lage kubischer Zellen, das Entoderm (Abb. **H 2**). Die freien Enden dieser Schicht nähern sich einander (s. Pfeilrichtung) und verschmelzen. Auf diese Weise bilden sich die zweiblättrige Keimscheibe und der Dottersack (Abb. **H 3**).

7 Tage danach wandern am Primitivstreifen einige Ektodermzellen zwischen die Ekto- und Entodermschichten (Abb. **I 1** u. **2**) und liefern das mittlere Keimblatt, Mesoderm (Abb. **I 3**). Man spricht jetzt von dreiblättriger Keimscheibe.

Ein Teil dieser Gebilde ist dreidimensional in Abb. **J** dargestellt. Man sieht das zwischen den Ektoderm- und Entodermzellen (Abb. **J 1** u. **2**) eingeschobene Mesodermblatt (Abb. **J 3**).

Alle Gewebegruppen (s. Quadrate **K–N**) entwickeln sich aus der dreischichtigen Keimscheibe. Jedes Keimblatt hat ganz bestimmte Aufgaben, besitzt aber keine histogenetische Spezifität, denn eine gleiche Gewebeart kann aus verschiedenen Keimblättern entstehen. So bilden alle drei Keimschichten Epithelgewebe (**K**); aus dem Ektoderm geht das Nervengewebe (**L**) mit Ausnahme der Mesogliazellen (s. später) hervor, die aus dem mittleren Blatt stammen; aus dem Mesoderm leiten sich alle Binde-, Stütz- (**M**) und Muskelgewebe (**N**) ab, mit Ausnahme der Irismuskeln sowie der Myoepithelzellen einiger Drüsen, welche ektodermalen Ursprungs sind.

Vergrößerungen: Abb. **A** u. **F** 300fach; Abb. **G–I** 150fach; Abb. **J** 100fach; Abb. **K** 700fach; Abb. **L** 450fach; Abb. **M** 550fach; Abb. **N** 450fach

(Alle Vergrößerungsangaben in diesem Atlas vermitteln Orientierungswerte)

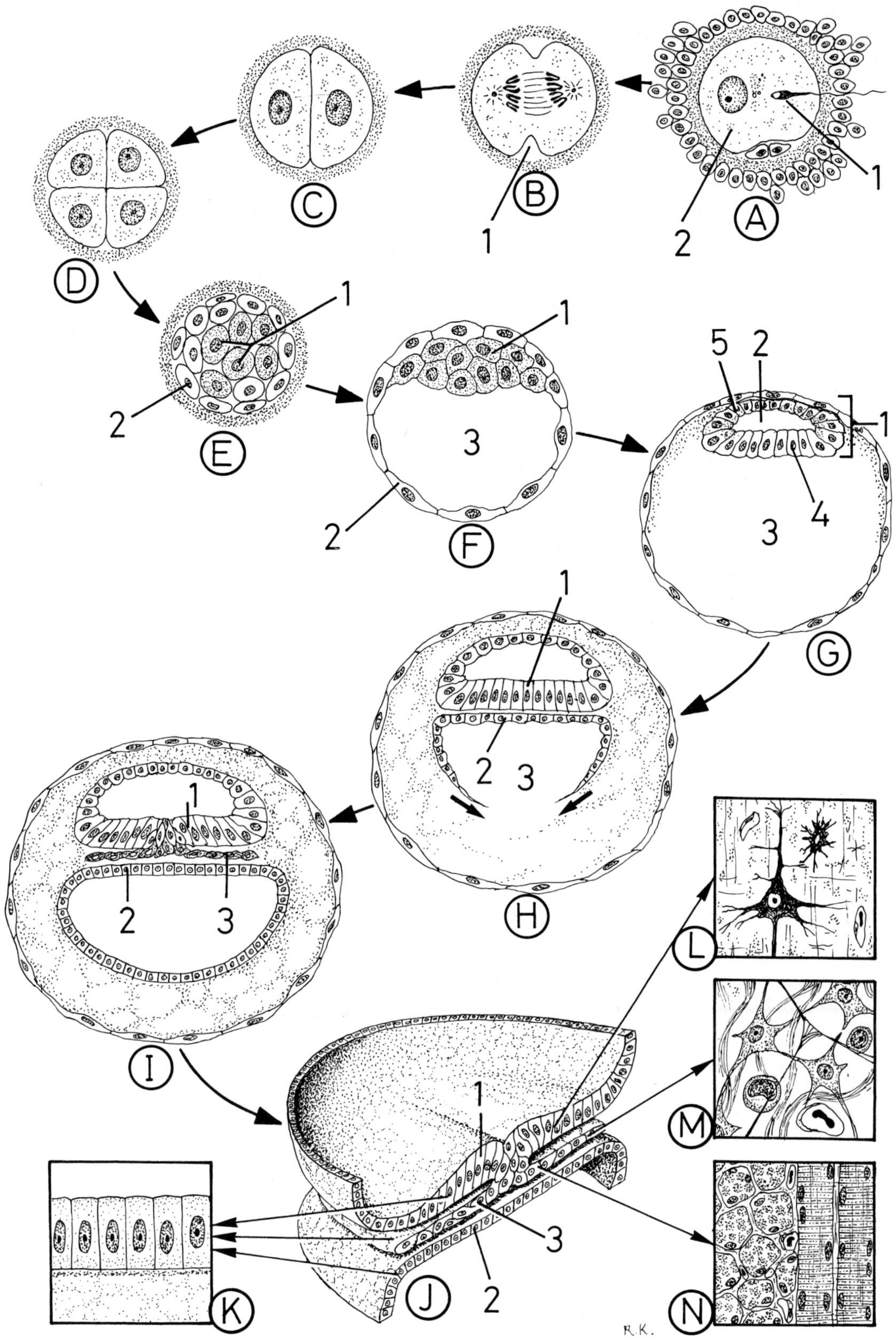
A
1
2
B
1
C
D
E
1
2
F
1
2
3
G
1
2
3
4
5
H
1
2
3
I
1
2
3
J
1
2
3
K
L
M
N
R.K.

Tafel 2. Einige Grundbegriffe: Differenzierung, Gewebe, Histologie, Histophysiologie, Organ, geschlossener und weitmaschiger Zellverband

Wie in Tafel 1 erwähnt, gehen alle Gewebe aus einer Zygote hervor. Zellvermehrung allein führt aber noch nicht zur Entstehung eines leistungsfähigen Gewebes. Dazu ist noch die Differenzierung notwendig.

Unter diesem Begriff versteht man eine allmähliche Spezialisierung der Zellen für ihre spätere Tätigkeit durch das Auftreten charakteristischer Strukturen (metaplasmatische Strukturen, z. B. Tono-, Glia-, Neurofibrillen usw.).

In Abb. **A** ist die Entwicklung zweier Gewebe und eines Organs schematisch dargestellt.

Der histogenetische Prozeß beginnt mit der Bildung einer Zygote bzw. 4–8 Blastomeren (Abb. **A 1**). Durch den Teilungs- und Differenzierungsvorgang entstehen die Zellarten **A 2** und **A 3**, die jeweils ein Gewebe bilden (Abb. **A 2** u. **A 3**). Man kann also ein Gewebe als Verband gleichartig differenzierter Zellen bezeichnen, die durch spezifische, nicht celluläre Strukturen ergänzt werden können. Die Gewebelehre – Histologie bzw. Histophysiologie – ist die Wissenschaft, welche sich mit dem Bau und den Funktionen der verschiedenen Gewebe des Körpers befaßt.

Zwei oder mehrere Gewebe bilden – ergänzt durch das Nerven- und Gefäßsystem – ein Organ (Abb. **A 4**).

Nach dem morphologischen Verhalten unterscheidet man grundsätzlich zwei Gewebearten. Bei geschlossenen Zellverbänden, z. B. beim Epithelgewebe (Abb. **B 1**), sind die Intercellularräume meistens sehr eng (von 20 nm bis einige Mikrometer). Bei einem weitmaschigen Zellverband – z. B. einem Bindegewebe – zeigen sich wesentlich weitere Zwischenräume, die Intercellularsubstanz enthalten (Abb. **B 2**).

Das Gewebe des Zentralnervensystems (ZNS) kann man als einen geschlossenen Zellverband auffassen. Hier sind die Intercellularräume von nahezu gleicher Breite wie bei manchen Epithelgeweben. Die Abb. **C** zeigt, elektronenmikroskopisch vergrößert, einen Teil des Körpers einer Nervenzelle (Abb. **C 1**), in deren Umgebung sich viele, dichtgelagerte marklose (Abb. **C 2**) und markhaltige (Abb. **C 3**) Nervenfasern befinden.

Die Zeichnung im Kreis veranschaulicht die Ähnlichkeit der Breite der Intercellularräume in einem Epithelgewebe (Abb. **B 1**) und im ZNS: Ein etwa 25 nm breiter Spalt (Pfeil) wird durch zwei dreischichtige, ungefähr 12 nm dicke "unit membranes" begrenzt.

Vergrößerungen: Abb. **B** 700fach;
Abb. **C** 3500fach; Kreis 85 000fach

Literatur

Bellairs R (1974) Cell differentiation. In: Beck F, Lloyd JB (eds) The cell in medical science, vol 2. Academic, London

Flickinger RA (1982) Evolutionary aspects of cell differentiation. Int Rev Cytol 75:229–241

Monroy A (ed) (1978) Cell differentiation. Elsevier/North Holland, Amsterdam

Nover L, Luckner M, Parthier B (eds) (1982) Cell differentiation. Springer, Berlin Heidelberg New York

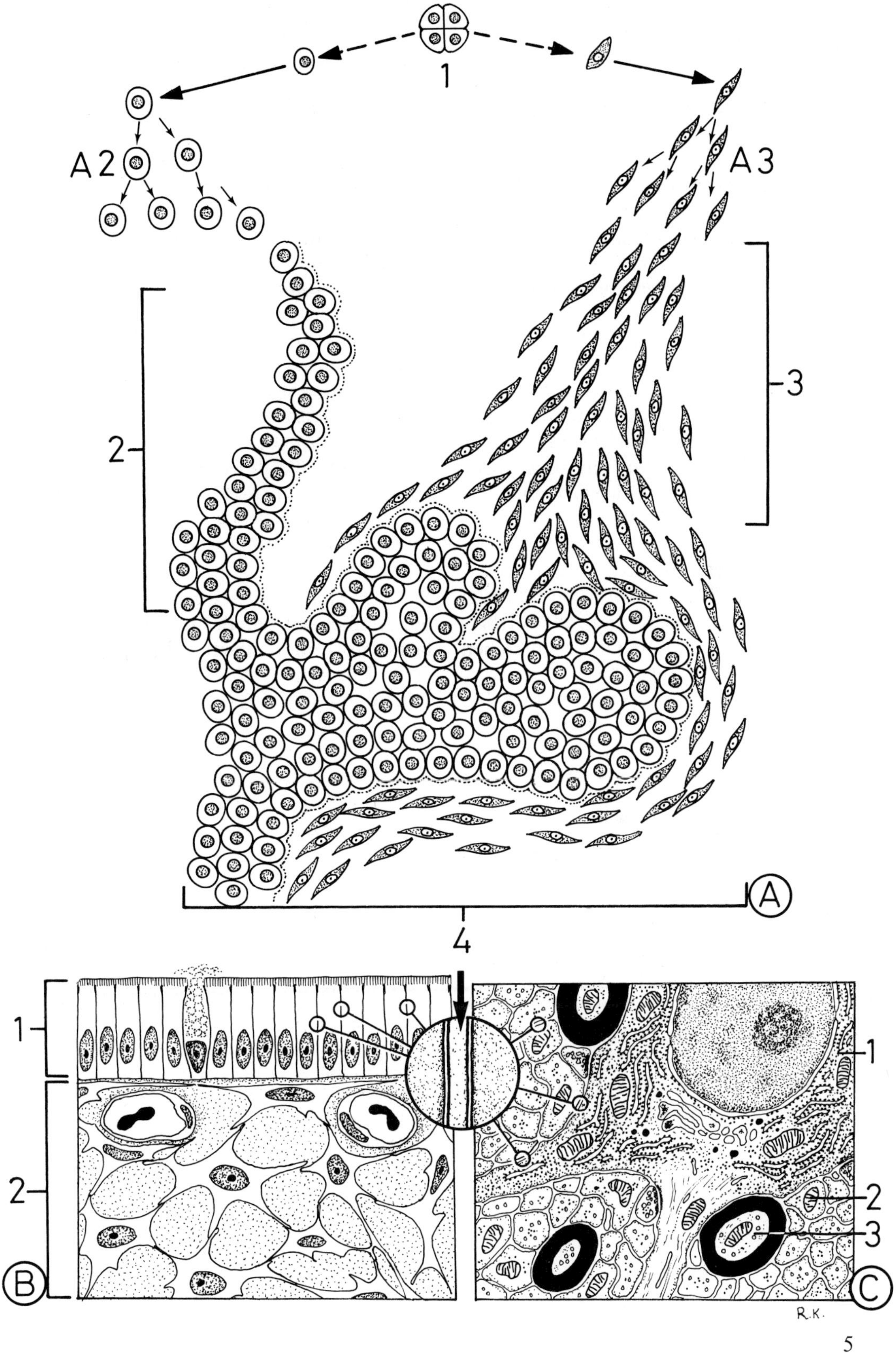
1
A2
A3
2
3
4
A
1
2
B
1
2
3
C
R.K.

Tafel 3. Vier Gewebegruppen

Der Körper des Menschen und der Säugetiere ist aus vier großen Gewebetypen aufgebaut.

Diese sind (illustriert an Beispielen):

A. Epithelgewebe [Hautausschnitt mit Epidermis, Schweiß- (**1**) und Talgdrüsen (**2**)]

B. Binde- und Stützgewebe (lockeres Bindegewebe)

C. Muskelgewebe (Herzmuskulatur)

D. Nervengewebe (Ausschnitt aus der grauen Substanz des Großhirns).

Das Epithelgewebe wird in drei große Gruppen unterteilt: Oberflächen- oder Deckepithelien, Drüsenepithelien und Sinnesepithelien. Letztere werden in diesem Buch nicht behandelt.

Die Deckepithelien bilden einen Überzug für die gesamte äußere und innere Oberfläche des Körpers. Die Drüsenepithelien bestehen aus Zellen, welche für die äußere oder innere Sekretion spezialisiert sind.

Die Bindegewebe haben für den Organismus wichtige Stoffwechsel- und Abwehraufgaben zu erfüllen, während die Stützgewebe hauptsächlich eine mechanische Rolle spielen.

Durch die Kontraktilität ihrer Zellen oder Fasern sichern die Muskelgewebe die Beweglichkeit des Körpers bzw. der inneren Organe.

Für die Aufnahme, Leitung und Verarbeitung von Informationen, die aus der Umwelt oder aus dem Körper stammen, ist in erster Linie das hochdifferenzierte Nervengewebe verantwortlich.

Die Tafeln dieses Buches geben eine systematische Beschreibung aller angeführten Gewebe.

Vergrößerungen: Abb. **A** 70fach; Abb. **B** 400fach; Abb. **C** 700fach; Abb. **D** 450fach

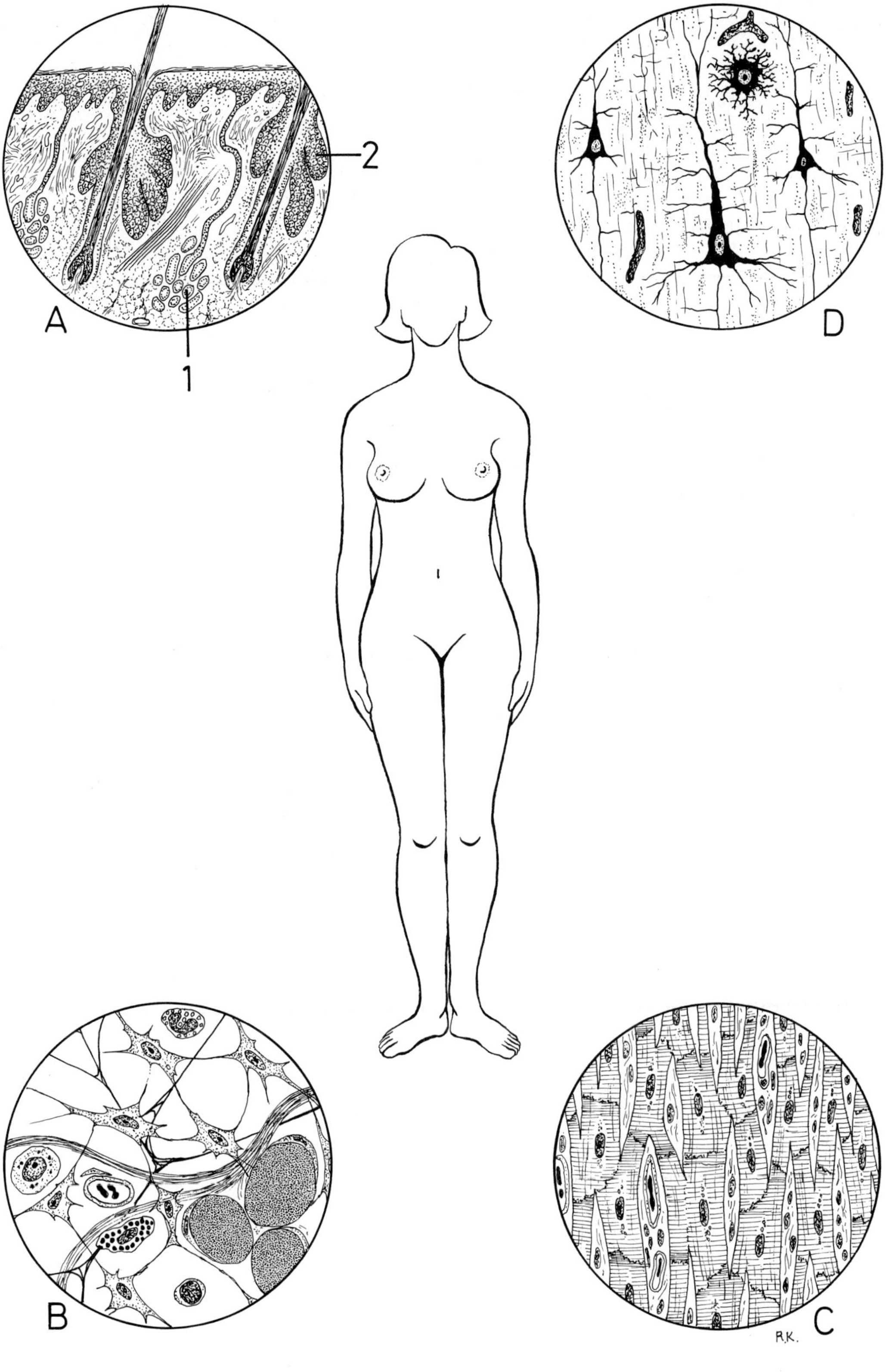
A
1
2
D
B
C
R.K.

Tafel 4. Wachstum, Regeneration, Hyperplasie, Hypertrophie, Atrophie, Involution, Degeneration und Nekrose

Eine der Grundfähigkeiten der Zellen, durch den Aufbau hochmolekularer, organischer Stoffe (in erster Linie Proteine) ihre lebende Masse zu bilden und strukturgerecht zu vermehren, wird als Wachstum bezeichnet. Während der embryonalen Entwicklung und bei jungen Organismen beruht das Wachstum hauptsächlich auf einer Zellvermehrung, die durch mitotische Teilung zustande kommt.

Die physiologische Regeneration ist die Fähigkeit, verlorengegangene Zellen der Gewebe durch gleichwertige zu ersetzen. Man unterscheidet eine kontinuierliche (Blutzellen, manche Epithelien, s. Tafel 47) und eine cyclische Regeneration (Uterusschleimhaut, s. Tafel 47). Nach pathologischem Gewebeverlust oder nach operativen Gewebe- oder Organentfernungen kommt es zu einer reparativen Regeneration.

Der Differenzierungsgrad und die Regenerationsfähigkeit stehen in einem antagonistischen Verhältnis. Bei wenig differenzierten Geweben bleibt die Regenerationsfähigkeit erhalten, während sie bei hoch differenzierten Geweben weitgehend oder fast völlig verlorengeht (Muskel- und Nervengewebe).

Gewebe mit guter Regenerationsfähigkeit vermehren während der Anpassung an erhöhte Anforderungen die Zahl ihrer Zellen. Diese Erscheinung nennt man numerisches Wachstum oder Hyperplasie (Abb. **A 1**).

Bei Geweben, deren Teilungsfähigkeit eingeschränkt oder erloschen ist, werden die Zellen während der Anpassung an erhöhte Anforderungen lediglich größer. Diese Volumenzunahme bezeichnet man als Hypertrophie (Abb. **A 2**).

Umgekehrt führen verminderte Leistungsanforderungen zu einer Funktions- und Volumenverminderung der Zellen, Gewebe oder Organe – einer Atrophie (Abb. **B**).

Unter Involution versteht man vor allem eine Herabsetzung der Zellzahl (Abb. **C**).

Eine Degeneration (Abb. **D**) ist mit Stoffwechselstörungen verknüpft, wobei die Zellen oder Gewebe absterben können.

Eine Nekrose ist der rasch eintretende, umschriebene Untergang von Zellen oder Geweben (Abb. **E**).

Literatur

Anderson WA, Sadler W (eds) (1982) Perspective in differentiation and hypertrophy. Elsevier/North Holland, New York

Bellairs R (1974) Cell growth and morphogenesis. In: Beck F, Lloyd JB (eds) The cell in medical science, vol 2. Academic, London

Nicolini C (ed) (1982) Cell growth. Plenum, New York

Wyllie AH, Kerr JF, Currie AR (1980) Cell death: The significance of apoptosis. Int Rev Cytol 68:251–306

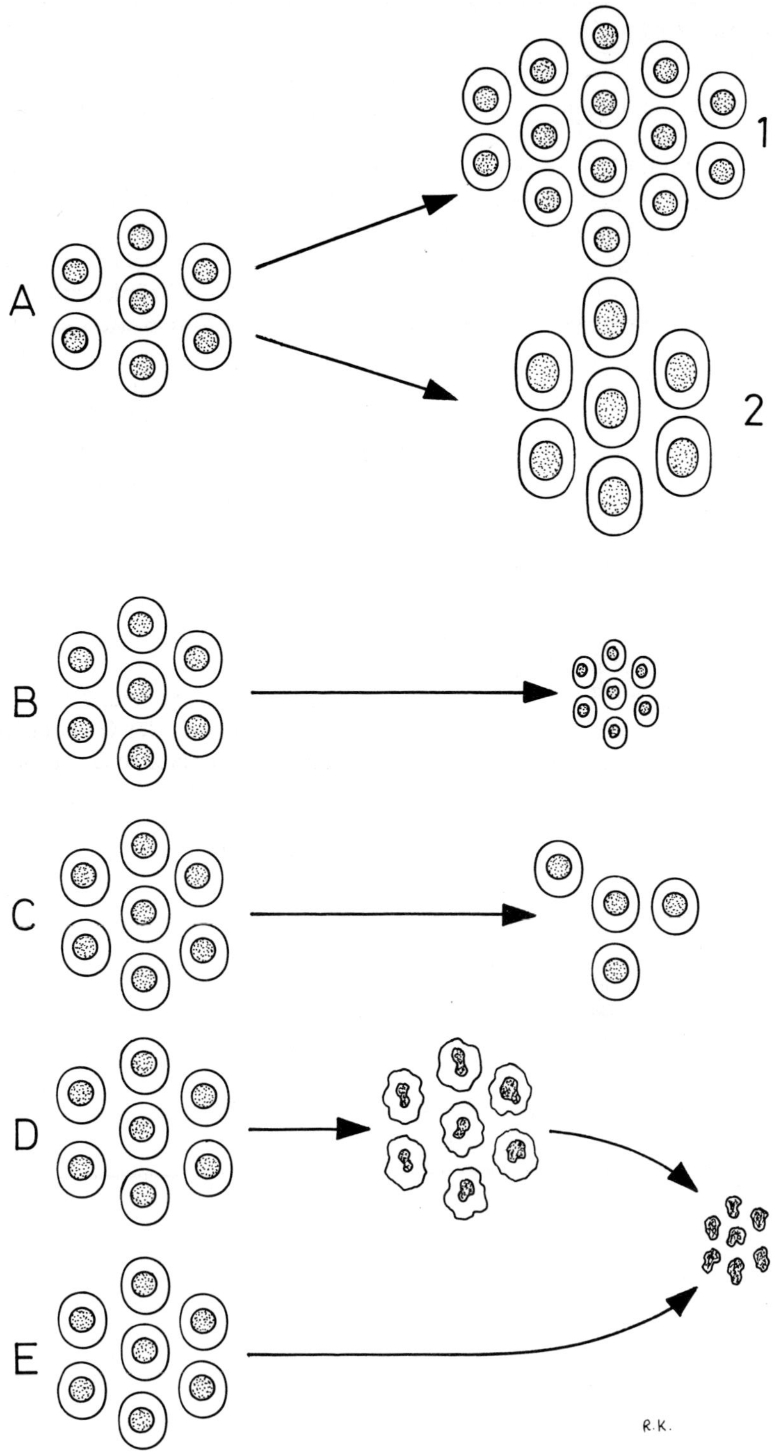
A
1
2
B
C
D
E
R.K.

Tafel 5. Metaplasie

Unter Metaplasie versteht man die Umwandlung eines bereits differenzierten, reifen Gewebes in ein anderes, verwandtes, differenziertes und reifes Gewebe. Eine Metaplasie ist nur in gleichen Gewebegruppen, und zwar in der Klasse der Epithel-und Bindegewebe möglich. Ein Epithelgewebe kann nicht in ein Binde-, Stütz- oder Muskelgewebe, ein Muskelgewebe nicht in das Nervengewebe übergehen. Eine Metaplasie von glatter in quergestreifte oder Herzmuskulatur und umgekehrt erfolgt nicht.

Die vorliegende Tafel veranschaulicht einige Beispiele für die Metaplasie.

Wenn man einen Ductus deferens der Ratte operativ zum Ureter macht, bildet sich das zweireihige Epithel des Ductus (Abb. **A 1**) in ein Übergangsepithel des Harnleiters um (Abb. **A 2**). Diese Metaplasie kann man als funktionelle Anpassung auffassen.

Aufgrund langdauernder Reizungen wird das Flimmerepithel (Abb. **B 1**) der Trachea vielfach durch geschichtetes Plattenepithel ersetzt (Abb. **B 2**). Abnorme chronische mechanische Einflüsse können die Umbildung eines unverhornten Plattenepithels (Abb. **C 1**) in verhorntes Plattenepithel verursachen (Abb. **C 2**).

In der Klasse der Bindegewebe ist die Metaplasie mit Einschränkungen möglich. So kann reticuläres Gewebe (Abb. **D 1**) zu Fettgewebe werden (Abb. **D 2**).

Bei Stützgeweben dagegen ist die Metaplasie unmöglich: Hyaliner Knorpel (Abb. **E 1**) kann sich nicht in Knochengewebe (Abb. **E 2**) umwandeln.

Alle bisher beschriebenen Metaplasierübergänge sind reversibel: Beim Verschwinden pathologischer Reize stellt sich das ursprüngliche Gewebe wieder ein (unterbrochene Pfeile).

Vergrößerungen: Abb. **A 1** 800fach;
Abb. **A 2** 550fach; Abb. **B 1** 550fach;
Abb. **B 2** 150fach; Abb. **C 1** u. **2** 150fach;
Abb. **D 1** u. **2** 400fach;
Abb. **E 1** u. **2** 150fach

Literatur

Woodworth CD, Mossman BT, Craighead JE (1983) Squamous metaplasia of respiratory tract. Lab Invest 48:578–584

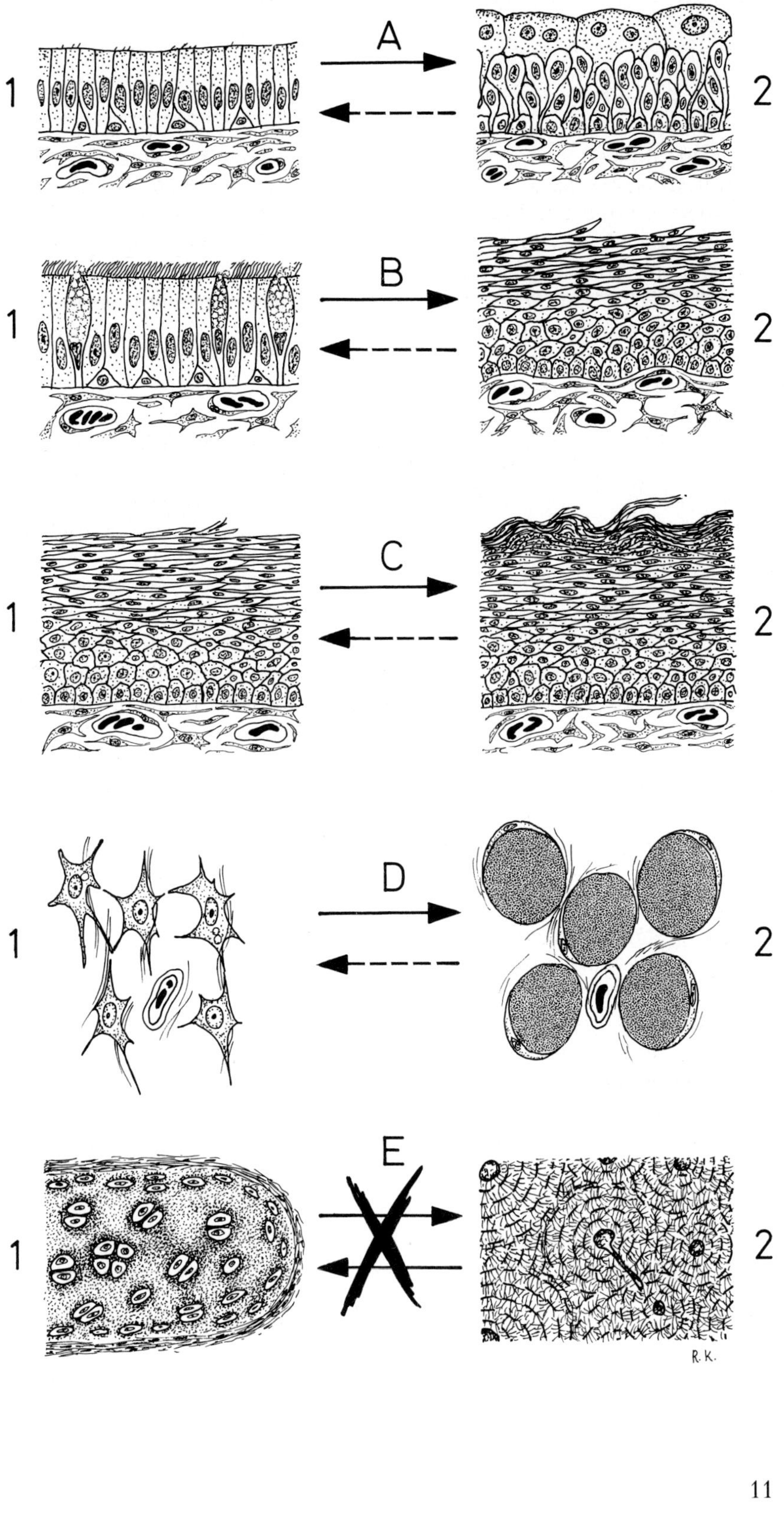

A
B
C
D
E
1
2
R.K.

Tafel 6. Transplantation, Implantation und Explantation

Die Überpflanzung eines Gewebes oder Organs aus seiner natürlichen Lage an eine andere Körperstelle desselben oder eines anderen Individuums nennt man Transplantation. Es gibt mehrere Möglichkeiten der Überpflanzung.

Bei autoplastischer Transplantation (Autotransplantation) überträgt man Gewebe oder Organe im Rahmen desselben Individuums (Abb. **A**).

Man spricht von einer isoplastischen Transplantation (Isotransplantation), wenn die Überpflanzung auf genetisch identische Individuen derselben Art (eineiige Zwillinge, Tiere eines reinen Inzuchtstammes) erfolgt (Abb. **B**).

Wenn ein nicht erbgleiches Individuum derselben Art die Gewebestückchen oder Organe empfängt, handelt es sich um eine homoplastische Transplantation (Homotransplantation, Abb. **C**). Das bekannteste Beispiel dafür ist die Bluttransfusion.

Bei der letzten Kombinationsmöglichkeit – Heterotransplantation (Abb. **D**) – handelt es sich darum, die Gewebestücke oder Organe auf Individuen einer anderen Art zu überpflanzen.

Eine der Hauptvoraussetzungen für den Erfolg einer Transplantation ist die Regenerationsfähigkeit des überpflanzten Gewebes; leicht regenerierende Gewebe lassen sich besser als hochdifferenzierte transplantieren.

Eine weitere, sehr wichtige Bedingung für das positive Ergebnis einer Transplantation stellt die immunologische Ähnlichkeit zwischen Spender und Empfänger dar (Histokompatibilität). Zu große Verschiedenheiten bewirken eine immunologische Reaktion, die zur Abstoßung des Transplantates führen kann (s. Tafel 115).

Den Einbau künstlicher Blutgefäße (Abb. **E 1**), Herzklappen (Abb. **E 2**), Gelenkflächen (Abb. **E 3**) usw. aus Metall oder Plastik sowie elektrischer Geräte (z. B. „Schrittmacher“, s. Tafel 142) usw. in den Organismus nennt man Implantation. Das Übertragen von Gewebestücken in ein natürliches (Blutplasma und Gewebeextrakt) oder synthetisches Zuchtmedium wird als Explantation bezeichnet (Abb. **F**). Dabei kann man die Explantate nicht nur Embryonen (z. B. bebrüteten Eiern, Abb. **F 1**), sondern auch bereits entwickelten Organismen entnehmen (Abb. **F 2**).

Während Auto-, Iso- und Homotransplantationen den Ersatz erkrankter oder verlorengegangener Körperteile zum Zweck haben, dienen Heterotransplantation und Explantation der biologisch-medizinischen Forschung.

Literatur

Brent L, Fabre JW, Elves MW, Sells RA, Rappaport FT (1983) Transplantation today, vol 7. Grune and Stratton, San Francisco

Gale RP, Fox FC (eds) (1980) Biology of bone marrow transplantation. Academic, New York

Woodruff MFA, Nolan B (1964) Organ and tissue transplantation. In: Rob C, Smith R (eds) Clinical surgery, vol 1. Butterworths, London

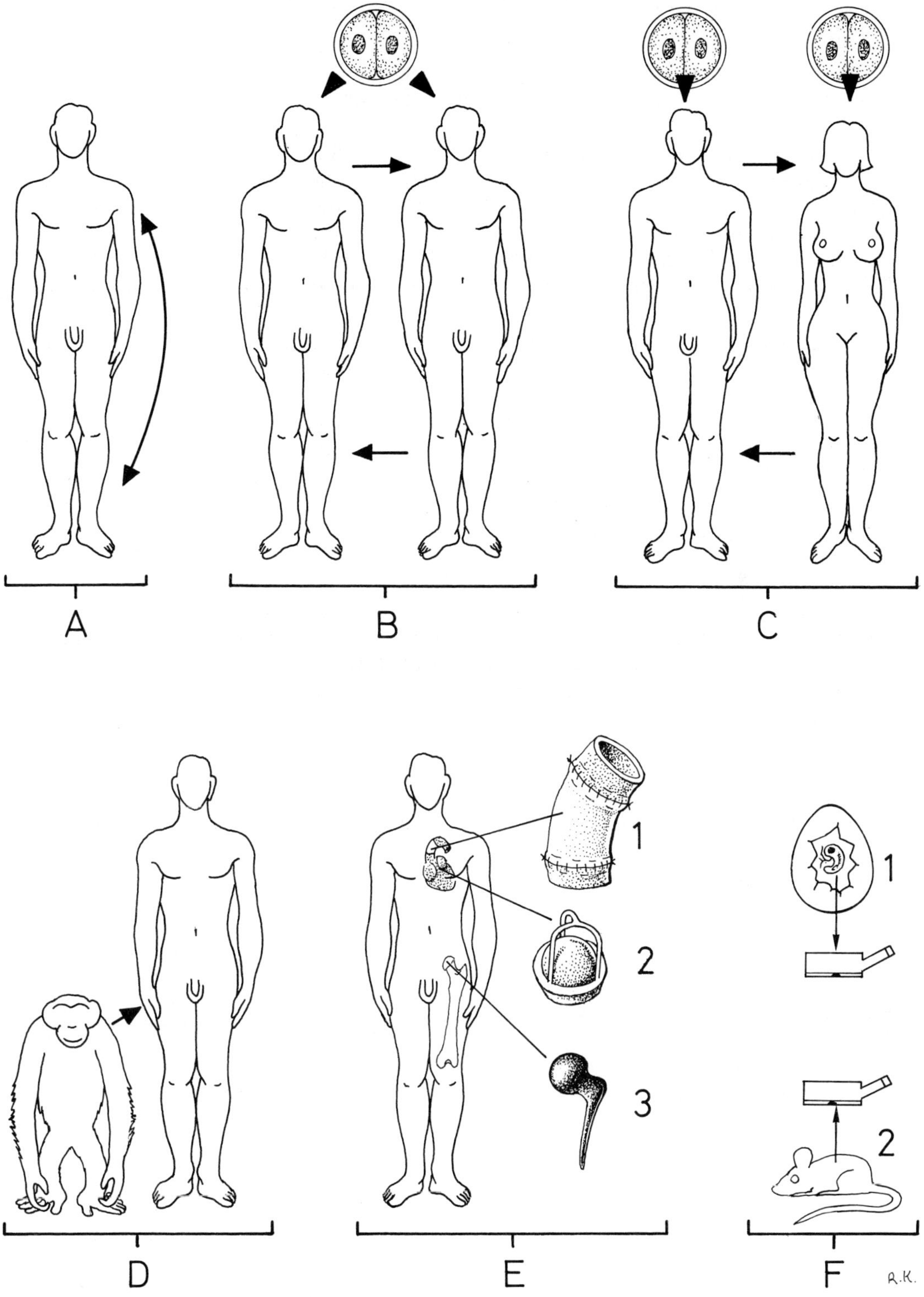

A
B
C
1
2
3
1
2
D
E
F
R.K.

II. Epithelgewebe

Tafel 7. Einteilung der Oberflächenepithelien (in Anlehnung an Bucher, 1980)

Die Oberflächen- oder Deckepithelien sind geschlossene, gefäßlose, aber mit feinen Nervenendigungen versehene Zellverbände, die das darunterliegende Bindegewebe nach außen begrenzen und schützen. Auf dieser Tafel ist ihre Einteilung dargestellt.

Ein Kriterium für die Unterscheidung des mehrreihigen vom mehrschichtigen Epithel ist die Beziehung seiner Zellen zur Basallamina (Pfeile).

Bei den mehrreihigen Epithelien berühren alle Zellen die Basallamina, brauchen aber nicht bis zur Epitheloberfläche zu reichen. Bei mehrschichtigen Epithelien hingegen kommen nur die basal liegenden Zellen mit der Basallamina in Kontakt.

Die mehrschichtigen Epithelien werden nach der Form der an der Oberfläche liegenden Zellen benannt.

So sind die Zellen an der Oberfläche des mehrschichtigen hochprismatischen Epithels prismatisch, bei mehrschichtigen Plattenepithelien plattenförmig.

Literatur

Bucher O (1980) Cytologie, Histologie und mikroskopische Anatomie des Menschen, 10th edn. Huber, Bern

Oberflächen-
epithel

- einschichtig
  - 1. einschichtiges Plattenepithel (einschließlich Endothel)

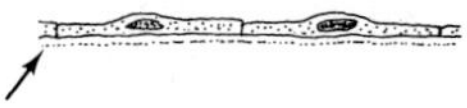

  - 2. einschichtiges isoprismatisches (kubisches) Epithel

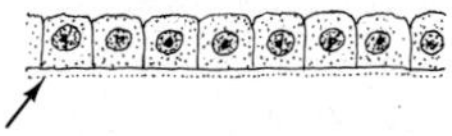

  - 3. einschichtiges hochprismatisches Epithel

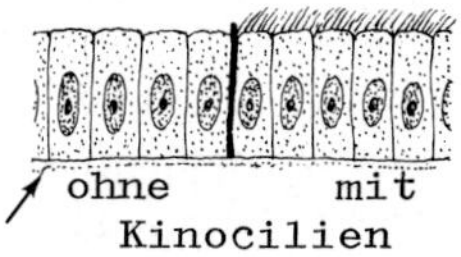

ohne mit
Kinocilien

- mehrreihig
  - 4. mehrreihiges hochprismatisches Epithel

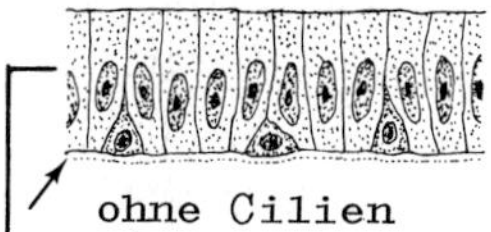

ohne Cilien

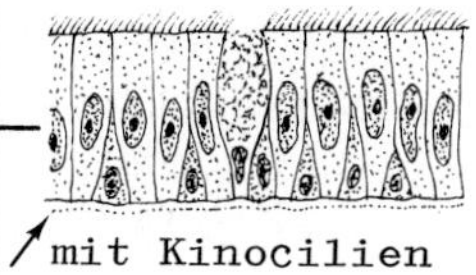

mit Kinocilien

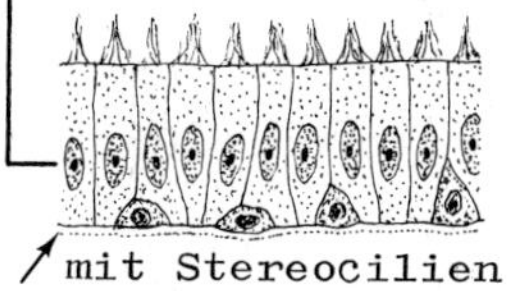

mit Stereocilien

  - 5. Übergangsepithel

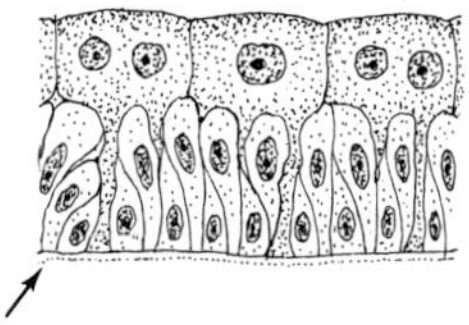

- mehrschichtig
  - 6. mehrschichtiges hochprismatisches Epithel

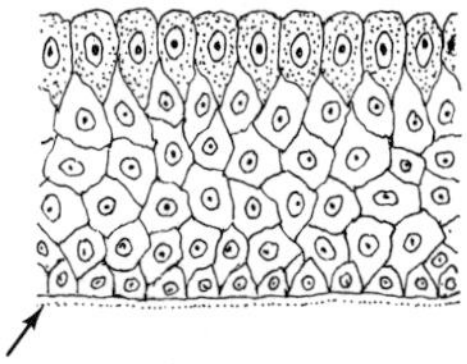

  - 7. mehrschichtiges (= geschichtetes) Plattenepithel

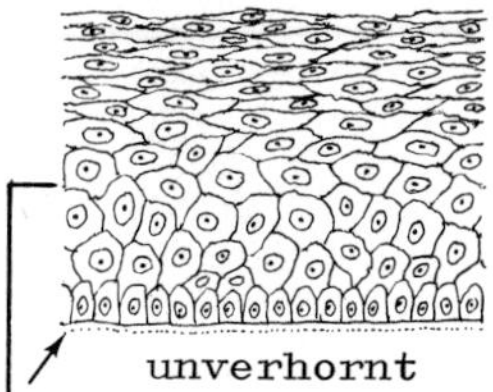

unverhornt

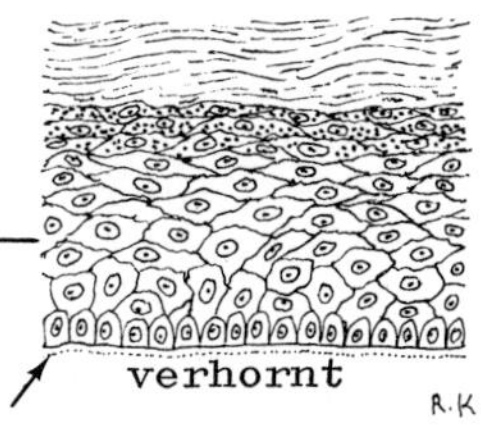

verhornt

R.K.

Tafel 8. Lokalisation verschiedener Oberflächenepithelien

Die vorliegende Tafel gibt – ohne Anspruch auf Vollständigkeit zu erheben – eine Vorstellung von der Verteilung der Deckepithelien im Organismus.

Die einschichtigen Plattenepithelien (Abb. **A**) kleiden in erster Linie das Herzinnere, alle Gefäße, Körperhöhlen (Pleura, Peritoneum) usw. aus. Das einschichtige kubische Epithel (Abb. **B**) ist weit weniger verbreitet. Es kommt in verschiedenen Abschnitten der Nierenkanälchen, im Plexus chorioideus, Pigmentepithel der Netzhaut usw. vor. Das einschichtige hochprismatische Epithel (Abb. **C**) mit Kinocilien findet man in Eileiter und Uterus (Abb. **C1**). Ein einschichtiges hochprismatisches Epithelium mit Stäbchensaum (Abb. **C2**) kommt vom Mageneingang bis zum Anus vor; in großen Sammelrohren und in den Ductus papillares der Niere usw. findet man ein einschichtiges hochprismatisches Epithel ohne besondere Oberflächendifferenzierungen (Abb. **C3**).

Im Nebenhodengang und im Ductus deferens gibt es das zweireihige hochprismatische Epithel mit und ohne Stereocilien (Abb. **D1** u. **2**), während ein mehrreihiges Epithel mit Kinocilien – das Flimmerepithel (Abb. **E**) – in den Luftwegen (Nasenhöhle, Trachea, Bronchialbaum) verbreitet ist.

Für die Harnwege (Nierenbecken, Harnleiter, Harnblase, Anfangsabschnitt der Harnröhre) ist das Übergangsepithel (Abb. **F**) spezifisch.

Das mehrschichtige hochprismatische Epithel (Abb. **G**) kommt selten vor: Man findet es hauptsächlich an den Übergängen von geschichtetem Plattenepithel in mehrreihiges prismatisches Epithel (Gaumen, Kehlkopfdeckel, Fornix conjunctivae) und in einem Teil der Harnröhre. An mechanisch stärker beanspruchten Stellen, wie Mundhöhle, Speiseröhre, Anus und Vagina sowie als vorderes Hornhautepithel usw., findet man das unverhornte geschichtete Plattenepithel (Abb. **H**), das ständig durch Drüsensekretion befeuchtet werden muß.

Schließlich ist das verhornte geschichtete Plattenepithel als Epidermis (Abb. **I**) ein Bestandteil der Haut. Dieses Epithel schützt den Organismus vor physikalischen und chemischen Noxen und bewahrt ihn vor Austrocknung (Perspiratio insensibilis).

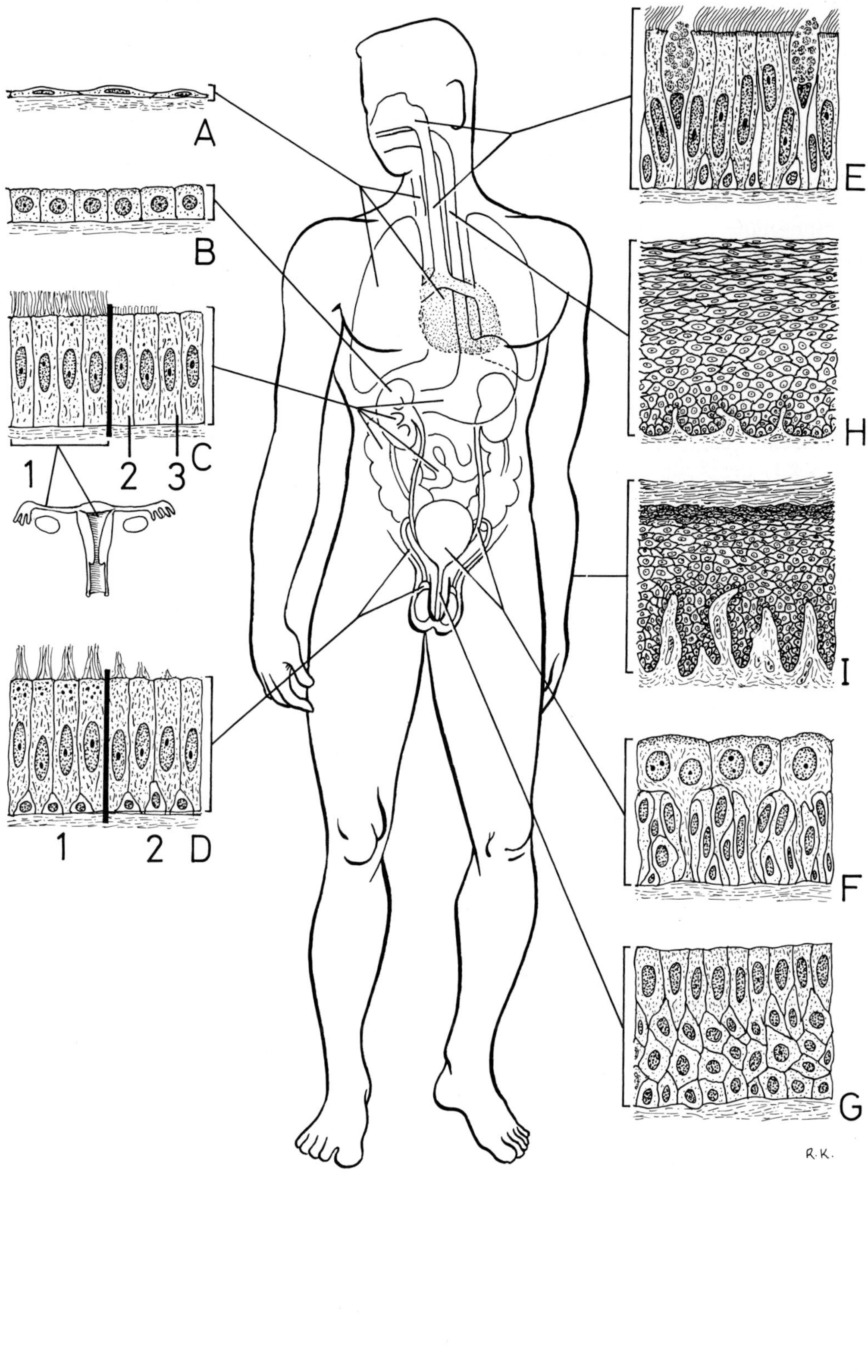
A
B
C
1
2
3
D
1
2
E
H
I
F
G
R.K.

Tafel 9. Oberflächenepithelien. Einschichtiges Plattenepithel. Beispiel: Endothelzellen aus einer kleinen Vene der Ratte

Diese Epithelart bildet die innere Auskleidung des Herzens und der Blut- und Lymphgefäße.
Auf der inneren Oberfläche einer Vene (Abb. **A**) sieht man in Aufsicht längsorientierte, spindelförmige, abgeflachte Endothelzellen. Einige davon (Rechteck) sind in Abb. **B** gleichzeitig zwei- und dreidimensional dargestellt.
Das Cytoplasma der Endothelzellen ist abgeflacht; der kernhaltige Abschnitt (Abb. **B1**) des Zellkörpers wölbt sich in die Gefäßlichtung vor.
Die Zellen sind miteinander verzahnt (Abb. **B2**). Ihre Grenzen kann man durch Versilberung einer intercellulären Kittsubstanz darstellen (Abb. **C**). Häufig sind an den durch Zonulae occludentes (Abb. **B3**) gesicherten Verbindungsstellen der Zellen kurze Überlappungen zu sehen (Abb. **B4**). Auf der freien Zelloberfläche und vorwiegend im Kernbereich befinden sich mehr oder weniger zahlreiche Mikrovilli (Abb. **B5**). Besonders zahlreich kommen sie an den resorptiv tätigen Plattenepithelzellen mesodermaler Herkunft (Mesothel) vor, welche die Pleura- und Peritonealhöhle auskleiden. Im übrigen haben die Mesothelzellen (s. Tafeln 56 u. 57) das gleiche Aussehen wie die Endothelzellen. Die kugelförmigen Strukturen auf der Zelloberfläche (Abb. **B6**) kommen vielleicht durch Exocytose (Ausstoßung) von Zellprodukten zustande. Winzige Einstülpungen der freien Zellmembran (Abb. **B7**) entsprechen mikropinocytotischen Bläschen.
Das Cytoplasma der Endothelzellen enthält vereinzelte Mitochondrien (Abb. **B8**), wenige Säckchen des granulären endoplasmatischen Reticulums (Abb. **B9**) und den Golgi-Apparat (Abb. **B10**).
Das einschichtige Plattenepithel liegt – wie alle anderen Epithelien – auf einer Basallamina (Abb. **B11**). Diese ist durch kollagene Mikrofibrillen (Abb. **B12**) von den in eine eigene Basallamina (Abb. **B13**) gehüllten glatten Muskelzellen (Abb. **B14**) getrennt.
Innerhalb der Blutbahn sichern die Endothelzellen eine Gleitfläche und verhindern die Blutgerinnung.

Vergrößerungen: Abb. **A** 220fach; Abb. **B** 14000fach; Abb. **C** 700fach

Literatur

Albert EN, Nayak RK (1976) Surface morphology of human aorta as revealed by the scanning electron microscope. Anat Rec 185:223–234

Andrews PM, Porter KR (1973) The ultrastructural morphology and possible functional significance of mesothelial microvilli. Anat Rec 177:409–426

Baradi AF, Hope J (1964) Observations on ultrastructure of rabbit mesothelium. Exp Cell Res 34:33–44

Edanaga M (1974) A scanning electron microscope study on the endothelium of the vessels: I. Fine structure of the endothelial surface of aorta and some other arteries in normal rabbits. Arch Histol Jpn 37:1–14

Hüttner T, Gabbiani G (1982) Vascular endothelium: Recent advances and unanswered questions. Lab Invest 47:409–411

Messmer K, Hammersen F (eds) (1983) Structure and function of endothelial cells. Progress in applied microcirculation, vol 1. Karger, Basle

Tokunaga J, Osaka M, Fujita T (1973) Endothelial surface of rabbit aorta as observed by scanning electron microscopy. Arch Histol Jpn 36:129–141

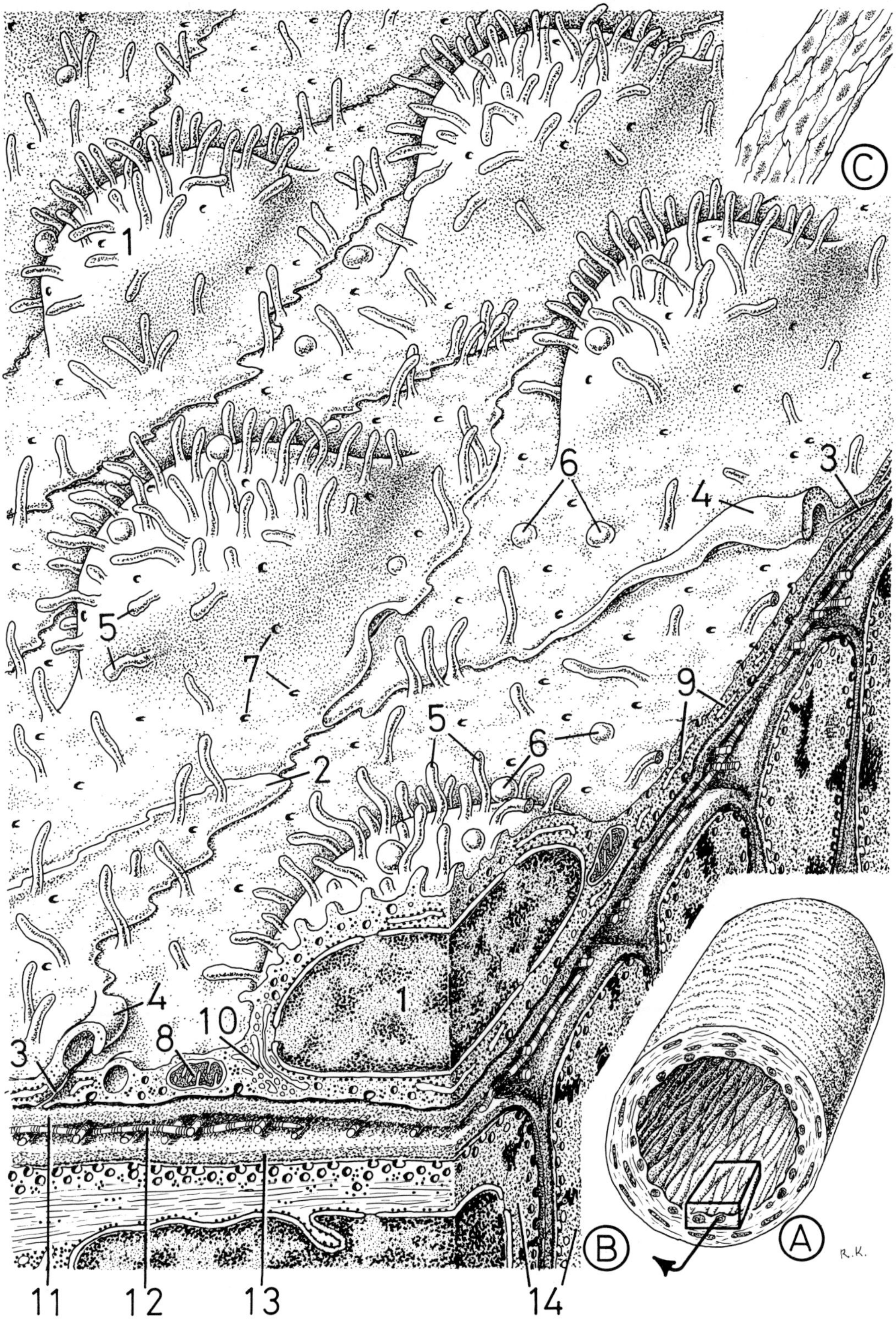

1
6
3
4
5
7
9
2
5
6
1
4
10
8
3
11
12
13
14
B
A
C
R.K.

Tafel 10. Oberflächenepithelien. Einschichtiges Plattenepithel.
Beispiel: Hinteres Hornhautepithel der Ratte

Ein einschichtiges Plattenepithel bedeckt auch die hintere Cornealfläche (Abb. **A**). Wie beim Endothel lassen sich auch hier die Grenzen der Zellen durch Schwärzung mit Silber deutlich darstellen.

Bei stärkerer Vergrößerung werden die Zellformen und Verzahnungen gut sichtbar. Die Zellkerne (Abb. **B 1**) sind abgeflacht. Die Zelloberfläche zeigt – im Gegensatz zu den Endothelzellen – nur wenige Mikrovilli (Abb. **B 2**).

Die Zellen liegen auf einer dicken Membran – Membrana Descemeti (Abb. **B 3**) –, die gleichzeitig die Basallamina dieses Epithels darstellt.

Man beachte ferner die sich rechtwinklig kreuzenden kollagenen Mikrofibrillen (Abb. **B 4**) und die dazwischen liegenden Ausläufer von Hornhautzellen oder Keratocyten (Abb. **B 5**).

Auch die Lungenalveolen sind mit einschichtigem Epithel –Alveolarepithelzellen Typ I – überzogen. Ihr äußerst dünnes Cytoplasma ermöglicht den Gasaustausch und den Durchtritt löslicher Stoffe zwischen Blut und Alveolarluft (s. Tafel 31).

Vergrößerungen: Abb. **A** 65fach;
Abb. **B** 8000fach

Literatur

Blümcke S, Morgenroth K, JR (1967) The stereo ultrastructure of the external and internal surface of the cornea. J Ultrastruct Res 18:502–518

Miller MM, Revel J-P (1975) Scanning electron microscopy of epithelia prepared by blunt dissection. Anat Rec 183:339–358

Svedbergh B, Bill A (1972) Scanning electron microscopic studies of the corneal endothelium in man and monkey. Acta Opththalmol (Copenh) 50:321–336

Weibel ER (1971) The mystery of "non-nucleated plates" in the alveolar epithelium explained. Acta Anat (Basel) 78:425–443

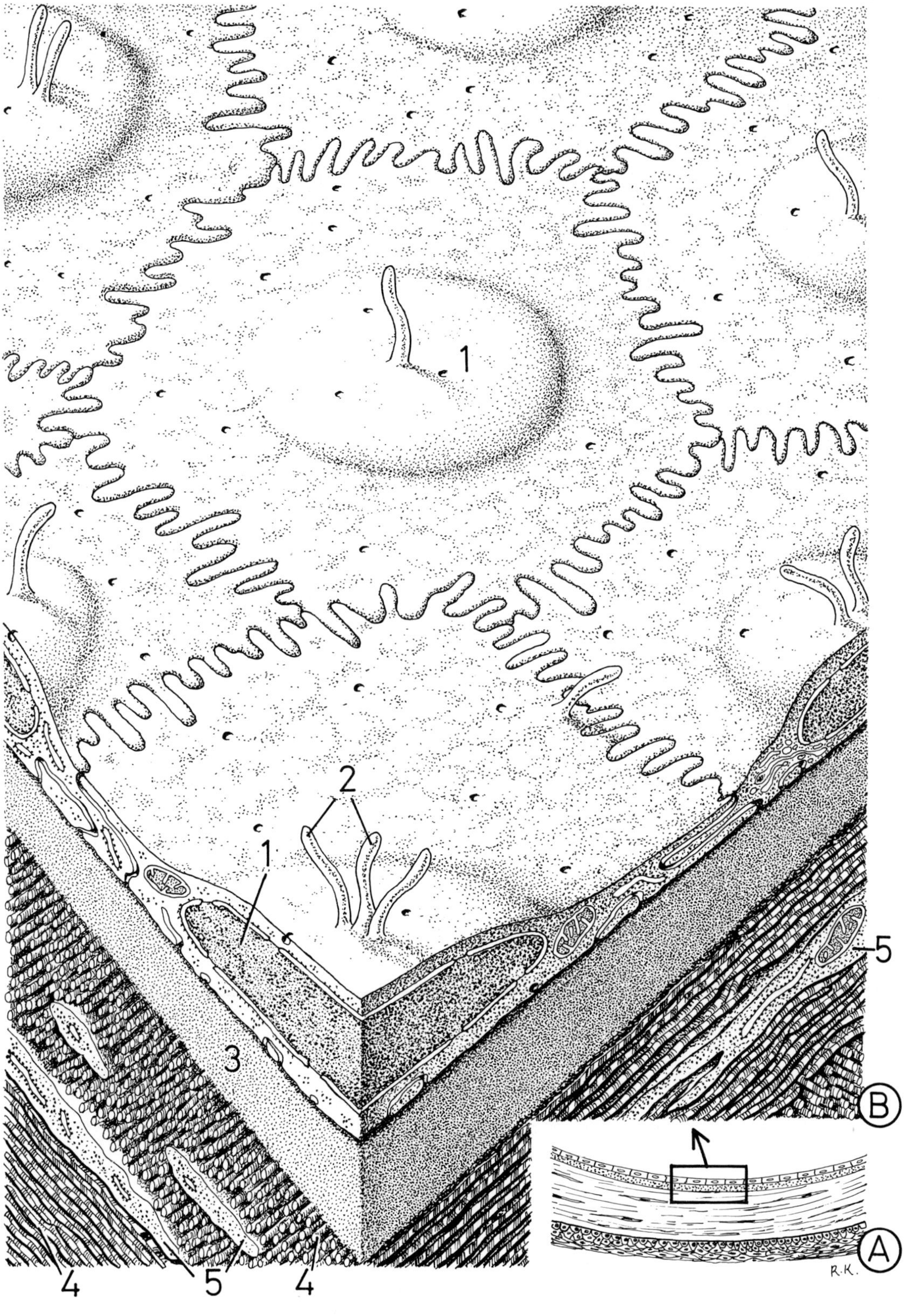

1
2
1
3
4
5
4
5
B
A
R.K.

Tafel 11. Oberflächenepithelien. Einschichtiges isoprismatisches (kubisches) Epithel. Beispiel: Mittelstück des Nephrons der Niere

Einschichtiges isoprismatisches Epithel kommt in vielen Drüsen und Drüsenausführungsgängen (s. Tafeln 37–39), verschiedenen Abschnitten der Nierenkanälchen, im Plexus chorioideus (s. Tafel 12) und als sog. Keimepithel des Ovariums (s. Tafel 76) vor.

Im Profil betrachtet, haben die Zellen dieses Epithels eine kubische Form. In Wirklichkeit handelt es sich um kleine Prismen; daher der Name „isoprismatisch".

Ein Abschnitt aus dem Mittelstück eines Nephrons (Abb. **A**) ist in Abb. **B** plastisch dargestellt.

Die Mittelstückzellen sind ungefähr ebenso breit wie hoch. In der Aufsicht zeigen sie überwiegend hexagonale Konturen.

Die runden oder ellipsoidalen Kerne (Abb. **B1**) dieses Epithels befinden sich hauptsächlich in der apicalen Zellhälfte; in die Zellbasis schneiden tiefe Einstülpungen des Plasmalemms ein (Abb. **B2**). Die Gesamtheit dieser Invaginationen bildet ein basales Labyrinth, welches einen intensiven Stofftransport ermöglicht. Die Basallamina (Abb. **B3**) ist seitlich abgehoben dargestellt, so daß man das polygonale Muster der basalen Einfaltungen erkennen kann (s. Tafel 90 in Krstić, R. V.: Ultrastruktur der Säugetierzelle).

Vergrößerung: Abb. **B** 2000fach

Literatur

Andrews PM, Porter KR (1974) A scanning electron microscopic study of the nephron. Am J Anat 140:81–116

Bulger RE, Siegel FL, Pendergrass R (1974) Scanning and transmission electron microscopy of the rat kidney. Am J Anat 139:483–502

Hagège I, Richet MG (1970) Étude par microscopie électronique à balayage de la surface apicale des cellules des tubes contournés distaux du rein de rat. CR Seances Acad Sci Ser D 271:331–334

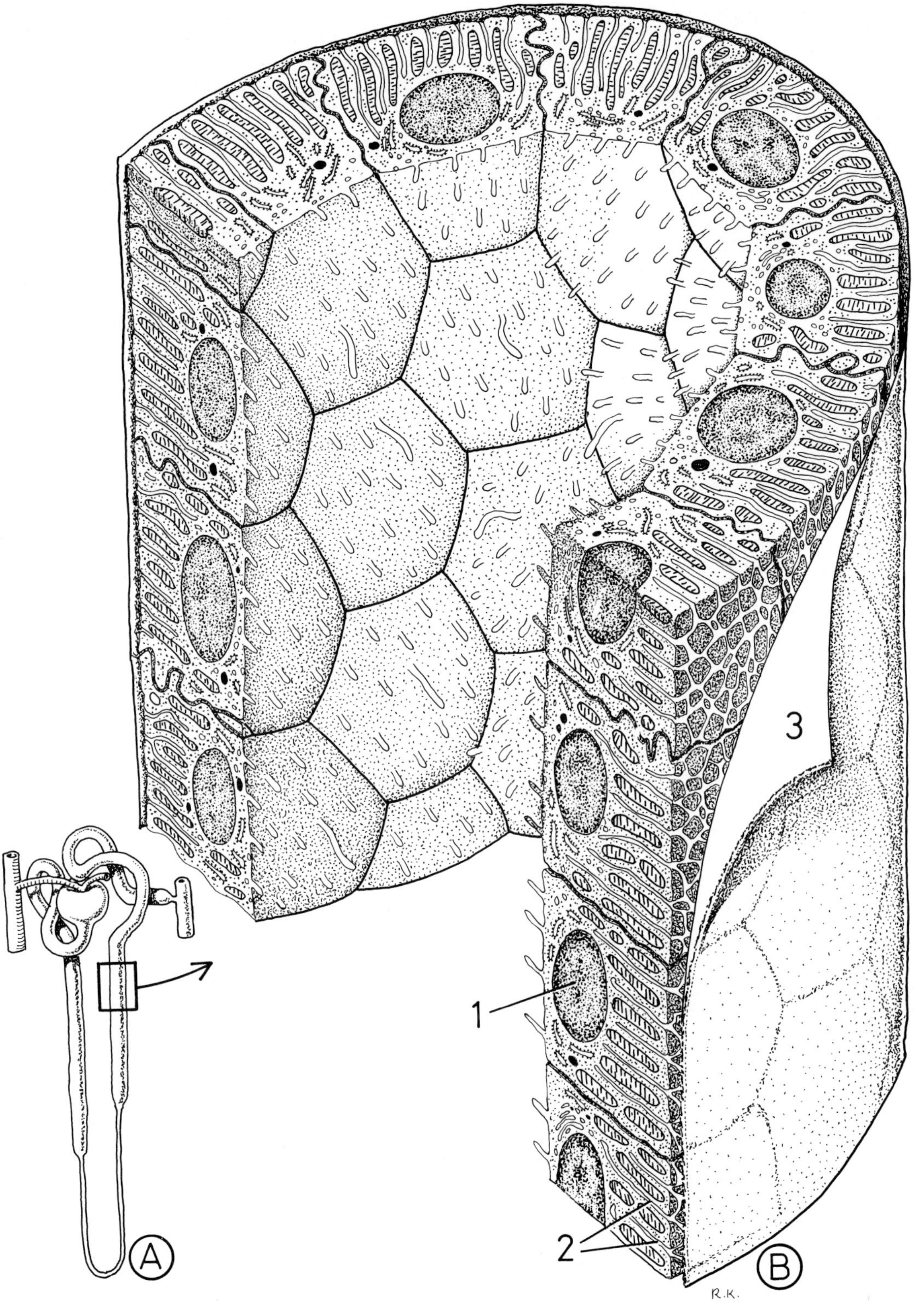
1
2
3
A
B
R.K.

Tafel 12. Oberflächenepithelien. Einschichtiges isoprismatisches (kubisches) Epithel. Beispiel: Plexus chorioideus der Ratte

Die Zotten (**1**) des Plexus chorioideus – der das Dach des dritten und vierten Ventrikels sowie Teile der beiden Seitenventrikel auskleidet – sind mit isoprismatischen Zellen bedeckt. Ihre freie, konvexe Oberfläche ist mit zahlreichen langen Mikrovilli besetzt. Die runden Kerne liegen vorwiegend in der Mitte des Zellkörpers. Ein basales Labyrinth (**2**) dient dem Stofftransport.

Im Innern der Zotte sind zwei Blutcapillaren (**3**) vom fenestrierten Typ dargestellt. Die Basallaminae zwischen Epithel und Capillaren sind einfachheitshalber nicht wiedergegeben.

Das Epithel des Plexus chorioideus ist sekretorisch aktiv (Bildung des Liquor cerebrospinalis).

Vergrößerung: 3300fach

Literatur

Agnew WF, Alvarez RB, Yen TGH, Crews AK (1980) Protein synthesis and transport by the rat choroid plexus and ependyma. Cell Tissue Res 208:261–281

Castel M, Sahar A, Erlij D (1974) The movement of lanthanum across diffusion barriers in the choroid plexus of the cat. Brain Res 67:178–184

Cserr HF (1971) Physiology of the choroid plexus. Physiol Rev 51:273–311

Peters A, Swan RC (1979) Choroid plexus of the mature and aging rat. Anat Rec 194:325–354

Segal MB, Burgess AMC (1974) A combined physiological and morphological study of the secretory process in rabbit choroid plexus. J Cell Sci 14:339–350

Shuangshoti S, Netsky MG (1970) Human choroid plexus: morphologic and histochemical alterations with age. Am J Anat 128:73–96

Yamadori T (1972) A scanning electron microscopic observation of the choroid plexus in rats. Arch Histol Jpn 35:89–97

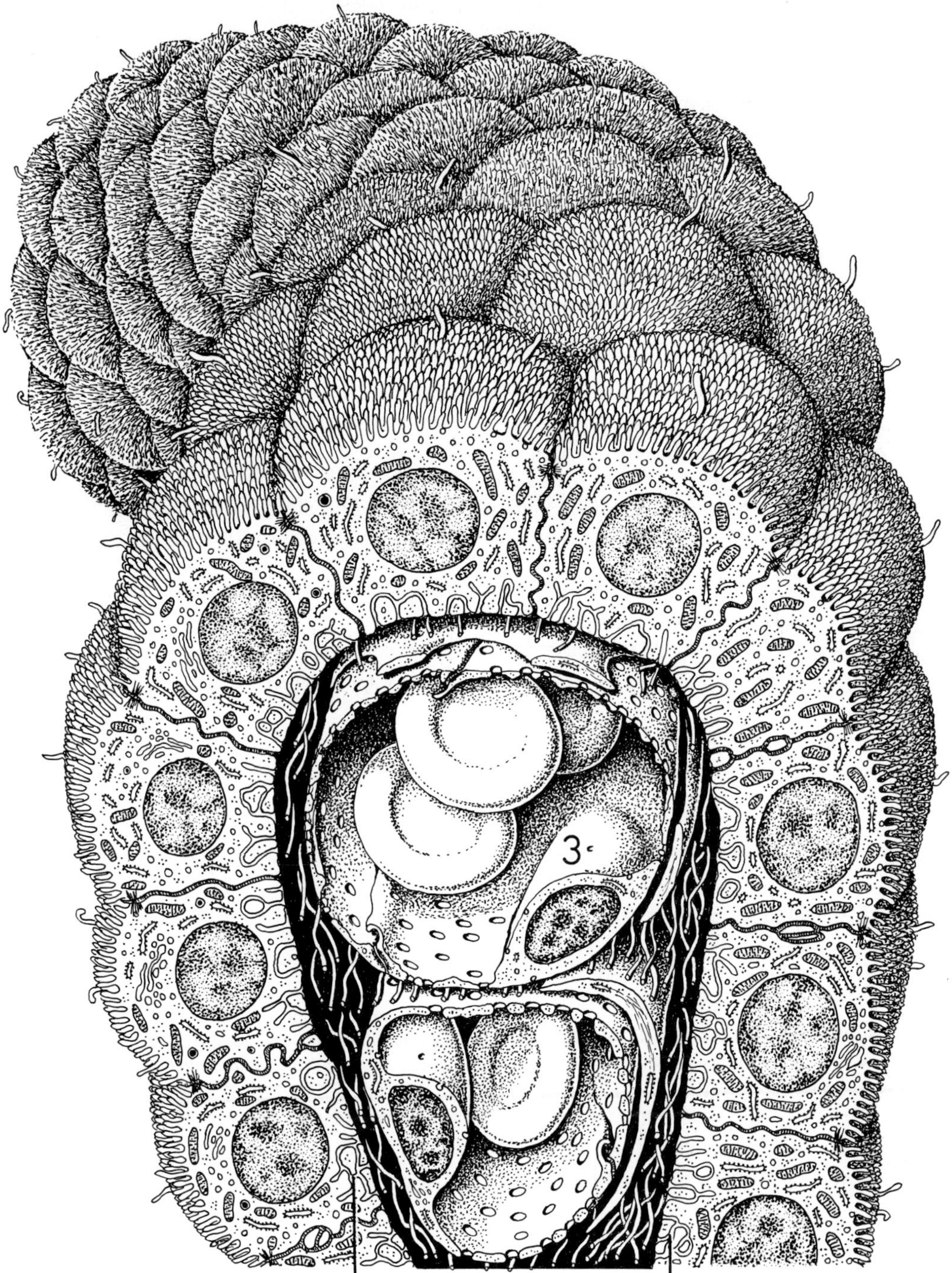
3
2
2
1
R.K.

Tafel 13. Oberflächenepithelien. Einschichtiges isoprismatisches (kubisches) Epithel. Beispiel: Pigmentepithel der Netzhaut des Menschen und der Hausmaus

Eine weitere Art einschichtigen isoprismatischen Epithels ist das Pigmentepithel der Retina. Dieses läßt sich leicht von den bindegewebigen Augenhäuten abheben, auf einen Objektträger aufziehen und ungefähr in Aufsicht beobachten. Dabei fallen die polygonale Zellform und der Reichtum an spindelförmigen Melaningranula auf (Abb. **A**).

Auf einem senkrechten Schnitt zeigen die bräunlichen Pigmentzellen quadratische Form (Abb. **B1**). Mit dem Basalpol liegen sie auf einer Basallamina, mit ihren apicalen Abschnitten, in denen sich viele Melaningranula (Abb. **B2**) befinden, kommen sie in Kontakt mit dem Außenglied der Stäbchen und Zapfen (Abb. **B3**). Das Licht fällt in Richtung des Pfeiles ein.

In Abb. **C** sind einige Pigmentepithelzellen der Hausmaus dargestellt. Sie entsprechen ungefähr dem umrahmten Rechteck in Abb. **B**.

Die Zellen liegen auf einer Basallamina (Abb. **C1**), besitzen runde oder ellipsoidale Kerne, ein mäßig entwickeltes basales Labyrinth (Abb. **C2**) und mehr glattes (Abb. **C3**) als granuläres endoplasmatisches Reticulum (Abb. **C4**). Oberhalb des Kerns findet man zahlreiche 2–4 μm lange, spindelförmige Melaningranula (Abb. **C5**), die in die langen Zellausstülpungen (Abb. **C6**) eindringen. Diese Gebilde schieben sich zwischen die Außenglieder der Stäbchenzellen (Abb. **C7**), deren scheibenförmiger Aufbau zu erkennen ist (Abb. **C8**).

Bei Belichtung verlängern sich die apicalen, Pigmentgranula enthaltenden Ausstülpungen der Pigmentzellen, so daß sie jedes Außensegment umrahmen. Auf diese Weise bilden sich um jeden Photoreceptor winzige Camerae obscurae, die das Auflösungsvermögen des Auges erheblich verbessern.

Bei Verdunkelung verkürzen sich die Ausstülpungen, die Pigmentgranula strömen in die Zellen zurück, und die Sehschärfe nimmt zugunsten der Empfindlichkeit ab. Diese sog. retinomotorischen Bewegungen sind bei niederen Tierarten erheblich besser entwickelt als bei Säugern.

Vergrößerungen: Abb. **A** u. **B** 350fach; Abb. **C** 5600fach

Literatur

Dowling JE, Gibbson IR (1962) The fine structure of the pigment epithelium in the albino rat. J Cell Biol 14:459–474

Goldmann Herman K, Steinberg RH (1982) Melanosome metabolism in the retinal pigmented epithelium of the opossum. Cell Tissue Res 227:485–507

Mason TW, Fager RS, Abrahamson EW (1973) Ultrastructure of the receptor and epithelial layers of the bovine retina. J Anat 115:289–308

Novikoff AB, Leuenberger PM, Novikoff PM, Quintana N (1979) Retinal pigment epithelium. Interrelations of endoplasmic reticulum and melanolysosomes in black mouse and its beige mutant. Lab Invest 40:155–165

Samorajski T, Ordy JM, Keefe JR (1966) Structural organisation of the retina in the tree shrew (Tupaia glis). J Cell Biol 28:489–504

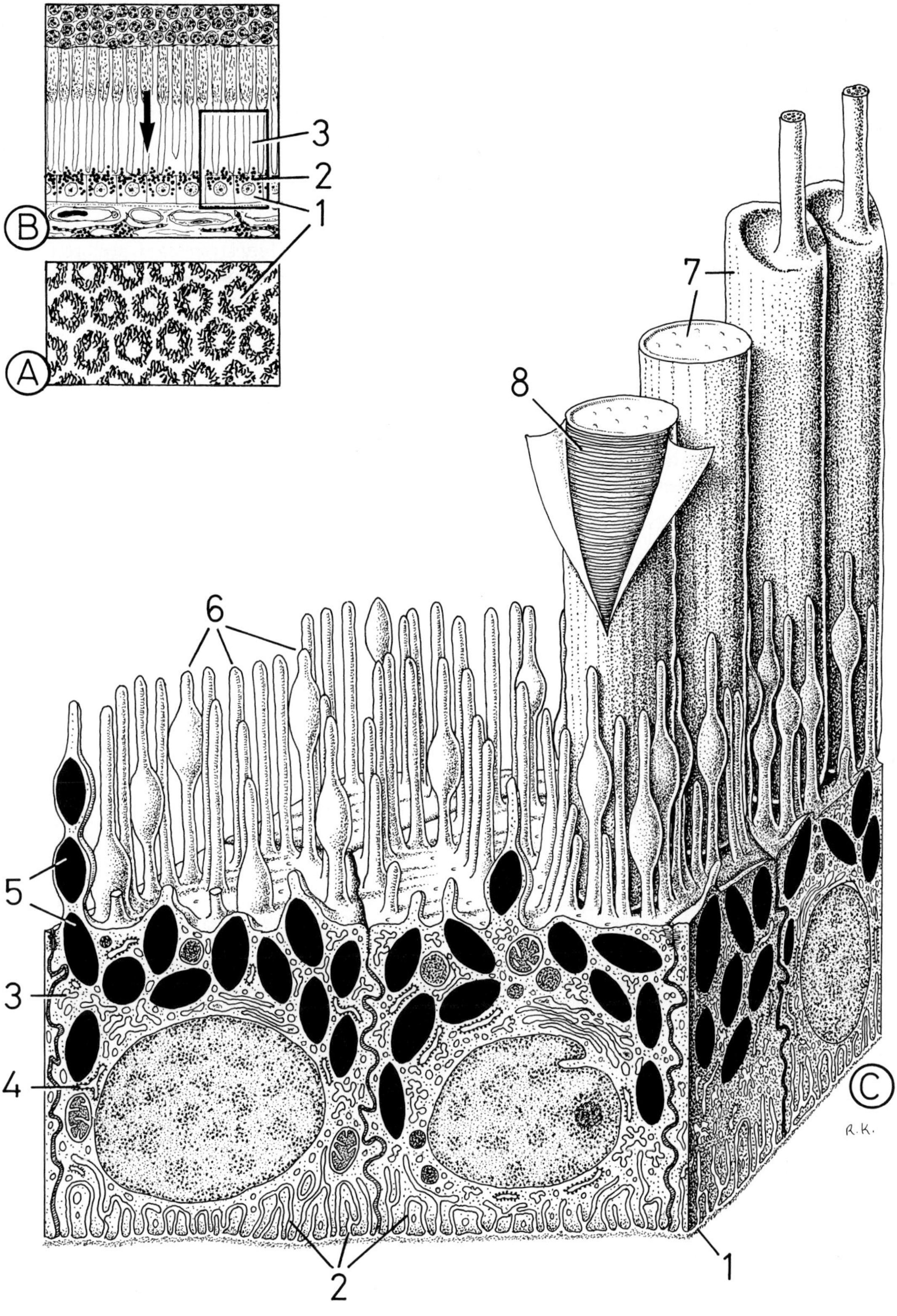
3
2
1
1
B
A
8
7
7
6
5
5
3
4
C
R.K.
2
1

Tafel 14. Oberflächenepithelien.
Einschichtiges hochprismatisches (zylindrisches) Epithel.
Beispiel: Jejunum der Ratte

Dieses einschichtige Epithel ist weit verbreitet; es kommt im Darmrohr vom Mageneingang bis zum Anus vor.
In Abb. **A** ist ein Teil einer Dünndarmzotte mit hochprismatischem Epithel abgebildet. Der Ausschnitt entspricht der Abb. **B**.
Die Zellen des einschichtigen hochprismatischen Epithels (Enterocyten) sind schmal. Ihre Querschnitte haben die Form eines Polygons. Die benachbarten Zellen stehen durch Schlußleisten (Abb. **B1**) und eine mehr oder weniger komplizierte gegenseitige Verzahnung in Verbindung. Je nach dem Funktionszustand des Epithels können die Intercellularspalten, besonders in der unteren Zellhälfte, erweitert sein. Seitliche Mikrovilli (Abb. **B2**) ragen dann in diese Räume hinein.
Die Kerne der hochprismatischen Zellen sind entsprechend der Zellform ellipsoidal. Im Cytoplasma liegen zahlreiche Mitochondrien, ein gut entwickelter Golgi-Apparat und Zisternen des glatten und granulären endoplasmatischen Reticulums.
Sehr charakteristisch für die Zellen dieses Epithels sind die Mikrovilli (Abb. **B3**) des apicalen Zellpols, die einer enormen Oberflächenvergrößerung dienen. Die Mikrovilli bilden den bereits lichtmikroskopisch sichtbaren Stäbchensaum.
Zwischen den hochprismatischen Zellen befinden sich Becherzellen (Abb. **B4**), die Mucingranula synthetisieren und ausscheiden (Abb. **B5**).

Wie andere Epithelzellen liegen die Enterocyten auf einer Basallamina (Abb. **B6**), die sie von den fenestrierten Capillaren (Abb. **B7**) und dem subepithelialen Bindegewebe (Abb. **B8**) trennt.
Die hier beschriebene Art des Epithels ist resorptiv tätig (s. Tafel 31).

Vergrößerungen: Abb. **A** 80fach;
Abb. **B** 4000fach

Literatur

Böck P, Tillmann B, Osterkamp U (1980) Rasterelektronenmikroskopische Untersuchungen an isolierten Darmepithelien. Z Mikrosk Anat Forsch 94:1077–1089
Farquhar MG, Palade GE (1963) Junctional complexes in various epithelia. J Cell Biol 17:375–412
Johnson FR (1975) The absorptive cell. In: Beck F, Lloyd JB (eds) The cell in medical science, vol 3. Academic, London
Oshima Y (1977) An electron microscope study of the intestinal absorption of medium chain and long chain triglycerides in the rat. Arch Histol Jpn 40:153–169
Pavelka M, Ellinger R (1981) Morphological and cystochemical studies on the Golgi apparatus of rat jejunal absorptive cells. J Ultrastruct Res 77:210–222
Stenling R, Helander HR (1981) Stereological studies on the small intestinal epithelium of the rat: I. The absorptive cells of the normal duodenum and jejunum. Cell Tissue Res 217:11–21
Taylor AB, Anderson JM (1972) Scanning electron microscope observations of mammalian intestinal villi, intervillus floor and crypt tubules. Micron 3:430–453
Yamamoto T (1982) Ultrastructural basis of intestinal absorption. Arch Histol Jpn 45:1–22

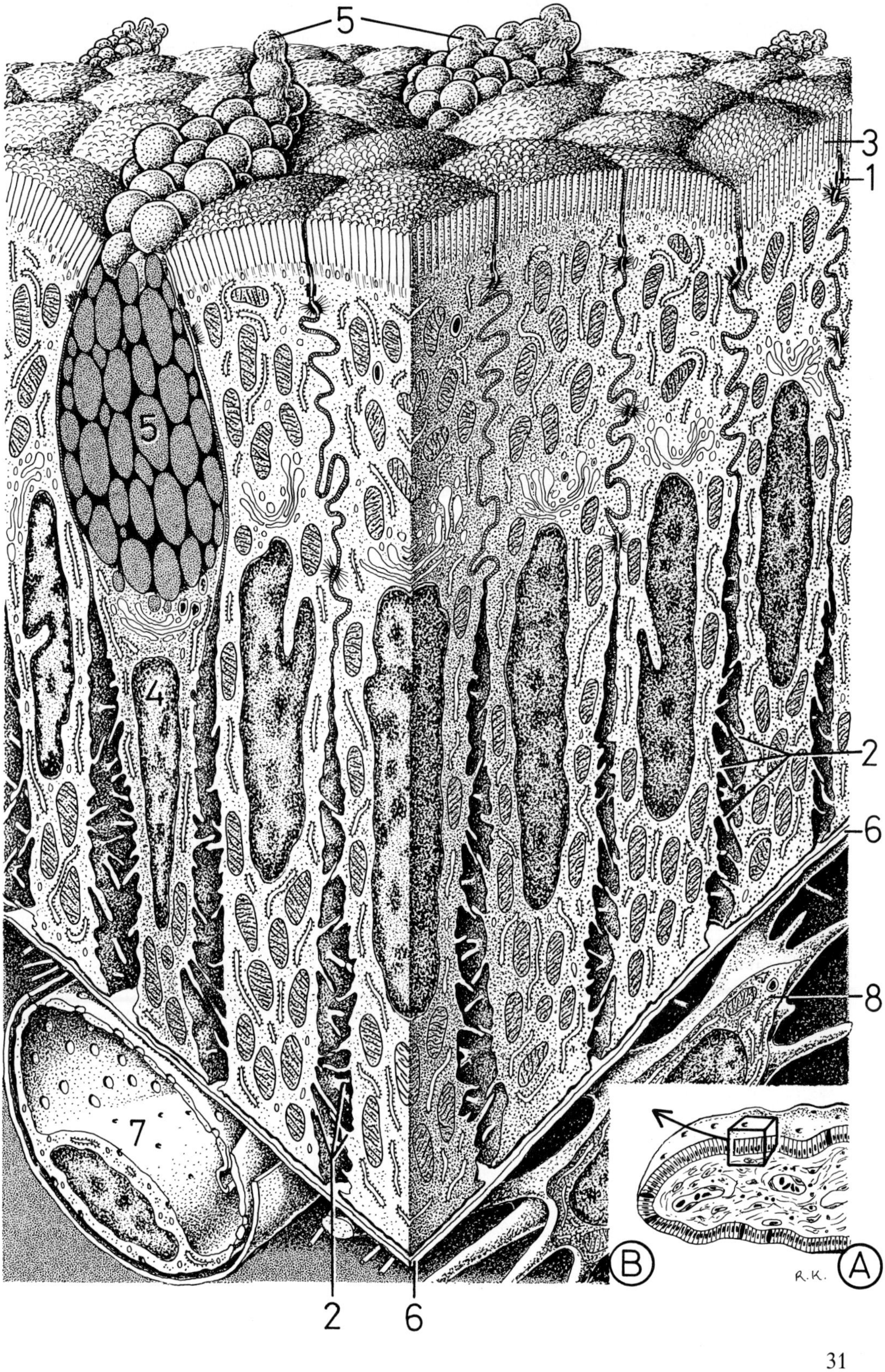
5
3
1
5
4
2
6
8
7
B
A
R.K.
2
6

Tafel 15. Oberflächenepithelien.
Einschichtiges hochprismatisches (zylindrisches) Epithel.
Beispiel: Sammelrohr der Niere der Ratte

Im oberen Teil der Tafel wird eine Arteria corticalis radiata (**1**) mit einer Arteriola afferens (**2**) und Arteriola efferens (**3**) gezeigt. Ein Nephron mit seinen Abschnitten – Nierenkörperchen (**4**), Hauptstück (**5**), Überleitungsstück (**6**), Mittelstück (**7**) und Verbindungsstück (**8**) – kommuniziert mit einem Sammelrohr (**9**). Dieses ist mit einschichtigem hochprismatischem Epithel (**10**) ausgekleidet.

Ein Teil der Basallamina (**11**) ist zurückgeschlagen dargestellt, damit die polyedrischen Basalflächen der Epithelzellen hervortreten. Im Lumen des Sammelrohres erkennt man das entsprechende Muster der Zelloberfläche.

Die erweiterten Intercellularräume (**12**) zwischen den prismatischen Zellen dienen vermutlich der Rückresorption von Wasser aus dem Harn.

Vergrößerung der angeschnittenen Sammelrohrzellen: 900fach

Literatur

Andrews PM (1975) Scanning electron microscopy of human and rhesus monkey kidneys. Lab Invest 32:610–618

Bulger RE, Trump BF (1966) The fine structure of the renal papilla. Am J Anat 118:685–722

Myers CE, Bulger RE, Tisher C, Trump BF (1966) Human renal ultrastructure: IV. Collecting duct of healthy individuals. Lab Invest 15:1921–1950

Pfaller W, Klima J (1976) A critical reevaluation of the structure of rat uriniferous tubule as revealed by scanning electron microscopy. Cell Tissue Res 166:91–100

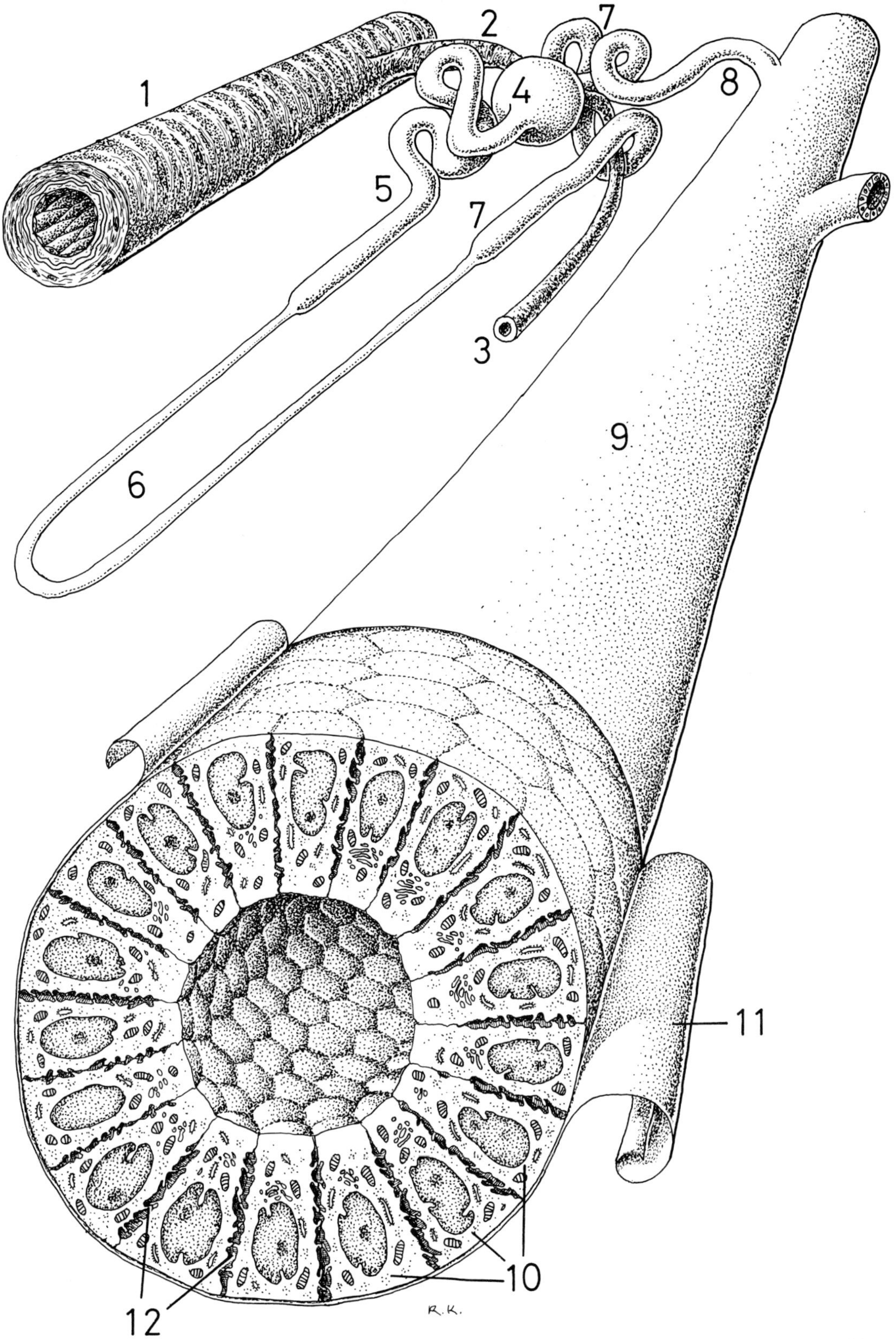

1
2
7
4
8
5
7
3
6
9
11
10
12
R.K.

Tafel 16. Oberflächenepithelien.
Einschichtiges hochprismatisches (zylindrisches) Epithel mit Kinocilien.
Beispiel: Eileiter einer Frau

Das einschichtige hochprismatische Epithel der Eileiterschleimhaut enthält zwei morphologisch unterschiedliche Zellarten. Einen Zelltyp verkörpern die Flimmerzellen (**1**). Sie enthalten große Kerne und relativ gut entwickelte Zellorganellen. Aus ihren apicalen Polen ragen zahlreiche lange Kinocilien (**2**), deren Würzelchen (**3**) bis zum Kern reichen.

Eine zweite Zellart stellen Zellen ohne Flimmerhaare (**4**) dar. Sie sind auch hochprismatisch, etwas schmaler als die Flimmerzellen und haben einen vorgewölbten, mit nur wenigen Mikrovilli besetzten Apicalpol. Ihre Struktur entspricht der einer sezernierenden Zelle; außer dem gut entwickelten granulären endoplasmatischen Reticulum und Golgi-Apparat enthalten sie Mitochondrien und Sekretgranula (**5**). Im Laufe des Menstruationscyclus ändern sich Zahl und Struktur dieser beiden Zellarten. So überwiegen prozentual die Flimmerzellen in der ersten Hälfte (Proliferationsphase) des Cyclus. In der Sekretionsphase sinkt ihre Zahl zugunsten der sezernierenden Zellen. Letztere sondern in diesem Zeitabschnitt ein hyaluronidaseresistentes Sekret ab, das die Schleimhaut des Eileiters befeuchtet und die Entwicklung des Eis auf seinem Weg zum Uterus begünstigt. Nachdem die sezernierenden Zellen ihr Produkt abgegeben haben, werden sie schmal, und ihr Cytoplasma wird dicht.

Die Bewegung der Kinocilien ist gegen den Uterus gerichtet, hat aber – zumindest beim Menschen – wenig mit dem Eitransport zu tun. Der Flimmerstrom dient hauptsächlich zur Orientierung der Spermien, die sich infolge ihrer positiven Rheotaxis stromaufwärts bewegen.

Es ist nicht ausgeschlossen, daß die beiden Zellarten ineinander übergehen können (s. Tafeln 170, 171 in Krstić, R. V.: Ultrastruktur der Säugetierzelle).

Vergrößerung: 4000fach

Literatur

Clyman MJ (1966) Electron microscopy of the human fallopian tube. Fertil Steril 17:281–301

Ferenczy A (1974) The surface ultrastructure of the human fallopian tube. A comparative morphophysiologic study. In: Johari O, Corvin I (eds) Scanning electron microscopy. IIT Research Institute, Chicago, pp 614–621

Forwein J, Petersen K-G (1976) Rezeptoren für Steroidhormone. Dtsch Med Wochenschr 101:589–593

Kühnel W, Busch LC (1981) Functional morphology of the oviductal mucosa and the endometrium as viewed by SEM. Biomed Res (Suppl) 2:341–353

Kugler P (1981) Zur Histochemie der Flimmerzellen der menschlichen Endosalpinx. Histochemistry 73:137–150

Motta PM, Andrews PM (1976) Scanning electron microscopy of the endometrium during the secretory phase. J Anat 122:315–322

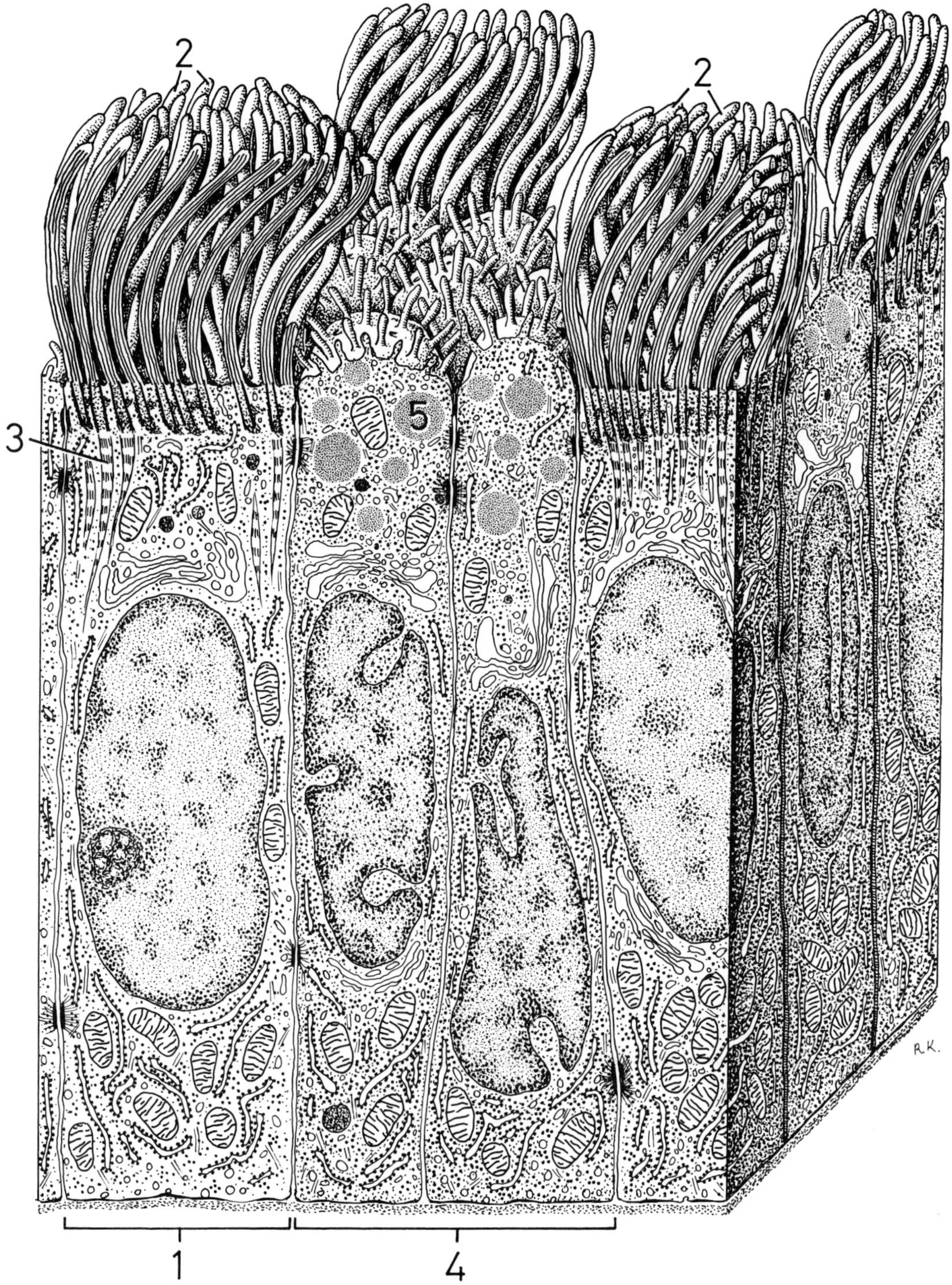
2
2
3
5
1
4
R.K.

Tafel 17. Oberflächenepithelien. Zweireihiges prismatisches Epithel. Beispiel: Nebenhodengang des Menschen

Alle Zellen, die zwei- oder mehrreihige Epithelien aufbauen, liegen ausnahmslos auf einer Basallamina, erstrecken sich aber nicht unbedingt bis zur Epitheloberfläche.

Ihre Kerne nehmen unterschiedliche Höhenlagen innerhalb der Epithelschicht ein. Je nach der Länge der Zellen, die ein solches Epithel aufbauen, sieht man zwei, drei oder mehr Kernreihen, weshalb man es auf den ersten Blick mit einem mehrschichtigen Epithel verwechseln kann.

Das zweireihige prismatische Epithel kommt in mehreren Drüsenausführungsgängen und im Nebenhodengang (Ductus epididymidis) vor.

Abbildung **A** zeigt einen Querschnitt des Ductus epididymidis. In der Lichtung des Ganges liegen viele Spermien (Abb. **A 1**). Das Rechteck entspricht der Abb. **B**.

Auf der Basallamina (Abb. **B 1**) liegen zwei verschieden große Zellen: Die untere, unvollkommene Reihe besteht aus Basalzellen (Abb. **B 2**), während die zweite, geschlossene Reihe von hochprismatischen Zellen mit Stereocilien gebildet wird (Abb. **B 3**).

Die Basalzellen enthalten einen runden oder ellipsoidalen Kern und schwach entwickelte Zellorganellen. Da sich die Basalzellen in prismatische differenzieren können, werden sie als „Ersatzzellen" gedeutet.

Die ellipsoidalen und häufig tief eingekerbten Nuclei der prismatischen Zellen (Abb. **B 4**) stellen die zweite Kernreihe dieses Epithels dar. Ein sehr stark entwickelter Golgi-Apparat (Abb. **B 5**) mit vielen Sekretgranula (Abb. **B 6**) ist für die entsprechenden Zellen charakteristisch.

Das granuläre endoplasmatische Reticulum (Abb. **B 7**) ist vorwiegend in der Kernregion konzentriert, während sich die Vesikel des glatten endoplasmatischen Reticulums, Lysosomen und Lipofuscingranula in wechselnder Menge im Cytoplasma verteilen.

Das Hauptmerkmal der prismatischen Zellen sind die zahlreichen Stereocilien (Abb. **B 8**) auf der apicalen Zellmembran. Diese unbeweglichen, mit der Sekretion in Verbindung stehenden Gebilde vergrößern die freie Zelloberfläche um ein Vielfaches.

Das Ausscheidungsprodukt der prismatischen Zellen enthält Stoffe für den Metabolismus der im Ductus epididymidis noch unbeweglichen Spermien (s. Tafel 105 in Krstić, R. V.: Ultrastruktur der Säugetierzelle).

Vergrößerungen: Abb. **A** 150fach; Abb. **B** 3700fach

Literatur

Goto K (1981) Surface morphology of the epithelium of human seminiferous tubules, rete testis, ductuli efferentes and ductus epididymidis. Biomed Res (Suppl) 2:361–374

Horstmann E (1962) Elektronenmikroskopie des menschlichen Nebenhodenepithels. Z Zellforsch 57:692–718

Nicander L, Glover TD (1973) Regional histology and fine structure of the epididymal duct in golden hamster (Mesocricetus auratus). J Anat 114:347–364

Shimada T, Huang CT, Obayashi I (1975) Scanning electron microscopy of epididymal ducts in the Japanese monkey (Macacus fuscatus) with special reference to architectural analysis of stereocilia. Arch Histol Jpn 38:101–107

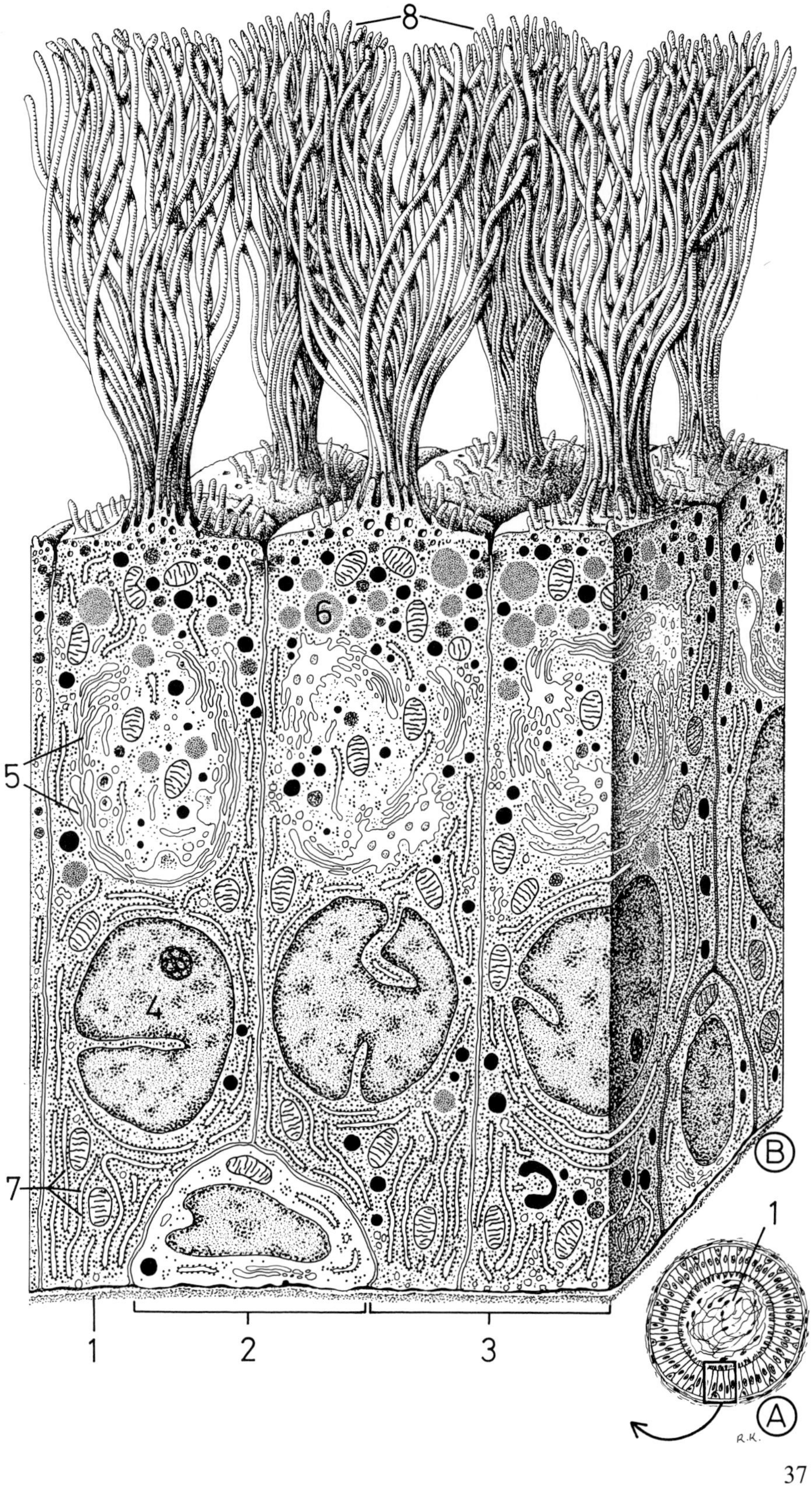
8
6
5
4
7
1
2
3
B
1
A
R.K.

Tafel 18. Oberflächenepithelien.
Mehrreihiges prismatisches Epithel mit Kinocilien (Flimmerepithel).
Beispiel: Trachea der Ratte

Das mehrreihige Flimmerepithel kleidet Nasenhöhlen, Trachea und Bronchien aus. Es enthält mehrere Zellarten.
Die Basalzellen (**1**), deren Nuclei eine basale Reihe bilden, sind strukturarm. Sie dienen dem Ersatz abgestorbener Flimmerzellen. Die Basalzellen erneuern täglich etwa 2% der Zellpopulation des Epithels.
Die zweiten, die Oberfläche jedoch nicht erreichenden Elemente sind keilförmige, schmale, zwischen den Flimmerzellen liegende Zellen (**2**) mit einer reicheren Struktur; sie stellen eher eine Differenzierungsstufe zwischen basalen und Flimmerepithelzellen als „Stützzellen" dar.
Die für das mehrreihige prismatische Epithel sehr charakteristischen, an Organellen reichen Flimmerzellen (**3**) tragen auf ihrer freien Oberfläche zahlreiche Kinocilien (**4**), denen die Kinetosomen (**5**) im Zellinnern entsprechen. Wegen ihrer hohen Spezialisierung haben diese Zellen die Teilungsfähigkeit verloren und müssen durch Ausdifferenzierung der tiefer liegenden Zellen ersetzt werden.
Zwischen den Flimmerzellen liegen die schleimproduzierenden Becherzellen (**6**). In ihrem Cytoplasma finden sich je nach Funktionszustand bald mehr, bald weniger zahlreiche Mucingranula (**7**). Diese bilden nach ihrer Ausscheidung aus den Becherzellen zusammen mit dem Produkt der sero-mucösen Drüsen der Luftwege einen feinen Film (nicht gezeichnet), der die freie Oberfläche des Epithels befeuchtet. An dieser Schleimschicht bleiben die meisten der sich in der Atemluft befindenden Staubpartikelchen haften. Durch kontinuierliche Flimmerbewegungen werden sie in Richtung Kehlkopf und Pharynx transportiert und durch Husten oder Schlucken eliminiert.
In diesem Epithel findet man auch endokrine Zellen (**8**), die gleich den benachbarten Epithelzellen, auf einer Basallamina (**9**) liegen.

Vergrößerung: 2900fach

Literatur

Adams DR (1972) Olfactory and non-olfactory epithelia in the nasal cavity of the mouse. Am J Anat 133:37–50

Andrews PM (1974) A scanning electron microscopic study of the extrapulmonary respiratory tract. Am J Anat 139:399–424

Dalen H (1983) An ultrastructural study of the tracheal epithelium of the guinea-pig with special reference to the ciliary structure. J Anat 136:47–67

Greenwood MF, Holland P (1972) The mammalian respiratory tract surface. A scanning electron microscopic study. Lab Invest 27:296–304

Kawamata S, Fujita H (1983) Fine structural aspects of the development and aging of the tracheal epithelium of mice. Arch Histol Jpn 46:355–372

Rhodin JAG (1966) Ultrastructure and function of the human tracheal mucossa. Am Rev Respir Dis 93:1–15

Stockinger L (1970) Ultrastruktur und Histophysiologie des Respirationstraktes. Mikroskopie 26:83–98

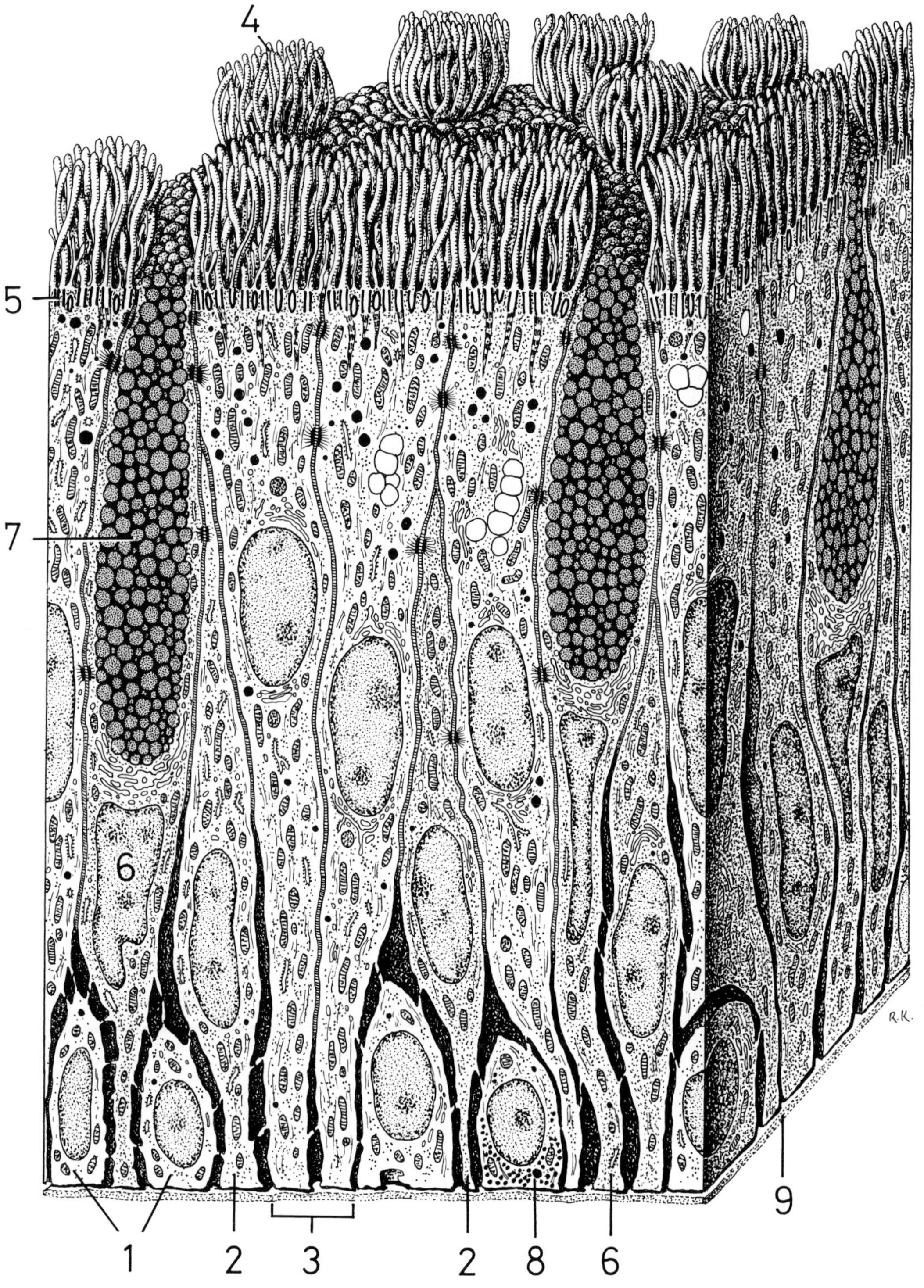

4
5
7
6
R.K.
9
1
2
3
2
8
6

Tafel 19. Oberflächenepithelien. Übergangsepithel.
Beispiel: Entleerte Harnblase des Affen

Das Übergangsepithel wird den mehrreihigen Epithelien zugeordnet, weil alle seine Zellen die Basallamina (**1**), zum Teil mit schmalen Füßchen, berühren.
Auch hier findet man kleine basale Zellen (**2**), ferner Zellen in Form eines Tennisschlägers (**3**) und schließlich die sehr voluminösen Deckzellen (**4**).
Die polyploiden Deckzellen enthalten einen großen oder zwei kleinere Kerne. Im Cytoplasma des apicalen Zellpols befinden sich der Golgi-Apparat, zahlreiche Mikrofilamente und sog. spindelförmige Vesikel (**5**). Lichtmikroskopisch sieht diese dichte, als Crusta bezeichnete Zellzone dunkler aus.
Die sehr faltenreiche apicale Zellmembran der Deckzellen ist asymmetrisch gebaut; ihr mit dem Urin in Kontakt stehendes Blatt ist stellenweise dicker als das zum Cytoplasma orientierte. Man glaubt, daß diese Membranverstärkung das Epithel gegen die Harneinwirkung schützt (s. Tafel 92 in Krstić, R. V.: Ultrastruktur der Säugetierzelle).

Vergrößerung: 2900fach

Literatur

Knutton S, Robertson JD (1976) Regular structures in membranes: the luminal plasma membrane of the cow urinary bladder. J Cell Sci 22:355–370
Monis B, Zambrano D (1968) Transitional epithelium of urinary tract in normal and dehydrated rats. Z Zellforsch 85:165–182
Phillips SJ, Griffin T (1985) Scanning electron microscope evidence that human urothelium is a pseudostratified epithelium. Anat Rec 211:153A–154A
Scheidegger G (1980) Der Aufbau des Übergangsepithels der Harnblase bei Schwein, Schaf, Ratte und Spitzmaus. Acta Anat (Basel) 107:268–275
Severs NJ, Warren RC (1978) Analysis of membrane structure in the transitional epithelium of rat urinary bladder: I. The luminal membrane. J Ultrastruct Res 64:124–140
Staechelin LA, Chlapowski FJ, Boneville MA (1972) Luminal plasma membrane of the urinary bladder: I. Three-dimensional reconstruction from freeze-etch images. J Cell Biol 53:73–91
Taylor KA, Robertson JD (1984) Analysis of the three-dimensional structure of the urinary bladder epithelial cell membranes. J Ultrastruct Res 87:23–30
Walker BE (1960) Electron microscopic observations on transitional epithelium of mouse urinary bladder. J Ultrastruct Res 3:345–361
Warren RC, Hicks RM (1978) Chemical dissection and negative staining of the bladder luminal membrane. J Ultrastruct Res 64:327–340

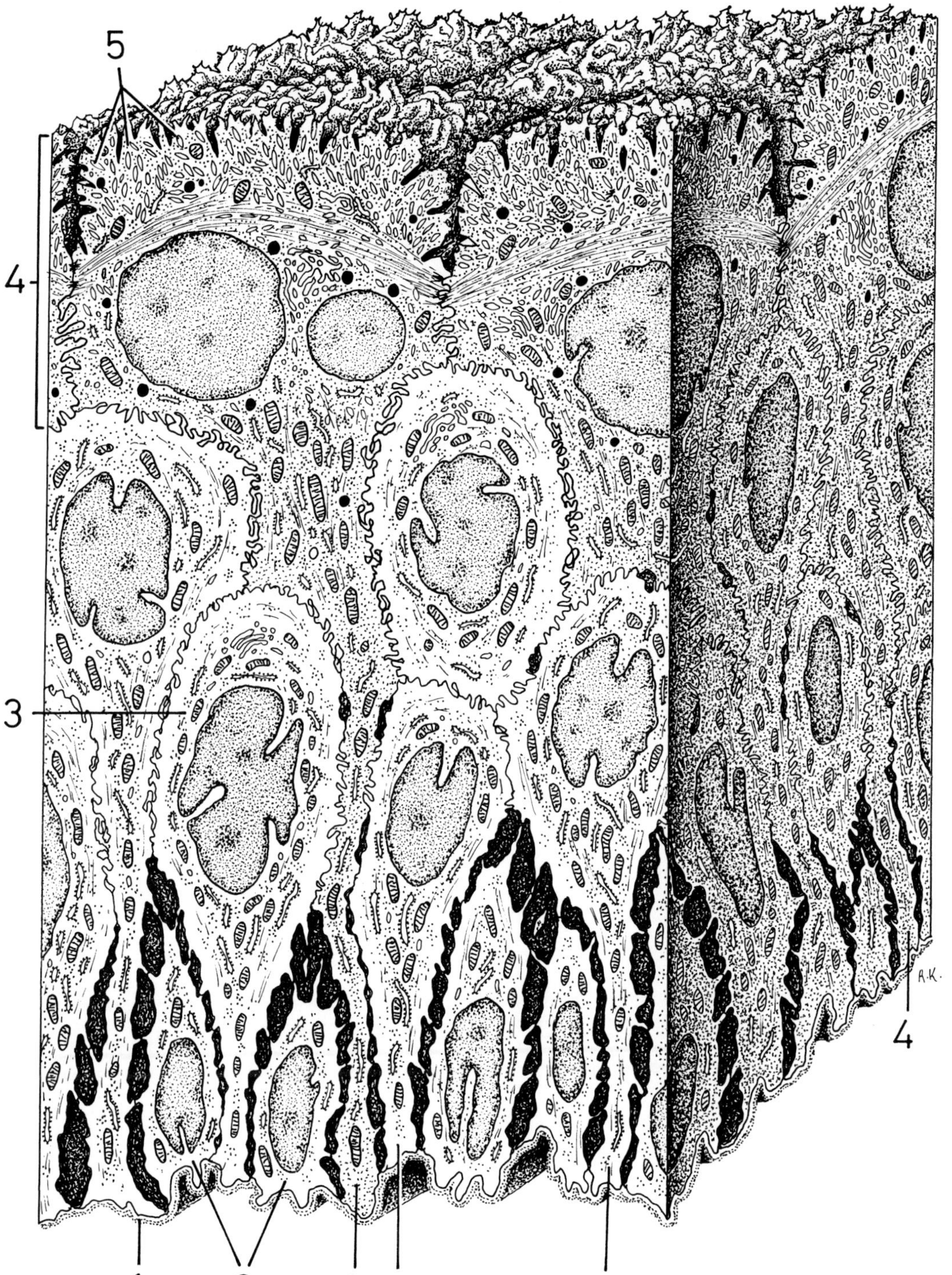

5
4
3
4
1
2
4
3
3
A.K.

Tafel 20. Oberflächenepithelien. Übergangsepithel einer entleerten und einer gefüllten Harnblase der Ratte

In den entleerten ableitenden Harnwegen (Nierenbecken, Harnleiter, Harnblase und Anfangsstrecke der Harnröhre) haben die Zellen des Übergangsepithels eine hochprismatische Form (Abb. **A**). In solchen Fällen kann man 8–10 Kernreihen zählen. Die Basalfläche des Epithels ist gewellt.

Mit der Füllung der Harnwege wird das Epithel niedriger und die Basalfläche des Epithels geradlinig. In gedehntem Zustand weist es nur 2–3 Kernreihen auf (Abb. **B**). Der Zusammenhalt der Oberfläche wird durch die Reservefalten des Plasmalemms und die spindelförmigen Vesikel gewahrt, die bei Dehnung mit der apicalen Zellmembran verschmelzen.

Der Wechsel im Aufbau des Übergangsepithels hat ihm die Bezeichnung „Übergangsepithel" eingetragen.

Vergrößerungen: Abb. **A** u. **B** 1900fach

Literatur

Minsky BD, Chlapowski FJ (1978) Morphometric analysis of the translocation of lumenal membrane between cytoplasm and cell surface of transitional epithelial cells during the expansion-contraction cycles of mammalian urinary bladder. J Cell Biol 77:685–697

Noack W (1976) The superficial cells of the transitional epithelium in the expanded and unexpanded rat urinary bladder. Acta Anat (Basel) 93:171–183

Petry G, Amon H (1966) Licht- und elektronenmikroskopische Studien über Struktur und Dynamik des Übergangsepithels. Z Zellforsch 69:587–612

Richter WR, Moize SM (1963) Electron microscopic observations on the collapsed and distended mammalian urinary bladder (transitional epithelium). J Ultrastruct Res 9:1–9

Seguchi H, Okada T, Ogawa K (1980) Ultracytochemical demonstration of functional groups in the lumenal plasma membrane of rabbit transitional epithelium. Acta Histochem Cytochem 13:660–678

Walton J, Yoshiyama JM, Vanderlaan M (1982) Ultrastructure of the rat urothelium in en face section. J Submicrosc Cytol 14:1–15

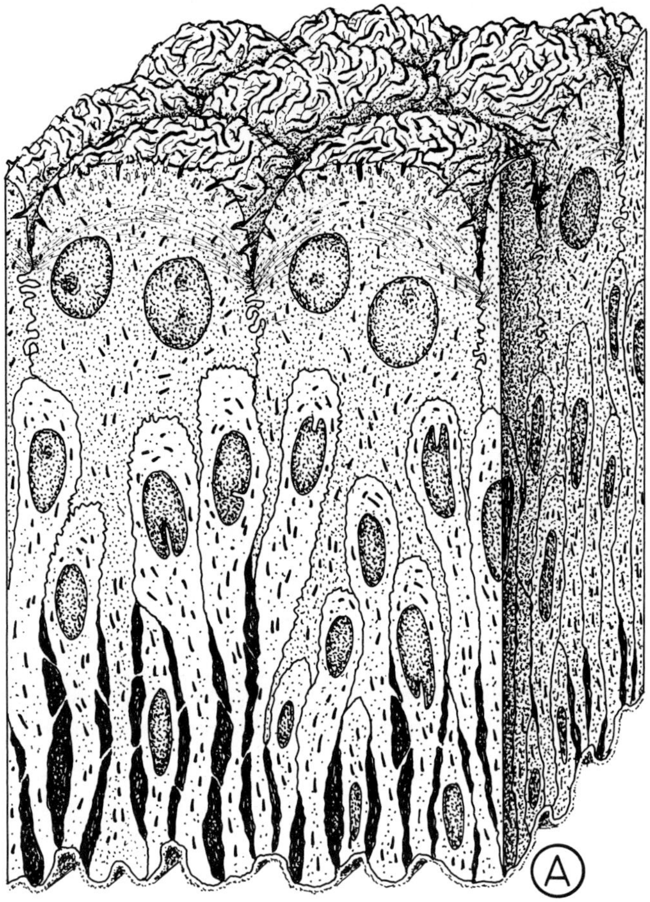
A

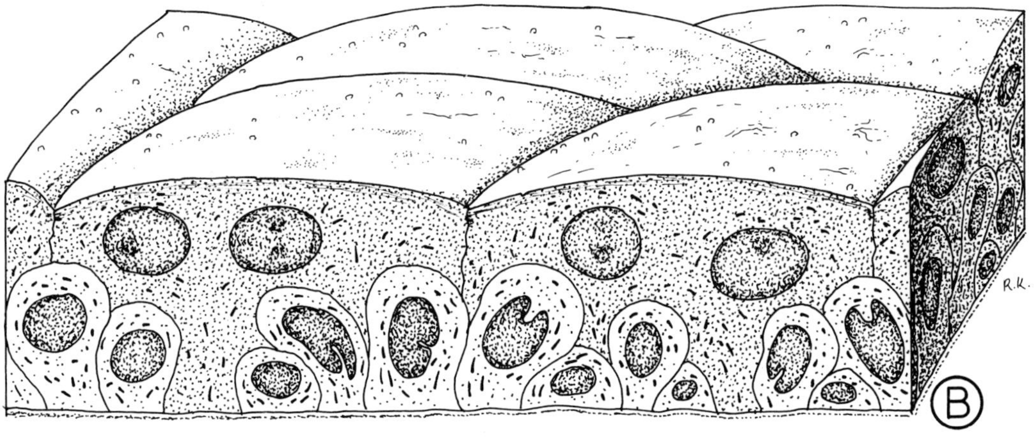
R.K.
B

Tafel 21. Oberflächenepithelien. Mehrschichtiges prismatisches Epithel. Beispiel: Harnröhre der Ratte

Das wenig verbreitete, mehrschichtige prismatische Epithel befindet sich zwischen den Zonen des mehrreihigen prismatischen Epithels und des unverhornten, geschichteten Plattenepithels. Es kommt, wie schon erwähnt, am hinteren Ende des Nasenvorhofes, am Gaumen, Kehlkopfdeckel und einem Teil der Urethra vor. Es ist aus mehreren Zellschichten aufgebaut, von denen nur die unterste mit der Basallamina (**1**) in Kontakt steht. Diese Zellschicht setzt sich aus polygonalen oder kubischen Zellen (**2**) zusammen; die höher gelegenen Zellen sind überwiegend spindelförmig (**3**), und die die freie Epitheloberfläche bildenden haben prismatische Form (**4**). Letztere enthalten eine bemerkenswerte Menge Glykogen (**5**) und tragen Mikrovilli.

Alle Epithelzellen sind stark ineinander verzahnt, was die Dehnbarkeit des Epithels begünstigt.

Die funktionellen Eigenschaften dieser Epithelart sind noch wenig bekannt.

Vergrößerung: 2900fach

Literatur

Hicks RM (1965) The fine structure of the transitional epithelium of rat ureter. J Cell Biol 26:25–48

Hicks RM (1966) The function of the Golgi complex in transitional epithelium. Synthesis of the thick cell membrane. J Cell Biol 30:623–643

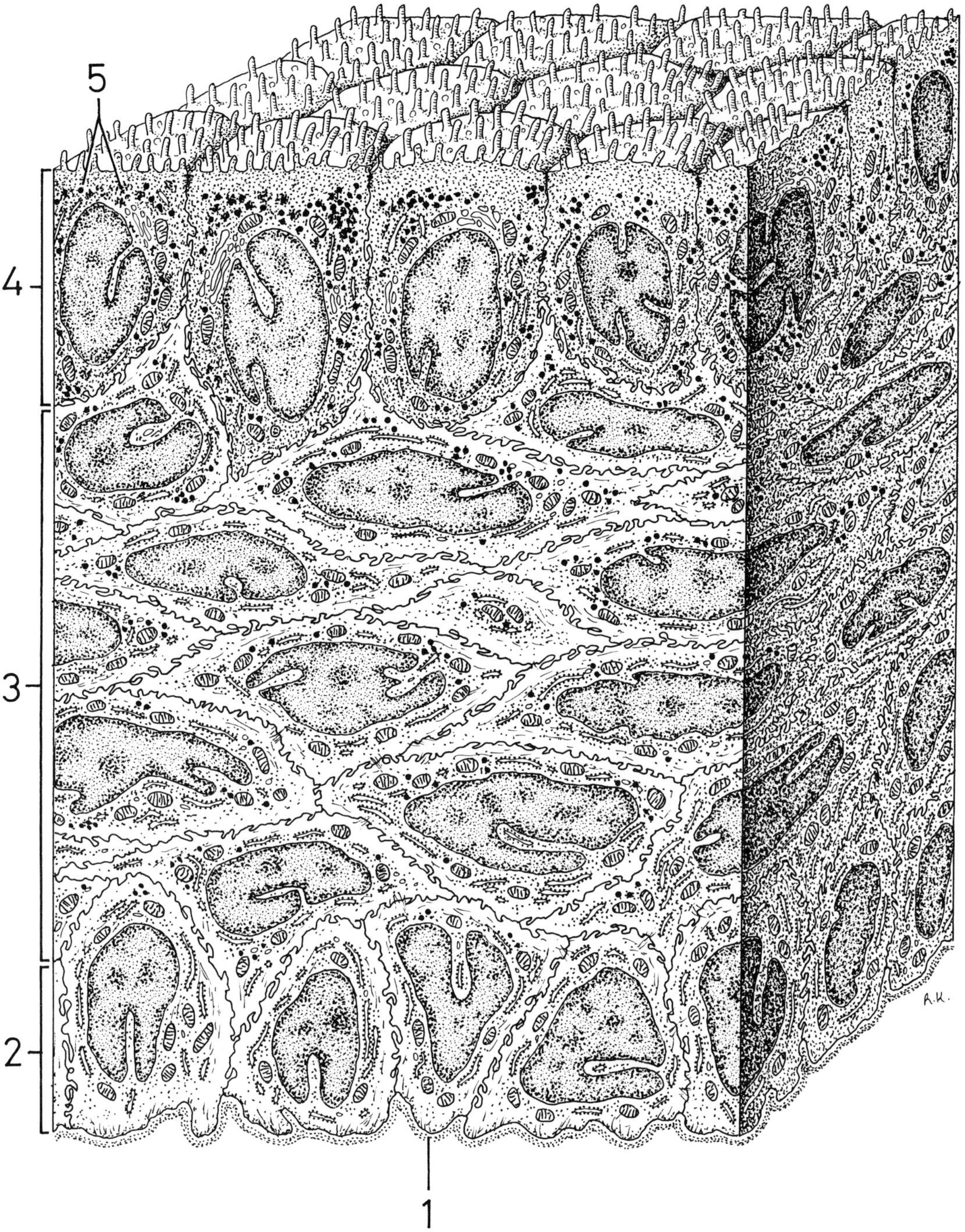
5
4
3
2
1
A.K.

Tafel 22. Oberflächenepithelien. Mehrschichtiges unverhorntes Plattenepithel. Beispiel: Vorderes Hornhautepithel der Ratte

Auf einem Querschnitt durch die Hornhaut erkennt man das vordere (Abb. **A 1**) und das hintere Epithel (Abb. **A 2**; s. Tafel 10), dazwischen das Stroma der Cornea (Abb. **A 3**).

Einen Ausschnitt aus dem vorderen Epithel zeigt Abb. **B**.

Bei mehrschichtigen unverhornten Epithelien unterscheidet man (von unten nach oben):

C. Die Zellen des Stratum basale sind relativ groß und prismatisch. Sie sind durch zahlreiche Halbdesmosomen an der Bowman-Membran (Abb. **B 1**) befestigt.

D. Das Stratum spinosum (spinocelluläre oder Stachelzellschicht) besteht aus großen polygonalen Zellen, die durch viele, mit Desmosomen ausgestattete Ausläufer miteinander verbunden sind. Ihr Cytoplasma enthält als auch das Cytoplasma der Basalzellen eine bedeutende Menge Tonofibrillen (Abb. **B 2**). Die Zellen der Schichten **C** und **D** ersetzen die sich von der Epitheloberfläche ablösenden Zellen durch mitotische Teilungen und werden deshalb als Keimschicht, Stratum germinativum, bezeichnet.

E. Auf die Spinocellularschicht folgt das Stratum pavimentosum. Seine Zellen nehmen allmählich flache Form an; manche verlieren ihre Kerne, doch bleiben die Desmosomen erhalten. Schließlich wandeln sie sich in dünne kernlose Platten um (daher der Name Stratum pavimentosum). Die freie Oberfläche mancher Zellen ist mit vielen kurzen Mikrovilli und niedrigen, leistenförmigen Fältchen (sog. Microridges oder Microplicae; Pfeil) besetzt.

Wie alle anderen mehrschichtigen unverhornten Epithelien ähnlicher Struktur (Mundhöhle, Speiseröhre, Vagina usw.) wird das Hornhautepithel befeuchtet, im vorliegenden Falle durch die Tränendrüsen.

Das aus nur 5–9 Zellschichten bestehende Epithel auf dem gefäßlosen Cornealstroma wird ausschließlich durch Diffusion mit Nährstoffen versorgt.

Auf der starken Verzweigung der sensiblen Nervenendigungen zwischen den Epithelzellen beruht der diagnostisch wichtige Cornealreflex.

Vergrößerungen: Abb. **A** 80fach;
Abb. **B** 2600fach

Literatur

Allen TD, Potten CS (1975) Desmosomal form, fate, and function in mammalian epidermis. J Ultrastruct Res 51:94–105

Andrews PM (1976) Microplicae: characteristic ridgelike folds of the plasmalemma. J Cell Biol 68:420–429

Parakkal PF (1967) An electron microscopic study of esophageal epithelium in the newborn and adult mouse. Am J Anat 121:175–196

Sperry DG, Wassersug RJ (1976) A proposed function for microridges on epithelial cells. Anat Rec 185:253–258

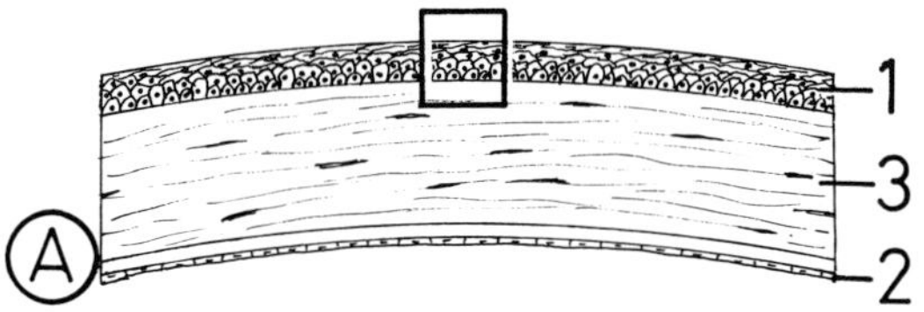

A
1
3
2

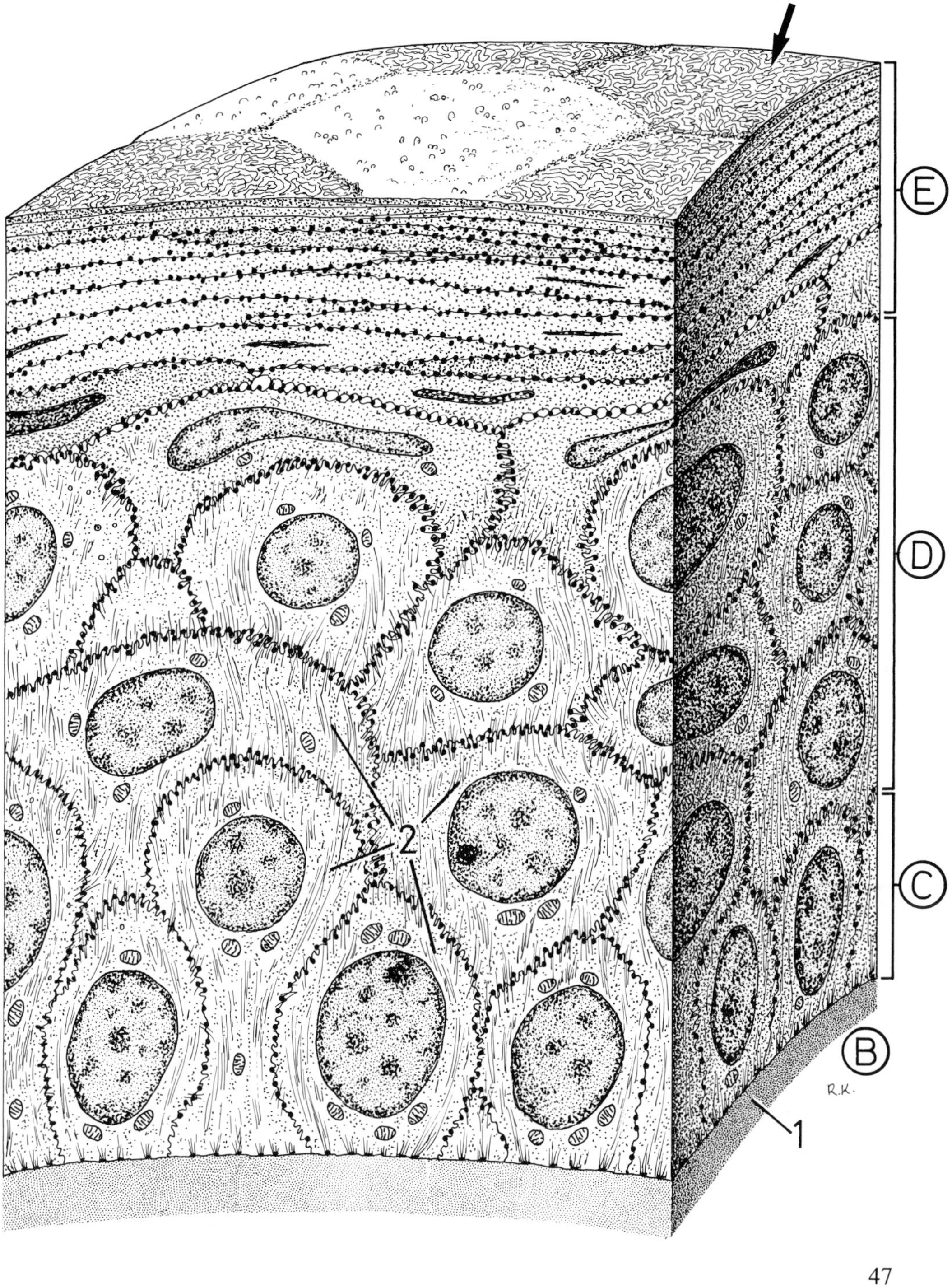

E
D
C
B
2
1
R.K.

Tafel 23. Oberflächenepithelien. Mehrschichtiges verhorntes Plattenepithel (Epidermis). Beispiel: Felderhaut des Menschen

Das verhornte Plattenepithel übt mechanische und chemische Schutzfunktionen für den Organismus aus. Die Struktur seiner Zellen und sein Aufbau sind dieser Leistung angepaßt.
Die Epidermis besitzt folgende Schichten:
E. Stratum corneum
D. Stratum lucidum (nur in der Leistenhaut der Handinnenfläche und Fußsohle)
C. Stratum granulosum
B. Stratum spinosum } Stratum germinativum (Keimschicht)
A. Stratum basale

A. Die kleinen, prismatischen Basalzellen (**1**) befestigen sich mit zahlreichen, von der Basallamina umgebenen Fortsätzen – Wurzelfüßchen (**2**) – auf dem Filzwerk reticulärer und kollagener Fäserchen des subepidermalen Bindegewebes (**3**). Das supranucleäre Cytoplasma der Basalzellen enthält einige Melaningranula (**4**).
B. Eine oder mehrere Lagen großer, polygonaler Zellen schließen sich der Basalschicht an. Sie sind durch die die Desmosomenhälften tragenden Fortsätze (**5**) miteinander verbunden. Viele Tonofibrillen (**6**) durchdringen das Cytoplasma. Durch Zerzupfen isolierte Zellen sehen stachelig aus (Stachelzellen, daher auch Stratum spinosum oder spinocellulare). Basale und spinocelluläre Zellschicht bilden zusammen das Stratum germinativum, die Keimschicht, in der (überwiegend nachts) die Mitosen ablaufen.
C. Im Stratum granulosum (Körnerschicht) erscheinen in den bereits abgeflachten Zellen die stark lichtbrechenden Keratohyalingranula (**7**) als Vorstufe des Keratins. Infolge Vermehrung dieser Substanz gehen die Zellen langsam zugrunde. Für schwache Verhornung genügen (wie auf dieser Tafel) 1–2, während für starke Verhornung 3–5 Lagen Körnerzellen nötig sind. Die Herkunft des Kertohyalins ist noch unbekannt.
D. Das Stratum lucidum, eine lichtbrechende Schicht, kommt nur in der sehr stark verhornten und haarlosen Leistenhaut vor. Aus didaktischen Gründen wurde das aus bereits abgeplatteten Zellen bestehende Stratum lucidum auch auf dieser Tafel dargestellt. Es enthält das Eleidin und erlaubt möglicherweise Verschiebungen zwischen der weicheren Keimschicht und der festeren Hornschicht.
E. Das Stratum corneum (Hornschicht) kann, der mechanischen Beanspruchung entsprechend, verschieden dick sein. Seine Zellen sind abgestorben; ihre Körper verwandeln sich in Keratinschüppchen (**8**).
Da ständig verhornte Zellen abgeschuppt werden, müssen sie kontinuierlich durch Nachschub aus der Keimschicht ersetzt werden.
In einem so dicken, mit marklos gewordenen Nervenfasern (**9**) versorgten, aber gefäßlosen Zellverband wie der Epidermis spielen die breiten Intercellularspalten (**10**) die Rolle eines Kanälchensystems, in dem Transportvorgänge ablaufen. Die Intercellularspalten im Stratum granulosum und Stratum corneum sind bedeutend enger (manchmal 20 nm) und ebenfalls durch Desmosomen oder deren Reste unterbrochen.
Die in der Epidermis vorkommenden Melanocyten (**11**) werden auf Tafel 24 dargestellt (s. Tafeln 109–110, 115–116, 118, 158, 159 in Krstić, R. V.: Ultrastruktur der Säugetierzelle).

Vergrößerung: 2800fach

Literatur

Green H, Fuchs E, Watt F (1982) Differential structural components of the keratinocyte. Cold Spring Harbor Symposia on Qualitative Biology, vol 46, part I
Menton DN, Eisen AZ (1971) Structure and organisation of mammalian stratum corneum. J Ultrastruct Res 35:247–264
Zelickson AS (ed) (1967) Ultrastructure of normal and abnormal skin. Lea and Febiger, Philadelphia

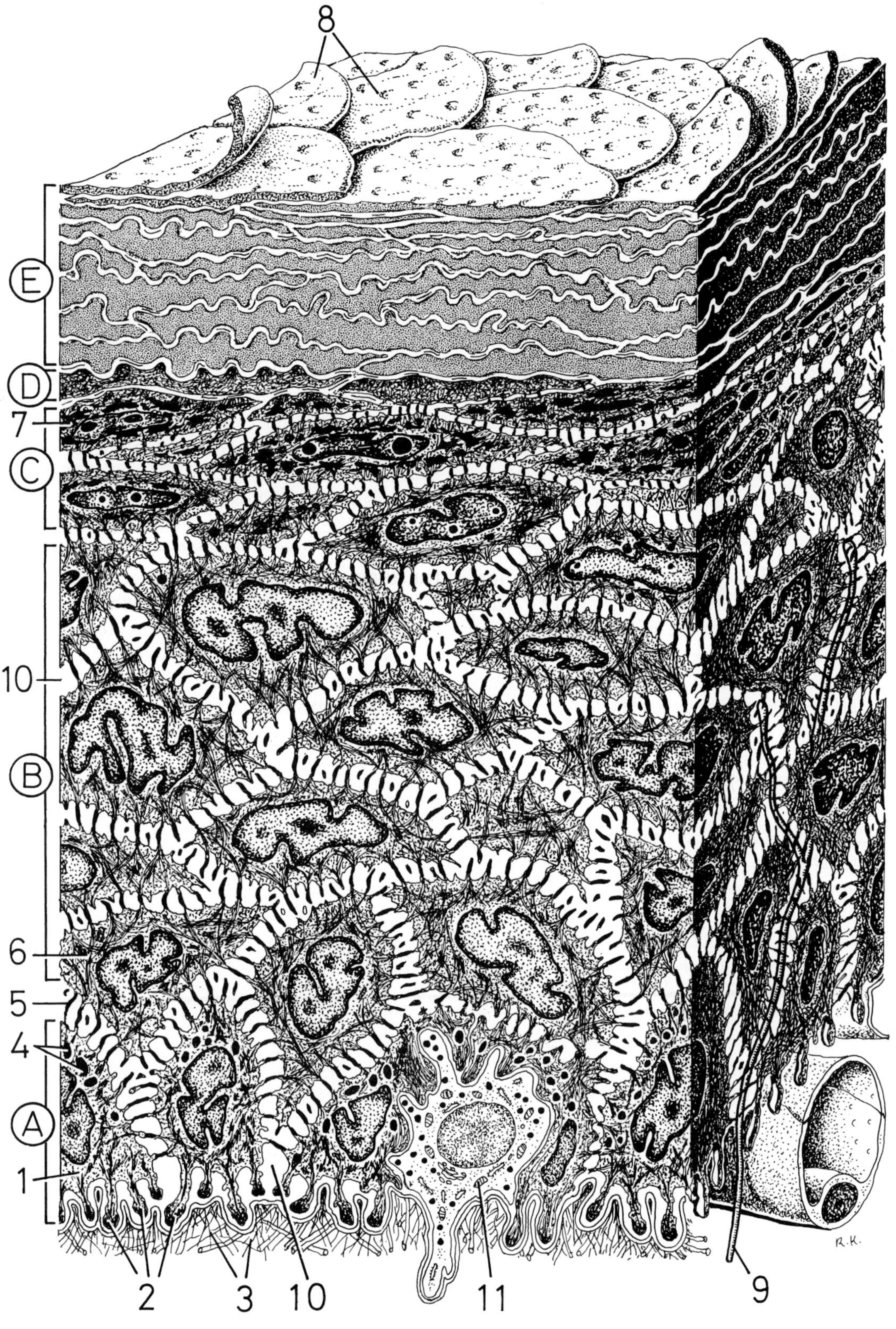
8
E
D
7
C
10
B
6
5
4
A
1
2
3
10
11
9
R.K.

Tafel 24. Oberflächenepithelien. Epidermis. Keimschicht mit einem Melanocyten. Gleiches Präparat wie in Tafel 23

Die das Pigment Melanin synthetisierenden, zwischen den Basalzellen der Epidermis und in der Haarzwiebel verteilten Zellen nennt man Melanocyten (**1**). Sie stammen aus dem Neuroektoderm der Neuralleiste (s. Tafel 144) und wandern während der Embryonalentwicklung in die Epidermis aus, an deren Basallamina (**2**) sie sich anlagern.

An gewöhnlich gefärbten Schnitten sind sie kaum zu erkennen. Durch die Dopa-Reaktion (Darstellung eines für die Melaninsynthese verantwortlichen Enzyms) lassen sie sich schwärzen.

Die Melanocyten sind helle, reich verzweigte Zellen. Ihr Cytoplasma enthält einen runden Kern, gut entwickelte Zellorganellen, einige freie Ribosomen, wenige Mikrofibrillen und eine wechselnde Zahl von Melanosomen (**3**) als Vorstufen der reifen Melaningranula (**4**).

Die etwa $0{,}7 \times 0{,}3$ µm großen, von einer Elementarmembran umschlossenen Melaningranula kommen auch in den Ausläufern vor, von denen manche tief in die Intercellularspalten und in den Leib benachbarter Zellen des Stratum germinativum eindringen können (Pfeil). Man nimmt an, daß die Melaningranula durch die Ausläufer der Melanocyten auf benachbarte Keimzellen übertragen werden. Eine andere Möglichkeit besteht in der Phagocytose der Pigmentpartikel durch Basal -und Stachelzellen. Mit benachbarten Zellen sind die Melanocyten nicht durch Desmosomen verbunden. Bei der weißen Rasse enthalten nur die Basalzellen Melanin.

Das Vorkommen der in Richtung auf das subepidermale Bindegewebe orientierten Ausläufer (**5**) läßt an die Möglichkeit denken, daß die Melanocyten sogar nach abgeschlossener Embryogenese aus dem Corium auswandern können. Die Melanocyten behalten ihre Teilungsfähigkeit lebenslang.

Berechnungen haben gezeigt, daß auf 1 mm^2 Hautfläche etwa 1200–1500 Melanocyten entfallen. Die Pigmentsynthese wird durch ultraviolette Strahlung stimuliert (stärkere Färbung der Haut nach einem Sonnenbad).

Albinotische Individuen besitzen zwar Melanocyten in ihrer Haut, doch können sich die Melanosomen nicht schwärzen und in reife Melaningranula umwandeln, weil das Enzym Tyrosinase fehlt. (Andere in der Epidermis vorkommenden Zellen – Langerhans- und Merkel-Zellen – werden in diesem Atlas nicht behandelt.)

Am unteren Rand der Tafel sind die verzweigten Wurzelfüßchen (**6**) der Basalzellen dargestellt. Mit der Basallamina (**2**) verbinden sich reticuläre (**7**) und collagene (**8**) Mikrofibrillen (s. Tafeln 75, 76 in Krstić, R. V.: Ultrastruktur der Säugetierzelle).

Vergrößerung: 8000fach

Literatur

Fitzpatrick TB, Szabo G, Seiji M, Quevedo WC Jr (1979) Biology of the melanin pigmentary system. In: Fitzpatrick TB (ed) Dermatology in general medicine, 2nd edn. McGraw Hill, New York

Jimbow K, Takahashi M, Sato S, Kukita A (1971) Ultrastructural and cytochemical studies of melanogenesis in melanocytes of normal human hair matrix. J Electron Microsc (Tokyo) 20:87–92

Petzoldt D (1967) Die morphologische und funktionelle Organisation der Melanocyten in menschlicher Haut. Hautarzt 18:481–488

Plačkova A, Skach M (1975) Feinstrukturelle Untersuchungen zur Keratinisierung der Papilla filiformis der Zunge des Menschen. Z Mikrosk Anat Forsch 89:305–318

Poirier J, Nunez-Dispot CH (1968) Le mélanocyte: I. Structure et ultrastructure. Presse Med 76:1179–1181

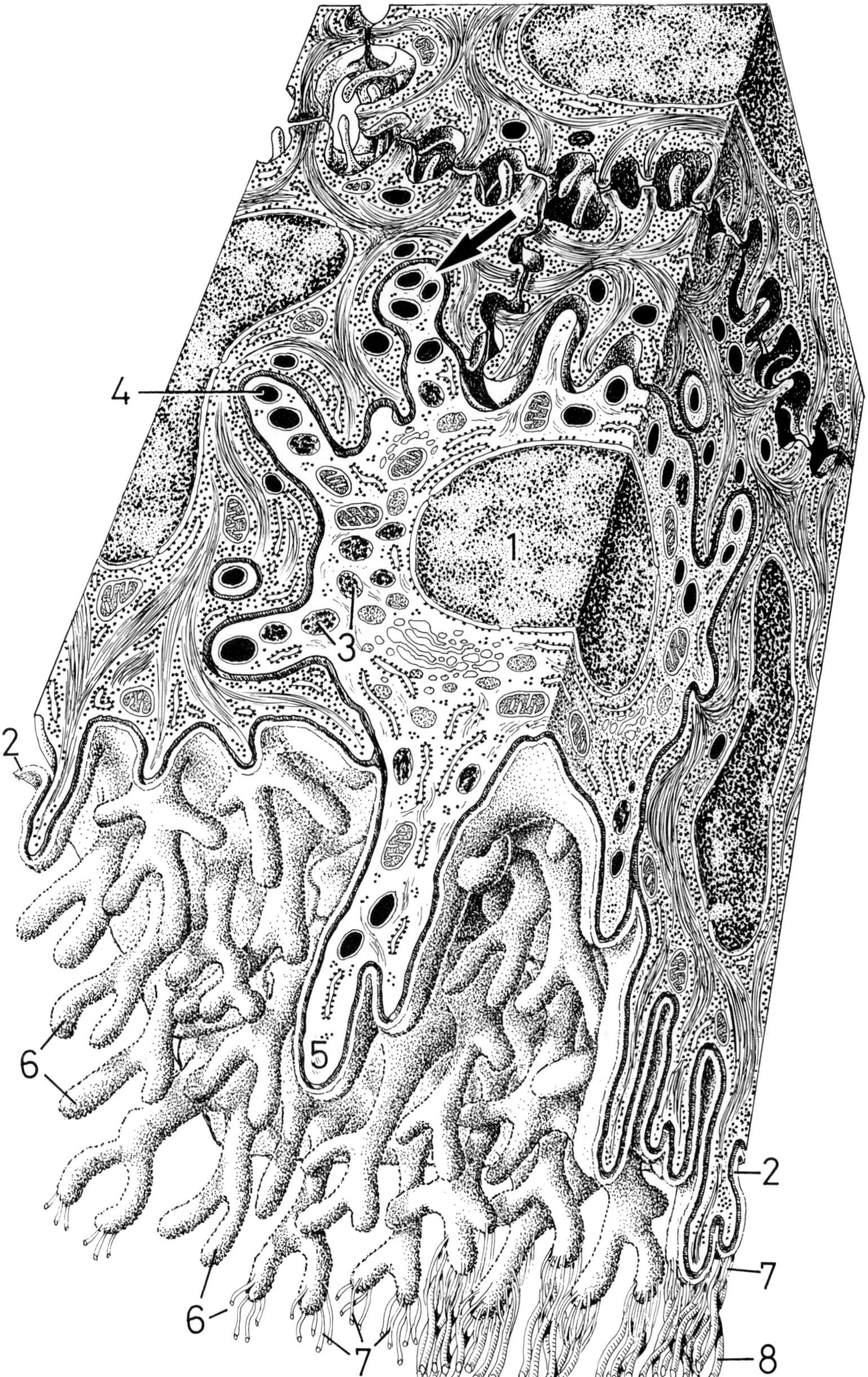

4
1
3
2
6
5
2
7
8
R.K.

Tafel 25. Sezernierende Oberflächenepithelien.
Beispiel: Amnionepithel eines menschlichen Embryos

Bestimmte Epithelzellen sind sekretorisch tätig. So synthetisieren die Oberflächenepithelien des Magens und der Gallenblase ein schleimiges, gegen die ätzenden Wirkungen von HCl und Pepsin des Magensaftes bzw. gegen Gallensäuren schützendes Sekret. Die Funktion des einschichtigen isoprismatischen Epithels des Plexus chorioideus wurde bereits in Tafel 12 erwähnt.

Das Amnionepithel entwickelt sich aus den dem embryonalen Ektoderm gegenüberliegenden extraembryonalen Zellen des Embryoblasten (Tafel 1; Abb. G 5). Im weiteren Verlauf verbreitert sich die Amnionhöhle und bietet die für eine ungestörte Entwicklung des Embryos notwendigen Voraussetzungen.

In Abb. **A** ist ein 4monatiger, menschlicher Keimling mit dem Amnion (Abb. **A 1**) gezeigt. Man unterscheidet die Chorionzotten (Abb. **A 2**) und den Nabelstrang (Abb. **A 3**). Der Ausschnitt im Rechteck ist in Abb. **B** vergrößert dargestellt.

Das Amnionepithel ist in diesem Bezirk einschichtig und isoprismatisch. Es sitzt auf einer Basallamina (Abb. **B 1**). Seine Zellen haben ein gutentwickeltes basales Labyrinth, kugelige Kerne und gut entwickelte Zellorganellen sowie zahlreiche Mikrovilli an der apicalen Zellmembran. Als Cytoplasmaeinschlüsse kommen im Körper der Zellen Lipidtröpfchen, Glykogen (Abb. **B 2**) und sog. Fruchtwasservacuolen (Abb. **B 3**) vor. Sie liegen hauptsächlich in der Nähe der erweiterten, mikrovillöse Ausstülpungen enthaltenden Intercellularspalten (Abb. **B 4**). Das Amnionepithel, welches auch resorbieren kann, liefert ca. 1–2 l Fruchtwasser (Liquor amnii), in welches der Embryo eingetaucht ist. Die Aufgabe dieser Flüssigkeit beschränkt sich nicht nur auf den Schutz vor mechanischen Einwirkungen oder vor Austrocknung. Der Umsatz von 0,5 l/Std am Ende der Gravidität spricht dafür, daß der amniotische Liquor für eine normale Entwicklung des Fetus von großer physiologischer Bedeutung ist.

Vergrößerung: Abb. **B** 4500fach

Literatur

Hoyes AD (1969) Ultrastructure of the epithelium of the human umbilical cord. J Anat 105:145–162

King BF (1978) A cytological study of plasma membrane modifications, intercellular junctions, and endocytic activity of amniotic epithelium. Anat Rec 190:113–126

Miller MM, Revel J-P (1974) Scanning electron microscopy of the apical, lateral, and basal surfaces of transporting epithelia in mature and embryonic tissues. In: Johari O, Corvin I (eds) Scanning electron microscopy 1974. IIT Research Institute, Chicago

Thomas EC (1965) The ultrastructure of human amnion epithelium. J Ultrastruct Res 13:65–84

Tiedemann K (1979) The amniotic, allantoic and yolk sac epithelia of the cat: SEM and TEM studies. Anat Embryol 158:75–94

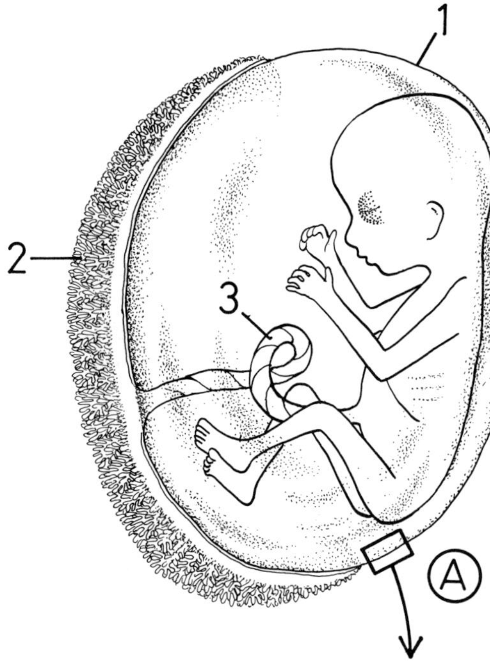
1
2
3
A

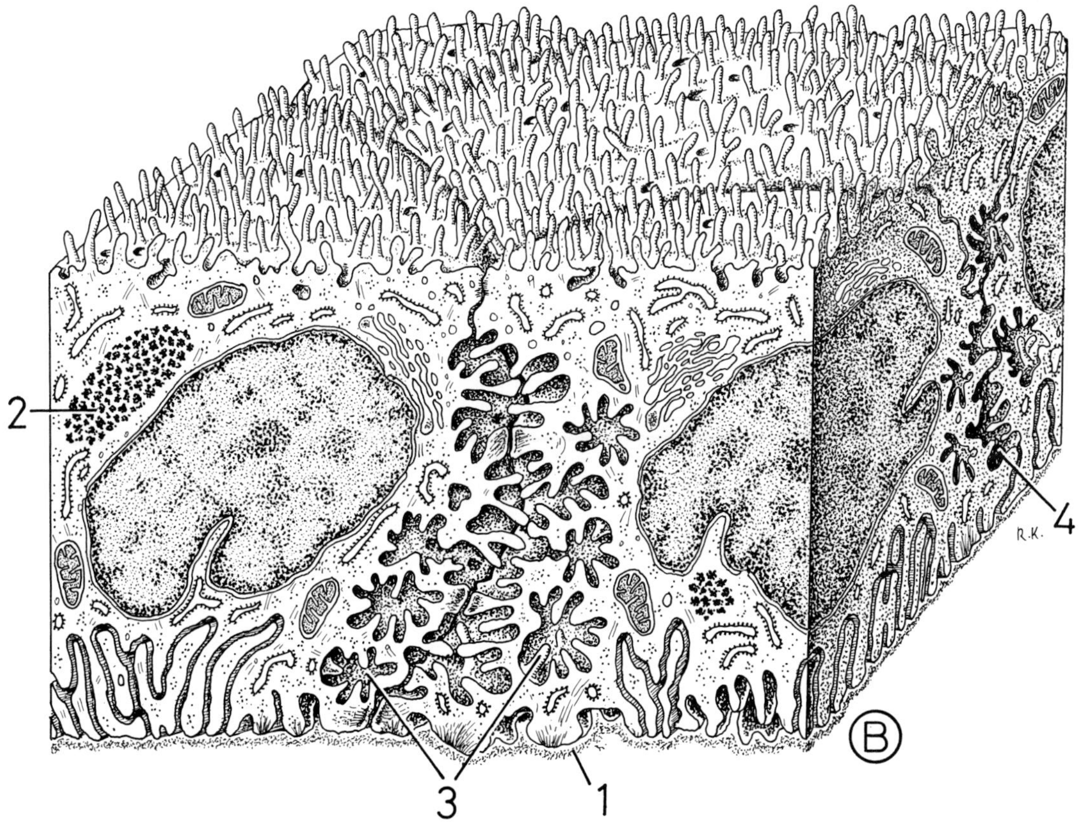
2
4
R.K.
B
3
1

Tafel 26. Gefäßhaltiges sezernierendes Oberflächenepithel. Einziges Beispiel: Epithel der Stria vascularis des Innenohres

Alle bisher geschilderten Oberflächenepithelien sind gefäßlos. Eine Ausnahme bildet die Stria vascularis des Innenohres.
Zur Orientierung dient ein Ausschnitt aus einer Gehörschnecke (Abb. **A**). An ihrer Außenseite befindet sich das Ligamentum spirale (Abb. **A 1**), das vom Epithel der Stria vascularis (Rechteck) überzogen wird. Im Ductus cochlearis (Abb. **A 2**) liegt das Corti-Organ (Abb. **A 3**). Man beachte auch die Dendriten (Abb. **A 4**) der Bipolarzellen des Ganglion spirale.
Das Epithel der Stria vascularis ist ein- bis dreischichtig und liegt auf einer Basallamina (Abb. **B 1**). Außer den basalen (Abb. **B 2**) kommen in diesem Epithel hochprismatische, die Oberfläche bildende Marginalzellen (Abb. **B 3**) vor. Sie enthalten sehr viele Mitochondrien in kleinen, labyrinthartigen Kompartimenten (Abb. **B 4**) und am hexagonalen Apicalpol einige wenige Mikrovilli. Außerdem tritt in der Stria vascularis noch eine Art von Zwischenzellen (Abb. **B 5**) auf.
Die von einem Pericyten (Abb. **B 6**) und einer Basalmembran umgebene Blutcapillare (Abb. **B 7**) verläuft zwischen den Epithelzellen. Damit ist die Stria vascularis das einzige gefäßhaltige Epithel des Organismus.

Der enge Kontakt der Capillaren mit den mitochondrienreichen ionen- und wassertransportierenden Marginalzellen steht im Einklang mit der Annahme, daß in der Stria vascularis die für die Funktion des Gehörorgans wichtige Endolymphe gebildet wird.

Vergrößerungen: Abb. **A** 70fach;
Abb. **B** 1500fach

Literatur

Forge A (1982) A tubulo-cisternal endoplasmic reticulum system in the potassium transporting marginal cells of the stria vascularis and effects of the ototoxic diuretic ethacrynic acid. Cell Tissue Res 226:375–387

Fujimoto S, Yamamoto K, Hayabuchi I, Yoshizuka M (1981) Scanning and transmission electron microscope studies on the organ of Corti and stria vascularis in human fetal cochlear ducts. Arch Histol Jpn 44:223–235

Hinojosa R, Rodriguez-Echandia EL (1966) The fine structure of the stria vascularis of the cat inner ear. Am J Anat 118:631–664

Reale E, Luciano L, Franke K, Pannese E, Werbter G, Iurato S (1975) Intercellular junctions in the vascular stria and spiral ligament. J Ultrastruct Res 53:284–297

Rodriguez-Echandia EL, Burgos M (1965) The fine structure of stria vascularis of guinea-pig inner ear. Z Zellforsch 67:600–619

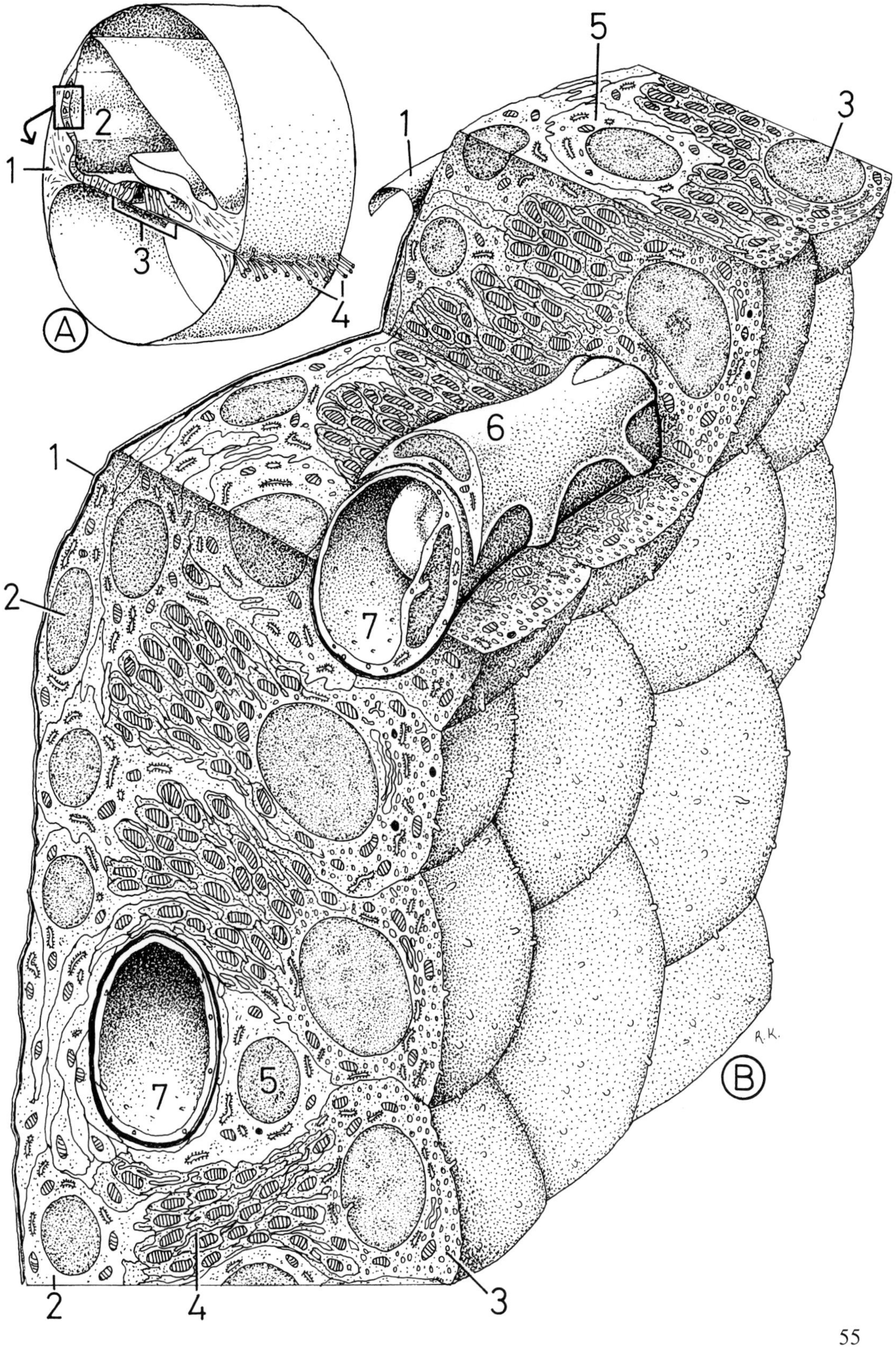
1
2
3
4
A
5
1
3
6
1
2
7
7
5
2
4
3
R.K.
B

Tafel 27. Atypische Epithelformen.
Beispiele: Schmelzorgan der Maus, Thymus eines jungen Menschen

Definitionsgemäß sind die Epithelien geschlossene Zellverbände; Ausnahmen von dieser Regel bilden das Schmelzorgan und das Grundgewebe des Thymus.

Auf einem Frontalschnitt des Kopfes eines 21tägigen Mäusefetus (Abb. **A**) unterscheidet man Teile des Riechhirns (Abb. **A 1**), Augenanlagen mit Linse (Abb. **A 2**), Nasenhöhle (Abb. **A 3**), Canalis nasopharyngicus (Abb. **A**, Pfeil) und Mundhöhle (Abb. **A 4**) mit Zunge (Abb. **A 5**).

Das Epithel der Mundhöhle (Abb. **A 6**) bildet die Zahnleiste (Abb. **A 7**), aus der sich glockenförmige Schmelzorgane (Abb. **A 8**) entwickeln. Im Inneren jedes Schmelzorgans kommt es durch Zunahme der intercellulären Flüssigkeit zu einer Auflockerung des geschlossenen Zellverbandes und damit zur Bildung der Schmelzpulpa (Abb. **A 9**). In der Konkavität des Schmelzorgans verdichtet sich das Mesenchym und liefert die Zahnpapille (Abb. **A 10**). Der umrahmte Bereich ist in Tafel 28 dargestellt.

Der Thymus ist ein Organ, dessen aus dem Entoderm der III. Schlundtasche stammender, epithelialer Anteil von einwandernden Lymphocyten durchsetzt und aufgelockert wird.

Bei schwacher lichtmikroskopischer Vergrößerung erkennt man deutlich die Kapsel (Abb. **B 1**) und die Lappung des Thymus. Jedes Läppchen ist in Rinde (Abb. **B 2**) und Mark (Abb. **B 3**) gegliedert. Abbildung **C** entspricht jenem Ausschnitt aus dem Mark, in dem die Hassall-Körperchen (Abb. **B 4**) liegen.

Das Grundgerüst des Thymusparenchyms stellen sternförmige, durch Fortsätze miteinander in Verbindung stehende Reticulumzellen (Abb. **C 1**) epithelialer Herkunft dar, die ein gefäßhaltiges, schwammartiges Maschenwerk bilden. Diese Zellen dürfen nicht mit den aus dem Mesoderm stammenden Reticulumzellen des reticulären Bindegewebes (s. Tafel 55) verwechselt werden. In den Maschen des Verbandes liegen viele kleine Lymphocyten (Abb. **C 2**). In den Hassall-Körperchen (Abb. **C 3**) nehmen die lamellenartig zusammengelagerten epitheliogenen Reticulumzellen die Gestalt rundlicher kompakter Gebilde an.

Die Strukturen im Rechteck der Abb. **C** sind in Tafel 29 nachvergrößert gezeichnet.

Vergrößerungen: Abb. **A** 30fach; Abb. **B** 30fach; Abb. **C** 750fach

Literatur

Gaudecker BV (1978) Ultrastructure of the age-involuted adult human thymus. Cell Tissue Res 186:507–525

Itoh T, Kasahara S, Aizu S, Kato K, Takeuchi M, Mori T (1982) Formation of Hassall's corpuscles in vitro by the thymic epithelial cell line IT-26R21 of the rat. Cell Tissue Res 226:469–479

Matthiessen ME, Rømert P (1980) Ultrastructure of the human enamel organ: I. External enamel epithelium, stellate reticulum and stratum intermedium. Cell Tissue Res 205:361–370

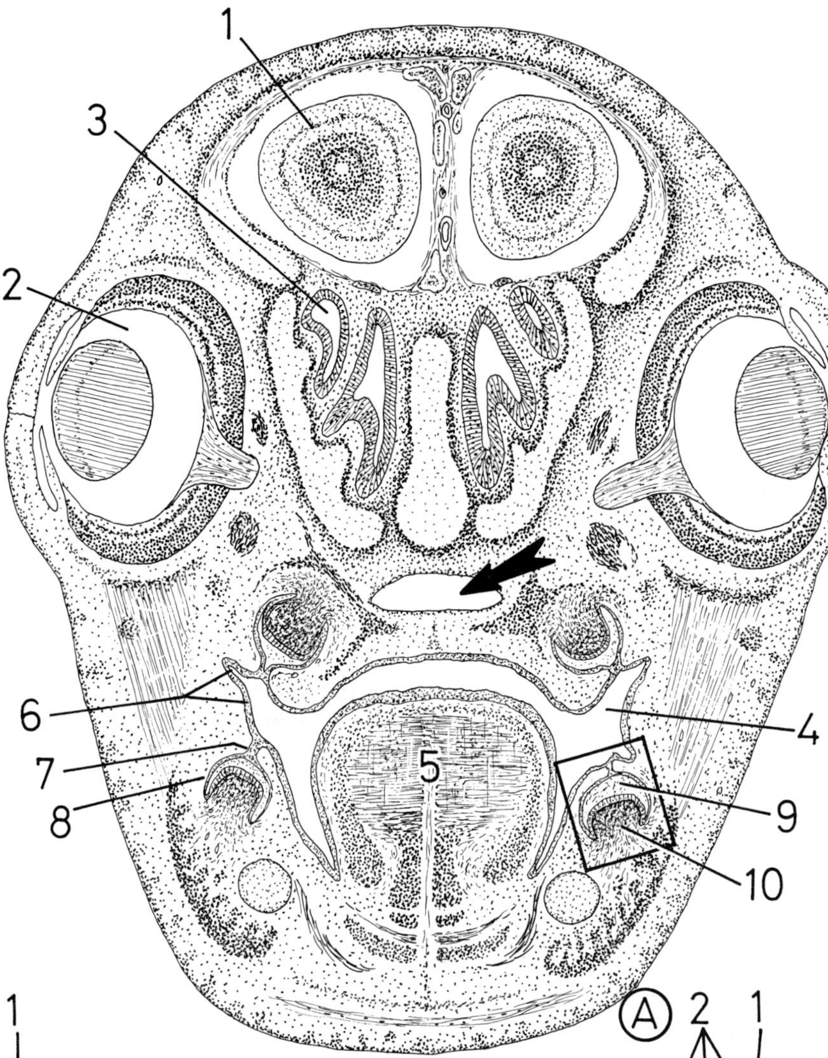
1
3
2
6
7
8
5
4
9
10
A

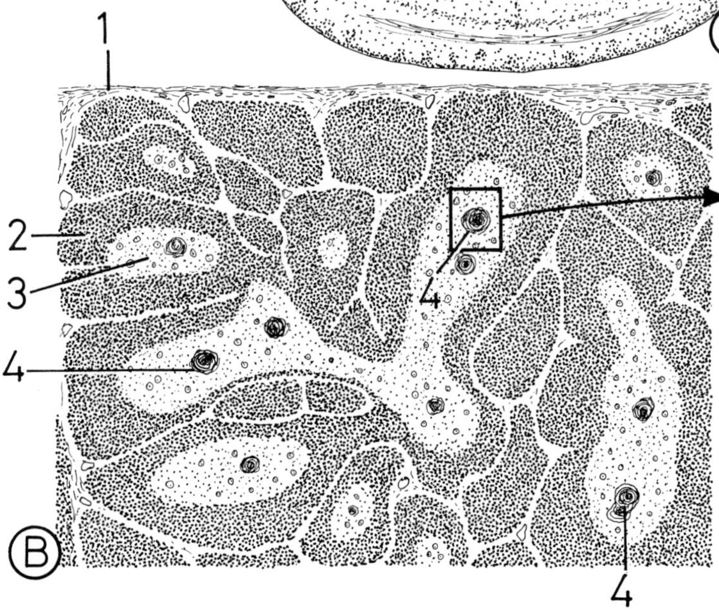
1
2
3
4
4
4
B

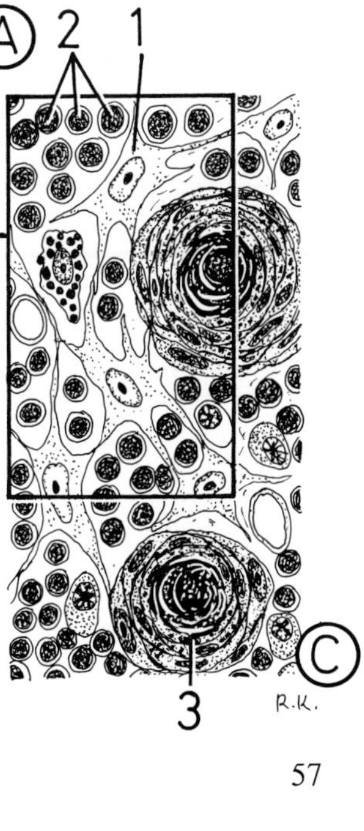
2
1
3
C
R.K.

Tafel 28. Atypische Epithelformen: Schmelzorgan. Fortsetzung der Tafel 27

Zu Beginn der Zahnentwicklung wächst eine vom mehrschichtigen Epithel der Mundhöhle (**2**) ausgehende Leiste (**1**) in das subepitheliale Bindegewebe vor, wo sie allmählich glockenförmig werdende Schmelzorgane bildet.

An jedem Schmelzorgan (**3**) läßt sich ein äußeres (**4**) und ein inneres (**5**) Schmelzepithel unterscheiden. Dazwischen formen die sternförmigen Epithelzellen (**6**) ein weitmaschiges, gefäßloses Gitter (Schmelzpulpa, Sternchen), eine für Epithelgewebe atypische Erscheinung.

Das äußere Blatt des Schmelzorgans (**4**) steht in Kontakt mit den Zellen des bindegewebigen Zahnsäckchens (**7**) und zahlreichen Blutgefäßen (**8**).

Die Zellen des einschichtigen hochprismatischen inneren Schmelzepithels (**5**) differenzieren sich in Adamantoblasten, die den Schmelz (Substantia adamantina) der zukünftigen Zahnkrone synthetisieren.

Wie im Text zu Tafel 27 bereits erwähnt, dringt das Mesenchym in die Einbuchtung des Schmelzorgans (Zahnpapille), wo es die gefäßreiche Zahnpulpa (**9**) bildet. Die mit Adamantoblasten in Kontakt tretenden Mesenchymzellen ordnen sich zu einer epithelähnlichen, von Capillaren versorgten Schicht und differenzieren sich in die das Dentin (Zahnbein) ausscheidenden Odontoblasten (**10**; s. Tafel 113).

Vergrößerung: 500fach

Literatur

Boyde A, Reith EJ (1976) Scanning electron microscopy of the lateral cell surfaces of incisor ameloblasts. J Anat 122:603–610

Kallenbach E (1976) Fine structure of differentiating ameloblasts in the kitten. Am J Anat 145:283–318

Lavergne J (1975) Etude ultrastructurale de l'émail chez diverses espèces de mammifères. C R Soc Biol (Paris) 169:595–604

Weiss MP, Voegel JC, Frank RM (1981) Enamel crystallite growth: width and thickness study related to the possible presence of octocalcium phosphate during amelogenesis. J Ulrastruct Res 76:286–292

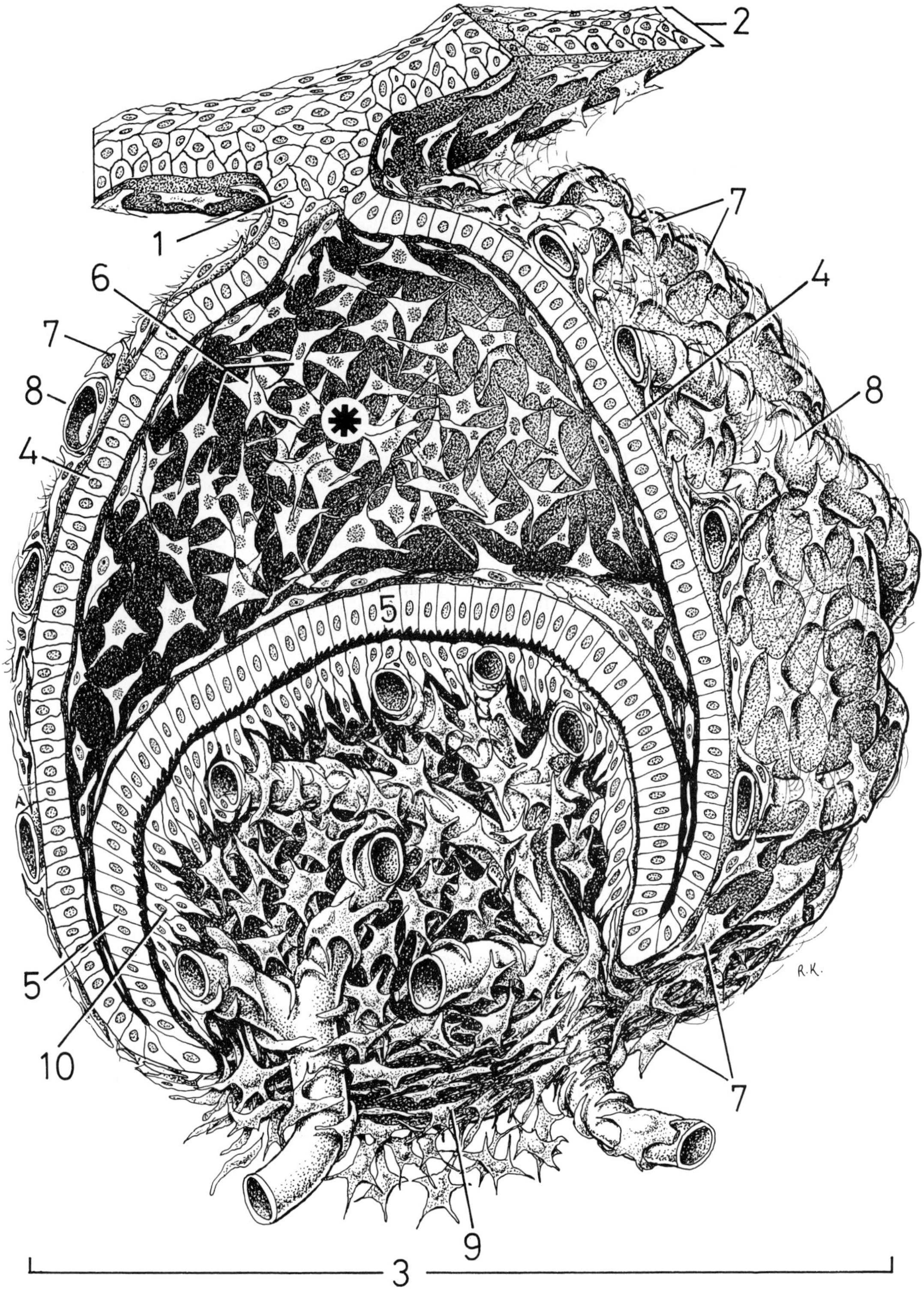
2
1
7
6
4
7
8
8
4
5
5
10
R.K.
7
9
3

Tafel 29. Atypische Epithelformen: Thymus. Fortsetzung der Tafel 27

In einem Ausschnitt aus dem Thymusmark sieht man einen weitmaschigen, dreidimensionalen Verband epitheliogener Reticulumzellen (**1**), die durch Lymphocyten (Thymocyten, **2**) voneinander getrennt sind. Außerdem kommen in den Intercellularräumen Granulocyten, Mastzellen (**3**) usw. vor.

Manche Reticulumzellen haben die Neigung, sich zu geschlossenen Komplexen anzuordnen. Sie legen sich – wie Zwiebelschalen – dicht aneinander und bilden die gefäßlosen Hassall-Körperchen (**4**). Wie in einem geschichteten Epithel werden die Reticulumzellen durch zahlreiche Desmosomen miteinander verbunden. Ihr Cytoplasma enthält Granula, die morphologisch an Keratohyalinkörnchen erinnern (**5**).

Wenn sich die Hassall-Körperchen durch den Anschluß neuer Epithelzellen vergrößern, entfernen sich die innersten Zellen von den Capillaren (**6**) und degenerieren. Deshalb enthalten die voluminösen Hassall-Körperchen in ihrem Zentrum viele Zelltrümmer (**7**).

Die Bedeutung der Hassall-Körperchen ist unklar. Man nimmt an, daß die erschöpften Reticulumzellen die Hassall-Körperchen bilden. Ihre Zahl und ihr Durchmesser nehmen unter Streßbedingungen (z. B. Infektionen usw.) zu.

Die aus dem Epithelgewebe stammenden Myoepithelzellen werden in Tafel 123 näher beschrieben.

Vergrößerung: 1200fach

Literatur

Gaudecker von B, Schmale E-M (1974) Similarities between Hassall's corpuscles of the human thymus and the epidermis. Cell Tissue Res 151:347–368

Mandel T (1968) The development and structure of Hassall's corpuscles in the guinea pig. A light and electron microscopic study. Z Zellforsch 89:180–192

Müller-Hermelink HK (ed) (1986) The human thymus. Springer, Berlin Heidelberg New York Tokyo

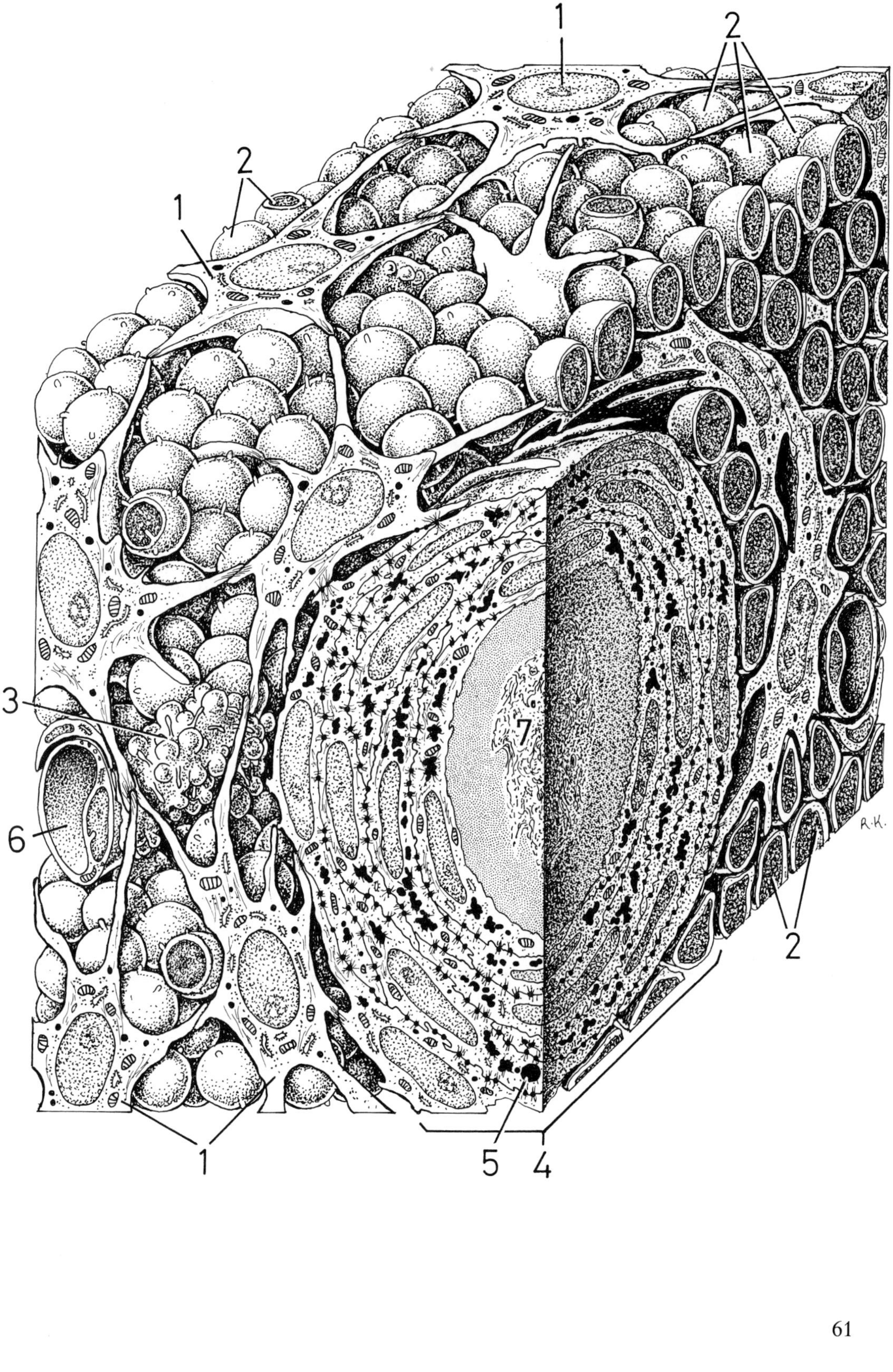

1
2
2
1
3
6
7
R.K.
2
1
5
4

Tafel 30. Oberflächenepithelien. Atypische Epithelien. Formwandel der Epithelzellen. Beispiel: Fasern der Augenlinse der Ratte

Während der Embryonalentwicklung wächst eine bläschenförmige, von der Hirnwand (Abb. **A 1**) ausgehende Augenanlage (Abb. **A 2**) mit Stiel (Abb. **A 3**) gegen die laterale Kopfseite. An der Stelle, wo die Augenblase in Kontakt mit der Epidermis tritt, induziert sie die Bildung einer Linsenplatte (Linsenplacode, Abb. **A 4**).

Die epitheliale Struktur senkt sich allmählich ein (Abb. **B 1**), trennt sich schließlich von der Oberfläche und formt das Linsenbläschen (Linsenvesicula, Abb. **C 1**), das von der Netzhautanlage (Abb. **C 2**) umgeben wird.

Während die vordere Seite (Abb. **C 3**) des Linsenbläschens ein niedriges Epithel aufweist, werden die Zellen der hinteren Wand (Abb. **C 4**) hochprismatisch.

Im späteren Verlauf der Linsenentwicklung bleibt das vordere Epithel einschichtig isoprismatisch (Abb. **D** u. **E 1**), während sich das hintere Epithel zu Linsenfasern (Abb. **D** u. **E 2**) differenziert. Ein Ausschnitt aus der Abb. **E** ist in Abb. **F** nachvergrößert.

Eine dicke, elastische cuticuläre Kapsel (Abb. **F 1**) umhüllt die Linse. An ihr befestigen sich die Zonulafasern (Abb. **F 2**).

Am Linsenäquator geht das mitotisch teilungsfähige kubische Epithel (Abb. **F 3**) durch Differenzierung in die Linsenfasern (Fibrae lentis, Abb. **F 4**) über. Dabei verlieren die Zellen allmählich ihre ursprüngliche Form und ihre Kerne. Sie werden immer länger, wandeln sich in die Fibrae lentis (Abb. **F 5**) um und lagern sich in komplizierter Weise schalenartig übereinander. Durch Wasserverlust schrumpft der Linsenkern (Abb. **F 6**). Diese Volumenabnahme wird duch neue Linsenfasern kompensiert; deshalb vergrößert sich die Linse nach dem 3. Lebensjahr praktisch nicht mehr.

Einige Fasern sind im Anschnitt wiedergegeben, damit man ihre Anordnung und Form erkennen kann. Der kleine quadratische Ausschnitt in Abb. **F** entspricht der Abb. **G**.

Die Linsenfasern sind in Wirklichkeit sehr lange, sechsseitige Prismen (Abb. **G 1**), die sich durch kugelförmige Fortsätze (Abb. **G 2**) mit anderen Fasern verzahnen. Im Innern der Prismen findet man mäßig osmiophiles, amorphes Material.

Die starken wechselseitigen Verbindungen der Fibrae lentis sind wegen der ständigen Akkommodationsbewegungen notwendig.

Die Linse enthält weder Gefäße noch Nervenendigungen. Sie wird nur von dem zirkulierenden Kammerwasser ernährt und besitzt keine Regenerationsfähigkeit.

Vergrößerung: Abb. **G** 3000fach

Literatur

Harisson HA (1970) Scanning electron microscopy of the lens of the adult rat. Z Zellforsch 107:187–198

Hollenberg MF, Wyse JPH, Lewis BJ (1976) Surface morphology of lens fibers from eyes of normal and microphthalmic (Browman) rats. Cell Tissue Res 167:425–438

Hoyer HE (1982) Scanning electron-microscopic study of lens fibers of the pig. Cell Tissue Res 224:225–232

Kuszak JR, Rae JL, Pauli BU, Weinstein RS (1982) Rotary replication of lens gap junctions. J Ultrastruct Res 81:2249–256

Kuszak JR, Bertram BA, Macsai MS (1984) Structure of the crystalline lens. A review. Scanning Electron Microscopy 1984/III:1369–1378

Rafferty NS, Esson EA (1974) An electron-microscope study of adult mouse lens: Some ultrastructure specializations. J Ultrastruct Res 46:239–253

Tanaka K, Iino A (1967) Zur Frage der Verbindung der Linsenfasern im Rinderauge. Z Zellforsch 82:604–612

Zampighi G, Simon SA, Robertson JD, McIntosh TJ, Costello MJ (1982) On the structural organization of isolated bovine lens fiber junctions. J Cell Biol 93:175–189

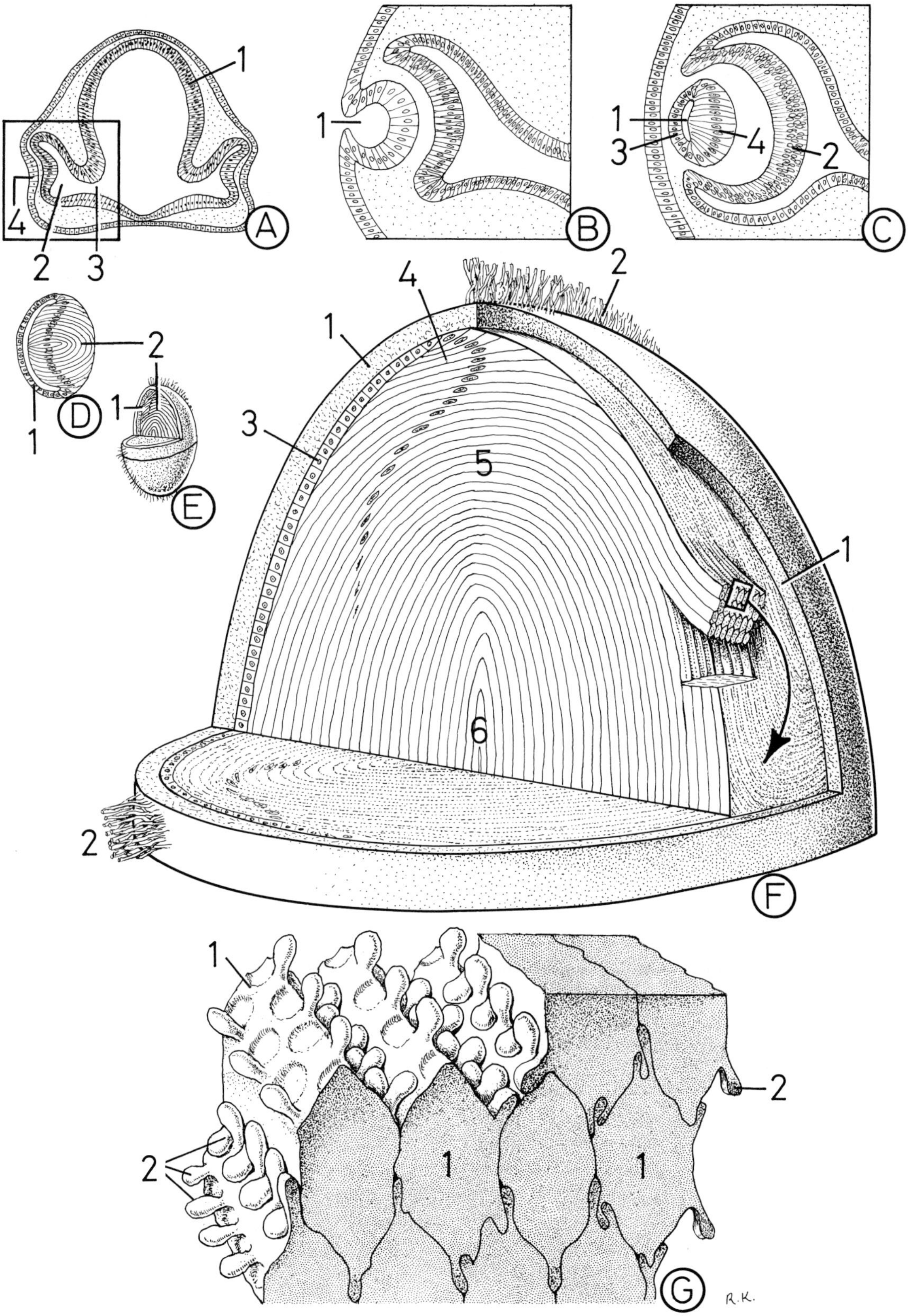

A
1
2
3
4
B
1
C
1
2
3
4
D
1
2
E
1
2
F
1
2
3
4
5
6
G
1
2
R.K.

Tafel 31. Funktionen der Oberflächenepithelien

Die Deckepithelien dienen folgenden Funktionen:
A. Schutz
B. Resorption
C. Motorik durch Flimmerhaare
D. Sekretion
E. Exkretion
F. Gleiten
G. Gasaustausch.

A. Im Prinzip übt jede Art von Deckepithel eine Schutzfunktion aus, d. h. nicht nur das mehrschichtige verhornte Plattenepithel, das besonders in dieser Richtung spezialisiert ist. Die Keratinschüppchen verleihen ihm mechanische und chemische Widerstandsfähigkeit und verhindern das Austrocknen des Organismus.
Die in der Epidermis verteilten, in den Melanocyten (Abb. **A1**; s. Tafel 24) entstandenen Melaningranula absorbieren die ultravioletten Strahlen und schützen auf diese Weise den Organismus vor schädlicher Strahleneinwirkung.

B. Die Resorption ist Hauptaufgabe des einschichtigen hochprismatischen Epithels des Dünndarms. Mit Abb. **B** wird nur die Resorption der emulgierten Fette erklärt, da sich dieser Vorgang elektronenmikroskopisch relativ leicht verfolgen läßt.
Ein Pankreasenzym (Lipase) spaltet die Fette im Duodenum in Monoglyceride und Fettsäuren auf. Die kurzen Fettsäureketten gehen direkt in das Blut der Vena portae über. Die langkettigen Fettsäuren und die Monoglyceride erreichen zuerst das glatte endoplasmatische Reticulum, wo sie zu Triglyceriden esterifiziert werden. Die ersten Fetttröpfchen treten auf (Abb. **B1**) und breiten sich im granulären endoplasmatischen Reticulum (Abb. **B2**) aus, wo ihnen wahrscheinlich noch eine Proteinkomponente angefügt wird.
Aus dem endoplasmatischen Reticulum erreichen die Lipidtröpfchen den Golgi-Apparat (Abb. **B3**), in dem ihnen einige Zuckerkomponenten eingebaut werden. Vom Golgi-Apparat gelangen die Fettkörnchen in die breiten Intercellulärräume und dringen durch die Basallamina (Abb. **B4**) in das subepitheliale Bindegewebe. Schließlich sammeln sich diese Partikel – Chylomikronen genannt (Abb. **B5**) – in den Lymphcapillaren (Abb. **B6**) der Dünndarmzotten an und erreichen dann durch die Lymphgefäße das Venensystem.

C. und **D**. Die Flimmermotorik und sekretorische Aktivität der Epithelien wurde bereits anhand der Tafeln 18 und 25 besprochen.

E. Die Epithelzellen in den Nierenkanälchen sind sowohl resorbierend als auch exkretorisch tätig (s. Pfeilrichtungen).

F. Das Mesothel (s. Tafel 57) hat in gewissen Zuständen auch eine ausgesprochen resorptive Funktion. Seine gewöhnliche Aufgabe ist, das Gleiten zwischen den inneren Organen zu sichern.

G. Das einschichtige Plattenepithel der Lungenalveolen dient dem Gasaustausch zwischen Blut und Alveolarluft. Dabei verläßt das Kohlendioxid das Blut durch die Capillarwand und die äußerst dünnen Cytoplasmafortsätze der kleinen Alveolarzellen, während der Sauerstoff auf dem gleichen Wege ins Blut diffundiert.

Literatur

Takahashi Y, Mizunuma T (1984) Cytochemistry of fat absorption. Int Rev Cytol 89:115–136
Weiser MM, Walters JRF, Wilson JR (1986) Intestinal cell membranes. Int Rev Cytol 101:1–57

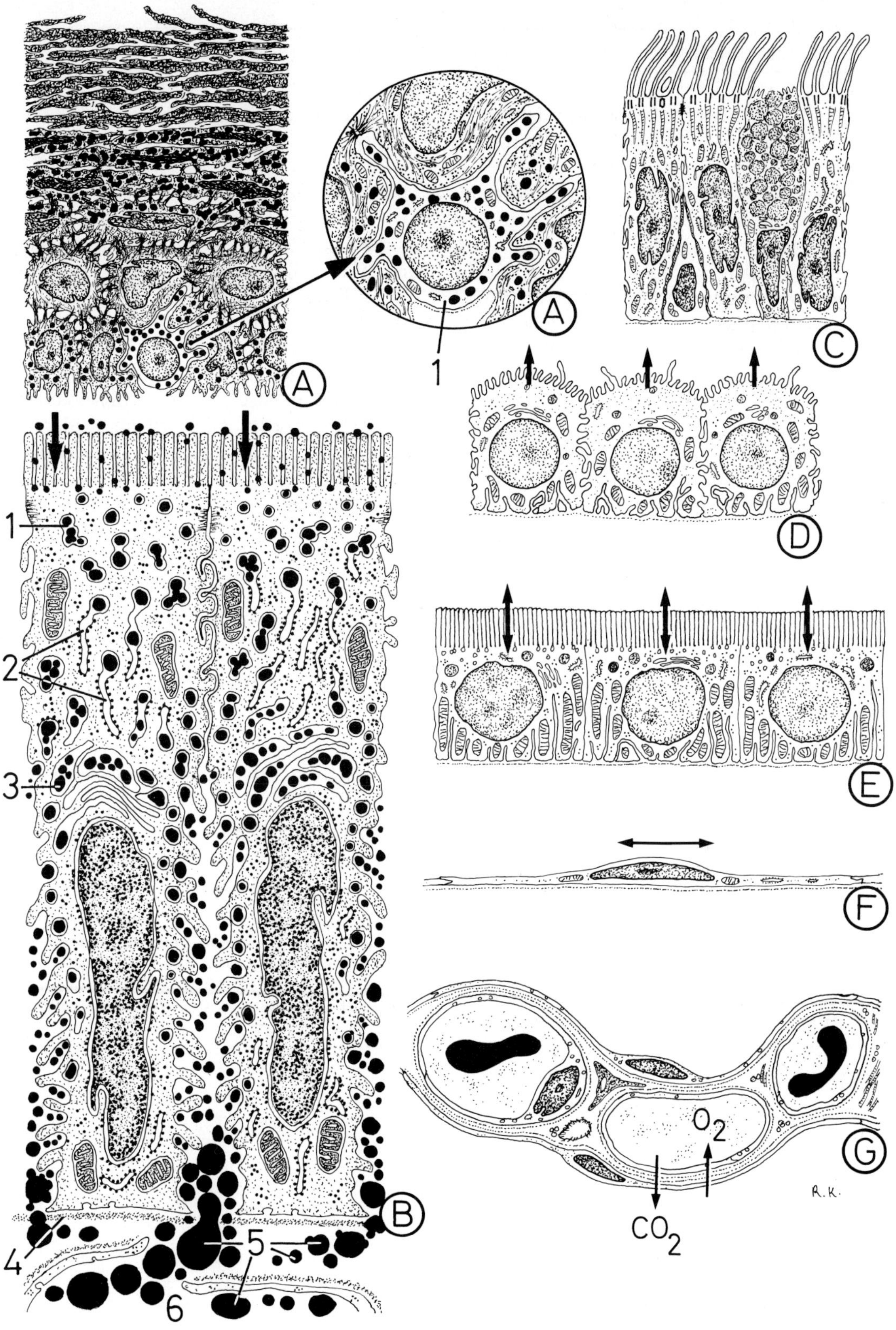
A
1
A
C
D
1
2
3
E
F
B
4
5
6
G
O_2
CO_2
R. K.

Tafel 32. Drüsenepithelien. Entwicklung der exokrinen und endokrinen Drüsen (in Anlehnung an Freeman und Bracegirdle, 1969)

Die Drüsen oder Glandulae sind Verbände hochdifferenzierter Epithelzellen, die ihr Produkt entweder durch einen Ausführungsgang an die freie Oberfläche (exokrine Drüsen) oder direkt ins Gefäßsystem (endokrine Drüsen) abgeben.

An gewissen Stellen des Oberflächenepithels differenzieren sich während der Embryonalentwicklung jene Zellen (Abb. **A–D**, punktiert), die sich später ausschließlich der Synthese des Sekretionsproduktes widmen werden. Einige davon verbleiben im Deckepithel (Becherzellen, Abb. **B–D 1**; mehrzellige endoepitheliale Drüsen, Abb. **B–D 2**), während die anderen durch mitotische Teilungen Sprossen bilden (Abb. **B–D 3, 4, 5**).

Das Schicksal der Knospen ist verschieden: Wenn ein Drüsenzellstrang durch einen Ausführungsgang (Abb. **C 3**; Sternchen) mit der Oberfläche in Verbindung bleibt, entsteht eine exokrine Drüse (Sekretausscheidung in Pfeilrichtung, Abb. **D 3**). Da ihr funktioneller Teil unterhalb der Epithelebene liegt, nennt man sie auch exoepitheliale Drüse.

Wenn, im Gegenteil, die Epithelzellgruppen die Verbindung mit dem Deckepithel verlieren und in das darunterliegende Bindegewebe eindringen, entwickeln sich aus diesen Verbänden endokrine (innersekretorische) Drüsen.

Zur Ausscheidung ihrer Produkte (Hormone, Inkrete) stehen den innersekretorischen Drüsen zwei Wege zur Verfügung: Der eine ist die direkte Hormonsekretion in die Gefäße (Abb. **D 4 a** und **5 a**). Nach diesem Prinzip funktionieren z. B. die Hypophyse, Nebenschilddrüsen, Nebennieren, Paraganglien sowie die endokrinen Teile der Geschlechtsdrüsen usw. (Abb. **D 4**; Pfeilrichtungen).

Die Schilddrüse (Gl. thyreoidea, Abb. **D 5**) arbeitet nach einem anderen Schema: Ihre Zellen binden zuerst die Hormone an ein Globulin und speichern dann das Ganze in Form eines Kolloids in kleinen epithelialen Bläschen (Follikel, Abb. **D 5 b**). Bei Bedarf wird das aufgestapelte Hormon aus dem Kolloid befreit und in den Kreislauf abgegeben. Wegen ihrer Eigenschaft, Hormone in Reserve zu halten, wird die Gl. thyreoidea als „Stapel- oder Speicherdrüse“ bezeichnet.

Literatur

Barrowman J (1975) The secretory cell. In: Beck F, Lloyd JB (eds) The cell in medical science, vol 3. Academic, London

Cardell RR Jr, Badenhausen S, Porter KR (1967) Intestinal triglyceride absorption in the rat. An electron microscopic study. J Cell Biol 34:123–155

Freeman WH, Bracegirdle B (1969) An atlas of histology. Heinemann, London

Haubold H, Heuer E, Loew W, Rohuschynskyj R (1967) Dünndarmstruktur und Resorption von Milchfettcorpuskeln. Med Ernähr 8:202–207

Ketelbant-Balasse P (1980) The endocrine system. In: Hodges GM; Hallowes RC (eds) Biomedical research applications of scanning electron microscopy, vol 2. Academic, London

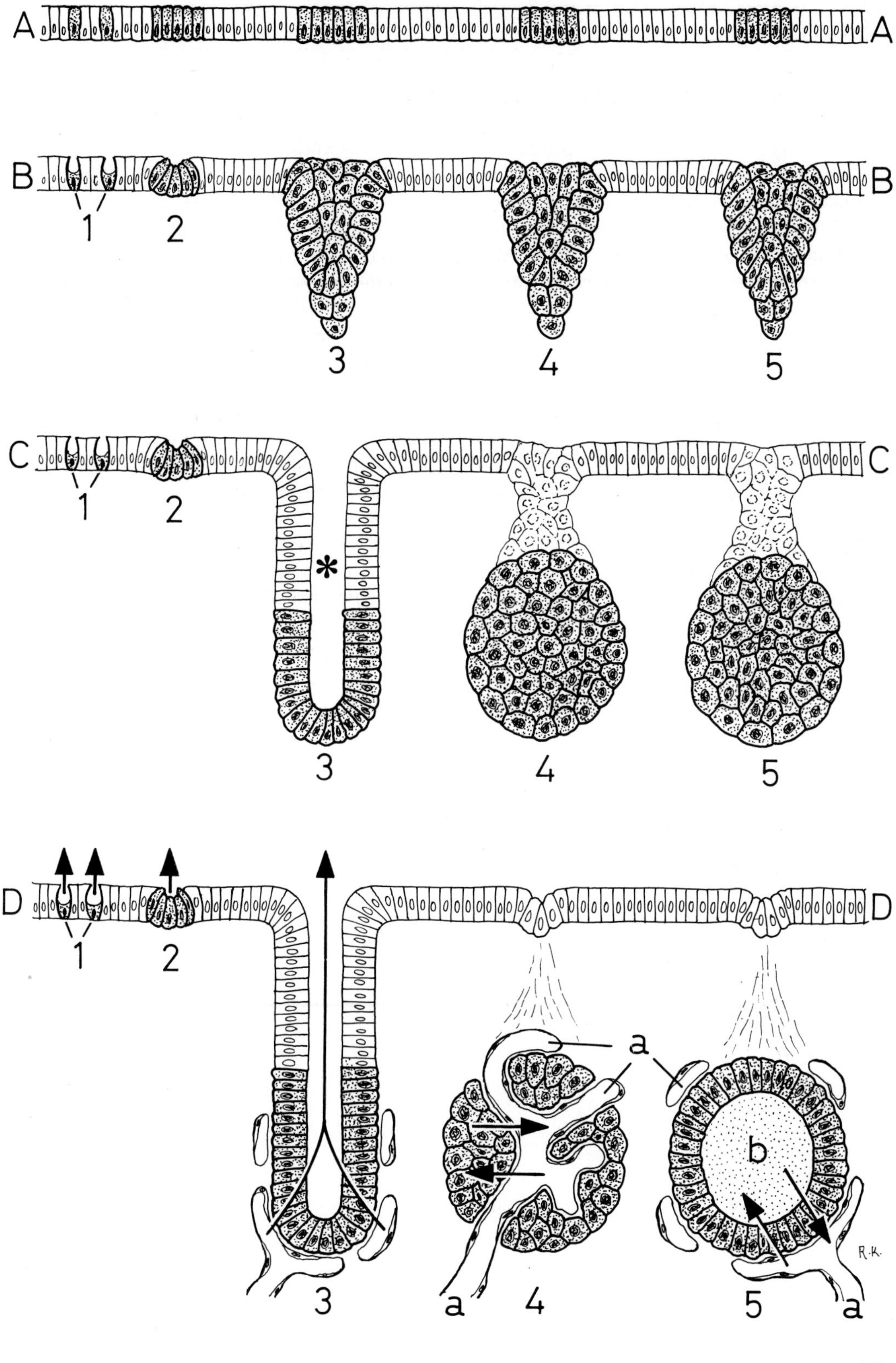
A
A
B
B
1
2
3
4
5
C
C
1
2
*
3
4
5
D
D
1
2
a
b
3
a
4
5
a
R.K.

Tafel 33. Drüsenepithelien. Einteilung der exokrinen Drüsen

Die vorliegende Tafel zeigt verschiedene Kriterien, nach welchen die Drüsen systematisiert werden können.
Die Aufteilung nach ihrer Form (tubulöse, tubulo-acinöse, tubulo-alveoläre und alveoläre) wird in Tafel 34 näher erklärt.
Dem Aussehen ihrer Endstücke und der Art ihrer Sekrete entsprechend, unterscheidet man mucöse, seröse und seromucöse exokrine Drüsen.
Quergeschnitten sind die schlauchförmigen (tubulösen) mucösen Endstücke größer als die serösen. Sie haben eine breite Lichtung, da ihre gut begrenzten Zellen ein zähflüssiges Sekret absondern. Wegen der großen Ansammlung dieses Produktes sind die Zellen hell und wabig. Ihr abgeflachter Kern ist gegen das basale Plasmalemm verschoben.
Die serösen Endstücke bilden beerenförmige Acini, deren Lichtung sehr eng, aber für den Abfluß des dünnflüssigen, enzymhaltigen Sekretes völlig ausreichend ist. Die Zellen sind hier nicht so scharf abgegrenzt wie in den mucösen Tubuli. Ihre Kerne sind kugelig und in der Mitte der Zellkörper gelegen.
Die gemischten sero-mucösen Endstücke kommen in manchen Speicheldrüsen vor. Sie sind durch die Anwesenheit seröser Endkappen an den mucösen Tubuli gekennzeichnet. Das Produkt solcher Drüsenelemente ist mäßig viscös.
Wenn in einer exokrinen Drüse nur eine Art Zellen vorkommt, die ein gleiches Sekret synthetisieren, spricht man von einer homokrinen Drüse (z. B. Pankreasacini, Gll. pyloricae des Magens usw.).
Das Produkt einer heterokrinen Drüse ist gemischt, denn es stammt aus den verschiedenen Zellarten, die eine solche Drüse zusammensetzen (z. B. Drüsen des Magenkörpers, Gl. submandibularis, Gl. sublingualis).

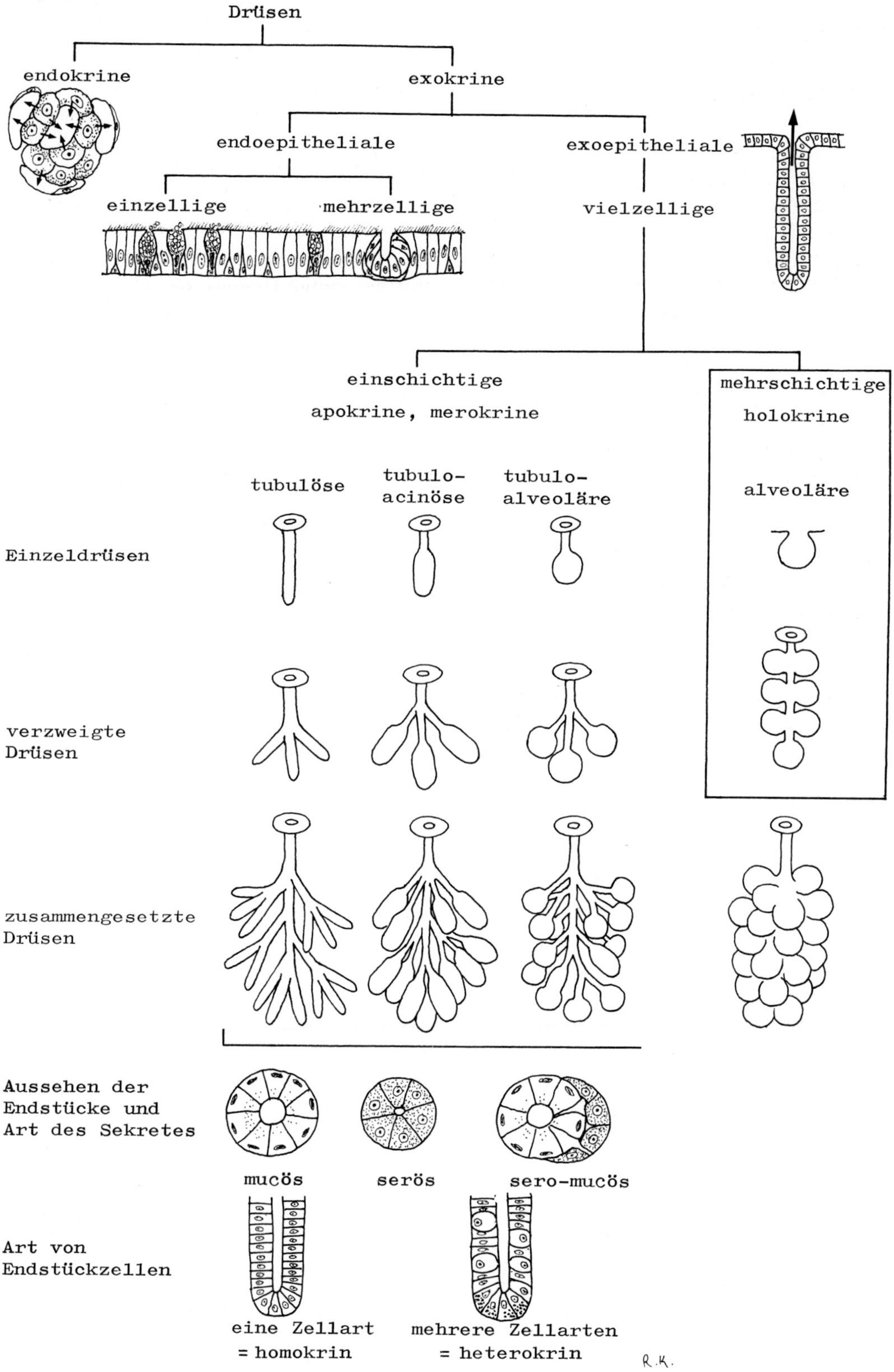
Drüsen
endokrine
exokrine
endoepitheliale
exoepitheliale
einzellige
mehrzellige
vielzellige
einschichtige
apokrine, merokrine
mehrschichtige
holokrine
tubulöse
tubulo-acinöse
tubulo-alveoläre
alveoläre
Einzeldrüsen
verzweigte Drüsen
zusammengesetzte Drüsen
Aussehen der Endstücke und Art des Sekretes
mucös
serös
sero-mucös
Art von Endstückzellen
eine Zellart = homokrin
mehrere Zellarten = heterokrin
R.K.

Tafel 34. Drüsenepithelien. Form der exokrinen Drüsen

Die Einzeldrüsen (Reihe **A**) können von tubulärer (schlauchförmiger; **A 1**), tubuloacinöser (beerenförmiger; **A 2**), tubulo-alveolärer (bläschenförmiger; **A 3**) und alveolärer (sackförmiger; **A 4**) Gestalt sein. Jede hat ein Endstück (**A–C**, Hohlpfeile) und einen mehr oder weniger entwickelten Ausführungsgang – bei tubulösen Drüsen Hals genannt – (Pfeile). Hier muß aber betont werden, daß die Formen **A 2** und **A 3** – zumindest beim Menschen – von theoretischer Bedeutung sind. Zu den einfachen schlauchförmigen Drüsen zählt man die Magenkörperdrüsen, Dünndarmdrüsen usw. Einfache Alveolardrüsen kommen als kleine Talgdrüsen vor.

Wenn mehrere Einzeldrüsen in einen Ausführungsgang münden (Pfeile), entstehen verzweigte Drüsen (Reihe **B**). Dabei stellen die stark geknäuelten Schweißdrüsen (Gll. glomiformes; **B 1**), die sich zwischen den einfachen und verzweigten Drüsen befinden, eine besondere Form dar.

Zu den verästelten schlauchförmigen Drüsen zählt man Gll. pyloricae, Gll. duodenales usw. Die rein tubulo-acinösen bzw. tubulo-alveolären Drüsen (**B 3** und **B 4**) sind nur Etappen in der Entwicklung der zusammengesetzten Drüsen. Verzweigte Alveolardrüsen sind die großen Talgdrüsen und die Meibom-Drüsen des Augenlides (**B 5**).

Bei zusammengesetzten Drüsen (Reihe **C**) zweigt sich der Hauptausführungsgang (Doppelpfeile) in mehrere kleinere Ausführungsgänge (Pfeile) auf, die ihrerseits mit tubulösen, tubulo-acinösen und tubulo-alveolären Endstücken besetzt sein können.

Zusammengesetzte tubulöse Drüsen sind z. B. die mucösen Mundhöhlendrüsen (**C 1**).

Die Hauptvertreter der zusammengesetzten tubulo-acinösen Drüsen sind die Gl. parotis, das exokrine Pankreas (**C 2**) und die Gl. submandibularis (**C 3**). Die sezernierende Milchdrüse (**C 4**) ist das Beispiel einer zusammengesetzten tubulo-alveolären Drüse.

Eine starke Aufgliederung der zusammengesetzten Drüsen führt zur Bildung von Läppchen (Lobuli) und Lappen (Lobi).

Man soll nun aber nicht denken, daß sich alle Drüsen des Körpers der Säuger genau in die gegebene, schematische Einteilung einordnen lassen. Es bestehen immer individuelle und besonders funktionelle Verschiedenheiten, die erklären, warum dieselbe Drüse bald in die eine, bald in eine andere Kategorie übergehen kann.

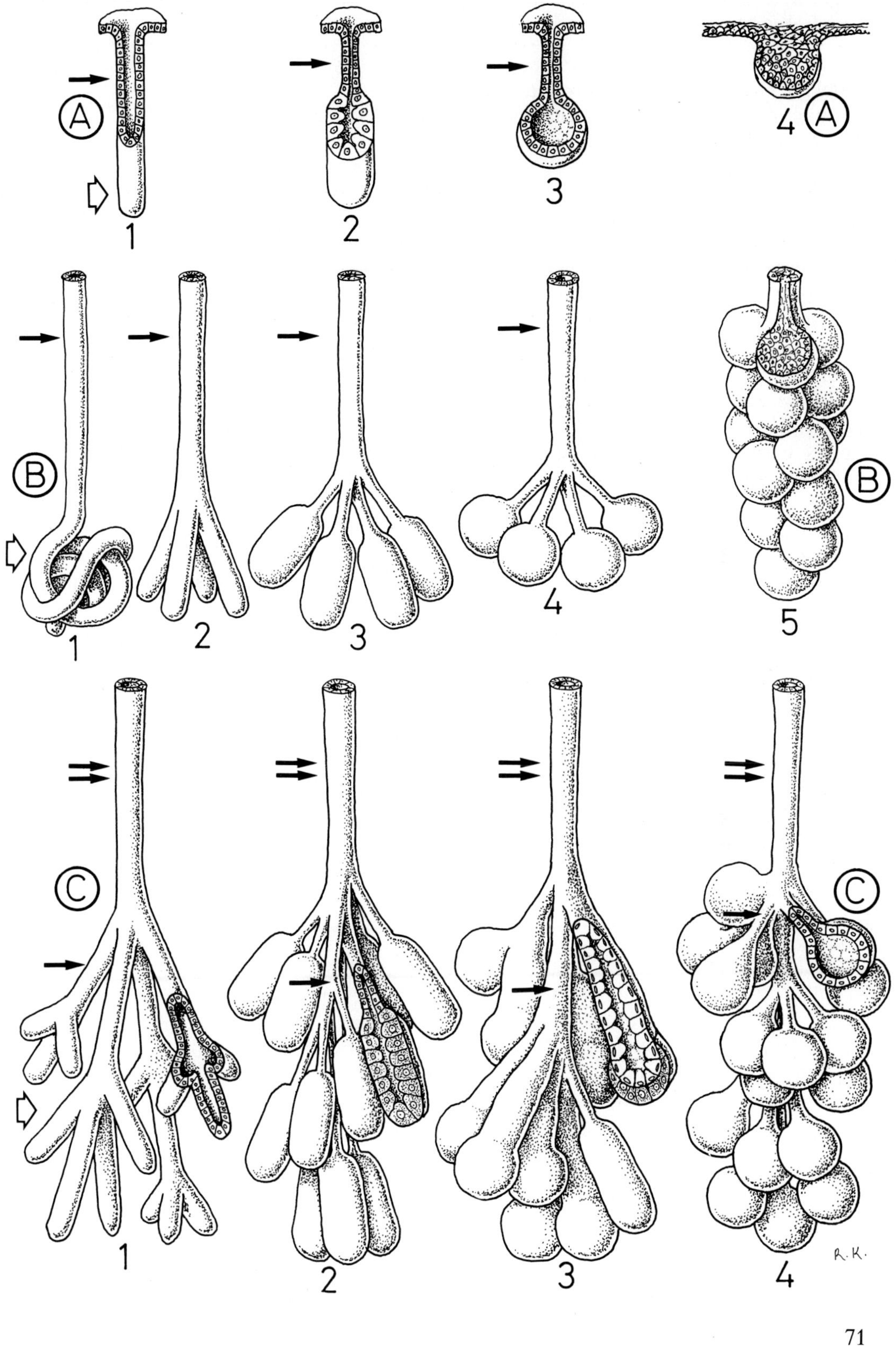
A
1
2
3
4 A
B
1
2
3
4
5
B
C
1
2
3
4
C
R.K.

Tafel 35. Drüsenepithelien. Einzellige Drüsen.
Beispiel: Becherzellen aus dem einschichtigen hochprismatischen Epithel des Dünndarms der Ratte

Die Becherzellen sind in großer Zahl im Epithel des Darmkanals und der Luftwege verteilt (s. Tafeln 14 und 18).
In Abb. **A** sind zwei Becherzellen umrahmt: Die linke entspricht der Abb. **B** und die rechte der Abb. **C**.
In voller Tätigkeit haben die Zellen wegen ihrer engen Zellbasis und ihres breiten Zellapex die Form eines Bechers. Der Zellkern ist schmal und enthält kondensiertes Chromatin. Oberhalb des Kerns befindet sich ein sehr gut entwickelter Golgi-Apparat (Abb. **B** und **C 1**).
Im Golgi-Apparat werden – unter Mitwirkung anderer Zellorganellen – die Promucingranula (Abb. **B** und **C 2**) gebildet. Sie fließen als Sekretgranula (Abb. **B** und **C 3**) in Richtung des Apicalpols. Das obere Plasmalemm öffnet sich vorübergehend, und der Schleim wird aus der Zelle ausgeschieden. Dabei verliert die Zelle nichts von ihrem Cytoplasma. In einem solchen Fall spricht man von einem merokrinen oder ekkrinen Sekretionstyp. Nach dem Entleeren der Sekretgranula wird die Becherzelle schmal (sog. „schmale Zelle“, Abb. **C**). Man beachte die auf dem Apicalpol gut sichtbaren Mikrovilli (Abb. **B** und **C 4**) und Zonulae occludentes (Abb. **B** und **C 5**).
Nach einer Pause beginnt ein neuer Sekretionscyclus; die Zelle synthetisiert ihr Produkt und sondert es wieder ab. Ein Sekretionscyclus kann sich also mehrere Male wiederholen (s. Tafeln 154, 155 in Krstić, R. V.: Ultrastruktur der Säugetierzelle).

Vergrößerungen: Abb. **A** 700fach;
Abb. **B** und **C** 5000fach

Literatur

Cheng H, Bjerknes M (1982) Whole population cell kinetics of mouse duodenal, jejunal, ileal, and colonic epithelia as determined by radioautography and flow cytometry. Anat Rec 203:251–264
Freeman JA (1966) Goblet cell fine structure. Anat Rec 154:121–148
Kurosumi K, Shibuichi I, Tosaka H (1983) Ultrastructural studies on the secretory mechanism of goblet cells in the rat jejunal epithelium. Arch Histol Jpn 44:263–284
Specian RD, Neutra MR (1980) Mechanism of rapid mucus secretion in goblet cells stimulated by acetylcholine. J Cell Biol 85:626–640

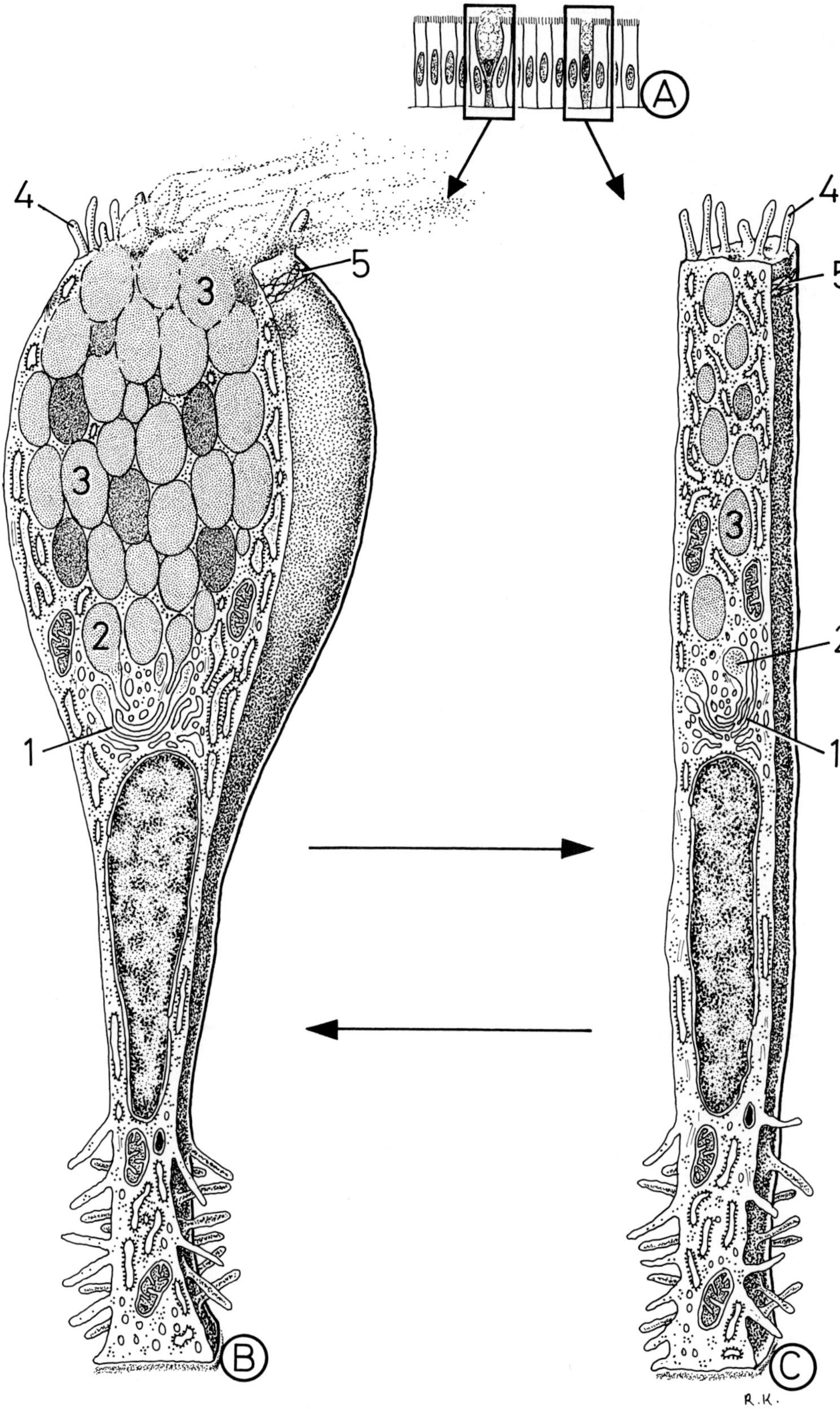
A
4
5
3
3
2
1
B
4
5
3
2
1
C
R.K.

Tafel 36. Drüsenepithelien. Endoepitheliale Drüse.
Beispiel: Nasenschleimhaut des Menschen

Alle Schleim produzierenden Zellen (**1**) einer solchen endoepithelialen Drüse (**2**) liegen inmitten des mehrschichtigen hochprismatischen Flimmerepithels (**3**). Sie sind etwas niedriger als die benachbarten Flimmerzellen (**4**), so daß sich die glanduläre Lichtung auf der halben Epithelhöhe befindet.

Die endoepithelialen Drüsen produzieren eine Schleimsubstanz zur Befeuchtung der Nasenschleimhaut.

Vergrößerung: 2300fach

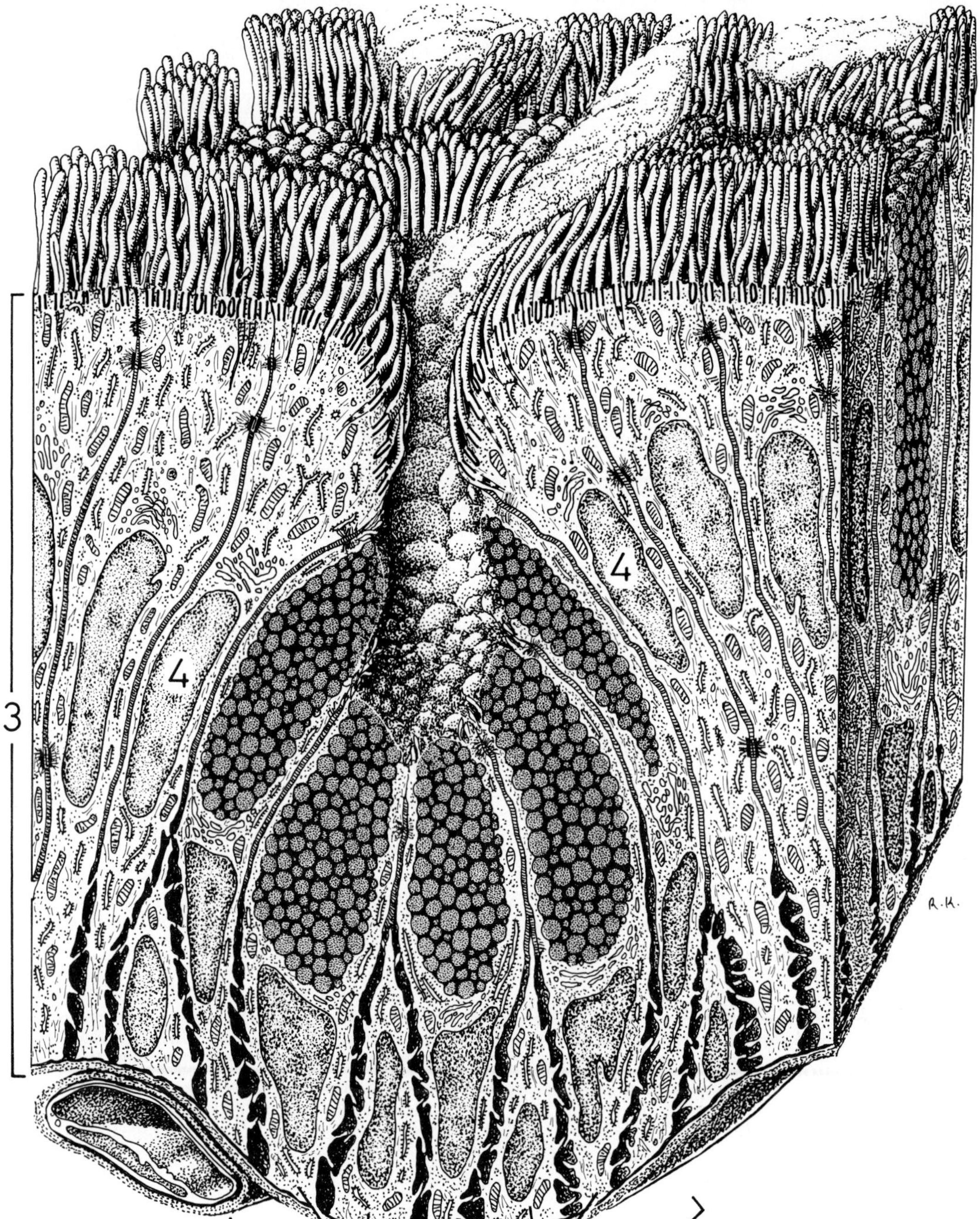
3
4
4
1
1
2
R.K.

Tafel 37. Drüsenepithelien. Endstück einer einfachen tubulösen heterokrinen Drüse. Beispiel: Magen der Ratte

In Abb. **A** ist ein Ausschnitt aus der Magenkörperschleimhaut gezeichnet. Die schlauchförmigen Magendrüsen (Abb. **A 1**) öffnen sich in die Foveolae gastricae (Abb. **A 2**). Dem durch ein Rechteck begrenzten Gebiet entspricht die Abb. **B**.

Eine Magendrüse wird von mehreren Zellarten gebildet, nämlich:

1. Nebenzellen (nicht gezeichnet, da sie nur im Drüsenhals vorkommen, Abb. **A 3**)
2. Hauptzellen
3. Belegzellen und
4. isolierten endokrinen Zellen.

Die prismatischen Hauptzellen (Abb. **B 2**) zeichnen sich durch ein sehr reich entwickeltes Ergastoplasma und große Mengen freier Ribosomen aus. Oberhalb des Kerns findet man mehrere Propepsingranula.

Die Belegzellen (Abb. **B 3**) sind erheblich größer als die Hauptzelle, und ihre Basalabschnitte sind häufig nach außen vorgewölbt. Sie haben große kugelige oder ellipsoidale Kerne und auffallend viele Mitochondrien im Cytoplasma. Besonders charakteristisch sind die tiefen, manchmal verzweigten intracellulären Kanälchen (Abb. **B 5**), die zahlreiche Mikrovilli enthalten. Die Belegzellen liefern die für die Bildung der Magensäure unentbehrlichen Wasserstoffionen.

Die endokrinen Zellen (Abb. **B 4**) sind am Drüsenboden verteilt. Sie erreichen die Drüsenlichtung nicht, kommen aber an ihren Basalabschnitten mit den Capillaren (Abb. **B 6**) in Kontakt. Die endokrinen Zellen enthalten kugelige Kerne, gut entwickelte Organellen und im infranucleären Cytoplasma zahlreiche Hormongranula.

Alle aufgezählten Zellen scheiden ihre Produkte ohne Cytoplasmaverlust aus, also durch einen ekkrinen Mechanismus. Da der Drüsensaft aus verschiedenen Sekretionsprodukten zusammengesetzt ist, spricht man von einer heterokrinen Drüse (s. Tafeln 42, 43, 160 in Krstić, R. V.: Ultrastruktur der Säugetierzelle).

Vergrößerungen: Abb. **A** 70fach,
Abb. **B** 3000fach

Literatur

Forssmann WG, Orci L, Pictet R, Renold AE, Rouiller C (1969) The endocrine cells in the epithelium of the gastrointestinal mucosa of the rat. An electron microscopic study. J Cell Biol 40:692–715
Gannon B, Browning J, O'Brien P (1983) The microvascular architecture of the glandular mucosa of rat stomach. J Anat 135:667–683
Hage E, Kjaergaard J (1972) Ultrastructure of basal granulated cells in the rectum of human fetuses and children. Arch Histol Jpn 35:31–36
Helander HF (1981) The cells of the gastric mucosa. Int Rev Cytol 70:217–289
Rubin W, Ross LL, Sleisenger MH, Jeffries GH (1968) The normal human gastric epithelia. Lab Invest 19:598–626
Winckler J (1976) Biogene Amine in Polypeptidhormonbildenden Zellen. Die APUD-Zellen (Pearse). Klin Wochenschr 54:49–58

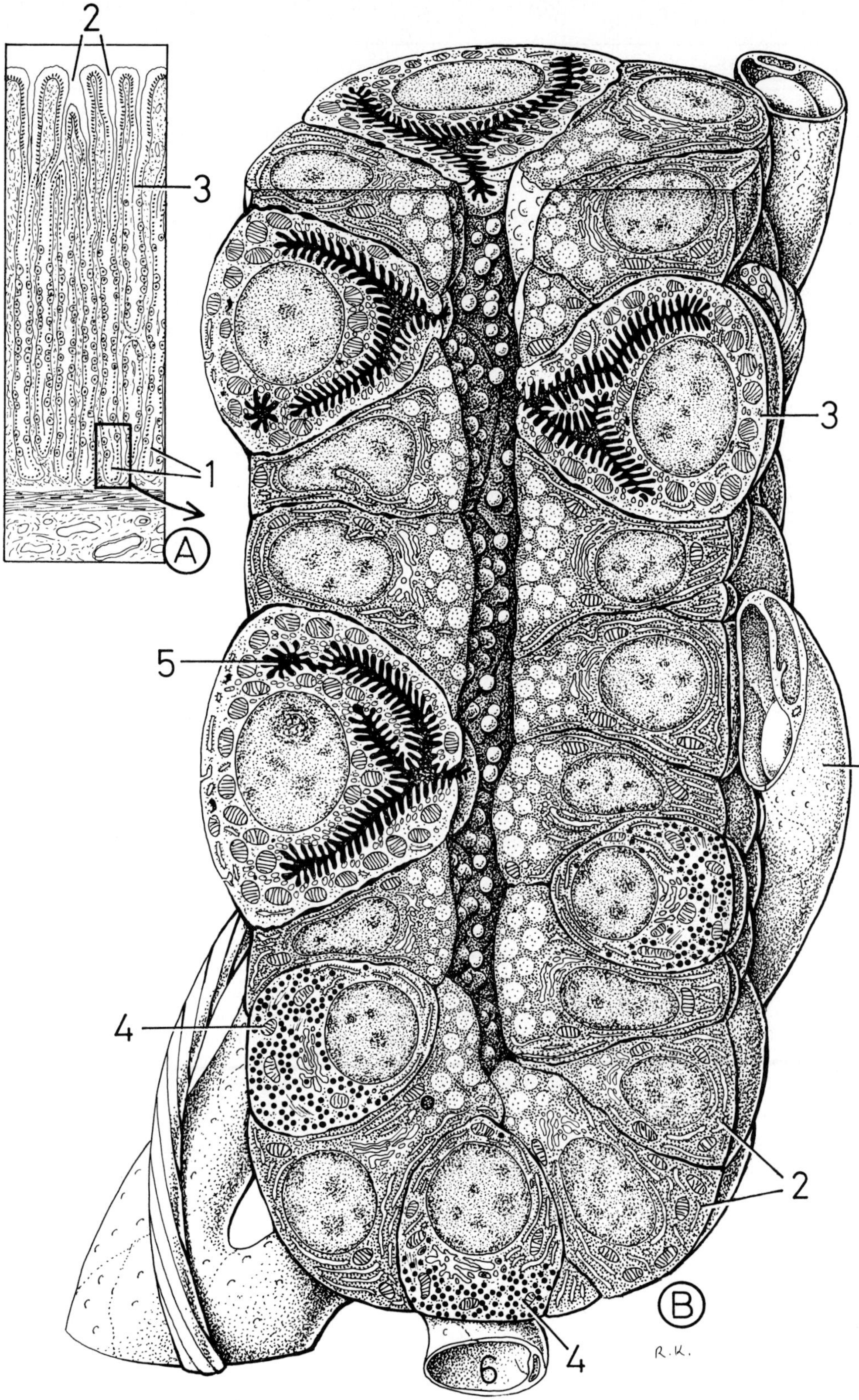
2
3
1
A
3
5
6
4
2
B
4
6
R.K.

**Tafel 38. Drüsenepithelien. Acinus einer tubulo-acinösen serösen Drüse.
Beispiel: Pankreas der Ratte**

In Abb. **A** ist das lichtmikroskopische Bild des exokrinen Pankreasabschnittes gezeichnet. Ein Acinus (Abb. **A1**), als exokrine sekretorische Einheit mit seinem Schaltstück (Abb. **A2**), kommuniziert mit einem Ausführungsgang (Abb. **A3**). Im Innern der Acini befinden sich sog. centro-acinäre Zellen (Abb. **A4**). Der umrahmte Ausschnitt entspricht der Abb. **B**. Ein Acinus ist ein aus einschichtigem Epithel gebautes Gebilde, das etwa an eine Beere erinnert.
Die Acinuszellen (Abb. **B1**) sind prismatisch, mit kugeligen, zentral gelegenen Kernen und großen Nucleoli. Ihr Reichtum an Ergastoplasma und freien Ribosomen ist auffallend und spricht für eine starke Proteinsynthese. Im supranucleären Cytoplasma findet man zahlreiche, verschieden große Prosekret- bzw. Zymogengranula, die nach Art der ekkrinen Sekretion abgesondert werden. Aus didaktischen Gründen ist die Acinuslichtung breit dargestellt; tatsächlich handelt es sich um einen schmalen Spalt.
Im Acinus erscheinen auch die für das Pankreas charakteristischen centro-acinären Zellen (Abb. **B2**). Sie bilden eine unvollkommene Schicht, durch deren Lükken die Zymogengranula fließen. Die centro-acinären Zellen setzen sich in den abgeflachten Zellen des Schaltstückes (Abb. **B3**) fort. Das Lumen dieses Kanälchens ist auch absichtlich wesentlich breiter gezeichnet. In Wirklichkeit ist es eng, da das Pankreassekret dünnflüssig ist. Aus dem gleichen Grund kommen um die Pankreasacini keine Myoepithelzellen vor.
Die Blutversorgung der die Enzyme synthetisierenden Drüsenstücke ist stark entwickelt. So findet man auf ihrer Außenseite – durch eine Basallamina (Abb. **B4**) von den sekretorischen Zellen getrennt – mehrere Capillaren (Abb. **B5**) und marklose Nervenfasern (Abb. **B6**) (s. Tafel 155 in KRSTIĆ, R. V.: Ultrastruktur der Säugetierzelle).

Vergrößerungen: Abb. **A** 400fach; Abb. **B** 3000fach

Literatur

Amsterdam A, Ohad I, Schramm M (1969) Dynamic changes in the ultrastructure of the acinar cell of the rat parotid gland during the secretory cycle. J Cell Biol 41:753–773

Bendayan M, Roth J, Perrelet A, Orci L (1980) Quantitative immunocytochemical localization of pancreatic secretory proteins in subcellular compartments of the rat acinar cell. J Histochem Cytochem 28:149–160

Ekholm R, Zelander T, Edlund Y (1962) The ultrastructural organization of the rat exocrine pancreas: I. Acinar cells. J Ultrastruct Res 7:61–72

Ekholm R, Zelander T, Edlund Y (1962) The ultrastructural organization of the rat exocrine pancreas: II. Centroacinar cells, intercalary and intralobular ducts. J Ultrastruct Res 7:73–83

Hand AR (1970) Nerve-acinar relationships in the rat parotid gland. J Cell Biol 47:540–543

Takahashi H (1984) Scanning electron microscopy of the rat exocrine pancreas. Arch Histol Jpn 47:387–404

Williams DW, Kendall MD (1982) The ultrastructure of the centroacinar cells within the pancreas of the starling (Sturnus vulgaris). J Anat 135:173–181

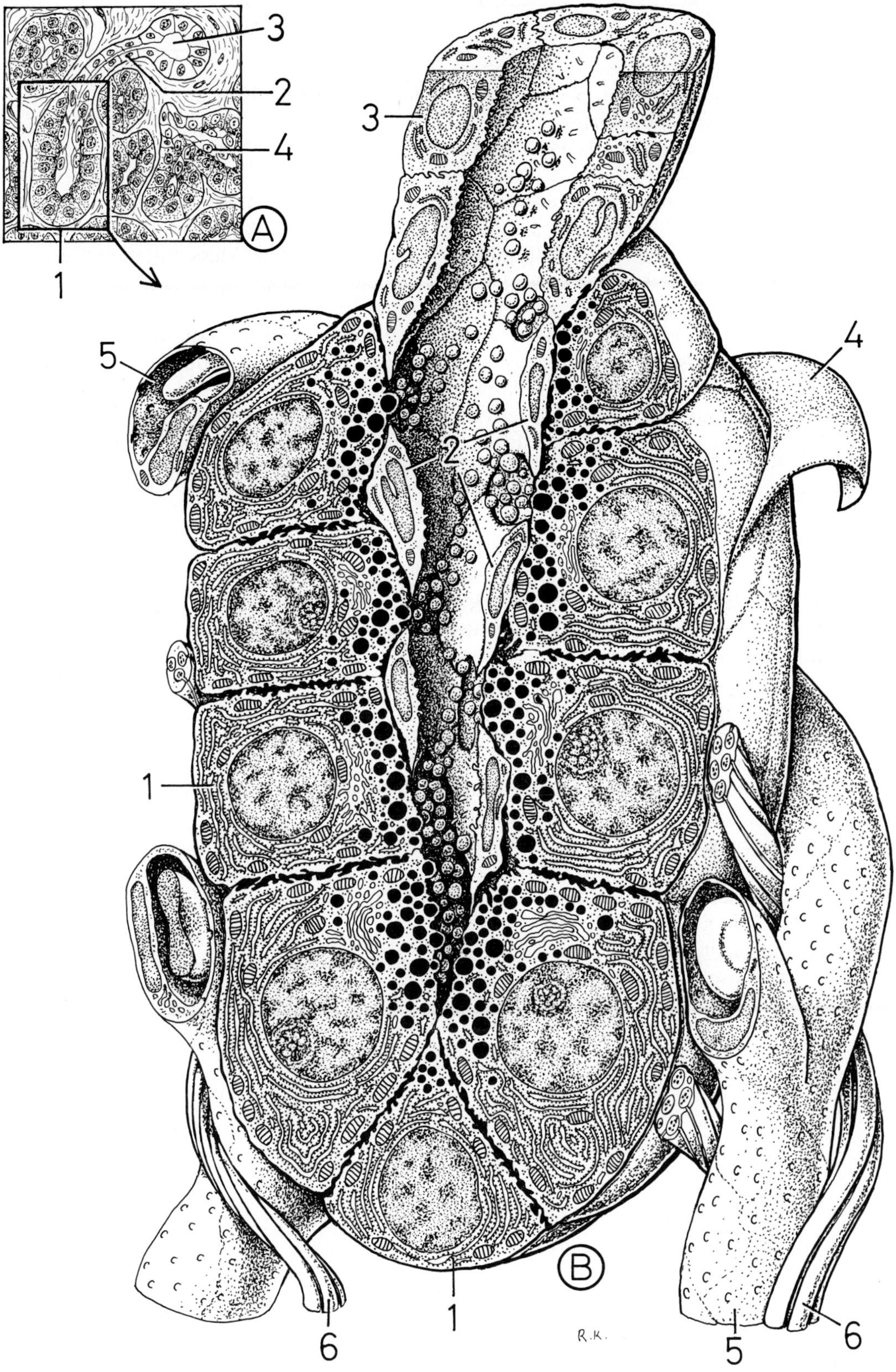

3
2
4
A
1
3
5
4
2
1
B
1
6
5
6
R.K.

Tafel 39. Drüsenepithelien. Sero-mucöses, tubulo-acinöses Endstück einer gemischten Speicheldrüse.
Beispiel: Gl. submandibularis des Menschen

Auf einem Schnittpräparat einer gemischten Speicheldrüse fallen nach einfacher Hämalaun-Eosin-Färbung die tubulösen mucösen Endstücke (Abb. **A 1**) wegen ihrer schwachen und die serösen wegen ihrer starken (Abb. **A 2**) Färbung auf. Die gemischten Elemente sind durch die Anwesenheit dunklerer seröser Endkappen (Abb. **A 3**) (Gianuzzi-Halbmonde) am Ende der mucösen Schläuche gekennzeichnet.

Abbildung **B** entspricht dem in Abb. **A** umrahmten Ausschnitt.

Die prismatischen mucösen Drüsenzellen (Abb. **B 1**) enthalten im Cytoplasma so viele Schleimgranula, daß ihre dunklen, stark abgeflachten Kerne in die Nähe der Basalmemban verdrängt werden. Diese Zellen sind durch eine eigenartige, für die gemischten Speicheldrüsen charakteristische „Verschleimung" der Schaltstücke (Abb. **B 2**) entstanden. Aus diesem Grunde sind sie in muco-serösen Drüsen selten oder fehlen sogar. Wenn vorhanden, produzieren sie ebenfalls ein mucöses Sekret. Wegen der hohen Viscosität des von den mucösen Zellen abgesonderten Produktes ist die Lichtung des Tubulus relativ weit. Am Ende des mucösen Schlauches befinden sich halbspherisch angeordnete, seröse ergastoplasmareiche Zellen (Abb. **B 3**). Durch intercelluläre Kanälchen, in welchen das Sekretionprodukt zu sehen ist (Abb. **B 4**), stehen diese mit dem Tubuluslumen in Verbindung. Auf solche Weise entsteht ein sero-mucöser Speichel, dessen Ausscheidung durch die Kontraktion der Myoepithelzellen (Abb. **B 5**) beschleunigt wird.

In der Umgebung der gemischten Endstücke sieht man Blutcapillaren (Abb. **B 6**) und marklose Nervenfasern (Abb. **B 7**) (s. Tafel 161 in Krstić, R. V.: Ultrastruktur der Säugetierzelle).

Vergrößerungen: Abb. **A** 400fach; Abb. **B** 2800fach

Literatur

Al Yassin TM, Toner PG (1977) Fine structure of squamous epithelium and submucosal glands of human oesophagus. J Anat 123:705–721

Barka T (1980) Biologically active polypeptides in submandibular glands. J. Histochem Cytochem 28:836–859

Gibson MHL (1983) The prenatal human submandibular gland: a histological, histochemical and ultrastructural study. Anat Anz 153:91–105

Murphy RA, Watson AY, Metz J, Forssmann WG (1980) The mouse submandibular gland: an exocrine organ for growth factors. J Histochem Cytochem 28:890–902

Tandler B (1983) Ultrastructure of mink submandibular gland. J Submicrosc Cytol 15:519–530

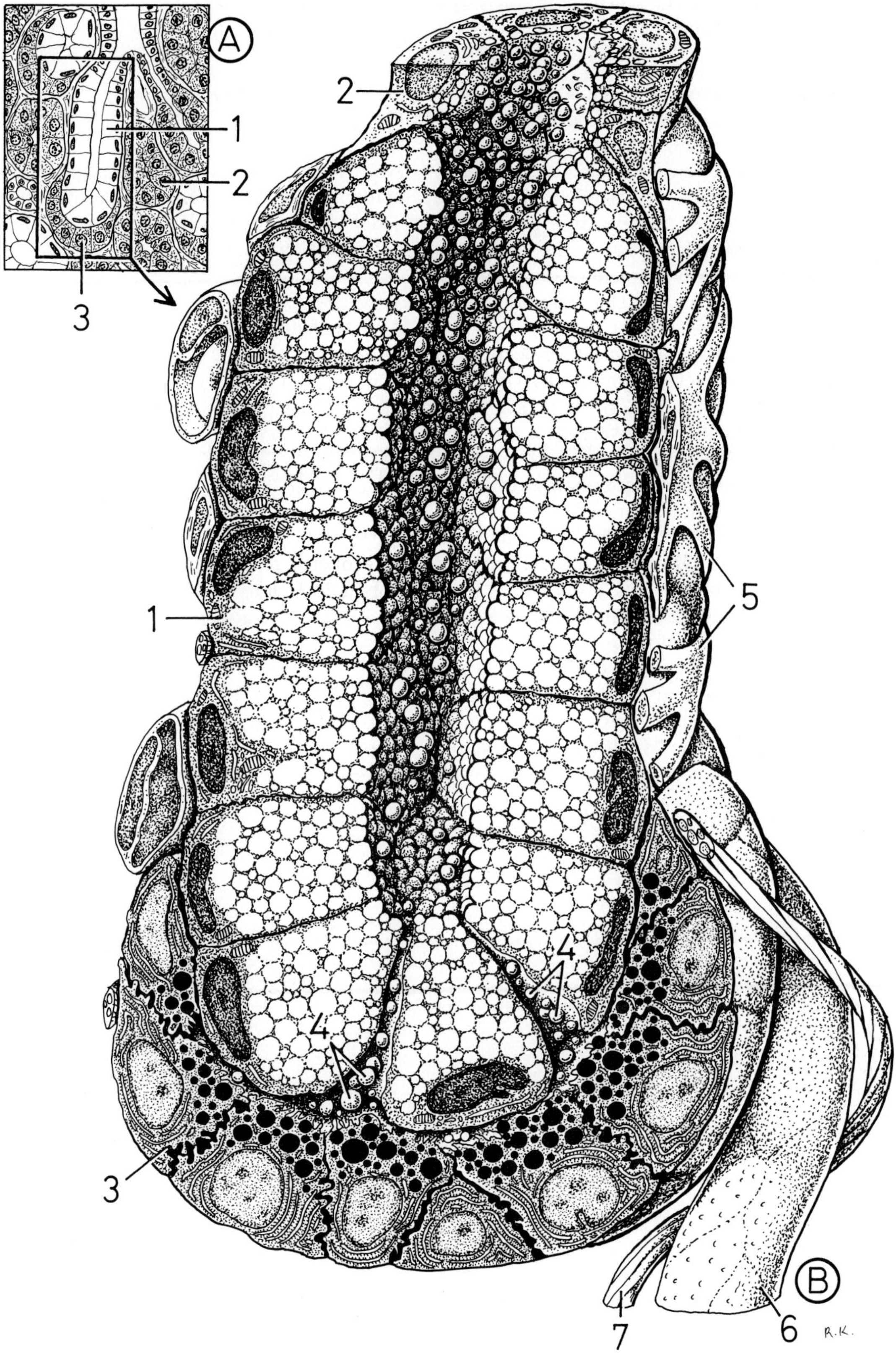

A
1
2
3
2
1
5
4
4
3
B
7
6
R.K.

Tafel 40. Drüsenepithelien. Endstück einer apokrinen tubulo-alveolären Drüse. Beispiel: Lactierende Milchdrüse der Ratte

Abbildung **A** veranschaulicht das lichtoptische Bild einer lactierenden Milchdrüse der Ratte. Die lumenwärts gerichteten Zellabschnitte sind durch die Anwesenheit heller Fettvacuolen (Abb. **A 1**) charakterisiert. Eine einzelne Tubulo-alveole ist in Abb. **B** gezeichnet.

Das Epithel der Tubulo-alveole besteht aus einer Schicht prismatischer ergastoplasmareicher Zellen. Im apicalen Cytoplasma enthalten sie zwei Arten von Bläschen. In den ersten (Abb. **B 1**) kommen kleine osmiophile, proteinhaltige (schwarze) Caseingranula vor. Die zweiten, beträchtlich größeren Bläschen sind Fetttropfen (Abb. **B 2**). Die Ausscheidung der Proteingranula erfolgt durch den ekkrinen Mechanismus, während die Absonderung der Fetttropfen mit einem Cytoplasmaverlust verbunden ist. In diesem Falle spricht man von apokriner Sekretion.

In der breiten Lichtung der Tubulo-alveole entsteht so die Milch (Abb. **B 3**), deren Abfluß durch die Kontraktion der Myoepithelzellen (Abb. **B 4**) erleichtert wird (s. Tafel 156 in Krstić, R. V.: Ultrastruktur der Säugetierzelle).

Vergrößerungen: Abb. **A** 500fach;
Abb. **B** 2300fach

Literatur

Bargmann W, Knoop A (1959) Über die Morphologie der Milchsekretion. Z Zellforsch 49:344–388

Brooker BE (1983) Pseudopod formation and phagocytosis of milk components by epithelial cells of the bovine mammary gland. Cell Tissue Res 229:639–650

Craigmyle BLM (1984) Apocrine glands and the breast. Wiley, Chichester

Kurosumi K, Kawabata I (1977) Transmission and scanning electron microscopy of the human ceruminous apocrine gland. Arch Histol Jpn 40:203–244

Schaumburg-Lever G, Lever WF (1975) Secretion from human apocrine glands: an electron microscopic study. J Invest Dermatol 64:38–41

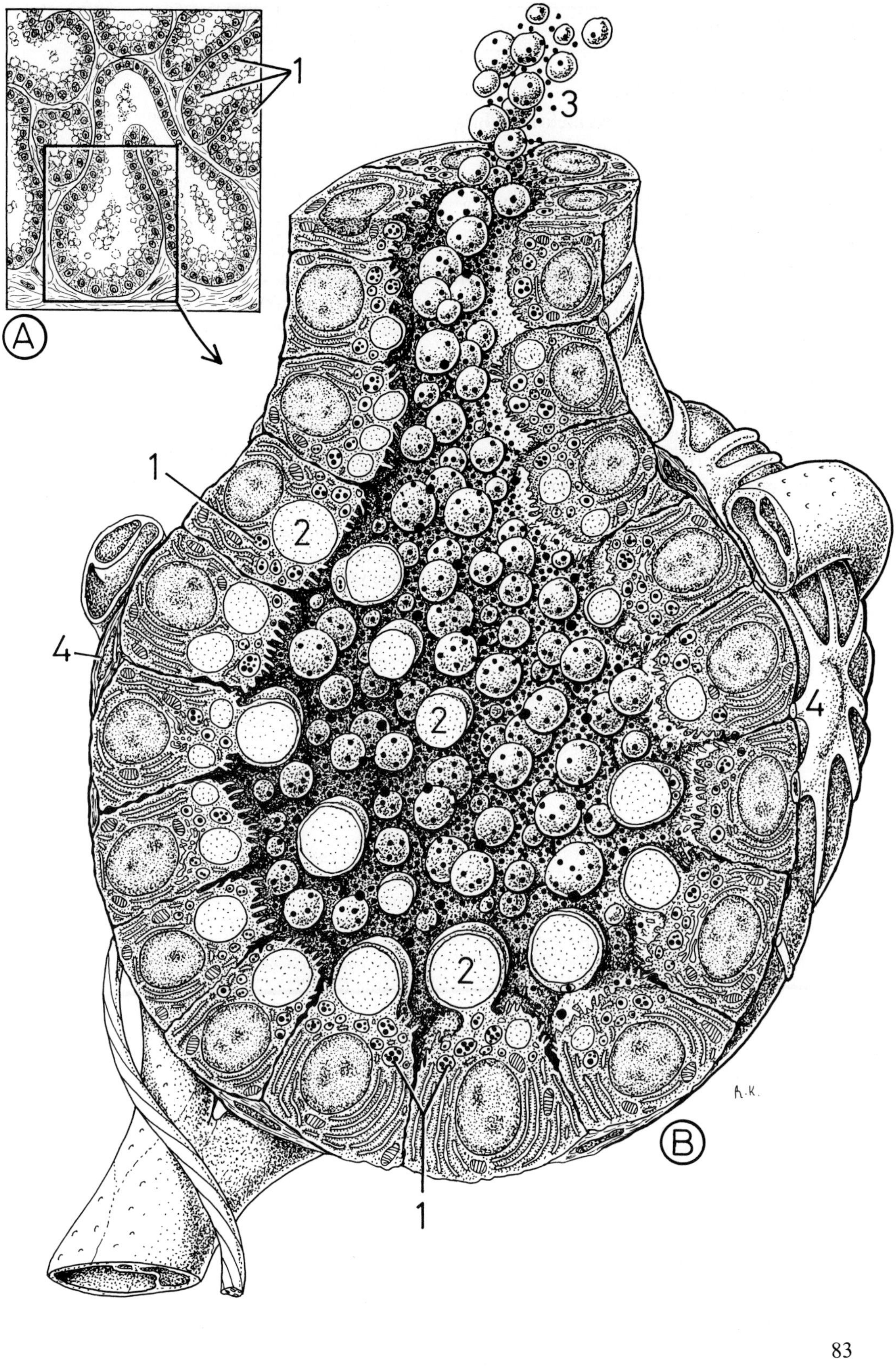
1
3
A
1
2
2
4
4
2
1
A.K.
B

Tafel 41. Drüsenepithelien.
Talgkolben einer holokrinen mehrschichtigen Alveolardrüse.
Beispiel: Talgdrüse des Menschen

Die Mehrzahl der Talgdrüsen (Gll. sebaceae, Abb. **A1**) münden in die Haarfollikel (Abb. **A2**). Sie setzen sich aus mehreren Endkolben (Abb. **A3**) zusammen. Ein Talgkolben ist vergrößert in Abb. **B** dargestellt.

Ähnlich wie bei der Epidermis sind die tiefsten, die Basallamina (Abb. **B2**) berührenden Basalzellen (Abb. **B1**) teilungsfähig. Sie bilden eine Keimschicht, in welcher die abgestorbenen, in Talg umgewandelten Zellen durch Mitosen (Abb. **B3**) ersetzt werden. Die Abkömmlinge der Keimschichtzellen (Abb. **B4**) vertalgen allmählich durch eine Ansammlung von Fetttröpfchen im Cytoplasma, bleiben jedoch durch zahlreiche Desmosomen fest miteinander verbunden.

Im weiteren Verlauf der Talgbildung sterben die Zellen langsam ab; ihre Kerne werden sehr dicht (pyknotisch) und schrumpfen (Abb. **B5** und **6**). Gleichzeitig verschwinden die Zellgrenzen, und die Talgvacuolen verlassen das nunmehr amorphe Cytoplasma, dessen Endprodukt kernlose, fettreiche Klümpchen sind. Das Talgmaterial (Abb. **B7**) gelangt durch die Haarwurzelscheide an die Hautoberfläche.

Die mehrschichtigen Alveolardrüsen sind ausnahmslos holokrin. Unter dieser Bezeichnung versteht man einen Prozeß, bei welchem die Synthese des Sekretproduktes vom Absterben der Zelle begleitet wird. Deshalb brauchen solche Drüsen ständig Zellnachschub aus der Keimschicht (s. Tafel 157 in Krstić, R. V.: Ultrastruktur der Säugetierzelle).

Vergrößerungen: Abb. **A** 70fach;
Abb. **B** 2600fach

Literatur

Bell MA (1971) A comparative study of sebaceous gland ultrastructure in subhuman primates. Anat Rec 170:331–342

Bell M (1986) Sebaceous gland. In: Bereiter-Hahn J, Matolsty AG, Richards KS (eds) Biology of the integument, vol 2. Springer, Berlin Heidelberg New York Tokyo

Mesquita-Guimarae J (1976) Holocrine cell lysis in the rat preputial sebaceous gland. Evidence of autophagocytosis during cell involution. Anat Rec 186:49–68

Mesquita-Guimaraes J, Pignatelli D, Coimbra A (1979) Autophagy during holocrine cell lysis in skin sebaceous glands. J Submicrosc Cytol 11:435–447

Rupec M (1969) Zur Ultrastruktur der Talgdrüsenzelle. Arch Klin Exp Dermatol 234:273–292

Strauss JS, Pochi PE (1969) Histology, histochemistry and electron microscopy of sebaceous glands in man. In: Gans O, Steigleder GK (eds) Normale und pathologische Anatomie der Haut. Springer, Berlin Heidelberg New York

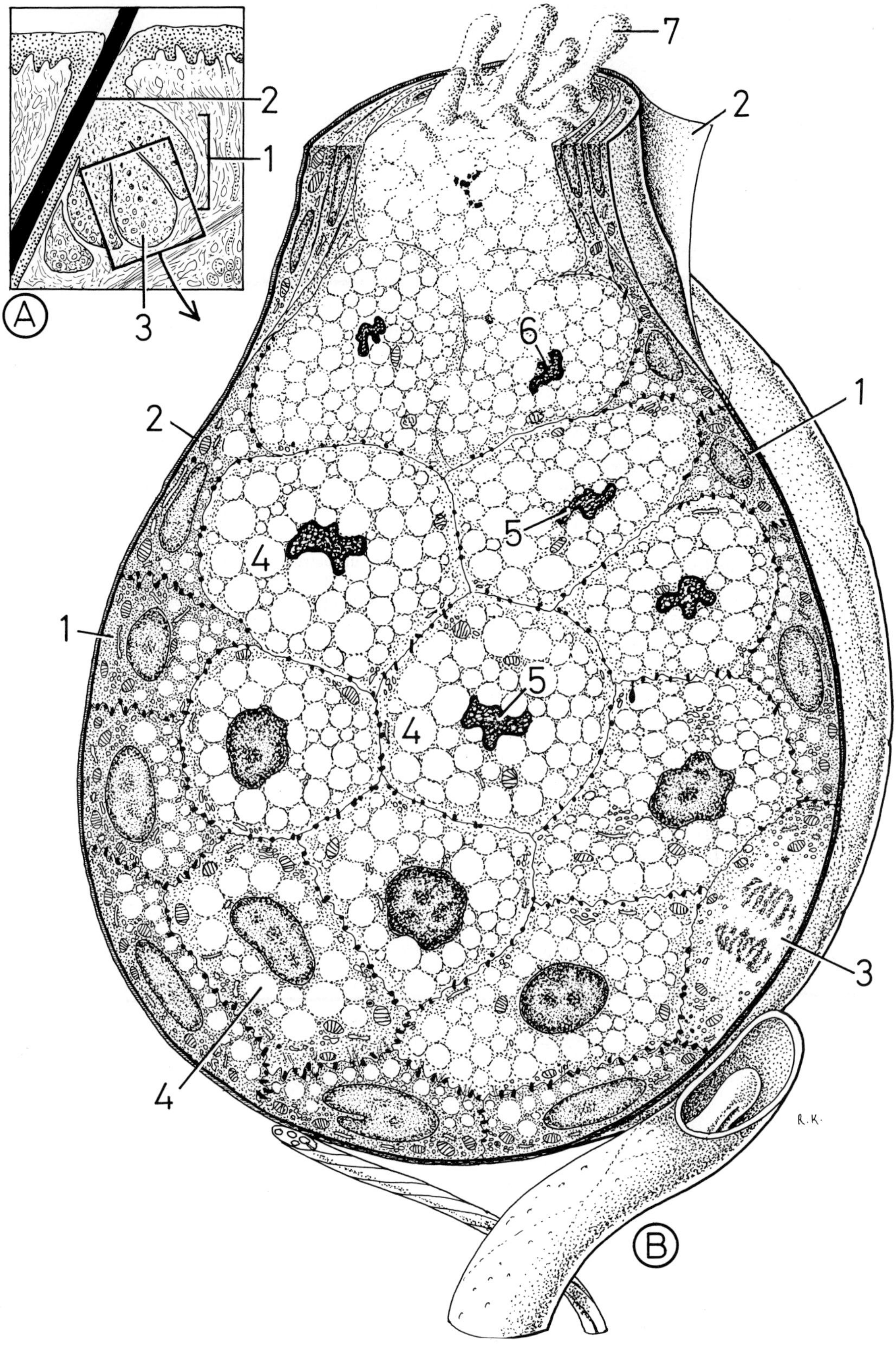

7
2
2
1
A
3
6
2
1
5
4
1
5
4
3
4
R.K.
B

Tafel 42. Drüsenepithelien. Schema einer zusammengesetzten tubulo-acinösen Drüse

Diese Tafel soll nur die allgemeine Organisation einer zusammengesetzten exokrinen Drüse verständlich machen. Dazu wurde die sonst enge Acinuslichtung absichtlich weit gezeichnet.
Die Acini (**1**) sitzen an schmalen Schaltstücken (**2**), die ihrerseits in die Sekretrohre (**3**) münden.
Mehrere Sekretrohre vereinigen sich außerhalb des Lobulus (**4**) zu einem extralobulären Ausführungsgang (**5**). Mehrere extralobuläre Ausführungsgänge vereinigen sich zu einem Hauptausführungsgang (nicht dargestellt), der in seinem die Oberfläche erreichenden Abschnitt ein zweireihiges Epithel aufweist.
Die Verzweigung des Röhrensystems führt zur Bildung von Läppchen (Lobuli) und Lappen (Lobi).
Zur Blutversorgung ist jede Drüse mit Arterien (**6**) und Venen (**7**) versehen. Die Nervenimpulse werden über marklose Nervenfaserbündel (**8**) geleitet.

Vergrößerung: 280fach

Literatur

Banerjee SD (1977) Basal lamina of embryonic salivary epithelia. Production by the epithelium and role in maintaining lobular morphology. J Cell Biol 73:445–463

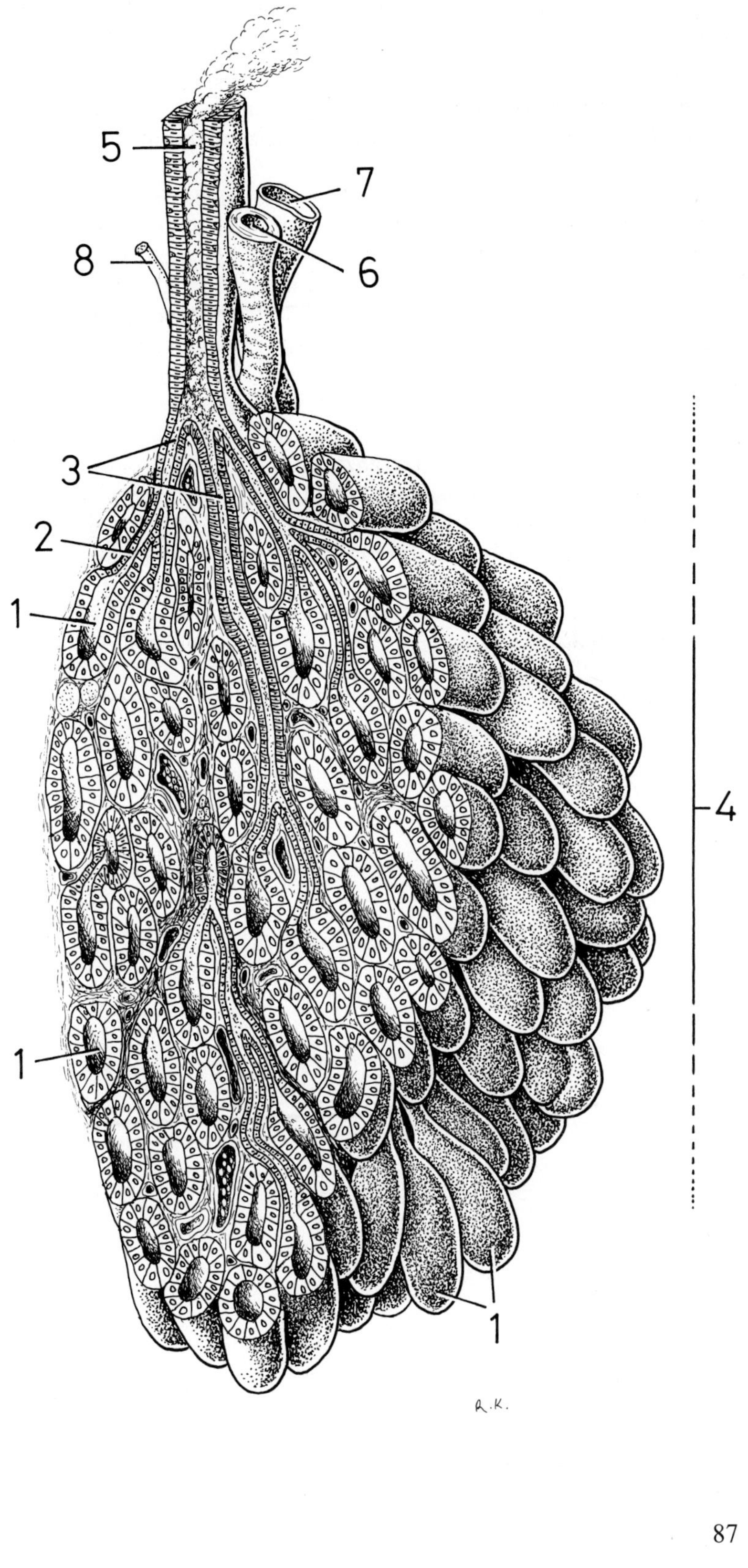
5
7
8
6
3
2
1
4
1
1
R.K.

Tafel 43. Drüsenepithelien. Endokrine Drüsen.
Beispiele: Inselapparat (Langerhans-Pankreasinseln) und Schilddrüse

Das Pankreas – Bauchspeicheldrüse – (Abb. **A 1**) schmiegt sich in eine C-förmige Kurve des Duodenums (Abb. **A 2**). Es ist aus zwei Arten von Drüsenepithel gebaut. Den größten Anteil des Pankreasparenchyms bilden die in Tafel 38 bereits erwähnten Acini (Abb. **B 1**) sowie das röhrenförmige Ausführungssystem (Abb. **B 2**). Inmitten der exokrinen Läppchen (Abb. **B 3**) liegen kleine, gut begrenzte epitheliale Zellgruppen, die Langerhans-Inseln (Abb. **B 4**). Da diese keine Ausführungsgänge haben, geben sie ihre Produkte (Hormone) direkt in das Blut ab. Die umrahmte Insel ist in der nächsten Tafel plastisch dargestellt.
Die lappenartig gebaute Schilddrüse (Gl. thyreoidea, Abb. **C 1**) befindet sich auf der vorderen Kehlkopfseite (Abb. **C 2**). Ihre mehr oder weniger gut begrenzten Lobuli enthalten zahlreiche bläschen- oder schlauchförmige Hohlgebilde – Follikel – (Abb. **D 1**), die mit einem vollständig geschlossenen einschichtigen Epithel ausgekleidet sind. Im Innern der Follikel ist das Kolloid – Träger der Schilddrüsenhormone – gespeichert (Stapeldrüse). An ihrer Außenseite sind die Epithelzellen in engem Kontakt mit Blutcapillaren.
Wie die Pankreasinseln und alle anderen innersekretorischen Drüsen hat die Gl. thyreoidea keine Ausführungsgänge.
Der umrahmte Follikel wird in den Tafeln 45 u. 46 näher erläutert.

Vergrößerungen: Abb. **B** 100fach; Abb. **D** 150fach

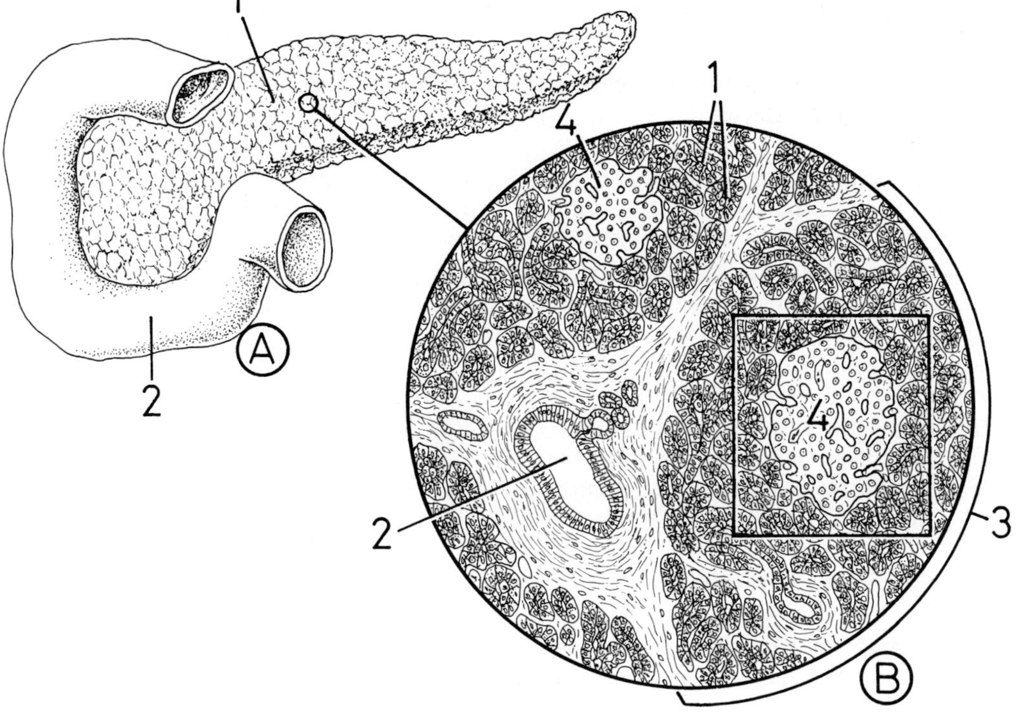
1
2
A
1
4
4
2
3
B

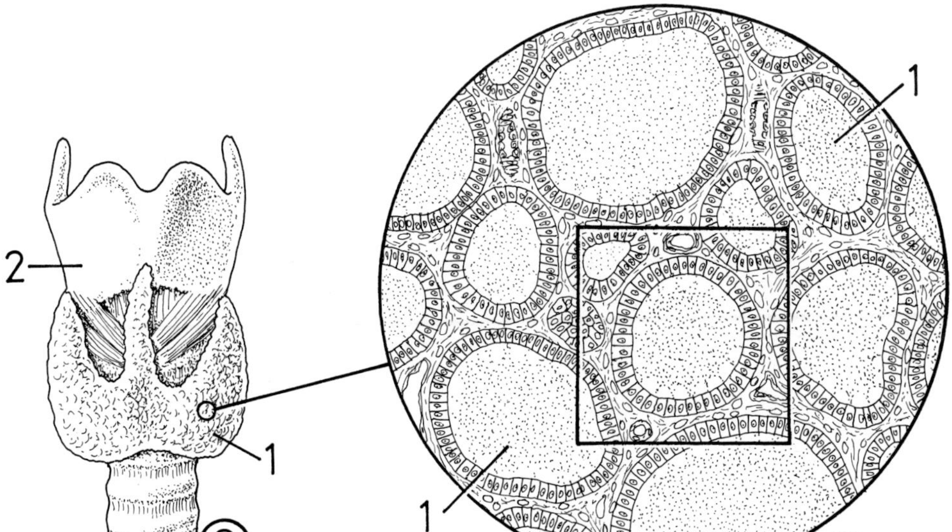
2
1
C
1
1
D
R.K.

Tafel 44. Drüsenepithelien. Endokrine Drüsen. Langerhans-Inseln. Fortsetzung der Tafel 43

Die Pankreasinseln sind winzige endokrine Drüsen innerhalb der exokrinen Bauchspeicheldrüse. Ihre Epithelzellen (Inselzellen, **1**) sind polygonale Elemente mit gelappten, ellipsoidalen Kernen und – je nach Funktionszustand – mehr oder weniger zahlreichen Sekretgranula. Sie bilden verzweigte, miteinander verbundene Balken. Viele Blutcapillaren (**2**) verlaufen zwischen den Epithelsträngen. Dabei sind sie häufig von marklosen Nervenfasern (**3**) begleitet, die mit den Epithelzellen in Kontakt stehen.

Man hat bis jetzt schon mehrere Arten Inselzellen beschrieben (s. Lehrbücher der Histologie). So z. B. die B-Zellen, welche das lebenswichtige, blutzuckersenkende Insulin – sein Mangel führt zur Zuckerkrankheit (Diabetes mellitus) – synthetisieren und in die Blutcapillaren ausscheiden. Eine Blutzuckersteigerung bewirkt das Hormon Glucagon, das in den A-Zellen produziert wird (s. Tafeln 163, 164 im Krstić, R. V.: Ultrastruktur der Säugetierzelle).

Vergrößerung: 1000fach

Literatur

Capella C, Solcia E (1972) The endocrine cells of the pig gastrointestinal mucosa and pancreas. Arch Histol Jpn 35:1–29

Cooperstein JS, Watkins D (eds) (1981) The islets of Langerhans. Academic, New York

Orci L (1976) Morphofunctional aspects of the islets of Langerhans. Metabolism 25 (Suppl. I):1303–1313

Orci L (1977) The islet of Langerhans: a multihormonal micro-organ. In: Bajaj JS (ed) Insulin and metabolism. Elsevier, Amsterdam

Zimny ML, Blackard WG (1975) The surface structure of isolated pancreatic islet cells. Cell Tissue Res 164:467–471

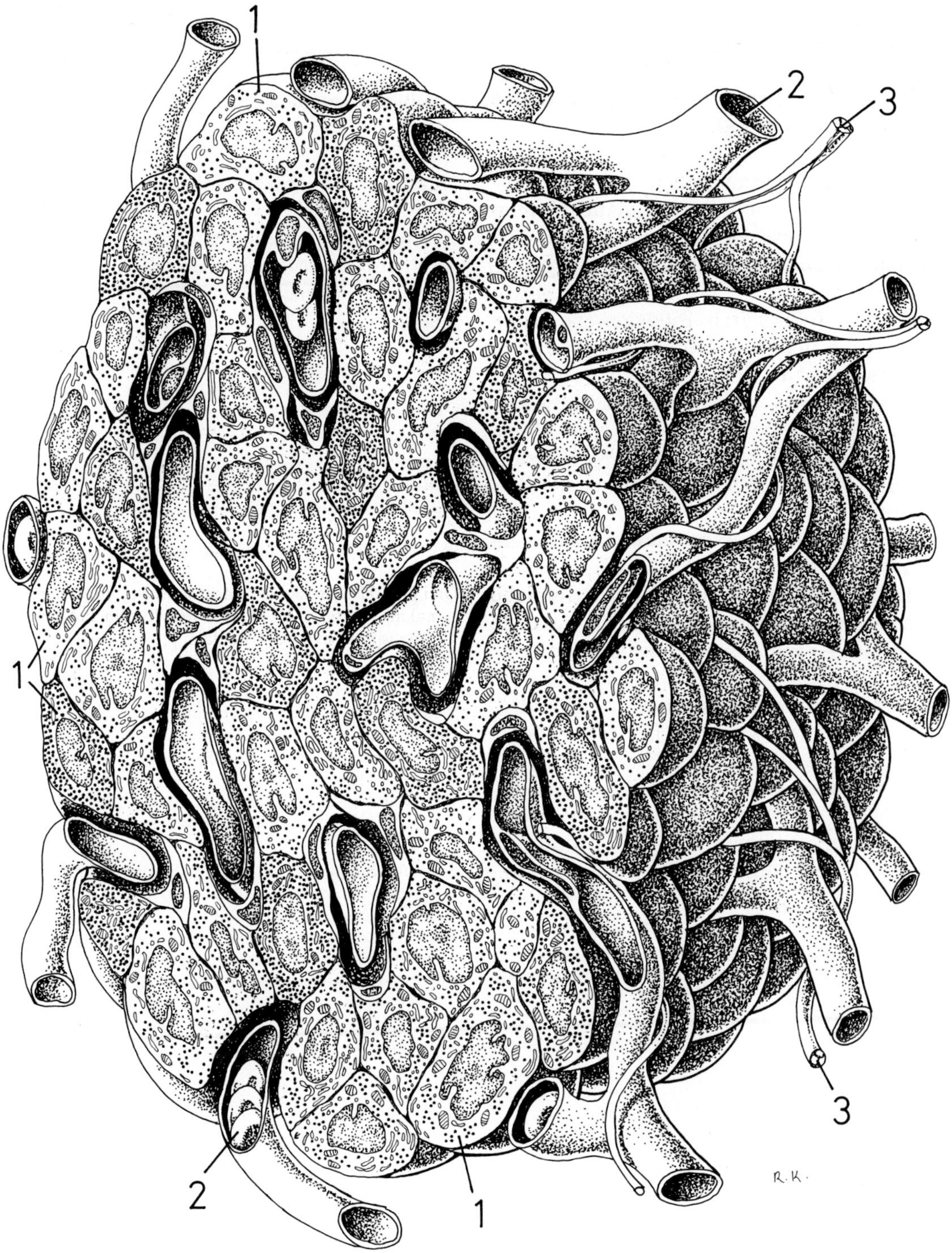
1
2
3
1
1
3
2
1
R.K.

Tafel 45. Drüsenepithel. Endokrine Drüsen. Glandula thyreoidea der Ratte. Fortsetzung der Tafel 43

Die Schilddrüsenbläschen (**1**) – Follikel – sind kugelige, ei- oder schlauchförmige Gebilde, ausgekleidet mit einem einschichtigen Epithel (**2**) von unterschiedlicher Höhe.
Im interfollikulären Bindegewebe befinden sich marklose Nervenfasern (**3**) und Arteriolen (**4**). Von den letzteren geht ein engmaschiges, die Follikel umspinnendes Capillarnetz (**5**) aus, das den Kontakt jeder Schilddrüsenepithelzelle (Thyreocyt oder Follikelepithelzelle) mit dem Blutkreislauf herstellt.
Die Epithelzellen sezernieren in die Follikelhöhle das homogene Kolloid, an dessen Globuline zwei jodhaltige Schilddrüsenhormone gebunden sind (Tri- und Tetrajodthyronin). Auf diese Weise sorgen die Epithelzellen für Hormonvorrat.
Bei Bedarf des Organismus an Schilddrüsenhormonen wird das bis dahin dichte Kolloid verflüssigt, die Hormon-Eiweiß-Komplexe werden gespalten und die Hormone in den Blutstrom abgegeben.
Die zweite Epithelzellart der Schilddrüse, die aus dem Ultimobranchialkörper stammenden C-Zellen (**6**), bilden kein Kolloid. Ihr Produkt – das Hormon Thyrocalcitonin – wird unmittelbar ins Blut abgesondert. Einfachheitshalber wurden die Capillar- und Epithelzellenbasallaminae nicht gezeichnet.
Es muß aber auch gesagt werden, daß die meisten endokrinen Epithelzellen über eine kleine intracelluläre Hormonreserve verfügen.

Vergrößerung: 1000fach

Literatur

Chan AS (1983) Ultrastructural observations on the formation of follicles in the human fetal thyroid. Cell Tissue Res 233:693–698

Fujita H, Murakami T (1974) Scanning electron microscopy on the distribution of the minute blood vessels in the thyroid gland of the dog, rat, and rhesus monkey. Arch Histol Jpn 36:181–188

Imada M, Kurosumi M, Fujita H (1986) Three-dimensional imaging of blood vessels in thyroids from normal and levothyroxin sodium treated rats. Arch Histol Jpn 49:359–367

Ketelbant-Balasse P, Rodesch F, Neve P, Pasteels MJ (1973) Scanning electron microscope observations of apical surfaces of dog thyroid cells. Exp Cell Res 79:111–119

Kobayashi S (1973) Rasterelektronenmikroskopische Untersuchungen der Schilddrüse. Arch Histol Jpn 36:107–117

Sobrinho-Simoes M, Johanessen JV (1981) Scanning electron microscopy of the normal human thyroid. J Submicrosc Cytol 13:209–222

Young BY, Baker TG (1982) The ultrastructure of rat thyroid glands under experimental conditions in organ culture. J Anat 135:407–412

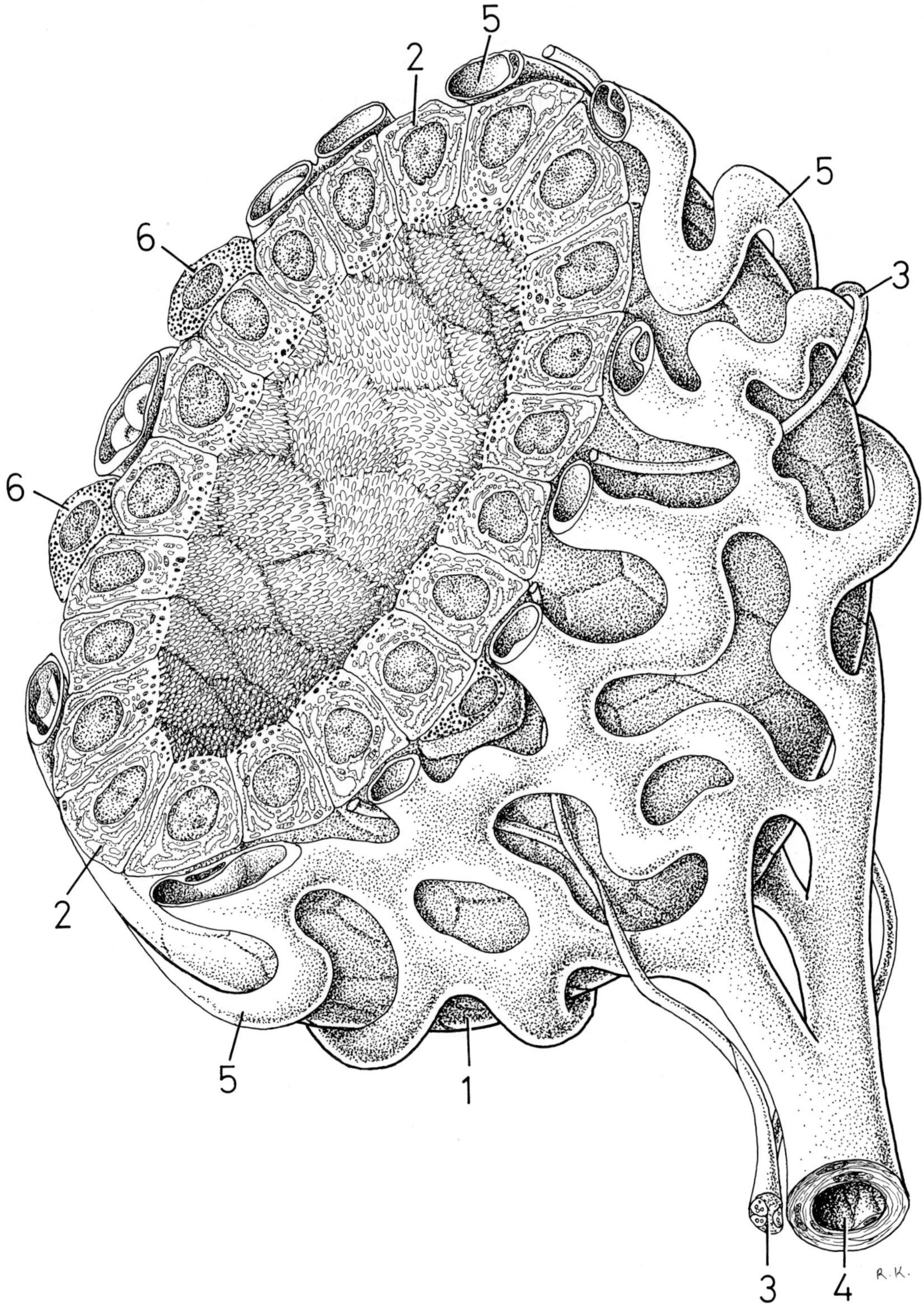
5
2
5
6
3
6
2
5
1
3
4
R. K.

Tafel 46. Drüsenepithelien. Morphodynamik des Schilddrüsenepithels. Fortsetzung der Tafel 45

Änderungen des Funktionszustandes entsprechen Veränderungen der Form und Struktur des Drüsenepithels. Ein besonders anschauliches Beispiel stellt die Dynamik des Schilddrüsenepithels dar.

Im Ruhezustand sind die Drüsenfollikel groß, das Kolloid viscös, die Thyreocyten und deren Kerne abgeflacht (Abb. **A**). Elektronenmikroskopisch sieht man in den niedrigen Zellen nur wenig granuläres endoplasmatisches Reticulum (Abb. **B 1**) und vereinzelte Sekretgranula (Abb. **B 2**). Der Apicalpol ist mit einer relativ kleinen Anzahl von Mikrovilli (Abb. **B 3**) besetzt. Bei erhöhtem Bedarf des Organismus an Tri- und Tetrajodthyronin mobilisieren die Zellen das Kolloid; dabei werden die Follikel kleiner (Abb. **C**). Die Epithelzellen werden hochprismatisch und ihre Kerne größer, ellipsoidal und eingebuchtet. Im Cytoplasma fallen gut entwickelte Golgi-Apparate (Abb. **D 1**) und stark erweiterte Räume des granulären endoplasmatischen Reticulums (Abb. **D 2**) auf. Unmittelbar unterhalb des apicalen Plasmalemms erscheinen viele Granula von resorbiertem Kolloid (Abb. **D 3**). Die Zahl der Mikrovilli wird um ein Vielfaches erhöht. Gleichzeitig bilden sich kugelige oder schalenförmige Zellfortsätze (Abb. **D 4**), welche die Resorptionsfläche vergrößern.

Einen Gestaltwandel beobachtet man auch bei einem kolloidsynthetisierenden Follikelepithel (s. Tafel 40 in Krstić, R. V.: Ultrastruktur der Säugetierzelle).

Vergrößerungen: Abb. **B** u. **D** 5000fach

Literatur

Garcia JG, Romero AR, Alonso JLL (1983) Modificaciones ultraestructurales de la glandula tiroides tras la administracion de TRH. Anal Anat 32:65–73

Herzog V, Miller F (1979) Route of luminal plasma membrane retrieved by endocytosis in thyroid follicle cells. Biol Cell 36:163–166

Klinck GH, Oertel JE, Winship T (1970) Ultrastructure of normal human thyroid. Lab Invest 22:2–22

Miyagawa J, Ishimura K, Fujita H (1982) Fine structural studies on the reabsorption of colloid and fusion of colloid droplets in thyroid glands of TSH-treated mice. Cell Tissue Res 223:519–532

Nunez EA, Wallis J, Gershon MD (1974) Secretory processes in follicular cells of the bat thyroid: III. The occurrence of extracellular vesicles and colloid droplets during arousal from hibernation. Am J Anat 141:179–202

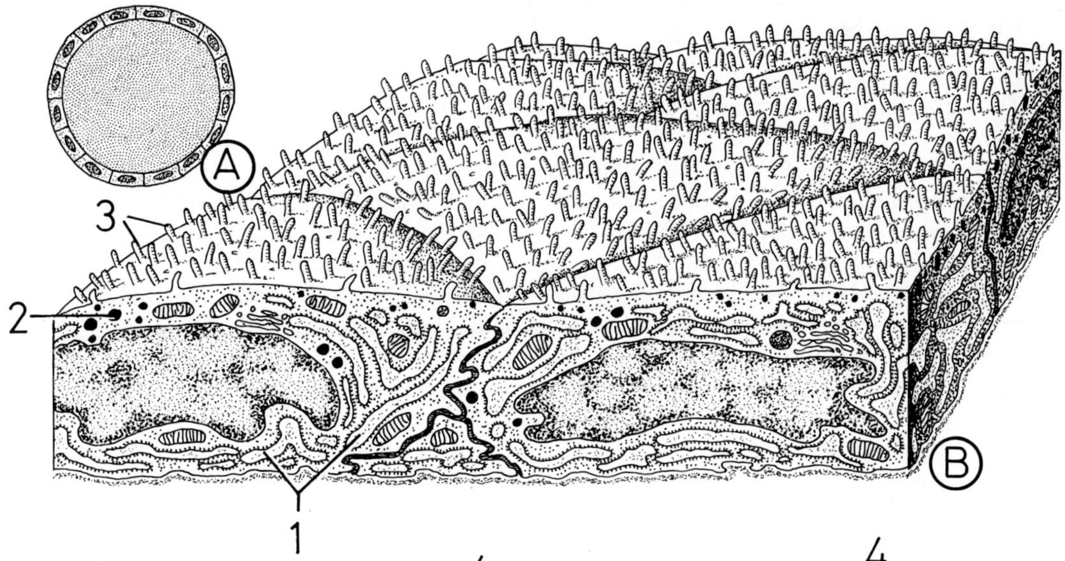
A
3
2
1
B

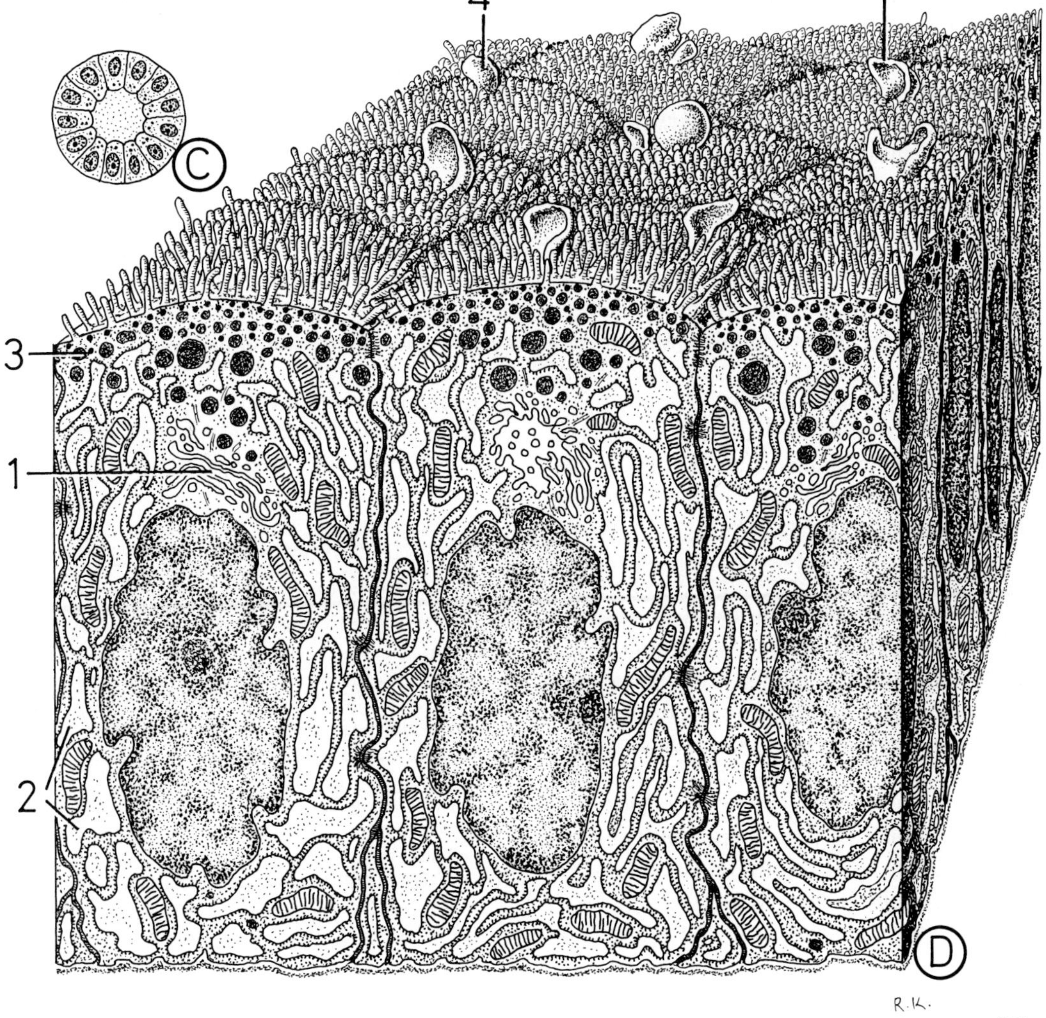
4
4
C
3
1
2
D
R.K.

Tafel 47. Regeneration und Transplantation

Die Funktion der Deck- und mancher Drüsenepithelien ist mit einem andauernden Verlust von Zellen verbunden. Deshalb müssen diese ständig durch neue ersetzt werden. Dabei spielen sich die Mitosen in der Regel möglichst weit von den Verbrauchsorten entfernt ab, z. B. bei den geschichteten Plattenepithelien nur in der Keimschicht (Abb. **A**, Pfeile). Die Neubildung von Enterocyten erfolgt ausschließlich in den Darmkrypten (Abb. **B**, Pfeile; s. Tafel 118). Die basal gelegenen Zellen einer Gl. sebacea sorgen für den Nachschub von holokrin desintegrierten Talgzellen (Abb. **C**, Pfeile).

Wenn sich die Epithelregeneration cyclisch abspielt, wie es bei den allmonatlichen Veränderungen der Uterusschleimhaut fortpflanzungsfähiger Frauen der Fall ist, dann handelt es sich um eine (cyclische) physiologische Regeneration (s. Tafel 4).

Während der ersten 4–5 Tage eines Menstruationscyclus wird ein größerer Teil der dicken Uterusschleimhaut abgestoßen (Menstruationsblutung), wenn sich keine Blastocyste eingenistet hat.

Im Uterus verbleibt lediglich eine etwa 1 mm dicke Schicht (die Pars basalis, Abb. **D**, Sternchen) mit Resten von Drüsen (Gll. uterinae, Abb. **D 1**). Im Laufe der nächsten 9–10 Tage erfolgt dann, vom Epithel dieser zurückgebliebenen Drüsenstümpfe ausgehend, die Regeneration der Epithelauskleidung des Endometriums. Während dieser Proliferationsphase treten zahlreiche Mitosen im Drüsenepithel (Abb. **D 2**) und im benachbarten Bindegewebe auf (Abb. **D 3**), das aus den Resten des interglandulären Gewebes regeneriert. Vom ersten Tag der Monatsblutung bis zur völligen Neubildung der desquamierten Schleimhaut vergehen etwa 14 Tage. Nach einer oberflächlichen Verletzung der Haut (Abb. **E**) wird sich die Keimschicht der Wundränder unter Bildung zahlreicher Mitosen auf die Wunde vorschieben (Epithelmigration, Abb. **F**, Pfeile). Die Zellen der verbliebenen epithelialen Haarwurzelscheide (Abb. **F 1**) und Drüsenausführungsgänge (Abb. **F 2**) nehmen auch an der Epidermisregeneration teil.

Bei größeren Wunden wird der Defekt durch neugebildetes gefäßreiches Bindegewebe (sog. Granulationsgewebe) aus subepidermalen Schichten (Abb. **G 1**) ausgefüllt. Die Epidermis schiebt sich von den Wundrändern aus langsam über das Granulationsgewebe. Eine Hauttransplantation beschleunigt diesen Prozeß. In Abb. **H** ist beispielsweise die Überpflanzung eines Epidermislappens (mit darunterliegendem, lockerem Bindegewebe des Stratum papillare) nach Tiersch gezeichnet.

Aus den angeführten Beispielen wird ersichtlich, daß die Deckepithelien und manche Drüsenepithelien unter normalen und pathologischen Bedingungen gut regenerieren. Hochdifferenzierte Drüsenepithelien regenerieren allerdings wesentlich schlechter als Deckepithelien.

Vergrößerungen: Abb. **A** 550fach;
Abb. **B** u. **C** 700fach; Abb. **D** 70fach;
Abb. **E–H** 40fach

Literatur

Gabbiani G, Montandon D (1977) Reparative processes in mammalian wound healing: the role of contractile phenomena. Int Rev Cytol 48:187–219

Odland G, Ross R (1968) Human wound repair: I. Epidermal regeneration. J Cell Biol 39:135–151

Potten CS, Allen TD (1975) The fine structure and cell kinetics of mouse epidermis after wounding. J Cell Sci 17:413–447

Reeve DRE (1974) Mitotic activity of epithelial cells in wounded rectal mucous membrane. J Anat 118:231–239

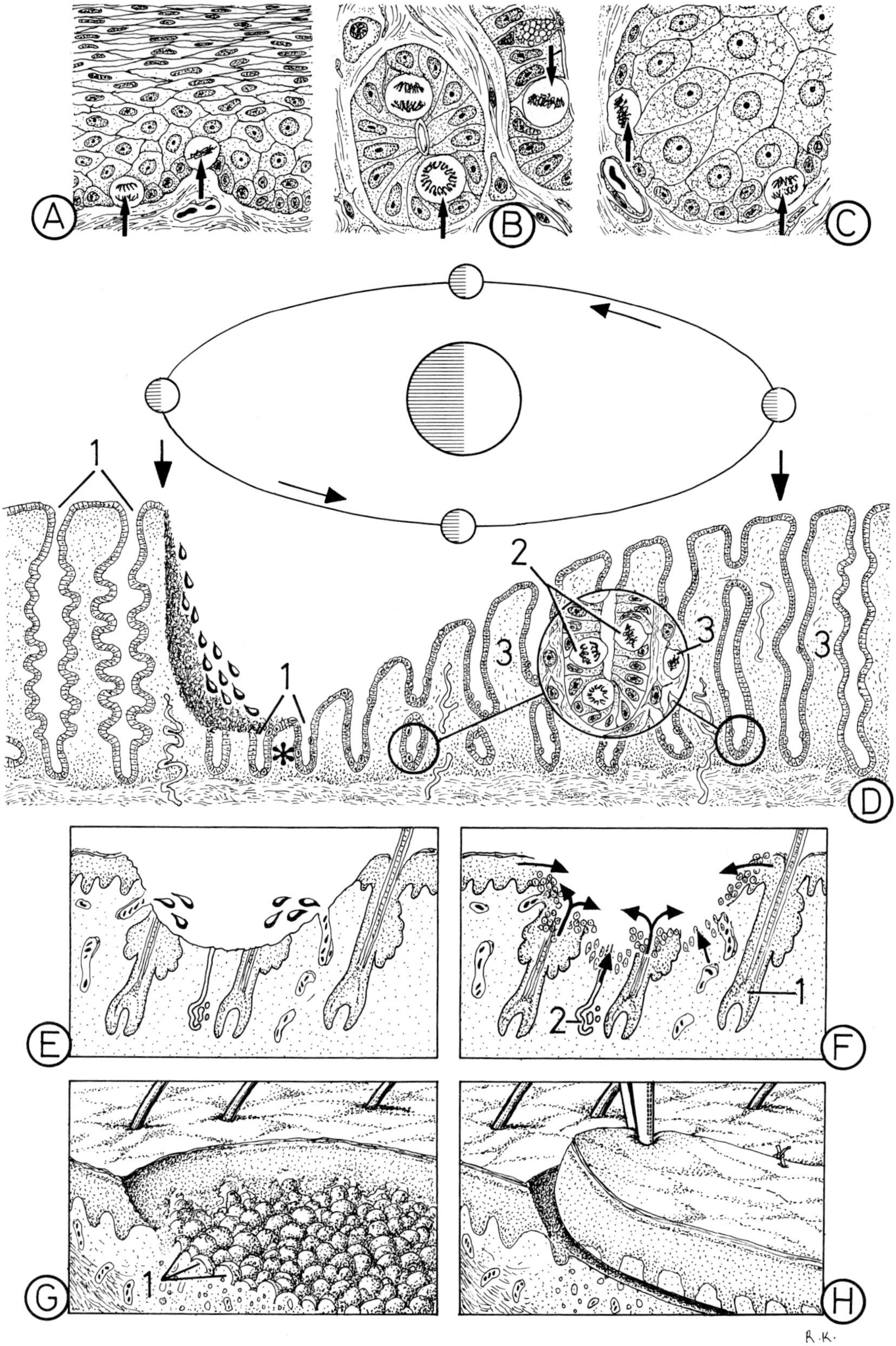

R.K.

III. Binde- und Stützgewebe

Tafel 48. Herkunft der Binde- und Stützgewebe

Das Mesenchym, aus dem sich – mit Ausnahme der Chorda dorsalis – alle Binde- und Stützgewebe entwickeln, stammt größtenteils aus dem mittleren Keimblatt (Mesoderm). Nur ein kleiner Teil des Mesenchyms wird aus dem Ektoderm der Neuralleiste abgeleitet (s. Embryologielehrbücher).

In Abb. **A** oben links wird das dreiblättrige Stadium eines 18tägigen menschlichen Embryos in der Höhe der Primitivstreifen (Hohlpfeil) abgebildet. Alle drei Keimblätter sind auf dem Schnitt sichtbar: Ektoderm (**1**), Entoderm (**2**) und dazwischen das Mesoderm (**3**).

Der ursprünglich geschlossene, epithelähnliche Zellverband des mittleren Keimblattes wird durch Flüssigkeitsaufnahme aufgelockert und verwandelt sich in das embryonale Bindegewebe, das Mesenchym.

Dessen Zellen differenzieren sich und bilden unter anderem:

– Hämocytoblasten (**4**), die Mutterzellen aller Blutelemente

– fast alle glatten Muskelzellen (**5**)

– junge Bindegewebszellen, die Fibroblasten (**6**), welche in reife Bindegewebszellen – Fibrocyten (**7**) – übergehen

– junge knochenbildende Zellen, die Osteoblasten (**8**), die im Laufe der Ossifikation zu Osteocyten (**9**) werden. Die Fibroblasten (**6**) können sich auch zu Osteoblasten differenzieren. Aus Mesenchymzellen entstehen ebenfalls die das Dentin (Zahnbein) bildenden Elemente, die Odontoblasten (**10**)

– alle Knorpelzellen – Chondrocyten – des hyalinen (**11**), elastischen (**12**) und kollagenfaserigen Knorpels (**13**)

– mehrkernige Chondroclasten bzw. Osteoclasten (**14**)

– Mastzellen oder Mastocyten (**15**)

– Lipoblasten als unreife (**16**) und Adipocyten als reife (**17**) Fettzellen, die ineinander übergehen können

– Reticulumzellen (**18**) des reticulären Gewebes [durch metaplastische Umwandlung seiner Zellen können Fettzellen (**16, 17**) entstehen]

– Bindegewebsmakrophagen oder Histiocyten (**19**); die Reticulumzellen haben auch die Fähigkeit, sich in Makrophagen zu verwandeln

– Endothelzellen (**20**) der Blut- und Lymphgefäße.

Wie aus allen angeführten Beispielen hervorgeht, ist das Mesenchym ein pluripotentes Gewebe.

Vergrößerungen: Abb. **A** oben links 120fach; Abb. **14–20** 800fach

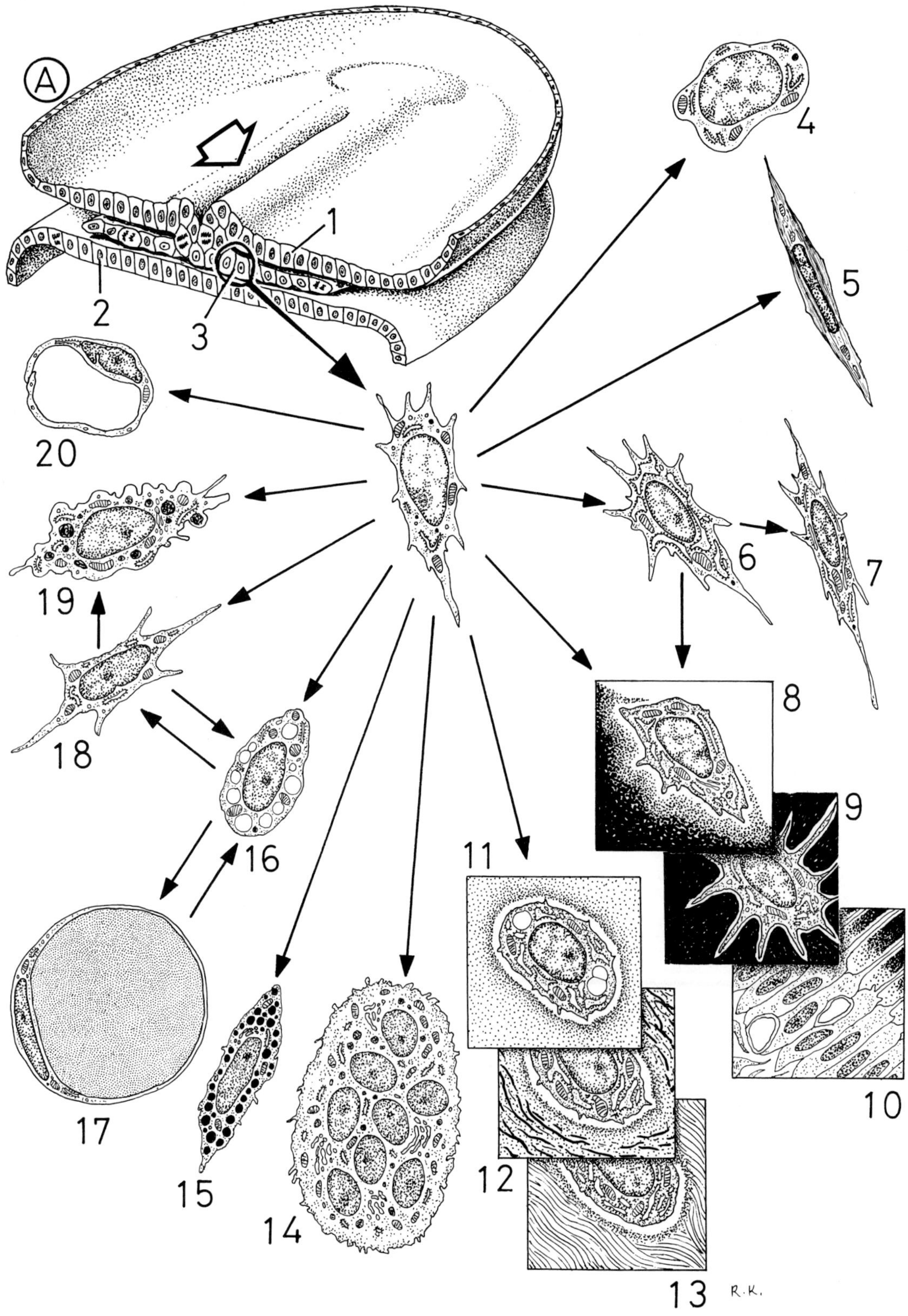
A
1
2
3
4
5
6
7
8
9
10
11
12
13
14
15
16
17
18
19
20
R.K.

Tafel 49. Einteilung der Binde- und Stützgewebe

Die vorliegende Tafel gibt eine Übersicht über die sehr mannigfaltig gebauten Binde- und Stützgewebe.

In den Rechtecken sind die Hauptgewebsgruppen, in den Kreisen deren Unterteilungen dargestellt.

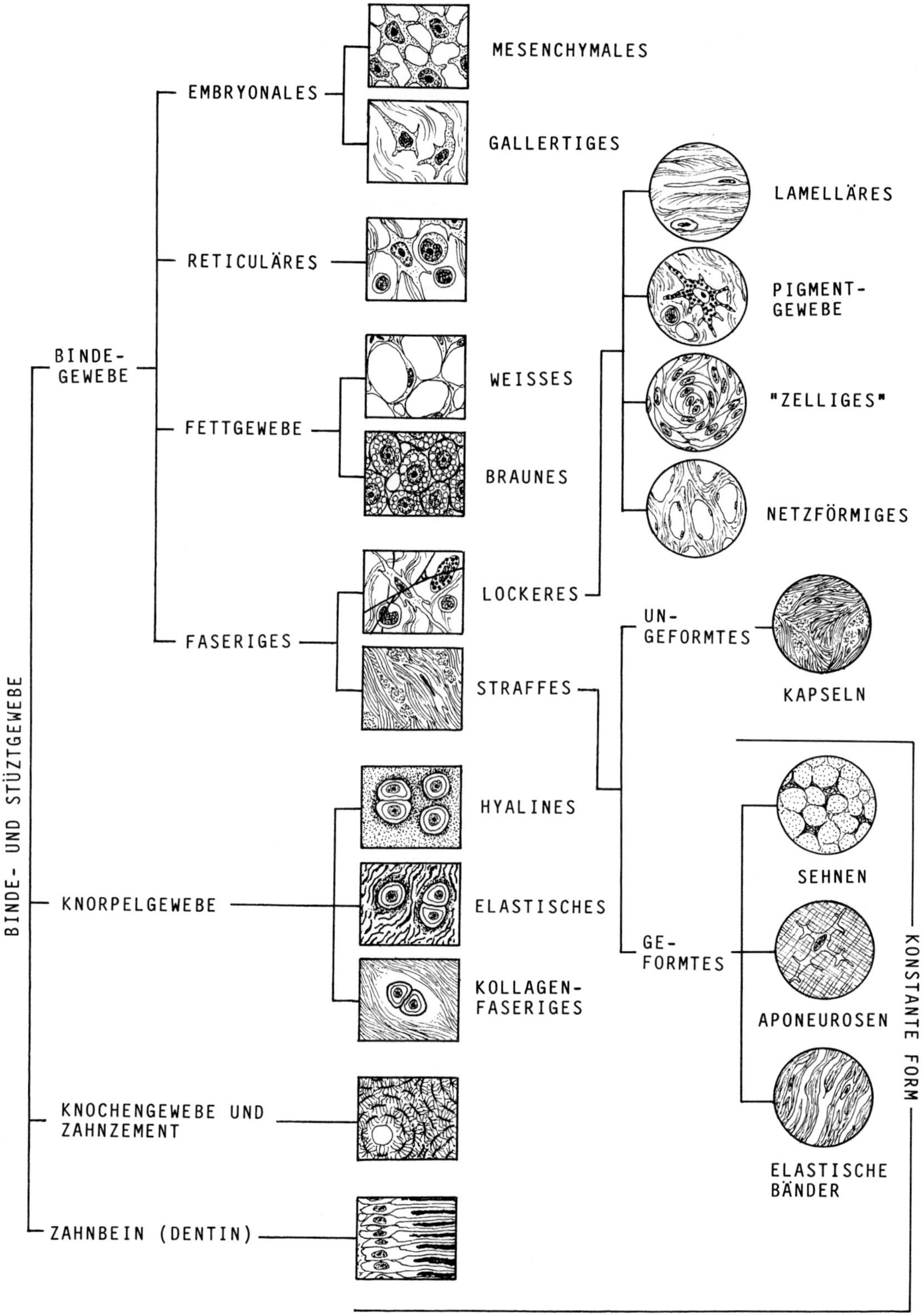
BINDE- UND STÜZTGEWEBE
BINDE-
GEWEBE
EMBRYONALES
MESENCHYMALES
GALLERTIGES
RETICULÄRES
FETTGEWEBE
WEISSES
BRAUNES
FASERIGES
LOCKERES
LAMELLÄRES
PIGMENT-
GEWEBE
"ZELLIGES"
NETZFÖRMIGES
STRAFFES
UN-
GEFORMTES
KAPSELN
GE-
FORMTES
SEHNEN
APONEUROSEN
ELASTISCHE
BÄNDER
KONSTANTE FORM
KNORPELGEWEBE
HYALINES
ELASTISCHES
KOLLAGEN-
FASERIGES
KNOCHENGEWEBE UND
ZAHNZEMENT
ZAHNBEIN (DENTIN)

Tafel 50. Mesenchym (embryonales Bindegewebe).
Beispiel: Dorsales Mesogastrium eines 14 Tage alten Mäusefetus

Die niedrigen Zellen (**1**) am oberen Rand der Zeichnung werden sich im Laufe des Entwicklungsprozesses und nach starker Abflachung zu Mesothel (Epithel mesodermaler Herkunft) differenzieren. Wie alle Deckepithelien begrenzt es das darunterliegende ungeformte Mesenchymgewebe.
Die durch Flüssigkeitszunahme in den Intercellularräumen aufgelockerten Mesenchymzellen (**2**) stehen durch feine, lichtoptisch unsichtbare Zellausläufer (**3**) miteinander in Verbindung. Dadurch entsteht ein dreidimensionales Gitter, in dessen Maschen Capillaren (**4**) vorkommen.
Das Mesenchymgewebe ist durch die Anwesenheit zahlreicher Mitosen (**5**) charakterisiert. Die in Teilung tretenden Zellen runden sich ab, bleiben jedoch durch feine, elektronenmikroskopisch nachweisbare Fortsätze mit den benachbarten Zellen in Verbindung. Nach der Mitose nehmen die Tochterzellen die Form anderer Zellen des Schwammwerkes an.
Die Lücken des Mesenchymgewebes sind mit einer nicht speziell differenzierten Intercellularsubstanz gefüllt.
Neben ihrer großen Teilungsbereitschaft haben die Mesenchymzellen die Tendenz, begrenzte Anhäufungen – sog. Blasteme – zu bilden. Aus solchen Bezirken dicht gelagerter Zellen differenzieren sich alle Binde- und Stützgewebe, Muskulatur und andere Organe mesodermaler Herkunft (z. B. Teil der Niere, Nebennierenrinde).
Wenngleich dem gallertigen Bindegewebe morphologisch sehr ähnlich, wird doch das Mesenchymgewebe gerade durch seine besondere histoplastische Fähigkeit, andere Gewebe zu bilden, charakterisiert (s. Tafel 112 in Krstić, R. V.: Ultrastruktur der Säugetierzelle).

Vergrößerung: 2500fach

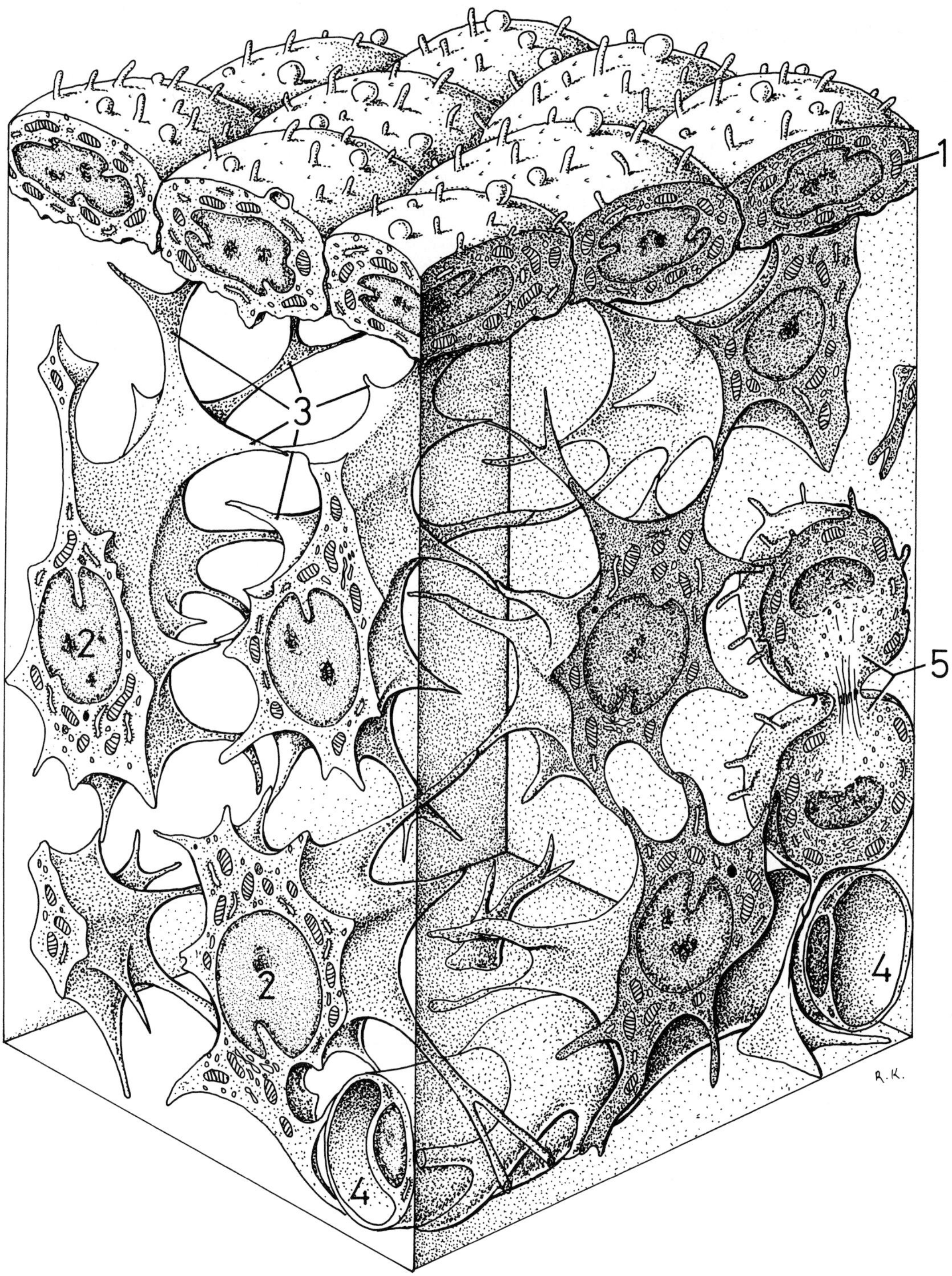
1
2
3
2
5
4
4
R.K.

Tafel 51. Mesenchymzelle. Gleiches Präparat wie in Tafel 50

Die Mesenchymzellen sind sternförmige Elemente. Zahlreiche ihrer mehr oder weniger regelmäßigen Ausläufer (**1**) verbinden sich mit denen anderer Zellen des Verbandes. Der reichen äußeren Vielgestaltigkeit steht eine nur primitive innere Organisation gegenüber.

Die Kerne der Mesenchymzellen sind groß, überwiegend ellipsoidal und haben tiefe Einkerbungen. Diese Erscheinung ist charakteristisch für sehr aktive Zellen, deren Kontaktfläche zwischen Kern und Cytoplasma möglichst groß sein soll. Die Kerne sind mit feinem Chromatin und enthalten einen großen, gegen die Kernmembran gedrängten Nucleolus.

Organellen sind in den Mesenchymzellen nur in geringem Maße vorhanden: Außer einigen Mitochondrien (**2**), wenigen Zisternen des granulären endoplasmatischen Reticulums (**3**) und einem mittelgroßen Golgi-Apparat (**4**) enthält das Cytoplasma noch eine kleinere Menge freier Ribosomen. Außerdem treten manchmal vereinzelte Lysosomen und Lipidgranula auf.

Die Bewegungsfreiheit der Mesenchymzellen ist begrenzt. Sie können den Zellverband verlassen, um sich an bestimmten Orten zu gruppieren, wo sie als Anlage für andere Gewebe oder Organe dienen.

Die Intercellularsubstanz des Mesenchyms ist flüssig. Sie enthält vereinzelte Mikrofibrillen (**5**) und ein amorphes, mäßig osmiophiles Material (s. Tafel 166 in KRSTIĆ, R. V.: Ultrastruktur der Säugetierzelle).

Vergrößerung: 7000fach

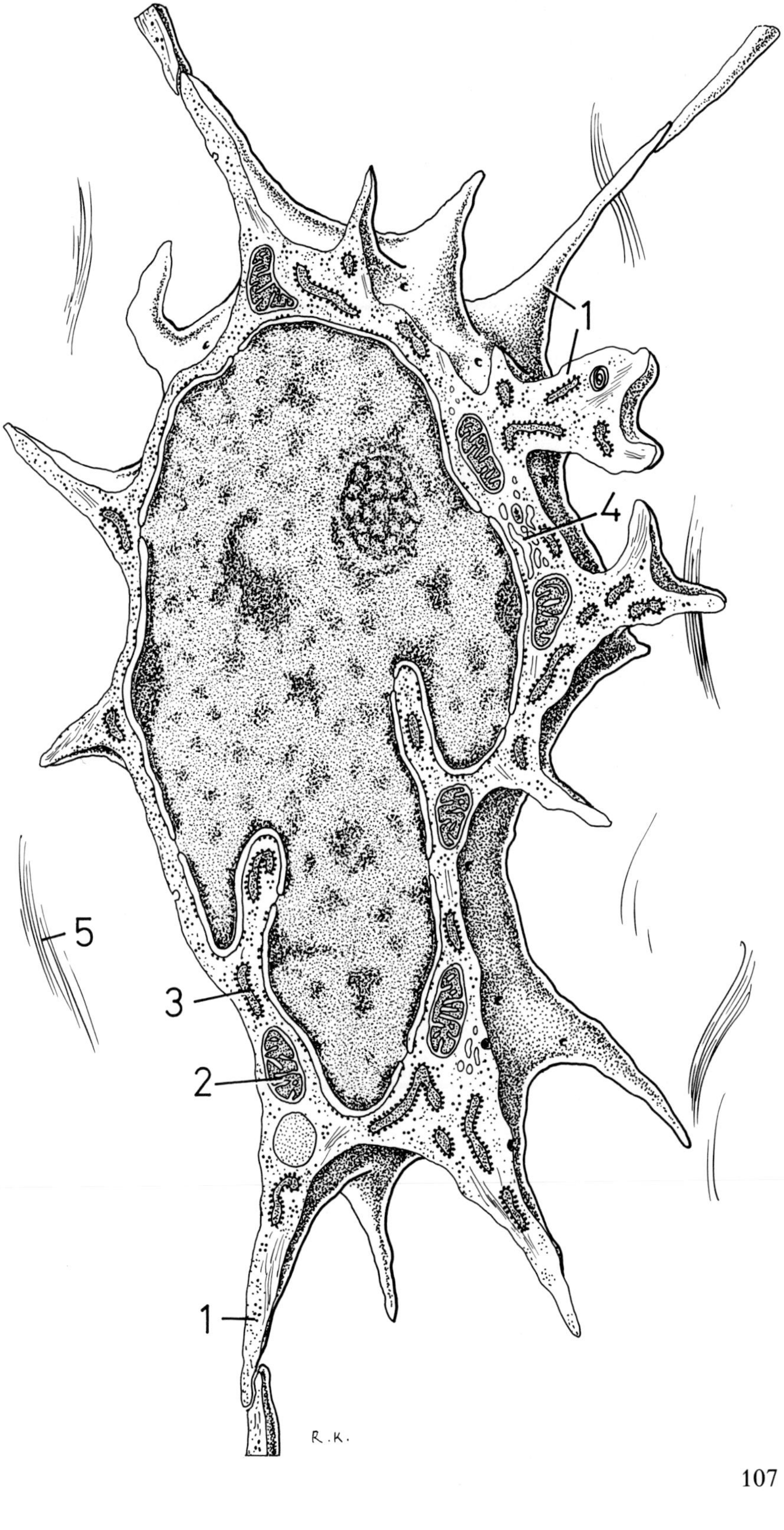
1
1
4
5
3
2
1
R.K.

Tafel 52. Gallertiges Bindegewebe.
Beispiel: Nabelschnur des menschlichen Neugeborenen

Dem Mesenchym morphologisch sehr ähnlich ist das gallertige Gewebe. Immerhin besteht zwischen beiden Zellverbänden ein grundsätzlicher Unterschied: Während das Mesenchym ein pluripotentes Gewebe darstellt, ist das Gallertgewebe ein definitiver differenzierungsunfähiger Zellverband.

Das gallertige Bindegewebe ist als Wharton-Sulze in der spiralig gewundenen Nabelschnur (Abb. **A 1**) und in der Chorionplatte (Abb. **A 2**) zu finden, wo es die fetalen Blutgefäße (Abb. **A 3**) umhüllt. Im unteren Teil der Zeichnung sieht man noch ein Stück der Placenta mit Basalplatte (Abb. **A 4**). Einige in den Nabelschnurgefäßen häufig vorkommende Erweiterungen (Varicositäten) sind auch erkennbar (Abb. **A 5**). Das lichtmikroskopische Aussehen eines Nabelstrangausschnittes wird in Abb. **B** gezeigt.

Die Zellen des gallertigen Bindegewebes (Abb. **B 1**) sind ebenfalls sternförmig, aber weniger zahlreich als im Mesenchym. Lichtmikroskopisch kann man nicht mit Gewißheit feststellen, ob ihre dünnen Fortsätze miteinander in Verbindung stehen.

In den Lücken zwischen den Zellen kommen ein Filzwerk aus kollagenen Fäserchen (Abb. **B 2**) und eine proteoglycanhaltige, gallertige Grundsubstanz vor. Ein Ausschnitt aus der Abb. **B** mit dem amniotischen Epithel ist in Abb. **C** räumlich wiedergegeben.

Elektronenmikroskopische Untersuchungen haben gezeigt, daß die sternförmigen Zellen (Abb. **C 1**) des Gallertgewebes ebenfalls ein dreidimensionales Maschenwerk bilden. Die sich in allen Richtungen kreuzenden Bündelchen kollagener Mikrofibrillen (Abb. **C 2**) geben dem Gewebe bzw. dem Nabelstrang eine gewisse Zugfestigkeit. Dank der Wasserbindungsfähigkeit der stark polymerisierten Hyaluronsäure der Grundsubstanz hat das gallertige Gewebe einen Turgor, der dem Nabelstrang eine größere mechanische Widerstandsfähigkeit verleiht. Damit wird verhindert, daß es durch Knicken der Nabelschnur zu einer Unterbrechung der Blutzirkulation kommt.

An der Außenseite ist der Nabelstrang mit dem Amnionepithel (Abb. **C 3**) bedeckt. Dieses sezerniert in diesem Abschnitt nicht, da in der Wharton-Sulze weder Capillaren noch Nervenfasern vorkommen.

Bei Erwachsenen erinnert die Zahnpulpa in ihrem Bau an das Gallertgewebe. Sie ist aber reichlich vascularisiert und mit Nervenfasern versehen.

Mesenchym und gallertiges Gewebe sind im Laufe der vorgeburtlichen Entwicklung vorübergehend anzutreffende Zellverbände.

Vergrößerungen:
Abb. **A** natürliche Größe;
Abb. **B** 450fach; Abb. **C** 1000fach

Literatur

Parry EW (1970) Some electron microscope observations on the mesenchymal structures of full-term umbilical cord. J Anat 107:505–518

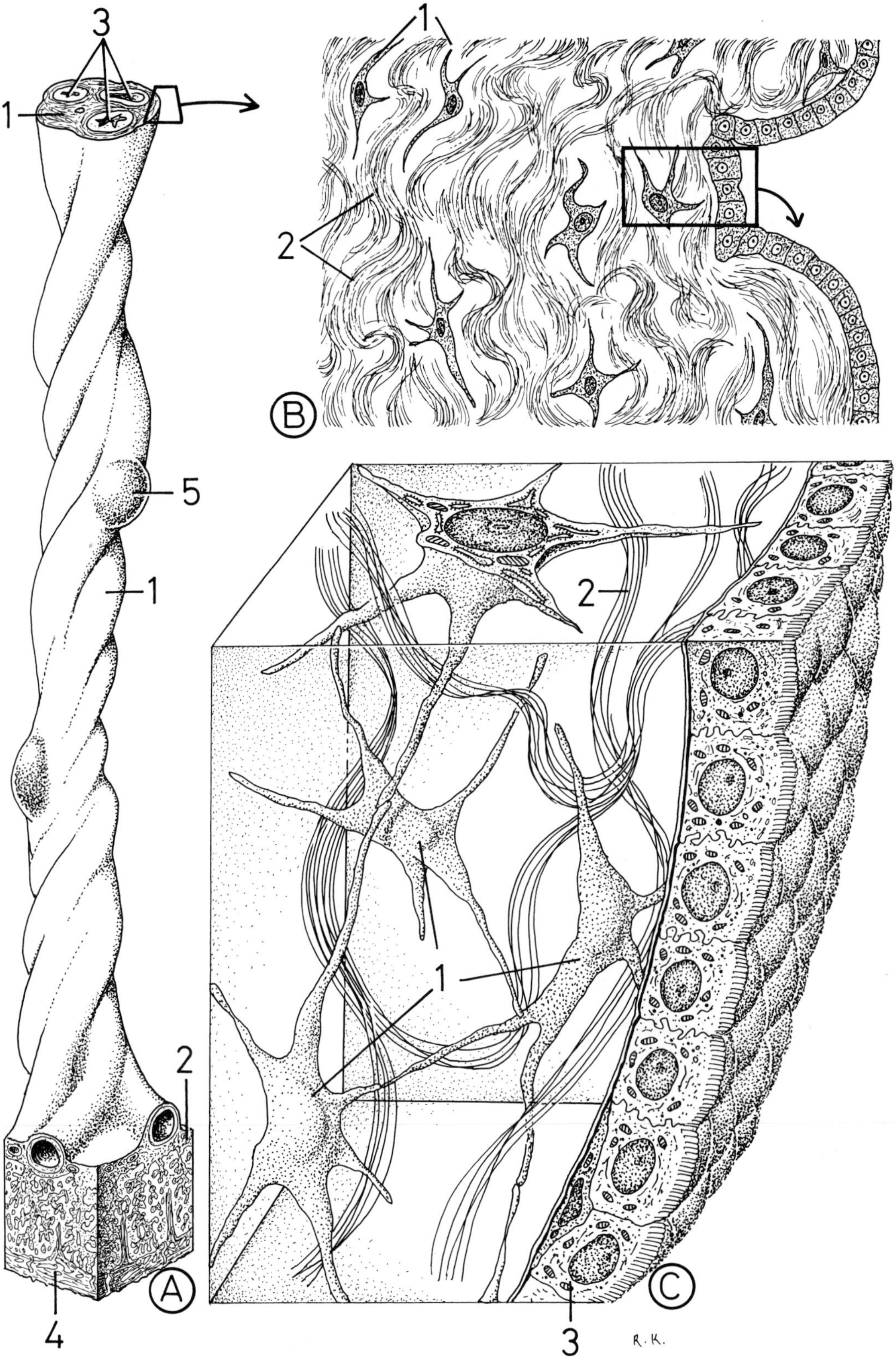
3
1
5
1
2
4
A
1
2
B
2
1
1
3
C
R. K.

Tafel 53. Reticuläres Bindegewebe. Beispiel: Lymphknoten des Menschen

Das reticuläre Bindegewebe stellt das Grundgerüst und den Träger der spezifischen Aufgaben von Knochenmark, Milz und Lymphknoten (Abb. **A**) dar. Es kommt auch in den Tonsillen, ferner in den Solitärfollikeln sowie in den Peyer-Platten des Ileums vor. Außerdem trennt es die Drüsenlobuli und begleitet die Blut- und Lymphcapillaren.

Zur Erklärung der Struktur des reticulären Gewebes wurde ein Lymphknoten gewählt (Abb. **A**).

Durch seine aus straffem Bindegewebe gebaute Kapsel (Abb. **A** u. **B 1**) ziehen zahlreiche zuführende (afferente) Lymphcapillaren (Abb. **A** u. **B 2**), die in den Randsinus (Abb. **A** u. **B 3**) münden.

Das lymphoreticuläre Gewebe (Lymphocyten + reticuläres Gewebe) des Organs wird in zwei Abschnitte aufgeteilt: eine durch viele Ansammlungen von Lymphocyten gekennzeichnete periphere Zone nennt man Rinde (Cortex, Abb. **A 4**), eine innere, durch Stränge charakterisierte Gegend Mark (Medulla, Abb. **A 5**).

Eine Arterie (Abb. **A 6**) dringt im Hilusgebiet (Abb. **A 7**) in den Knoten ein, während an der gleichen Stelle Venen (Abb. **A 8**) und ein abführendes Lymphgefäß (Abb. **A 9**) das Organ verlassen. So strömt die Lymphe in Pfeilrichtung immer hiluswärts durch das Maschenwerk der Reticulumzellen.

Ein Detail von Kapsel, Randsinus und Cortex ist nach lichtmikroskopischer Betrachtung in Abb. **B** gezeichnet. Für das Studium des reticulären Gewebes ist diese Zone des Lymphknotens besonders geeignet, da dort die Reticulumzellen in aufgelockerter Form vorkommen.

Eine zuführende Lymphcapillare (Abb. **B 2**) mit Klappen (Abb. **B 4**) dringt durch die Kapsel (Abb. **B 1**) und bringt ihre Lymphe in den mit einschichtigen Uferzellen (Abb. **B 5**) ausgekleideten Randsinus (Abb. **B 3**).

Quer durch die Sinusspalte gerichtet liegen sternförmige Reticulumzellen (Abb. **B 6**), an deren Oberfläche sich ein Gitterwerk aus verzweigten, radiär gespannten Reticulumfasern (Abb. **B 7**) schmiegt. In den Lücken zwischen den Reticulumzellen befinden sich viele kleine Lymphocyten (Abb. **B 8**) und Makrophagen (Abb. **B 9**).

Ein Teil der Abb. **B** ist dreidimensional in Tafel 54 wiedergegeben.

Vergrößerungen: Abb. **A** 15fach;
Abb. **B** 800fach

Literatur

Belisle C, Sainte-Marie G (1981) Tridimensional study of the deep cortex of the rat lymph node: I. Topography of the deep cortex. Anat Rec 199:45–59

Belisle C, Sainte-Marie G (1981) Trideminsional study of the deep cortex of the rat lymph node: II. Relation of deep cortex units of afferent lymphatic vessels. Anat Rec 199:61–72

Belisle C, Sainte-Marie G (1981) Tridimensional study of the deep cortex of the rat lymph node: III. Morphology of the deep cortex units. Anat Rec 199:213–226

Clark SL Jr (1962) The reticulum of lymph nodes in mice studied with the electron microscope. Am J Anat 110:217–224

Forkert PG, Thliveris JA, Bertalanffy FD (1977) Structure of sinuses in the human lymph node. Cell Tissue Res 183:1115–130

Fossum S, Vaaland JL (1983) The architecture of rat lymph nodes: I. Combined light and electron microscopy of lymph node cell types. Anat Embryol 167:229–246

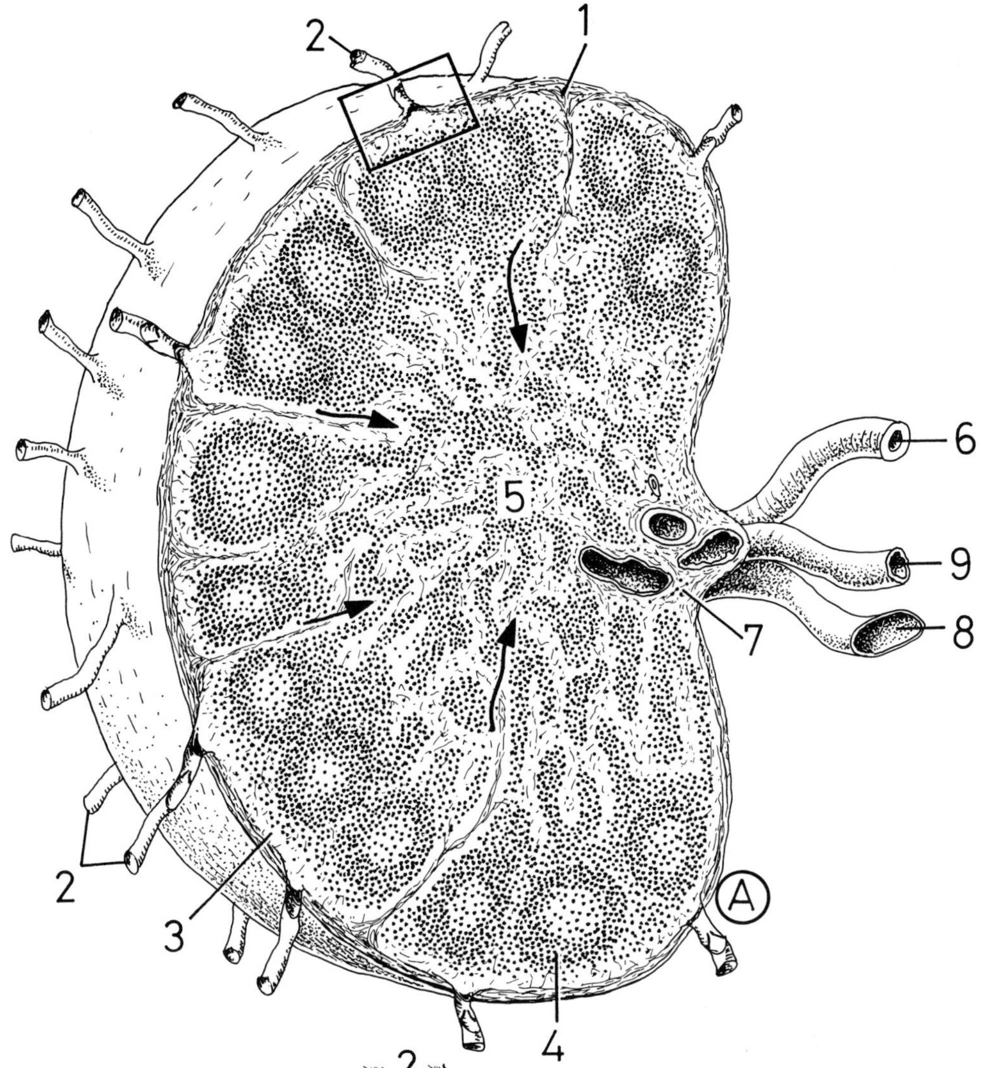
1
2
6
5
9
7
8
2
3
A
4

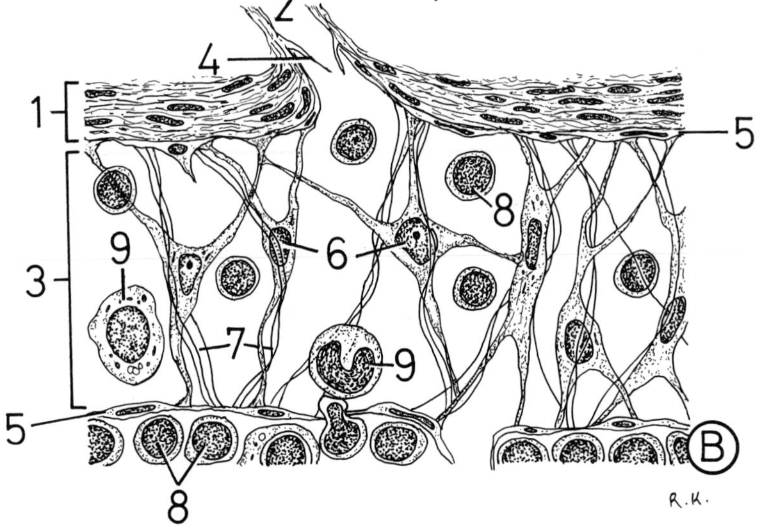
2
4
1
5
3
9
6
8
7
9
5
B
8
R.K.

Tafel 54. Reticuläres Bindegewebe. Fortsetzung der Tafel 53

Die Kapsel (**1**) des Lymphknotens ist absichtlich dünner und mit nur wenigen Kollagenbündeln gezeichnet, damit man den Verlauf und die Mündung der zuführenden Lymphcapillaren (**2**) in den Randsinus (**3**) besser sehen kann. Die Capillarendothelzellen (**4**) setzen sich in die sehr abgeflachten Reticulumzellen – Uferzellen (**5**) – fort. Sie kleiden alle Sinus des Lymphknotens aus.

Die verästelten, sternförmigen Reticulumzellen (**6**) ziehen meistens quer durch den Sinus. Über ihre dünnen Fortsätze treten sie mit den gleichartigen, benachbarten Zellen in Verbindung. Viele Bündelchen reticulärer Mikrofibrillen (**7**), die sich durch Silberimprägnation gut darstellen lassen, schließen sich den Reticulumzellen eng an; solche Bündelchen werden häufig von Fortsätzen der Reticulumzellen umgeben.

Mehrere freie Zellen schweben in der Lymphe des Sinus, und zwar ein Monocyt (**8**, s. Tafel 71), ein Histiocyt (**9**, s. Tafel 66), ein Lymphocyt (**10**, s. Tafel 70) und eine Plasmazelle (**11**, s. Tafel 72).

Einige Lymphocyten (**12**) kriechen dank ihrer Plastizität und einer gewissen amöboiden Beweglichkeit zwischen den den Cortex überziehenden Uferzellen (**13**) hindurch. Einige davon begrenzen einen kleineren Abflußgang (**14**), welcher die Lymphe allmählich in Pfeilrichtung durch das aus den Reticulumzellen gebildete Schwammwerk zur abführenden (efferenten) Capillare abfließen läßt. Die Lymphe kommt also mit jeder Reticulumzelle in Kontakt.

Vergrößerung: 3500fach

Literatur

Carr I (1970) The fine structure of the mammalian lymphoreticular system. Int Rev Cytol 27:283–348

Fujita T, Kashimura M (1981) The "Reticulo-endothelial system" reviewed by scanning electron microscopy. Biomed Res (Suppl) 2:159–171

Fujita T, Miyoshi M, Murakami T (1972) Scanning electron microscope observation of the dog mesenteric lymph node. Z Zellforsch 133:147–162

Vizioli MR, Valdrighi L (1974) The appearing and evolution of reticulin: observations on the repair of post extraction marmoset sockets. Ann Histochim 19:65–72

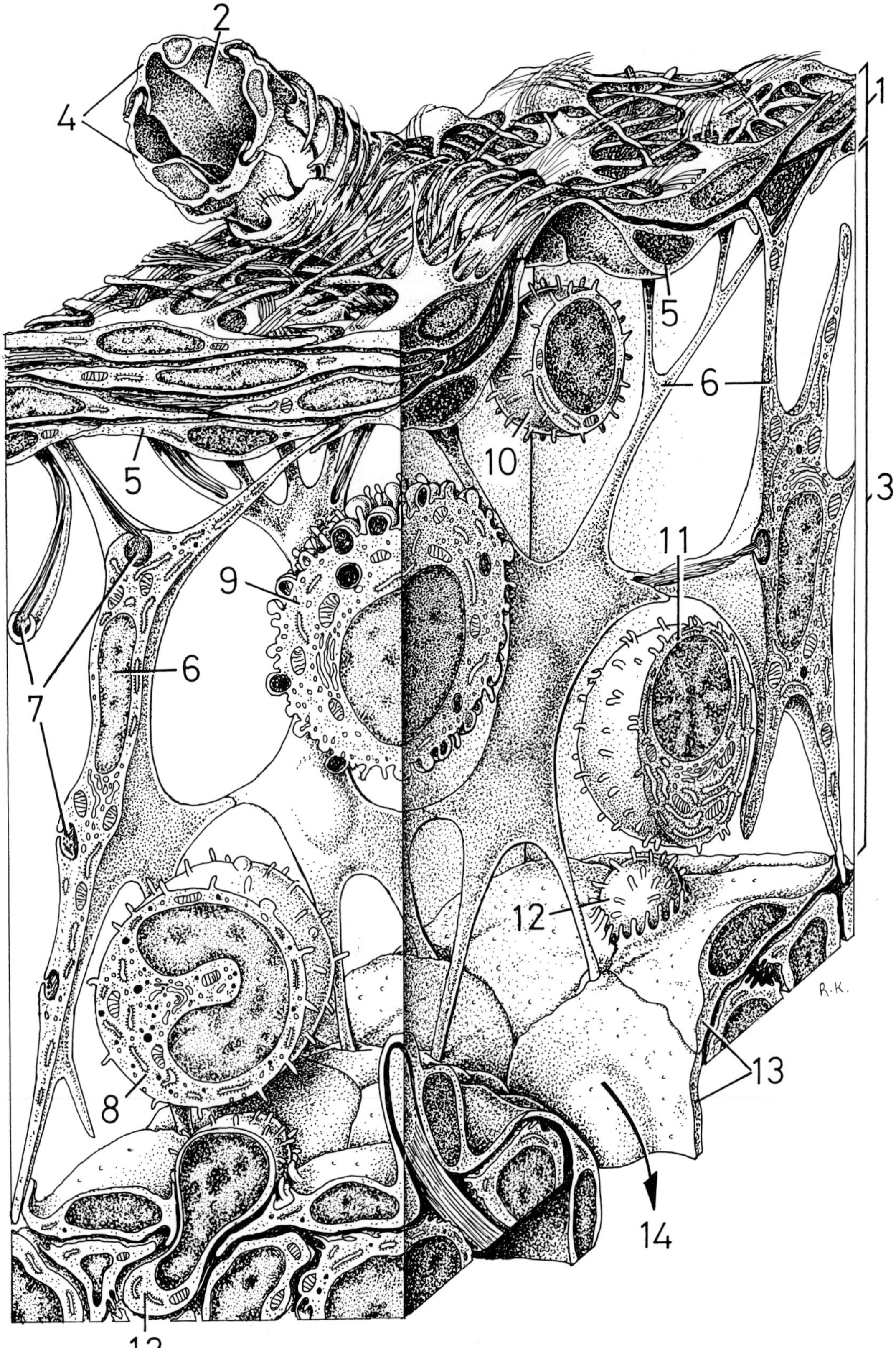
1
2
3
4
5
5
6
6
6
7
7
8
9
10
11
12
12
13
14
R.K.

Tafel 55. Reticuläres Bindegewebe. Fortsetzung der Tafel 54

Die sternförmige Reticulumzelle (links) ist angeschnitten, damit man ihre Ultrastruktur überblicken kann.

Ein voluminöser, kugeliger oder ellipsoidaler und relativ chromatinarmer Kern (**1**) mit Einkerbungen und Nucleolus (**2**) füllt einen sehr großen Teil des Zellkörpers aus. Im Cytoplasma kommen mehrere Mitochondrien (**3**) und ein einfacher oder multipler Golgi-Apparat (**4**) vor. Die Räume des granulären endoplasmatischen Reticulums (**5**) sind mit mäßig osmiophilem Inhalt gefüllt und ihrem cytophysiologischen Funktionsstand entsprechend eng oder erweitert. Lysosomen (**6**), freie Ribosomen, Mikrofilamentbündelchen und Glykogenpartikel kommen in den Reticulumzellen in unterschiedlicher Menge vor. Die auf der Zeichnung dargestellte Zelle entspricht, wegen ihrer relativen Armut an Organellen, einer wenig differenzierten Form.

Wenn eine Reticulumzelle Faserstrukturen synthetisiert, hat sie ein entsprechend erweitertes granuläres endoplasmatisches Reticulum, als Zeichen für die intensive Proteinsynthese. Auf der vorliegenden Tafel sind die sonst sehr dünnen reticulären Mikrofibrillen (**7**) etwas dicker gezeichnet. Reticuläre Mikrofibrillen schließen sich zu Bündelchen, reticulären Fasern, zusammen, welche in engem Kontakt mit den Reticulumzellen stehen. Oft sind diese Fasern auch von stark abgeflachten Ausläufern (Pfeile) der Reticulumzellen und einer glykoproteinhaltigen Schicht (nicht dargestellt) – verantwortlich für die besonderen färberischen Eigenschaften der reticulären Fasern – umgeben. Die Reticulumzellen besitzen keine Basalmembran.

Eine Reticulumzelle kann unter bestimmten Bedingungen zu einem Phagocyten werden (Zelle rechts).

Bei Vitalfärbung (Injektion von Farbstoffen in das Bindegewebe, die in die Zellen eindringen oder von ihnen aufgenommen werden, ohne sie zu schädigen), z. B. mit Trypanblau, phagocytieren und speichern die Reticulumzellen die Farbstoffpartikelchen (**8**). Im Verlauf dieses Vorgangs lösen sie sich von dem mikrofibrillären Reticulumgitter (**7**) und wandern, dank einer undulierenden Membran (**9**), durch das Gewebe. Die Zelle bildet dabei mehrere Pseudopodien (**10**), mit welchen sie die Farbstoffteilchen ins Cytoplasma schleust. Außerdem formt die Zelle eine große Anzahl Mikrovilli (**11**) und Filopodien (**12**). Nach dem gleichen Mechanismus verläuft die Phagocytose von Bakterien, Viren, Zelltrümmern usw. Die meisten Uferzellen haben die gleichen Fähigkeiten.

Die Reticulumzellen aus dem Lymphknoten können außerdem Antigene an ihre Zellmembran binden. Die mit solchen Zellen in Kontakt stehenden Lymphocyten differenzieren sich in Antikörper produzierende Plasmazellen (s. Tafeln 72 u. 115).

Die Reticulumzellen der Milz phagocytieren als Makrophagen überalterte rote Blutkörperchen. Bei ihrem Abbau entstehen Bilirubin und Eisen. Das erste verläßt die Zelle durch Diffusion, und das zweite wird an die Erythroblasten (s. Tafel 68) weitergeleitet, aus welchen später die roten Blutkörperchen entstehen (s. Histologielehrbücher).

Das reticuläre Gewebe dient also hauptsächlich zur Abwehr im Organismus.

Vergrößerung: 5000fach

Literatur

Fukuta K, Mochizuki K (1982) Formation of reticular fibers in the developing spleen of the chick embryo. Arch Histol Jpn 45:181–189

Klika E, Antalikova L (1983) Licht- und elektronenmikroskopische Untersuchungen über sich differenzierende Retikulin-Fasern. Verh Anat Ges 77:611–613

Montes GS, Krisztan RM, Shigihara KM, Tokoro R, Mourao PAS, Junqueira LCU (1980) Histochemical and morphological characterization of reticular fibers. Histochemistry 65:131–141

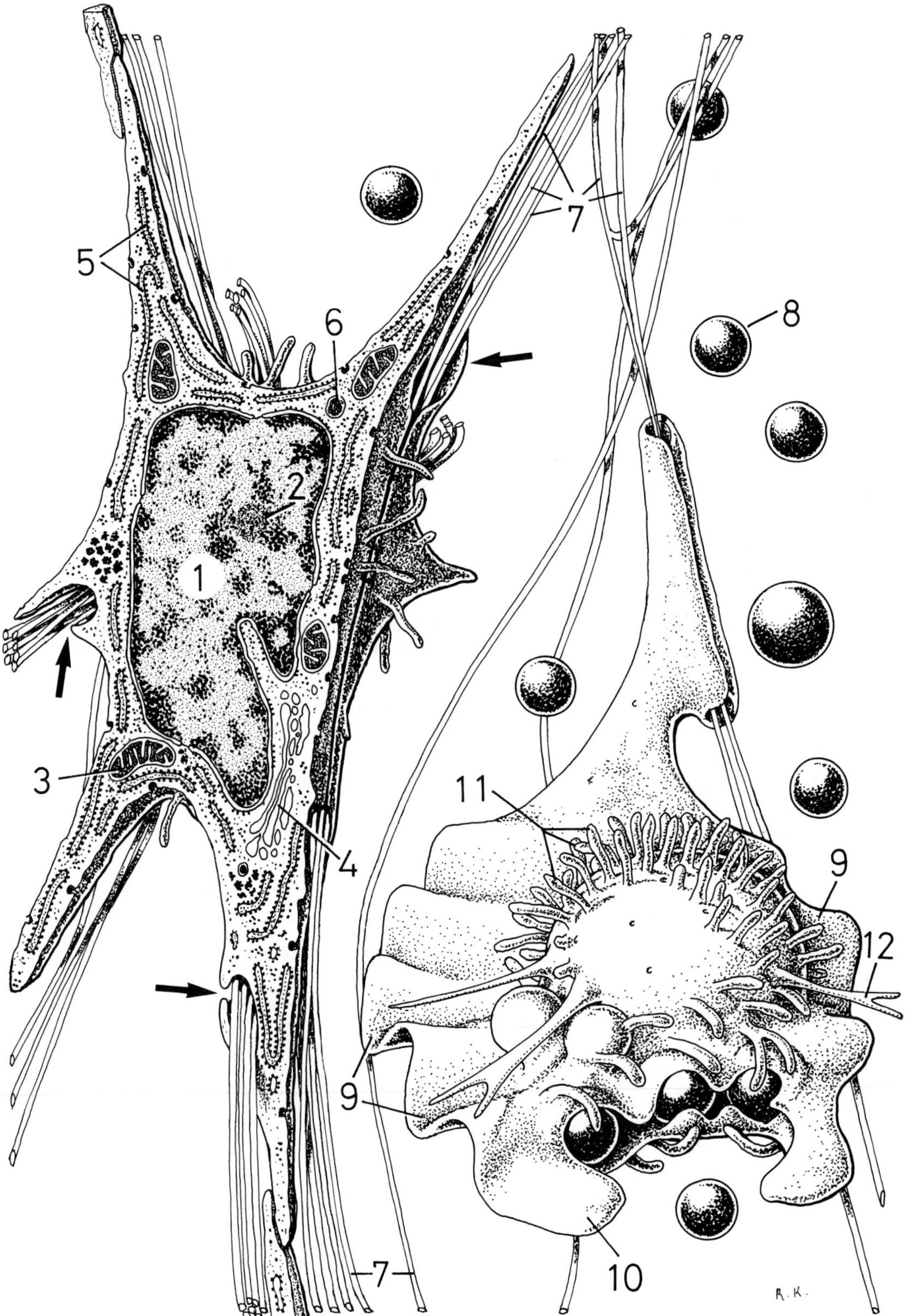
5
6
7
7
8
2
1
3
4
11
9
12
9
7
10
R.K.

Tafel 56. Weißes Fettgewebe.
Beispiel: Appendices epiploicae des Dickdarms des Menschen

Als Anlage für das Fettgewebe dient ein lobulär organisiertes reticuläres Gewebe der sog. Primitivorgane, welches sich durch Fettablagerung in das läppchenförmige Fettgewebe umwandelt. Man kann es deshalb als eine Speicherform des reticulären Gewebes betrachten. Die nahe Verwandtschaft zwischen reticulärem und Fettgewebe erklärt ihre häufigen metaplastischen Übergänge (s. Tafel 5).
Das Fettgewebe wird in weißes und braunes (s. Tafel 59–61) unterteilt.
Im Organismus kommen zwei Arten weißen Fettgewebes vor.
1. Das Baufettgewebe hat mehrere Aufgaben zu erfüllen. Es dient als lagererhaltende Umhüllung von Organen (z. B. Niere, Lymphknoten, Auge) und als druckelastisches Polstermaterial (Handteller, Fußsohle, Gesäß, Gelenke usw.). Das Baufettgewebe reserviert ferner den Platz für noch nicht gebildete Organe (z. B. Milchdrüse). Eine starke Abmagerung beeinflußt das Baufettgewebe nur wenig. Die Hauptstellen, an denen es im menschlichen Körper als Baumaterial vorkommt, sind in Abb. **A** schwarz hervorgehoben.
2. Das Speicherfettgewebe dient als calorisches Reservematerial und bewirkt eine thermische Isolation. Durch seine Fähigkeit, Wasser zu binden, spielt es im Wasserhaushalt eine wichtige Rolle. Es kommt vor allem in Subcutis und in der Bauchhöhle (Subserosa, Omenta, Mesenterien, Appendices epiploicae usw.) vor.
In Abb. **B** sind einige traubenförmige Komplexe von Fettgewebe (Appendices epiploicae, Abb. **B 1**) des Dickdarmes (Abb. **B 2**) dargestellt. Die Vergrößerung des umrahmten Ausschnittes ist in Abb. **C** wiedergegeben.

Alle Appendices epiploicae sind von Mesothel (Abb. **C 1**, viscerales Peritoneum) überzogen. An der Schnittfläche beobachtet man zu Läppchen (Abb. **C 2**) gruppierte Fettzellen (Adipocyten, Lipocyten, Abb. **C 3**). Mehrere Blut- und Lymphgefäße ziehen durch die Bindegewebssepten. Das lichtmikroskopische Bild des Details aus Abb. **C** ist in Abb. **D** wiedergegeben. Die Fettzellen (Abb. **D 1**) sind 40–120 µm große Elemente mit einer geräumigen Fettvacuole (Abb. **D 2**). Beim univacuolären Fettgewebe drückt sie das Cytoplasma mit dem Kern gegen das Plasmalemm. Bei der Vorbereitung einer gewöhnlichen histologischen Präparation wird der Inhalt der Fettzellen herausgelöst, da man die Schnitte mit Alkohol, Benzol, Xylol usw. behandelt. Mit ihrem dünnen Cytoplasmasaum, den abgeflachten Kernen und umfangreichen, leeren Vacuolen sehen die Fettzellen dann wie Siegelringe aus.
Um ein Herauslösen des Fettes zu verhindern, schneidet man das nach Formolfixierung gefrorene Fettgewebe und bringt die Schnitte in Kontakt mit fettlöslichen Farbstoffen (Scharlachrot, Sudan III), die in die Fettvacuolen eindringen und sie dadurch färben.

Vergrößerung: Abb. **D** 400fach

Literatur

Cahill GF, Renold AE (1983) Adipose tissue – a brief history. In: Angel A, Hollenberg CH, Roncari DAK (eds) Adipocyte and obesity. Raven, New York

Cushman SW (1970) Structure-function relationship in the adipose cell: I. Ultrastructure of the isolated adipose cell. J Cell Biol 46:326–341

Hausberger FX (1964) Influence of nutritional state on size and number of fat cells. Z Zellforsch 64:13–18

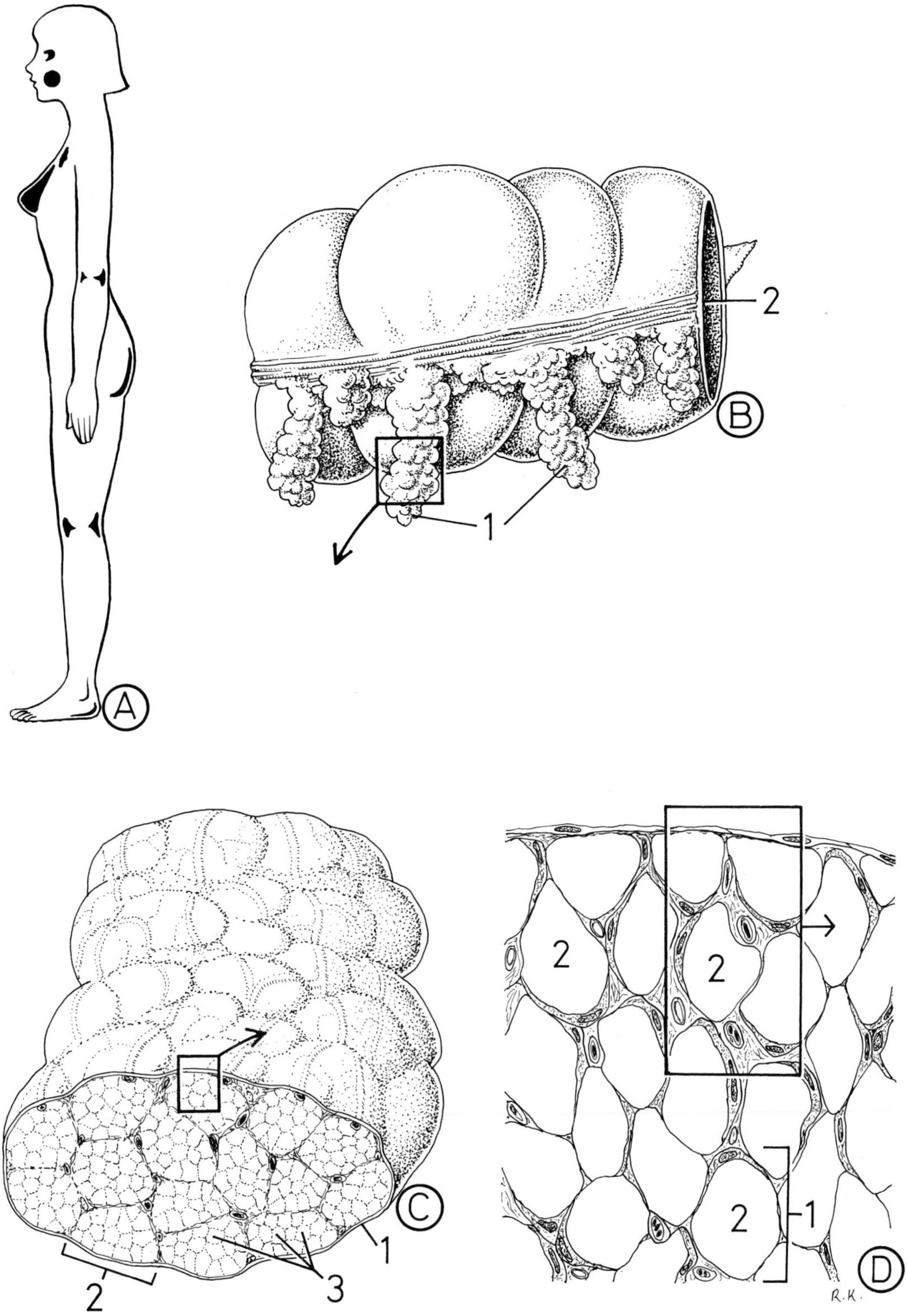

A
B
1
2
C
1
2
3
D
1
2
R.K.

Tafel 57. Weißes Fettgewebe. Fortsetzung der Tafel 56

Wie erwähnt, sind die Appendices epiploicae mit einem einschichtigen Plattenepithel, dem peritonealen Mesothel (**1**), bedeckt.
Unmittelbar unterhalb des Epithels, mit ihm nur durch einige reticuläre Mikrofibrillen verbunden (Pfeil), liegen dicht aneinandergedrängte, kugelige Adipocyten (**2**). Sie enthalten große homogene, mäßig osmiophile Fettvacuolen (**3**), die während der Histogenese des Fettgewebes durch das Zusammenfließen mehrerer kleiner intracellulärer Fetttröpfchen entstehen. Das Cytoplasma ist auf einen schmalen, sichelförmigen Saum mit Kern (**4**) beschränkt.
Im Gegensatz zu den lichtmikroskopischen Routinepräparaten, bei denen das Fett aus den Vacuolen herausgelöst wird, bewahrt eine elektronenmikroskopische Fixation mit OsO_4 (Osmiumtetroxid) den Vacuoleninhalt. Dabei wird das Fett wegen der Bildung eines Osmiumsäureesters dunkel gefärbt.
Die Lipocyten, die ihren weitmaschigen Zellverband aufgegeben haben, sind von einer Basallamina (hier weggelassen) und einem dichten Korb aus reticulären Mikrofibrillen (**5**) umhüllt. Zusammen mit der Plastizität des Fettmaterials verleihen sie dem Fettgewebe die Eigenschaften eines Wasserkissens. Bei Druckbelastung werden die Adipocyten ellipsoidal. Die kugelige Ausgangsform erhalten sie nach dem Verschwinden mechanischer Beanspruchung durch das Filzwerk der verflochtenen Reticulumfasern. Eventuelle Zugspannungen werden hauptsächlich von den interlobulären Kollagenfasern aufgenommen.

Das Fettgewebe ist sehr gut vascularisiert, was beträchtliche Anforderungen an den Kreislauf stellt. Zahlreiche Capillaren (**6**), begleitet von Nervenfasern (**7**), verlaufen zwischen den Fettzellen.
Die dichte Anlagerung der Fettzellen gibt dem Fettgewebe eine gewisse Ähnlichkeit mit dem Epithelgewebe (vgl. dazu Tafel 44). Wie alle anderen Gewebe reagiert das Fettgewebe auf hormonelle Einflüsse. So wird z. B. seine Histogenese größtenteils durch Hypophysen- und Sexualhormone gesteuert. Beim Schaf hat man zwei für den Stoffwechsel des Fettgewebes verantwortliche lipotrope Hormone – Lipotropine – isoliert. Ebenso entspeichernd wirken Adrenalin und Noradrenalin. Ein aus dem Hypothalamus stammender, den Exophthalmus produzierender Faktor (EPF) bewirkt eine Volumenzunahme des orbitalen Fettgewebes, was zum Glotzauge (Exophthalmus) führt (s. Tafel 79 in Krstić, R. V.: Ultrastruktur der Säugetierzelle).

Vergrößerung: 2000fach

Literatur

Napolitano L (1963) The differentiation of white adipose cells. J Cell Biol 18:663–679
Schemmel K, Weisbecker L, Kahl H, Uthenannt H, Kreysing G, Zepf S (1972) Exophthalmogener Effekt durch endogenes und exogenes thyreotropes Hormon im Tierexperiment. Schweiz Med Wochenschr 102:667–669
Slavin BG (1972) The cytophysiology of mammalian adipose cells. Int Rev Cytol 33:297–334
Slavin BG (1979) Fine structural studies on white adipocyte differentiation. Anat Rec 195:63–72
Van RLR, Roncari DAK (1978) Complete differentiation of adipocyte precursors. A culture system for studying the cellular nature of adipose tissue. Cell Tissue Res 195:317–329

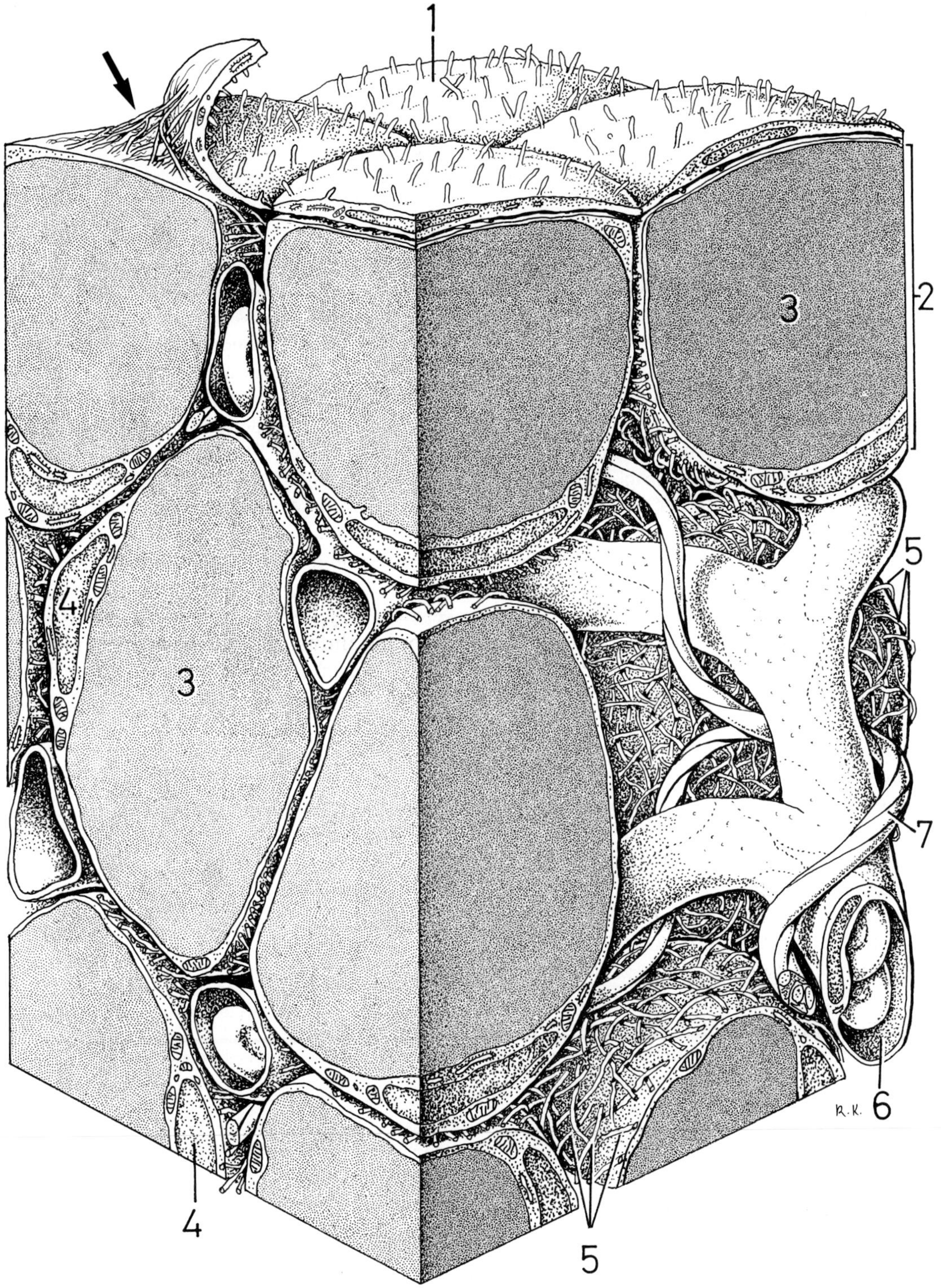

1
2
3
3
4
4
5
5
6
7
R.K.

Tafel 58. Weiße Fettzelle. Fortsetzung der Tafel 57

Der schmale Cytoplasmasaum der Fettzellen enthält den abgeflachten Kern (**1**), einige Mitochondrien (**2**), Doppellamellen des granulären endoplasmatischen Reticulums (**3**) und einen Golgi-Apparat, ferner einige Säckchen des glatten endoplasmatischen Reticulums.

Eine riesige Fettvacuole (**4**) dominiert im Zellkörper. Sie wird durch zahlreiche Mikrofilamente (**5**) vom Cytoplasma abgegrenzt; große Fettvacuolen besitzen keine eigene Grenzmembran. Außerdem befestigt das mikrofilamentöse Geflecht die Fettmasse im Zellkörper.

Jeder Adipocyt ist von einer Basallamia (**6**) umgeben. Im oberen Teil der Tafel ist sie als entfernt dargestellt, damit die mikropinocytotischen Bläschen (**7**) hervortreten. Ein Filzwerk aus verzweigten reticulären Mikrofibrillen (**8**, etwas dicker gezeichnet) verstärkt die Außenzone der Fettzelle.

Das Fettgewebe ist ein sehr aktives und dynamisches Gewebe, das einem andauernden Auf- und Abbau unterliegt.

Die nach einer Hydrolyse von Triglyceriden aus Chylomikronen (s. Tafel 31) oder Serumlipoproteinen entstandenen Fettsäuren werden von den Fettzellen aufgenommen und wieder zu Triglyceriden aufgebaut. Das gleiche Material können die Fettzellen auch aus Kohlenhydraten synthetisieren. Die Lipide sind in den Zellen als neutrale Triglyceride gespeichert. Das tierische und menschliche Fett besteht aus einem Gemisch von Olein-, Palmitin- und Stearinsäure. Die exogenen, fettlöslichen Pigmente, z. B. Lipochrome und Carotenoide, die man mit der Nahrung aufnimmt, geben dem Fettgewebe eine gelbliche Färbung.

Bei Abmagerung kommt es zu einer Entspeicherung der Zellen. Während die Fettvacuolen kleiner werden oder ganz aus dem Cytoplasma verschwinden, bilden sich mehrere, verschieden lange Zellausläufer. Somit ähneln die entfetteten Lipocyten den Reticulumzellen. In Extremfällen ist der Körper der entleerten Zelle mit einer schleimigen Flüssigkeit gefüllt (sog. seröse Fettzellen).

Die Hormone Adrenalin und Noradrenalin beeinflussen über cAMP (s. Tafel 163) den Fettabbau (Lipolyse). Durch Stimulation dieses Enzyms wird die sog. hormonsensitive Lipase aktiviert, die eine Hydrolyse der gespeicherten Triglyceride bewirkt. Die dadurch befreiten Fettsäuren gelangen in den Kreislauf, werden dort an Albumine gebunden und zu anderen Zellen des Organismus transportiert, wo sie als calorienreiches Material verbraucht werden (s. Tafel 80 in Krstić, R. V.: Ultrastruktur der Säugetierzelle).

Vergrößerung: 5000fach

Literatur

Frowein J (1972) Wirkungsmechanismen von Hormonen aus molekularbiologischer Sicht. Dtsch Med Wochenschr 97:1918–1922

Imaizumi M (1969) On the fine structure of the surface of lipid droplets in adipose cells. Arch Histol Jpn 30:353–365

Motta P (1975) Scanning electron microscopic observations of mammalian adipose cells. J Microsc 22:15–20

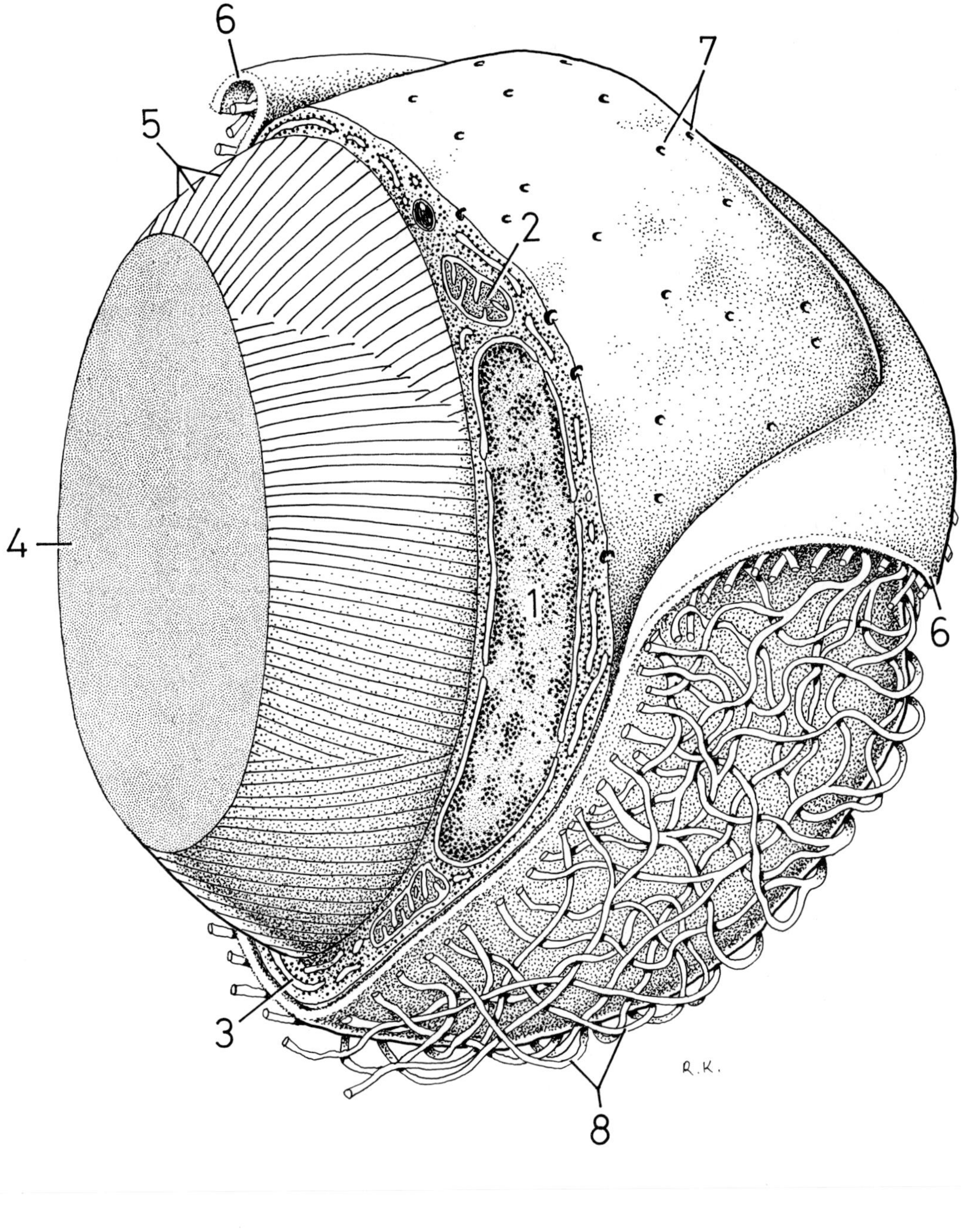
6
7
5
2
4
1
6
3
8
R.K.

Tafel 59. Braunes Fettgewebe.
Beispiel: Interscapuläres braunes Fettgewebe der Ratte

Das braune oder plurivacuoläre Fettgewebe kommt beim Menschen relativ selten und vorwiegend beim Neugeborenen vor. Man findet es in der Halsregion, in der Achselhöhle (Abb. **A 1**), in der Umgebung der A. subclavia (Abb. **A 2**) und der Niere (Abb. **A 3**), in Rückenhaut, Mediastinum (Abb. **A 4**) und Mesenterien.
Bei manchen Tieren, besonders bei den Winterschläfern, ist das braune Fettgewebe („Winterschlafdrüse") stärker verbreitet. Außer im Retroperitonealraum kommt es regelmäßig als interscapuläres Fettorgan (Abb. **B 1**) vor. Ein Stück davon ist lichtmikroskopisch in Abb. **C** abgebildet.
Wie das weiße ist auch das braune Fettgewebe in Läppchen gegliedert. Die Blut- und Lymphgefäße sowie die Nervenfasern dringen durch interlobuläre Septen (Abb. **C 1**) in das Gewebe ein.
Die braunen Fettzellen (Abb. **C 2**) sind polygonale Elemente mit einem zentral gelegenen Kern und mehreren kleinen Fettvacuolen im Cytoplasma, daher der Name „plurivacuoläres" Fettgewebe. Die weißen Adipocyten (Abb. **C 3**), die man gelegentlich im braunen Gewebe findet, sind wesentlich größer als die braunen. Man beachte die zahlreichen Blutcapillaren (Abb. **C 4**) zwischen den braunen Fettzellen.

Vergrößerung: Abb. **C** 800fach

Literatur

Barnard T (1969) The ultrastructural differentiation of brown adipose tissue in the rat. J Ultrastruct Res 29:311–332

Hahn P, Novak M (1975) Development of brown and white adipose tissue. J Lipid Res 16:79–91

Schmidt FG, Donat K, Budras KD (1982) Über Entspeicherung normalen und entnervten braunen Fettgewebes beim Gerbil (Meriones unguiculatus M.-E. 1867). Z Mikrosk Anat Forsch 96:885–897

Suter E (1969) The fine structure of brown adipose tissue. Lab Invest 21:246–258

Tanuma Y, Ohata M, Ito T, Yokochi C (1976) Possible function of human brown adipose tissue as suggested by observations on perirenal brown fats from necropsy cases of variable age groups. Arch Histol Jpn 39:117–145

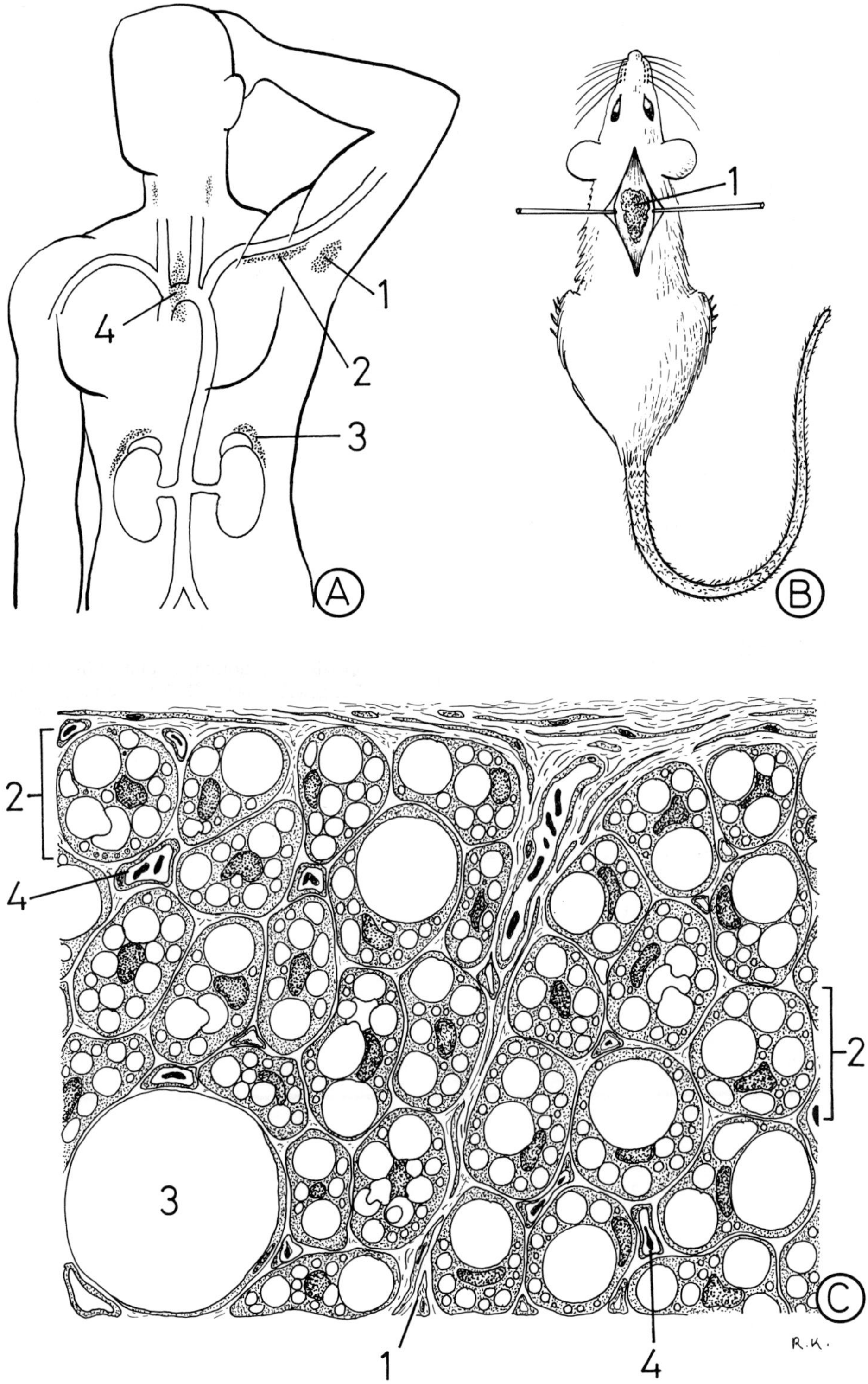
4
1
2
3
A
1
B
2
4
2
3
1
4
C
R.K.

Tafel 60. Braunes Fettgewebe der Ratte. Fortsetzung der Tafel 59

Für die räumliche Darstellung wurde ein aus wenigen Fettzellen zusammengesetzter Lobulus elektronenmikroskopisch beobachtet.

Die plurivacuolären Fettzellen (**1**) sind dicht aneinandergedrängt und bilden einen epithelähnlichen Zellverband (s. Tafel 59). Im Cytoplasma enthalten sie einen kugeligen Kern (**2**) und auffallend viele Mitochondrien (**3**). Als paraplasmatisches Produkt kommen im Zelleib die schon erwähnten multiplen Fettvacuolen (**4**) vor.

Dank der mehrfachen Verzweigungen der Blutgefäße kommt jede Zelle mit Capillaren (**5**) in Kontakt. Reichlich vorhandene marklose Nervenfasern (**6**) versorgen fast jede Zelle mit einer kolbenförmigen Nervenendigung (**7**).

Die Fettzellen liegen in einem Korb aus reticulären und kollagenen Mikrofibrillen (**8**). Einfachheitshalber wurden auf dieser Tafel die Basallaminae nicht gezeichnet.

Hauptaufgabe des braunen Fettgewebes ist die Wärmeproduktion, daher seine starke Verbreitung im Organismus der Winterschläfer, wo es die Erhaltung der Körpertemperatur während des Winterschlafes sichert. Bei der Oxidation der Fettsäuren in den braunen Fettzellen kommt es zu einer lokalen Temperaturerhöhung, so daß das braune Fettgewebe, wie ein Heizkörper, das durchströmende Blut erwärmt. Beim menschlichen Neugeborenen spielt das braune Fettgewebe eine Rolle bei der Umstellung auf die Umwelttemperatur.

Vergrößerung: 3200fach

Literatur

Derry DM, Schönbaum E, Steiner G (1969) Two sympathetic nerve supplies to brown adipose tissue of the rat. Can J Physiol Pharmacol 47:57–63

Dyer RF (1968) Morphological features of brown adipose cell maturation in vivo and in vitro. Am J Anat 123:255–282

Robison GA, Sutherland EW (1971) Cyclic AMP and the function of eukaryotic cells: an introduction. Am NY Acad Sci 185:5–9

Scarbati A, Zancanaro C, Cigolini M, Cinti S (1987) Brown adipose tissue: a scanning electron microscopy study of tissue and cultured adipocytes. Acta Anat 128:84–88

Thompson JF, Habeck DA, Nace SL, Beetham KL (1969) Ultrastructural and biochemical changes in brown fat in cold-exposed rats. J Cell Biol 41:312–334

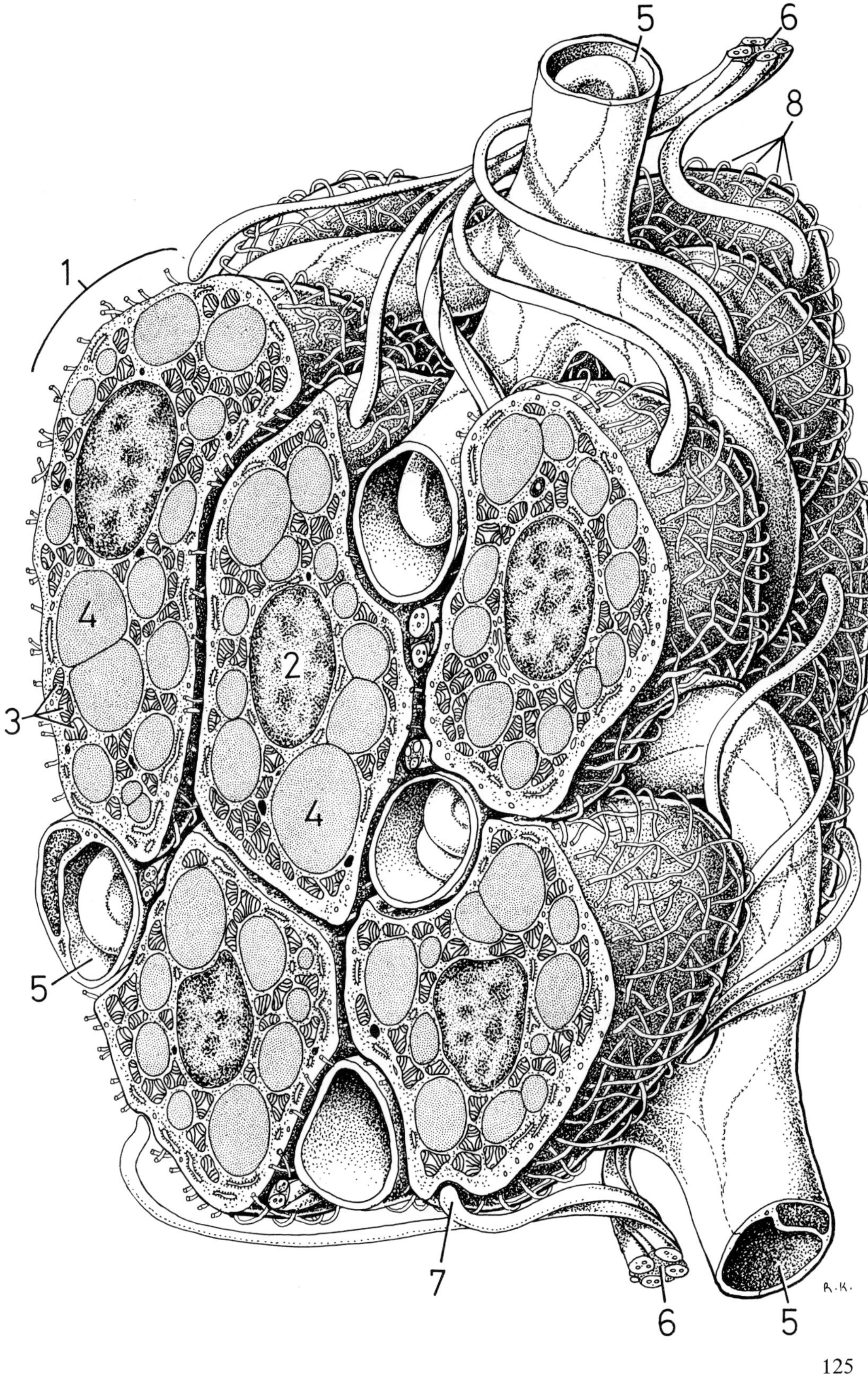
1
2
3
4
4
5
5
5
6
6
7
8
R.K.

Tafel 61. Braune Fettzelle. Fortsetzung der Tafel 60

Auf einer angeschnittenen braunen Fettzelle sieht man den vorgewölbten Kern (**1**) mit seinen Poren (**2**). Das Cytoplasma enthält viele, für die intensiven Oxidationsprozesse verantwortliche Mitochondrien (**3**) und einige wenige Säckchen des granulären (**4**) und des glatten (**5**) endoplasmatischen Reticulums. Das Hauptmerkmal einer braunen Fettzelle sind mehrere Lipidvacuolen (**6**). Diese liegen – ähnlich wie die Vacuolen der weißen Fettzellen – in einem Körbchen aus Mikrofibrillen (**7**). Die Fibrillen dienen wahrscheinlich nicht nur als Stützeinrichtung für die Fettmasse, sondern verhindern auch das Zusammenschmelzen mehrerer Fetttröpfchen. Der Inhalt der Vacuolen ist mäßig osmiophil und homogen.

Jede plurivacuoläre Zelle hat eine eigene Basallamina (**8**), die von außen durch ein Gitterwerk (**9**) aus reticulären und kollagenen Mikrofibrillen verstärkt wird. Die Zellmembran bildet mehrere mikropinocytotische Bläschen (**10**).

Das braune Fettgewebe ist reich innerviert. Auf der Zeichnung ist das Endstück einer marklosen Faser (**11**) mit zwei Axonen (**12**) abgebildet. Sie werden von einem Ausläufer einer Schwann-Zelle begleitet (**13**).

Das Axon berührt jedoch die Zellmembran der baunen Fettzelle nicht, weil dazwischen noch die Basallamina (**8**) liegt. Die Axone enthalten zahlreiche synaptische Vesikel, darunter einige mit stark osmiophilem Inhalt. An den Axonendigungen wird Noradrenalin abgegeben, das über das cAMP die bereits erwähnte hormonsensitive Lipase aktiviert. Diese bewirkt ihrerseits eine Spaltung der Triglyceride zu Glycerin und Fettsäuren, deren Oxidation zur Wärmeproduktion führt (s. Tafel 78 in Krstić, R. V.: Ultrastruktur der Säugetierzelle).

Vergrößerung: 7000fach

Literatur

Bargmann W, Hehn GV, Lindner E (1968) Über die Zellen des braunen Fettgewebes und ihre Innervation. Z Zellforsch 85:601–613

Kühnau J (1971) Physiologie und Biochemie der endokrinen Regulationen und Korrelationen. In: Bargmann W, Kühnau J, Siebenmann RE, Steiner H, Uehlinger E (eds) Handbuch der allgemeinen Pathologie. Endokrine Regulations- und Korrelationsstörungen, vol VIII/I. Springer, Berlin Heidelberg New York

Linck G, Stoeckel M-E, Porte A, Petrovic A (1973) An electron microscope study of the specialized cell contacts and innervation of adipocytes in the brown fat of the european hamster (Cricetus cricetus). Cytobios 7:431–436

Nedergaard J, Lindberg O (1982) The brown fat cell. Int Rev Cytol 74:187–286

Wood EM (1967) An ordered complex of filaments surrounding the lipid droplets in developing adipose cells. Anat Rec 437–448

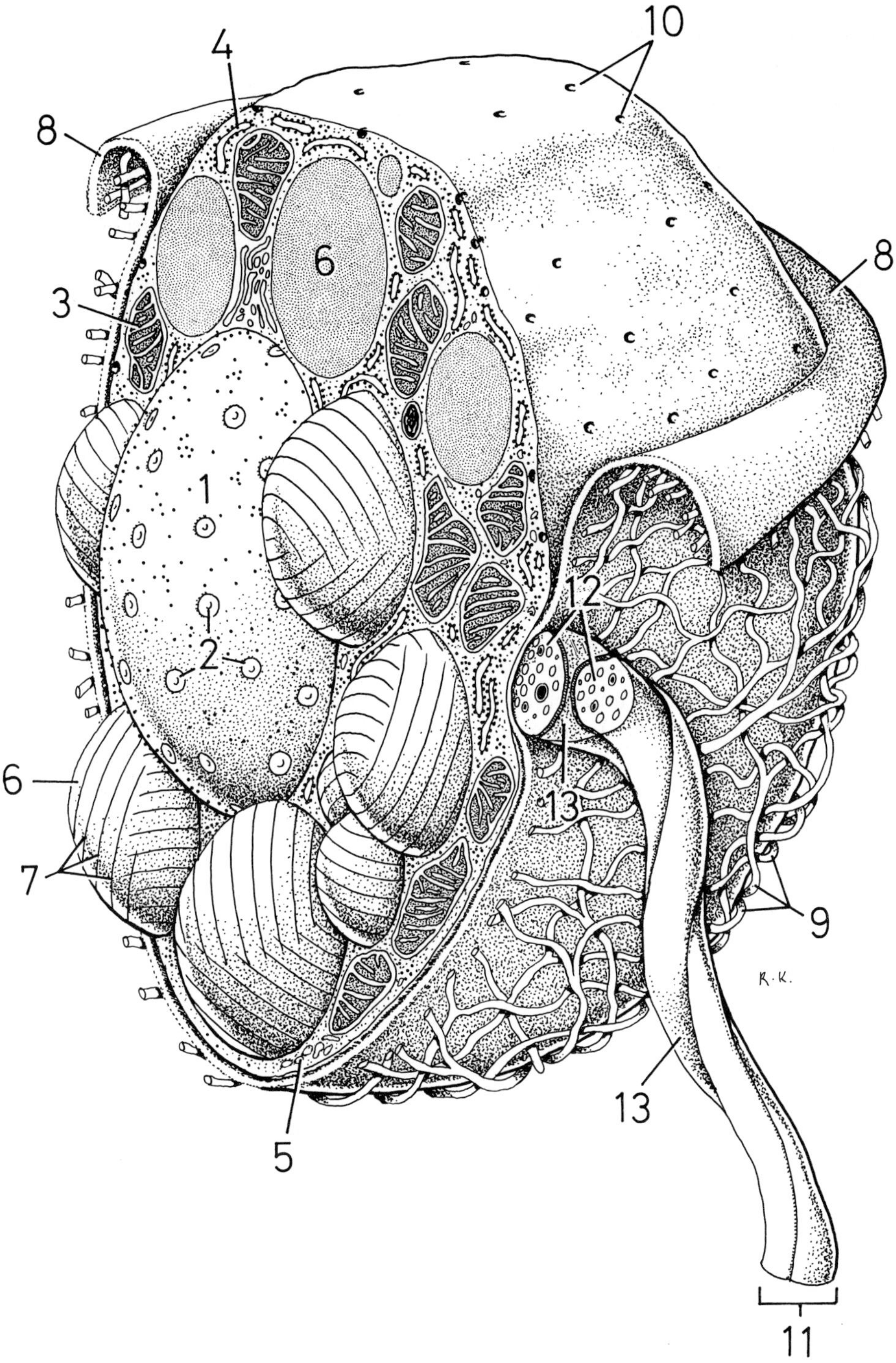

10
4
8
6
8
3
1
12
2
6
13
7
9
R.K.
13
5
11

Tafel 62. Lockeres faseriges Bindegewebe. Beispiel: Speiseröhre des Menschen

Das lockere faserige Bindegewebe ist im Organismus weit verbreitet. Es füllt die Räume zwischen Haut und Muskulatur sowie zwischen Muskelfasern und Muskeln; es umhüllt Gefäße, Nerven und verschiedene Organe, bildet das Stroma von Nieren, Leber, Drüsen, Hoden, Ovarien usw., liefert die weichen Hirnhäute, die Chorioidea (Aderhaut) des Auges, das Stratum papillare der Haut und kommt in Netzen (Omenta), in Pleura und überall dort vor, wo zwischen den Organen Fugen auszufüllen sind. Ferner verbindet das lockere Bindegewebe verschiedene Organe oder Organteile. So findet man es in Hohlorganen (z. B. Speiseröhre) als Lamina propria (Abb. **A 3**) zwischen Epithel (Abb. **A 1**) und Lamina muscularis mucosae (Abb. **A 2**), dann als Tela submucosa (Abb. **A 4**) und schließlich als Organhülle, Tunica adventitia (Abb. **A 5**).

Die Bestandteile aller Binde- und Stützgewebe können im lockeren faserigen Bindegewebe besonders gut dargestellt werden (Abb. **B**).

Hier ein übersichtliches Einteilungsschema (nach Bucher, 1980):

Die Rechtecke in Ab. **A** entsprechen der Abb. **B**, die aus didaktischen Gründen etwas idealisiert ist.
Als fixe Zellen kommen im Binde- und Stützgewebe Fibroblasten (Abb. **B 1**), Fibrocyten (Abb. **B 2**), Fettzellen (Abb. **B 3**) und Pericyten (Abb. **B 4**) vor. Mobile Elemente sind die Histiocyten (Abb. **B 5**), Mastzellen (Abb. **B 6**), Lymphocyten (Abb. **B 7**), Plasmazellen (Abb. **B 8**), eosinophilen Granulocyten (Abb. **B 9**) und Monocyten (Abb. **B 10**). Die Fettzellen wurden mit dem Fettgewebe (s. Tafeln 56–58) beschrieben.
Die reticulären (Abb. **B 11**), kollagenen (Abb. **B 12**) und verzweigten elastischen (Abb. **B 13**) Fasern bilden ein weitmaschiges Geflecht, dessen Zwischenräume mit einer Grundsubstanz gefüllt sind. Die kollagenen Fasern sind oft gebündelt.
Durch das lockere faserige Bindegewebe und die meisten anderen Gewebe dieser Gruppe ziehen Lymph- (Abb. **B 14**) und Blutgefäße (Abb. **B 15**) sowie Nervenfasern (Abb. **B 16**).

Vergrößerungen: Abb. **A** 5fach;
Abb. **B** 850fach

- Binde- und Stützgewebe
  - Zellen
    - ortsansässige (fixe)
    - freie (mobile)
  - Intercellularsubstanz
    - Fasern
      - reticuläre
      - kollagene
      - elastische
    - Grundsubstanz

Literatur

Bucher O (1980) Cytologie, Histologie und mikroskopische Anatomie des Menschen, 10th edn. Huber, Bern

Deane HS (1964) Some electron microscopic observations on the lamina propria of the gut, with comments on the close association of macrophages, plasma cells and eosinophils. Anat Rec 149:453–474

Snodgrass MJ (1977) Ulrastructural distinction between reticular and collagenous fibers with an ammoniacal silver stain. Anat Rec 187:191–206

Uitto J (1986) Elastic fibers. In: Bereiter-Hahn J, Matolsty AG, Richards KS (eds) Biology of integument, vol 2. Springer, Berlin Heidelberg New York Tokyo

Weinstock M (1972) Collagen formation. Observations on its intracellular packaging and transport. Z Zellforsch 129:455–470

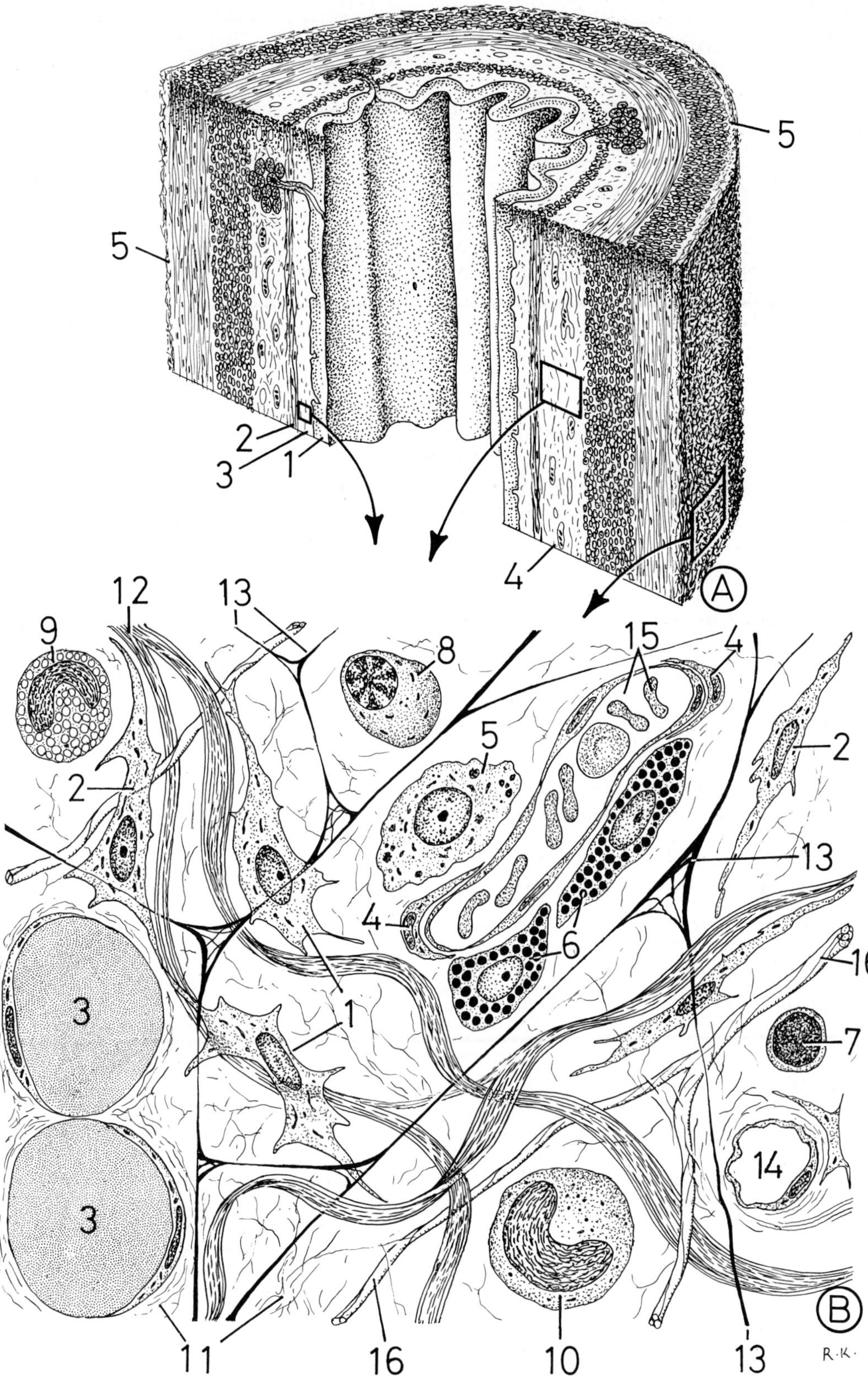
5
5
2
3
1
4
A
12
13
9
8
15
4
5
2
2
13
4
1
6
6
16
3
1
7
14
3
11
16
10
13
B
R.K.

Tafel 63. Lockeres faseriges Bindegewebe. Dreidimensionale Darstellung

Die ortsansässigen Zellen, die Fibrocyten (**1**), bilden mit ihren langen, dünnen Fortsätzen ein Gerüst, in dessen Maschen sich die freien Bindegewebszellen bewegen. So unterscheidet man auf der leicht schematisierten Zeichnung einen Histiocyten (**2**), eine Plasmazelle (**3**), einen Monocyten (**4**), einen Lymphocyten (**5**) und ganz oben einen eosinophilen Granulocyten (**6**). Eine Mastzelle (**7**) schmiegt sich einer angeschnittenen Capillare (**8**) an. Einige Granula haben die Mastzelle verlassen (Pfeile). Ein Pericyt (**9**) – von manchen Autoren auch den Zellen des lockeren Bindegewebes zugeordnet – umgreift mit seinen Fortsätzen das Haargefäß, von dessen Basalmembran er umgeben ist.

Das lockere Bindegewebe ist kreuz und quer von kollagenen Fasern (**10**) durchzogen, die ihre Mikrofibrillen (**11**) untereinander austauschen. Die kollagenen Faserbündel verleihen dem lockeren Bindegewebe seine Zugfestigkeit.

Die elastischen Fasern (**12**) verzweigen sich in den Maschen des lockeren faserigen Bindegewebes. Sie geben dem Gewebe seine Elastizität.

Die reticulären Mikrofibrillen (**13**) findet man vorwiegend um die Gefäße. Die Capillare wird von marklosen Nervenfasern (**14**) begleitet. Die Gesamtheit der aufgezählten Fasern bezeichnet man als geformte Intercellularsubstanz.

Die zweite Komponente der Intercellularsubstanz ist eine eiweißarme, amorphe, durchsichtige Masse, die Grundsubstanz (auf dieser Zeichnung nicht wiedergegeben). Ihre Anwesenheit ist von größter Bedeutung für den Stoffwechsel der Binde- und Stützgewebe, denn sie stellt einen zwischen den Zellen und Capillaren liegenden Träger für die Nährstoffe und Abfallprodukte dar. Die Grundsubstanz enthält Proteoglykane, deren chemische Zusammensetzung und Konzentration von Gewebe zu Gewebe verschieden sein kann. Je nach Gewebeart ist sie dünnflüssiges Sol (Mesenchymgewebe, s. Tafel 50) oder viscöses Gel (Gallertgewebe, s. Tafel 52). Im Knorpelgewebe ist sie plastisch und im Knochengewebe hart. In der Grundsubstanz wird hauptsächlich Hyaluronsäure (Acetylglucosamin + Glucuronsäure) nachgewiesen. Diese ist für die lichtmikroskopisch feststellbare Metachromasie (für die Definition s. Tafel 69) der Grundsubstanz verantwortlich. Pathogene Bakterien, die das Enzym Hyaluronidase produzieren, erleichtern die Ausbreitung einer Entzündung, indem sie durch Depolymerisation der Hyaluronsäure die Viscosität der Grundsubstanz herabsetzen (sog. “spreading factor”).

Vergrößerung: 3500fach

Literatur

Bairati A, Petruccioli MG, Torri Tarelli L (1969) Studies on the ultrastructure of collagen fibrils: I. Morphological evaluation of the periodic structure. J Submicrosc Cytol 1:113–141

Glauert AM, Mayo CR (1973) The study of the threedimensional structural relationships in connective tissues by high voltage electron microscopy. J Microsc 97:83–94

Greiling H, Gressner AM, Stuhlsatz HW (1981) Zum Stoffwechsel und zur Pathobiochemie der Proteoglykane. Verh Anat Ges 75:115–124

Hay DE (1981) Cell biology of extracellular matrix. Plenum, New York

Hukins DWL (ed) (1983) Connective tissue matrix. Macmillan, Houndmills

Reddi AH (ed) (1985) Extracellular matrix. Structure and function. UCLA symposia on molecular and cellular biology. New series, vol 25. Liss, New York

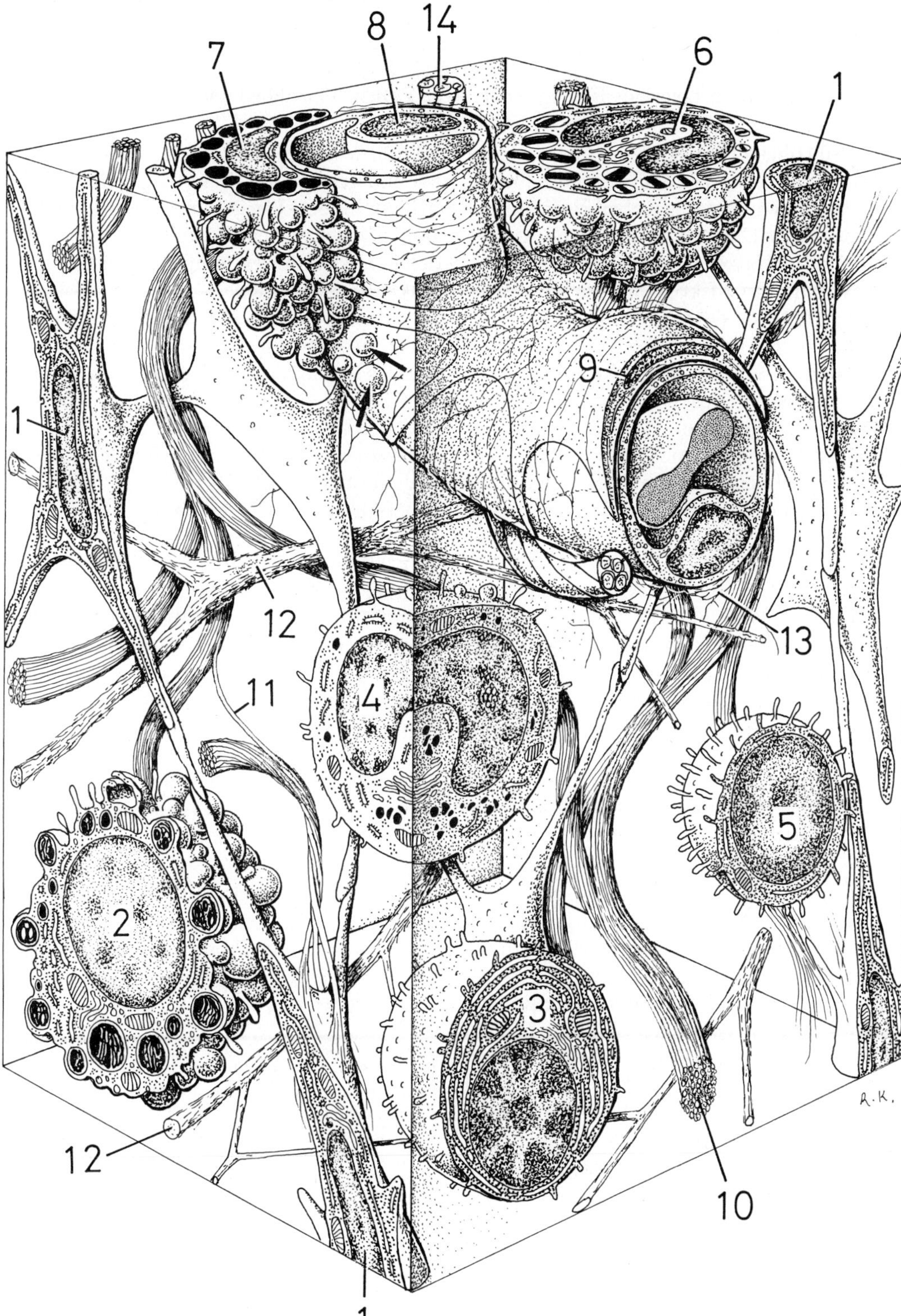
14
8
7
6
1
9
1
12
13
11
4
5
2
3
12
10
1
R.K.

Tafel 64. Lockeres faseriges Bindegewebe. Fixe Zellen: Fibroblast und Fibrocyt

Der Fibroblast (links) ist eine junge, spindelförmige Zelle, die im Gefüge des lockeren faserigen Bindegewebes vorkommt. An der Oberfläche zeigt er mehrere kurze, plumpe Fortsätze (**1**) sowie eine wechselnde Anzahl von Mikrovilli. Der oft etwas abgeplattete ovale oder ellipsoidale und relativ chromatinarme Kern der Fibroblasten enthält ein bis zwei Nucleolen. Das Hauptmerkmal des Cytoplasmas stellen die erweiterten Räume des granulären endoplasmatischen Reticulums (**2**) mit mäßig osmiophilem amorphem Reticuloplasma dar. In der Umgebung des Golgi-Apparates befinden sich jeweils mehrere Vacuolen. Einige Mitochondrien sind im Cytoplasma verstreut. Die Anwesenheit von Centriolen weist auf die Teilungsbereitschaft der Fibroblasten hin. Eine Menge freier Ribosomen in der cytoplasmatischen Matrix und das rauhe endoplasmatische Reticulum verleihen den Fibroblasten eine lichtmikroskopisch feststellbare Basophilie.

Der Fibrocyt (rechts) ist eine im Vergleich mit dem Fibroblasten reifere Zelle. Der Funktion des jeweiligen Bindegewebes entsprechend ist er schlank, spindelförmig oder abgeflacht. Mehrere lange, dünne Ausläufer verbinden die Fibrocyten zu einem dreidimensionalen Netz. Der Kern der Fibrocyten ist relativ chromatinarm und oft abgeplattet ellipsoidal; er hat einen kleineren Nucleolus als der des Fibroblasten.

Im Gegensatz zum Fibroblasten sind beim Fibrocyten die Organellen weniger gut entwickelt. Der Unterschied zeigt sich vor allem in der geringen Ausdehnung des granulären endoplasmatischen Reticulums (**3**) und des Golgi-Apparates. Aufgrund dieser Merkmale kann man die Fibroblasten von den Fibrocyten unterscheiden.

Die Fibroblasten bilden verschiedene Fasern sowie Intercellularsubstanz (s. Tafel 65). Man beobachtet deshalb einzelne (**4**) und gebündelte (**5**) kollagene Mikrofibrillen in der Umgebung der Fibroblasten. Zwischen den kollagenen Faserbündelchen kommt es zum Austausch von Mikrofibrillen (Pfeile).

In unmittelbarer Nähe des Plasmalemms der Fibroblasten oder in dessen Einsenkungen liegen die ebenfalls von ihnen synthetisierten dickeren elastischen Fasern (**6**). Wie bereits erwähnt, sind diese stark verzweigt und in ein feinfibrilläres Material gehüllt (s. Tafel 65).

Die Fähigkeit der Fibrocyten, ungeformtes und fibrilläres intercelluläres Material zu produzieren, ist erheblich begrenzt. Es ist aber sehr wahrscheinlich, daß sich die reifen Fibrocyten unter bestimmten Bedingungen (z. B. bei der Regeneration) in Fibroblasten zurückdifferenzieren und somit die Proteinsynthese wieder aufnehmen können.

In allen Bindegeweben erwachsener Individuen besteht aber noch eine gewisse Reserve an jungen, pluripotenten Elementen, die sich gegebenenfalls in Histiocyten, Fibroblasten, Chondroblasten, Osteoblasten usw. umwandeln können.

Die ortsansässigen Bindegewebszellen, wie Fibroblasten, Fibrocyten und Pericyten, haben eine geringfügige Phagocytosefähigkeit.

Die Pericyten spielen eine wichtige Rolle bei den Austauschvorgängen zwischen dem Inhalt der Blutcapillaren und dem Bindegewebe. Für die Regulierung des Capillardurchmessers sind sie von geringerer Bedeutung, denn die Endothelzellen können sich, dank der in ihnen vorhandenen Mikrofilamente, selbst kontrahieren. Man kann die Pericyten eher als eine Reserve pluripotenter Zellen betrachten, denn sie sollten sich von den Capillaren ablösen und in das umliegende Bindegewebe auswandern können (s. Tafeln 36, 112, 132, 133, 136 in Krstić, R. V.: Ultrastruktur der Säugetierzelle).

Vergrößerung: 5000fach

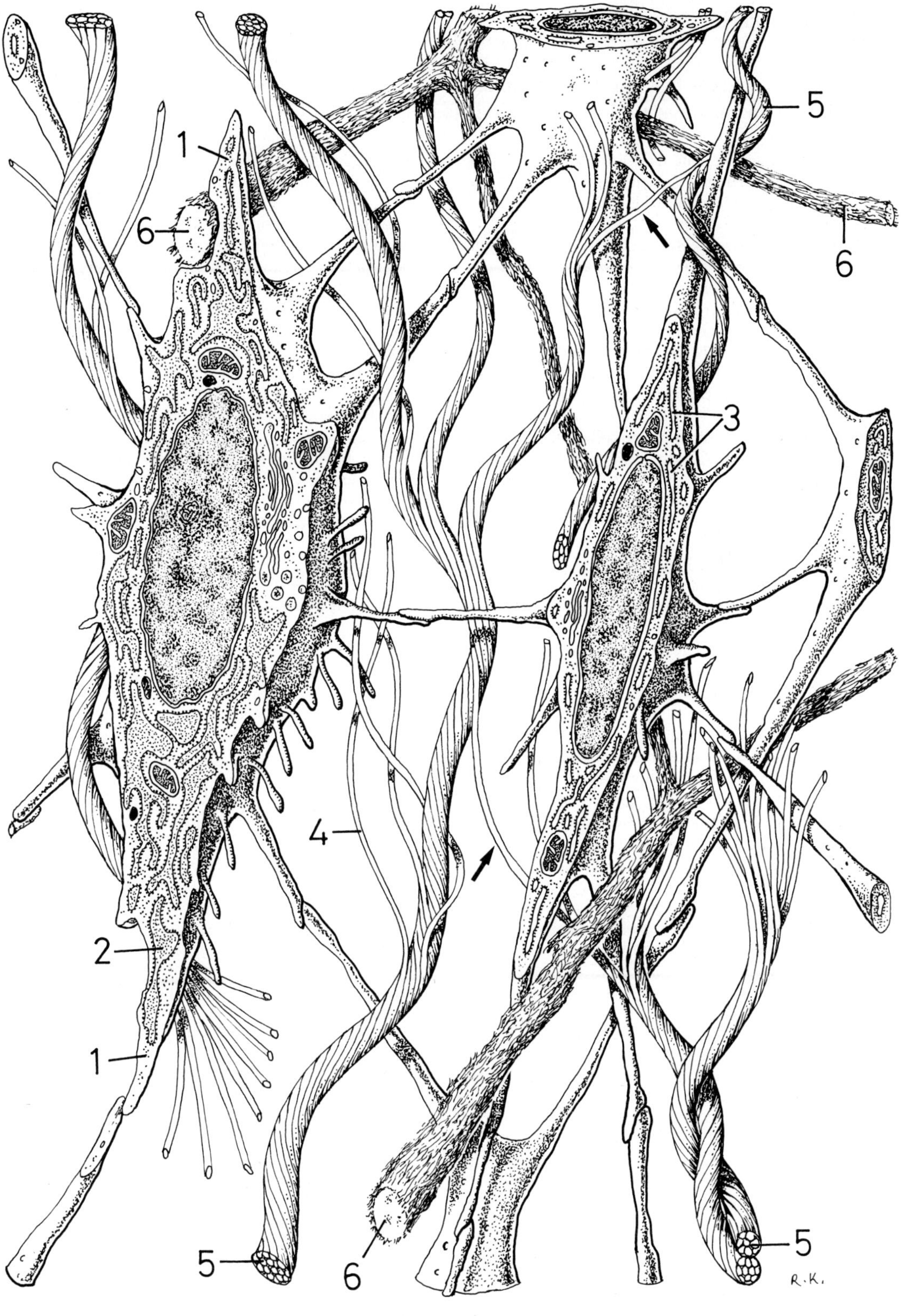

1
6
5
6
3
4
2
1
5
6
5
R.K.

Tafel 65. Lockeres faseriges Bindegewebe. Geformte und ungeformte Intercellularsubstanzen

Wie bereits erwähnt, sind die Fibroblasten vor allem proteinsynthetisierende Zellen. Sie bilden vier Arten eiweißhaltiger Makromoleküle:

A. Kollagen
B. Strukturglykoproteine der elastischen Fasern und Elastin
C. Proteoglykane
D. Struktur-Glykoproteine der Grundsubstanz (Fibronectin und Laminin).

A. Durch die Aufnahme von Hydroxyprolin (Pfeilrichtungen) und anderen Aminosäuren werden an den Ribosomen des rauhen endoplasmatischen Reticulums (**1**) die ersten Peptide synthetisiert. Diese werden dann in die prä- bzw. protokollagenen Polypeptidketten eingebaut. Aus drei helicoidal verflochtenen Ketten entstehen die ersten, 280 nm langen und 1,5 nm breiten Tropokollagenmoleküle (**2**). Nach dem Einbau von Zuckerkomponenten werden sie vom Golgi-Apparat in die Golgi-Vesikel abgesondert (**3**). Das Tropokollagenmaterial (**2a**) wird aus der Zelle in den Intercellularraum ausgeschieden, wo seine Polymerisation zu kollagenen (**4**) oder reticulären (**5**) Mikrofibrillen stattfindet. Im Laufe dieses Prozesses ordnen sich die Köpfe der Moleküle immer mit einer Verschiebung von 70 nm an, wodurch die regelmäßige Querstreifung der beiden faserigen Elemente entsteht.

Die kollagenen Mikrofibrillen (**4**) haben einen Durchmesser von etwa 10–200 nm, während die reticulären mit einem solchen von etwa 5–15 nm erheblich dünner sind. Die kollagenen Strukturen vereinigen sich zu Fibrillen, Fasern und Faserbündeln, wobei die letztgenannten einen Durchmesser von 12 µm erreichen können.

Im Gegensatz zu den kollagenen Fasern sind die reticulären Fasern dünner, in den Geweben netzartig geordnet und argyrophil, d. h. sie lassen sich mit Silbernitrat imprägnieren und intensiv schwarz färben. Die reticulären Mikrofibrillen liegen zwischen den Basallaminae und den kollagenen Mikrofibrillen (s. Tafeln 24 u. 132).

B. Nach einem noch wenig erforschten Vorgang produzieren die Fibroblasten die elastischen Fasern. Dies erfolgt durch die Absonderung mikrofibrillärer Strukturproteine (**6**), die sich in Form von tubulären Mikrofibrillen (sog. Fibrotubuli 10–16 nm Durchmesser) in Zellnähe zu Oxytalanfasern (**6a**) vereinigen. Die ebenfalls in den Fibroblasten gebildeten Proelastinmoleküle (**7**) sammeln sich innerhalb der Oxytalanfasern an. Dabei entstehen die sog. Elauninfasern (**7a**). Durch Vermehrung, Verschmelzung und Reifung der Proelastinmoleküle bilden sich schließlich die elektronenoptisch homogenen elastischen Fasern (**8**), die im Innern und besonders in der Randzone Fibrotubuli aufweisen. Im Gegensatz zu den undehnbaren kollagenen Strukturen können die elastischen Fasern, dank ihrem gewundenen Molekularbau, um 150% ihrer ursprünglichen Länge gedehnt werden.

C. Die Bindegewebszellen synthetisieren die Proteoglykane der Grundsubstanz (**9**). Das hypothetische Bild eines stark vergrößerten Details aus dem Kreis wird in Zeichnung **C** gezeigt.

Die Proteoglykane bestehen aus einem Trägerprotein (**10**), an das seitlich Glykosaminoglykane (**11**) gebunden sind. Letztere werden aus sich wiederholenden Disaccharid-Einheiten gebildet, die je nach ihrer Zusammensetzung Bausteine für 4- und 6 Sulfate, Dermatan, Heparan- und Keratansulfat darstellen. Über ein Verbindungsprotein (**12**) sind die Proteoglykane mit den fadenförmigen Hyaluronsäuremolekülen (**13**) verbunden. Auf diese Weise entsteht ein sehr dichtes molekulares Filzwerk. Die schwefelhaltigen Glykosaminoglykane (früher saure Mucopolysaccharide genannt) verleihen der Grundsubstanz Härte bzw. Plastizität.

Infolge der großen Wasserbindungskraft der Proteoglykane stellt die Grundsubstanz einen Speicher für das extracelluläre Wasser dar. Sie enthält ebenfalls zahlreiche Ionen, Enzyme, Hormone, Vitamine und Antikörper. Einen vergrößerten Wassergehalt in der Grundsubstanz, der durch Herz- und Nierenkrankheiten sowie gestörte Capillarpermeabilität verursacht wird, nennt man Ödem. Bei der Diffusion verschiedener Stoffe aus den Capillaren in die Zelle und umgekehrt spielt die Grundsubstanz die Rolle eines Filters, der die größeren Moleküle zurückhält und die kleineren diffundieren läßt (s. Tafeln 118, 132–137 in Krstić, R. V.: Ultrastruktur der Säugetierzelle).

D. Fibronectin und Laminin spielen eine Rolle bei der Adhäsion der Zellen am Kollagenfasergerüst sowie auch bei den Zell-Interaktionen.

Literatur

Carrington SD, Alexander RA, Grierson I (1984) Elastic and related fibers in the normal cornea and limbus of the domestic cat. J Anat 139:319–332

Garner A, Alexander RA (1986) Histochemistry of elastic and related fibers in the human eye in health and disease. Histochem J 18:405–412

Hay ED (1981) Extracellular matrix. J Cell Biol 91:205s–223s

Hynes RO, Yamada KM (1982) Fibronectins: multifunctional modular glycoproteins. J Cell Biol 95:369–377

Lennarz WJ (ed) (1980) The biochemistry of glycoproteins and proteoglycans. Plenum, New York

Varma RS, Varma R (eds) (1982) Glycosaminoglycans and proteoglycans. Karger, Basel

Wolman M, Kasten FH (1986) Polarized light microscopy in the study of the molecular structure of collagen and reticulin. Histochemistry 85:41–49

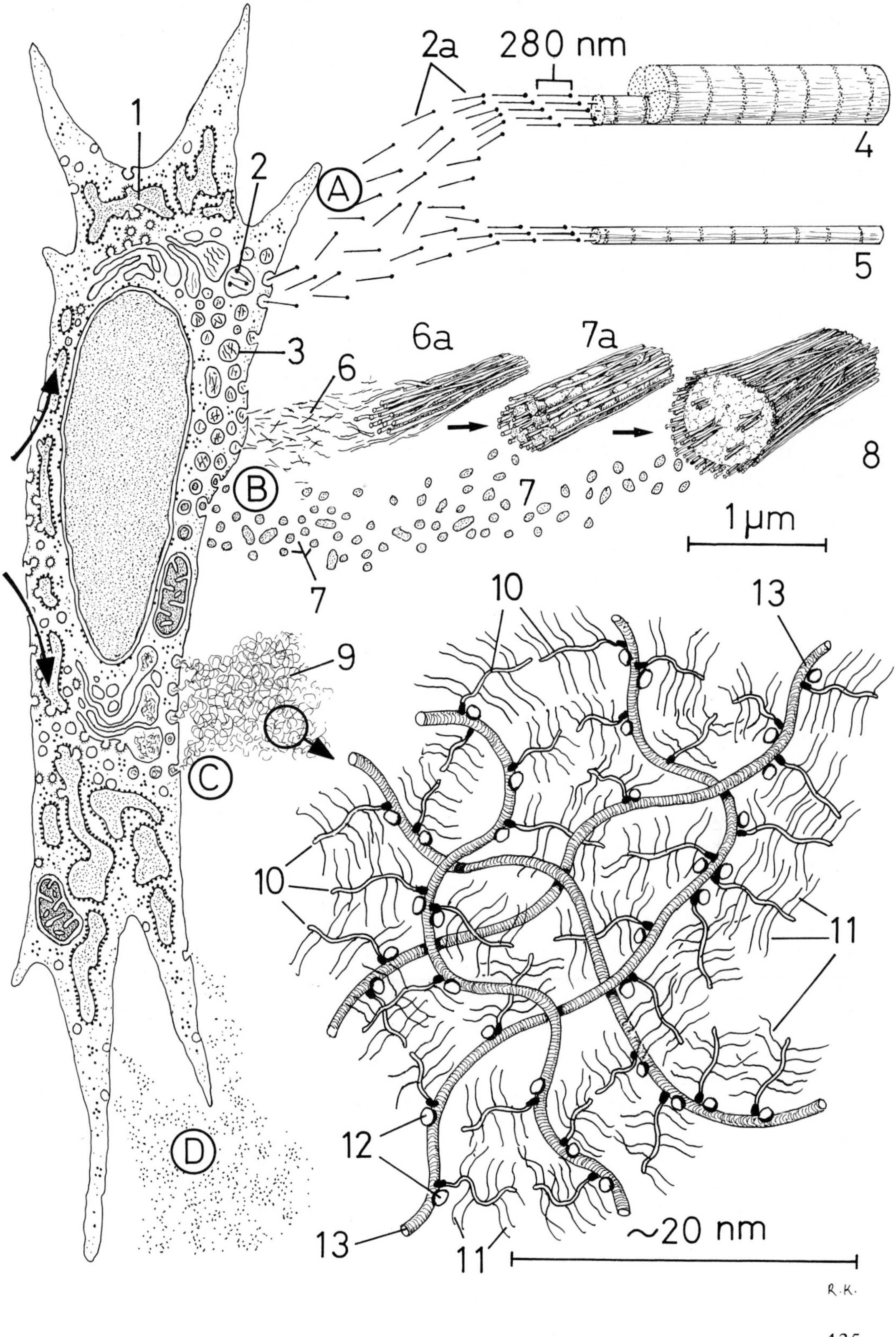
2a
280 nm
1
2
A
4
5
6a
7a
6
3
8
B
7
1 µm
7
10
13
9
C
10
10
11
11
12
12
13
11
~20 nm
D
R.K.

Tafel 66. Lockeres faseriges Bindegewebe. Freie Zellen: Histiocyt

Die relativ großen (10–20 µm), unregelmäßig konturierten, plump wirkenden Histiocyten bilden einen Dauerbestandteil des lockeren faserigen Bindegewebes.

Ihr Kern ist meistens kugelig oder ovoid und zeigt manchmal tiefere Einbuchtungen. Er enthält wenig Chromatin, aber einen deutlichen Nucleolus.

An Zellorganellen sind im Cytoplasma einige Mitochondrien, spärliche Doppellamellen des granulären endoplasmatischen Reticulums, ein gut entwickelter Golgi-Apparat und mäßig viele freie Ribosomen vertreten. Ein von der jeweiligen Funktion der Zelle abhängiger, unterschiedlicher Anteil an Lysosomen verschiedener Entwicklungsstufen stellt das Hauptmerkmal der Histiocyten dar.

Außer kleineren, primären Lysosomen (**1**), die meistens in der Nähe des Golgi-Apparates gelegen sind, findet man im Innern aktiver Histiocyten sekundäre Lysosomen (**2**), Phagolysosomen (**3**) und Restkörperchen (**4**). Die äußere Morphologie der Histiocyten ist sehr mannigfaltig. Ihre Oberfläche trägt oft eine Fülle unregelmäßiger Mikrovilli (**5**) oder kugeliger Ausstülpungen (**6**), denen die umfangreicheren Phagolysosomen im Zellinnern entsprechen. Außerdem bildet das Plasmalemm des Histiocyten gegeneinander gerichtete dünne Cytoplasmafalten (**7**). Beim Zusammenschmelzen solcher Strukturen wird der Zelle etwas Intercellularflüssigkeit einverleibt. Diese Erscheinung bezeichnet man als Makropinocytose. Natürlich enthalten die Histiocyten auch viele mikropinocytotische Vesikel (**8**).

Die Histiocyten sind lebhaft amöboid bewegliche Zellen. Sie begleiten meistens die Gefäße und befinden sich auch in großer Zahl dort, wo man das Eindringen körperfremder Partikel erwarten kann, z. B. im lockeren faserigen Bindegewebe der subepithelialen Schicht (Lamina propria) des Darmkanals.

Die Histiocyten zeichnen sich durch ihre ausgesprochene Phagocytose- und Speicherungsbereitschaft aus. Sie sind fähig, Bakterien, größere Partikel und/oder abgestorbene Zellen aufzunehmen und intracellular in Phagolysosomen zu verdauen. Deshalb bezeichnet man sie auch als Makrophagen (Freßzellen). Die Makrophagen sind sehr stark an den immunologischen Vorgängen beteiligt, indem sie den Lymphocyten die durch den Abbau von körperfremden Partikeln entstandenen immunologischen Informationen zuführen. Ein Teil der Histiocyten sind Monocyten, die den Blutkreislauf verlassen haben und in das lockere Bindegewebe eingewandert sind. Bei der schon erwähnten Vitalfärbung mit Trypanblau (s. Tafel 55) speichern sie in ihrem Cytoplasma die Farbstoffteilchen (s. Tafeln 32, 33, 47, 56–58, 168, 169 in Krstić, R. V.: Ultrastruktur der Säugetierzelle).

Vergrößerung: 10000fach

Literatur

Anderson H, Mattheissen ME (1966) The histiocyte in human foetal tissues. Its morphology, cytochemistry, origin, functions and fate. Z Zellforsch 72:193–211

Cavaillon J-M, Haeffner-Cavaillon N (1986) L'interleukine 1: un médiateur aux multiples fonctions. La Presse Médicale 15/5:185–187

Han SS, Avery JK, Hale LE (1965) The fine structure of differentiating fibroblasts in the incisor pulp of the guinea pig. Anat Rec 153:187–210

Jackson DS, Bentley JP (1975) Connective tissue cell. In: Beck F, Lloyd B (eds) The cell in medical science, vol 3. Academic, London New York San Francisco

Kisher CW (1974) Fibroblasts of the hypertrophic scar, mature scar and normal skin: study by scanning and transmission electron microscopy. Tex Rep Biol Med 32:699–709

Ten Cate AR, Deporter DA (1975) The degradative role of the fibroblast in the remodelling and turnover of collagen in soft connective tissue. Anat Rec 182:1–14

Virelizier JL, Arenzanaseisdedos F (1985) Immunological functions of macrophages and their regulation by interferon. Med Biol 63:149–160

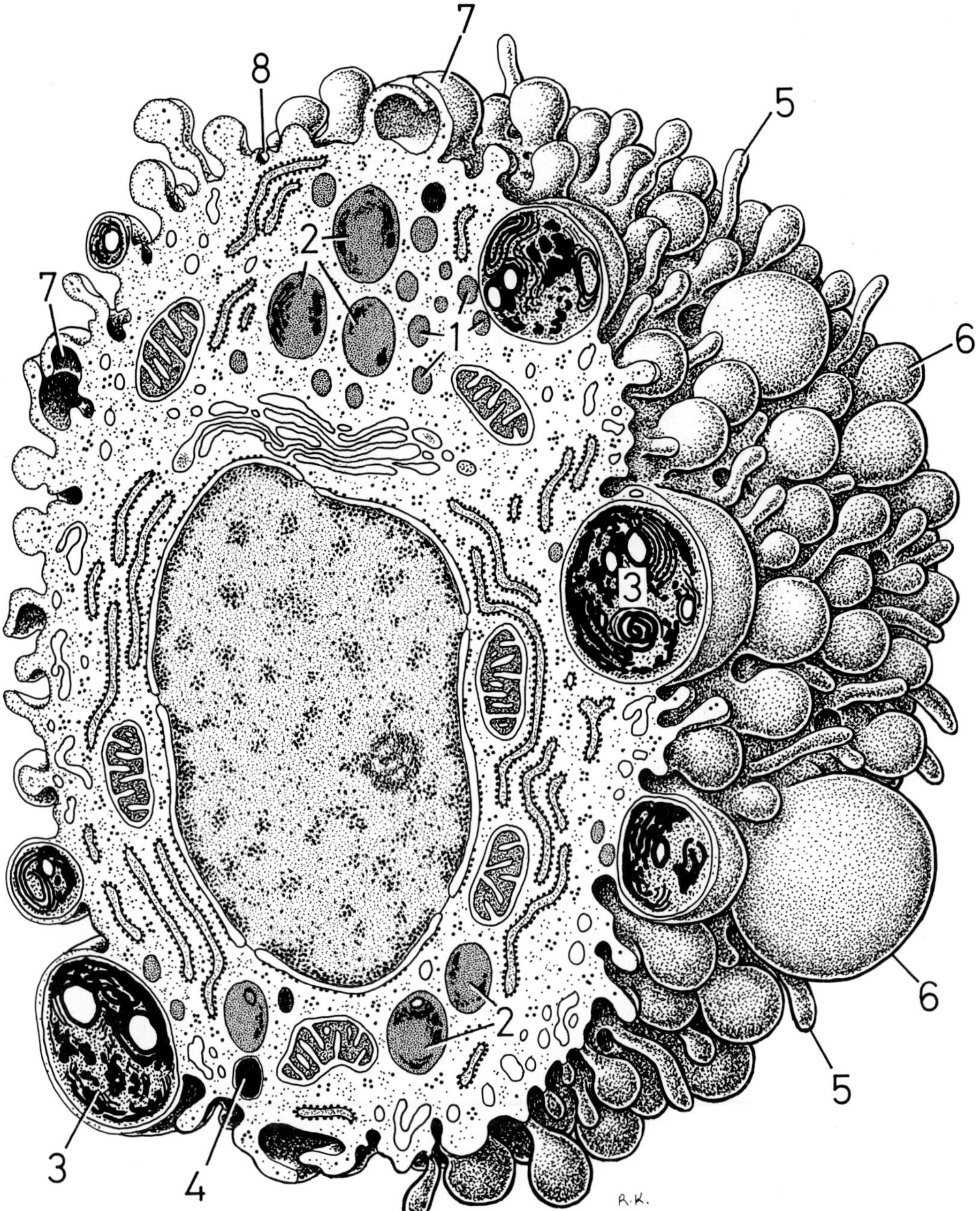
7
8
5
2
7
1
6
3
2
6
5
3
4
R.K.

Tafel 67. Lockeres faseriges Bindegewebe. Freie Zellen: Makrophage aus einer Gewebekultur

Die Makrophagen des lockeren Bindegewebes lassen sich in Gewebekulturen leicht züchten und experimentell beeinflussen.

Zur Verfolgung des Phagocytoseprozesses gibt man in eine Makrophagenkultur einige rote Blutkörperchen.

Durch die Entwicklung einer breiten, dünnen undulierenden Membran (**1**) nähern sich die Freßzellen den Erythrocyten (**2**). Dann gleitet dieser Cytoplasmaschleier über das rote Blutkörperchen, welches allmählich in das Cytoplasma der Makrophagen aufgenommen wird.

Auf der vorgewölbten Kernregion des Makrophagen sieht man zahlreiche Mikrovilli (**3**) und Filopodien (**4**). Es ist möglich, daß die letzteren bei der amöboiden Beweglichkeit der Freßzellen eine Rolle spielen.

Größere Phagolysosomen (**5**) oder früher phagocytierte Erythrocyten sind in dem sehr abgeflachten Makrophagenkörper leicht zu erkennen.

Vergrößerung: 7500fach

Literatur

Carr I (1968) Some aspects of the fine structure of the reticuloendothelial system: the cells which clear colloids from the blood system. Z Zellforsch 89:355–370

Gordon S (1986) Biology of the macrophage. J Cell Sci [Suppl] 4:267–286

Pearsall NN, Weiser RS (1970) The macrophage. Lea and Febiger, Philadelphia

Takayama H (1976) Electron microscopic studies on macrophages: I. Effect of colchicine and cytochalasin B on the cell cortex as revealed by scanning electron microscopy. J Electron Microsc (Tokyo) 25:75–82

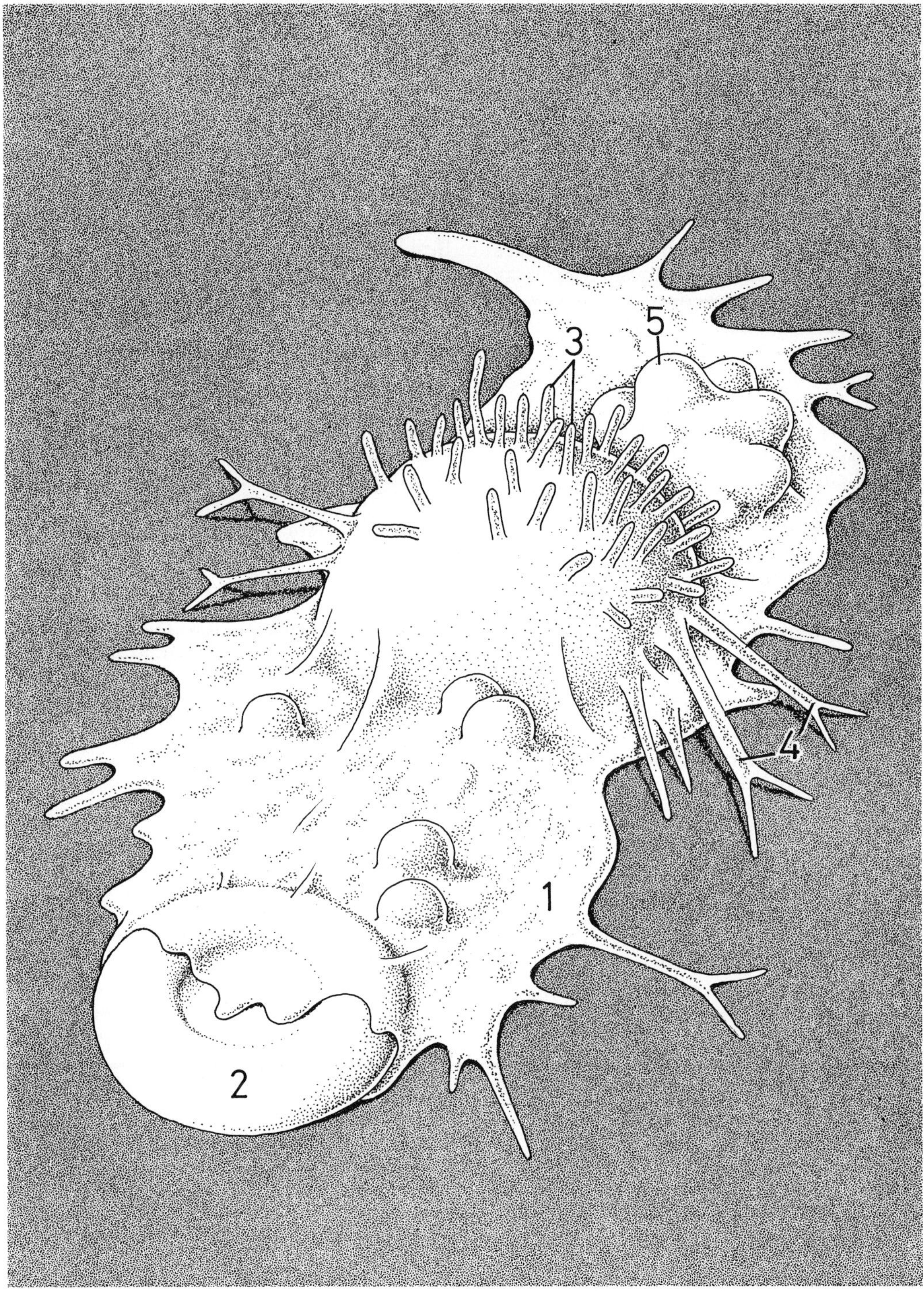
3
5
4
1
2
R.K.

Tafel 68. Reticulo-endotheliales (RES) oder Reticulo-histiocytäres (RHS) System

Das reticulo-endotheliale System vereinigt nach der klassischen Auffassung von Aschoff (1924) jene Zellen des Körpers, deren gemeinsame Hauptaufgaben die Phagocytose und Speicherung sind. Deshalb stellt es ein mächtiges Abwehrssystem des Organismus dar.

Das RES setzt sich aus folgenden Zellen zusammen:
- Reticulumzellen (**1**) und von ihnen abgeleitete, flächenhaft ausgebreitete Sinusendothelien (Uferzellen, **2**) der Lymphknoten (**3**, s. Tafel 54), der Milz (**4**) und des Knochenmarks (**5**)
- Histiocyten (**6**) und Monocyten (**7**) des lockeren Bindegewebes (**8**); wegen der Anwesenheit der Histiocyten wird das RES auch als reticulo-histiocytäres System (RHS) bezeichnet
- einem Teil der Endothelzellen (**9**) der Capillaren der Nebenniere (**10**) und Hypophyse (**11**)
- Kupffer-Sternzellen (**12**) der Leber (**13**)
- im weiteren Sinne den Mikrogliazellen (**14**) im Zentralnervensystem.

Die Hauptaufgaben des RES lassen sich wie folgt zusammenfassen:

A. Phagocytose und immunologische Tätigkeit (s. Tafel 115)

B. Speicherung exogener Fremdpartikel und/oder Vitalfarbstoffe

C. Hämoglobin- und Eisenstoffwechsel (die alten roten Blutkörperchen werden phagocytiert; ihr Eisen wird – in Pfeilrichtung – auf die Erythroblasten übertragen)

D. Extrahepatische Gallenfarbstoffbildung. (Bei der Verdauung von Erythrocyten entstehen die Gallenpigmente, die aus den Phagocyten diffundieren.)

E. Lipidstoffwechsel (die Reticulumzellen können Fette speichern und sich in Fettzellen umwandeln).

Das Kriterium „Phagocytose" und/oder „Athrocytose" reicht nicht, um eine Zelle dem RES bzw. RHS zuzuordnen (z. B. gewisse Nieren- und Thymusepithelien). Die neutrophilen Granulocyten, als ausgesprochene Phagocyten kleiner Partikel (Mikrophagen), gehören, ebenso wie Alveolarphagocyten der Lunge, nicht zum RES/RHS.

Die obigen Angaben sind eine klassische Beschreibung des RES. Elektronenmikroskopisch hat man kürzlich festgestellt, daß die Phagocytose nicht von den Sinusendothelien der Hypophyse- und Nebennierencapillaren, sondern von den perivasculären Makrophagen ausgeübt wird. Außerdem wird auch die Phagocytosebereitschaft der Milzendothelien nach neueren Forschungen in Frage gestellt. Durch die Beseitigung der Endothelkomponente verliert die Bezeichnung „reticulo-endotheliales System" an Bedeutung. Deshalb ist der Begriff „reticulo-histiocytäres System" eher gerechtfertigt.

Moderne Forschungen haben gezeigt, daß alle Makrophagen (außer den Mikrogliazellen) von Monocyten abstammen. Deshalb und wegen ihrer morphologischen und funktionellen Ähnlichkeiten (Einkernigkeit, Amöboismus, Phagocytose, Immunoreaktivität) hat man ein neues, sog. MPS (Mononuclear Phagocyte System)-Konzept entwickelt, das die RES/RHS Konzepte ersetzen soll.

Literatur

Aschoff L (1924) Das Retikulo-endotheliale System. Ergeb Inn Med Kinderheilkd 26:1–118

Carr I, Deames WT (eds) (1980) The reticuloendothelial system, vol 1. Morphology. Plenum, New York

Friedman H, Escobar M, Sherwood R (eds) (1984) The reticuloendothelial system. A comprehensive treatise, vol 6. Immunology; vol 7A Physiology. Plenum, New York

Phillips MS, Escobar MR (eds) (1986) The reticuloendothelial system: A comprehensive treatise, vol 9. Hypersensitivity. Plenum, New York

Rose NR, Siegel BV (eds) (1982) The reticuloendothelial system: A comprehensive treatise, vol 4. Plenum, New York

Sbarra AJ, Strauss RR (eds) (1980) The reticuloendothelial system, vol 2. Biochemistry and metabolism. Plenum, New York

Van Furth R (ed) (1980) Mononuclear phagocytes: Functional aspects. Martinus Nijhoff, The Hague

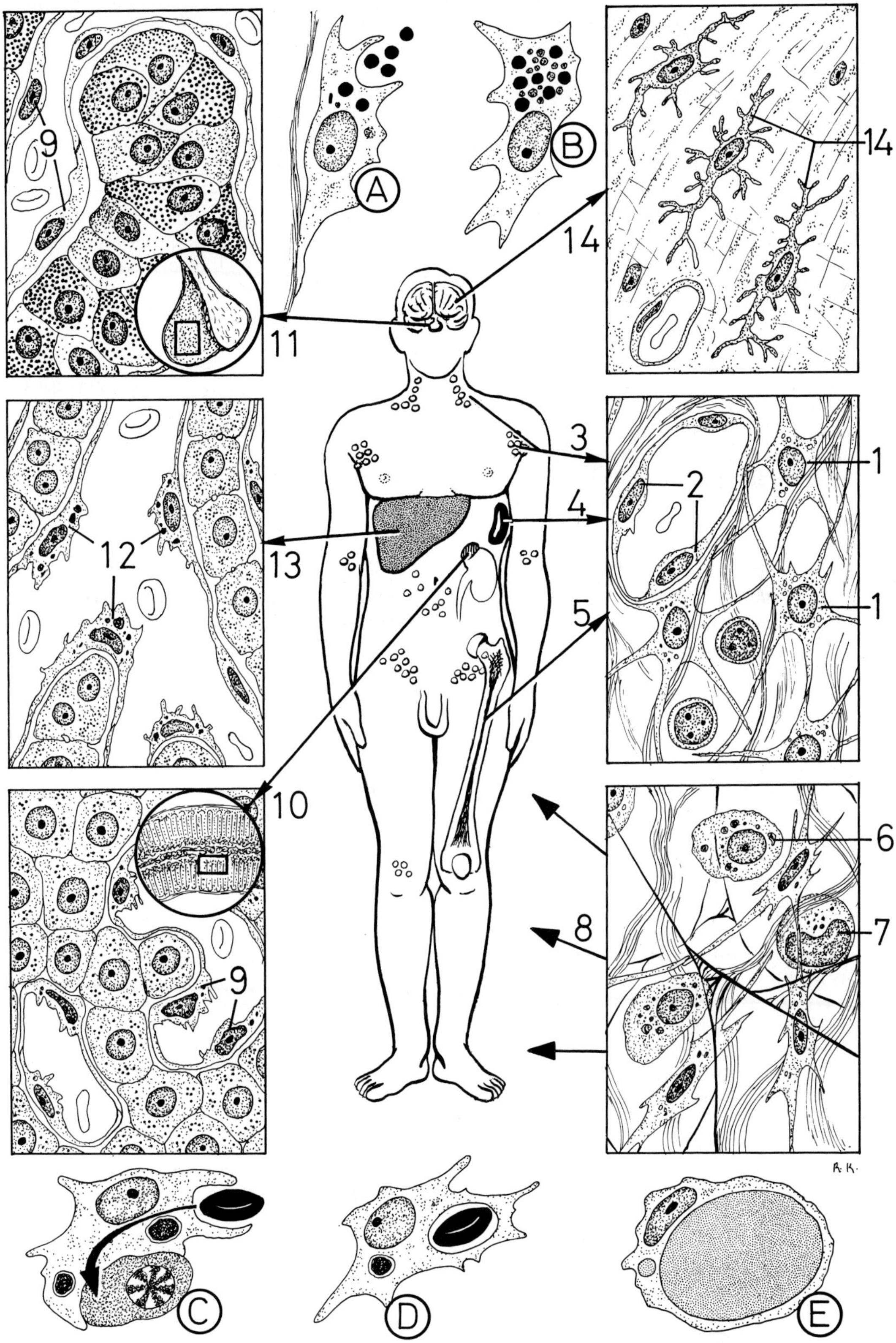
A
B
C
D
E
1
2
3
4
5
6
7
8
9
10
11
12
13
14
R. K.

Tafel 69. Lockeres faseriges Bindegewebe. Freie Zellen: Mastzelle oder Mastocyt

Die freibeweglichen Mastzellen begleiten hauptsächlich kleine Gefäße im lockeren faserigen Bindegewebe (s. Tafel 62 u. 63). Manchmal treten sie in kleinen Gruppen im Stroma verschiedener Organe auf. Es sind relativ große Zellen (bis 20 µm), die eine kugelige oder polymorphe Gestalt annehmen können.

An gewöhnlich gefärbten histologischen Schnitten fallen sie nicht auf. Zu ihrer Darstellung benötigt man eine Spezialfärbung mit basischen Farbstoffen, wie Methylen- oder Toluidinblau, Azur II usw., nach welcher ihre Granula metachromatisch erscheinen. Die Metachromasie bezeichnet also eine Farbtonveränderung des behandelten Substrates im Vergleich mit der angebotenen Farblösung. So z. B. färben blaue Stammlösungen der oben angeführten Substanzen die Mastzellgranula blauviolett.

Die Mastzellen enthalten meistens einen ellipsoidalen Kern. Die Hauptcharakteristik dieser Zellen sind zahlreiche große (bis 2 µm), elektronendichte, von einer Elementarmembran umgebene Granula (Abb. **A1** und Abb. **B**). Diese zeigen bei manchen Tieren kristallartige Einschlüsse, beim Menschen rätselhafte eingerollte, zylindrische Strukturen ("scrolls", Abb. **B1**). Im intergranulären Cytoplasma der Mastzellen findet man einige Doppellamellen von granulärem endoplasmatischem Reticulum, einen gut entwickelten Golgi-Apparat sowie einige Mitochondrien und Ribosomen.

Die äußere Morphologie der Mastocyten ist sehr mannigfaltig. Im Ruhezustand ist ihre Oberfläche glatt und hat nur wenige Ausstülpungen. Bei einer aktiven Mastzelle bildet das Plasmalemm zahlreiche unregelmäßige Mikrovilli (Abb. **A2**), Falten (Abb. **A3**) und Einstülpungen (Abb. **A4**). Viele, die Zellmembran nach außen wölbende, kugelige Strukturen sind für tätige Mastzellen bezeichnend. Die Öffnungen (Abb. **A5**) zwischen den Ausläufern sind wahrscheinlich zurückgebliebene Spuren ausgestoßener Granula.

Die Mastzellgranula enthalten:

– Heparin, ein die Blutgerinnung hemmendes Proteoglykan, das an der Metachromasie der Bindegewebsgrundsubstanz teilnimmt

– Histamin, ein niedermolekulares Gewebshormon, verantwortlich für lokale entzündliche Reaktionen, Ödeme durch Erhöhung der Capillarpermeabilität und Spasmen der glatten Muskulatur, insbesondere der Bronchialmuskulatur

– Serotonin (5-Hydroxytryptamin, 5-HT) nur bei Ratte und Maus. Diese Substanz bewirkt eine Verengung der kleinen Blutgefäße. Außerdem produzieren die Mastzellen Leukotriene, Prostaglandine, sowie einen eosinophilen hämotaktischen Faktor und andere für die Immunologie und die Zusammensetzung der Grundsubstanz wichtige Substanzen. Die Mastzellen sind an den allergischen Prozessen beteiligt, indem sie das von Plasmazellen produzierte Immunoglobulin E (IgE) an ihre Oberfläche binden. Bei erneutem Kontakt mit dem IgE setzen die Mastzellen ihre Granula überstürzt frei, was eine allergisch-asthmatische Reaktion auslösen kann (s. Tafel 165 in Krstić, R. V.: Ultrastruktur der Säugetierzelle; für weitere Einzelheiten s. Physiologielehrbücher).

Vergrößerungen: Abb. **A** 10000fach; Abb. **B** 40000fach

Literatur

Befus D, Bienenstock J (1986) Mast cell differentiation and heterogeneity. Raven, New York

Behrendt H (1980) Mastzelle und basophiler Granulozyt (Referat). Verh Anat Ges 74:261–268

Dvorak AM, Schleimer RP, Schulman ES, Lichtenstein LM (1986) Human mast cells use conservation and condensation mechanism during recovery from degranulation. Lab Invest 54:663–678

Goth A, Johnson AR (1975) Current concepts on the secretory function of mast cells. Life Sci 16:1201–1214

Kiernan JA (1979) Production and life span of cutaneous mast cells in young rats. J Anat 128:225–238

Lawson D, Raff MC, Gomperts B, Fewtrell C, Gilula NB (1977) Molecular events during membrane fusion. A study of exocytosis in rat peritoneal mast cells. J Cell Biol 72:242–259

Nemeth A, Roehlich P (1982) Early membrane retrieval following exocytosis in rat mast cells. Eur J Cell Biol 28:39–46

Pearce FL (1986) On the heterogeneity of mast cells. Pharmacology 32:61–71

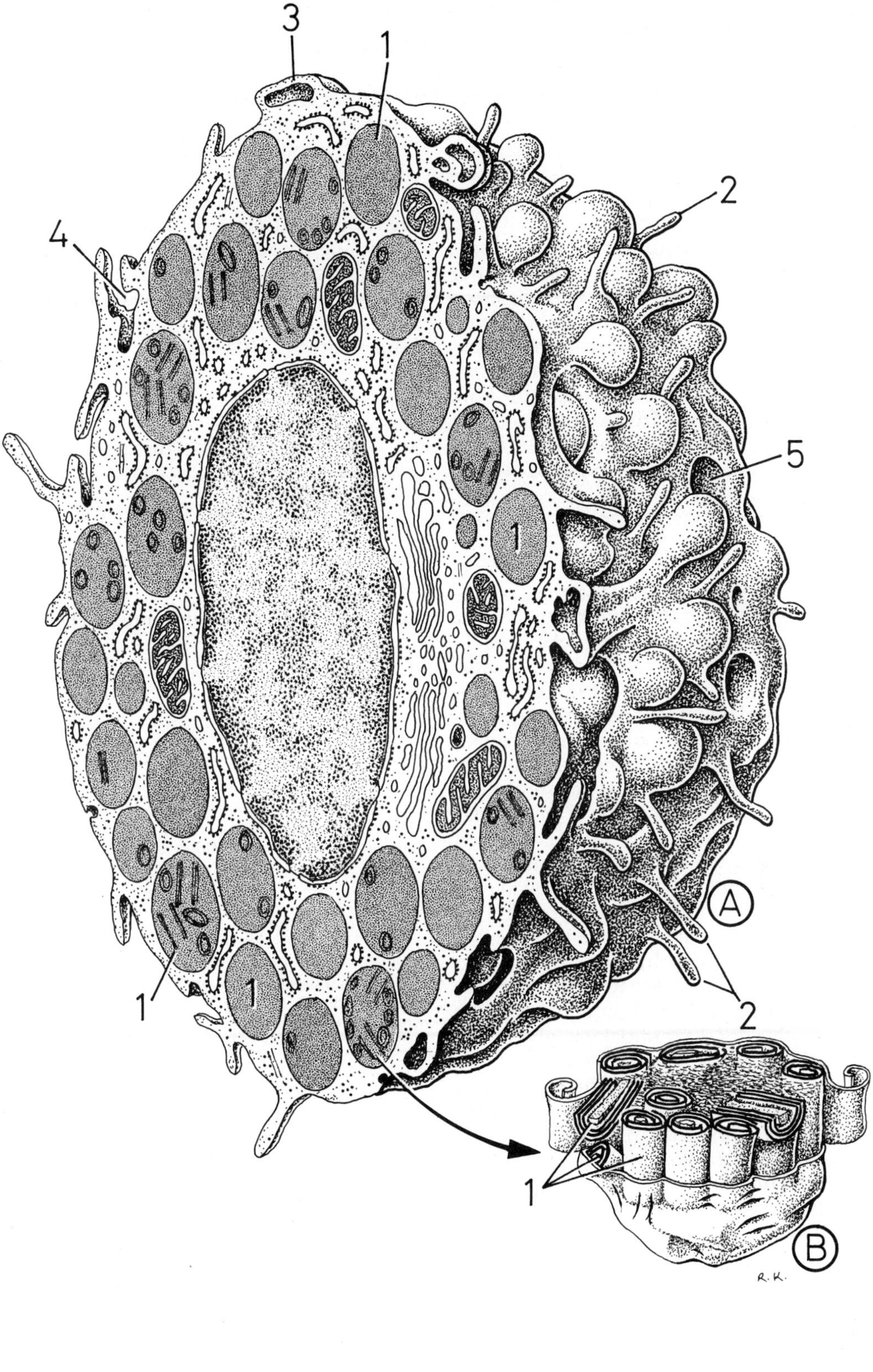
3
1
2
4
5
1
A
1
2
1
B
R.K.

Tafel 70. Lockeres faseriges Bindegewebe. Freie Zellen: Lymphocyten

Die Lymphocyten sind die kleinsten beweglichen Zellen des lockeren Bindegewebes. Sie haben einen Durchmesser von 7,5–9 μm.

Aufgrund histochemischer Untersuchungen hat man lange vermutet, daß es zwei Arten von Lymphocyten gibt. Leider konnte man mit den Durchstrahlungs- und Rasterelektronenmikroskopen diesbezüglich keinen entscheidenden Beweis liefern. Erst die immunologischen Forschungen haben bestätigt, daß tatsächlich zwei funktionell unterschiedliche Lymphocytenarten bestehen, und zwar B- und T-Lymphocyten.

Die B-Lymphocyten stammen bei Säugern aus dem Knochenmark (**B**one marrow) und bei Vögeln aus der sog. **B**ursa Fabricii, woraus die Bezeichnung „B" abgeleitet wurde.

Während ihrer Entwicklung leben die T-Lymphocyten vorübergehend im **T**hymus (daher „T"), wo sie ein Informationsprogramm erhalten, das ihnen erlaubt, körperfremde Stoffe als solche zu erkennen. Im Zellkörper beider Arten befindet sich ein großer kugeliger Kern mit sehr dichtem Chromatin. Im dünnen Cytoplasmagürtel liegen nur wenige Mitochondrien und Doppellamellen von granulärem endoplasmatischem Reticulum sowie ein schwach entwickelter Golgi-Apparat. Das Diplosom beweist die Teilungsbereitschaft dieser Zellen. Im Cytoplasma sind außerdem viele freie Ribosomen verstreut. Je nach Funktionsstand ist die Oberfläche der Lymphocyten glatt oder mit zahlreichen Mikrovilli bedeckt.

Etwa 20–35% der weißen Blutkörperchen sind kleine Lymphocyten. Sie können dank ihrer Plastizität die Blutcapillaren verlassen und in das Bindegewebe übertreten. Von da aus dringen sie in die Lymphcapillaren und erreichen schließlich wieder die Blutzirkulation.

Die Zahl der Lymphocyten in den Maschen des Bindegewebes ist gering. Beim Eindringen körperfremder Elemente oder Stoffe erhöht sie sich jedoch beachtlich.

Die T-Lymphocyten sind Träger der sog. cellulären oder zellgebundenen Immunität (s. Tafel 115). Die B-Zellen können sich unter bestimmten Bedingungen in γ-Globulin produzierende Plasmazellen umwandeln und spielen damit eine Rolle bei humoralen Immunitätsreaktionen.

Vergrößerung: 10000fach

Literatur

Alexander EL, Wetzel B (1975) Human lymphocytes: similarity of B and T cell surface morphology. Science 188:732–734

Bach F, Bonavida B, Vitetta E, Fox FC (1979) T and B lymphocytes: Recognition and function. Academic, New York

Bhalla DK, Braun J, Karnovsky MJ (1979) Lymphocyte surface and cytoplasmic changes associated with translational motility and spontaneous capping of Ig. J Cell Sci 39:137–147

Hilschmann N (1969) Die molekularen Grundlagen der Antikörperbildung. Naturwissenschaften 56:195–205

Kataoka K, Minowada J (1979) Human T and B lymphoid cells: An electron microscopic study on thymocytes, peripheral blood lymphocytes, mitogen-stimulated cells and lymphoid cell lines. Arch Histol Jpn 42:355–374

Lennert K, Müller-Hermelink HK (1975) Lymphocyten und ihre Funktionsformen – Morphologie, Organisation und immunologische Bedeutung. Verh Anat Ges 69:19–62

Liebich H-G (19722) Elektronenmikroskopische Untersuchungen an kleinen Lymphocyten aus dem Ductus thoracicus des Menschen. Res Exp Med (Berl) 159:87–98

Marrack P, Kappler J (1986) The T cells and its receptor. Sci Am 254/2:28–37

Reinherz EL, Haynes BF, Nadler LM, Bernstein ID (eds) (1986) Leukocyte typing II. Human B lymphocytes. Human T lymphocytes. Springer, Berlin Heidelberg New York Tokyo

Rydgren L, Norberg B, Håkansson CH, Mecklenburg v C, Söderström N (1976) Lymphocyte locomotion: I. The initiation, velocity, pattern and path of locomotion in vitro. Lymphology 9:89–96

Vos JG, Roholl PJM, Leene W (1980) Ultrastructural studies of peripheral blood lymphocytes in T cell-depleted rabbits. A scanning- and transmission electron microscopic analysis. Cell Tissue Res 213:221–235

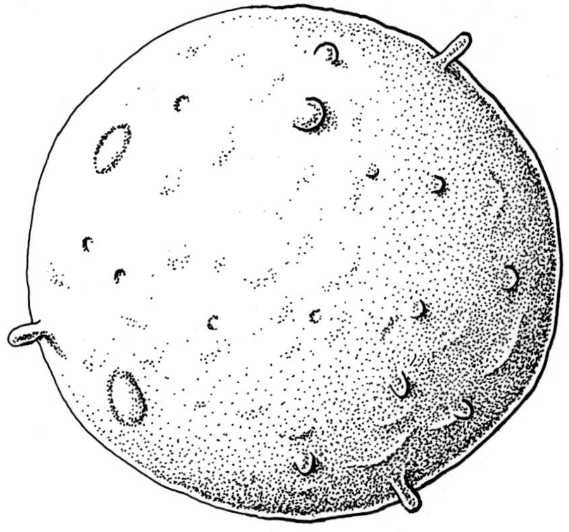

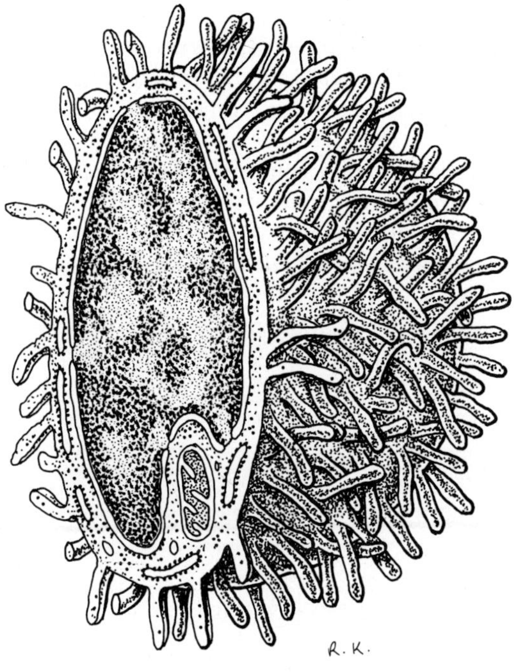
R. K.

Tafel 71. Lockeres faseriges Bindegewebe. Freie Zellen: Monocyt

Die Monocyten sind 12–20 µm große, kugelige, lichtmikroskopisch basophile Zellen. Sie enthalten einen geräumigen, nierenförmigen, chromatinreichen Kern mit 1–2 Nucleoli. Der Golgi-Apparat liegt häufig in der Kerneinbuchtung. In seiner Nähe befinden sich einige kleinere, dichte Granula (**1**), die im Lichtmikroskop gerade noch erkennbar sind. Nach kombinierter May-Grünwald-Giemsa-Färbung erscheinen sie purpurrot (azurophil). Elektronenmikroskopische Untersuchungen haben gezeigt, daß es sich um primäre Lysosomen handelt. In der Golgi-Zone sieht man auch die Centriolen (**2**). Mehrere Mitochondrien und abgeflachte Zisternen des granulären endoplasmatischen Reticulums sind im Zellkörper verstreut.

Die äußere Oberfläche bei inaktiven Monocyten ist, abgesehen von einigen Mikrovilli, glatt. Bei gesteigerter Tätigkeit bildet das Plasmalemm zahlreiche kugelige, fingerförmige und mikrovillöse Ausstülpungen, womit der Monocyt morphologisch nicht mehr von einem Histiocyten zu unterscheiden ist (s. Tafel 66).

Die aus dem Knochenmark stammenden Monocyten sind ausgesprochene Makrophagen. Mit ihren lebhaften amöboiden Bewegungen wandern sie durch die Maschen des Bindegewebes, wo sie sowohl Bakterien als auch größere Partikel und abgestorbene Zellen phagocytieren können. Ebenso wie die Histiocyten speichern sie Vitalfarbstoffe.

Von allen weißen Blutkörperchen machen die Monocyten 2–8% aus. Durch ihre Beweglichkeit sind sie imstande, den Blutkreislauf zu verlassen und in das Bindegewebe einzudringen. Danach ändert sich ihre Morphologie, weshalb sie auch Polyblasten genannt werden. Da sie sich schließlich nicht mehr von den Histiocyten unterscheiden lassen, kann man die Monocyten als eine Reserve makrophagischer Elemente im Bindegewebe betrachten.

Vergrößerung: 10000fach

Literatur

Liu HM (1972) Monozytopoese und Kinetik der Blutmonozyten beim Menschen. Blut 24:337–345

Nichols BA, Bainton DF, Farquhar MG (1971) Differentiation of monocytes. Origin, nature, and fate of their azurophil granules. J Cell Biol 50:498–515

Ogawa T, Koerten HK, Brederoo P, Daems WT (1983) A comparative study of primary and secondary granules in monocytopoiesis and myelopoiesis of mouse bone marrow. Cell Tissue Res 228:107–115

Sutton JS, Weiss LV (1966) Transformation of monocytes in tissue culture into macrophages, epithelioid cells and multinucleated giant cells. An electron microscope study. J Cell Biol 28:303–332

Vernon-Roberts B (1976) The macrophage. In: Beck F, Lloyd JB (eds) The cell in medical sciences, vol 4. Academic, London

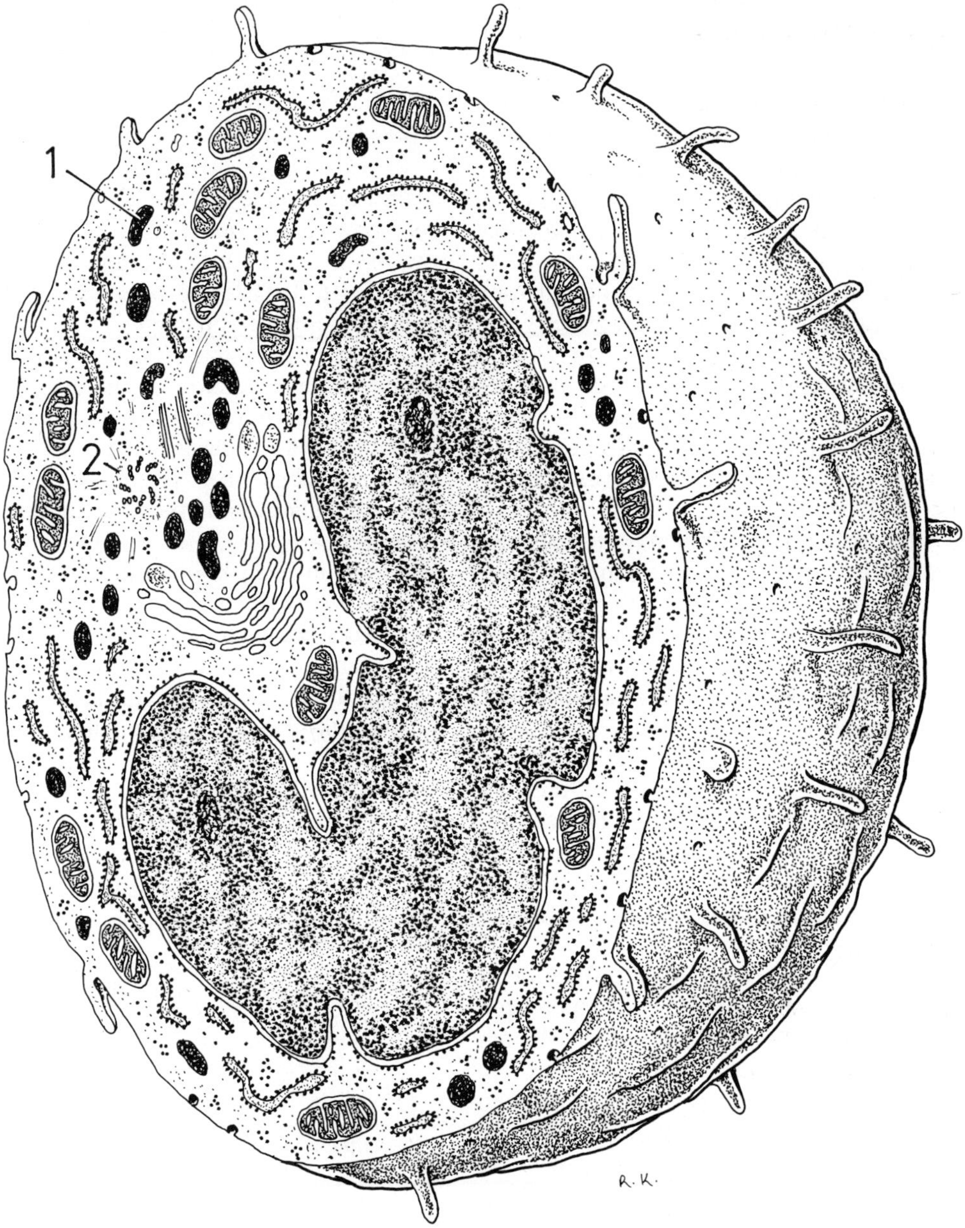
1
2
R. K.

Tafel 72. Lockeres faseriges Bindegewebe. Freie Zellen: Plasmocyt oder Plasmazelle

Auch bei den Plasmazellen handelt es sich um 10–20 µm große, ovoide Elemente. Sie sind hauptsächlich in der Nähe kleinerer Blutgefäße, im Stroma mancher Drüsen (z. B. Speichel- und Tränendrüsen), im Knochenmark, im lymphatischen System, in den Netzen, in der Lamina propria des Darmkanals sowie in dem Uterusschleimhautrest während der Menstruation vertreten. Ins Blut geraten sie nur ausnahmsweise (Röteln).

Der Kern der Plasmazellen ist kugelig und exzentrisch. Seine Chromtinanhäufungen sind charakteristisch angeordnet und erinnern an ein Rad („Radspeichenkern"). Diese morphologische Eigenschaft ist für die lichtmikroskopische Diagnose der Plasmazellen von Vorteil.

Die Ultrastruktur der Plasmazellen wird durch eine sehr starke Entwicklung der parallelen Zisternen des granulären endoplasmatischen Reticulums (**1**) gekennzeichnet (Ergastoplasma). Diese enthalten ein mäßig osmiophiles feinkörniges Material (Reticuloplasma).

In Kernnähe liegt ein gut ausgebildeter Golgi-Apparat, flankiert von mehreren kleineren Vacuolen und dem Diplosom (**2**). Der Golgi-Komplex erscheint im Lichtmikroskop als helle Zone. Zwischen den Ergastoplasma-Lamellen befinden sich einige Mitochondrien und unzählige freie Ribosomen. Letztere sind, zusammen mit dem Ergastoplasma, für die lichtmikroskopisch feststellbare Basophilie der Plasmocyten verantwortlich.

Die Plasmazellen sind schwach amöboid beweglich. Wahrscheinlich aus diesem Grund trägt ihre Oberfläche nur wenige Mikrovilli und kugelige Ausstülpungen.

Die Plasmazellen sind wichtige Proteinproduzenten. Sie synthetisieren und sezernieren durch eine Art umgekehrte Mikropinocytose, d. h. in kleinen Vesikeln (**3**), die γ-Globuline (Immunglobuline). Somit sind sie an den Abwehrprozessen des Organismus intensiv beteiligt.

Bei einer Überproduktion von Proteinen infolge einer Entzündung sammelt sich in den erweiterten ergastoplasmatischen Säckchen ein Material, das als sog. Russel-Körperchen nach Eosin- oder Fuchsinfärbung lichtmikroskopisch in Erscheinung tritt.

Die Plasmazellen können in den Lymphknoten aus B-Lymphocyten (s. Tafel 115) und in der Nähe von Blutgefäßen aus lymphocytenähnlichen Elementen entstehen (s. Tafeln 35, 45, 54, 55 in Krstić, R. V.: Ultrastruktur der Säugetierzelle).

Vergrößerung: 10 000fach

Literatur

Jinn-Fei Y, El-Labban NG (1986) An ultrastructural study of binucleate plasma cells. J Oral Pathol 15:118–121

Leduc EH, Avrameas S, Bouteille M (1968) Ultrastructural localization of antibody in differentiating plasma cells. J Exp Med 127:109–118

Pimenta PFP, De Souza W (1982) Ultrastructure and cytochemistry of the cell surface of eosinophils. J Submicrosc Cytol 14:227–237

Sainte Marie G (1964) Study on plasmocytopoiesis: I. Description of plasmocytes and of their mitoses in the mediastinal lymph nodes of ten-week-old rats. Am J Anat 114:207–233

Weiss L (1972) The cells and tissues of the immune system. Structure, functions, interactions. Prentice-Hall, Englewood Cliffs

Wulfhekel U (1980) Die Morphogenese des eosinophilen Granulozyten beim Menschen. Verh Anat Ges 74:223–227

Zagury D, Uhr JW, Jamieson JD, Palade GE (1970) Immunoglobulin synthesis and secretion: II. Radioautographic studies of sites of addition of carbohydrate moieties and intracellular transport. J Cell Biol 46:52–63

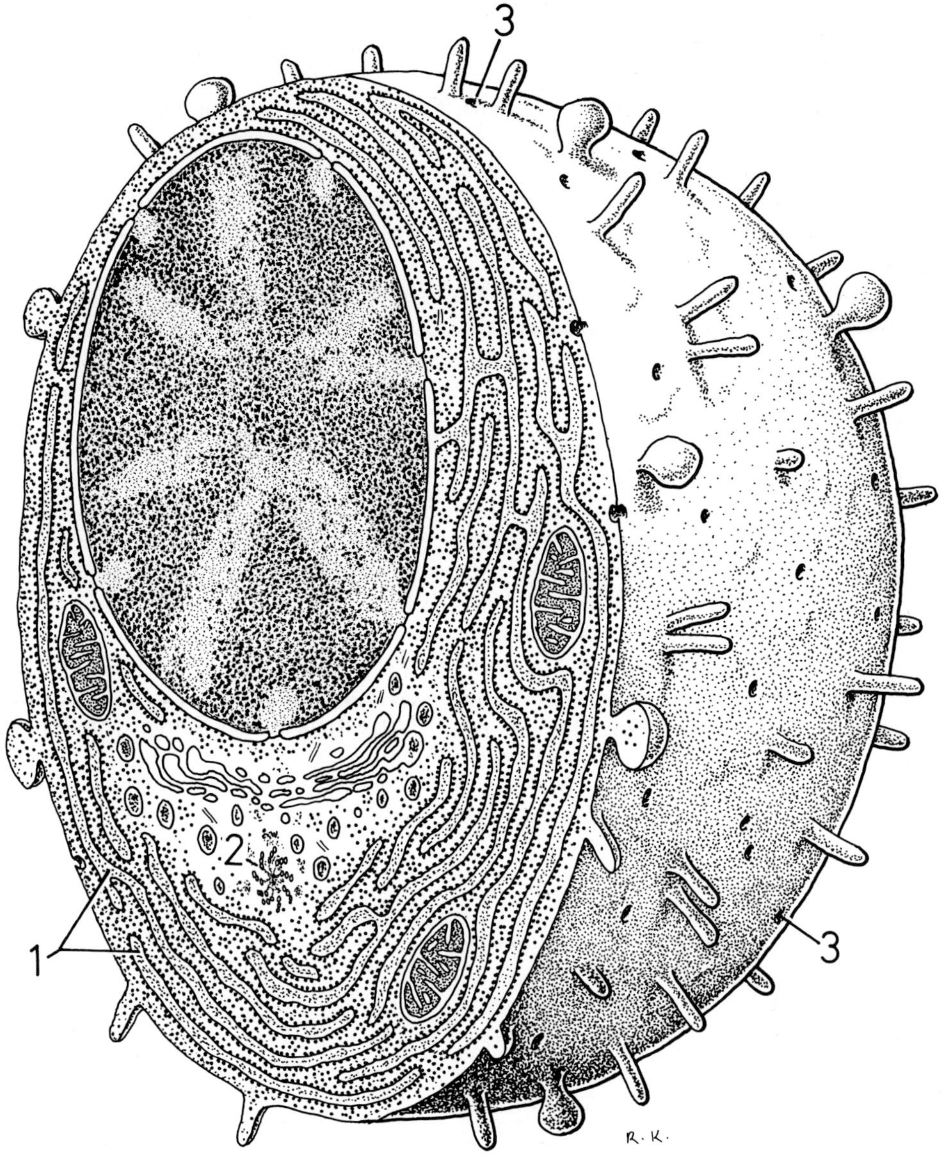
3
2
1
3
R.K.

Tafel 73. Lockeres faseriges Bindegewebe. Freie Zellen: Eosinophiler Granulocyt

Von allen im Blut zirkulierenden weißen Blutkörperchen entfallen auf die 11–14 μm großen eosinophilen Granulocyten etwa 1–4%. Diese sind leicht zu erkennen, denn sie enthalten im Cytoplasma lichtmikroskopisch deutlich sichtbare Granula (Abb. **A 1**), die sich mit Eosin rot färben lassen.

Die eosinophilen Granulocyten befinden sich sehr zahlreich in der Lamina propria des Darmkanals, besonders bei Anwesenheit von Parasiten (Würmern). Im Bindegewebe anderer Organe, mit Ausnahme des Thymus, sind sie weniger häufig.

Licht- und elektronenmikroskopisch erscheint ihr Kern brillen- bzw. hantelförmig, da er aus zwei miteinander verbundenen Lappen gebaut ist. Er ist chromatinreich und enthält 1–2 Nucleolen. In der Einsenkung zwischen den Kernsegmenten liegt ein gut ausgebildeter Golgi-Apparat neben kleineren Vesikeln mit wenig osmiophilem Inhalt. Die Mitochondrien und das granuläre endoplasmatische Reticulum sind mäßig entwickelt.

Die bis zu 1,5 μm großen, in eine Elementarmembran (Abb. **B 1**) gehüllten Granula enthalten ein bis zwei, in eine osmiophile, dichte Matrix eingebettete Eiweißkristalle (Abb. **A** u. **B 2**). Sie werden heute als Lysosomen betrachtet. Die Eiweißkristalle enthalten eine für gewisse Würmer toxische Substanz.

Die eosinophilen Granulocyten können durch amöboide Bewegungen die Capillaren verlassen und ins Bindegewebe eindringen. Anscheinend können sie sich auch direkt an Ort und Stelle aus jungen, noch pluripotenten Zellen differenzieren. Neuere Untersuchungen haben gezeigt, daß die eosinophilen Granulocyten auch phagocytieren.

Die eosinophilen Granulocyten sind auf das Gewebshormon Histamin sensibilisiert. ACTH (Adrenocorticotropes Hormon) und Cortisol reduzieren ihre Zahl in Blut und Gewebe (s. Tafel 59 in Krstić, R. V.: Ultrastruktur der Säugetierzelle).

Vergrößerungen: Abb. **A** 10000fach; Abb. **B** 40000fach

Literatur

Bainton DF, Farquhar MG (1970) Segregation and packaging of granule enzyme in eosinophilic leucocytes. J Cell Biol 45:54–73

Beeson PB, Bass DA (1977) The eosinophil. Saunders, Philadelphia

Duhamel G (1976) Physiologie des éosinophiles. Nouv Presse Med 5:1054–1056

Egesten A, Alumets J, Meckelnburg Cv, Palmgren M, Olsson I (1986) Localization of eosinophil cationic protein, major basic protein, and eosinophil peroxidase in human eosinophils by immunoelectron microscopic technique. J Histochem Cytochem 34:1399–1403

Miller F, De Harven E, Palade GE (1966) The structure of eosinophil leucocyte granules in rodents and in man. J Cell Biol 31:349–362

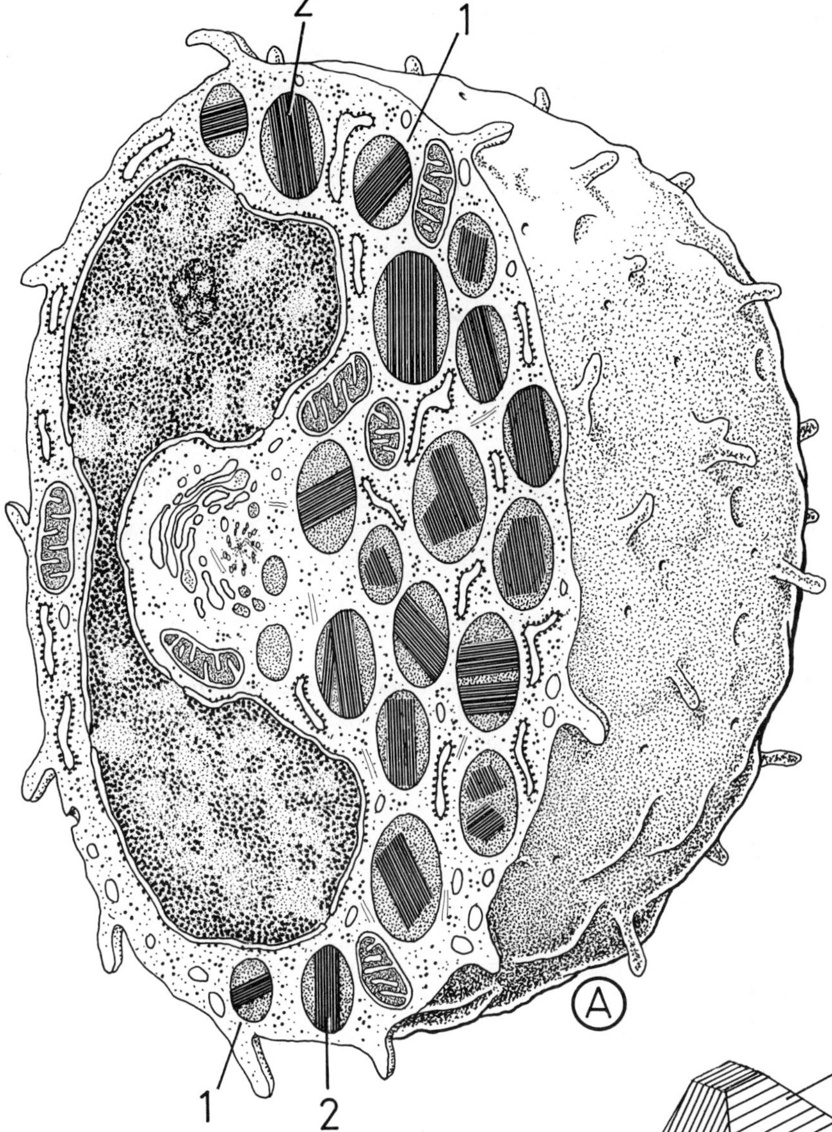
2
1
A
1
2

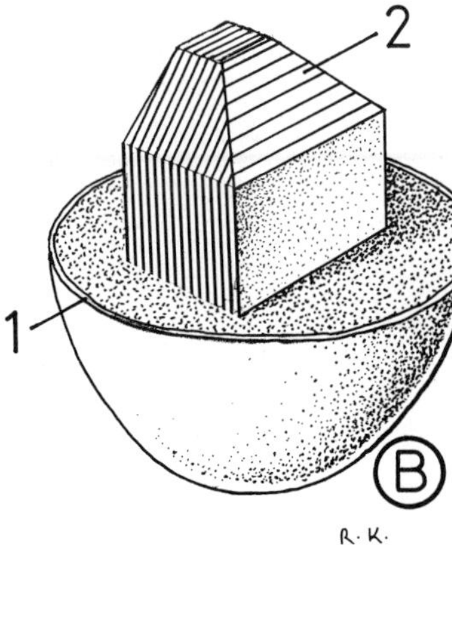
2
1
B
R.K.

Tafel 74. Lockeres faseriges Bindegewebe. Sonderform: Pigmentgewebe. Beispiel: Iris des Menschen

Eine Unterart des lockeren faserigen Bindegewebes ist das Pigmentgewebe. Es kommt beim Menschen in der Regenbogenhaut oder Iris (Abb. **A 1**), der Chorioidea (Abb. **A 2**) sowie den weichen Hirnhäuten (Leptomeninx) und in der Haut der Genitalien vor. Ein Ausschnitt aus der Regenbogenhaut ist in Abb. **B** veranschaulicht.

Das Pigmentgewebe ist zum Teil aus sternförmigen, gezackten oder lappigen Pigmentzellen ektodermaler Herkunft – Melanocyten (Abb. **B 1**) – aufgebaut. Diese enthalten viele Granula des körpereigenen (endogenen) Pigmentes Melanin und stehen häufig durch ihre Ausläufer miteinander in Berührung. Das dadurch entstandene Netzwerk beherbergt auch zahlreiche Fibrocyten (Abb. **B 2**).

Durch die Maschen des Pigmentgewebes ziehen kollagene (Abb. **B 3**) und elastische Fasern (Abb. **B 4**), Lymph- und Blutcapillaren (Abb. **B 5**) sowie Nervenfasern (Abb. **B 6**). Damit hat das Pigmentgewebe alle Merkmale eines lockeren faserigen Bindegewebes, in dessen Intercellularflüssigkeit sich noch vereinzelte freie Zellen bewegen.

Die genetisch bedingte Zahl der Melanocyten in der Regenbogenhaut bestimmt die „Augenfarbe". Sehr viele und dicht gelagerte Pigmentzellen verleihen der Iris eine dunkelbraune bis schwarze Farbe. Das Auftreten grüner oder brauner Nuancen ist auf eine geringe Melanocytenmenge zurückzuführen. Blaue bzw. graue Augen enthalten keine Pigmentzellen; das Irisstroma vor dem schwarzen Pigmentepithel (s. Tafel 13) der Netzhaut sieht bläulich aus. Bei albinotischen Individuen, bei welchen auch diese Retinaschicht melaninfrei ist, erscheint die Iris infolge einer Reflexion der vielen Chorioideablutgefäße des Augenhintergrundes trübrot.

Vergrößerung: Abb. **B** 2500fach

Literatur

Dietrich CE (1972) Zur Feinstruktur der Melanocyten in der menschlichen Iris. Albrecht Von Graefes Arch Ophthalmol 183:317–333

Poirier J, Nunez-Dispot C (1968) Le mélanocyte: II. Histogenèse. Presse Med 76:1525–1526

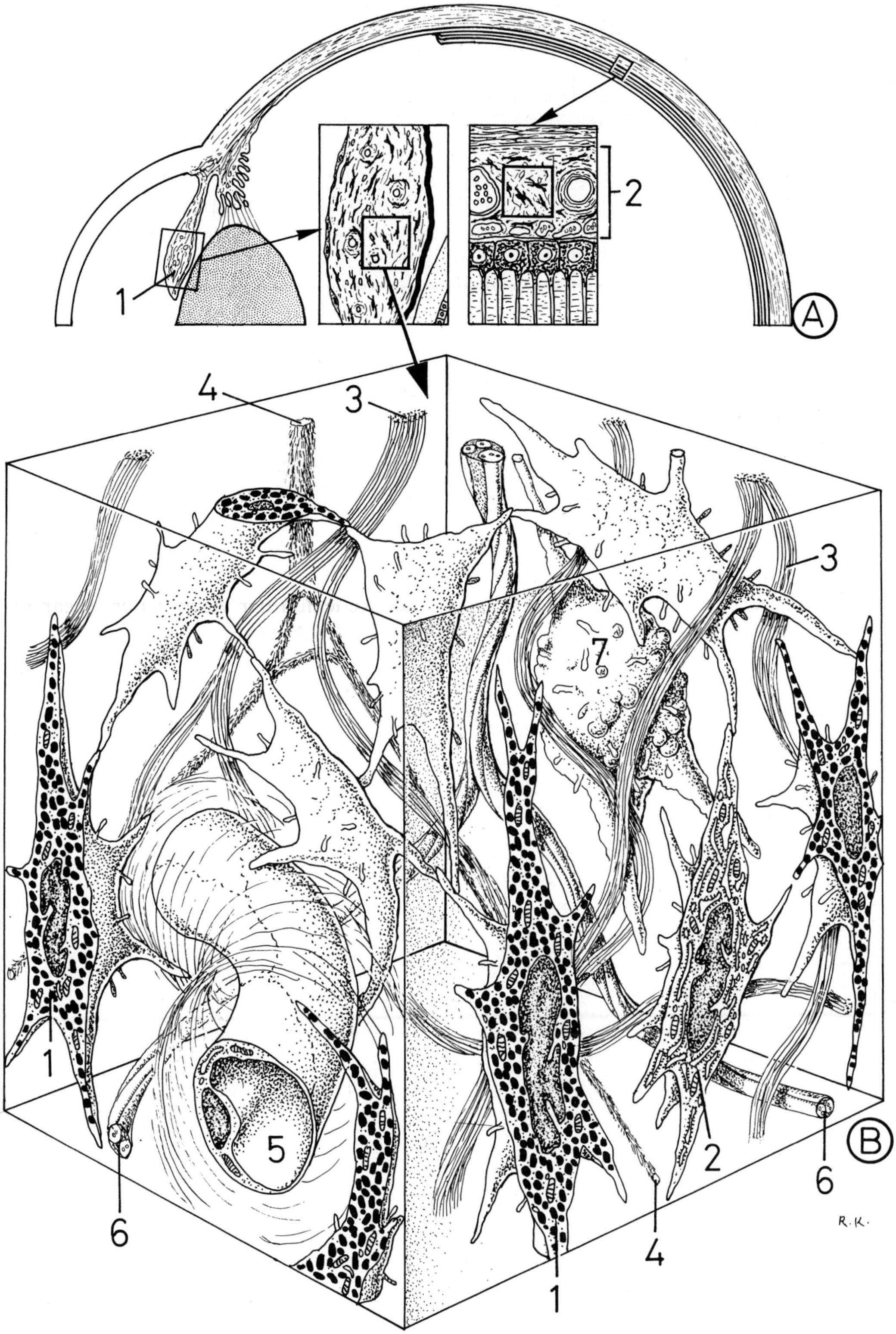
1
2
A
4
3
3
7
1
1
5
6
2
B
6
4
1
R.K.

Tafel 75. Lockeres faseriges Bindegewebe. Sonderform: Pigmentgewebe. Pigmentzelle. Gleiches Präparat wie in Tafel 74

Die Melanocyten (**1**) sind, wie bereits auf der vorigen Tafel gezeigt, stern- oder spindelförmige, den Fibrocyten ähnliche Zellen. Ihrem Körper und seinen Ausläufern (**3**) schmiegen sich zahlreiche kollagene Mikrofibrillen (**2**) an. Die Zellen selbst sind praktisch ortsansässig.

Der Melanocytenkern ist vielfach eingekerbt, ellipsoidal und erscheint lichtmikroskopisch als heller Bezirk im pigmentbeladenen Zellkörper.

Die Mehrzahl der etwa 1–2 µm großen membranumschlossenen Granula (**4**) stellen reifes Melaninpigment dar. Man findet aber ebenfalls die Vorstufen der Pigmentkörnchen – die Melanosomen (**5**).

Embryologische Untersuchungen haben gezeigt, daß die Pigmentzellen und ihre pigmentlosen Mutterzellen aus dem Ektoderm der Neutralleiste stammen (s. Tafel 144). Von dort aus wandern sie in verschiedene Körperteile (so z. B. in die Epidermis), wo sie lebenslang das Melanin synthetisieren (s. auch Tafel 24) (s. Tafeln 76, 104 in Krstić, R. V.: Ultrastruktur der Säugetierzelle).

Vergrößerung: 7000fach

Literatur

Low FN (1962) Microfibrils, fine filamentous components of the tissue space. Anat Rec 142:131–137

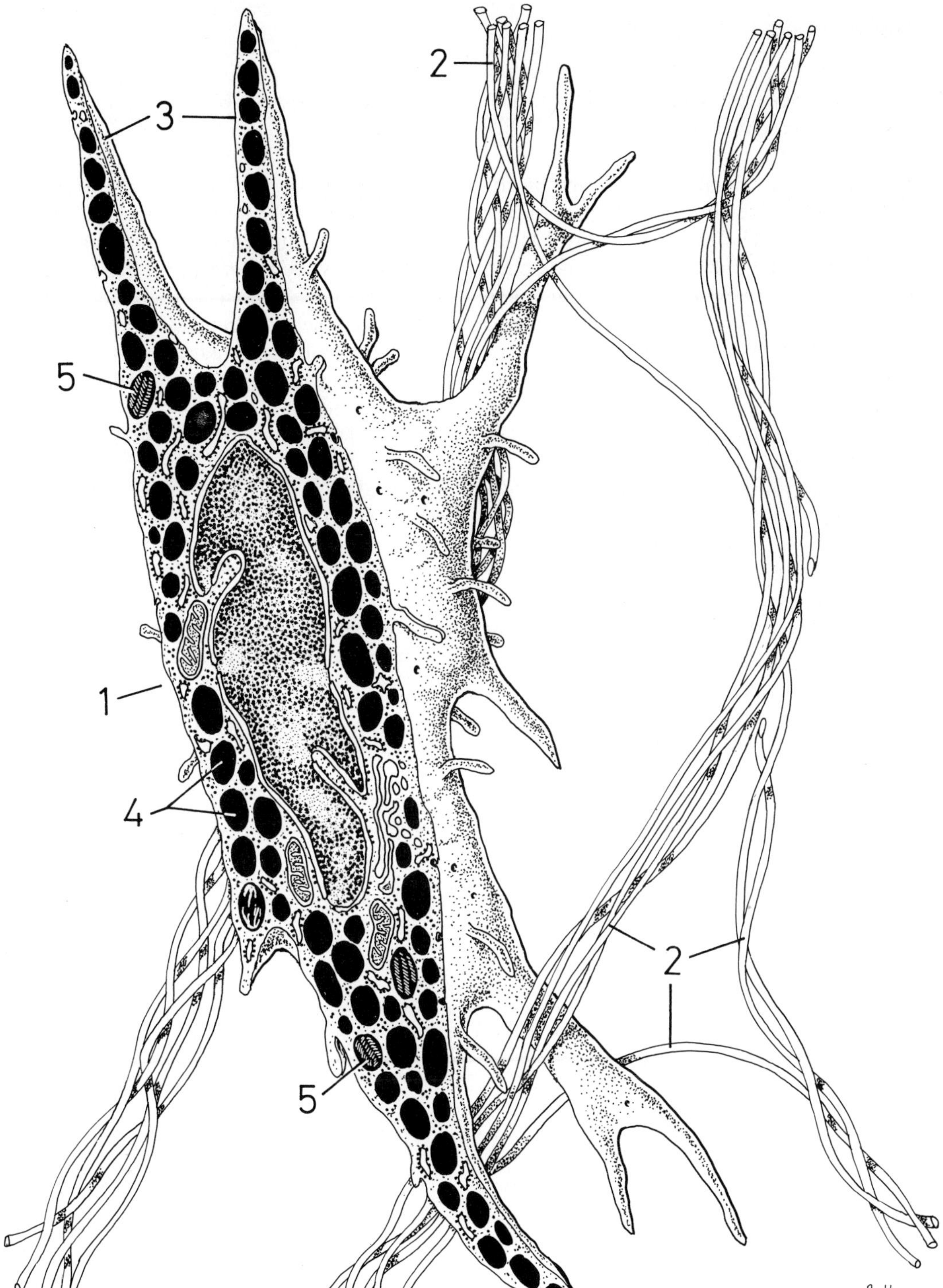
2
3
5
1
4
2
5
R.K.

Tafel 76. Lockeres faseriges Bindegewebe. Sonderform: „Zelliges" Bindegewebe. Beispiel: Menschliches Ovar

Eine besondere Form des lockeren faserigen Bindegewebes kommt in der Rindenzone (Abb. **A1**) des Ovars vor. Unterhalb des einschichtigen isoprismatischen Keimepithels (Abb. **A2**) befindet sich, durch eine Faserschicht (Tunica albuginea) getrennt (Abb. **A3**), ein außerordentlich zellreiches Bindegewebe, das in Abb. **B** räumlich dargestellt ist.
Seine spindelförmigen, wegen der kleinen Zahl von Fortsätzen plump wirkenden Fibrocyten (Abb. **A4** und Abb. **B**) sowie die dazwischen liegenden reticulären und kollagenen Fasern sind wirbelartig angeordnet.
Man beachte die engen Intercellularspalten mit Faserstrukturen, die den freien Bindegewebselementen nur wenig Bewegungsraum lassen (Abb. **B**). Ob sich die Zellen dieses Gewebes in die Steroidhormone produzierenden Zellen der sog. Theca interna (Abb. **A5**) umwandeln können, ist noch unklar.
Ein anderes, ähnlich zellreiches lockeres Bindegewebe befindet sich in der Uterusschleimhaut (s. Tafel 47). Seine Zellen differenzieren sich während der Schwangerschaft in große, epitheloid angeordnete, helle, glykogenreiche Deciduazellen.

Vergrößerungen: Abb. **A** 250fach;
Abb. **B** 2500fach

Literatur

Glauert AM, Mayo CR (1973) The study of the threedimensional structural relationships in connective tissues by high voltage electron microscopy. J Microsc 97:83–94
Kaiser E, Stockinger L (1971) Morphologie und Biochemie des Bindegewebes. Münch Med Wochenschr 113(10):321–333
Kivirikko KI, Risteli L (1976) Biosynthesis of collagen and its alteration in pathological states. Med Biol 54:159–186

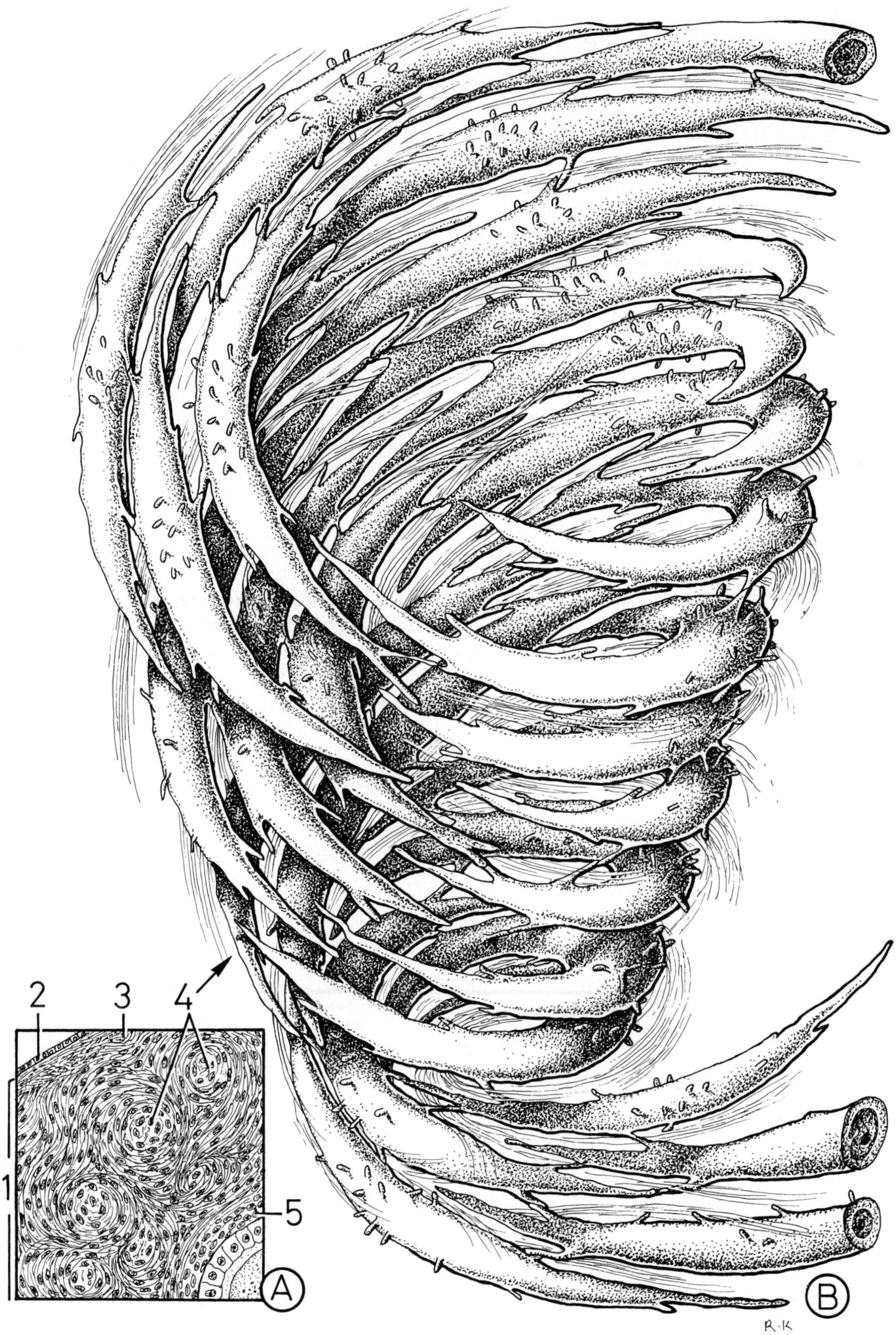
2
3
4
1
5
A
B
R.K

Tafel 77. Lockeres faseriges Bindegewebe. Sonderform: Netzförmiges Bindegewebe. Beispiel: Omentum majus des Menschen

Das lockere faserige Bindegewebe der Netze oder Omenta (Beispiel: Omentum majus, Abb. **A 1**) der Bauchhöhle zeigt eine besondere Organisation, die – leicht vergrößert – in Abb. **B** gezeichnet ist.

Es handelt sich um netzartig miteinander verbundene, verschieden dicke Stränge (Abb. **B 1**) aus lockerem faserigem Bindegewebe. In den dickeren Maschen kommen auch Blut- und Lymphgefäße vor (Abb. **B 2**). An einem Ausschnitt aus der Abb. **B** wird in Abb. **C** der räumliche Aufbau dieses Gewebes demonstriert.

Ein Geflecht aus kollagenen (Abb. **C 1**), elastischen (Abb. **C 2**) und reticulären Fasern (Abb. **C 3**) bildet das Skelet der Balken, die oberflächlich mit polygonalen, abgeflachten und viele Mikrovilli tragenden Mesothelzellen (Abb. **C 4**) überzogen sind.

Im Innern der so entstandenen Röhren liegen Fibrocyten (Abb. **C 5**), Histiocyten (Abb. **C 6**), Fettzellen (Abb. **C 7**), Mastzellen (Abb. **C 8**) und andere Elemente des lockeren Bindegewebes. Außerdem findet man darin natürlich auch Capillaren (Abb. **C 9**) mit Pericyten (Abb. **C 10**), Lymphgefäße (nicht gezeichnet) und Nervenfasern (Abb. **C 11**).

Die Lymphocyten und Histiocyten dieser Spezialform des lockeren faserigen Bindegewebes sind entlang der Gefäßbahn angehäuft, was am frischen Objekt als milchige Trübung (sog. Milchflecken) erscheint.

Wie bekannt, treten die Histiocyten und Lymphocyten dieser Zellhaufen bei Eindringen von Mikroorganismen in die Bauchhöhle in Aktion. Um die Erreger zu bekämpfen, wandern sie an die Strangoberfläche, wo sie durch Phagocytose bzw. Produktion von Antikörpern die Bakterien bekämpfen. Die dabei zugrunde gegangenen Histiocyten werden durch Differenzierung von Monocyten, Fibroblasten bzw. Pericyten ersetzt.

Die Mesothelzellen reagieren auf Toxineinwirkung durch Anschwellen und Lokkerung ihres Verbandes sowie durch Mitosen. Ein Teil der dadurch entstandenen Elemente differenziert sich zu Fibrocyten, ein anderer zu mehrkernigen Riesenzellen. Die durch die abgestorbenen Mesothelzellen entstandenen Lücken in den Balken werden von Histiocyten ausgefüllt. Ob die Mesothelzellen phagocytieren können, ist noch umstritten.

Zum lockeren Bindegewebe werden auch die weichen Hirnhäute (Leptomenix, die Pia mater und die Arachnoidea gezählt; s. Tafel 153).

Vergrößerungen: Abb. **B** 150fach;
Abb. **C** 2000fach

Literatur

Mironov VA, Gusev SA, Baradi AF (1979) Mesothelial stomata overlying omental milky spots: scanning electron microscopic study. Cell Tissue Res 201:327–330

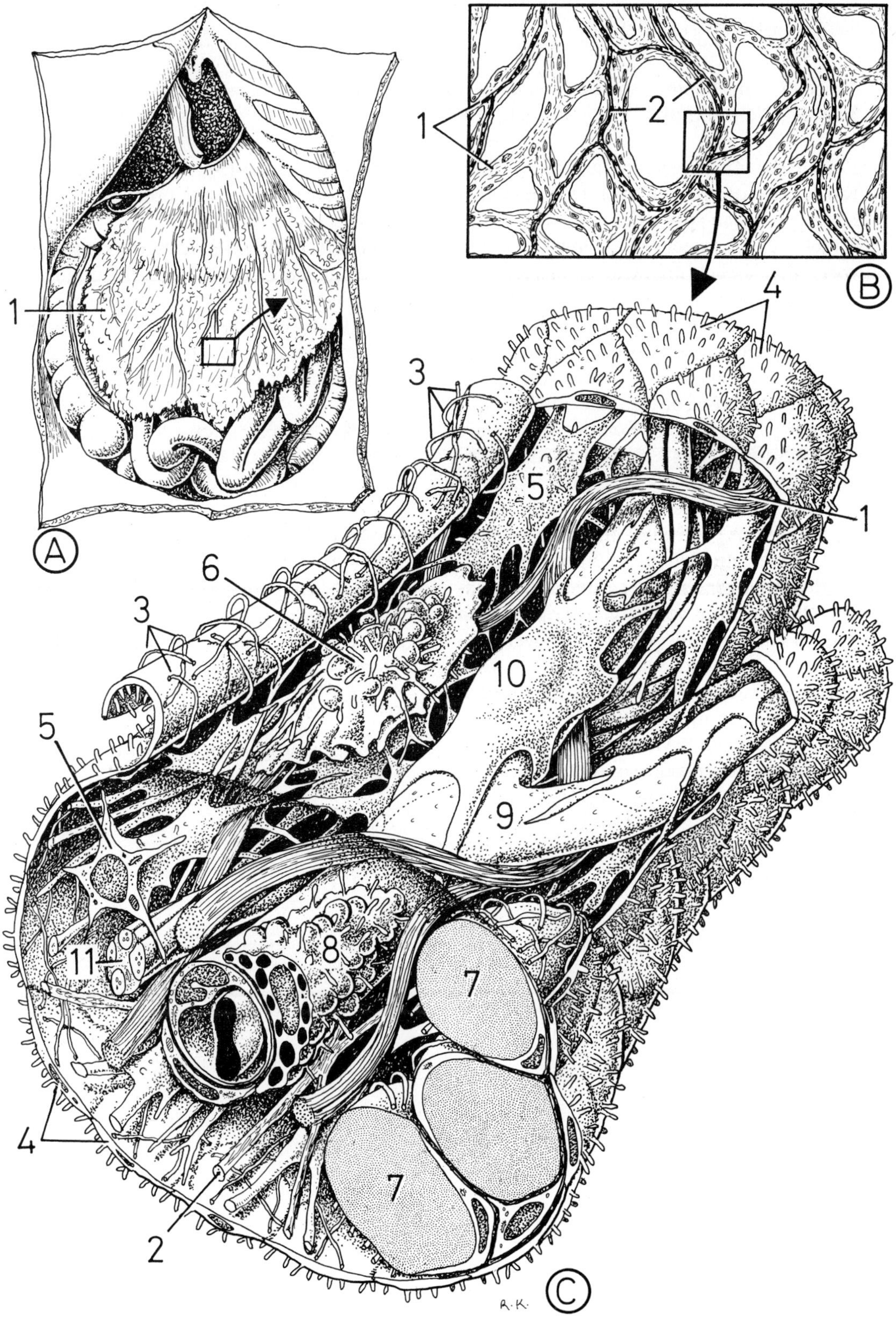
1
A
1
2
B
4
3
5
1
6
3
10
5
9
11
8
7
7
4
2
R.K.
C

Tafel 78. Ungeformtes straffes faseriges Bindegewebe. Beispiel: Gelenkkapsel

Durch die Zunahme an faserigen Differenzierungsprodukten und die Verminderung der Zellen sowie der Grundsubstanz bildet sich an mechanisch stärker beanspruchten Stellen ein straffes faserreiches Bindegewebe.
Das straffe faserige Bindegewebe bildet verschiedene Organkapseln (Hoden, Niere, Milz, Leber usw.), ferner die harte Hirnhaut (Dura mater), die äußere Augenhaut (Sclera), das Stratum reticulare der Lederhaut, das Periost und das Perichondrium, das Perikard, das Herzklappenskelet sowie die Gelenkkapseln. Seine Hauptkennzeichen sind die sehr dicken, sich in verschiedenen Richtungen kreuzenden kollagenen Fasern und Faserbündel (**1**), die von vereinzelten elastischen Fasern (**2**) begleitet werden. Letztere haben die Aufgabe, das straffe Bindegewebe nach einer Verformung wieder in den Ausgangszustand zu bringen.
In den Räumen zwischen den faserigen Strukturen liegen nur wenige, stark abgeflachte Fibrocyten (**3**). Außer den Zellen ist in diesem Gewebe auch die Grundsubstanz quantitativ reduziert.
Das straffe faserige Bindegewebe enthält nur wenige Blut- und Lymphgefäße sowie Nervenfasern. Diese histologischen Eigenschaften sind typisch für ein bradytrophes Gewebe, d. h. einen Zellverband mit langsamen Stoffwechsel.

Vergrößerung: 3500fach

Literatur

Brown IA (1972) Scanning electron microscopy of human dermal fibrous tissue. J Anat 113:159–168
Goldberg B, Green H (1964) An analysis of collagen secretion by established mouse fibroblast lines. J Cell Biol 22:227–257
Gotte L, Giro MG, Volpin D, Horne RW (1974) The ultrastructural organisation of elastin. J Ultrastruct Res 46:23–33
Robert L (1975) Les glycoprotéines dans l'organisation de la matrice intercellulaire. Aspects ontogénétiques, phylogénétiques et pathologiques. Biol Med (Paris) 4:1–30

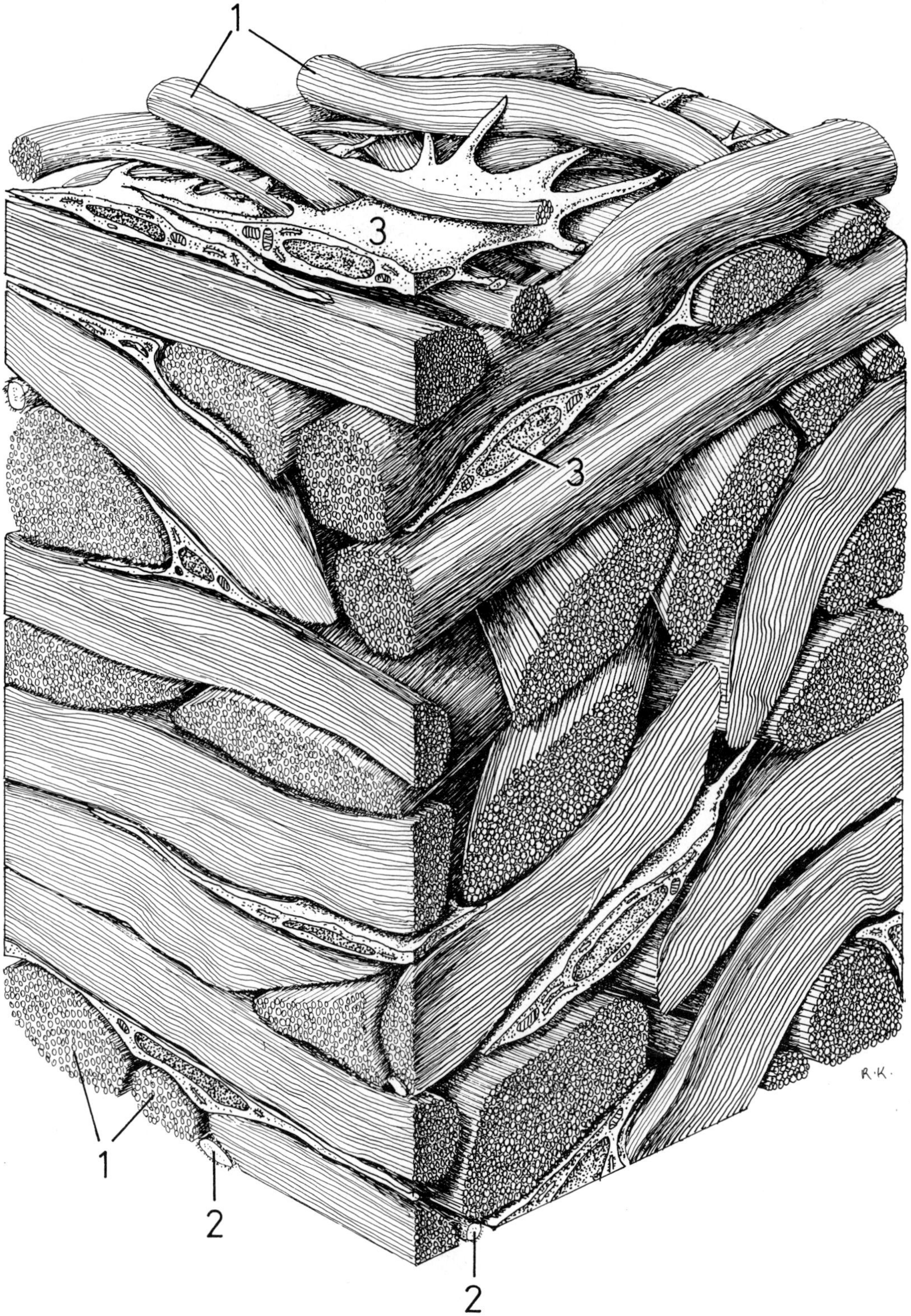
1
3
3
1
2
2
R.K.

Tafel 79. Geformtes straffes faseriges Bindegewebe. Sehne (Tendo)

Die Sehnenstruktur ist die Folge der Umformung eines durch nur in einer bestimmten Richtung erfolgenden Zuges beeinflußten Fasermaterials.

Makroskopisch sehen die Sehnen wegen ihres Reichtums an Kollagenbündeln wie weißliche Kabel aus, die zwischen den Muskeln und Knochen gespannt sind (s. Tafel 125). Es kommt auch vor, daß Sehnenabschnitte auf einem knöchernen Grund liegen, wo sich dann die Sehnenscheiden bilden. Ein solcher Fall ist in Abb. **A** dargestellt.

Die meisten Sehnen sind in ein lockeres faseriges Bindegewebe, Paratendineum (Abb. **A** u. **B1**), gehüllt. Dieses Material dient zur Verbindung der Sehne mit ihrer serösen Scheide, der sog. Vagina tendinis (Abb. **A2**), die das Gleiten der Sehne auf einer harten Unterlage erleichtert.

An ihrer Außenseite sind die Vaginae tendinum mit einer Faserschicht (Vagina fibrosa) umgeben (Abb. **A3**). Die Innenseite der Sehnenscheide ist mit einem nerven- und gefäßreichen, dem Mesothel ähnlichen einschichtigen Plattenepithel ausgekleidet. Dabei bilden sich zwei seröse Schichten: das sich direkt an die Sehne schmiegende Epitenon (Abb. **A4**) und ein ihm gegenüber liegendes Peritenon (Abb. **A5**). An beiden Scheidenenden gehen diese Blätter ineinander über.

Die dadurch entstandene seröse Höhle ist naturgemäß nur eine Spalte. Sie wurde in Abb. **A** zur besseren Übersicht bewußt viel breiter gezeichnet. Die Sehnenscheide enthält wenig seröse Flüssigkeit.

Blutgefäße (Abb. **A6**) und Nervenfasern (Abb. **A7**), die die Vagina tendinis und die Sehne versorgen, ziehen durch eine in das gleiche Epithel gehüllte bindegewebige Platte (Mesotenon, Abb. **A8**).

Eine Sehne setzt sich aus viele Sehnenfasern, Fibrae tenineae, enthaltenden Primärbündeln (Abb. **A9**) zusammen. In Abb. **B** ist ein Detail des Querschnittes aus dem kleinen Kreis nachvergrößert. An der Außenseite liegt das Paratendineum (Abb. **B1**), dem sich nach innen eine Bindegewebsschicht, das Peritendineum externum (Abb. **B2**), anschließt. Die primären Sehnenfaserbündel (Abb. **B3**) sind durch das Blutgefäße und Nervenfasern mitführende Peritendineum internum (Abb. **B4**) voneinander getrennt. Die Sehnenzellen, Tendinocyten (Abb. **B5**), erscheinen als kleine, durch die Sehnenbündel (Abb. **B6**) eingedellte Elemente. Ihrer flügelartigen Fortsätze wegen werden sie auch Flügelzellen genannt.

Zur lichtmikroskopischen Darstellung eines Längsschnittes der Sehne wurden ein Teil des Paratendineums und des Peritendineum externum in Abb. **A** ausgeschnitten und die im Rechteck liegenden Strukturen nachvergrößert (Abb. **C**).

Die keiner Zugwirkung ausgesetzten Sehnenfaserbündel (Abb. **C1**) verlaufen wellenartig. Das ist von großer Bedeutung für einen weicheren Bewegungsbeginn, denn bevor sich die Muskelkontraktion auf die Knochen auswirkt, müssen die Sehnenfasern gestreckt werden. An Längsschnitten kann man auch das Peritendineum internum (Abb. **C2**) und die in Reihen angeordneten Sehnenzellen (Abb. **C3**) erkennen.

Vergrößerungen: Abb. **A** 10fach;
Abb. **B** 800fach; Abb. **C** 550fach

Literatur

Jozsa L, Balint JB, Reffy A, Demel ZS (1979) Histochemical and ultrastructural study of adult human tendon. Acta Histochem 65:250–257

Rowe RWD (1985a) The structure of rat tail tendon. Conn Tiss Res 14:9–20

Rowe RWD (1985b) The structure of rat tail tendon fascicles. Conn Tiss Res 14:21–30

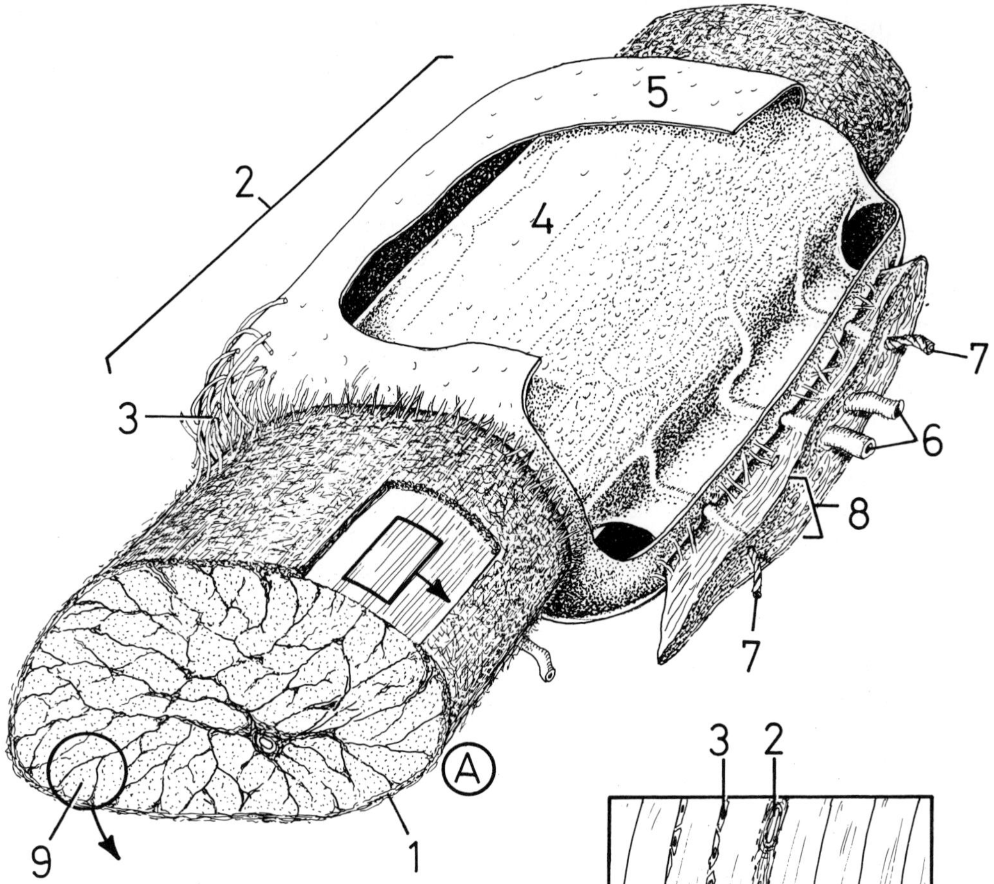

2
3
4
5
6
7
8
9
1
A

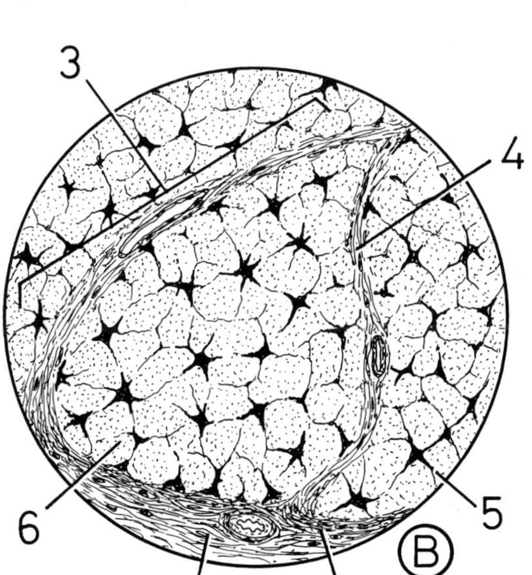

3
4
6
5
1
2
B

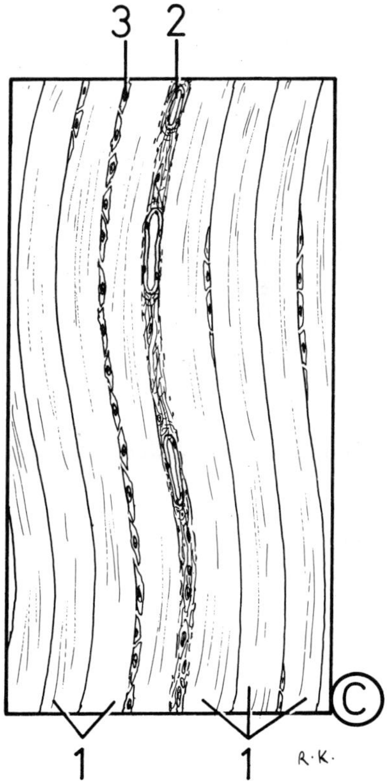

3
2
1
1
C
R·K.

Tafel 80. Geformtes straffes faseriges Bindegewebe. Sehne. Sehnen- bzw. Flügelzelle (Tendinocyt)

Durch die sehr stark entwickelten, spiral verlaufenden Kollagenfaserbündel (Abb. **A 1**) werden die Sehnenzellen seitlich eingedrückt, was die Bildung dünner flügelartiger Cytoplasmaausläufer (Abb. **A 2**) zur Folge hat.

Die Flügelzellen oder Tendinocyten sind hauptsächlich der Kollagensynthese angepaßte Fibrocyten. Im Zellkörper haben sie einen ovoiden, chromatinreichen Kern. Ihr Cytoplasma zeigt die Merkmale einer stark proteinsynthetisierenden Zelle, d. h. ein sehr gut entwickeltes granuläres endoplasmatisches Reticulum und eine Fülle freier Ribosomen.

Außer kollagenen Sehnenmikrofibrillen bilden die Flügelzellen auch elastische Fasern (Abb. **A 3**), die, wie bereits in Tafel 65 beschrieben, in einem Gerüst aus 10 nm dicken Fibrotubuli liegen.

Beim Menschen sind Sehnenmikrofibrillen von 60–175 nm Durchmesser keine Seltenheit. Die Mikrofibrillen stehen durch interfibrilläre Brücken (Abb. **B 1**), die sich manchmal sogar bis ins Innere der Fibrillen (Abb. **B 2**) erstrecken, miteinander in Verbindung.

Das praktisch undehnbare kollagene Material (nur um 4–5% der Ursprungslänge) verleiht den Sehnen eine sehr hohe Zugfestigkeit (500–1000 kg/cm^2), so daß bei ihnen die Reißgefahr deshalb wesentlich geringer ist als bei den Muskeln.

Die Sehnen verbinden sich hauptsächlich mit der fibrösen Schicht des Periostes (s. Tafel 106). Manche Fibrae tentineae dringen auch pinselartig in die Knochensubstanz ein (Sharpey-Fasern).

In den Sehnen findet man manchmal außer Knorpelzellen auch begrenzte Knochenbildungen (sog. Sesamknochen). Das bekannteste Beispiel ist die Kniescheibe (Patella).

Die Sehnen haben grundsätzlich eine gute Regenerations- und Transplantationsfähigkeit (s. Tafel 114). Die von den Vaginae tendinum umgebenen Sehnenteile lassen sich wegen der gerne zusammenwachsenden Mesothelblätter operationstechnich schwieriger überpflanzen und funktionell adaptieren. Die für die Regeneration bzw. Kollagenfasersynthese notwendigen Fibroblasten stammen aus dem Bindegewebe des Peritendineum externum et internum.

Vergrößerungen: Abb. **A** 19000fach; Abb. **B** 26500fach

Literatur

Dyer FR, Enna CD (1976) Ultrastructural features of adult human tendon. Cell Tissue Res 168:247–259

Fahrenbach WH, Sandberg LD, Clearly EG (1966) Ultrastructural studies on early elastogenesis. Anat Rec 155:563–576

Greenlee TK Jr, Ross R (1967) The development of the rat flex or digital tendon, a fine structure study. J Ultrastruct Res 18:354–376

Torri Tarelli L, Petruccioli MG (1971) Studies on the ultrastructure of collagen fibrils: II. Filamentous structure with negative staining. J Submicrosc Cytol 3:153–170

Trelstad RL, Hayashi K (1979) Tendon collagen fibrillogenesis: intracellular subassemblies and cell surface changes associated with fibril growth. Dev Biol 71:228–242

Yamada M (1976) Ultrastructural and cytochemical studies on the calcification of the tendon-bone joint. Arch Histol Jpn 39:347–378

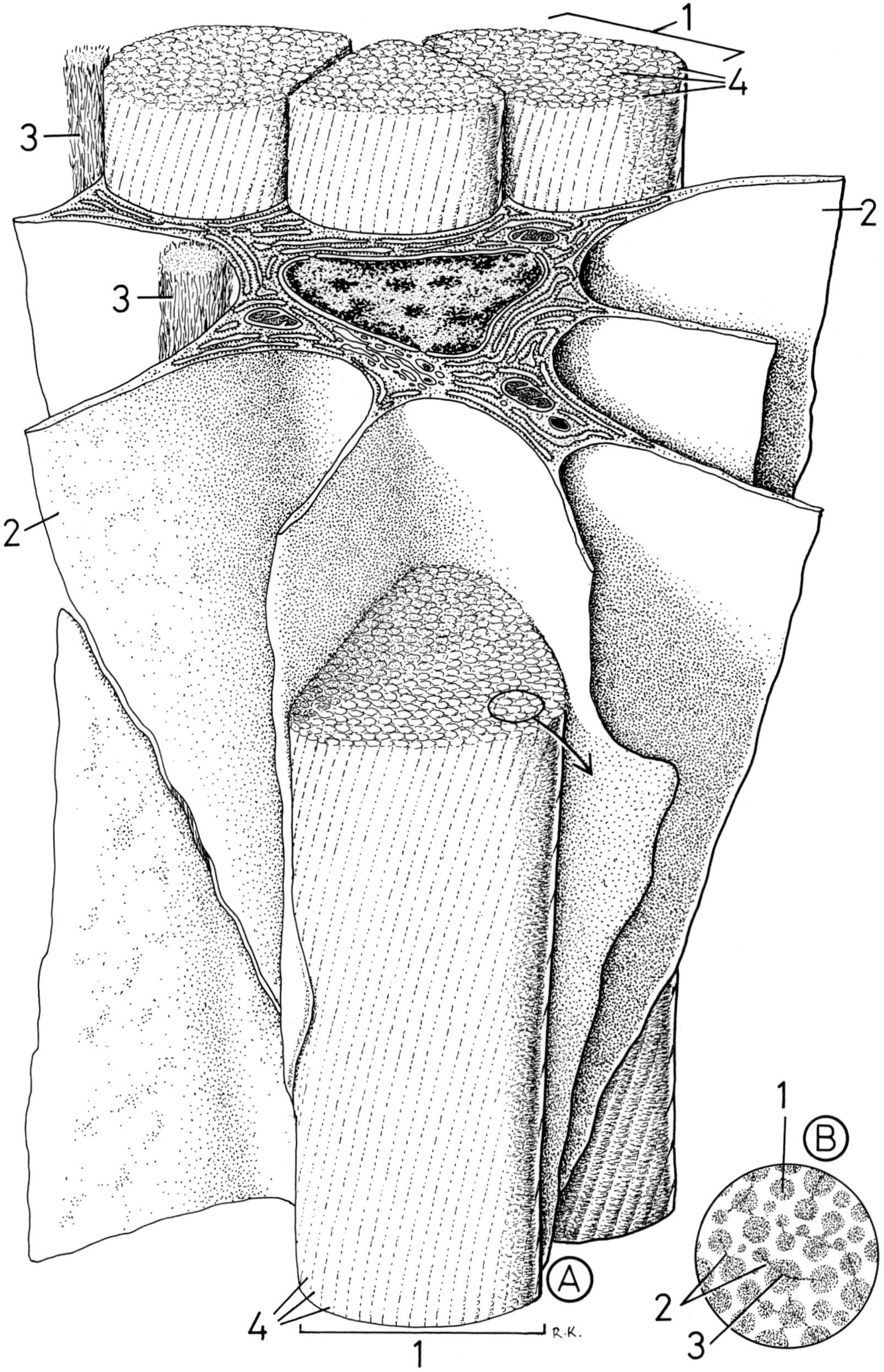

1
4
3
2
3
2
A
4
1
R.K.
1
B
2
3

Tafel 81. Geformtes straffes faseriges Bindegewebe. Aponeurosen. Beispiel: Stroma der Hornhaut

Im Gegensatz zu den eben beschriebenen „Zugsehnen", bei welchen sich die Kraft nur in Richtung des Muskelzuges ausbreitet, stehen die abgeflachten Sehnen oder Aponeurosen einiger Bauchmuskeln, die den Zugbeanspruchungen aus verschiedenen Richtungen angepaßt sind.

Wie sie konstruiert sind, wird hier am Stroma der Hornhaut gezeigt, das nichts anderes als eine besonders spezialisierte Aponeurose darstellt.

Abbildung **A** ist ein Querschnitt durch die Cornea. Zwischen dem vorderen (Abb. **A 1**) und hinteren (Abb. **A 2**) Hornhautepithel liegt das Bindegewebe des Stromas (Abb. **A 3**). Die Strukturen in dem umrahmten Rechteck entsprechen der Abb. **B**.

Das schon in Tafel 22 beschriebene mehrschichtige unverhornte Plattenepithel (Abb. **B 1**) liegt auf der dicken Bowman-Membran (Abb. **B 2**). Die in Schichten dicht aneinander gelagerten kollagenen Mikrofibrillen (Abb. **B 3**) kreuzen sich im Cornealstroma praktisch rechtwinklig. Zwischen den Schichten liegen stark abgeflachte Zellen – die Keratocyten (Abb. **B 4**). Es sind für die Synthese von Kollagen- und Grundsubstanzmaterial differenzierte Fibrocyten. In der Aufsicht betrachtet zeichnen sie sich durch lange Ausläufer aus, von denen kleinere, der Kreuzung der Kollagenschichten folgende Fortsätze abgehen.

Außer kollagenen Mikrofibrillen bilden die Keratocyten auch elastische Fasern (Abb. **B 5**). Der cytophysiologische Unterschied zwischen beiden Zellarten liegt in den verschiedenen Qualitäten der von ihnen abgesonderten Proteoglykane der Grundsubstanz.

Während die gewöhnlichen Fibrocyten hauptsächlich Hyaluronsäure produzieren, sind die Keratocyten auf die Ausscheidung des Keratansulfats und anderer Glykosaminoglykane spezialisiert. Damit werden der Hornhaut drei wichtige morphofunktionelle Eigenschaften verliehen:

– Da ihre Grundsubstanz fünfmal mehr schwefelhaltige Glycoproteide enthält als die Sclera, zieht die Hornhaut Wasser an und wird druckfester

– Das Keratansulfat bedingt die Durchsichtigkeit des Cornealstromas

– Durch starke Diffusionskapazität und größeren Proteoglykangehalt kann das Cornealstroma ohne Anwesenheit von Blutgefäßen ernährt werden. Die benachbarten Sclerazellen und andere im Körper vorkommende Aponeurosen können kein Keratansulfat bilden, was die weißliche Farbe dieses straffen faserigen Bindegewebes bedingt.

Wegen seines höheren Spezialisierungsgrads kann das gefäßlose Cornealstroma nicht regenerieren, läßt sich aber mit einer Beschränkung Leichen entnehmen, konservieren und homotransplantieren (Keratoplastik).

Die im Vergleich mit der Hornhaut weniger differenzierten Aponeurosen des Organismus regenerieren befriedigend. Man kann sie auch mit Erfolg auto- und homotransplantieren (s. Tafel 114).

Vergrößerungen: Abb. **A** 150fach; Abb. **B** 1500fach

Literatur

Craig AS, Parry DAD (1981) Collagen fibrils of the vertebrate corneal stroma. J Ultrastruct Res 74:232–239

Hamada R (1975) Aspect ultrastructural des cellules et du tissu conjonctif cornéen normal. Arch Ophthalmol 35:23–26

Robert L, Robert B (1975) The macromolecular structure of normal cornea. Arch Ophthalmol (Paris) 35:11–22

Sandler SS (1974) Direct three-dimensional reconstruction of a corneal stromal lamella from electron micrographs. J Theor Biol 48:207–213

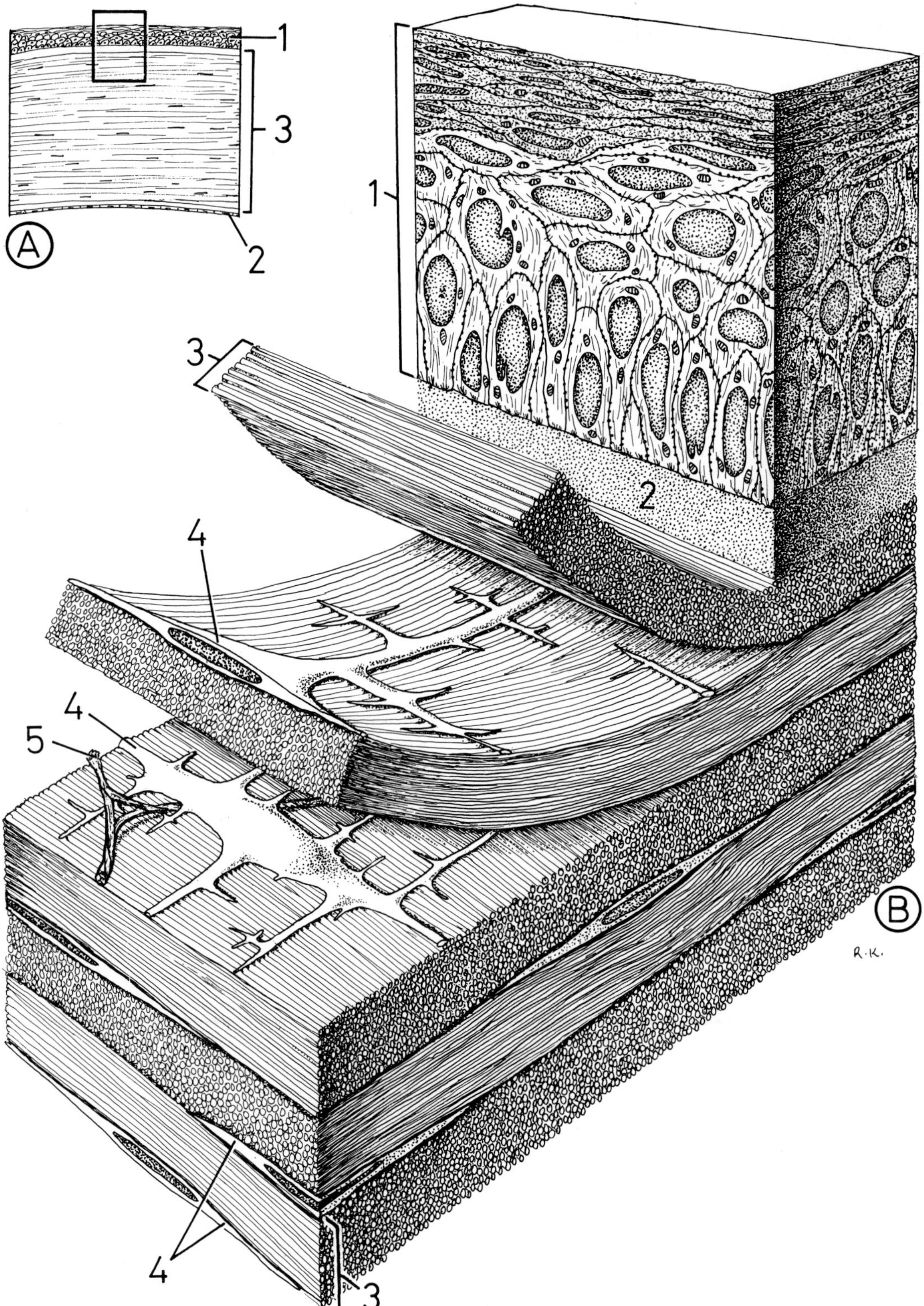
1
3
2
A
1
3
2
4
4
5
4
3
B
R.K.

Tafel 82. Geformtes straffes faseriges Bindegewebe. Elastische Bänder

Das Hauptelement der elastischen Bänder (gelben Bänder) sind dicht aneinandergelagerte elastische Fasern.
Das stärkste gelbe Band ist das Ligamentum nuchae (Nackenband) der Huftiere (Abb. **A 1**), an welchem der schwere Kopf dieser Tiere „hängt".
Beim Menschen sind elastische Bänder weit weniger verbreitet. Sie finden sich hauptsächlich als Ligamenta flava zwischen den Wirbelbögen (Abb. **B 1**) und im Stimmband (Abb. **C 1**).
Im Querschnitt erscheinen die elastischen Fasern (Abb. **D 1**) als polygonale Strukturen, zwischen welchen einige Bindegewebszellen (Abb. **D 2**), etwas Kollagenmaterial und vereinzelte Blutgefäße liegen. Mit Resorcinfuchsin und Orcein lassen sich die elastischen Fasern blauschwarz bzw. dunkelbraun färben (s. dazu Tafel 86).
Ein aufgrund elekronenmikroskopischer Beobachtungen rekonstruierter Teil eines elastischen Bandes ist in Abb. **D** dargestellt.
Die kräftigen elastischen Fasern (Abb. **E 1**) sind, wie bereits mehrmals beschrieben (s. Tafeln 65 u. 80), von einem fibrotubulären Filzwerk umgeben und verlaufen infolge einer fortwährenden Spannung fast parallel. An manchen Stellen jedoch verzweigen oder verbinden sie sich in spitzen Winkeln.
Zwischen den Fasern befinden sich ein Gitterwerk aus reticulären und kollagenen Mikrofibrillen (Abb. **E 2**) sowie eine kleinere Anzahl Fibrocyten (Abb. **E 3**).
Die Aufgabe der elastischen Bänder besteht darin, den Muskeln bei der Lageerhaltung bestimmter Körperteile oder des ganzen Organismus Arbeit abzunehmen.
Die elastischen Ligamente regenerieren schlecht, denn für ihre Synthese müßten die Zellen einen höheren Differenzierungsgrad erreichen.

Vergrößerungen: Abb. **D** 300fach;
Abb. **E** 2000fach

Literatur

Bradamante Z, Švajger A (1977) Pre-elastic (oxytalan) fibres in the developing elastic cartilage of the external ear of the rat. J Anat 123:735–743
Ichimura T, Hashimoto PH (1982) Three-dimensional fine structure of elastic fibers in the perivascular space of some circumventricular organs as revealed by high-voltage electron microscopy. J Ultrastruct Res 81:172–183
Kewley MA, Steven FS, Williams G (1977) The presence of fine elastin fibrils within the elastin fibre observed by scanning electron microscopy. J Anat 123:129–134
Robert AM, Robert D (1980) Biology and pathology of elastic tissue. Frontiers of matrix biology, vol 8. Karger, Basle
Ross R (1973) The elastic fiber. A review. J Histochem Cytochem 21:199–208
Serafini-Fracassini A, Field MJ, Smith JW, Stephens WGS (1977) The ultrastructure and mechanics of elastic ligaments. J Ultrastruct Res 58:244–251
Serafini-Fracassini A, Field JM, Hinnie J (1978) The primary filament of bovine elastin. J Ultrastruct Res 65:190–193

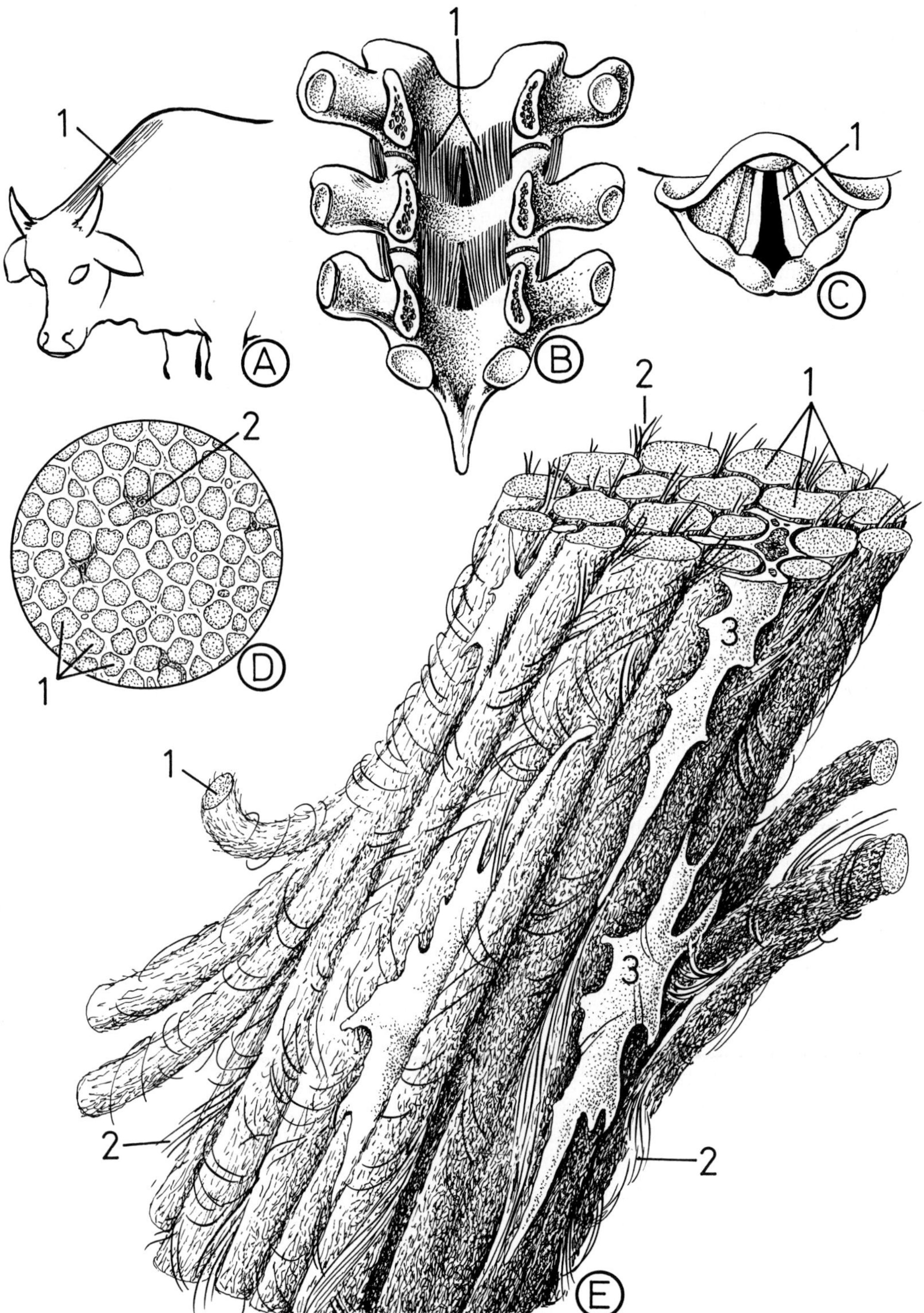
1
1
1
A
B
C
2
1
2
1
D
1
2
3
1
3
2
2
E
R.K.

Tafel 83. Knorpelgewebe. Histogenese des hyalinen Knorpels

Das Knorpelgewebe differenziert sich aus dem Mesenchym (s. Tafel 48).

In der frühen Embryonalperiode werden größte Teile des Skelets aus hyalinem Knorpel gebaut. Als Illustration dient die in Herz- (Abb. **A 1**) und Lungenhöhe (Abb. **A 2**) ausgeschnittene Scheibe eines 18tägigen Mäusefetus.

Die an mehreren Stellen sichtbaren, durch eine Ansammlung von Mesenchymzellen gut begrenzten Bezirke entsprechen den Hyalinknorpelanlagen (Pfeile). Der Ausschnitt im Rechteck wird in Abb. **B** vergrößert gezeigt.

Der Mesenchymzellverband (Abb. **B 1**) bildet eine Gewebsverdichtung (Scleroblastem), in welcher sich häufig Mitosen (Abb. **B 2**) finden. Diese Blastemzellen weisen vor jeglicher morphologischen eine funktionelle Differenzierung auf; sie synthetisieren die kollagenen Mikrofibrillen und so viel Intercellularsubstanz, daß die faserigen Strukturen für das gewöhnliche Licht dadurch maskiert werden. Durch die Vermehrung des zwischenzelligen Materials werden die Zellen abgerundet und flachgedrückt. Man kann sie in dieser Phase als Chondroblasten (Abb. **B 3**) bezeichnen. In der Mitte der so entstandenen Vorknorpelstücke wachsen die Zellen weiter und differenzieren sich allmählich zu reifen Knorpelzellen, den Chondrocyten (Abb. **B 4**), die in kleinen Höhlen in der Intercellularsubstanz liegen.

Das Knorpelwachstum ist das Ergebnis zweier parallel verlaufender Prozesse:

1. Durch die Apposition neuer Mesenchymzellen auf die Peripherie der Knorpelstückchen nimmt das Volumen der Anlage zu.
2. Durch die mitotischen Teilungen (Abb. **B 5**) der in der Intercellularsubstanz liegenden Knorpelzellen (interstitielles oder intussusceptionelles Wachstum) kommt es ebenfalls zu einer Vergrößerung der Knorpelanlage, denn infolge der Absonderung von Zwischensubstanz rücken die Tochterzellen auseinander.

Im späteren Verlauf bildet das auf der Oberfläche des Skeletstückes liegende Mesenchym das Perichondrium (Knorpelhaut), dessen Chondroblasten weiter Knorpel bilden können.

Die Entwicklung und das Wachstum des elastischen und kollagenfaserigen Knorpels verläuft grundsätzlich nach dem gleichen Mechanismus wie beim hyalinen Knorpel.

Vergrößerungen: Abb. **A** 20fach;
Abb. **B** 250fach

Literatur

Anderson DR (1964) Ultrastructure of hylaine and elastic cartilage of the rat. Am J Anat 114:403–434

Hall BK (ed) (1983) Cartilage, vol 2. Development, differentiation, and growth. Academic, New York

Knese KH (1979) Die Initialstadien der Bildung des Knochenkerns und die Gliederung des Skeletorgans. Der metamorphosierende Knorpel: I. Mitteilung. Gegenbaurs Morphol Jahrb 125:758–778

Thyberg J (1977) Electron microscopy of cartilage proteoglycans. Histochem J 9:259–266

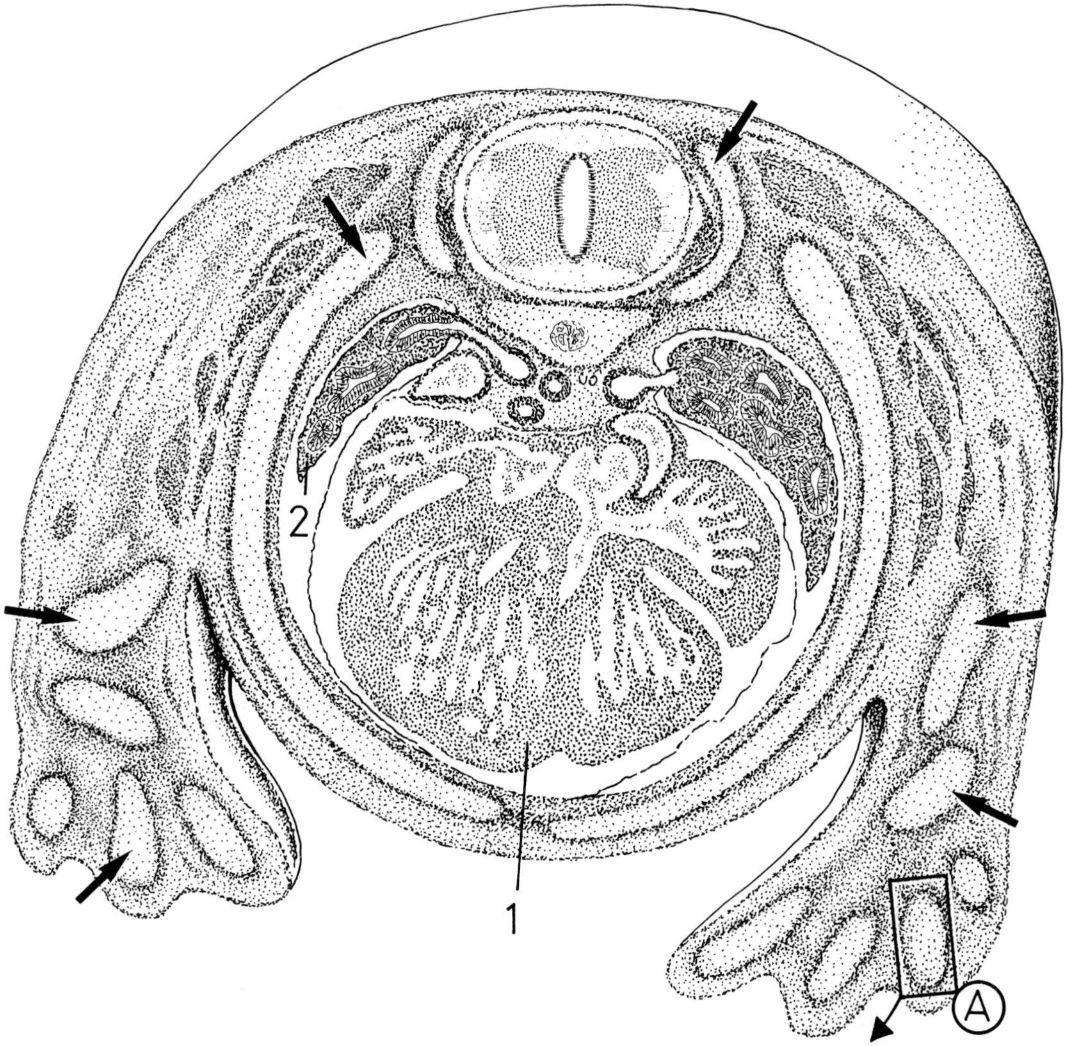

2
1
A

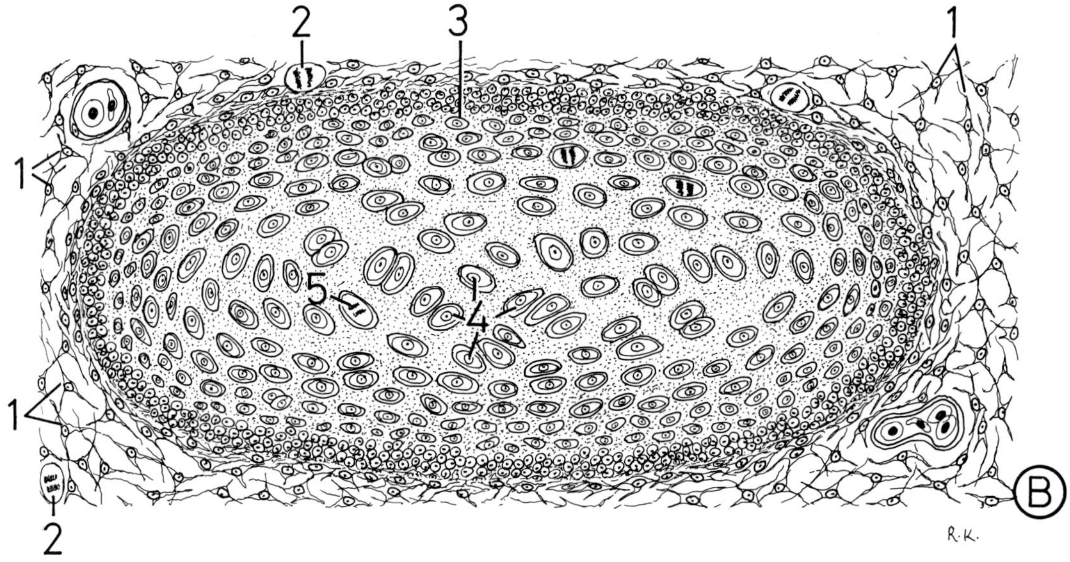

2
3
1
1
5
4
1
2
B
R.K.

Tafel 84. Knorpelgewebe.
Beispiel: Hyalinknorpel aus der Trachea des Menschen

Der Hyalinknorpel erscheint im frischen Zustand eigenartig weißlich-bläulich opak und an dünneren Schnitten durchsichtig. Im menschlichen Körper ist er die meistverbreitete Art des Knorpelgewebes. Man findet ihn im embryonalen Skelet, im Rippen-, Gelenk- und Nasenknorpel, in den großen Kehlkopfknorpeln, den Knorpeln der Luftröhre (Trachea, Abb. **A**) und den großen bis mittleren Bronchien.

Zur Erklärung der Struktur des Hyalinknorpels wurde eine Knorpelspange (Abb. **A 1**) aus der Trachea gewählt. Dem Ausschnitt entsprechen die Abb. **B–D**.

Jedes Knorpelstück im Körper (außer den Gelenkknorpeln) ist von einem relativ dicht geflochtenen Bindegewebe mit elastischen Fasern – dem Perichondrium (Abb. **B** u. **D 1**) – überzogen. Dieses enthält auch Gefäße und Nervenfasern, die nicht in die eigentliche Knorpelsubstanz eindringen. Zwischen Perichondrium und Knorpel besteht ein fließender Übergang.

In der homogenen, völlig strukturlos und glasartig (hyalin) wirkenden Intercellularsubstanz treten viele Knorpelzellen (Abb. **B 2**) und Knorpelzellgruppen – Chondrone (Abb. **B 3**) – in Erscheinung. Da die letztgenannten aus einer Mutterzelle stammen, werden sie auch als isogene Gruppen bezeichnet. Ihre Achse verläuft meistens senkrecht zum Perichondrium. Vier Zellen eines Chondrons sind in Abb. **C** nachvergrößert.

Die Knorpelzellen (Abb. **C 1**) liegen in kleinen Höhlen (Lakunen, Abb. **C 2**), die durch eine dünnere, stärker gefärbte Zone, die Knorpelkapsel (Abb. **C 3**), begrenzt sind. Infolge eines höheren Gehaltes an Chondroitinsulfaten färbt sich diese Zone stärker metachromatisch und geht in den Zellhof über (Abb. **C 3**), der nicht nur eine Knorpelzelle umgibt, sondern ein Bestandteil des ganzen Chondrons ist. Die außerhalb der Zellhöfe schwächer gefärbte Zone nennt man interterritoriale Substanz (Abb. **C 4**).

Wegen der beachtlichen Menge von Proteoglykanen mit schwefelhaltigen Glykosaminoglykanen (Chondroitin 4 und 6-Sulfat, Keratansulfat) hat die Knorpelgrundsubstanz den gleichen Refraktionsindex wie die dort verlaufenden Kollagenfibrillen. Dadurch werden diese „maskiert", d. h. für das gewöhnliche Licht unsichtbar gemacht. Daß die Kollagenfibrillen in jeder Knorpelart einen funktionsabhängigen Verlauf haben, kann man polarisationsoptisch erkennen (Abb. **D**). Dabei sieht man, besonders schön in den trachealen Knorpelspangen, zwei S-förmige, sich kreuzende Fibrillensysteme (Abb. **D 5**), die von einem Perichondrium zum anderen ziehen.

In den Zwischenräumen liegen die Chondrone, die – funktionell betrachtet – druckelastische Körper darstellen.

Vergrößerungen: Abb. **A** 5fach;
Abb. **B** u. **D** 150fach; Abb. **C** 800fach

Literatur

Bucher O (1942) Beitrag zum funktionellen Bau des hyalinen Knorpels (auf Grund von Untersuchungen im polarisierten Lichte). Z Zellforsch 32:281–300

Cooper GW, Prockop DJ (1968) Intracellular accumulation of protocollagen and extrusion of collagen by embryonic cartilage cells. J Cell Biol 38:523–537

Hall BK (ed) (1983) Cartilage, vol 1. Academic, New York

Rodan GA, Bourret LA, Cutler LS (1977) Membrane changes during cartilage maturation. Increase in 5′-nucleotidase and decrease in adenosine inhibition of adenylate cyclase. J Cell Biol 72:493–501

Sheldon H, Kimball FB (1962) Studies on cartilage: III. The occurrence of collagen within vacuoles of the Golgi apparatus. J Cell Biol 12:599–613

Stofft E, Graf J (1983) Rasterelektronenmikroskopische Untersuchung des hyalinen Gelenkknorpels. Acta Anat 116:114–125

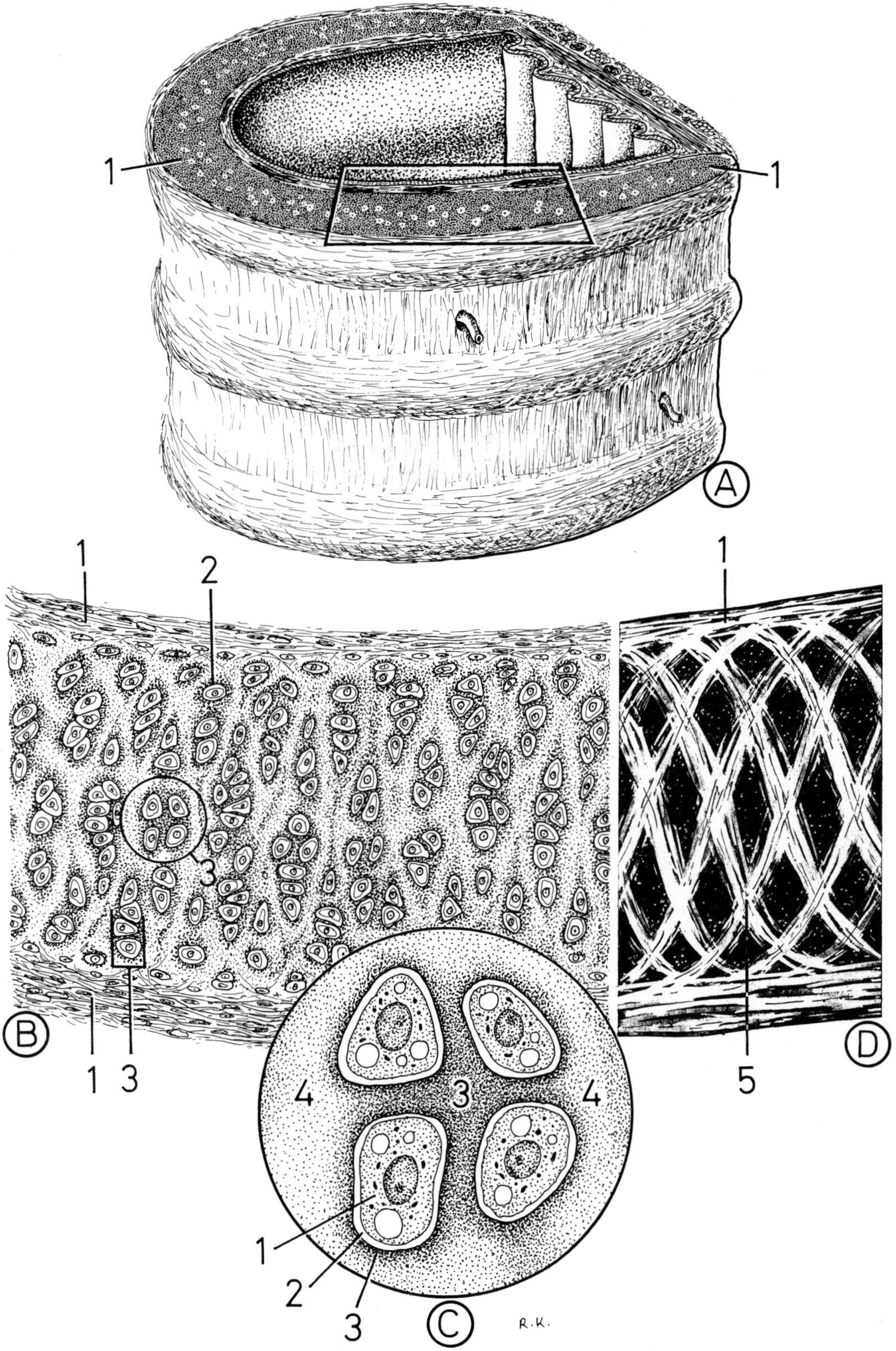

1
1
A
1
2
3
3
B
1
3
1
5
D
4
3
4
1
2
3
C
R.K.

Tafel 85. Knorpelgewebe. Hyalinknorpel. Fortsetzung der Tafel 84

Für die Darstellung der ultrastrukturellen Organisation des jungen Hyalinknorpels wurde ein peripheres Stückchen ausgeschnitten und räumlich abgebildet.

Im oberen Bildteil, umgeben von mehreren abgeflachten Fibrocyten (**1**) und Kollagenfasern (**2**), liegt eine Capillare (**3**). Diese Zone entspricht dem Perichondrium (**4**), welches einfachheitshalber dünner und faserärmer gezeichnet wurde.

Die perichondralen Zellen (**5**) ähneln den Fibroblasten. Sie differenzieren sich in die Knorpelzellen (**6**), indem sie sich abrunden und vergrößern. Dabei handelt es sich, wie bereits beschrieben, um ein appositionelles Wachstum.

Weiter unten liegen zwei Chondrone (**7**), d.h. isogene Gruppen von – in unserem Beispiel – je zwei Knorpelzellen. Eine Metaphasenspindel (**8**) beweist die Teilungsbereitschaft der jungen Knorpelzellen – ein Prozeß, welcher zum interstitiellen Knorpelwachstum führt.

Die Knorpelzellen liegen in ihrer kugeligen Gestalt entsprechenden Hohlräumen (**9**) in der glasigen Grundsubstanz (**10**). Elektronenmikroskopisch aber kann man dort weder eine osmiophile Knorpelkapsel noch einen Zellhof nachweisen. Durch die Grundsubstanz ziehen vom Perichondrium ausgehende Kollagenfibrillen (**11**). Wie die Fibrocyten des Perichondriums, synthetisieren die Chondrocyten kollagene Mikrofibrillen (**12**). Die Fähigkeit der Knorpelzellen, auch eine beträchtliche Menge metachromatischer Proteoglykane in die Grundsubstanz abzusondern, ist von großer Bedeutung für die Stoffwechselprozesse und Druckfestigkeit dieses Gewebes.

Da der Hyalinknorpel und die anderen Knorpelarten gefäßlos sind, wird ihre Ernährung durch Diffusion und unter Mitwirkung von Glykosaminoglykanen der Grundsubstanz vom Perichondrium gesichert. Es ist klar, daß der Sauerstoffdruck in der Umgebung der Chondrocyten äußerst niedrig ist, was natürlich sehr langsame, z.T. anaerob ablaufende Lebensprozesse bedingt. Aus diesem Grunde bezeichnet man die Knorpel als bradytrophe Gewebe. Die Diffusion der Metaboliten ist manchmal, besonders bei älteren Individuen, unzureichend in den zentralen Teilen der hyalinen Knorpelstücke, weshalb man dort häufig degenerative Prozesse beobachtet (Abnahme der Grundsubstanz mit Demaskierung kollagener Fasern = Asbestfaserung). Außerdem können die hyalinen und kollagenfaserigen Knorpel mit fortschreitendem Alter verknöchern durch indirekte Knochenbildung.

Das beschädigte reife Knorpelgewebe regeneriert selbst nicht. An seiner Stelle bildet sich eine bindegewebige Narbe. Dagegen kann Knorpel gelegentlich durch das erhalten gebliebene Perichondrium neu gebildet und erfolgreich transplantiert werden (s. Tafel 114).

Vergrößerung: 4000fach

Literatur

Caplan AI (1984) Cartilage. Sci Am 251/4:82–90

Hough AJ, Mottram FC, Sokoloff L (1973) The collagenous nature of amiantoid degeneration of human costal cartilage. Am J Pathol 73:201–216

Kuettner KE, Pauli BU, Gall G, Memoli VA, Schenk RK (1982) Synthesis of cartilage matrix by mammalian chondrocytes in vitro: I. Isolation, culture characteristics, and morphology. J Cell Biol 93:743–750

Rosenberg LC, Buckwalter JA (1986) Cartilage proteoglycans. In: Kuettner K, Schleyerbach R, Hascall VC (eds) Articular cartilage biochemistry. Raven, New York

Takagi M, Parmley RT, Toda Y, Austin RL (1982) Ultrastructural cytochemistry and immunocytochemistry of sulfated glycosaminoglycans in epiphyseal cartilage. J Histochem Cytochem 30:1179–1185

Zambrano NZ, Montes GS, Shigihara KM, Sanchez EM, Junqueira LCU (1982) Collagen arrangement in cartilages. Acta Anat 113:26–38

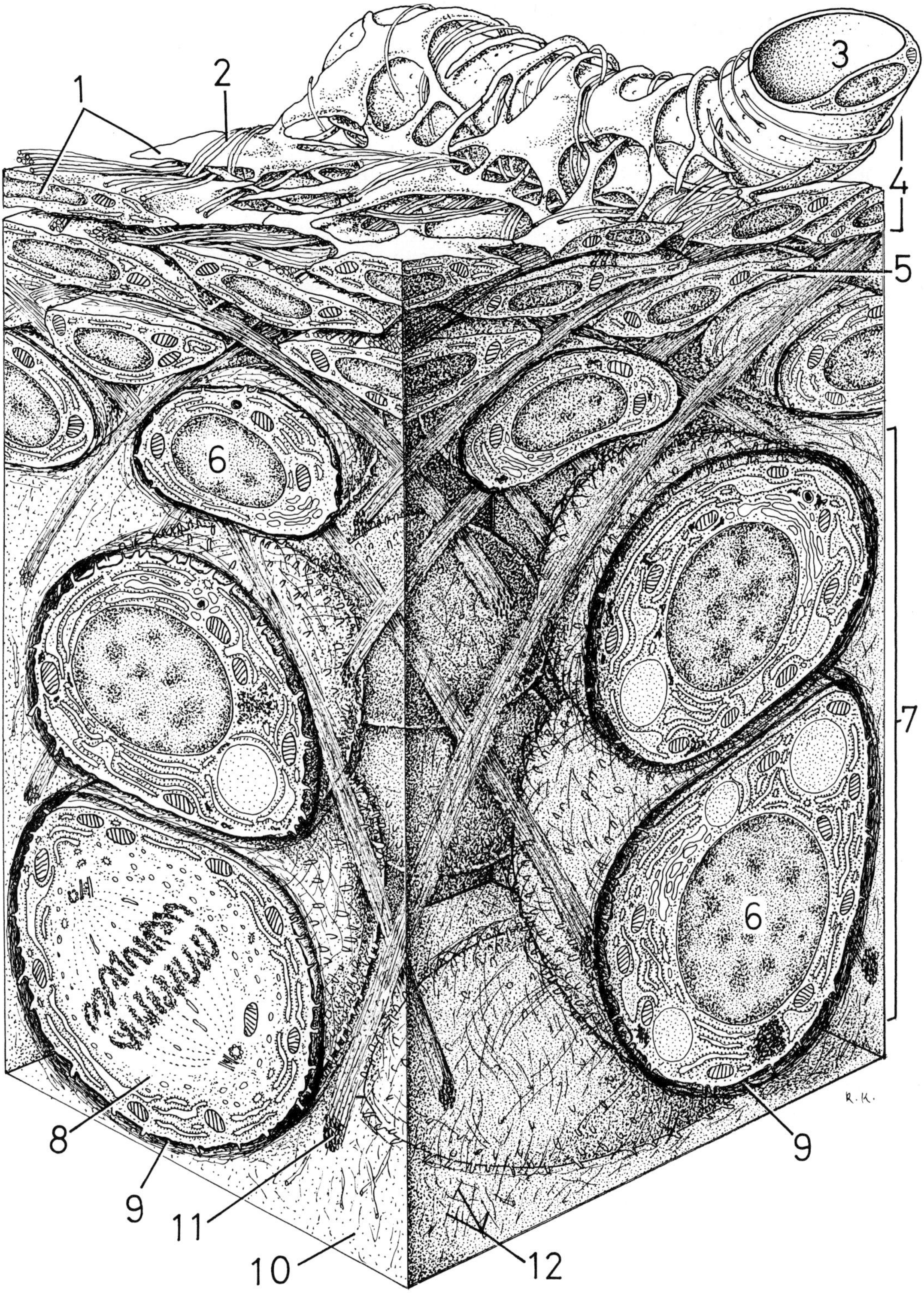
1
2
3
4
5
6
7
8
9
10
11
12
R.K.

Tafel 86. Knorpelgewebe. Elastischer Knorpel

Der leicht gelbliche, elastische Knorpel ist im Körper weit weniger verbreitet als der Hyalinknorpel. Er kommt in Ohrmuschel (Abb. **A**), äußerem Gehörgang, Tuba auditiva (Tuba Eustachii), manchen Kehlkopfknorpeln wie z. B. Epiglottis (Kehlkopfdeckel, Abb. **B**) und den kleinsten Bronchien vor.
Das lichtmikroskopische Bild der Ausschnitte aus Abb. **A** u. **B** ist in Abb. **C** u. **D** wiedergegeben.
Wie beim hyalinen überzieht auch beim elastischen Knorpelgewebe ein Perichondrium (Abb. **C** u. **D 1**) die Knorpeloberfläche. Im Innern des Knorpels befinden sich von Zellhöfen umgebene Chondrocyten (Abb. **C** u. **D 2**) und Chondrone (Abb. **C** u. **D 3**). Isogene Zellgruppen sind in dieser Knorpelart seltener als im Hyalinknorpel. Die durch schwefelhaltige Proteoglykane maskierten kollagenen Fibrillen existieren auch im elastischen Knorpel. Besonders kennzeichnend sind aber die starken, groben und verflochtenen elastischen Fasern, die in der intercellulären Substanz vorkommen und dort interterritoriale Fasernetze (Abb. **C** u. **D 4**) bilden. Diese treten nach Resorcinfuchsin- bzw. Orceinfärbung deutlich in Erscheinung (Abb. **D**).
Der elastische Knorpel enthält weniger Grundsubstanz als der Hyalinknorpel. Er ist deshalb weicher und, dank den vielen elastischen Fasern, sehr biegsam.
Der elastische Knorpel ist regenerationsunfähig, verknöchert aber selbst in fortgeschrittenem Alter nicht.

Vergrößerung: Abb. **C** u. **D** 150fach

Literatur

Cox RW (1977) The fine structure of developing elastic cartilage. J Anat 123:283–296
Horwitz AL, Dorfman A (1968) Subcellular sites for synthesis of chondromucoprotein of cartilage. J Cell Biol 38:358–368
Kostović-Knežević L, Bradamante Ž, Švajger A (1981) Ultrastructure of elastic cartilage in the rat external ear. Cell Tissue Res 218:149–160

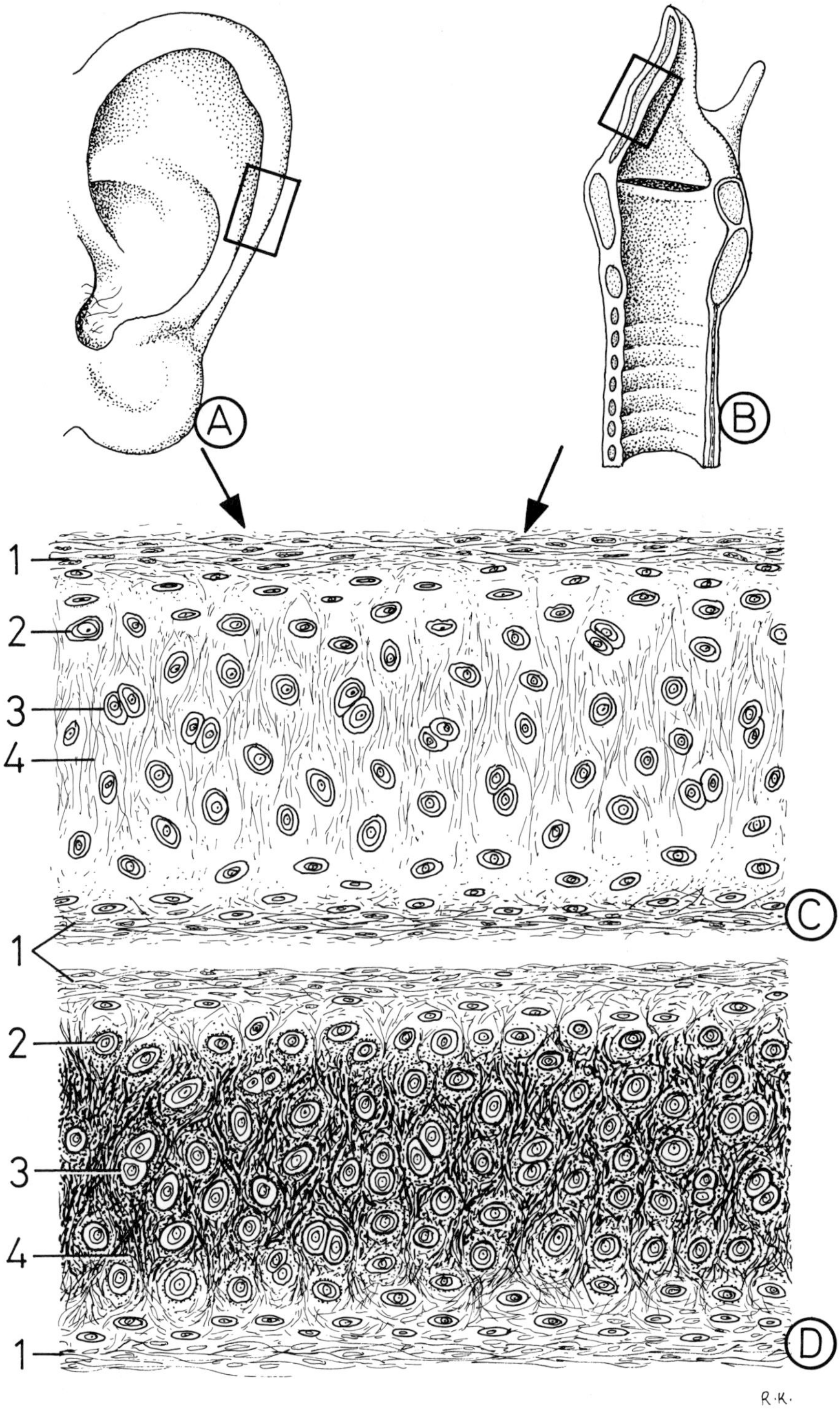
A
B
1
2
3
4
C
1
2
3
4
D
1
R.K.

Tafel 87. Knorpelgewebe. Elastischer Knorpel

Wie beim Hyalinknorpel befinden sich auch im elastischen Knorpel die Gefäße (**1**) ausschließlich im Perichondrium (**2**). Zwischen den peripheren, abgeflachten Zellen (**4**) sieht man in der glasartigen Grundsubstanz die kollagenen Mikrofibrillen (**3**).
Die Chondrocyten (**5**) des elastischen Knorpels (manchmal auch Elastocyten genannt) sind kugelige Elemente, die in Lakunen liegen. In der interterritorialen Substanz fallen eine Menge, von der Peripherie aus nach innen dicker werdende elastische Fasern (**6**) auf. Sie bilden durch ihre Verzweigungen und Verknüpfungen die für diese Knorpelart charakteristischen elastischen Fasernetze; auch die Anwesenheit durchlöcherter (fenestrierter) elastischer Membranen (**7**) scheint keine Seltenheit zu sein.
Wegen des größeren Brechungsindex der elastischen Fasern erkennt man lichtoptisch den elastischen Knorpel sogar ohne Elasticafärbung.

Vergrößerung: 3000fach

Literatur

Kostović-Knezević LJ, Bradamante Ž, Švajger A (1986) On the ultrastructure of the developing elastic cartilage in the rat external ear. Anat Embryol 173:385–391

Nielsen EH (1976) The elastic cartilage in the normal rat epiglotis: I. Fine structure. Cell Tissue Res 173:179–191

Nielsen EH, Bytzer P (1979) High resolution scanning electron microscopy of elastic cartilage. J Anat 129:823–831

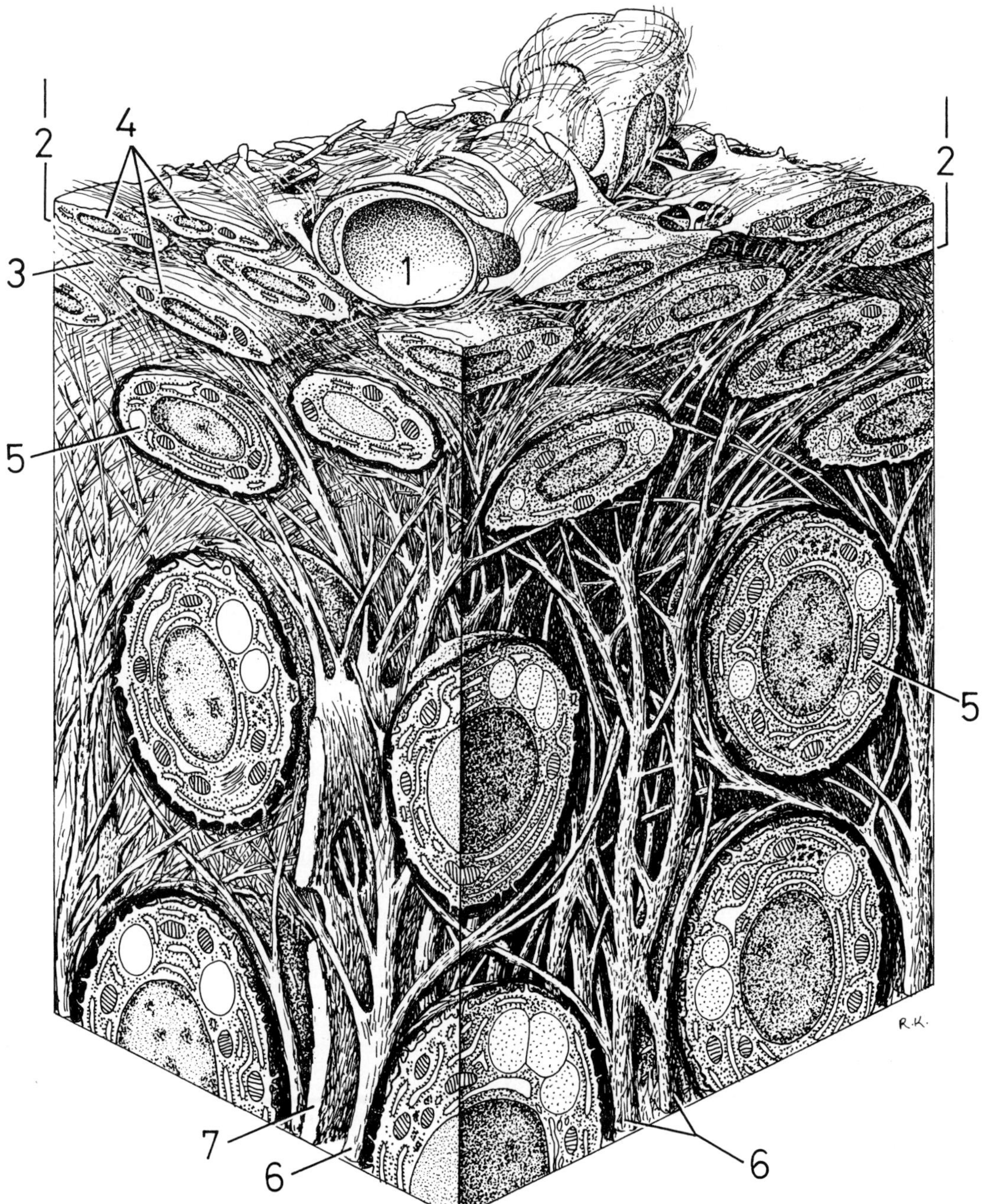
1
2
2
3
4
5
5
6
6
7
R.K.

Tafel 88. Knorpelgewebe. Chondrocyt aus hyalinem oder elastischem Knorpel

Die Chondrocyten sind kugelige oder ellipsoidale Elemente mit einem entsprechend geformten, zentralen oder exzentrischen chromatinreichen Kern. Um die Kontaktfläche zur Grundsubstanz maximal zu vergrößern, haben die Knorpelzellen gezackte Umrisse, die den zahlreichen unregelmäßigen Mikrovilli (**1**) entsprechen.

Jüngere Chondrocyten zeigen ein stark entwickeltes granuläres endoplasmatisches Reticulum (**2**), einen geräumigen Golgi-Apparat (**3**) und mehrere Mitochondrien (**4**). Als paraplasmatische Einschlüsse kommen in den Knorpelzellen vor allem Glykogen (**5**) und Lipidtröpfchen (**6**) vor. Letztere können bei älteren Knorpelzellen zu einer großen Einzelvacuole verschmelzen. Die cytoplasmatischen Einschlüsse stellen ein für das träge, bradytrophe Knorpelgewebe außerordentlich wichtiges, energiereiches Reservematerial dar.

Die Knorpelzellen sind völlig von Grundsubstanz (**7**) umgeben. Die Kollagenfibrillen (**8**) und elastischen Fasern (**9**) haben keinen direkten Kontakt mit dem Plasmalemm; sie sind erst 1–2 µm vom Zellkörper entfernt festzustellen. Diese Tatsache sowie die Schrumpfung der Knorpelzellen nach Fixierung für die lichtmikroskopische Beobachtung machen die für die Chondrocyten ausgesparten Höhlen gut sichtbar.

Die Chondrocyten synthetisieren, ebenso wie die Fibroblasten (s. Tafel 64), kollagene Mikrofibrillen, was das stark entwickelte granuläre endoplasmatische Reticulum erklärt. Für die Bildung elastischer Fasern sind nur die Knorpelzellen des elastischen Knorpels differenziert. Man kann annehmen, daß sich diese Synthese nach dem in Tafel 65 gegebenen Schema abspielt.

Eine Verabreichung radioaktiven Schwefels ^{35}S hat gezeigt, daß die Synthese der Glykosaminoglykane der Grundsubstanz und ihre Verbindung mit dem Schwefel zu Chondroitinsulfaten im Golgi-Apparat stattfindet. Dies bedeutet, daß das radioaktive Material zuerst im Cytoplasma und dann in der Grundsubstanz nachweisbar wird. Die Proteinkomponente für die Proteoglykane liefert natürlich das granuläre endoplasmatische Reticulum.

In der Grundsubstanz kommen, unregelmäßig verstreut, auch etwa 20–200 nm messende, dichte, membranumschlossene Matrixgranula – Calcosphäriten (**10**) – vor, die sich vermutlich von den Mikrovilli (**1**) abgelöst haben. Sie können als Kristallisationskerne wirken und in bestimmten Knorpeln die Verkalkung der Grundsubstanz auslösen.

Die Chondrocyten sind auf hormonelle Einwirkung sehr empfindlich. So wird die Produktion der Grundsubstanz durch das Wachstumshormon (STH), Thyroxin und Testosteron stimuliert. Entgegengesetzte Wirkungen haben Cortisol, Hydrocortisol und das weibliche Geschlechtshormon Östradiol (s. Tafel 175 in Krstić, R. V.: Ultrastruktur der Säugetierzelle).

Vergrößerung: 14000fach

Literatur

Bonucci E (1970) Fine structure and histochemistry of calcifying globules in epiphyseal cartilage. Z Zellforsch 103:192–217

Nelboeck M (1972) Cyclisches Adenosinphosphat in der Kausalkette hormoneller Wirkungen. Naturwissenschaften 59:209–213

Palfrey AJ, Davies DV (1966) The fine structure of chondrocytes. J Anat 100:213–226

Poole RA, Rosenberg LC (1986) Chondrocalcin and the calcification of cartilage. Clin Orthop 208:114–118

Stockwell RA (1979) Biology of cartilage cells. Cambridge University Press, Cambridge

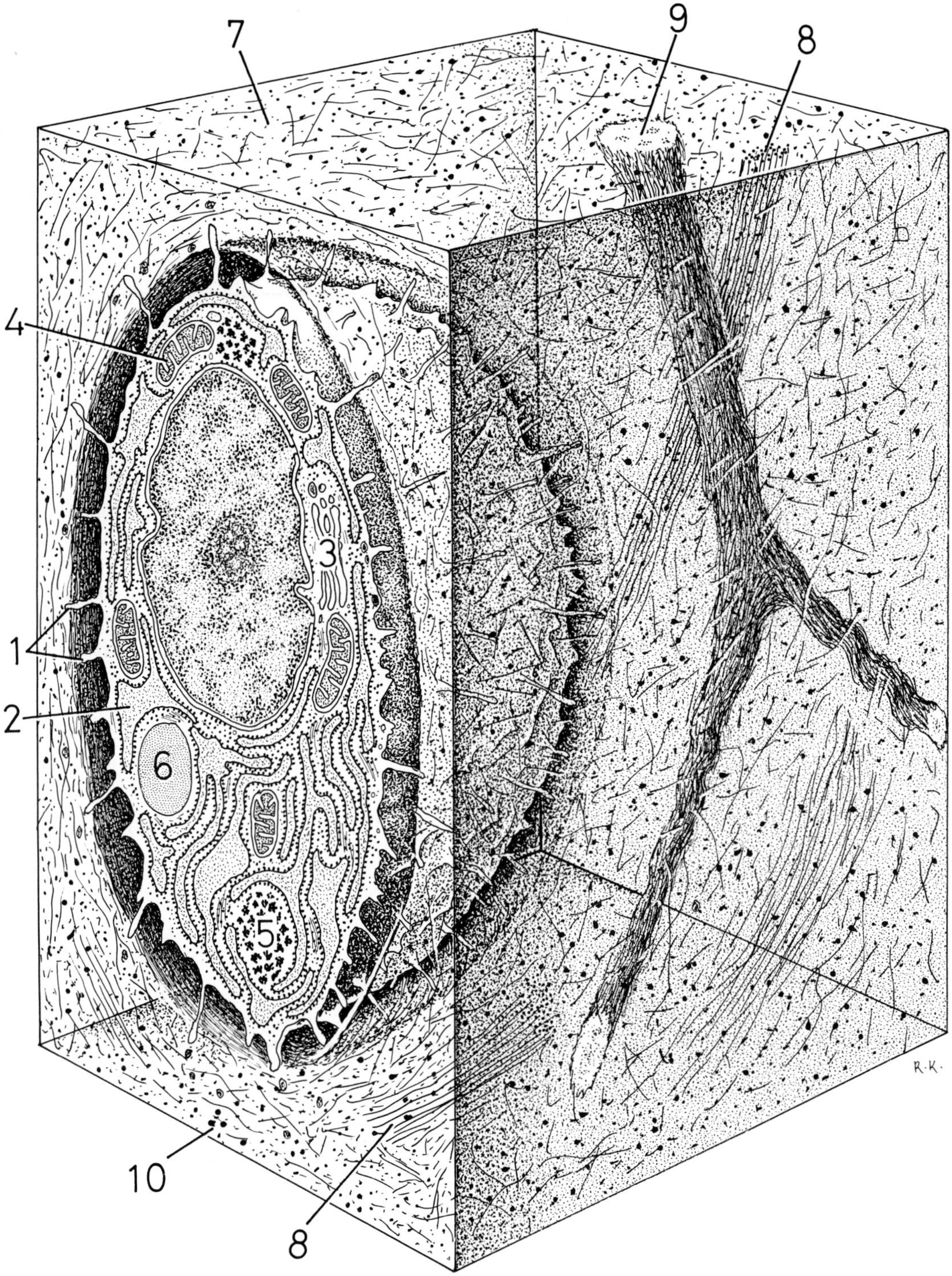
7
9
8
4
3
1
2
6
5
10
8
R.K.

Tafel 89. Knorpelgewebe. Faserknorpel (Bindegewebsknorpel, kollagenfaseriger Knorpel).
Beispiel: Discus intervertebralis

Der Faserknorpel kommt im Organismus nur selten vor. Lediglich einige Teile der Disci intervertebrales (Abb. **A**) und der Symphysis pubica sowie wenige Gelenkknorpel bestehen aus diesem Gewebe.
An der Peripherie des Faserknorpels befindet sich gewöhnlich etwas hyaliner Knorpel, welcher kontinuierlich in den Faserknorpel übergeht.
In Abb. **B** ist ein Detail aus einem Discus intervertebralis lichtoptisch vergrößert dargestellt.
Die Chondrocyten sind im Faserknorpel wesentlich spärlicher als in den beiden bisher beschriebenen Knorpeln. Sie liegen wie bei allen anderen Knorpelarten inmitten einer Kapsel und in schmalen Zellhöfen (Abb. **B1**). Nur in diesen Zonen reicht die Grundsubstanz zur Maskierung der Kollagenfibrillen.
Die starken, verflochtenen Kollagenfasern (Abb. **B2**) in der Interterritorialsubstanz können von der nur spärlich vorhandenen Grundsubstanz nicht maskiert werden; deshalb sind sie sogar in gewöhnlichen Schnitten deutlich sichtbar.
Zeichnung **C** ist eine dreidimensionale Rekonstruktion der beiden umrahmten Zellen aus Abb. **B**.
Wie bei anderen Knorpelarten liegen die Chondrocyten in kleinen Lakunen, in deren Wand man unterschiedliche Mengen dünner, kollagener Mikrofibrillen (Abb. **C1**) beobachtet. Sehr starke kollagene Fasern (Abb. **C2**) lassen wenig Platz für die Grundsubstanz.
Die Faserknorpelzellen (Abb. **C3**) sind meistens ellipsoidal und haben einen kugeligen Kern. Anderen Knorpelzellen gleich zeigen sie ein stark ausgebreitetes granuläres endoplasmatisches Reticulum.
Dem Faserknorpel sehr ähnlich sind die Disci et menisci articulares, jedoch haben ihre Zellen nicht die Eigenschaften der Chondrocyten (Chondroitinsulfatbildung) und somit keine Knorpelkapsel und keine Zellhöfe.
Der Faserknorpel ist von allen bisher aufgezählten Knorpelsorten am widerstandsfähigsten. Obgleich nur spärlich vorhanden, übernimmt die Knorpelgrundsubstanz die Druckbelastung des Körpers. Die spiralförmig verlaufenden Kollagenfasern werden bei Drehbewegungen der Wirbelsäule beansprucht.

Vergrößerungen: Abb. **B** 500fach;
Ab. **C** 3500fach

Literatur

Matukas VJ, Panner BJ, Orbison JL (1964) Studies on ultrastructural identification and distribution of protein polysaccharide in cartilage matrix. J Cell Biol 32:365–378

Mayne R, Irwin MH (1986) Collagen types in cartilage. In: Kuettner K, Schleyerbach R, Hascall VC (eds) Articular cartilage biochemistry. Raven, New York

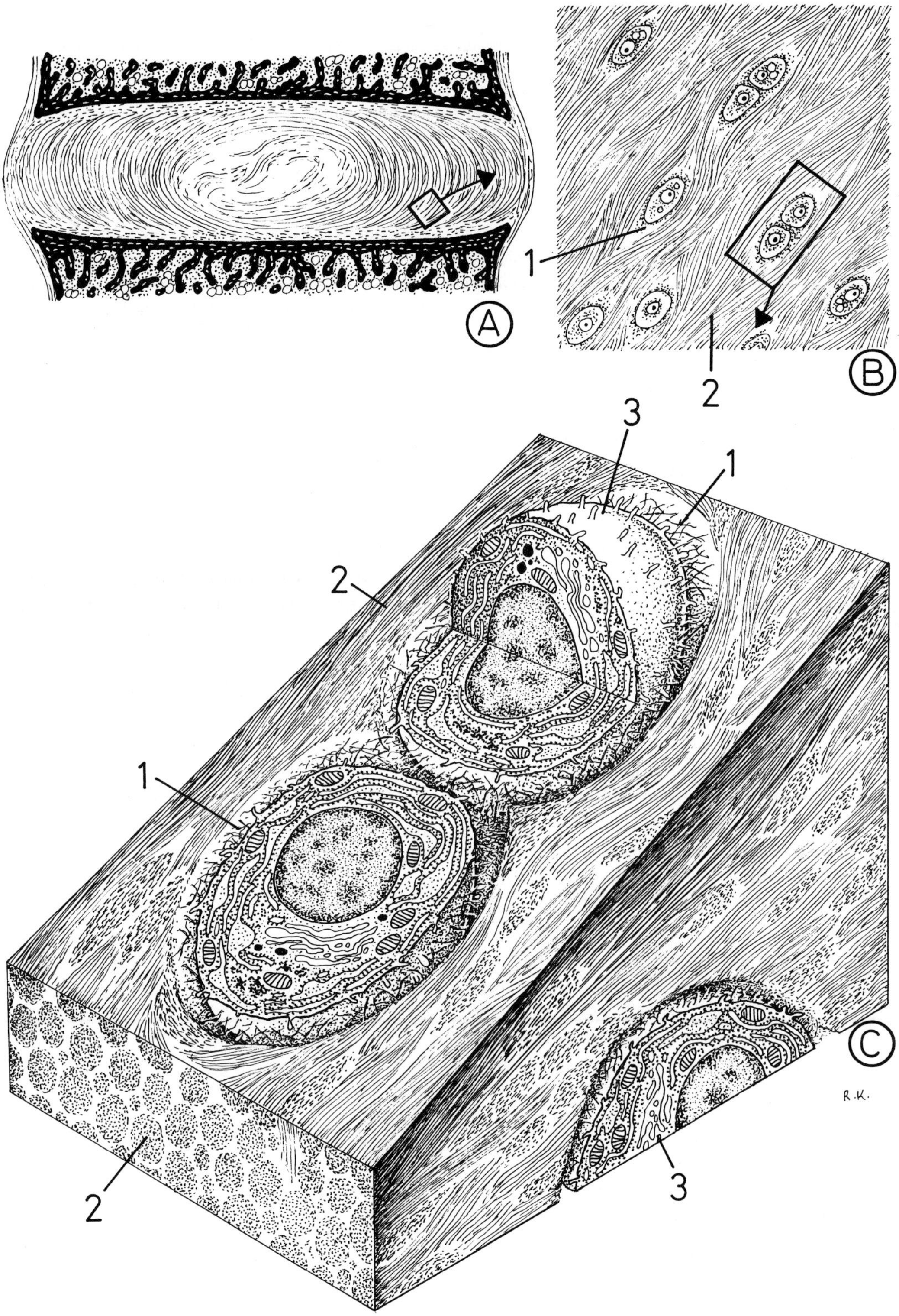
A
B
1
2
C
3
1
2
1
2
3
R.K.

Tafel 90. Chordagewebe. Fetus der Maus

Die Chorda dorsalis wird bei den Säugern nur während der Embryonalentwicklung gebildet. Sie dient dort in erster Linie als Leitstruktur für die in ihrer Umgebung entstehenden, höher differenzierten Gewebearten und nicht, wie bei niedrigen Tieren, als eine Art Stützorgan. Zudem induziert sie die Bildung des Neuralrohrs.
Eigenartig für die Chorda dorsalis sind die Tatsachen, daß sie nicht aus dem Mesenchym, sondern aus der Chordamesodermplatte abgeleitet wird (Einzelheiten s. Embryologielehrbücher) und daß sie ohne Ausbildung besonderer Intercellularsubstanzen ihre Funktion erfüllen kann.
Bei jungen Säugern kommt das Chordagewebe (Abb. **A**, Rechteck) innerhalb der Hyalinknorpelanlage für die Wirbelkörper (Abb. **A 1**) vor. Das Rückenmark (Abb. **A 2**) und die Wirbelbögen (Abb. **A 3**) sind auch auf dieser Abbildung sichtbar. Abbildung **B** ist eine plastische Rekonstruktion des in Abb. **A** durch ein Rechteck abgegrenzten Gebietes.
Die Chorda dorsalis ist im Prinzip ein runder und beidseitig zugespitzter Stab, der sehr früh vom Hyalinknorpel (Abb. **B 1**) umgeben wird. Deshalb liegen die Chordazellen (Abb. **B 2**) in einem aus diesem Gewebe geformten Kanal (Abb. **B 3**), der in einer späteren Phase segmentiert wird.
Bei Säugern sind die Chordazellen sternförmig und treten durch ihre Ausläufer miteinander in Verbindung. Die umrahmte Zelle ist in Abb. **C** dreidimensional gezeichnet.
Im abgeflachten Zellkörper enthalten die Chordazellen einen ellipsoidalen, mäßig osmiophilen Kern mit deutlichem Nucleolus. Im Cytoplasma liegen einige Mitochondrien, wenige Säckchen von granulärem endoplasmatischem Reticulum und ein mittelmäßig ausgebildeter Golgi-Apparat. Durch den Zellkörper ziehen Mikrofilamentbündelchen (Abb. **C 1**), die sich mit den Desmosomen (Abb. **C 2**) verbinden. Letztere gewährleisten den Zusammenhang der Chordazellen.
In der Intercellularsubstanz kommen feinste kollagene Mikrofibrillen (Abb. **C 3**) vor.
Mit der fortschreitenden Entwicklung der Wirbelsäule beschränkt sich das Chordagewebe mehr und mehr auf die Zwischenwirbelscheiben (Abb. **D 1**), wo es schließlich zum Nucleus pulposus (Abb. **D 2**) wird. Dabei werden die Zellen blasig und scheiden eine schleimartige Intercellularsubstanz aus. Beim Menschen bleiben die Chordazellen sogar noch nach dem 7. Lebensjahr in Form eines Chordareticulums innerhalb des gallertigen Nucleus pulposus erhalten.

Vergrößerungen: Abb. **A** 70fach;
Abb. **B** 400fach; Abb. **C** 8500fach

Literatur

Bancroft M, Bellairs R (1976) The development of the notochord in the chick embryo, studied by scanning and transmission electron microscopy. J Embryol Exp Morphol 35:383–401

Jurand A (1974) Some aspects of the development of the notochord in mouse embryos. J Embryol Exp Morphol 32:1–33

Kenney MC, Carlson E (1978) Ultrastructural identification of collagen and glycosaminoglycans in notochordal extracellular matrix in vivo and in vitro. Anat Rec 190:827–850

Smith JW, Serafini-Fracassini A (1968) The distribution of the protein-polysaccharide complex in the nucleus pulposus matrix in young rabbits. J Cell Sci 3:33–40

Trout JJ, Buckwalter JA, Moore KC (1982) Ultrastructure of the human intervertebral disc: II. Cells of the nucleus pulposus. Anat Rec 204:307–314

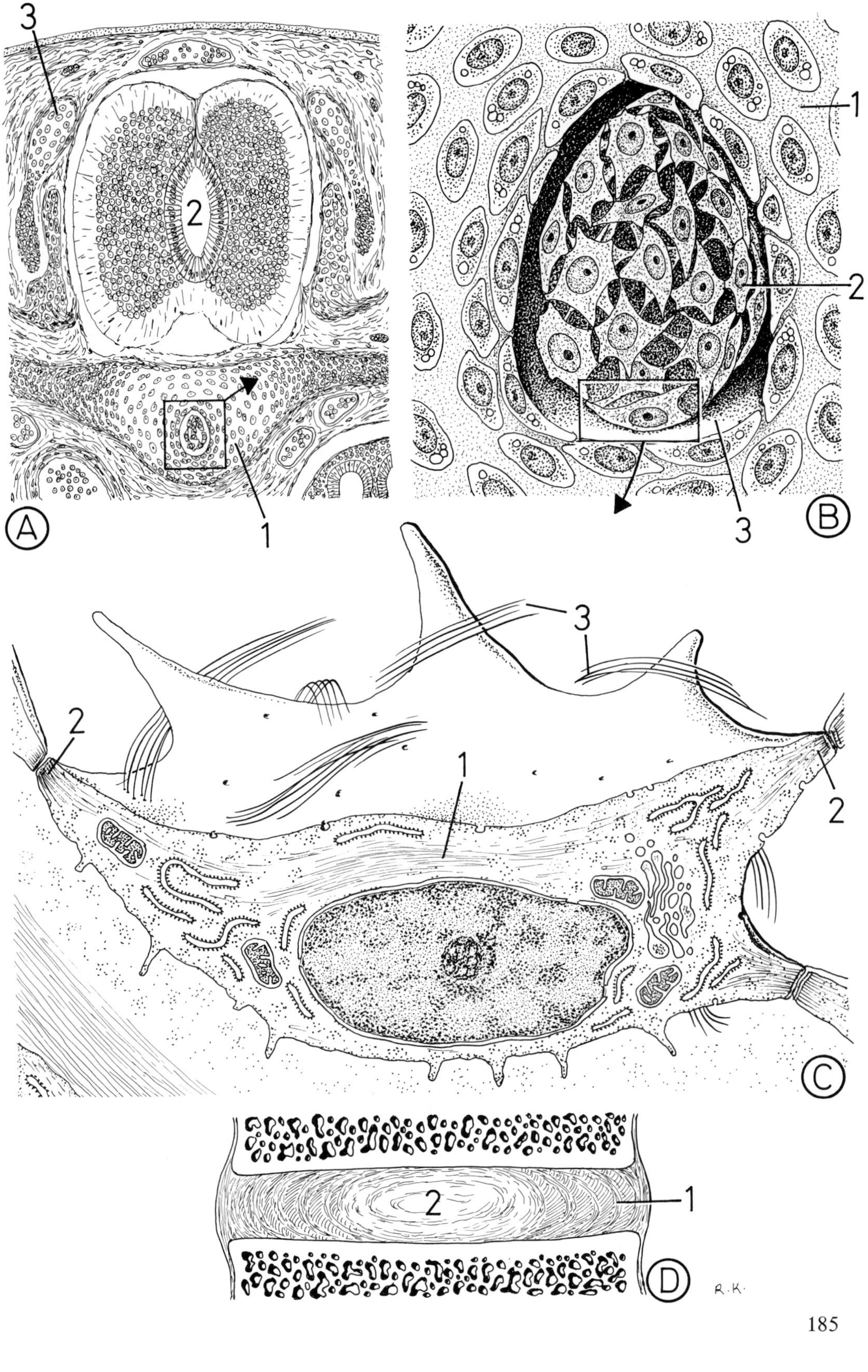
3
2
1
A
1
2
3
B
3
3
2
1
2
C
2
1
D
R.K.

Tafel 91. Knochengewebe. Direkte oder desmale Ossifikation

Aus dem Mesenchym entsteht direkt oder indirekt zuerst der Geflecht- oder Faserknochen, der nach sekundärer Ossifikation den Lamellenknochen bildet.

1. Bei der direkten oder desmalen Knochenbildung wandeln sich die Mesenchymzellen direkt zu Knochenzellen um. Auf diese Weise entwickeln sich die Knochen von Schädeldach, Gesicht und Schlüsselbein (Clavicula). So entstandene Knochen werden auch Deckknochen oder – da sie sich aus dem embryonalen Bindegewebe differenzieren – Desmal- oder Bindegewebsknochen genannt.

2. Der Prozeß der indirekten Ossifikation ist komplizierter. Aus dem Mesenchym entsteht zuerst das knorpelige Skelet (s. Tafel 83); dieses wird zerstört, und auf seinen Trümmern bildet sich dann ein faseriger Endochondralknochen.

Die direkte Ossifikation verläuft wie folgt:

A. In präsumptiven, genetisch festgelegten Bezirken werden die Mesenchymzellen (Abb. **A 1**) zu Osteoblasten (Abb. **A 2**), die ein organisches proteoglykanhaltiges Material, das Osteoid (Abb. **A 3**) absondern. In diesem Material findet eine Polymerisation von Tropokollagen zu kollagenen Mikrofibrillen statt.

B. Dank der Anwesenheit von Chondroitinsulfaten und Keratansulfat wird das Osteoid mit Calciumionen und organischem Phosphat angereichert. Die Einwirkung der Osteoblasten löst die Verkalkung der Grundsubstanz oder Matrix (Abb. **B 1**) aus. Inzwischen entstehen aus Mesenchymzellen (Abb. **B 2**) weitere Osteoblasten (Abb. **B 3**), die das Osteoid in ihre direkte Umgebung ausscheiden und nach beendeter Mineralisation in das Knochenmaterial eingemauert werden.

C. So bilden sich die ersten Bälkchen (Abb. **C 1**) der Bindegewebsknochen, in welchen die Zellen – jetzt Osteocyten (Abb. **C 2**) genannt – einen netzartigen Verband beibehalten. Auf der Oberfläche der Knochenbälkchen ordnen sich durch Apposition die neudifferenzierten Osteoblasten (Abb. **C 3**) in Gestalt einer epithelähnlichen Schicht an. Sie sondern das Osteoid in Richtung auf die bereits mineralisierte Matrix ab, womit die Bälkchen dicker werden.

Man beachte die Capillaren (Pfeile) in der Umgebung der Ossifikationskerne.

Vergrößerung: Abb. **A–C** 350fach

Literatur

Cabrini RL (1961) Histochemistry of ossification. Int Rev Cytol 11:283–306

Carneiro J, Leblond CP (1959) Role of osteoblasts and odontoblasts in secreting the collagen of bone and dentine as shown by radioautography in mice given tritium-labelled glycin. Exp Cell Res 18:291–300

Owen M (1970) The origin of bone cells. in Rev Cytol 28.213–238

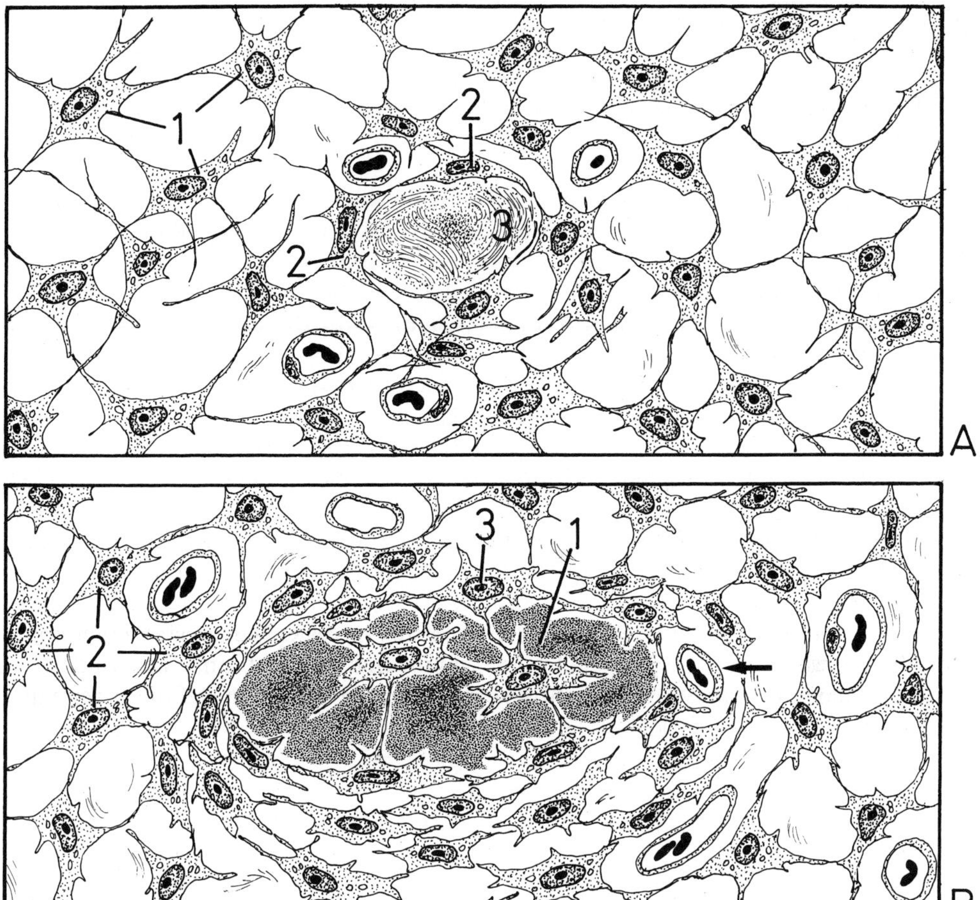

1
2
3
A
B
C
R.K.

Tafel 92. Knochengewebe. Direkte oder desmale Ossifikation. Fortsetzung der Tafel 91

Zur besseren Veranschaulichung der Bindegewebs- bzw. Desmalknochen wurde der Kopf eines 80 mm langen, menschlichen Embryos gezeichnet (Abb. **A** nach Hamilton et al., 1972). Alle nicht punktierten Schädeldach- und Gesichtsknochen ossifizieren auf die direkte Weise. Ein kleiner Ausschnitt der Schädelkalotte ist in Abb. **B** dargestellt.

Von oben nach unten sieht man zuerst die behaarte Felderhaut (Abb. **B1**) und darunter einige Läppchen jungen Fettgewebes (Abb. **B2**). Unterhalb der Blutgefäße (Abb. **B3**) befindet sich die Galea aponeurotica (Abb. **B4**), dann eine lockere Verschiebeschicht (Abb. **B5**) aus lamellärem Bindegewebe, das in das zukünftige äußere Periost (Abb. **B6**) übergeht. Die sehr unregelmäßigen, miteinander verbundenen Bälkchen des desmalen Knochens (Abb. **B7**), zwischen welchen noch primäres Knochenmark mit Blutgefäßen (Abb. **B8**) vorkommt, sind schwarz gezeichnet. Ganz unten befindet sich die harte Hirnhaut, Dura mater (Abb. **B9**), die gleichzeitig das innere Periost des Schädelknochens darstellt. Der kleine Balken im Rechteck ist in Abb. **C** vergrößert gezeigt.

Auf ihrer Oberfläche bilden die Osteoblasten (Abb. **C1**) eine epitheloide Schicht. Einige (Abb. **C2**) werden bald in die mineralisierte Grundsubstanz eingemauert werden. Die im Innern der Knochenbälkchen liegenden Osteocyten (Abb. **C3**) stehen durch ihre Ausläufer miteinander in Verbindung. Die Zahl der Osteoblasten ist auf der der Haut zugewandten Seite immer größer, weshalb die Knochenbälkchen durch appositionelles Wachstum dort mehr Material erhalten. Um eine dadurch bedingte, fortlaufende Verdickung der Knochenbälkchen zu verhindern, lösen die großen Osteoclasten (Abb. **C4**) die Knochensubstanz von der inneren Seite her auf. Dadurch vergrößert sich natürlich das Schädelvolumen.

In der Umgebung der Knochenbälkchen liegen zahlreiche Mesenchymzellen. Einige davon werden sich in Elemente des primären Knochenmarks und andere in Osteoblasten differenzieren.

Um den Bedarf der knochenbildenden Zellen an organischem Material zu dekken, liegen in der Umgebung der Ossifikationskerne mehrere Capillaren (Abb. **C5**). Der umrahmte Bereich wird auf der folgenden Tafel nach elektronenmikroskopischer Beobachtung plastisch rekonstruiert.

Vergrößerungen: Abb. **B** 35fach;
Abb. **C** 400fach

Literatur

Ascenzi A, Bendetti EL (1959) An electron microscopic study of the foetal membranous ossification. Acta Anat (Basel) 37:370–385

Hamilton WJ, Boyd JD, Mossman WH (1972) Human Embryology. 4th edn. Williams & Wilkins, Baltimore

Knese KH (1979) Stützgewebe und Skelettsystem. In: Möllendorf WV, Bargmann W (eds) Handbuch der mikroskopischen Anatomie des Menschen, vol 2, part 5. Springer, Berlin Heidelberg New York

Scott BL, Glimcher MJ (1971) Distribution of glycogen in osteoblasts of the fetal rat. J Ultrastruct Res 36:565–586

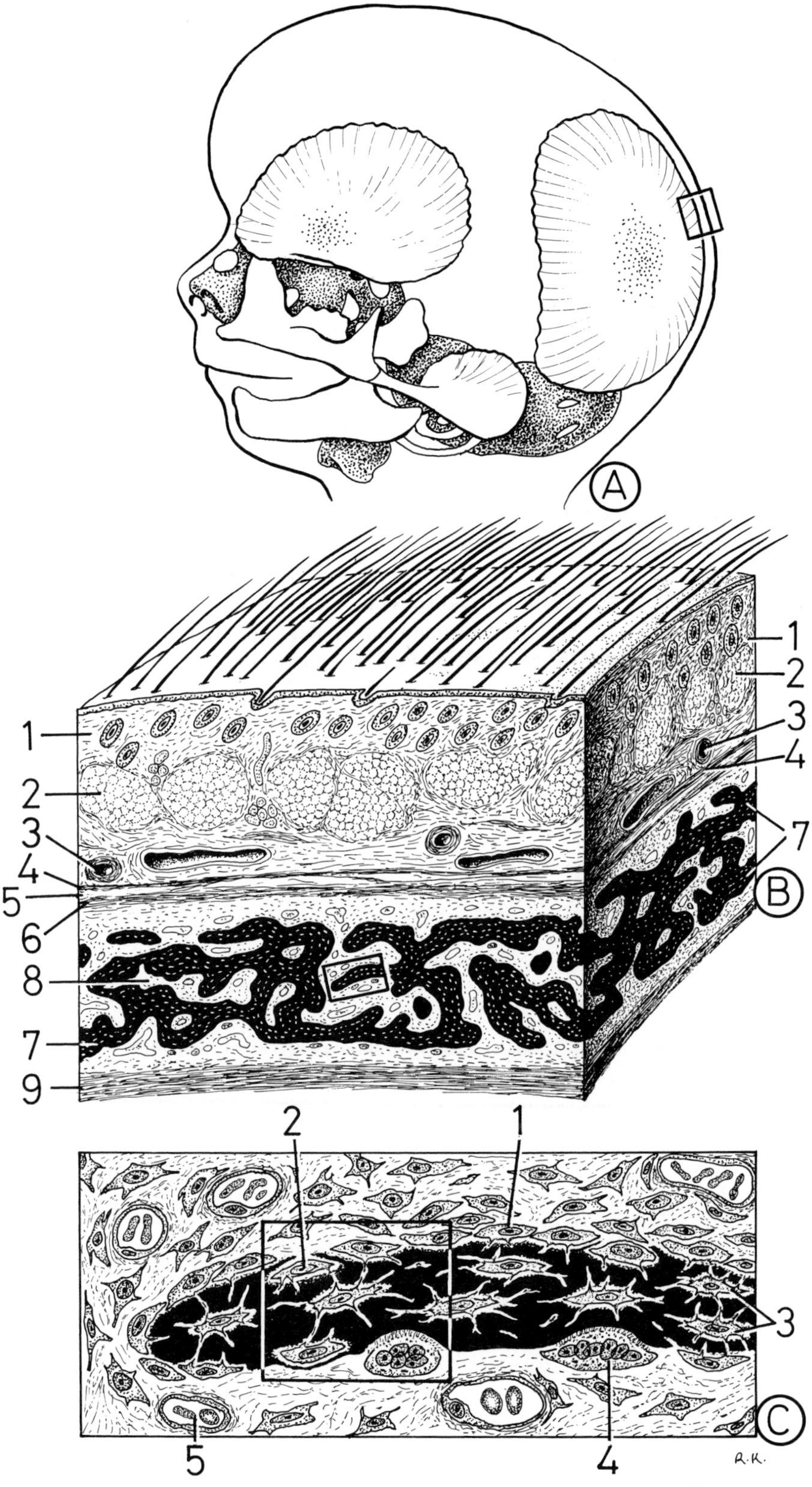
A
B
1
2
3
4
5
6
7
8
9
C
R.K.

Tafel 93. Knochengewebe. Direkte oder desmale Ossifikation. Fortsetzung der Tafel 92

Auf der linken, gegen die Kopfhaut orientierten Seite der Abbildung sieht man mehrere Osteoblasten (**1**). Es sind sternförmige, plump wirkende Zellen mit mehreren kurzen Fortsätzen und Mikrovilli. Die Osteoblasten liegen auf dem Knochenbälkchen (**2**) und scheiden dort einen Osteoidsaum aus (**3**). Einige haben sich auf diese Weise schon in die Knochenmasse eingeschlossen. So sieht man z. B. links unten feine, flügelartige Knochenausläufer (**4**), die den Osteoblasten überdecken. Damit man eine fast vollkommen eingemauerte Zelle (**5**) besser erkennen kann, wurden im unteren Teil des Knochenbälkchens keine Osteoblasten gezeichnet. Durch ihre Ausläufer (**6**) stehen die Osteoblasten mit den Osteocyten (**7**) in Verbindung und bilden einen netzartigen Zellverband.

Auf der rechten, zur Dura mater gerichteten Seite der Zeichnung befinden sich nur wenige Osteoblasten, eine Mesenchymzelle (**8**) und ein Osteoclast (**9**). Letzterer hat mit seinen knochenabbauenden (osteolytischen) Enzymen eine Einbuchtung in der Knochenlamelle geformt (sog. Howship-Lakune). Eine Capillare (**10**) versorgt die Zellen mit den notwendigen Nahrungsstoffen (s. Tafel 138 u. 139 in KRSTIĆ, R. V.: Ultrastruktur der Säugetierzelle).

Vergrößerung: 2500fach

Literatur

Bernard GW, Pease DC (1969) An electron microscopic study of intial intramembranous osteogenesis. Am J Anat 125:271–290

Jones SJ, Boyde A (1977) The migration of osteoblasts. Cell Tissue Res 184:179–193

Palumbo C (1986) A three-dimensional ultrastructural study of osteoid-osteocytes in tibia of chick embryos. Cell Tissue Res 246:125–131

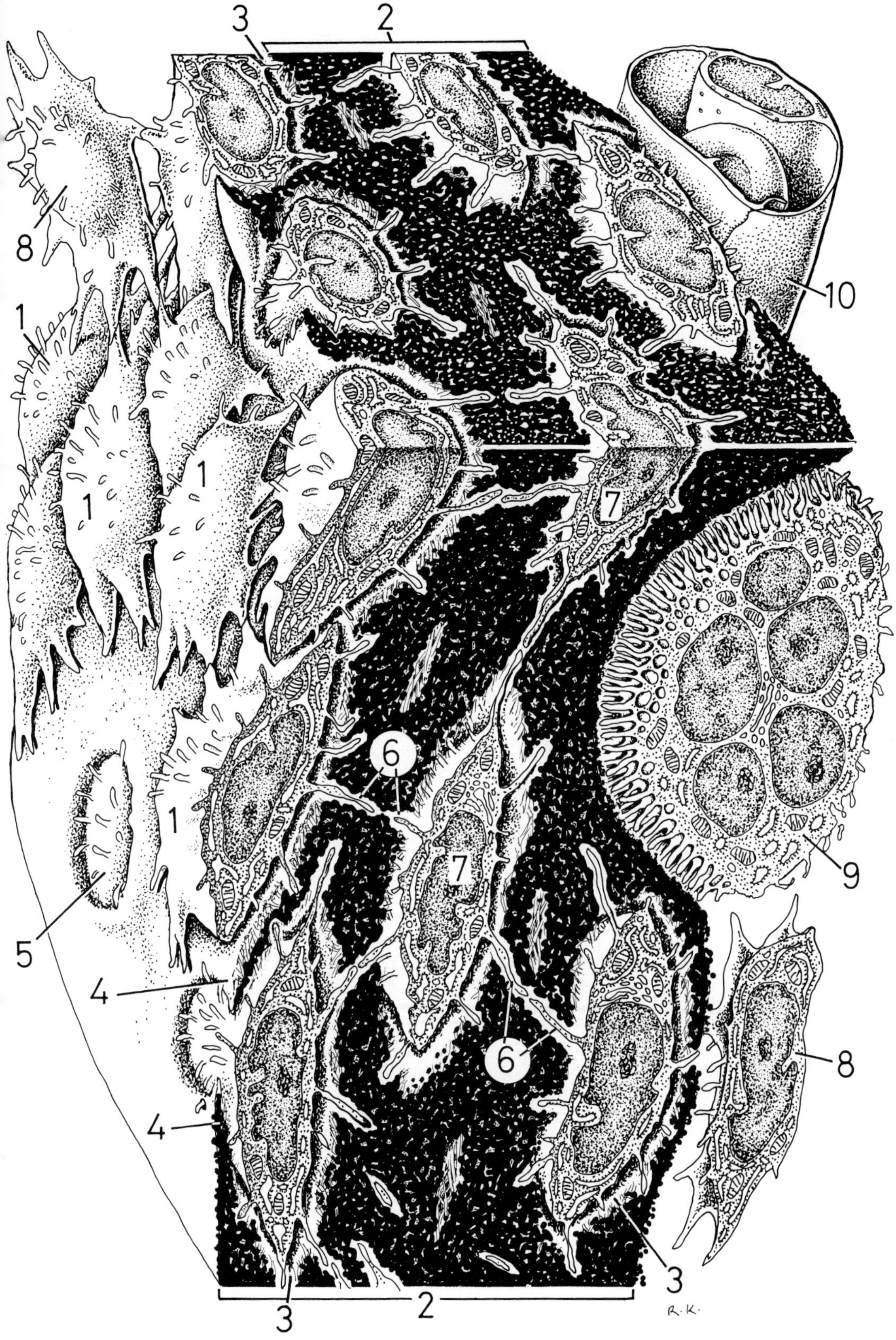
3
2
8
1
10
1
1
7
1
6
1
9
7
5
4
6
8
4
3
2
3
R. K.

Tafel 94. Knochengewebe. Direkte oder desmale Ossifikation. Osteoblasten
Fortsetzung der Tafel 93

Zur besseren Veranschaulichung wurde eine dem Knochenbälkchen (**1**) anliegende, epithelähnliche Osteoblastenschicht vertikal angeschnitten.
Die knochenbildenden Zellen (**2**) sind abgeflacht und stehen durch ihre Fortsätze miteinander in Verbindung. Sie enthalten einen kugeligen oder ellipsoidalen chromatinreichen Kern mit einem großen peripheren Nucleolus. Im Cytoplasma fallen erweiterte Räume des granulären endoplasmatischen Reticulums (**3**) mit mäßig osmiophilem Inhalt auf. In der Nähe des geräumigen Golgi-Apparates (**4**) kommen zahlreiche Vesikel (**5**) vor. Zwischen den Doppellamellen des rauhen Reticulums liegen mehrere Mitochondrien und sehr viele freie Ribosomen.
Jeder Osteoblast ist in einem von ihm gebildeten Filzwerk aus kollagenen Mikrofibrillen (**6**) eingeschlossen. (Aus didaktischen Gründen wurden die kollagenen Mikrofibrillen dicker gezeichnet.) In diesem calciumfreien Osteoidsaum kommt die proteoglykanhaltige Grundsubstanz vor. Die von den Osteoblasten synthetisierten organischen Stoffe, wie Tropokollagenmoleküle und Strukturproteine, werden in Bläschen (**7**) aus den Zellen abgesondert. Außerdem scheiden die knochenbildenden Zellen (möglicherweise durch Ablösung ihrer Fortsätze) die Matrixgranula (**8**) aus, welche bei der Verkalkung der Grundsubstanz als Kristallisationskerne dienen. Die Osteoblasten bilden auch die alkalische Phosphatase, die für die Anreicherung von Phosphationen in der Grundsubstanz verantwortlich ist. Etwa 1–2 μm von den Zellen entfernt wird das Osteoid von den Hydroxylapatitkristallen duchdrungen und erscheint in nicht-entkalkten elektronenmikroskopischen Präparaten schwarz. Die Verkalkung ist nicht überall gleichmäßig: Es gibt auch Bereiche (**9**), in denen einige kollagene Mikrofibrillen und die dazwischen vorkommende Grundsubstanz mineralfrei bleiben.
Es wurde schon erwähnt, daß die Osteoblasten ihre organischen Produkte in alle Richtungen, besonders aber gegen die Knochenbälkchen hin, ausscheiden. Dadurch werden sie im Laufe ihrer Tätigkeit in die Knochensubstanz eingemauert.
Der Osteoblast in der Mitte ist bereits von einem runden Knochenplättchen (**10**) überdeckt, welches z. T. auch als Ergebnis der Zusammenarbeit der an der Oberfläche der Knochenbälkchen liegenden Osteoblasten entstanden ist.
Die normale Knochenbildung ist ein äußerst komplizierter Vorgang, an welchem mehrere Hormone (Wachstumshormon, Nebenschilddrüsenhormon, Thyroxin, Thyrocalcitonin, Geschlechtshormon usw.) und Vitamine (A, C u. D_3) teilnehmen.
(Über Einzelheiten orientieren Lehrbücher der Biochemie und Physiologie.)

Vergrößerung: 10000fach

Literatur

Anderson CH (1984) Mineralization by matrix vesicles. Scanning Electron Microscopy 1984/II:953–959

Bab IA, Muhlrad A, Sela J (1979) Ultrastructural and biochemical study of extracellular matrix vesicles in normal alveolar bone of rats. Cell Tissue Res 202:1–7

Felix R, Fleisch H (1976) Role of matrix vesicles in calcification. Fed Proc 35:169–171

Ornoy A, Atkin I, Levy J (1980) Ultrastructural studies on the origin and structure of matrix vesicles in bone of young rats. Acta Anat 106:450–461

Rohr H-P (1965) Die Kollagensynthese in ihrer Beziehung zur submikroskopischen Struktur des Osteoblasten. Virchows Arch [Pathol Anat] 338–342–354

Thyberg J, Friberg U (1970) Ultrastructure and acid phosphatase activity of matrix vesicles and cytoplasmic dense bodies in the epiphyseal plate. J Ultrastruct Res 33:554–573

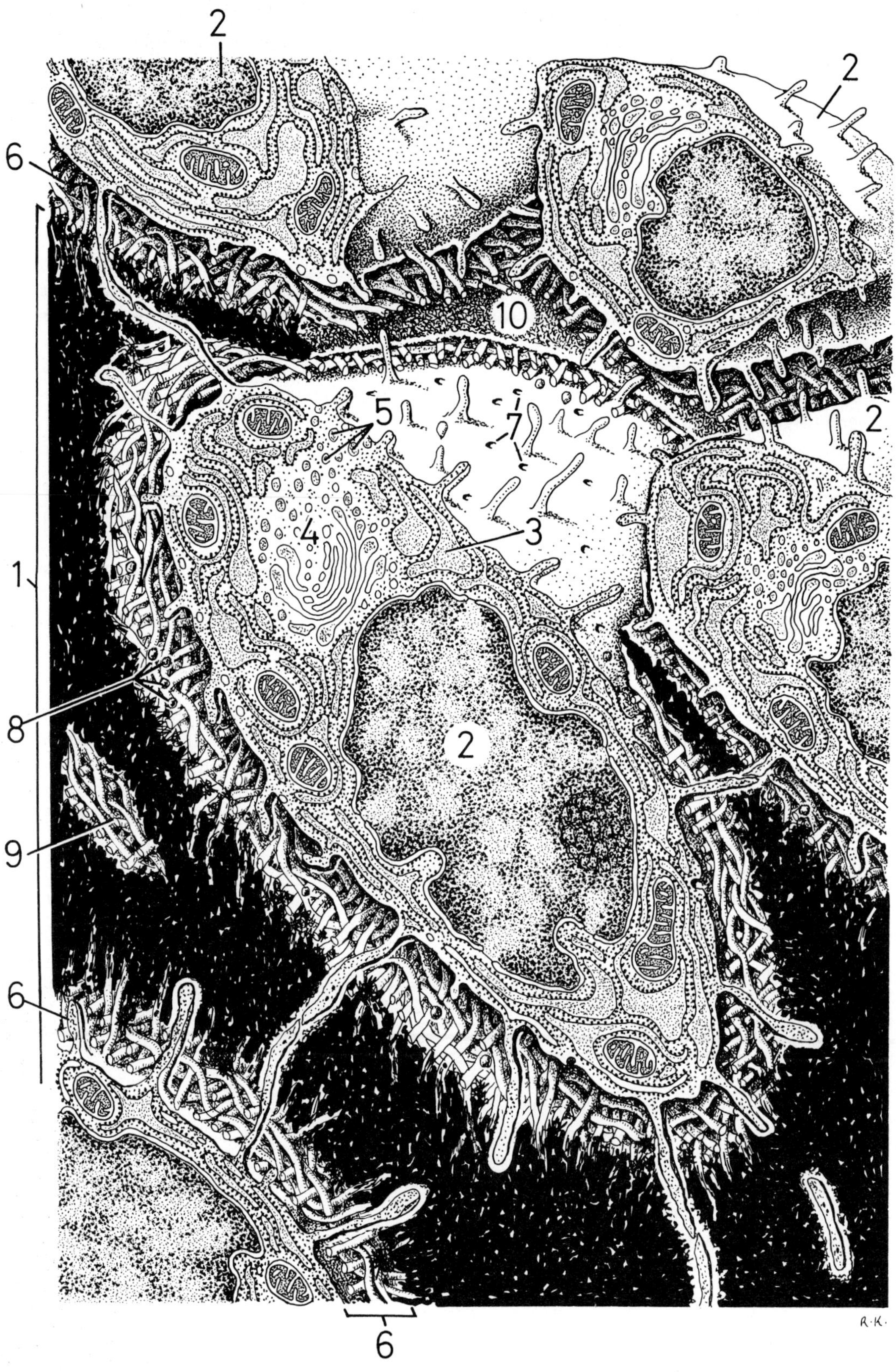

2
2
6
10
5
7
2
1
4
3
8
2
9
6
6
R·K·

Tafel 95. Knochengewebe. Indirekte oder chondrale Ossifikation

Bei der chondralen Knochenbildung geht eine direkte perichondrale Ossifikation der Auflösung des Knorpelgewebes voraus. Wo dann Knorpel abgebaut wird, entsteht durch den indirekten oder enchondralen Ossifikationsprozeß Ersatzknochen.

Zur besseren Übersicht der Knochenbildungsvorgänge und ihrer Nomenklatur diene folgendes Schema:

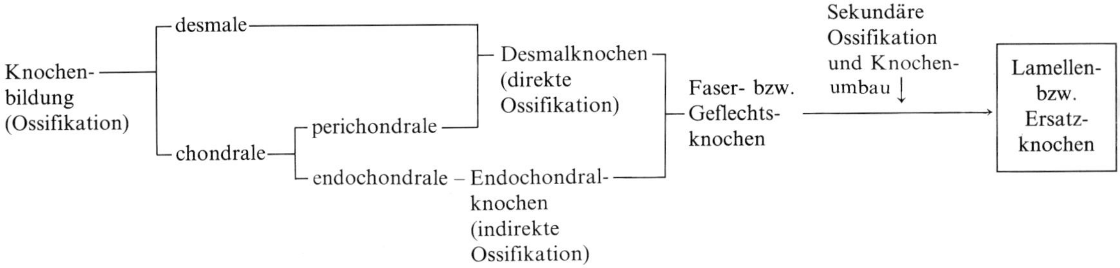

te genannt (Abb. **B 3**), umgibt die Diaphyse und sichert somit die mechanische Festigkeit des zur Auflösung vorgesehenen Knorpelstückes. Andererseits vermindert die perichondrale Knochenmanschette die für die Ernährung des Knorpels wichtigen Diffusionsvorgänge.

Ein Ausschnitt aus dem perichondralen Knochengürtel ist in Abb. **C** wiedergegeben.

Wie bereits in Tafel 83 erwähnt, besteht das Skelet anfangs aus hyalinem Knorpel. Die indirekte Ossifikation ist hier am Beispiel eines röhrenförmigen Extremitätenknochens erklärt.

An einem länglichen Knorpelstück unterscheidet man die beiden Extremitäten – Epiphysen (Abb. **A** u. **B 1**) – und einen mittleren Abschnitt – Diaphyse oder Schaft (Abb. **A** u. **B 2**). Durch appositionelles und interstitielles Wachstum (s. Tafel 83) vergrößert sich das Knorpelfragment (Abb. **B**). In einem für jede Säugerart genetisch bestimmten Moment (beim Menschen um die 7. Woche des Embryonallebens) beginnt in Diaphysenhöhe eine gürtelförmige perichondrale Ossifikation. Sie verläuft nach dem gleichen Mechanismus wie die bereits in den Tafeln 91–94 erklärte direkte Knochenbildung.

Der direkt entstandene perichondrale Knochengürtel, auch Knochenmanschet-

Auf der äußeren, zum Perichondrium gewandten Seite bilden die Osteoblasten (Abb. **C 1**) eine epitheloide Schicht. Mehrere von ihnen werden bald in die Knochenmasse eingeschlossen sein und damit zu Osteocyten (Abb. **C 2**) werden. Das Perichondrium wird nun Periost genannt. Die zum Knorpel gerichtete Fläche (Abb. **C 3**) ist glatt.

Vergrößerungen: Abb. **A** u. **B** 65fach; Abb. **C** 600fach

Literatur

Bagnall KM, Harris PF, Jones PRM (1982) A radiographic study of the longitudinal growth of primary ossification centers in limb long bones of the human fetus. Anat Rec 203:293–299

Vaughan JM (1981) The physiology of bone. Clarendon, Oxford

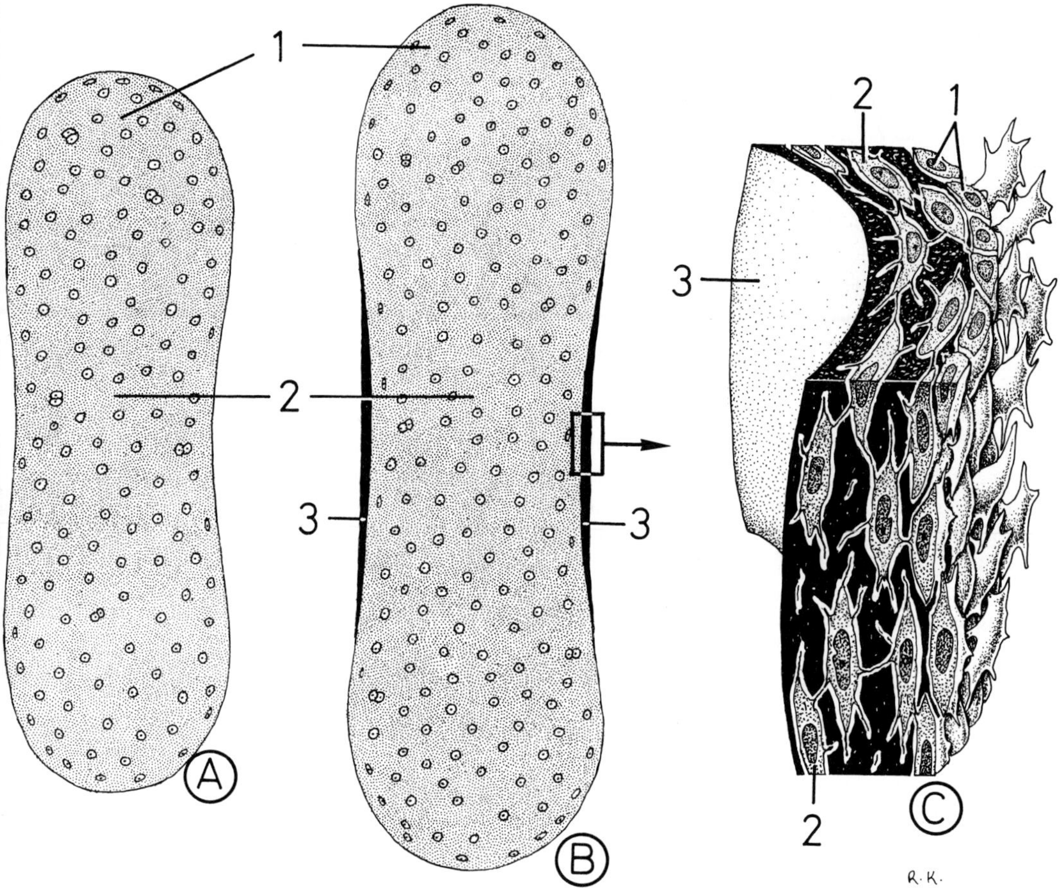
1
2
3
3
3
2
1
2
A
B
C
R.K.

Tafel 96. Knochengewebe. Indirekte oder chondrale Ossifikation. Fortsetzung der Tafel 95

Während sich die Knochenmanschette (Abb. **A 1**) in Richtung der Epiphysen (Abb. **A 2**) ausbreitet, werden die Knorpelzellen innerhalb der Diaphyse (Abb. **A 3**) größer und reicher an Glykogen und Lipiden. Obwohl sie noch alkalische Phosphatase, schwefelhaltige Glykosaminoglykane und Matrixgranula produzieren, wird die Intercellularsubstanz verhältnismäßig geringer und verkalkt bald danach. Durch diese Verkalkung und durch den bereits bestehenden Knochengürtel (Abb. **A 1**) werden die Ernährungsprozesse in der Diaphyse völlig unterbrochen. Deshalb gehen die hypertrophierten Knorpelzellen zugrunde. Eine solche, mit bloßen Augen in den hyalinen Knorpeln sichtbare Stelle nennt man Verkalkungszone oder Verkalkungspunkt.
Durch die Vergrößerung der Chondrocyten und ihrer Lakunen entstehen seitliche und längsgerichtete Spannungen. Da der Diaphysendurchmesser wegen der Knochenmanschette vorläufig konstant bleibt, strecken sich, infolge der interstitiellen Chondrocytenteilung, die beiden Epiphysen in Längsrichtung. Dadurch werden die Knorpelzellen zu einer säulenartigen Anordnung gezwungen.

Ein Ausschnitt aus der Knorpel- und Verkalkungszone ist in Abb. **B** wiedergegeben. In der oberen Hälfte des gezeichneten Stückes sieht man in die hyaline Grundsubstanz (Abb. **B 1**) eingeschlossene, abgeflachte und übereinander aufgestapelte Chondrocyten (Abb. **B 2**). Die Zone der so geordneten Knorpelzellen nennt man Säulen- oder Reihenknorpel (Abb. **B 3**).
In der unteren Ausschnitthälfte werden die Knorpelzellen und ihre Höhlen hypertrophisch bzw. voluminöser. Deshalb nennt man diese Zone Blasenknorpel (Abb. **B 4**). In der Intercellularsubstanz werden Hydroxylapatitkriställchen angereichert, die im Elektronenmikroskop als schwarze Punkte (Abb. **B 5**) erscheinen.

Vergrößerungen: Abb. **A** 65fach;
Abb. **B** 2000fach

Literatur

Salvkin HC, Croissant RD, Bringas P, Matosian P, Wilson P, Mino W, Guenther H (1976) Matrix vesicle heterogeneity: possible morphogenetic functions for matrix vesicles. Fed Proc 35:127–134

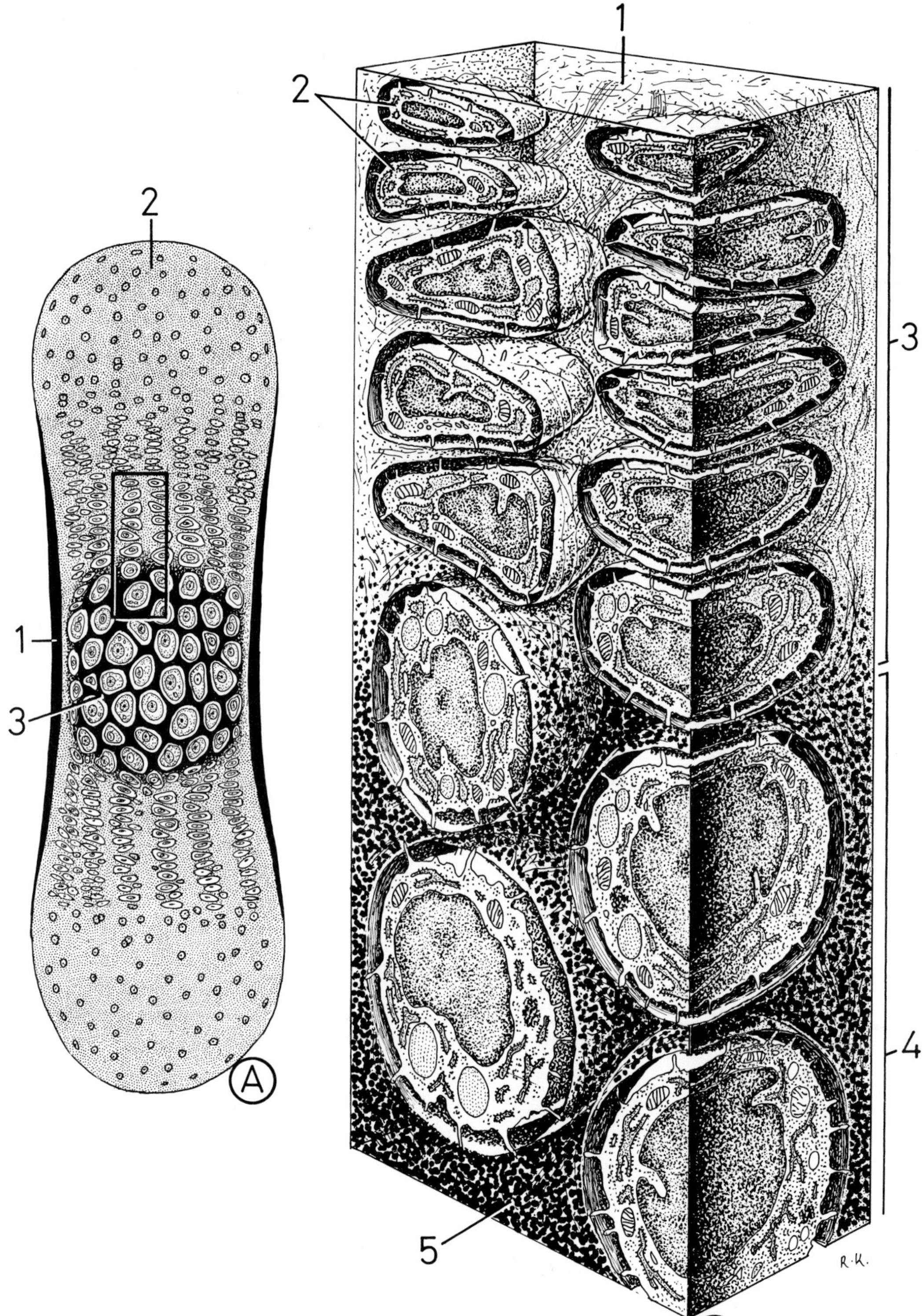
2
1
3
A
1
2
3
4
5
R.K.
B

Tafel 97. Knochengewebe. Indirekte oder chondrale Ossifikation. Fortsetzung der Tafel 96

Im weiteren Verlauf dringen in die in großblasigen Knorpel mit verkalkter Grundsubstanz umgewandelte Diaphyse (Abb. **A1**) Blutgefäß- und Bindegewebsknospen ein (Abb. **A2**). Zuerst aber muß die Knochenmanschette perforiert werden. Damit man die dazu führenden Vorgänge leichter versteht, ist die im Quadrat liegende Zone in Abb. **B** vergrößert gezeichnet.

Einige aus dem sog. Cambium des Periosts (Abb. **B1**) stammende Mesenchymzellen differenzieren sich in mehrkernige Chondroclasten (Abb. **B2**), die morphologisch den Osteoclasten gleichen (s. Tafel 111). Durch die Tätigkeit der osteolytischen Enzyme dieser Zellen entsteht eine Öffnung in der Knochenmanschette (Abb. **B3**). Durch diese dringt sodann eine Blutgefäßschlinge ein (Abb. **B4**), auf deren Spitze sich eine aus dem Endothel stammende, mehrkernige Struktur (Abb. **B5**) befindet. Man glaubt, daß diese auch eine gewisse knochenauflösende Wirkung hat, die durch die andauernde Gefäßpulsation noch verstärkt wird. Die Blutgefäße sind von vielen, sich lebhaft teilenden Mesenchymzellen begleitet (Abb. **B6**). Manche von ihnen werden sich in die Stammzellen (Abb. **B7**) des primitiven Knochenmarks, andere in Osteoblasten differenzieren.

Die eben beschriebenen Vorgänge finden beim Menschen etwa in der 7. Woche der Embryonalentwicklung statt, zu einer Zeit also, in der die roten Blutkörperchen (Abb. **B8**) noch kernhaltig sind.

Vergrößerungen: Abb. **A** 65fach;
Abb. **B** 1000fach

Literatur

Ascenzi B, Bonucci E, Bocciarelli DS (1967) An electron microscope study on the primary periosteal bone. J Ultrastruct Res 18:605–618

Young RW (1962) Cell proliferation and specialization during endochondral osteogenesis in young rats. J Cell Biol 14:357–370

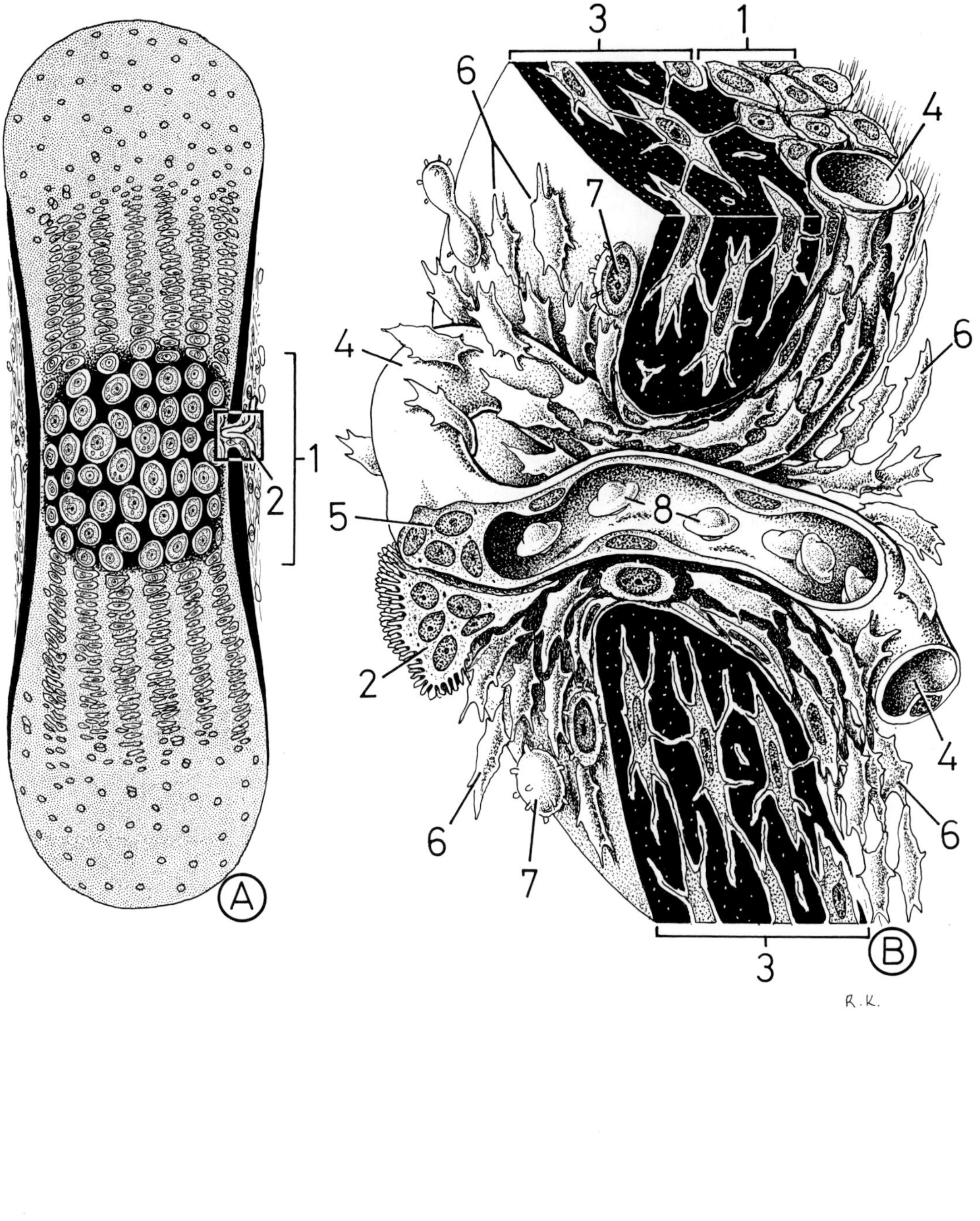
1
2
A
3
1
6
4
7
4
6
5
8
2
4
6
7
6
3
B
R.K.

Tafel 98. Knochengewebe. Indireke oder chondrale Ossifikation. Fortsetzung der Tafel 97

Durch die knorpelauflösende Wirkung der Chondroclasten entsteht in der Diaphyse ein Hohlraum, die primäre Markhöhle (Abb. **A 1**). In ihr findet eine reichliche Verzweigung der durch das spätere Foramen nutricium (Abb. **A 3**) hindurchgedrungenen Blutgefäße (Abb. **A 2**) statt. Eine dreidimensionale Darstellung des ganzen Schafts ist in Abb. **B** gegeben.

Am Querschnitt durch die Diaphyse sieht man den mit der Knochemanschette (Abb. **B 1**) umgebenen hyalinen Knorpel (Abb. **B 2**). Die säulenförmig angeordneten Chondrocyten (Abb. **B 3**) sind in dem senkrechten und waagerechten Schnitt ebenfalls getroffen. Das Periost (Abb. **B 4**) mit zahlreichen Blutgefäßen (Abb. **B 5**) bildet die äußere Hülle des perichondralen Knochengürtels.

Durch die Öffnung in der Knochenmanschette (Foramen nutricium, Abb. **B 6**) dringen Blutgefäße (Abb. **B 7**) und viele Mesenchymzellen (Abb. **B 8**) in den Diaphysenhohlraum ein (Abb. **B 9**). Die Mesenchymzellen werden sich bald in Osteoblasten differenzieren und allmählich in Gestalt einer epitheloiden Schicht die ganze primäre Markhöhle teppichartig auskleiden.

Wegen der vielen zugrundegegangenen Chondrocyten (Abb. **B 10**) und ihrer durch die Aktivität der Chondroclasten (Abb. **B 12**) zerstörten Lakunen (Abb. **B 11**) erscheinen die Grenzen der primären Markhöhlen sehr unregelmäßig.

Vergrößerungen: Abb. **A** 65fach;
Abb. **B** 250fach

Literatur

Herring GM (1970) A review of recent advances in the chemistry of calcifying cartilage and bone matrix. Calcif Tissue Res 4 (Suppl 17)

Hohling HJ, Kreilos R, Neubauer G, Boyde A (1971) Electron microscopy and electron microscopial measurements of collagen mineralization in hard tissue. Z Zellforsch 122:36–52

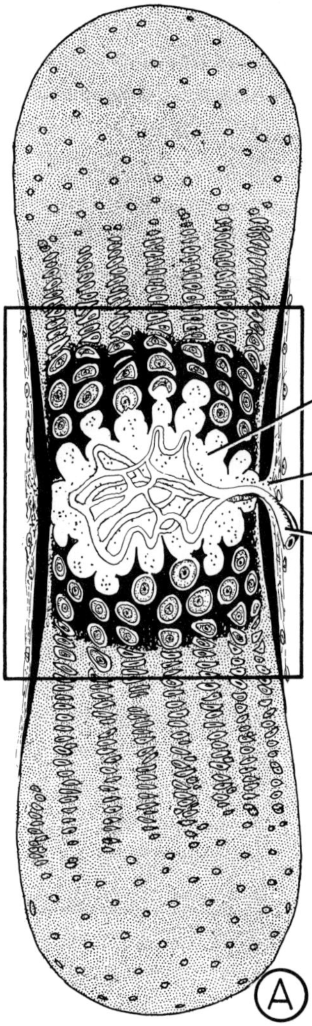
1
3
2
A

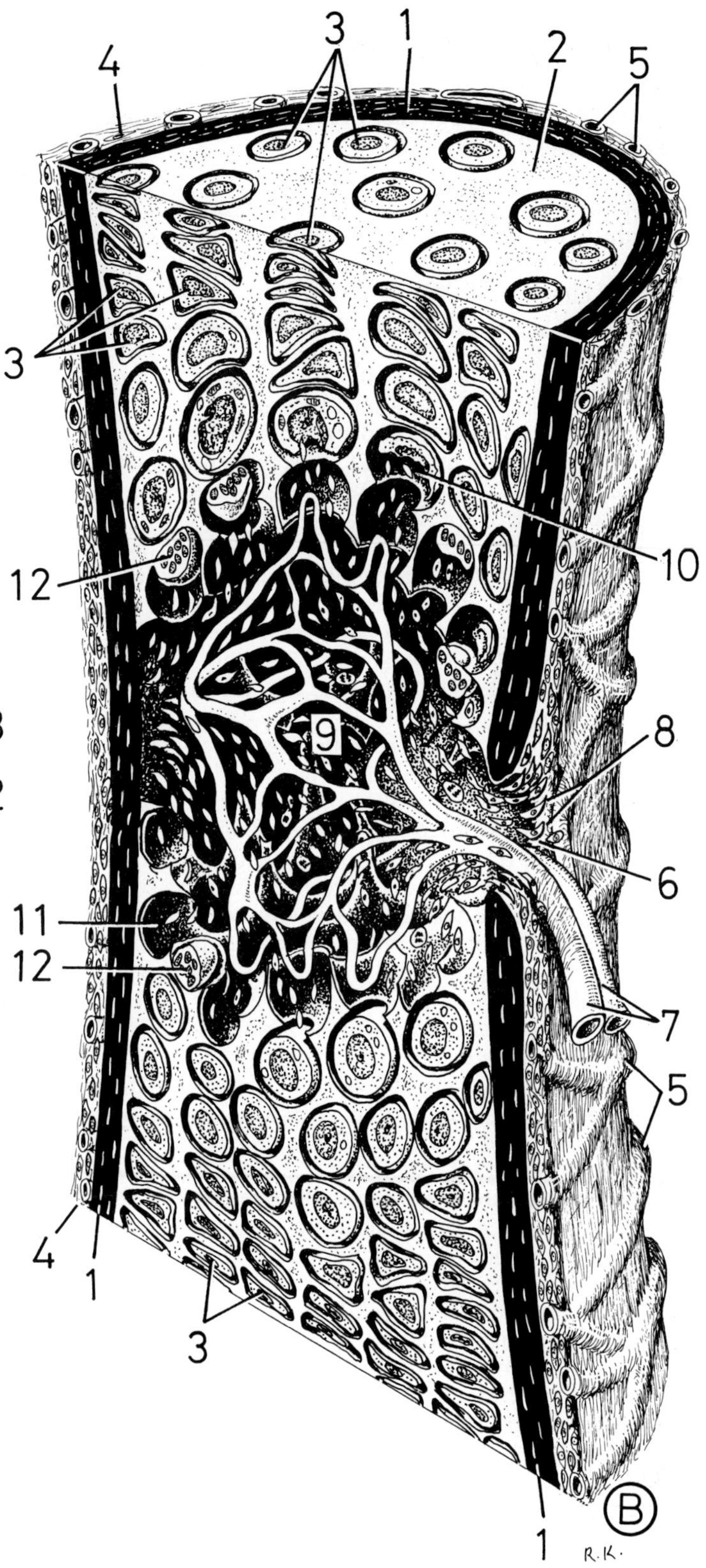
3
1
4
2
5
3
12
10
9
8
6
11
12
7
5
4
1
3
1
B
R.K.

Tafel 99. Knochengewebe. Indirekte oder chondrale Ossifikation. Fortsetzung der Tafel 98

In einem etwas weiter fortgeschrittenen Stadium der chondralen Knochenbildung (beim Menschen etwa um den 4.–5. Fetalmonat) hat man folgende Situation:
Das Skeletstück (Abb. **A**) ist infolge des Knorpelwachstums inzwischen länger geworden, und die Calcifikationsgrenze (Abb. **A 1**) verläuft annähernd geradlinig. Von dem Epiphysenknorpel bis zum Markraum kann man jetzt verschiedene Zonen unterscheiden. Die durch das Rechteck begrenzte Scheibe ist in Abb. **B** nachvergrößert.
Von oben nach unten erkennt man:
I. Die Zone des von der Knochenbildung noch nicht beeinflußten Hyalinknorpels (sog. Reservezone). Dessen Struktur entspricht der in den Tafeln 84 u. 88 bereits beschriebenen.
II. Die Zone der Knorpelzellsäulen oder Säulenknorpel (Proliferations- oder Wachstumszone). Wie schon gesagt, haben die knorpeligen Epiphysen keine Möglichkeit, sich seitlich auszudehnen. Deshalb müssen sich die von einer Mutterzelle ausgehenden Chondrocyten säulenartig aufstapeln. Auf diese Weise entstehen durch lebhafte Mitosen (Abb. **B 1**) zahlreiche, der Achse des zukünftigen Rohrknochens parallele isogene Knorpelzellgruppen (isogene axiale Gruppen).
III. Die Zone des großblasigen Knorpels (Blasenknorpels) und der Verkalkung. Hier werden die Knorpelzellen hypertropisch, reich an Zellorganellen, alkalischer Phosphatase und Glykogen. Infolge der fortgeschrittenen Mineralisation degenerieren sie und/oder werden von den Chondroclasten aufgelöst.
IV. Die Zone des Knorpelabbaus (Erosions-, Resorptions- oder Eröffnungszone). Das Auftreten zahlreicher Chondroclasten (Abb. **B 2**), welche die senkrecht zur Skeletstückachse liegende, dünne nichtcalcifizierte Intercellularsubstanz (Abb. **B 3**) auflösen, ist für diese Zone kennzeichnend.
V. Die Zone der endochondralen Knochenbildung oder Verknöcherungszone. Durch ihre Tätigkeit öffnen die Chondroclasten den Weg für eine Ausbreitung der Capillaren und knochenbildenden Zellen. Doch verbleiben in dieser Zone viele längsorientierte platten- oder nadelförmige Reste verkalkten Knorpels (Abb. **B 4**), die zur Anlagerung unzähliger Osteoblasten (Abb. **B 5**) dienen. Nach einem bereits beschriebenen Mechanismus (s. Tafel 94) bilden sie den Osteoidsaum (Abb. **B 6**), der nach der Mineralisation zum fertigen Faserknochen wird. So entstehen die ersten endochondralen Knochenbalken (Abb. **B 7**) mit Osteocyten (Abb. **B 8**), zwischen welchen sich die Capillarschlingen befinden (Abb. **B 9**).
Der Unterschied zwischen direkt und indirekt gebauten Faserknochen ist demnach leicht erkennbar: Der durch indirekte Knochenbildung entstandene Knochen enthält Reste von verkalktem Hyalinknorpel. Voraussetzung für diese Diagnose ist nur, daß sie vor dem nachfolgenden Knochenumbau gestellt wird.
In den Epiphysen kommt es, wie schon früher in der Diaphyse (s. Tafel 96), zu einer Chondrocytenhypertrophie mit Calcifikation der Intercellularsubstanz, wobei die Epiphysenkerne entstehen (Abb. **A 2**). Allerdings sind zur Zeit der Geburt nur zwei solche Kerne vorhanden: in der distalen Femur- und in der proximalen Tibiaepiphyse (s. Tafeln 174 u. 176 in Krstić, R. V.: Ultrastruktur der Säugetierzelle).

Vergrößerungen: Abb. **A** 65fach;
Abb. **B** 500fach

Literatur

Dixon AD, Sarnat BD (eds) (1982) Factors and mechanisms influencing bone growth. Progress in clinical biological researchs, vol 101. Liss, New York

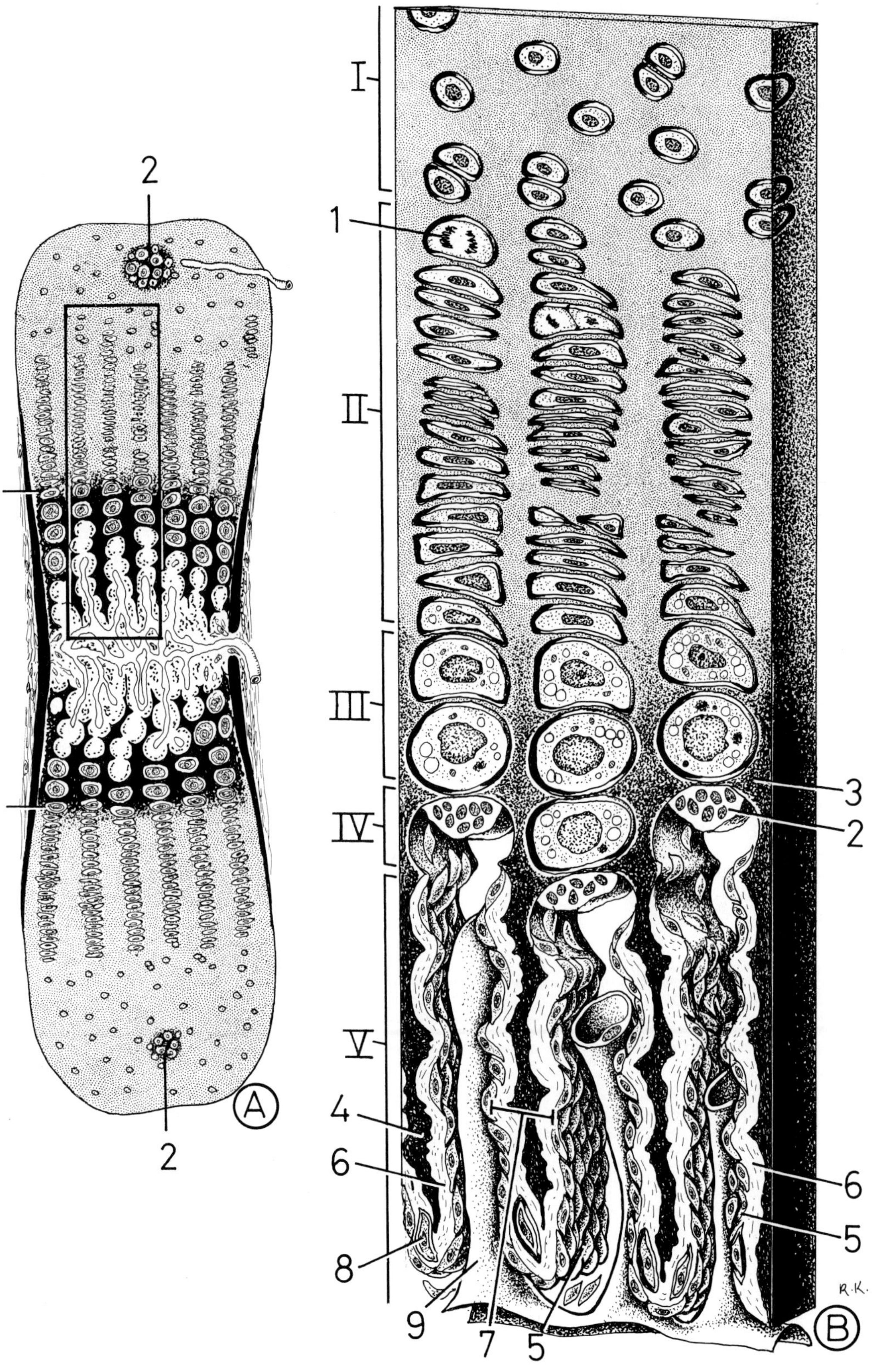
2
1
1
2
A
I
II
1
III
IV
V
3
2
4
6
8
9
7
5
6
5
R.K.
B

Tafel 100. Knochengewebe. Indirekte oder chondrale Ossifikation. Fortsetzung der Tafel 99

Die Zonen des Blasenknorpels, der Verkalkung und Erosion sowie der endochondralen Knochenbildung sind in der vorliegenden Darstellung gleichzeitig erfaßt.

Zwei sehr große, hypertrophische Knorpelzellen (**1**) liegen in geräumigen Lakunen des großblasigen Knorpels. Die Intercellularsubstanz ist dementsprechend bereits mit Hydroxylapatit angereichert und erscheint deshalb schwarz.

In der Erosionszone beginnt ein Chondroclast (**3**), eine dünne, nicht verkalkte Zwischenzellschranke (**2**) aufzulösen. Ein anderer Chondroclast (**4**) ist schon in eine Lakune eingedrungen, wo er den großblasigen Chondrocyten (**5**) bereits größtenteils zerstört hat.

Da die Chondroclasten mit der Auflösung der nicht verkalkten Lakunenwände rascher vorankommen, bleiben die seitlichen Wände als mineralisierte Knorpeltrümmer (**6**) übrig. Gerade an diesen unregelmäßigen Platten bzw. Stäbchen befestigen sich die Osteoblasten (**7**), um dort das Osteoid (**8**) abzusondern. Nach einer Mineralisation entsteht der endochondrale Knochen.

An Querschnitten sieht man in kanälchenartigen Lakunen eine Capillare (**9**) und mehrere Osteoblasten (**7**), welche die Kanälchenwände auskleiden.

Vergrößerung: 1800fach

Literatur

Malluche HH, Faugere M-C (1986) Atlas of mineralized bone histology. Karger, Basel

Rabinovitch LA, Anderson HC (1976) Biogenesis of matrix vesicles in cartilage growth plates. Fed Proc 35:112–116

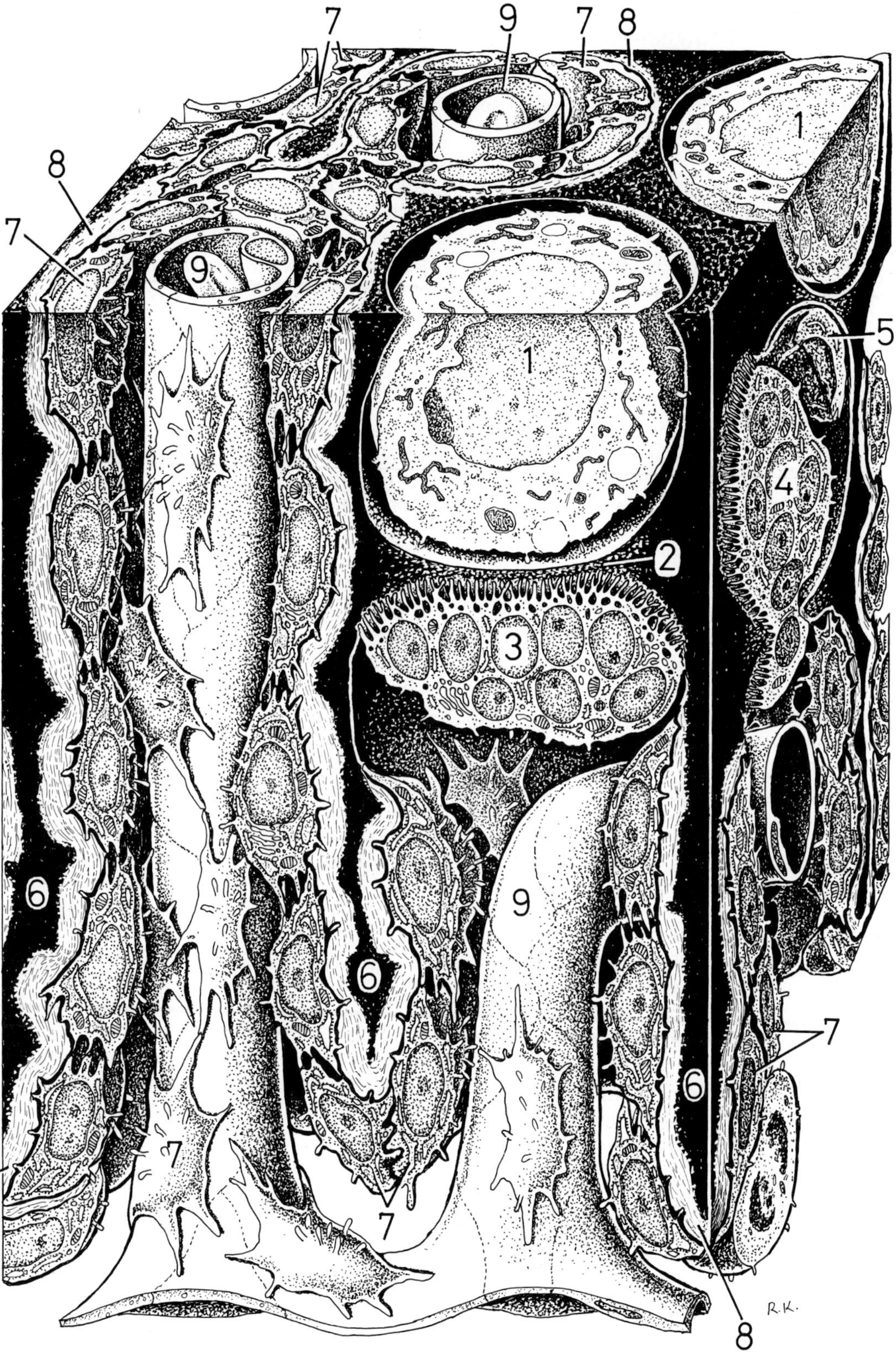

7
9
7
8
1
8
7
9
1
5
4
2
3
6
6
9
6
7
8
7
7
8
R.K.

Tafel 101. Knochengewebe. Indirekte oder chondrale Ossifikation. Epiphysenkerne. Fortsetzung der Tafel 99

Wie bereits auf Tafel 99 (Abb. **A**) angedeutet, dringen die Blutgefäßsprossen mit den Mesenchymzellen in die Epiphysen ein, wo sich anschließend je ein Ossifikationspunkt – Epiphysenkern – bildet.
Die vorliegende Tafel zeigt gleichzeitig zwei- und dreidimensional die Fortsetzung dieses Vorganges.
Während die Ossifikation der Diaphyse weiter fortschreitet und das Skeletstück länger wird, entstehen nach dem gleichen Mechanismus wie früher in der Diaphyse (s. Tafeln 96–98) die Hohlräume in den Epiphysenknorpeln (Abb. **A** u. **B 1**). Solche Epiphysenkerne sind als gelbliche Punkte mit bloßem Auge deutlich sichtbar. Genau wie in der Diaphyse, bringen die in die Verkalkungszonen einbrechenden Blutgefäße (Abb. **A** u. **B 2**) auch Mesenchymzellen (Abb. **B 3**) mit, die sich in Osteoblasten differenzieren. Einige Gefäße aus der Diaphyse (Abb. **A** u. **B 4**) treten manchmal mit den Gefäßen der Epiphysenkerne in Verbindung. Der Ossifikationspunkt besteht aus einer Zone von verkalktem Hyalinknorpel (Abb. **A** u. **B 5**), in welcher ebenfalls – wie früher in der Diaphyse – blasenartig hypertrophierte, degenerierte Knorpelzellen vorkommen (Abb. **A** u. **B 6**). Die zwischen den Chondrocyten bestehende Intercellularsubstanz wird von den Chondroclasten aufgelöst, und auf ihren Resten fixieren sich die Osteoblasten. Durch deren Aktivität und anschließende Mineralisation bildet sich ein endochondraler Knochen (Abb. **B 7**).
Verglichen mit der Diaphysenverknöcherung verläuft die Epiphysenossifikation wesentlich langsamer.
Die Ossifikation der Epiphysenkerne breitet sich natürlich zentrifugal aus, erreicht aber nie die vom Periost (Abb. **A** u. **B 9**) freie Gelenkoberfläche (Abb. **B 8**). Zwischen der diaphysären und epiphysären endochondralen Knochenbildung liegt eine röntgenologisch gut sichtbare, noch unverkalkte Hyalinknorpelzone, die Epiphysenfuge (Epiphysenscheibe, Epiphysenplatte, Wachstumsscheibe oder Cartilago epiphysialis, Abb. **B 10**). Bis etwa zur Geschlechtsreife kann die Epiphysenfuge durch interstitielles Wachstum (Teilung von Chondrocyten) die aus Diaphyse und Epiphyse fortschreitenden Ossifikationsprozesse kompensieren. Dabei wird sie durch andauernden Materialverlust immer dünner.
Zum besseren Verständnis der weiteren Einzelheiten wird der im kleinen Rechteck der Abb. **B** umrahmte Ausschnitt in Tafel 102 abgebildet.

Vergrößerungen: Abb. **A** 65fach; Abb. **B** 150fach

Literatur

Ali SY (1976) Analysis of matrix vesicles and their role in the calcification of epiphyseal cartilage. Fed Proc 35:135–142

Althoff J, Quint P, Krefting ER, Hoehling HJ (1982) Morphological studies on the epiphyseal growth plate combined with biochemical and X-ray microprobe analyses. Histochemistry 74:541–552

Barckhaus RH, Hoehling HJ (1978) Electron microscopical microprobe analysis of freeze dried and unstained mineralized epiphyseal cartilage. Cell Tissue Res 186:541–549

Laczko J, Levai G, Varga S (1976) Preliminary observations of the epiphyseal plate by scanning electron microscope. Jeol News 13:20–23

Schenk RK, Wiener J, Spiro D (1968) Fine structural aspects of vascular invasion of the tibial epiphyseal plate of growing rats. Acta Anat (Basel) 69:1–17

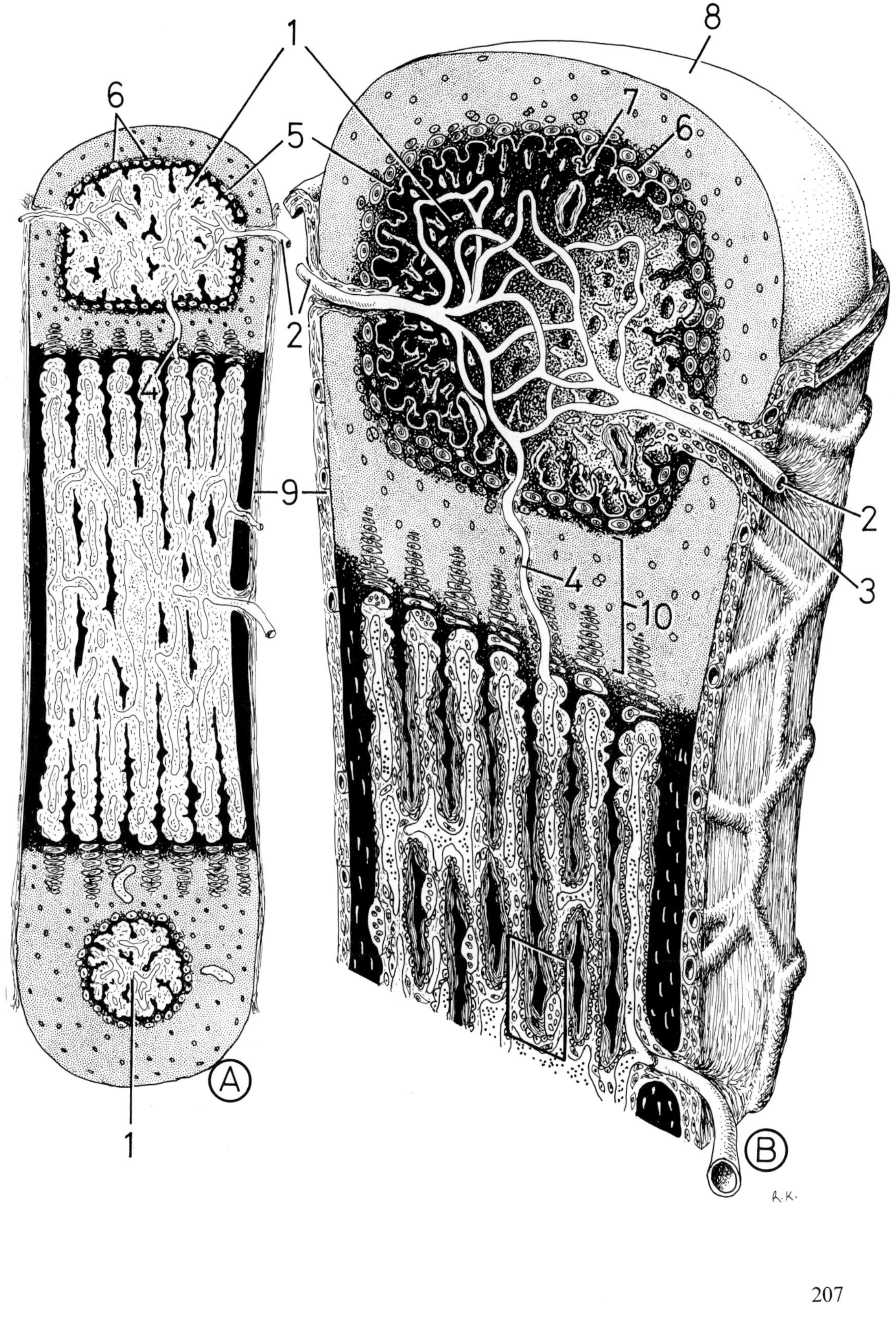

1
6
5
2
4
9
1
A
8
7
6
1
5
2
9
4
10
2
3
B
R.K.

Tafel 102. Knochengewebe. Indirekte oder chondrale Ossifikation. Enchondralknochen. Fortsetzung der Tafel 101

Inmitten eines endochondral entstandenen Knochenbälkchens (**1**) befindet sich ein Rest von mineralisiertem Hyalinknorpel (**2**), der den Osteoblasten als Leitstruktur gedient hat.

Die zuerst angekommenen knochenbildenden Zellen erkennt man in der Nähe des verkalkten Knorpels als bereits eingemauerte Osteocyten (**3**). Auf der Oberfläche des Knochenbälkchens liegt eine neue Schicht von Osteoblasten (**4**), die – wie die erste Generation – das Osteoid (**5**) absondern. Dadurch werden auch sie sich in die Knochenmasse einschließen und zu Osteocyten werden. Durch den dauernden Zustrom neuer Osteoblasten (**6**) wird der Knochenbalken dicker.

Der Knochenbildung parallel verläuft ein von Osteoclasten (**7**) besorgter Knochenabbauprozeß. Die Aufgabe dieser mehrkernigen Zellen besteht darin, den Knochen zu modellieren und ihm eine mechanisch ausgeprägtere Form zu geben.

Eine Capillare (**8**), links oben, sichert den Transport der für die Knochensynthese notwendigen Substanzen (s. Tafeln 5, 138, 139 in Krstić, R. V.: Ultrastruktur der Säugetierzelle).

Vergrößerung: 2000fach

Literatur

Urist MR (1976) Biochemistry of calcification. In: Bourne GH (ed) The biochemistry and physiology of bone, vol 4, 2nd edn. Academic, New York

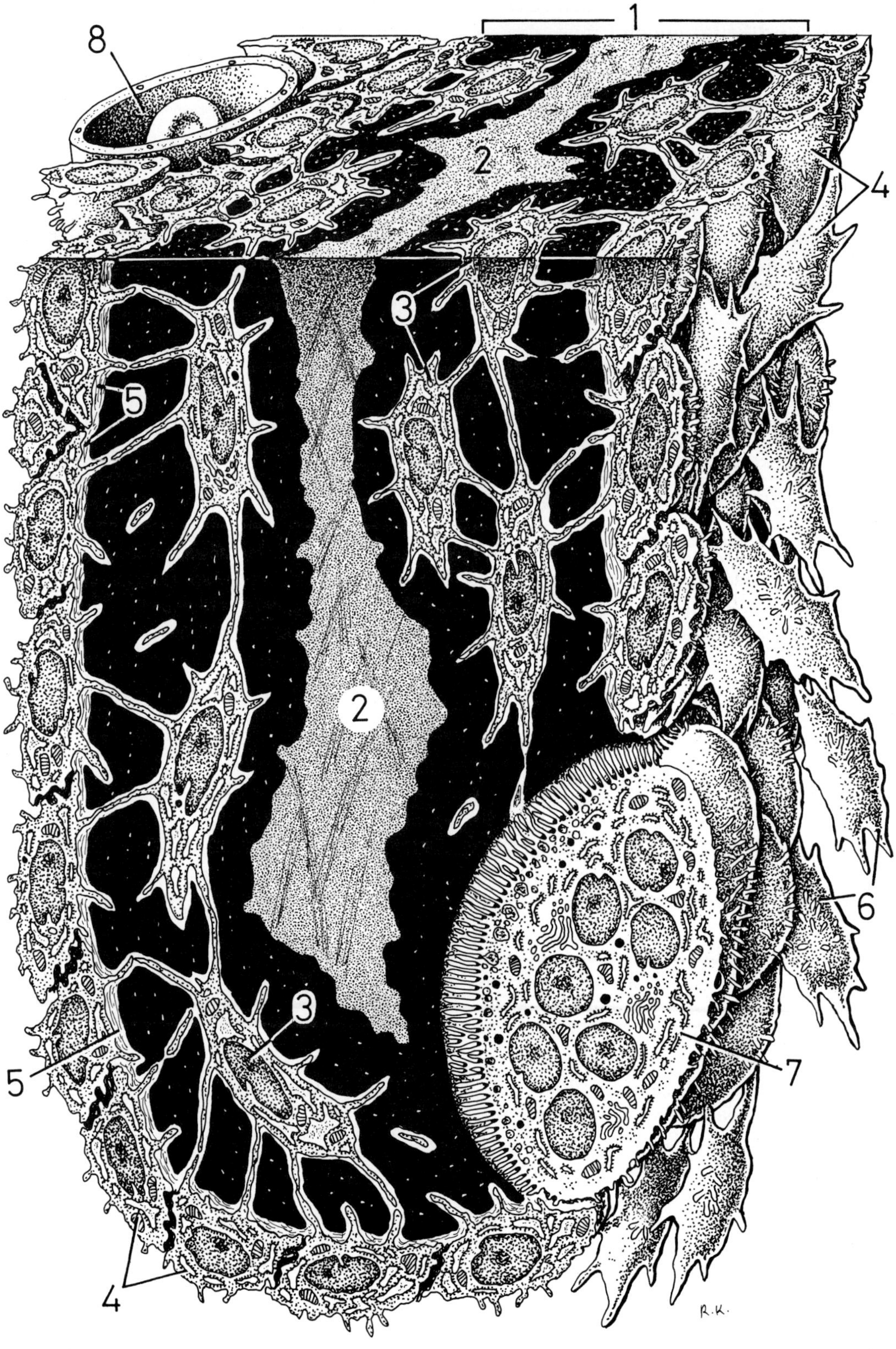

1
8
2
4
3
5
2
6
3
7
5
4
R.K.

Tafel 103. Knochengewebe. Indirekte oder chondrale Ossifikation. Ende des Längenwachstums. Gelenkknorpel

Wenn der Nachschub neuer Knorpelzellen durch interstitielles Wachstum die Zerstörungsprozesse nicht mehr ausgleichen kann, wird die Epiphysenfuge (Abb. **A 1**) durchbrochen, und die Epiphysenhöhlen fließen mit der Markhöhle der Diaphyse (Abb. **A 2**) zusammen. Es ist klar, daß sich die Röhrenknochen nur verlängern können, solange es in den Epiphysenfugen genügend teilungsfähige Chondrocyten gibt.

Mit dem Verschwinden der Epiphysenscheibe ist das Längenwachstum des Skelets beendet.

Nach abgeschlossener Ossifikation verbleibt aber immer auf beiden Enden der Röhrenknochen eine 0,2–6 mm starke hyaline Knorpelschicht, der Gelenkknorpel (Abb. **A** u. **B 3**).

Der in Abb. **A** oben durch ein Rechteck abgegrenzte Ausschnitt ist plastisch als Abb. **B** wiedergegeben.

Wie das Rasterelektronenmikroskop gezeigt hat, existiert auf der Knorpeloberfläche ein feines Basrelief (Abb. **B 4**), das den darunterliegenden, stark abgeflachten Chondrocyten (Abb. **B 5**) entspricht. Makroskopisch ist die Gelenkfläche glatt und glänzend.

Von oben nach unten unterscheidet man zuerst eine Zone unverkalkten Knorpels (Abb. **B 6**). Die in der Nähe der Oberfläche liegenden Kollagenfibrillen (Abb. **B 7**) verlaufen, wie man polarisationsoptisch festgestellt hat, zuerst der Gleitfläche parallel (sog. Tangentialfaserschicht). Dann ziehen sie bogenförmig in die Tiefe, wo sie einen gewellt verlaufenden, gut verkalkten Grenzstreifen (Abb. **B 8**) durchbrechen und in den darunterliegenden, ebenfalls verkalkten Knorpel (Abb. **B 9**) einstrahlen. Die Grenze zwischen Gelenkknorpel und Knochen (Abb. **B 10**) verläuft zur besseren gegenseitigen Befestigung dieser beiden Gewebe unregelmäßig. Dadurch wird auch ein Abgleiten des Gelenkknorpels verhindert. Die kollagenen Fibrillen des Gelenkknorpels dringen natürlich nicht in den Knochen ein, denn dieser hat im Laufe der endochondralen Ossifikation sein eigenes Fasersystem entwickelt.

Die im Körper stark beanspruchten Gelenkknorpel enthalten mehr Chondroitinsulfate als andere, nicht druckbelastete Hyalinknorpel. Der funktionsabhängige Verlauf der kollagenen Fibrillen und die Chondrone verleihen dem Gelenkknorpel eine gewisse Elastizität.

Zur Erklärung des Dickenwachstums der Knochen wird ein mit Pfeil gekennzeichneter Ausschnitt der Abb. **A** in der nächsten Tafel räumlich dargestellt.

Vergrößerungen: Abb. **A** 65fach;
Abb. **B** 500fach

Literatur

Broom ND, Marra DL (1986) Ultrastructural evidence for fibril-to-fibril associations in articular cartilage and their functional implication. J Anat 146:185–200

Ghadially FN, Moshurchak EM, Thomas I (1977) Humps on young human and rabbit articular cartilage. J Anat 124:425–435

Hough AJ, Banfield WG, Mottram FC, Sokoloff L (1974) The osteochondral junction of mammalian joints, an ultrastructural and microanalytic study. Lab Invest 31:685–695

Minns RJ, Steven FS (1977) The collagen fibril organisation in human articular cartilage. J Anat 123:437–457

Ratcliffe A, Fryer PR, Hardingham TE (1984) The distribution of aggregating proteoglycans in articula cartilage: Comparisons of quantitative immunoelectron microscopy with radioimmunoassay and biochemical analysis. J Histochem Cytochem 32:193–201

Schenk RK, Eggli PS, Hunziker EB (1986) Articular cartilage morphology. In: Kuettner KE, Schleyerbach R, Hascall VC (eds) Articular cartilage biochemistry. Raven, New York

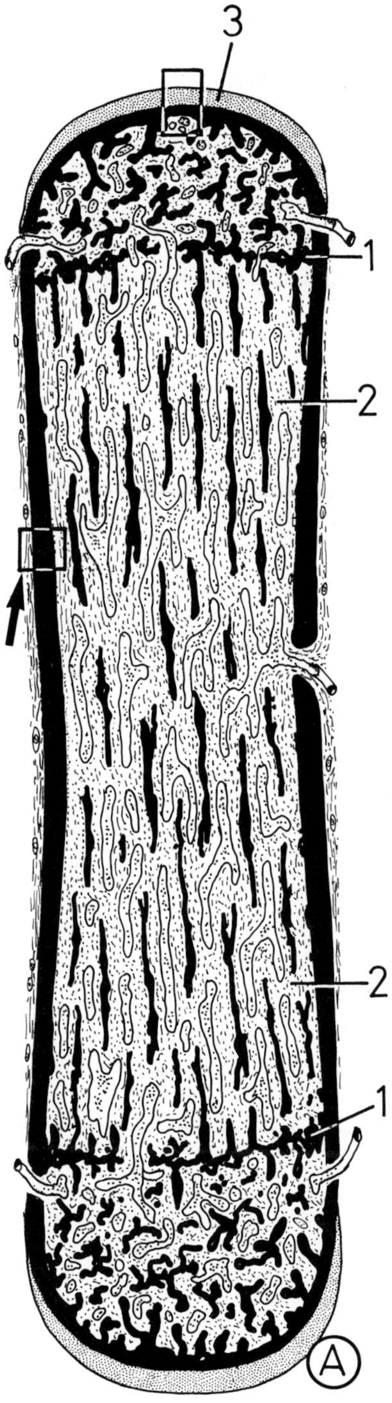
3
1
2
2
1
A

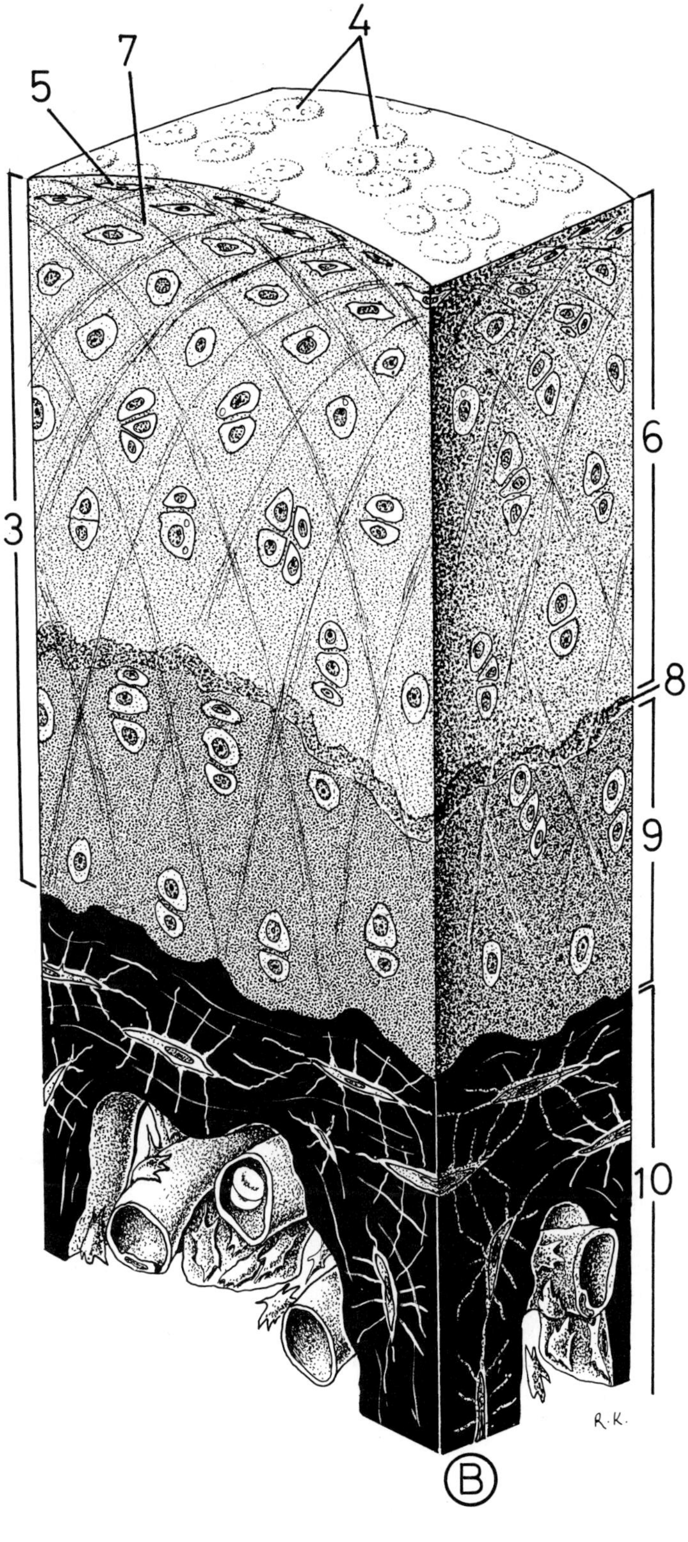
4
7
5
3
6
8
9
10
R.K.
B

Tafel 104. Knochengewebe. Dickenwachstum. Fortsetzung der Tafel 103

Die Vergrößerung des Knochendurchmessers erfolgt durch subperiostale appositionelle Anlagerung neuer, direkt entstandener Knochenschichten bei gleichzeitigem Knochenabbau an der Innenseite. Übersichtlichkeitshalber wurde der Ausschnitt aus Tafel 103 (Abb. **A**) so gezeichnet, wie man ihn von der Markhöhle aus sieht.

Zwei Osteoclasten (**1**) und vereinzelte Osteoblasten (**2**) liegen auf der inneren Fläche des perichondralen Knochens. Auch einige Reticulumfasern (**4**) und eine Capillare (**5**) sind in dieser Gegend zu finden. Auf die Darstellung anderer Zellen wurde verzichtet.

Im Knochen der Knochenmanschette (**3**) befinden sich mehrere Osteocyten (**6**), die mittels ihrer Fortsätze einen Zellverband bilden.

Auf der Außenseite lagern sich an die Knochenwand mehrere aus dem Cambium des Periost stammende, junge Zellen (**7**) an, die sich dort in Osteoblasten (**8**) umwandeln. Sie bilden das Osteoid (**9**) bzw. neue Knochenschichten, und zwar nach dem gleichen Mechanismus wie die bereits in den Tafeln 91–94 beschriebene direkte Ossifikation.

Da sich die meisten knochenbildenden Zellen auf der Seite des Periosts befinden, wird dort immer mehr neues Knochenmaterial abgelagert. Damit die perichondrale Manschette nicht fortwährend dicker wird, lösen die Osteoclasten (**1**) von innen her Knochen auf und vergrößern dadurch die Markhöhle. Wie aus der vorliegenden Beschreibung hervorgeht, verläuft die Durchmesservergrößerung des Röhrenknochens nach dem gleichen Prinzip, nach dem sich das Schädelvolumen vergrößert (vgl. dazu Tafeln 92 u. 93).

Vergrößerung: 1800fach

Literatur

Kallio DM, Garant PR, Minkin C (1972) Ultrastructural effects of calcitonin on osteoclasts in tissue culture. J Ultrastruct Res 39:205–216

Vaes G (1968) On the mechanism of bone resorption. The action of parathyroid hormone on the excretion and synthesis of lysosomal enzymes and on the extracellular release of acid by bone cells. J Cell Biol 39:676–697

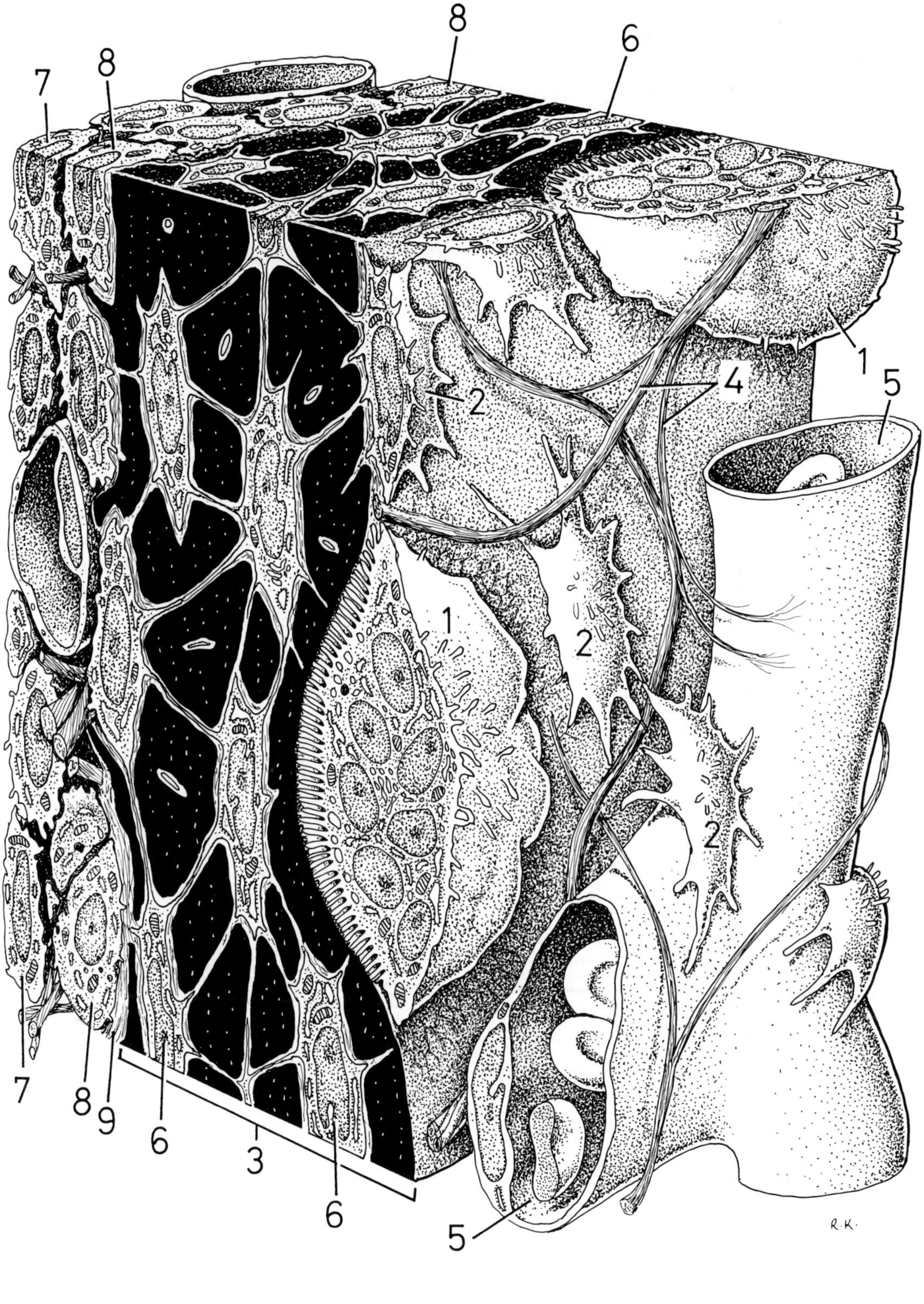
8
6
7
8
1
5
4
2
5
1
2
2
7
8
9
6
3
6
5
R.K.

Tafel 105. Knochengewebe. Sekundäre Ossifikation und Knochenumbau

Die Kollagenfaserbündel in der Knochengrundsubstanz haben während und nach der desmalen und chondralen Ossifikation noch keinen funktionsabhängigen Verlauf. Dieser sog. Faser- oder Geflechtknochen entspricht nicht den höheren mechanischen Beanspruchungen, welchen der Organismus nach der Geburt ausgesetzt ist. Er wird deshalb während der sekundären Ossifikation durch einen statisch und dynamisch hoch differenzierten Lamellenknochen ersetzt.

Die folgenden drei lichtmikroskopischen Querschnitte veranschaulichen diesen Prozeß.

Gleichzeitig mit dem Auftreten des frischgebauten Faserknochens (**1**) erscheinen in der Nähe der Capillaren (**2**) die Osteoclasten (**3**), die in ihrem Umkreis größere bindegewebshaltige Resorptionshöhlen (**4**) bilden. Außer Elementen des primären Knochenmarks befinden sich in den perivasculären Havers-Räumen (**5**) auch Osteoblasten (**6**).

Die knochenbildenden Zellen sammeln sich an der Peripherie der Resorptionshöhlen und lagern dort die ersten Knochenlamellen (**7**) ab. Mit der Zeit verengen die konzentrischen Knochenlamellen die perivasculären Räume, was die Erscheinung einer charakteristischen konzentrischen Struktur – Osteon (**8**) mit Havers-Kanal (**9**) – zur Folge hat. Wie aus der oberen Abbildung ersichtlich ist, verlaufen mehrere Auf- und Abbauprozesse gleichzeitig. Es kommt sogar zur Erosion von bereits gebildeten Osteonen. Auf der mittleren Zeichnung erkennt man schon eine neue Generation von Osteonen (**10**), die ihre Vorgänger teilweise resorbiert haben. Inzwischen bilden sich im Faserknochen (**1**) wieder neue perivasculäre Resorptionshöhlen (**4**) mit Osteoclasten (**3**).

Die untere Zeichnung entspricht dem Aussehen eines aus zahlreichen Osteonengenerationen gebauten Knochens. Die primären konzentrischen Lamellensysteme sind als solche nicht mehr zu erkennen. Sie sind fast völlig durch neue Osteonengenerationen (**10**) ersetzt. Immerhin bleiben einige ihrer Teile als sog. Schaltlamellen (**11**) erhalten.

Sekundäre Ossifikation und Knochenumbau verlaufen kontinuierlich. Durch den lebenslang andauernden Knochenumbau, der nach dem Prinzip der sekundären Ossifikation verläuft, paßt sich der Knochen äußeren und inneren statischen und dynamischen Beanspruchungen an.

Die Ossifikation unterliegt zahlreichen hormonellen Einflüssen, die durch cAMP auf die Knochenzellen übertragen werden (Einzelheiten s. Biochemie- und Physiologielehrbücher).

Vergrößerung: 70fach

Literatur

Amprino R (1963) On the growth of cortical bone and the mechanism of osteon formation. Acta Anat (Basel) 52:177–187

Bordier PJ (1973) Aspects histologiques du remaniement osseux. Triangle 12:85–98

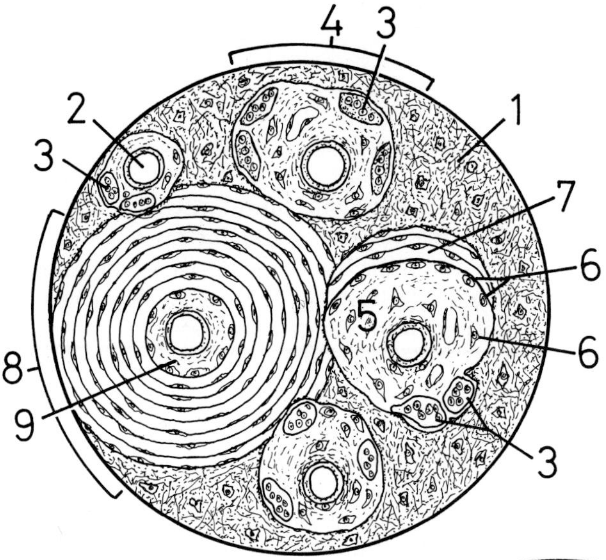

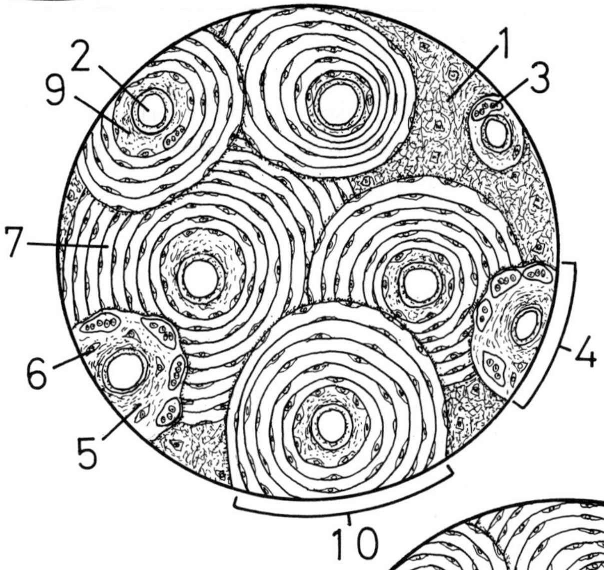

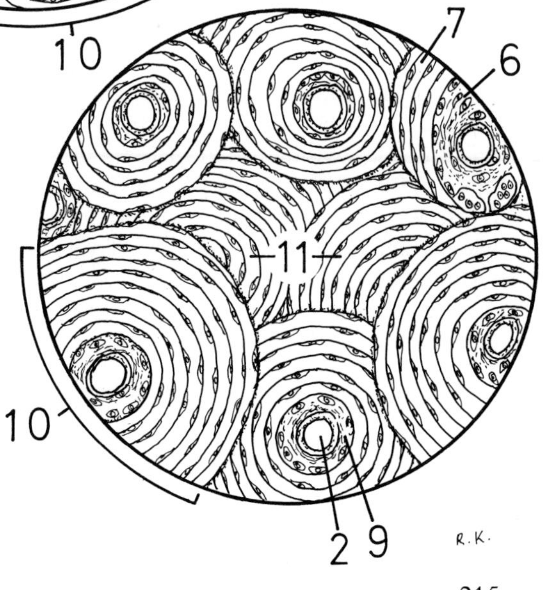

R.K.

Tafel 106. Knochengewebe. Bau

Die Struktur des lamellären Knochengewebes läßt sich am besten in den dicken Wänden (Substantia compacta) der Röhrenknochen studieren (Abb. **A 1**).
Nach einem Sägeschnitt durch einen Knochen kann man das Periost, d. h. die Knochenhaut (Abb. **A 2**), von der Knochenmasse ablösen. Durch ein Foramen nutricium (Abb. **A 3**) dringen die für die Vascularisation des blutbildenden Gewebes wichtigen Gefäße in die definitive Markhöhle (Abb. **A 4**) ein.
Die Substantia spongiosa (Abb. **A 5**) des Knochens ist in den Epiphysen wesentlich besser entwickelt als in der Diaphyse. Ihre Bälkchen sind auch aus Lamellenknochen gebildet und haben einen den statischen und dynamischen Beanspruchungen angepaßten Verlauf.
Der kleine Ausschnitt aus der Substantia compacta ist in Abb. **B** und Tafel 108 dargestellt.
Auf einem Querschnitt des Knochens sieht man zuerst das gefäß- und kollagenfaserreiche Periost (Abb. **B–D 1**). Darunter liegt ein der Oberfläche paralleles Knochenlamellensystem, die äußeren General- oder Grundlamellen (Abb. **B–D 2**). Die konzentrischen Havers-Lamellensysteme, Osteonen oder Speziallamellen (Abb. **B** u. **C 3**), sind für die mittlere Schicht der kompakten Knochensubstanz bezeichnend. Die Lücken zwischen den Osteonen sind mit den interstitiellen oder Schaltlamellen (Abb. **B** u. **C 4**) ausgefüllt. Es handelt sich, wie bereits angedeutet, um Reste früherer Osteonengenerationen. Schließlich endet die Knochenwand gegen die Markhöhle (Abb. **B 5**) mit einem System innerer General- oder Grundlamellen (Abb. **B 6**). In Abb. **C**, die dem umrahmten Detail in Abb. **B** entspricht, erkennt man deutlich die durch die quergerichteten Volkmann-Kanäle (Abb. **C** u. **D 7**) in die Knochenmasse eindringenden Blutgefäße.
Die längsgerichteten Havers-Kanäle (Abb. **C** u. **D 8**) erscheinen als kleine, mit konzentrischen Lamellen umgebene Öffnungen. Einen Havers-Kanal mitsamt dem ihn umgebenden System von Havers-Lamellen nennt man Osteon (Abb. **C 3**). Man beachte, daß die Volkmann-Kanäle (Abb. **C** u. **D 7**) keine konzentrischen Lamellen besitzen. Schon in relativ kleiner Vergrößerung kann man nach geeigneter Schnittfärbung zwischen den Lamellen spinnenähnliche Zellen, die Osteocyten (Abb. **C** u. **D 9**), erkennen.
Auf einem Längsschnitt durch die Substantia compacta (Abb. **D**) treten das Periost (Abb. **D 1**) und das Gefäßsystem des Knochens gut in Erscheinung. Die quergerichteten „perforierenden" Volkmann-Kanäle (Abb. **D 7**) verbinden die längsgerichteten Havers-Kanäle (Abb. **D 8**) miteinander und mit den Blutgefäßen des Periosts (Abb. **D 1**). Auf diese Weise wird die Substantia compacta des Knochens mit Blut versorgt.

Vergrößerungen: Abb. **B** 30fach;
Abb. **C** u. **D** 100fach

Literatur

Sato S, Rahemtulla F, Prince CW, Tomana M, Butler WT (1985) Proteoglycans of adult bovine compact bone. Conn Tiss Res 14:65–77

Singh I (1978) The architecture of cancellous bone. J Anat 127:305–310

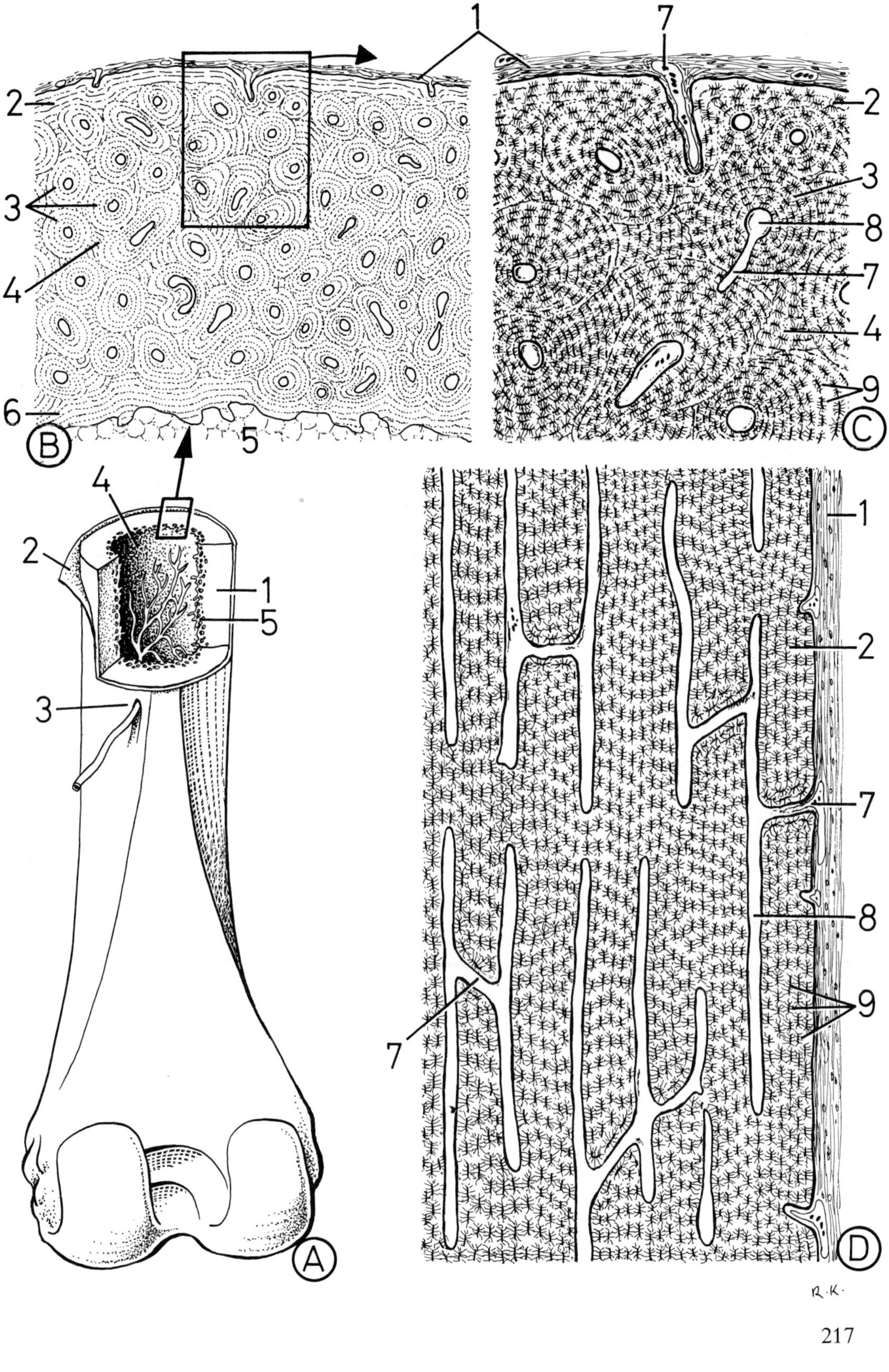

1
7
2
3
4
6
5
8
9
B
C
A
D
R.K.

Tafel 107. Knochengewebe. Osteonen oder Havers-Lamellensysteme

Ein Osteon (Abb. **A**) ist eine aus mehreren ineinander geschachtelten knöchernen Hohlzylindern gebaute, im Querschnitt runde, 0,5–2 cm lange Struktur mit einem zentralen Havers-Blutgefäß (Abb. **A 1**). Das Gefäß wird von etwa 6–15 5–10 µm dicken Knochenlamellen mit schraubenartig angeordneten Kollagenfaserbündeln umgeben. Die Verlaufsrichtung der Fasern wechselt von Lamelle zu Lamelle. Bei stärkerer lichtmikroskopischer Vergrößerung sieht man je nach Richtung der Fasern punktierte (Abb. **A 2**) und gestreifte (Abb. **A 3**) Lamellen.

In oder zwischen den Lamellen befinden sich mandelförmige Knochenzellen, die Osteocyten (Abb. **A 4**). Eine beträchtliche Anzahl langer und nur 1 µm dicker Ausläufer gibt diesen Zellen ihr charakteristisches Aussehen. Mit den Osteocyten der gleichen und der benachbarten Lamellen stehen sie durch diese in winzigen Knochenkanälchen (Canaliculi) liegenden Zellfortsätze in Berührung.

Die Knochenzellen der innersten Lamelle kommunizieren mit den Havers-Gefäßkanälen. Diese Tatsache ist für die Ernährung der Knochenzellen von größter Bedeutung, denn wegen der verkalkten Intercellularsubstanz gibt es im Knochengewebe keine Diffusion. Deshalb spielen sich die Stoffaustauschprozesse fast ausschließlich durch Vermittlung der Gewebsflüssigkeit ab, die durch die Canaliculi von einem Osteocyten zum anderen strömt.

Die Osteonen sind gegeneinander und besonders gegen die interstitiellen Lamellen durch eine besonders deutliche Kittlinie oder Kittfläche (Abb. **A 5**) begrenzt. Nur vereinzelte Osteocytenausläufer dringen durch diese Grenzschicht hindurch und treten mit den Knochenzellen benachbarter Osteonen in Verbindung (Abb. **A 6**).

Der Verlauf der Kollagenfasern in den Osteonen kann polarisationsoptisch gut verfolgt werden.

Die wie in Abb. **A** aus punktierten und gestreiften Lamellen gebauten Osteonen erscheinen im Polarisationsmikroskop als regelmäßig abwechselnde, dunkle Ringe (Abb. **B 1**). Wenn ein Osteon polarisationsoptisch dunkel ist, enthält es meistens steile Fasersysteme (Abb. **B 2**).

Vergrößerungen: Abb. **A** 500fach; Abb. **B** 120fach

Literatur

Frasca P, Haper RA, Katz JL (1981) Scanning electron microscopy studies of collagen, mineral and ground substance in human cortical bone. Scan Electron Microsc 1981/III:339–346

Reid S (1986) A study of lamellar organisation in juvenile and adult human bone. Anat Embryol 174:329–338

Schaffler MB, Burr DB, Frederickson RG (1985) X-ray microprobe analysis of osteon cement lines. Anat Rec 211:168A–169A

Schenk RK (1974) Ultrastruktur des Knochens. Verh Dtsch Ges Pathol 58:72–83

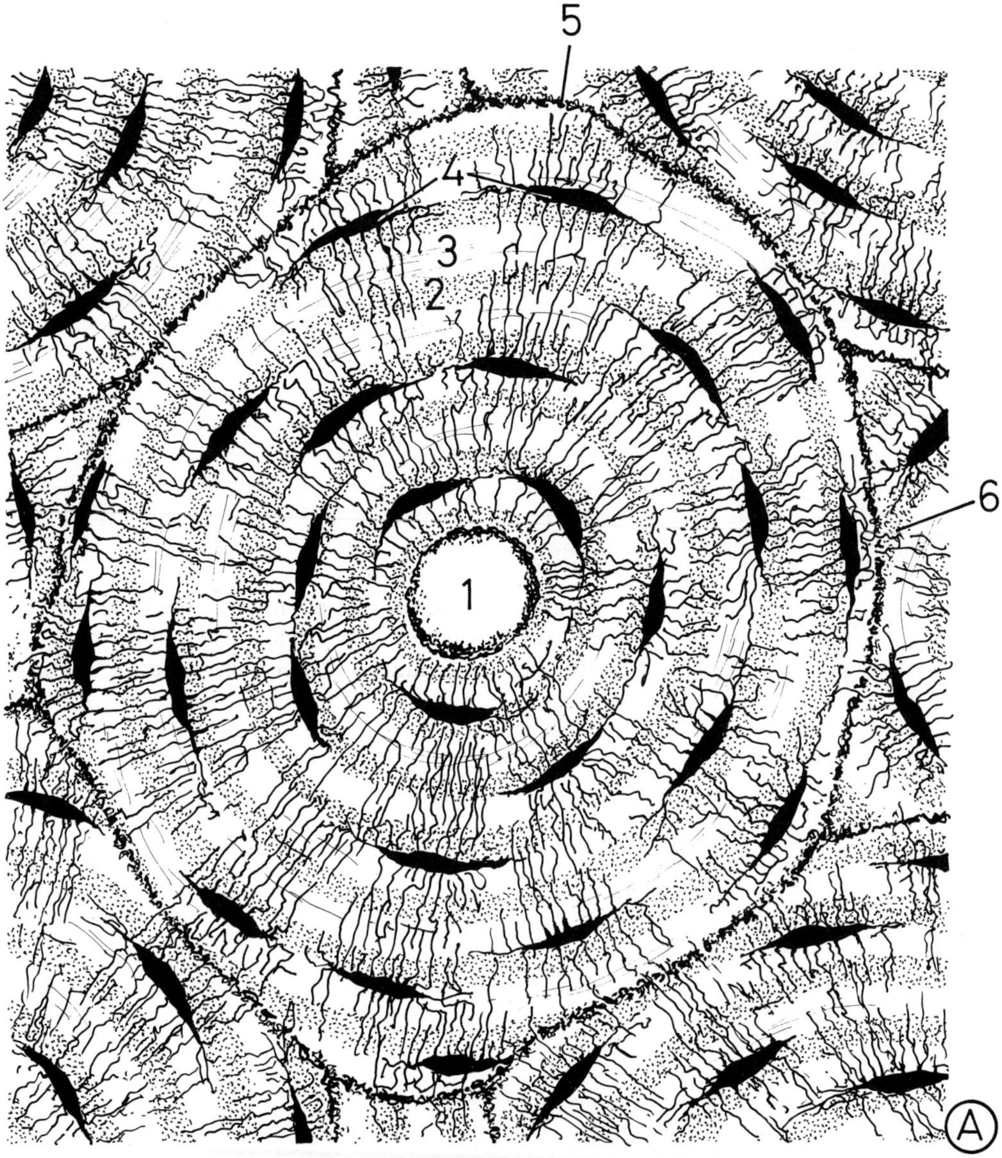

5
4
3
2
1
6
A

2
1
B
R.K.

Tafel 108. Knochengewebe. Aufbau des Lamellenknochens. Dreidimensionale Darstellung

Die Wand eines Röhrenknochens, Substantia compacta oder Corticalis (**1**), ist vom Periost oder Knochenhaut (**2**) umhüllt, dessen Gefäßnetz (**3**) dem größten Teil der Corticalis vascularisiert. Mit der Knochenmasse ist die Knochenhaut durch eine örtlich wechselnde Zahl kräftiger Kollagenfaserbündel, die Sharpey-Fasern (**4**), verbunden.

Die quergericheten Volkmann-Kanäle (**5**) mit arteriellen Abzweigungen perforieren die äußeren Grundlamellen (**6**) und münden in die Gefäße der Havers-Kanäle (**7**). Die Hauptmasse der Corticalis besteht aus dicht aneinander gelagerten Osteonen (**8**). Sie haben die Gestalt eines schmalen und bis 2 cm langen Zylinders. Während man die Osteonengrenze an Querschnitten dank der Kittlinie deutlich erkennen kann, ist sie an Längsschnitten weniger klar.

An einem der isolierten Osteonen wird die abwechselnde Richtung der Kollagenfasern der Havers-Lamellen gezeigt (**9**).

An die Markhöhle grenzen noch vereinzelte innere Grundlamellen (**10**), die sich in die Bälkchen (**11**) der Substantia spongiosa (**12**) fortsetzen. Die im Schaft vorkommenden Spongiosabälkchen enthalten ausnahmsweise Havers-Kanäle und werden durch Diffusion aus der Markhöhle ernährt.

Nur ein schmaler Gürtel der Corticalis wird aus der Markhöhle duch Volkmannsche und Haverssche Kanäle mit Blut versorgt.

Die auf das Knochenmark gerichteten Flächen der Substantia compacta und spongiosa werden von einer dünnen Bindegewebeschicht mit knochenbildenden Eigenschaften – dem Endost (**13**) – ausgekleidet.

Die Spongiosa ist in der Diaphyse eines Röhrenknochens nur unregelmäßig und schwach entwickelt. In den Epiphysen nimmt sie eine der statischen und dynamischen Knochenbelastung entsprechende Richtung ein (sog. Trajektorien).

Vergrößerung: 150fach

Literatur

Boyde A, Hobdell M (1969) Scanning electron microscopy of lamellar bone. Z Zellforsch 93:213–231

Horn V, Dvorak M (1974) Ultrastruktur der funktionellen Knochenkomponenten in der Raster- und Transmissionselektronenmikroskopie. Z Mikrosk Anat Forsch 88:836–848

Whitehouse WJ, Dyson ED (1974) Scanning electron microscope studies of trabecular bone in the proximal end of the human femur. J Anat 118:417–444

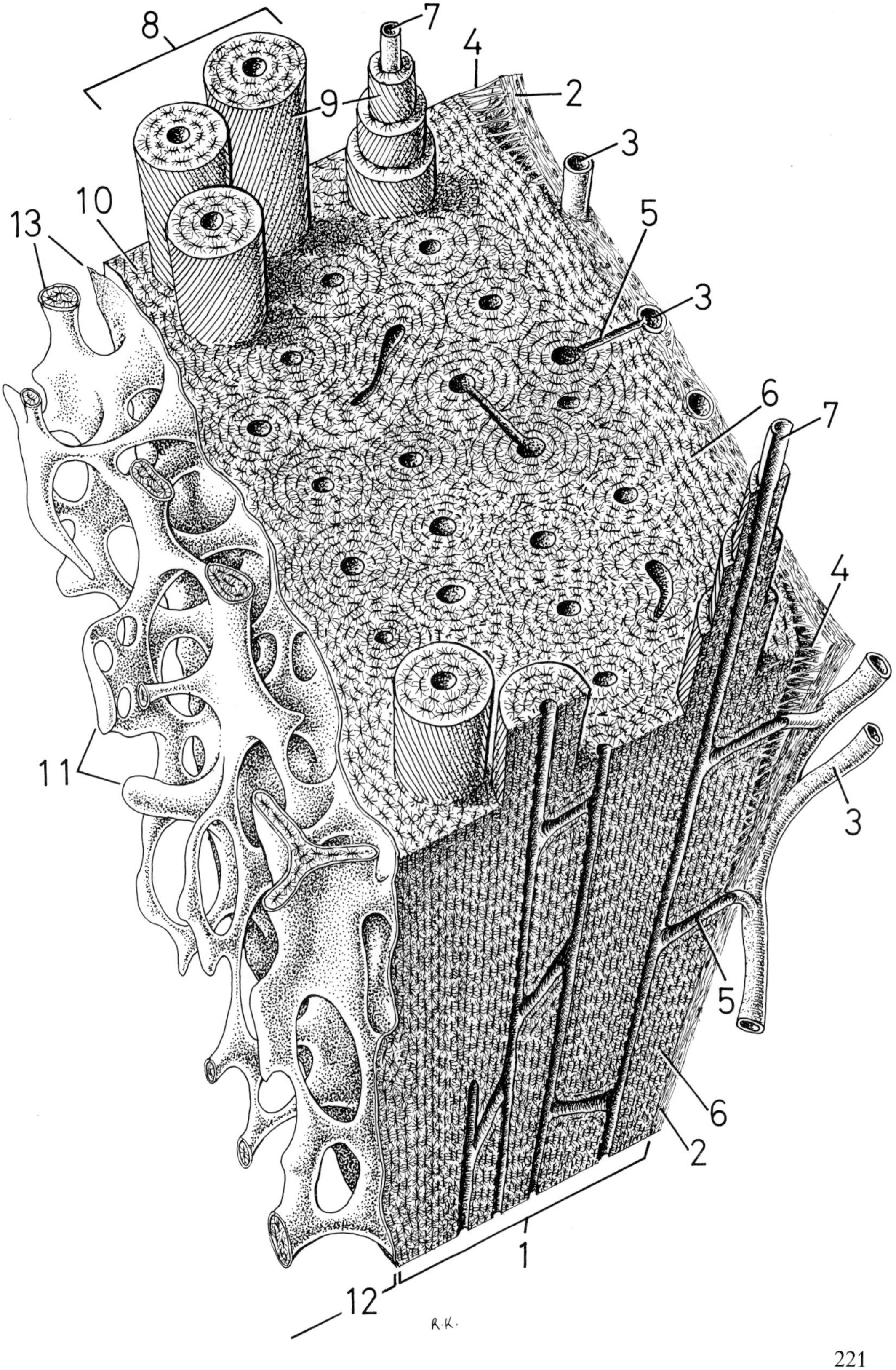
8
7
4
2
9
3
10
13
5
3
6
7
4
11
3
5
6
2
1
12
R.K.

Tafel 109. Knochengewebe. Zentralabschnitt eines Osteons

Zwei Knochenlamellen (**1, 2**) mit dazwischenliegenen Osteocyten (**3**) umgeben einen Havers-Kanal, durch welchen eine Blutcapillare (**4**) läuft. Im Perivascularraum (**5**) findet man bei jüngeren Havers-Systemen mehr, bei älteren weniger Osteoblasten (**6**, s. Tafel 100). In den Havers-Kanälen können außer Blutgefäßen auch inaktive Osteoclasten (**7**), Makrophagen (**8**), Nervenfasern (**9**) und Lymphgefäße vorkommen.

Innerhalb der Havers-Lamellen verlaufen die Fibrillenbündel nicht wie im Bindegewebe wellenartig, sondern gestreckt und drahtartig, denn sie sind bereits einem Zug ausgesetzt, d.h. „vorgespannt". Wenn es also durch Druckbelastung des Knochens zu einer schwachen Knochenkompression kommt, verringert sich lediglich die Zugspannung der Kollagenfibrillen, aber sie werden, dank ihrer Vorspannung, nicht geknickt.

Die weitgehend parallelen Elemente einer Fibrillenbündelschicht bilden unterschiedlich steile Schraubenwicklungen, die sich in zwei aneinander liegenden Havers-Lamellen mehr oder weniger rechtwinklig kreuzen. Daraus resultieren höhere Festigkeit und Plastizität der Knochen.

Zwischen benachbarten Lamellen kommt es zu einem komplizierten Fibrillenaustausch, auf den hier nicht eingegangen wird.

Die Anwesenheit der Osteoblasten und Osteoclasten in den perivasculären Bindegewebsräumen ist von großer Wichtigkeit für die Knochenregeneration (s. Tafel 112).

Vergrößerung: 1800fach

Literatur

Hayek E (1967) Die Mineralsubstanz der Knochen. Klin Wochenschr 45:857–863

Hoehling HJ, Steffens H, Ashton BA, Nicholson WAP (1974) Molekularbiologie der Hartgewebebildung. Verh Dtsch Ges Pathol 58:54–71

Jande SS, Bélanger LF (1971) Electron microscopy of osteocytes and the pericellular matrix in rat trabecular bone. Calcif Tissue Res 6:280–289

Talmage RV (1970) Morphological and physiological considerations in a new concept of calcium transport in bone. Am J Anat 129:467–476

Thurston TJ (1982) Distribution of nerves in long bones as shown by silver impregnation. J Anat 134:719–728

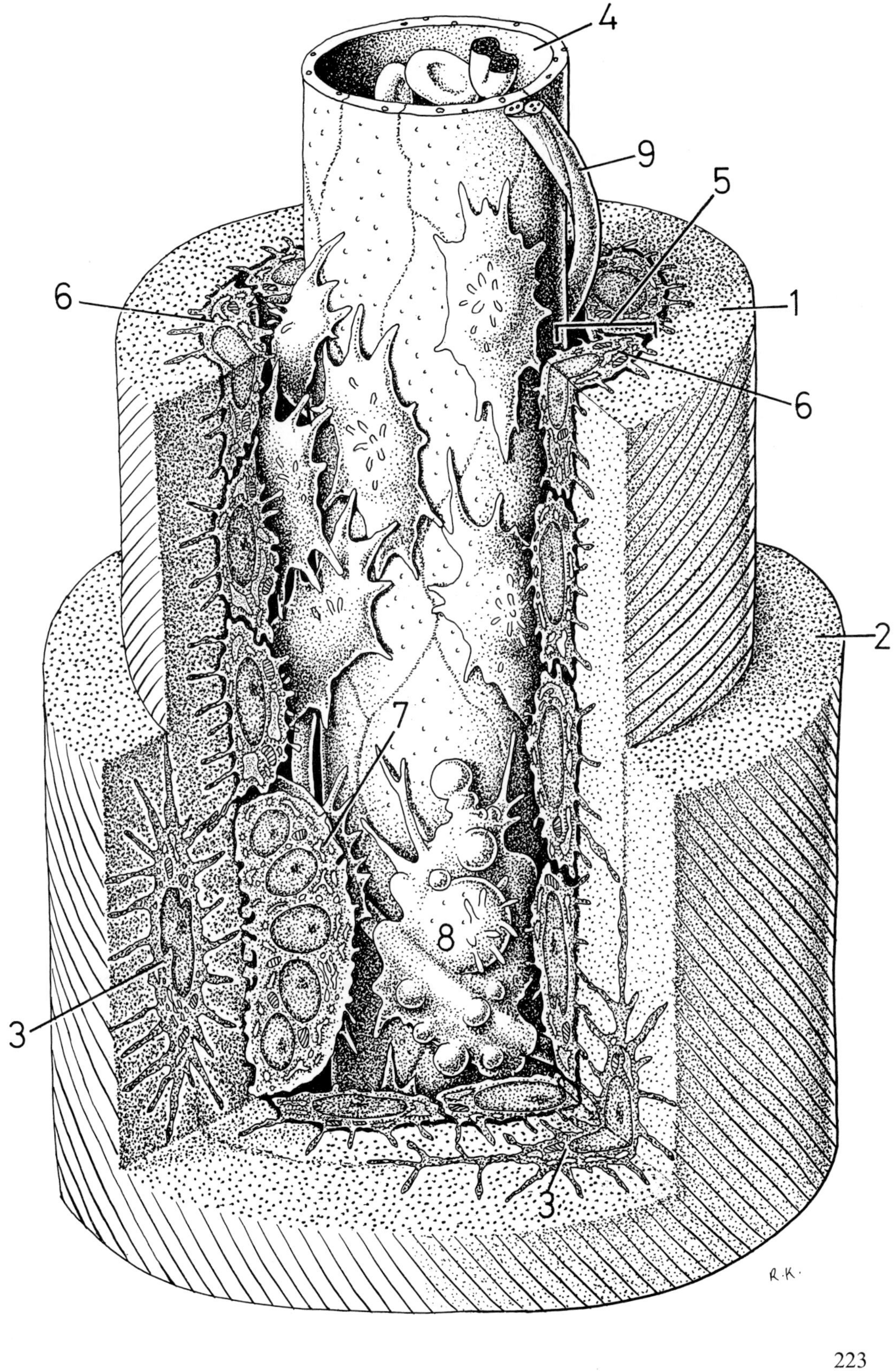

4
9
5
6
1
6
2
7
8
3
3
R.K.

Tafel 110. Knochengewebe. Osteocyten

Die den Mandeln ähnlichen Osteocyten (**1**) sind im Querschnitt spindelförmig (s. Tafel 107). In mit den Havers-Kanälen parallel verlaufenden Schnitten erscheinen sie rund oder elliptisch. Im Zellkörper liegt ein Kern mit einem gut entwickelten Nucleolus. Außerdem enthält das Cytoplasma Mitochondrien, einige Doppellamellen des granulären endoplasmatischen Reticulums und einen Golgi-Apparat. Die zahlenmäßige Vergrößerung und Ausbreitung aller Zellkomponenten kann in bezug auf die histophysiologische Tätigkeit der Osteocyten (Kollagensynthese!) erheblich schwanken. Junge und aktive Knochenzellen haben natürlich besser entwickelte Zellorganellen.

Die teilungsunfähigen Osteocyten befinden sich meistens zwischen und nur selten in den Havers-Lamellen (**2**). Sie liegen in Lakunen der verkalkten Knochenmatrix (**3**), die hier punktiert bzw. gestreift gezeichnet ist, und sind von einer nur 1–2 µm breiten Zone nichtmineralisierter kollagener Mikrofibrillen (**4**) umgeben.

Charakteristisch für die Osteocyten sind ihre zahlreichen dünnen und sehr langen Cytoplasmafortsätze (**5**), die durch die engen Canaliculi (**6**) in den Havers-Lamellen ziehen und mit den Fortsätzen anderer Osteocyten in Verbindung treten. Ein nur etwa 0,1 µm breiter Raum trennt die Ausläufer von der verkalkten Knochenmasse. Aus den perivasculären Räumen der Havers-Kanäle dringt die Gewebsflüssigkeit in die Canaliculi und bringt den Knochenzellen die notwendigen Nährstoffe.

In dieser Tafel sind auch die sich kreuzenden Richtungen der kollagenen Fibrillenbündel (**7**) in den Havers-Lamellen zu sehen (s. Tafel 139 in Krstić, R. V.: Ultrastruktur der Säugetierzelle).

Vergrößerung: 15 000fach

Literatur

Akisaka T, Subita GP, Shigenaga Y (1987) Ultrastructural observations on chick bone processed by quick-freezing and freeze-substitution. Cell Tissue Res 247:469–475

Baud CG (1968) Submicroscopic structure and functional aspects of the osteocyte. J Clin Orthop 56:227–236

Ejiri S, Ozawa H (1982) Scanning electron microscopic observations of rat tibia using the HCl-collagenase method. Arch Histol Jpn 45:399–404

Jande SS (1971) Fine structural study of osteocytes and their surrounding bone matrix with respect to their age in young chicks. J Ultrastruct Res 37:279–300

Schulz A, Delling G (1976) Die Wirkung einer Calcitonin-Langzeittherapie auf Knochenzellen und Knochenmineralisation bei der Ratte. Virchows Arch [Pathol] 369:229–238

Wassermann F, Yaeger JA (1965) Fine structure of the osteocyte capsule and the wall of the lacunae in bone. Z Zellforsch 67:636–652

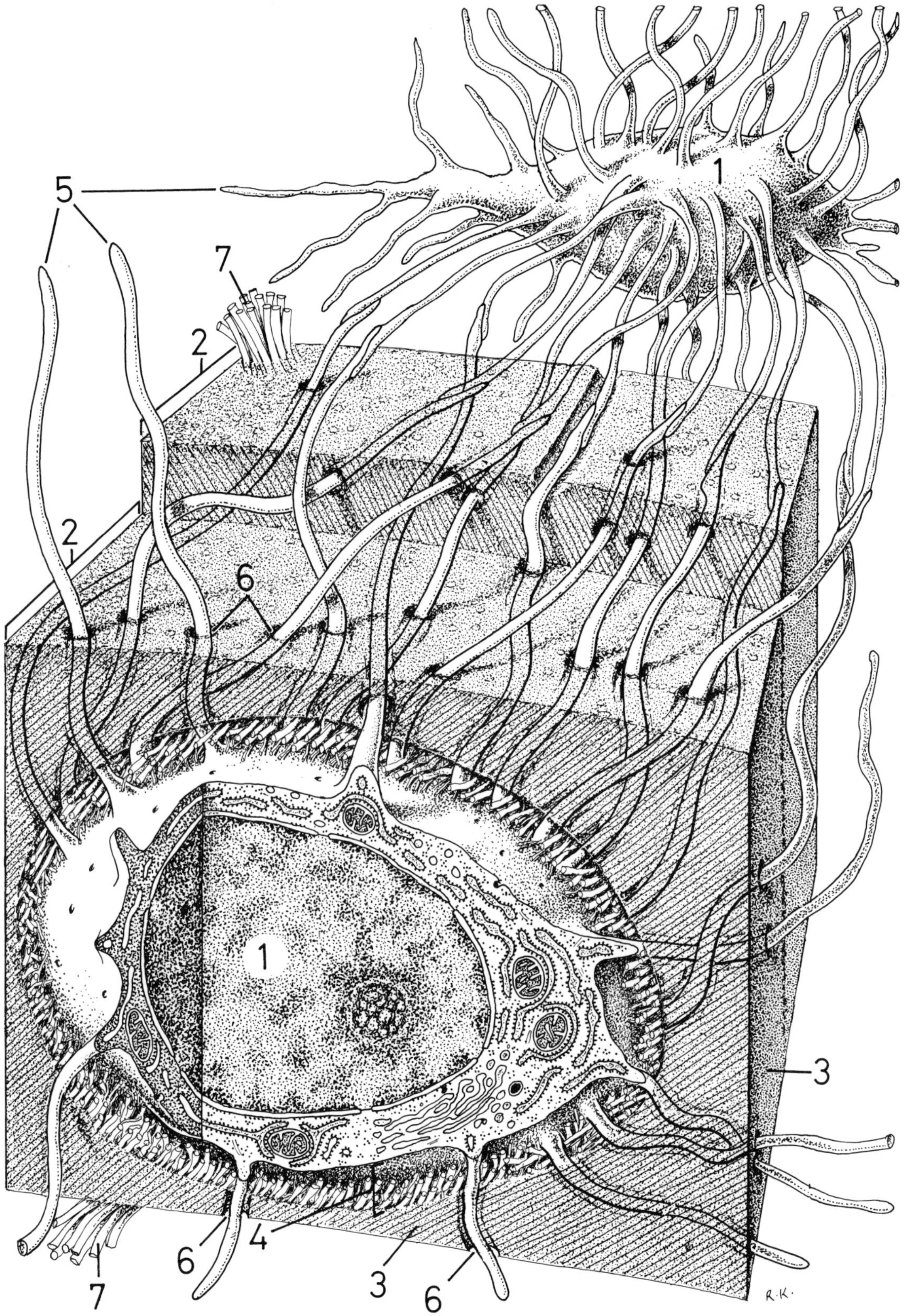
5
7
2
1
2
6
1
3
4
6
7
3
6
R.K.

Tafel 111. Knochengewebe. Osteoclast

Die Chondroclasten bzw. Osteoclasten entstehen aus Mesenchymzellen, indem sich diese zuerst in Monoblasten und Monozyten differenzieren. Diese letztgenannten verlassen die Blutzirkulation, verschmelzen und bilden die oben erwähnten Zellen.

Die Chondro- bzw. Osteoclasten sind riesige (20–100 µm), mehrkernige Zellen, deren Aufgabe die Zerstörung von Knorpel- und Knochengewebe ist. Außer mehreren Kernen (5–100) fallen im Cytoplasma zahlreiche Mitochondrien, Doppellamellen des granulären endoplasmatischen Reticulums, multiple Golgi-Apparate und viele freie Ribosomen auf. Der Zellkörper enthält ebenfalls eine Menge Lysosomen, Phagolysosomen und Restkörperchen.

Die aktiv resorbierenden Osteoclasten haben einen sehr gut entwickelten Bürstensaum aus verzweigten Cytoplasmafortsätzen (**1**). Dadurch wird ihre Berührungsfläche mit der Knochenmasse enorm vergrößert. Zwischen den Mikrovilli dieses Bürstensaumes erkennt man Hydroxylapatitkriställchen (**2**), die nach der Phagocytose in die Phagolysosomen (**3**) gelangen und dort durch Enzyme abgebaut werden.

So entstehen im Knochenmaterial halbkugelige Vertiefungen mit einem unregelmäßigen polygonalen Relief (**4**), die Howship-Lakunen. Der dem Bürstensaum gegenüberliegende Cytoplasmagürtel (**5**) ist frei von Organellen, aber trotzdem aktiv, denn dort findet die Entwicklung zahlreicher, unregelmäßiger, überwiegend mikrovillöser Ausstülpungen (**6**) und die resorptiven Vorgänge aus der Umgebung statt.

Während der Knochenresorption haften die Osteoclasten mit ihrer Peripherie (**7**) dicht am darunterliegenden Substratum. Auf diese Weise entsteht im Bereich des Bürstensaumes ein spezifisches, durch anaerobe Glycogenolyse gebildetes, milchsäurereiches Mikromilieu, das die Knochenresorption begünstigt.

Die Osteoclasten sind amöboid bewegliche Zellen. Ihre Morphologie kann je nach ihrer cytophysiologischen Aufgabe stark variieren. Außer der Gestalt eines sehr aktiven Elementes mit Bürstensaum können sie auch eine abgerundete Form mit nur leicht welligem Plasmalemm annehmen (s. Tafel 109).

Die Leistung eines aktiven Osteoclasten ist beträchtlich: Ein einziger Osteoclast kann alles abbauen, was 100 Osteoblasten synthetisiert haben.

Die Osteoclasten stehen unter direktem Einfluß des Nebenschilddrüsenhormons (Parathormon). Eine gesteigerte Ausscheidung dieses Hormons führt zu einer umfangreichen Zerstörung der Knochen (Osteoporose) (s. Tafel 5 in Krstić, R. V.: Ultrastruktur der Säugetierzelle).

Vergrößerung: 4500fach

Literatur

Addison WC (1979) Enzyme histochemical characteristics of human and kitten odontoclasts and kitten osteoclasts: a comparative study using whole cells. Histochem J 11:719–735

Athanasou NA, Gray A, Revell PA, Fuller K, Cochrane T, Chambers TJ (1984) Stereophotogrammetric observations on bone resorption by isolated osteoclasts. Micron Microsc Acta 15:47–53

Domon T, Wakita M (1987) Electron microscope study of osteoclasts with special reference to the three-dimensional structure of the ruffled border. Arch Histol Jpn 49:593–602

Hall BK (1975) The origin and fate of osteoclasts. Anat Rec 183:1–11

Jones JS, Boyde A (1977) Some morphological observations on osteoclasts. Cell Tissue Res 185:387–397

Kallio DM, Grant PR, Minkin C (1971) Evidence of coated membranes in the ruffled border of the osteoclast. J Ultrastruct Res 37:169–177

Knese KH (1972) Osteoklasten, Chondroklasten, Mineraloklasten, Kollagenoklasten. Acta Anat (Basel) 83:275–288

Stanka P, Bargsten G, Herrmann G (1981) Woher kommen die vielkernigen Osteoklasten? Verh Anat Ges 75:237–238

Takagi M, Parmley RT, Toda Y, Denys FR (1982) Extracellular and intracellular digestion of complex carbohydrates by osteoclasts. Lab Invest 46:288–297

Thesingh CW (1986) Formation sites and distribution of osteoclast progenitor cells during the ontogeny of the mouse. Dev Biol 117:127–134

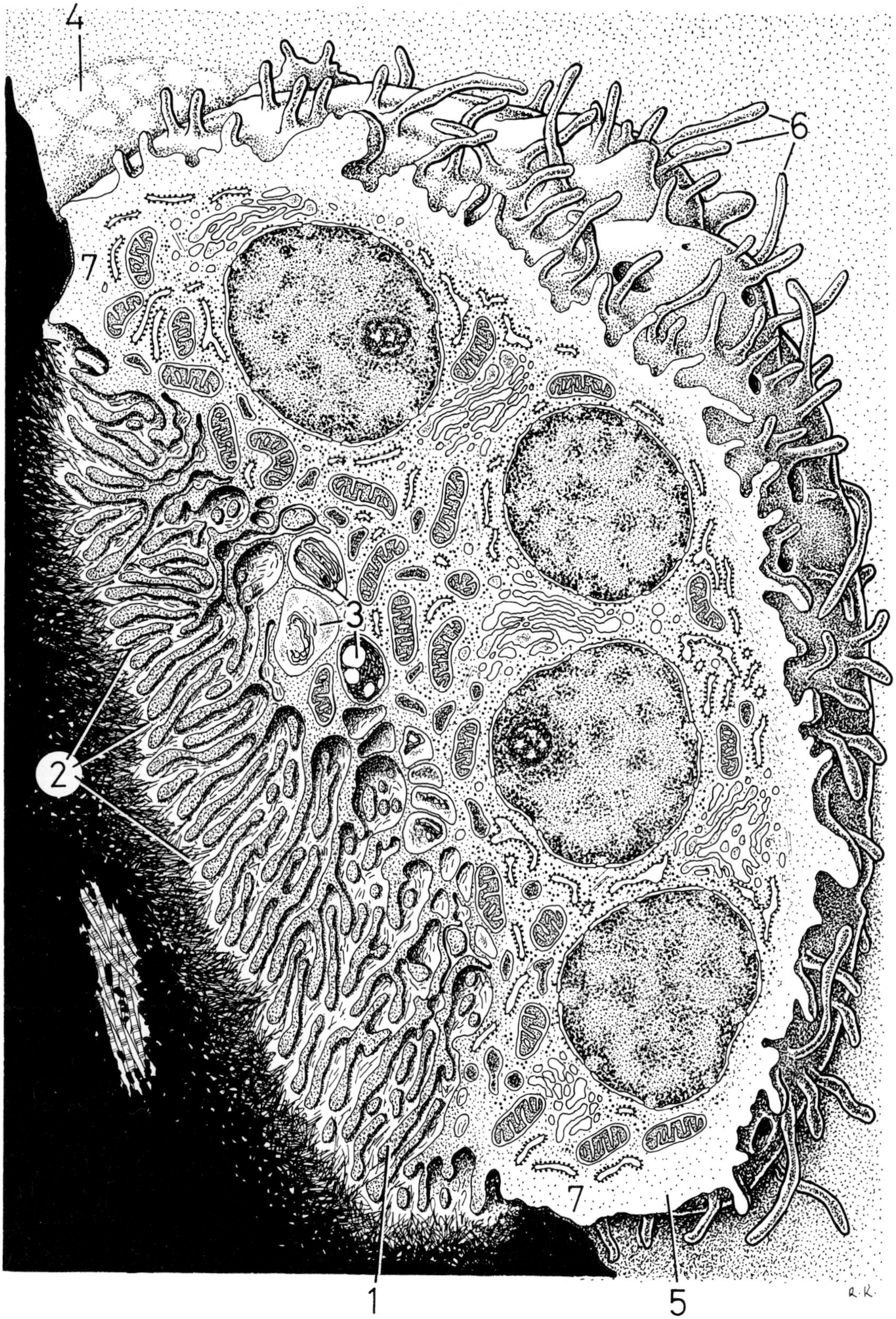
4
6
7
3
2
7
1
5
R.K.

Tafel 112. Knochengewebe. Regeneration (teilweise nach Ham, 1974)

Die Hauptbedingung für eine erfolgreiche Knochenregeneration ist die Anwesenheit eines histophysiologisch aktiven Periosts. Bei einem Knochenbruch und einer optimalen operativen Befestigung der Knochenenden mit Schrauben, Draht usw. (Osteosynthese, Abb. **A**) proliferieren in den Pfeilrichtungen junge Zellen der Cambiumschicht des Periosts, der Haversschen Kanäle und des Endosts. Sie differenzieren sich in Osteoblasten, die neue Knochen synthetisieren. Währenddessen entfernen die aktivierten oder in situ gebildeten Osteoclasten die Knochentrümmer. Diese primäre Regeneration ist von keiner Callusbildung begleitet und verläuft wie eine sekundäre Ossifikation bzw. ein Knochenumbau (s. Tafel 105).

Im Falle einer unzureichenden Fixation der Knochenenden (Abb. **B**), differenzieren sich die oberflächlichen Periostzellen unter relativ avasculären Bedingungen in Chondroblasten und Chondrocyten, die einen faserknorpeligen Callus produzieren (Abb. **B1**, **C1**). Indessen differenzieren sich unter besseren Blutversorgungsverhältnissen die inneren Zellen des Periosts, der Havers-Kanäle und des Endosts in Osteoblasten, die nach dem Prinzip der direkten Ossifikation Knochenbälkchen (Abb. **B2**) bilden. Wenn der faserknorpelige Callus nicht allzu groß ist – wie in Abb. **B1** – kann die Knochenregeneration damit beendet sein (Abb. **D**).

Sollte aber eine schlechte Immobilisation der Knochenfragmente andauern (Abb. **C**), vergrößert sich der faserknorpelige Callus. Er wird nach den Prinzipien der chondralen Ossifikation entfernt, d. h. zuerst erodiert (Abb. **C2**) und dann durch einen Knochencallus ersetzt (Abb. **D**). Das braucht natürlich erheblich mehr Zeit. Der meistens im Überschuß gebildete Knochencallus wird schließlich in Lamellenknochen umgebaut.

Je nach Art und Ort der Fraktur, Alter des Individuums und der angewandten therapeutischen Methode kann die Bruchheilung unterschiedlich lange dauern. Es ist klar, daß eine Osteosynthese die beste Aussicht auf eine vollkommene Regeneration hat. Schlecht reponierte Knochenbrüche regenerieren sehr langsam oder manchmal überhaupt nicht (sog. Pseudoarthrosen).

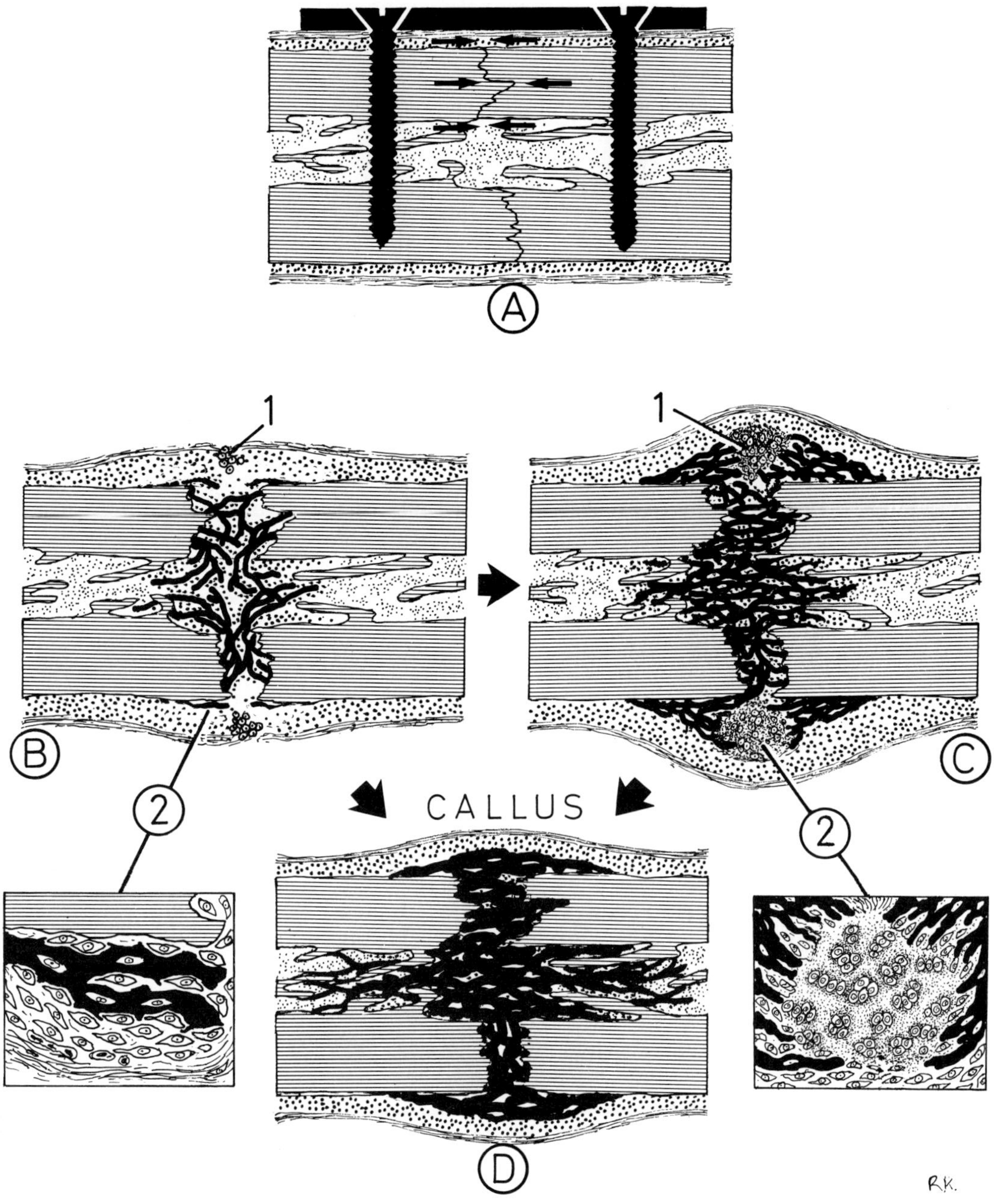

A
1
1
B
C
2
2
CALLUS
D
RK.

Tafel 113. Zahnbein (Dentin) und Odontoblasten. Zahnzement

Dem Knochengewebe nahestehend sind die beiden Zahnbestandteile Zahnbein (Dentin) und Zement.

Auf dem Längsschliff eines Zahnes sieht man Pulpahöhle (Abb. **A1**), Dentin (Abb. **A2**), Schmelz (Abb. **A3**) und Zement (Abb. **A4**). Dem großen Rechteck entspricht Abb. **B**.

Im Innern der Pulpahöhle (Abb. **B1**) erkennt man eine epithelähnliche Schicht hochzylindrischer Zellen, die Odontoblasten (Abb. **B2** u. Abb. **C**). Ihre Fortsätze dringen als Tomes-Fasern (Abb. **B3**) in das mineralisierte Dentin (Abb. **B4**) ein und verlaufen, S-förmig gewellt, bis zum Schmelz (Abb. **B5**).

Einige Odontoblasten sind in Abb. **C** nachvergrößert.

Ihrem Aussehen widersprechend sind die Odontoblasten nicht epithelialer Herkunft, sondern entstehen wie die Knochenzellen durch Differenzierung aus Mesenchymzellen (s. Tafel 48). In Gegensatz zu den Osteocyten werden die Odontoblasten nie in die Hartsubstanz eingemauert, denn sie sondern ihr Produkt nur an ihrem Apicalpol ab.

Die Odontoblasten sind hochprismatische und ausgeprägt polarisierte Zellen. Während ihre ellipsoidalen Kerne (mit großen Nucleoli) in den basalen Zellabschnitten liegen, verschmälert sich ihr Apicalpol und bildet die Tomes-Fasern (Abb. **C1**). Das Cytoplasma der Odontoblasten enthält eine beträchtliche Menge Doppellamellen von granulärem endoplasmatischem Reticulum, viele Mitochondrien, freie Ribosomen und einen gut entwickelten Golgi-Apparat. In der Golgi-Zone gibt es Vacuolen mit quergestreiftem Inhalt (Abb. **C2**). Noch etwas weiter oben erscheinen Vacuolen mit dichtem, grobkörnigem Inhalt (Abb. **C3**), die zum Apicalpol wandern und von dort als stark osmiophile Granula (Abb. **C4**) in die Cytoplasmafortsätze gelangen. Bei allen drei Strukturen handelt es sich um Sekretionsprodukte der Odontoblasten, nämlich Kollagen- und Matrixmucopolysaccharide in verschiedenen Reifestadien. Durch die Einwirkung von Calcosphäriten (Dentinglobuli, Abb. **C5**) wird das aus der Zelle abgesonderte organische Material verkalkt.

Dies geschieht nicht unmittelbar in Zellnähe, sondern einige Mikrometer entfernt, weshalb man das wenig mineralisierte Prädentin (Abb. **C6**) von dem völlig mit Calciumsalzen imprägnierten Dentin (Abb. **C7**) unterscheiden kann.

Die Tomes-Fasern ziehen in schmalen Kanälchen, Canaliculi dentales (Abb. **C8**), bis zum Schmelz.

Einen Beweis, daß die Odontoblasten keine Epithelzellen sind, liefern die Capillaren (Abb. **C9**) zwischen den Zellen.

Der Zahnzement (Abb. **A4**) befindet sich an der Zahnwurzel. Seine Struktur ähnelt der des Knochengewebes. Zwischen den unregelmäßigen, verkalkten Zementlamellen (Abb. **D1**) liegen den Osteocyten mit ihren Cytoplasmaausläufern sehr ähnliche Zellen, die Zementocyten (Abb. **D2**). Von außen dringen die Sharpey-Fasern (Abb. **D3**) in den Zement, an den sich nach innen das Dentin (Abb. **D4**) anschließt.

In der Gegend des Zahnhalses (Abb. **A**, Pfeil) wird der Zement dünner und zellfrei (Faserzement) (s. Tafel 99 in Krstić, R. V.: Ultrastruktur der Saugetierzelle).

Vergrößerungen: Abb. **A** 5fach;
Abb. **B** 40fach; Abb. **C** 5000fach;
Abb. **D** 250fach

Literatur

Garant PR, Cho M-I (1985) Ultrastructure of odontoblast. In: Butler WT (ed) The chemistry and biology of mineralized tissues. EBSCO Media, Birmingham

Goldberg M, Escaig F (1981) Odontoblastes: collagène dans la prédentine et la dentine de l'incisive de rat. Etude par cryofracture. Biol Cell 40:203–216

Katchburian E, Sevders NJ (1982) Origin of matrix vesicles of developing dentine investigated by freeze-fracture. J Anat 134:615

Weinstock M (1981) Gap junctions in the odontoblasts of the rat incisor teeth. Anat Rec 199:270A

Yamamoto T (1986) The innermost layer of cementum in rat molars: Its ultrastructure, development, and calcification. Arch Histol Jpn 49:459–481

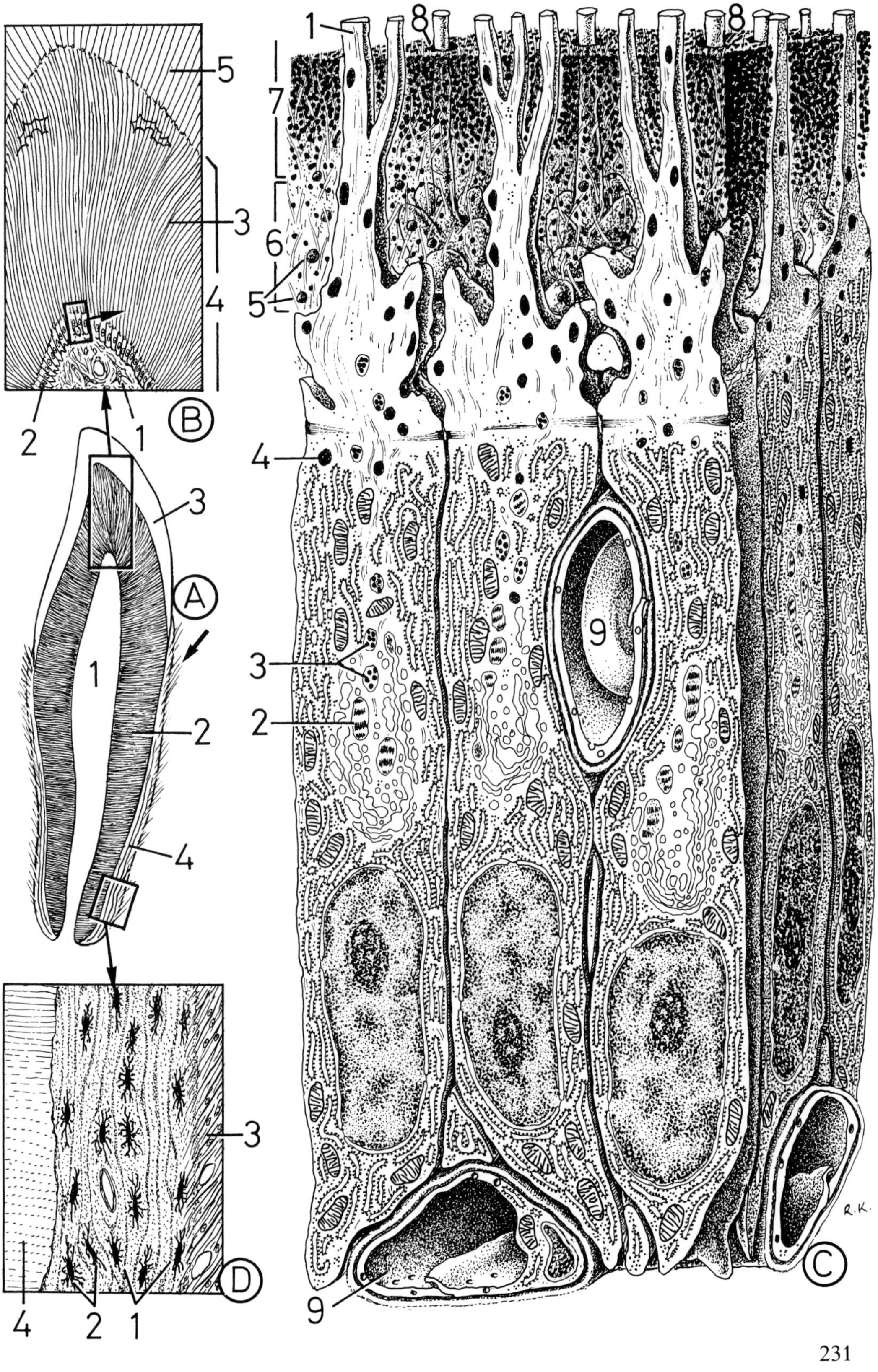
A
B
C
D
1
2
3
4
5
6
7
8
9
R.K.

Tafel 114. Einige Transplantationsmöglichkeiten von Binde- und Stützgewebe

Im Prinzip lassen sich die Binde- und Stützgewebe besonders als Autotransplantat erfolgreich überpflanzen. Die vorliegende Tafel zeigt einige Beispiele.

In der kosmetischen Chirurgie überträgt man bei einer Unterentwicklung der Milchdrüse Fettgewebe aus der Gesäßregion derselben Patientin an die zu korrigierende Stelle (Abb. **A–C**).

Wenn harte Hirnhaut, Dura mater (Abb. **D 1**), oder Gelenkkapseln (Abb. **D 2**) ersetzt werden müssen, greift man zum straffen faserigen Bindegewebe der Fascia lata (Abb. **D 3**).

Die Cornea des Auges läßt sich auch, diesmal aber homoplastisch, transplantieren. Das Material für solche Eingriffe (Keratoplastik) stammt von Leichen. Die Zeichnungen **E–H** zeigen einige der am häufigsten angewandten Hornhautüberpflanzungen.

Da die Regenerationskraft der Sehnen groß ist, lassen sie sich auch autoplastisch transplantieren (Abb. **I**). Einige Probleme treten allerdings bei der Überpflanzung von in Scheiden liegenden Sehnen auf.

Knorpelgewebe kann man – vorausgesetzt, daß es Perichondrium enthält – erfolgreich überpflanzen (Abb. **J**). Hier wird das Transplantat einem Rippenknorpel desselben Patienten entnommen.

Die autoplastische Transplantation von Knochen hat ebenfalls Aussicht auf Erfolg. Zwischen den dafür vorbereiteten Knochenenden (Abb. **K 1**) fixiert man dünne, periosthaltige Knochenplättchen (Abb. **K 2**). Diese werden an der beschädigten Stelle nicht integriert, sondern wirken als Reiz- und Leitstrukturen für die Knochenbälkchen (Abb. **L 2**; Tafel 112). Die Knochenspäne werden dann unter Freigabe des für die Knochensynthese notwendigen Materials allmählich resorbiert (Abb. **L**).

(Über andere Transplantationsmöglichkeiten orientiert die Chirurgie).

Literatur

Fernando NV, Movat HZ (1963) Fibrillogenesis in regenerating tendon. Lab Invest 12:214–229

Larsson Å (1973) Studies on dentinogenesis in the rat. Z Anat Entwickl Gesch 142:103–115

Weinstock M (1977) Centrosymmetrical crossbanded structures in the matrix of rat incisor predentin and dentin. J Ultrastruct Res 61:218–229

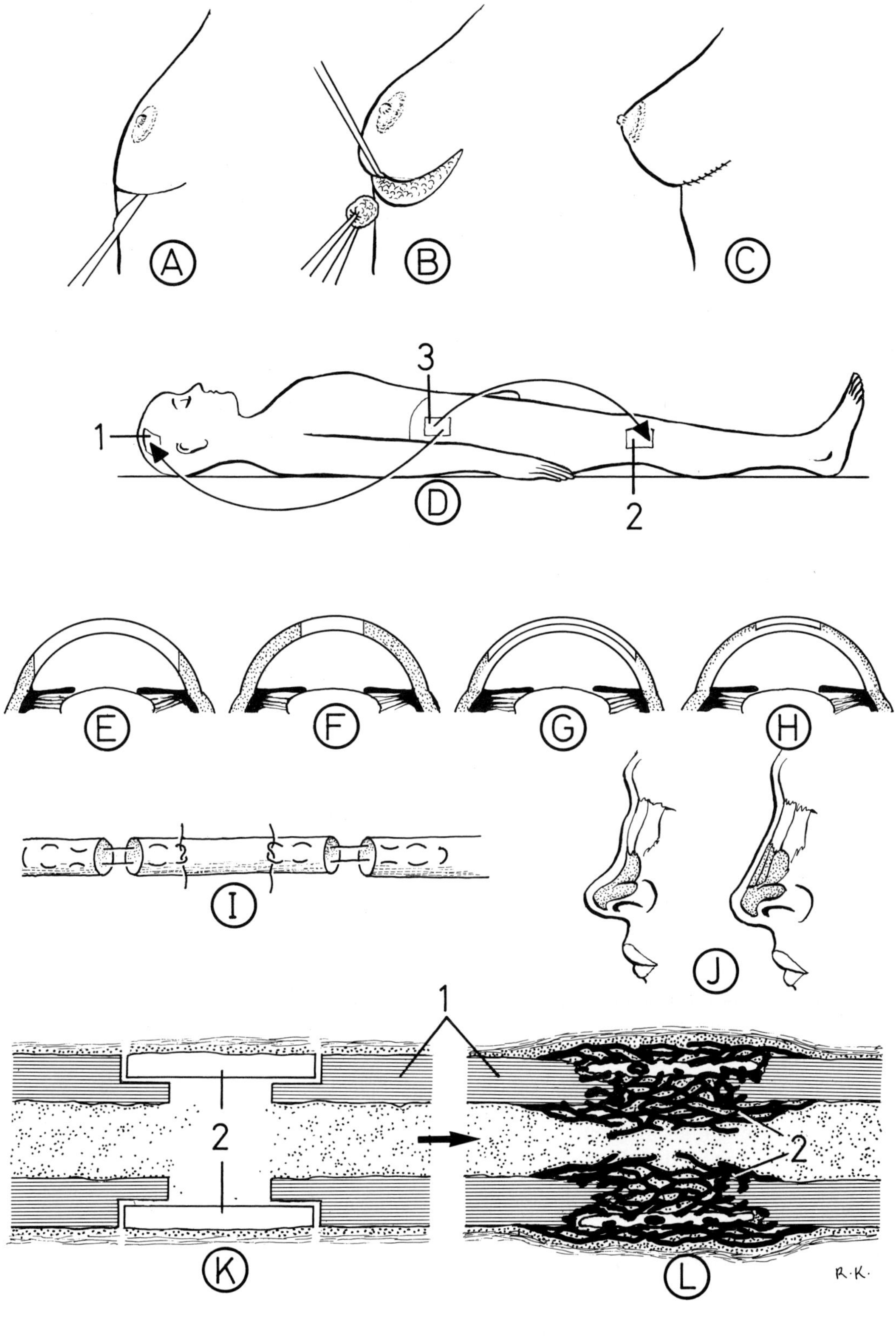
A
B
C
3
1
2
D
E
F
G
H
I
J
1
2
2
K
L
R.K.

Tafel 115. Transplantatabstoßung. Rolle der freien Bindegewebszellen

Wenn es sich um eine Überpflanzung genetisch nicht identischen Materials handelt, versucht der Organismus, durch den Einsatz freier Bindegewebszellen und T-Lymphocyten das Transplantat zu zerstören. Je entfernter die genetische Verwandtschaft zwischen Spender und Empfänger ist, desto stärker wird die Abstoßungsreaktion. Dank neuerer Untersuchungen kann man diese immunobiologischen Vorgänge vereinfacht folgendermaßen schematisieren (teilweise in Anlehnung an Schiebler 1977).

Die meisten Antigene (**Ag**) des transplantierten Gewebes werden von den Makrophagen (**M** = Monocyten, Histiocyten, Reticulumzellen) aufgenommen und größtenteils in deren Lysosomen zerstört. Ein Teil der Antigene wird jedoch von den Makrophagen in veränderter Form den immunologisch kompetenten B- und T-Lymphocyten zugeführt. Als Ergebnis dieser Mitwirkung differenzieren sich die B-Lymphocyten – unterstützt von T-Zellen – in große, stark basophile Zellen, die B-Immunoblasten, auch Lymphoblasten genannt, aus welchen nach lebhafter Teilung einerseits neue, spezifisch sensibilisierte langlebige Lymphocyten (Gedächtniszellen, „memory cells“), andererseits Plasmazellen entstehen. Diese synthetisieren und scheiden die spezifischen Antikörper (**IgG** = Immunoglobuline in weiterem Sinne) zur Bindung der Antigene aus. Somit sind die B-Lymphocyten über den Plasmazellen für die humorale Immunität verantwortlich. Wenn der Organismus erneut mit dem Antigen in Kontakt kommt, verwandeln sich die Gedächtniszellen rasch in Plasmazellen.

Durch direkte und/oder indirekte Antigenstimulation entstehen aus den T-Lymphocyten die T-Immunoblasten, welche durch Teilungen einerseits die sensibilisierten immunreaktiven T-Lymphocyten (Suppressorzellen, $\mathbf{T_s}$; Helperzellen, $\mathbf{T_h}$; T-Lymphokin-Zellen, $\mathbf{T_l}$; Killerzellen, $\mathbf{T_k}$), andererseits die Gedächtniszellen ergeben.

Während die Helfer- und Suppressor-Lymphocyten die Umwandlung der B-Lymphocyten in Plasmazellen regulieren, wandern die kurzlebigen T-Lymphokin- und Killerzellen zum transplantierten Gewebe. Dort umkreisen sie das Transplantat und produzieren das Lymphotoxin sowie die Lymphokine, die dann direkt oder indirekt über die Makrophagen (**M**) das Transplantat angreifen, was zu seiner Abstoßung führen kann.

Die T-Gedächtniszellen können sich bei einem erneuten Antigenreiz in sensibilisierte immunreaktive T-Lymphocyten umwandeln. So sind die T-Lymphocyten und die von ihnen abgeleiteten Unterklassen für die zellgebundenen Immunitätsreaktionen verantwortlich.

Mit mitoseblockierenden Arzneimitteln (sog. Cytostatica) sowie Röntgenstrahlen, Cortisol, Antilymphocytenserum und Substanzen welche die Produktion der T-Lymphocyten hemmen (z. B. Ciclosporin) kann man die Immunreaktion des Organismus unterdrücken und die Transplantatabstoßung verlangsamen.

(Ausführliche Erklärung s. Immunologielehrbücher.)

Literatur

Bach JF (ed) (1981) Immunologie. Flammarion, Paris

Bier OG, Dias Da Silva W, Götze D, Mota I (1981) Fundamentals of immunology. Springer, Berlin Heidelberg New York

Bier OG, Dias Da Silva W, Götze D, Mota I (1986) Fundamentals of immunology, 2nd ed. Springer, Berlin Heidelberg New York Tokyo

Feldmann M, Rosenthal A, Erb P (1979) Macrophage-lymphocyte interactions in immune induction. Int Rev Cytol 60:149–178

Hood LE, Wood WB (1978) Immunology. Addison Wesley, Amsterdam

Schiebler TH (ed) (1977) Lehrbuch der gesamten Anatomie des Menschen. Springer, Berlin Heidelberg New York

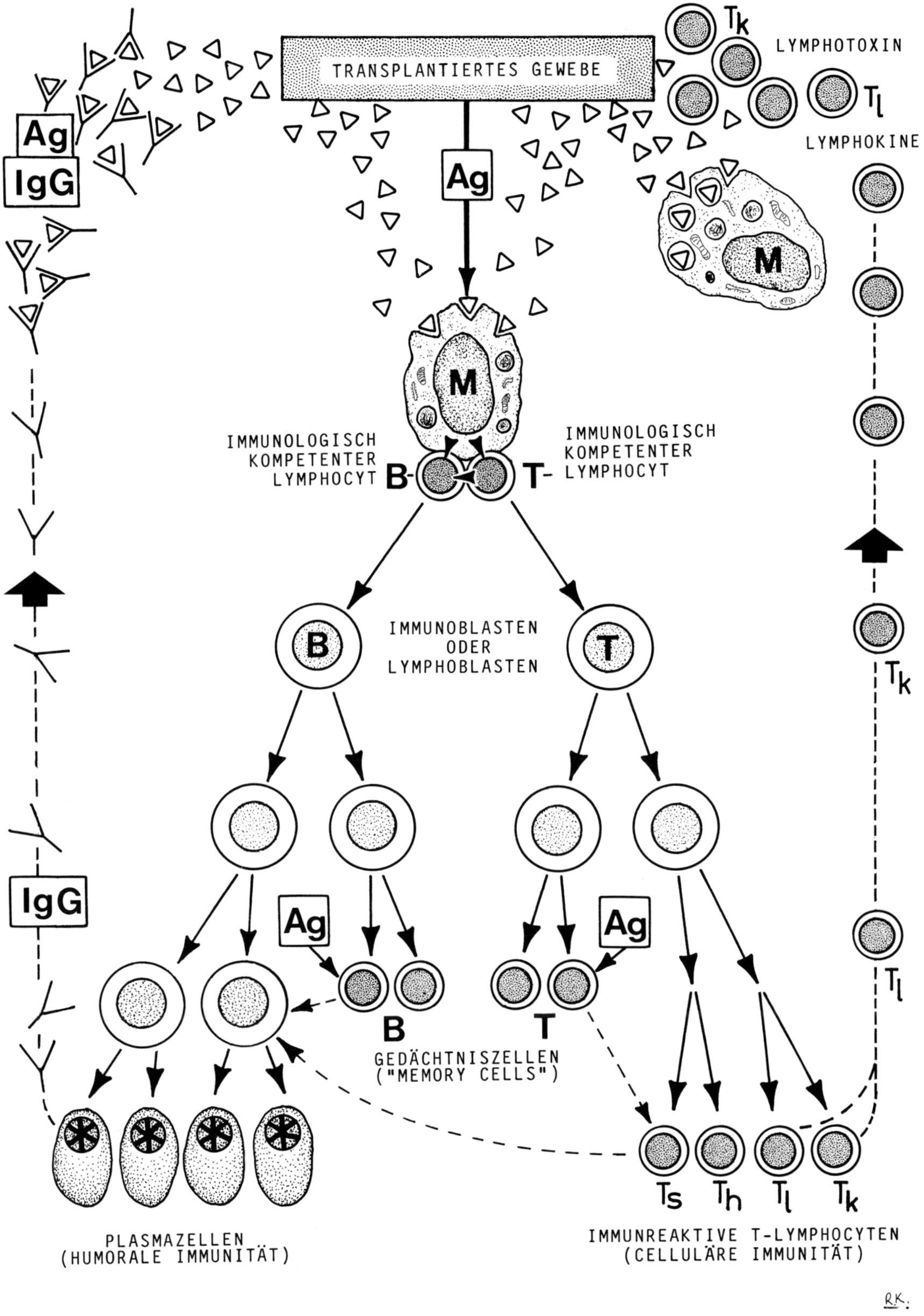
TRANSPLANTIERTES GEWEBE
Ag
IgG
Ag
Tk
LYMPHOTOXIN
Tl
LYMPHOKINE
M
M
IMMUNOLOGISCH
KOMPETENTER
LYMPHOCYT
B-
T-
IMMUNOLOGISCH
KOMPETENTER
LYMPHOCYT
B
IMMUNOBLASTEN
ODER
LYMPHOBLASTEN
T
Tk
IgG
Ag
Ag
Tl
B
T
GEDÄCHTNISZELLEN
("MEMORY CELLS")
Ts
Th
Tl
Tk
PLASMAZELLEN
(HUMORALE IMMUNITÄT)
IMMUNREAKTIVE T-LYMPHOCYTEN
(CELLULÄRE IMMUNITÄT)
R.K.

IV. Muskelgewebe

Tafel 116. Drei Arten des Muskelgewebes

Im Körper der Säuger kommen drei Arten von Muskelgewebe vor. Da sie alle in ihren Zellen bzw. Fasern metaplastische Strukturen, d. h. Myofilamente enthalten, haben sie die Kontraktilität als gemeinsame Eigenschaft.
Mengenmäßig ist im Körper die quergestreifte, willkürlich innervierte Muskulatur (Abb. **A**) am stärksten vertreten. Die vom Willen unabhängige quergestreifte Muskulatur (Abb. **B**) ist ausschließlich auf das Herz beschränkt. Die glatte Muskulatur (Abb. **C**) befindet sich hauptsächlich in den Wänden der Hohlorgane und ist, wie die Herzmuskulatur, vom Willen nicht beeinflußbar.
Tabellarisch läßt sich das wie folgt zusammenfassen (nach Bucher, 1973):

Das Muskelgewebe entsteht fast ausschließlich aus dem Mesoderm. Die aus dem ektodermalen Epithel stammenden Myoepithelzellen werden wegen ihrer Kontraktionsfähigkeit mit den glatten Muskelzellen beschrieben.
Eine weitere Ausnahme stellen die zwei aus dem Neuroektoderm entstandenen Irismuskeln dar.

Vergrößerungen: Abb. **A–C** 300fach

Literatur

Bucher O (1973) Diagnostic et diagnostic differentiel en cytologie et en histologie normales. Masson, Paris; Huber, Berne

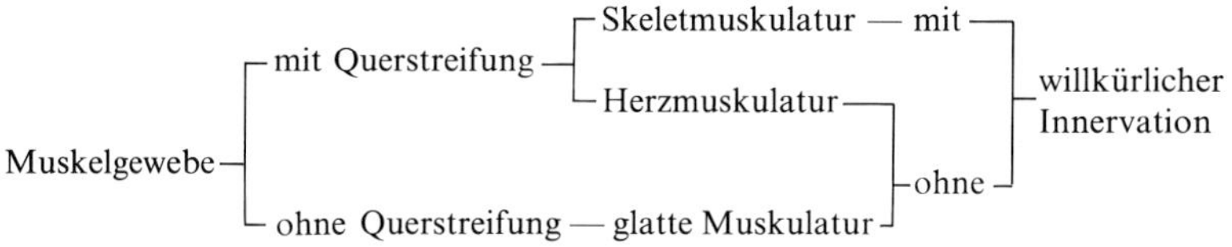

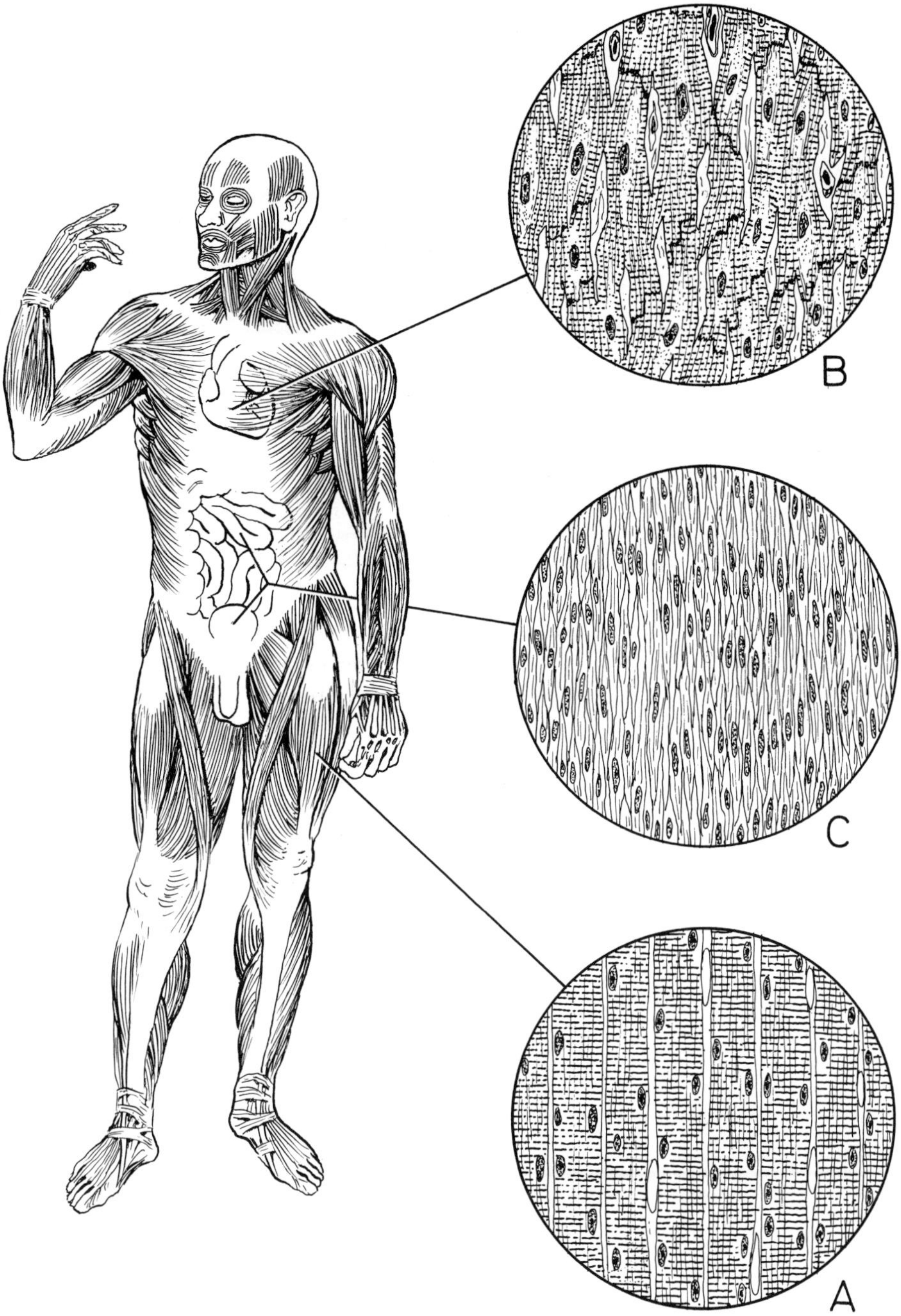
B
C
A
R.K.

Tafel 117. Vorkommen der glatten Muskulatur

Die glatte Muskulatur ist aus spindelförmigen Muskelzellen (**1**) aufgebaut. Diese bilden vor allem die Muskelschichten (Tunicae musculares) der Hohlorgane, deren lichte Weite geändert werden kann. Die gegenüberliegende Tafel gibt, ohne Anspruch auf Vollkommenheit, einen Überblick über das Vorkommen des glatten Muskelgewebes.

So findet man die glatte Muskulatur von der Mitte der Speiseröhre (**2**) bis zum After, in den Luftwegen (Trachea, **3**; Bronchi, **4**; und Bronchioli, **5**), in Blut- und Lymphgefäßen (**6**), stellenweise unter dem Endokard des Herzens (**7**), in der Gallenblase (**8**), in Ureter (**9**) und Harnblase, im Ductus deferens (**10**), im Stroma der Prostata (**11**), zwischen den Kavernen des Corpus cavernosum penis (**12**), im Nebenhodengang (**13**) usw.

In den weiblichen Geschlechtsorganen ist die glatte Muskulatur in Vagina (**14**), Uterus (**15**) und Eileiter (**16**) vertreten.

Literatur

Barr L, Berger W, Dewey MM (1968) Electrical transmission at the nexus between smooth muscle cells. J Gen Physiol 51:347–368

Coob JLS, Bennett T (1969) A study of nexuses in visceral smooth muscle. J Cell Biol 41:287–297

Cooke PH, Fay FS (1971) Correlation between fiber length, ultrastructure, and the length-tension relationship of mammalian smooth muscle. J Cell Biol 52:105–116

Sawada H (1981) Three-dimensional observation on muscular tissues. Scan Electron Microsc 4:7–15

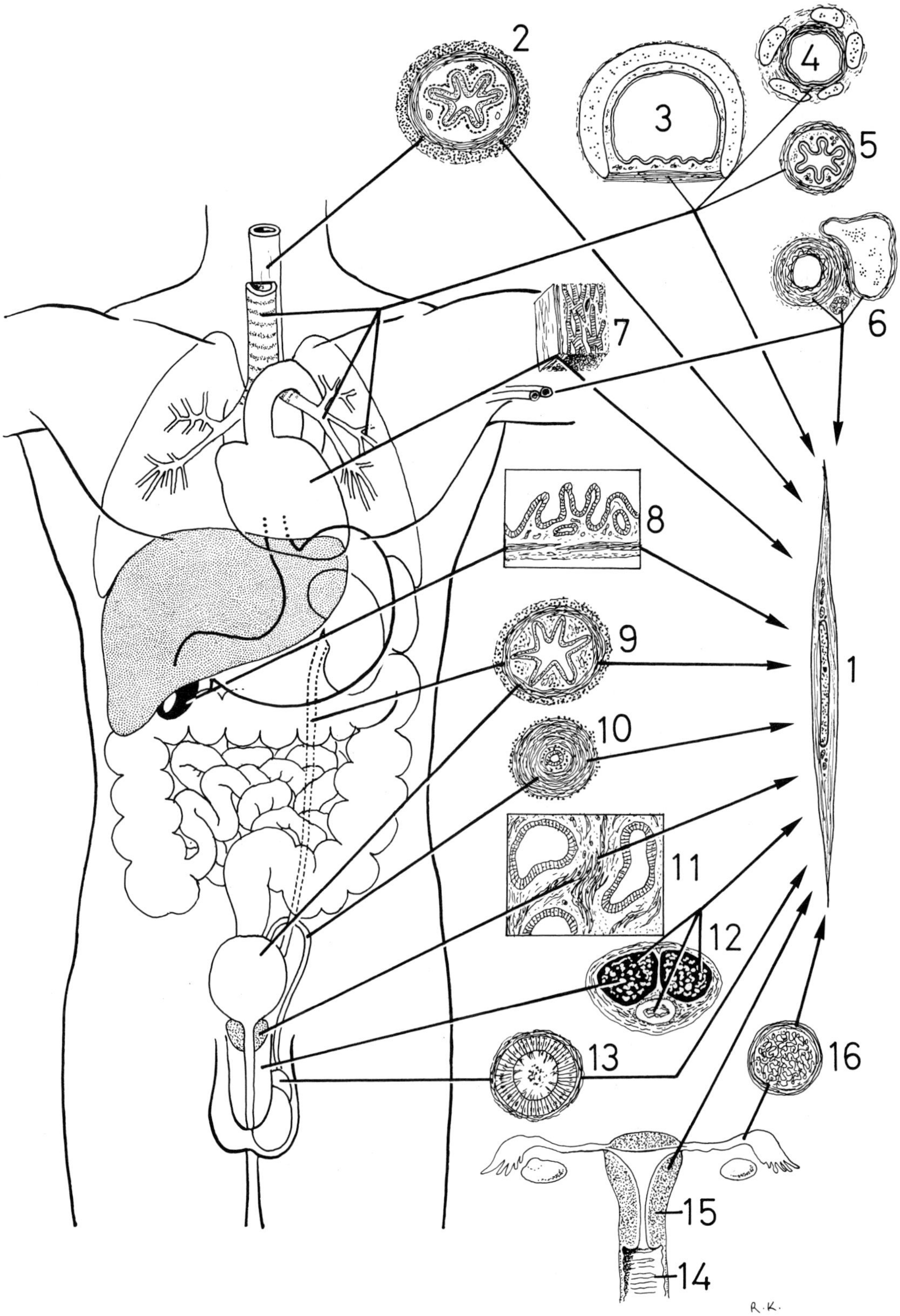
2
3
4
5
6
7
8
9
1
10
11
12
13
16
15
14
R.K.

Tafel 118. Glatte Muskulatur. Glatte Muskelzellen.
Beispiel: Tunica muscularis des Dünndarms der Ratte. Lichtoptisches Aussehen

Die glatte Muskulatur kommt z. B. in Hohlorganen vor, deren Inhalt durch rhythmische Kontraktionen ihrer Wände befördert werden muß.

Auf einem Ausschnitt aus dem Dünndarm fallen zuerst die Darmzotten, Villi intestinales (Abb. **A 1**), auf. Zwischen diesen münden die Lieberkühn-Krypten (Abb. **A 2**), in welchen sich zahlreiche Mitosen finden (s. Tafel 47). Unterhalb einer dünnen Schicht glatter Muskelzellen, Lamina muscularis mucosae (Abb. **A 3**), und der aus lockerem faserigem Bindegewebe gebauten Tunica submucosa (Abb. **A 4**) liegt die Tunica muscularis (Abb. **A 5**). Die äußere Oberfläche des Dünndarms ist mit einem Mesothel (Abb. **A 6**) überzogen.

Die Tunica muscularis besteht aus zwei gekreuzt übereinanderliegenden Schichten glatter Muskelzellen, weshalb man sie an Längs- und Querschnitten gut beobachten kann (Abb. **B**).

Lichtmikroskopisch erscheinen die spindelförmigen Muskelzellen „glatt", d. h. ohne irgendwelche Querstreifung. Die meisten glatten Muskelzellen sind 50–200 µm lang und 5–15 µm dick. Während der Schwangerschaft erreichen einige hypertrophierte glatte Muskelzellen eine Länge von 800 µm.

Die glatten Muskelzellen sind selten an beiden Enden verzweigt. Sie haben die Eigenschaft, sich so anzuordnen, daß ihr breiterer, kernhaltiger Abschnitt zwischen die verjüngten, kernlosen Teile der benachbarten Zellen zu liegen kommt (Abb. **B 1**). Daraus resultieren an Querschnitten scheinbar kernlose Muskelzellen (Abb. **B 2**). Bei stärkerer Vergrößerung erkennt man in den glatten Muskelzellen eine feine Längsstreifung (Abb. **B 3**).

Die Kerne der glatten Muskelzellen sind stäbchenförmig und 10–25 µm lang. In kontrahiertem Zellzustand werden sie schraubenartig.

Mit lockerem faserigem Bindegewebe umhüllte Muskelzellbündel werden als „glatte Muskelfaser" bezeichnet (s. Tafel 180).

Vergrößerungen: Abb. **A** 100fach;
Abb. **B** 400fach

Literatur

Bo WJ, Odor DL, Rothrock ML (1969) Ultrastructure of uterine smooth muscle following progesterone or progesterone-estrogen treatment. Anat Rec 163:121–132

Bülbring E, Branding AF, Jones AW, Tomita T (eds) (1981) Smooth muscle: An assessment of current knowledge. Arnold, London

Campbell GR, Chamley JH (1975) Thick filaments in vertebrate smooth muscle. Cell Tissue Res 156:201–216

Devine CE, Somlyo AP (1971) Thick filaments in vascular smooth muscle. J Cell Biol 49:636–649

Hinek A, Thyberg J (1977) Electron microscopic observations on the formation of elastic fibers in primary cultures of aortic smooth muscle cells. J Ultrastruct Res 60:12–20

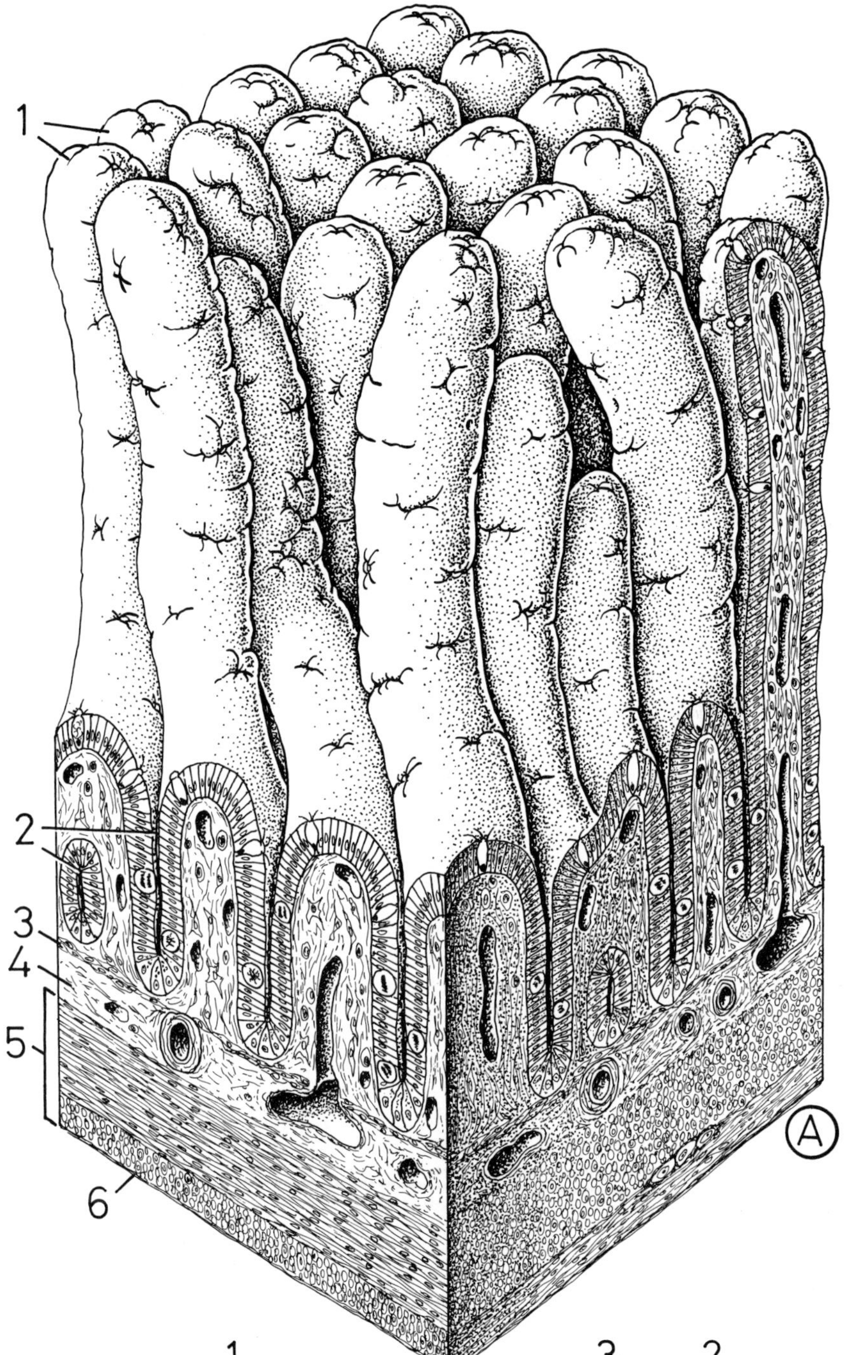

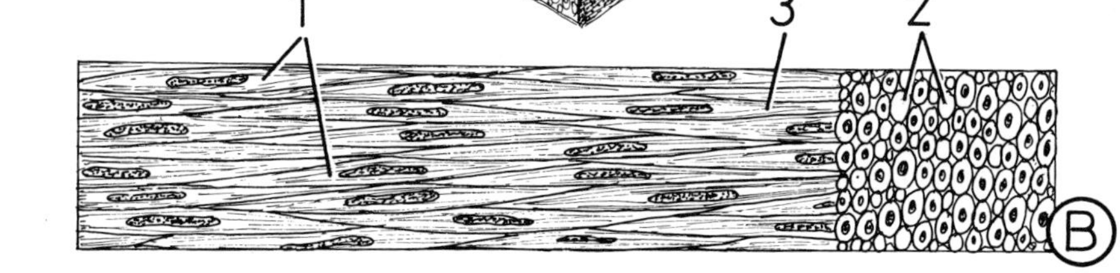

R.K.

Tafel 119. Glatte Muskulatur. Glatte Muskelzellen. Ausschnitt aus einer glatten Muskelfaser

Im spindelförmigen Körper der glatten Muskelzellen liegt ein stäbchenartiger, stellenweise eingekerbter Kern (Abb. **A 1**) mit deutlichem Nucleolus. An beiden Polen des Kerns befindet sich eine myofilamentfreie Zone, das sog. Endoplasma (Abb. **A 2**), in welchem die Mitochondrien, das granuläre und glatte endoplasmatische Reticulum, der Golgi-Apparat, Lysosomen, Lipofuscingranula und β-Glykogenkörnchen vorkommen. Durch das übrige Cytoplasma laufen unzählige Myofilamente (Abb. **A 3**).
Alle Muskelzellen sind von einer Basallamina (Abb. **A 4**) sowie kollagenen und reticulären Mikrofibrillen (Abb. **A 5**) umgeben. Außerdem verzweigen sich zwischen den Zellen vereinzelte elastische Fasern (Abb. **A 6**). In Nexusbereichen (Abb. **A 7**) berühren sich die Muskelzellen ohne dazwischenliegende Basallamina.
Die Zonen im Viereck bzw. Kreis sind als Abb. **B** u. **C** nachvergrößert.
Unter dem Plasmalemm, hier Sarkolemm genannt, (Abb. **B** u. **C 1**) liegt ein dünner Cytoplasma- oder Sarkoplasmasaum mit Ribosomen (Abb. **B** u. **C 2**) und glattwandigen, abgeflachten Säckchen des endoplasmatischen Reticulums (Abb. **B** u. **C 3**). Möglicherweise haben diese eine dem sarkoplasmatischen Reticulum der Skeletmuskulatur vergleichbare Aufgabe, die in der Speicherung von Ca^{++}-Ionen während der Erschlaffung besteht. Diese periphere Sarkoplasmazone zeigt sehr viele mikropinocytotische Vesikel, hier Caveolen genannt (Abb. **B** u. **C 4**). Außerhalb des Sarkolemms befindet sich die Basallamina (Abb. **B** u. **C 5**). Im Sarkoplasma und am Sarkolemm treten osmiophile, feingranulierte Verdichtungen, die sog. Befestigungsplatten (Abb. **B** u. **C 6**), in Erscheinung.

Neuere Untersuchungen haben gezeigt, daß es drei Arten Mikrofilamente im Cytoplasma der Muskelzellen gibt.
Die dünnen (5 nm) Actin-Mikrofilamente (Abb. **B** u. **C 7**) sind in den Befestigungsplatten verankert, die deshalb als Äquivalente der Z-Streifen in den quergestreiften Muskelfasern betrachtet werden können.
Die intermediären, etwa 10 nm dicken Desmin-Mikrofilamente (Abb. **B** u. **C 8**) ziehen in mehr oder weniger gebündelter Form von einer Befestigungsplatte zur anderen, was an die Sarkomeren der Skeletmuskelfasern erinnert.
Die dicken, aber kürzeren Myosin-Mikrofilamente (Abb. **B** u. **C 9**) haben einen Durchmesser von etwa 15 nm. Sie sind in kontrahierten Muskelzellen wesentlich besser zu erkennen als in erschlafften. An Querschnitten ähneln sie in der Dimension den freien Ribosomen (s. Tafeln 6, 72, 73, 85, 113 in Krstić, R. V.: Ultrastruktur der Säugetierzelle).

Vergrößerungen: Abb. **A** 6000fach; Abb. **B** u. **C** 55000fach

Literatur

Devine CE, Somlyo AV, Somlyo AP (1972) Sarcoplasmic reticulum and excitation-contraction in mammalian smooth muscles. J Cell Biol 52:690–718
Fay FS, Cooke PH (1973) Reversible disaggregation of myofilaments in vertebrate smooth muscle. J Cell Biol 56:399–411
Gabella G, Blundell D (1979) Nexuses between the smooth muscle cells fo the guinea-pig ileum. J Cell Biol 82:239–247
Kelly RE, Rice RV (1968) Localization of myosin filaments in smooth muscle. J Cell Biol 37:105–116
Somlyo AP, Devine CE, Somlyo AV, North SR (1971) Sarcoplasmic reticulum and the temperature dependent contraction of smooth muscle in calcium free solutions. J Cell Biol 51:722–741

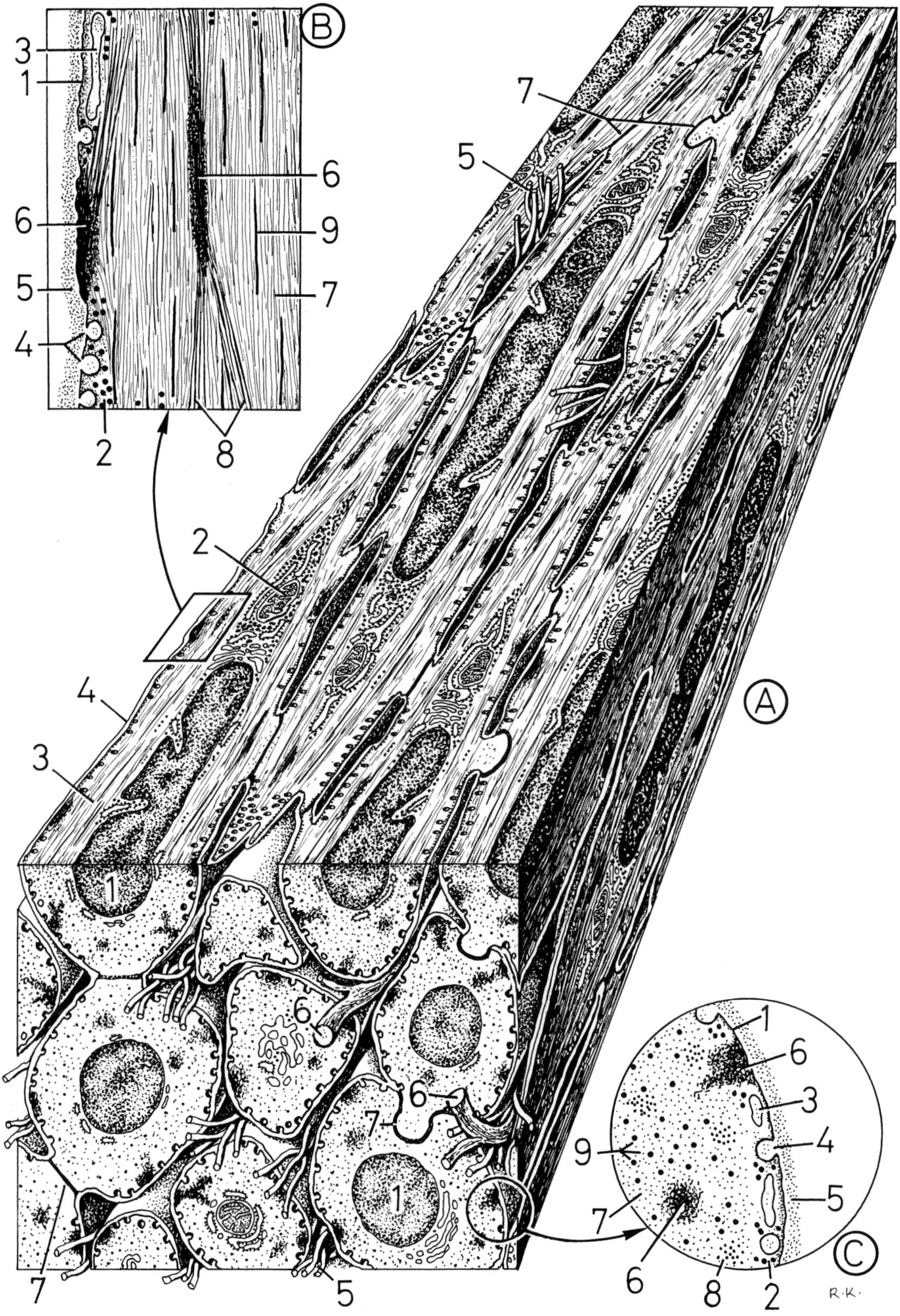
B
3
1
6
5
4
2
6
9
7
8
7
5
2
4
3
A
1
6
6
7
1
7
5
1
6
3
4
9
5
7
6
8
2
C
R.K.

Tafel 120. Glatte Muskulatur. Glatte Muskelzellen

Die vorliegende dreidimensionale Darstellung wurde mit Blick auf die Kontaktebene der beiden gekreuzten Muskelschichten der Tunica muscularis des Darmes angefertigt.

Außer den Kernen (**1**) und dem Endoplasma (**2**) mit seinen Zellorganellen sieht man die in den Muskelzellen längsorientierten Mikrofilamente (**3**), dichte Befestigungsplatten (**4**), die periphere Cytoplasmazone mit Caveolen (**5**) und die Doppellamellen (**6**) des glatten endoplasmatischen Reticulums.

Wenn man die Basallamina (**7**) abhebt, erscheinen in ziemlich regelmäßiger Anordnung die Caveolen (**5**). Sie kommen überall im Sarkolemm außer an den Stellen vor, wo im Zellinnern die spindelförmigen Befestigungsplatten (**4**) liegen. Die Caveolen und die Säckchen des glatten endoplasmatischen Reticulums (**6**) sind an dem schräg getroffenen, verjüngten Teil der Muskelzellen besonders auffallend (Pfeil). Diese Zellteile haben meistens 2–3 kürzere Fortsätze, welche sich über die in der Basallamina verankerten reticulären Mikrofibrillen (**8**) mit den kollagenen (**9**) und elastischen (**10**) Faserstrukturen verbinden.

Wie bereits erwähnt, berühren sich die glatten Muskelzellen im Bereich des Nexus (**11**), dessen Oberfläche durch die hexagonal angeordneten 8–9 nm großen, halbkugeligen Partikel (**12**) gekennzeichnet ist.

In der glatten Muskulatur existieren zwei Arten von Nervenendigungen. Die einen (**13**) sind in großer Zahl und kontaktfrei zwischen den Zellen verstreut. Die anderen (**14**), selteneren, dringen durch die Basallamina hindurch und berühren das Sarkolemm der Muskelzellen. Dort entsteht aber keine morphologische Differenzierung im Sinne einer Synapse. Beide Sorten von Endigungen enthalten synaptische Vesikel mit osmiophilem Inhalt (s. Tafel 180).

Die Muskelzellen können mit ihrer ganzen Oberfläche Reize aufnehmen. So lösen z. B. die von den freien Nervenendigungen ausgeschiedenen Neurotransmitter eine Kontraktion aus. Dank einer Übertragung der bioelektrischen Impulse durch die Nexusregionen, welche deshalb als bläschenfreie elektrotonische Synapsen betrachtet werden können, kontrahieren sich alle Muskelzellen synchron.

Die glatten Muskelzellen haben auch die Fähigkeit, reticuläre und kollagene Mikrofibrillen sowie elastische Fasern zu bilden. Die glatte Muskulatur ist nicht regenerationsfähig (s. Tafeln 131, 151 in Krstić, R. V.: Ultrastruktur der Säugetierzelle).

Vergrößerung: 15000fach

Literatur

Nonomura Y (1968) Myofilaments in smooth muscle of guinea pig taenia coli. J Cell Biol 39:741–745

Oakes BW, Batty AC, Handley CJ, Sandberg LB (1982) The synthesis of elastin, collagen, and glycosaminoglycans by high density primary cultures of neonatal rat aortic smooth muscle. An ultrastructural and biochemical study. Eur J Cell Biol 27:34–46

Sawada H (1981) Scanning electron microscopy of guinea pig taenia coli. Biomed Res [Suppl] 2:153–158

Watanabe H, Yamamoto TY (1974) Freeze-etch study of smooth cells from vas deferens and taenia coli. J Anat 117:553–564

Yamamoto M (1977) Electron microscopic studies on the innervation of the smooth muscle and the interstitial cell of Cajal in the small intestine of the mouse and rat. Arch Histol Jpn 40:171–201

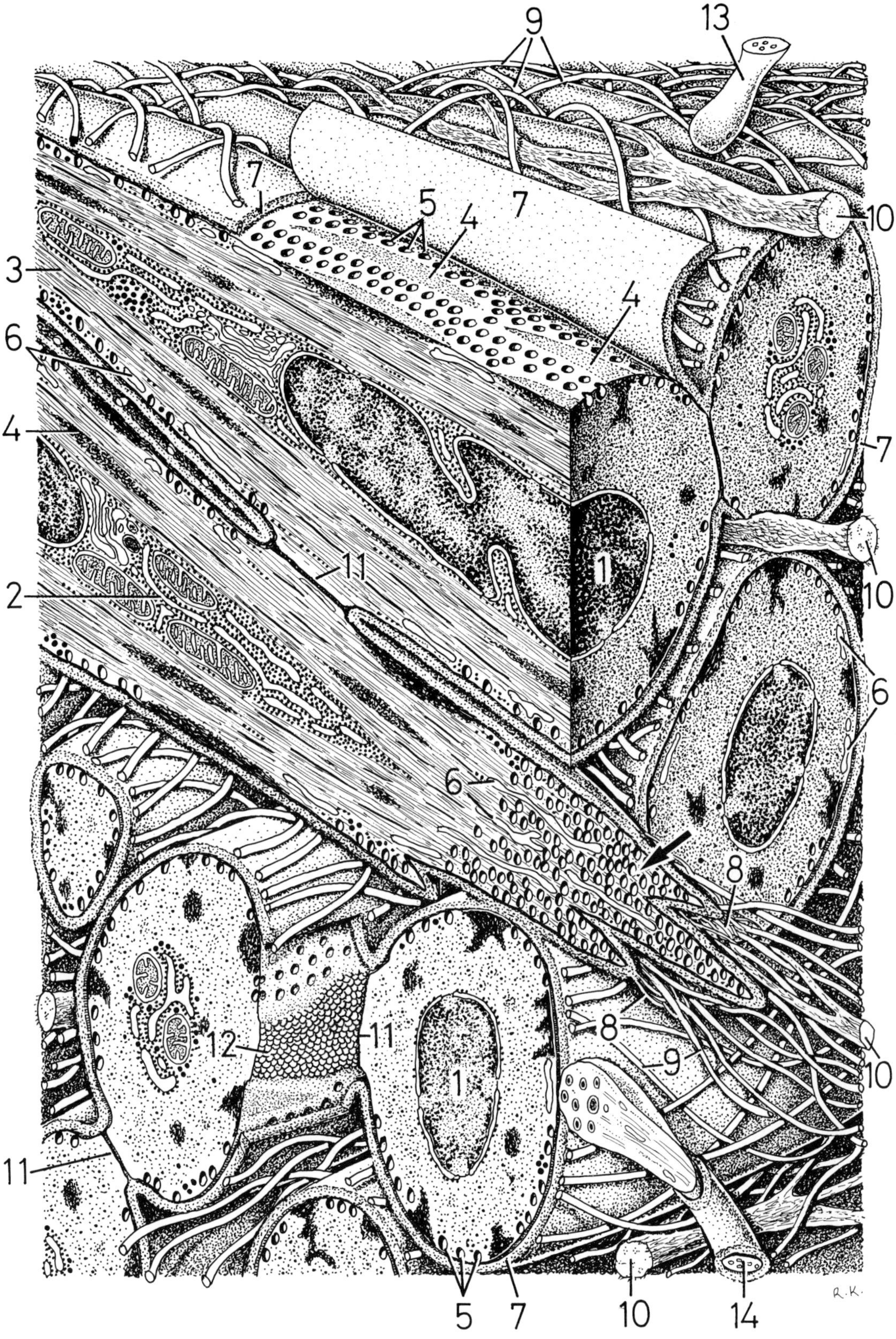

9
13
7
5
4
7
10
3
4
6
4
7
1
11
10
2
6
6
8
8
12
11
1
9
10
11
5
7
10
14
R.K.

Tafel 121. Glatte Muskulatur. Kontraktion der glatten Muskelzellen. Teilweise hypothetische Erklärung (unter Benutzung eines Schemas von Ham und Cormack, 1979)

Es wurde bereits angedeutet, daß im Sarkoplasma der Muskelzellen drei Mikrofilamentarten vorkommen. Während die Actin- (**1**) und Myosinfilamente (**2**) für die Zellverkürzung verantwortlich sind, bilden die intermediären Mikrofilamente (**3**) mit den Befestigungsplatten (**4**) ein intracelluläres Netzwerk, welches die Ausbreitung der Kontraktion in der Muskelzelle sichert. Es soll dabei nicht vergessen werden, daß die Actinfilamente auch in den Befestigungsplatten verankert sind.

Zeichnung **A** stellt eine erschlaffte Muskelzelle mit stäbchenförmigem Kern dar. Ihre Kontraktion wird in Abb. **B** gezeigt. Die durch Interaktion der Actin- und Myosinfilamente entstandenen Kräfte bewirken eine Lageveränderung der Befestigungsplatten im Zellkörper. Diese Veränderung wird von den intermediären Mikrofilamenten auf die benachbarten Befestigungsplatten übertragen, weshalb es zu einem gewellten Aussehen der Zellmembran kommt. Die Muskelzellen verkürzen sich, wobei mehrere halbkugelige Ausstülpungen in Erscheinung treten.

Je nach Stärke der Kontraktion können die Kerne der glatten Muskelzellen kürzer und dicker werden oder – wie im vorliegenden Fall – eine schraubenartige Gestalt annehmen.

Nach neueren Untersuchungen hat sich ergeben, daß die vielen Caveolen durch Aufnahme und Freisetzung der Calciumionen eine Rolle bei der Auslösung der Kontraktion der Muskelzellen spielen, indem sie den elektrischen Widerstand der Zellmembran verringern. Deshalb könnte man diese, manchmal zu Röhrchen verschmelzenden Caveolen, mit den T-Tubuli der quergestreiften Muskulatur vergleichen.

Literatur

Gabella G (1976) Structural changes in smooth muscle cells during isotonic contraction. Cell Tissue Res 170:187–201

Ham AW, Cormack DH (1979) Histology, 8th edn. Lippincott, Philadelphia

Kelly RE, Rice RV (1969) Ultrastructural studies on the contractile mechanism of smooth muscle. J Cell Biol 42:683–694

Rice RV, Moses JA, McManus GM, Brady AC, Blasik LM (1970) The organization of contractile filaments in mammalian smooth muscle. J Cell Biol 47:183–196

Small JV, Sobieszek A (1980) The contractile apparatus of smooth muscle. Int Rev Cytol 64:241–306

Stephens NL (ed) (1984) Smooth muscle contraction. Dekker, New York

Thaemert JC (1966) Ultrastructural interrelationships of nerve processes and smooth muscle cells in three dimensions. J Cell Biol 28:37–49

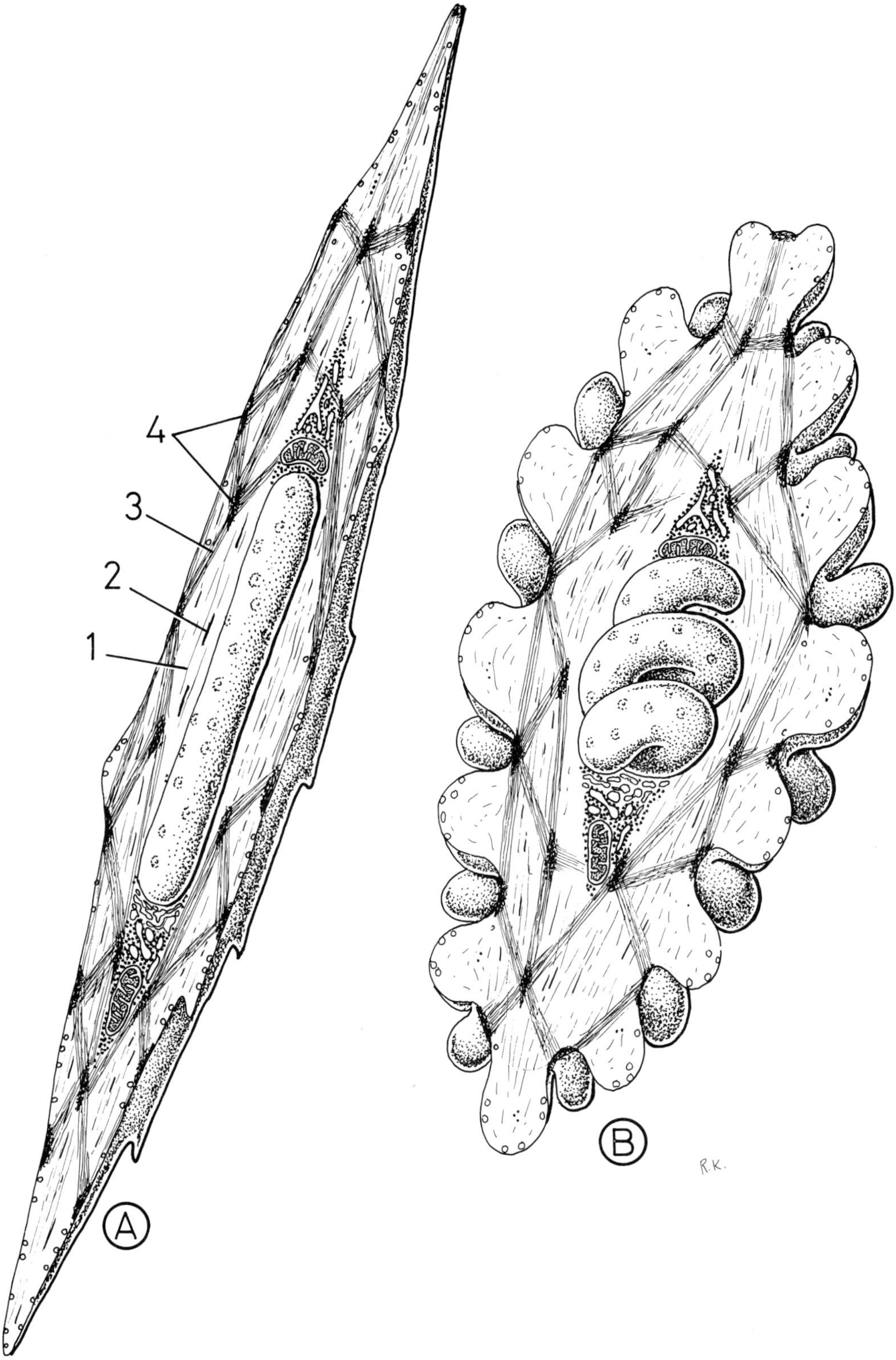
4
3
2
1
A
B
R.K.

Tafel 122. Glatte Muskulatur. Hypothetisches Modell des Kontraktionsmechanismus (in Anlehnung an Panner und Honig, 1967)

Der Kontraktionsmechanismus und die Interaktion der Actin- und Myosinfilamente in den glatten Muskelzellen sind noch weitgehend unklar. Eine mögliche Erklärung gibt das vorliegende Schema. In Abb. **A** ist die periphere Zone des Sarkoplasmas einer Muskelzelle angeschnitten und entfernt, damit man die an das Sarkolemm (Abb. **A 1**) geschmiegte Befestigungsplatte (Abb. **A 2**) sehen kann. Etwas weiter links liegt eine andere ellipsoidale Befestigungsplatte (Abb. **A 3**) frei im Sarkoplasma. Beide sind durch Actinfilamente (Abb. **A 4**) und intermediäre Desmin-Mikrofilamente (nicht dargestellt) miteinander verbunden. Alle Befestigungsplatten betehen aus einem dichten, feingranulierten amorphen Material, dem Protein Actinin, und sind der längeren Zellachse parallel gelagert. Sie haben einen Durchmesser von 0,2–0,5 µm, sind bis zu 3 µm lang und etwa 1–3 µm voneinander entfernt. Ob sie sich aktiv kontrahieren können, ist noch nicht bekannt.

Die meisten Actinfilamente sind in den Befestigungsplatten verankert; manche durchziehen sie sogar vollkommen. Zur besseren Verbindung miteinander und mit dem Material der Platten verfügen die Actinfilamente über kurze seitliche 1,5–2,5 nm dicke Flächen (Abb. **A 5**), die man nur an negativ kontrastierten Schnitten erkennen kann.

In einer erschlafften Muskelzelle gibt es zwischen den Actinfilamenten (Abb. **B** u. **C 1**) nur vereinzelte kurze Myosinfilamente (Abb. **B** u. **C 2**). Die Befestigungsplatten (Abb. **B 3**) sind relativ weit voneinander entfernt. Während einer Kontraktion gleiten die Actinfilamente unter Mitwirkung der Myosineinheiten weiter ineinander, so daß sich die Befestigungsplatten (Abb. **C 3**) einander nähern. Dadurch wird natürlich das Sarkolemm deformiert und die Längsachse (Pfeil) der Zelle verkürzt. Die Bewegung der Befestigungsplatten wird durch die intermediären Mikrofilamente (nicht gezeichnet, s. Tafel 121) auf andere Fixationspunkte übertragen, wodurch es zu einer synchronen Kontraktion der Muskelzelle kommt.

Die Tatsache, daß sich die Myosinfilamente in kontrahierten Muskelzellen leichter und in größerer Zahl finden lassen als in erschlafften, spricht für die Annahme, daß sich die Myosineinheiten während der Muskelrelaxation auflösen. Aus diesem Grunde wurden in Abb. **C** mehr Myosinelemente als in Abb. **B** gezeichnet.

Literatur

Bond M, Somlyo AV (1982) Dense bodies and actin polarity in vertebrate smooth muscle. J Cell Biol 95:403–413

Ebashi S, Maruyama K, Endo M (eds) (1980) Muscle contraction. Its regulatory mechanisms. Springer, Berlin Heidelberg New York

Panner BJ, Honig CR (1967) Filament ultrastructure and organization in vertebrate smooth muscle. Contraction hypothesis based on localization of actin and myosin. J Cell Biol 35:303–321

Panner BJ, Honig CR (1970) Locus and state of aggregation of myosin in tissue sections of vertebrate smooth muscle. J Cell Biol 44:52–61

Tsukita S, Tsukita S, Ishikawa H (1983) Association of actin and 10 nm filaments with the dense body in smooth muscle cells of the chicken gizzard. Cell Tissue Res 229:233–242

Uehara Y, Campbell GR, Burnstock G (1971) Cytoplasmic filaments in developing and adult vertebrate smooth muscle. J Cell Biol 50:484–497

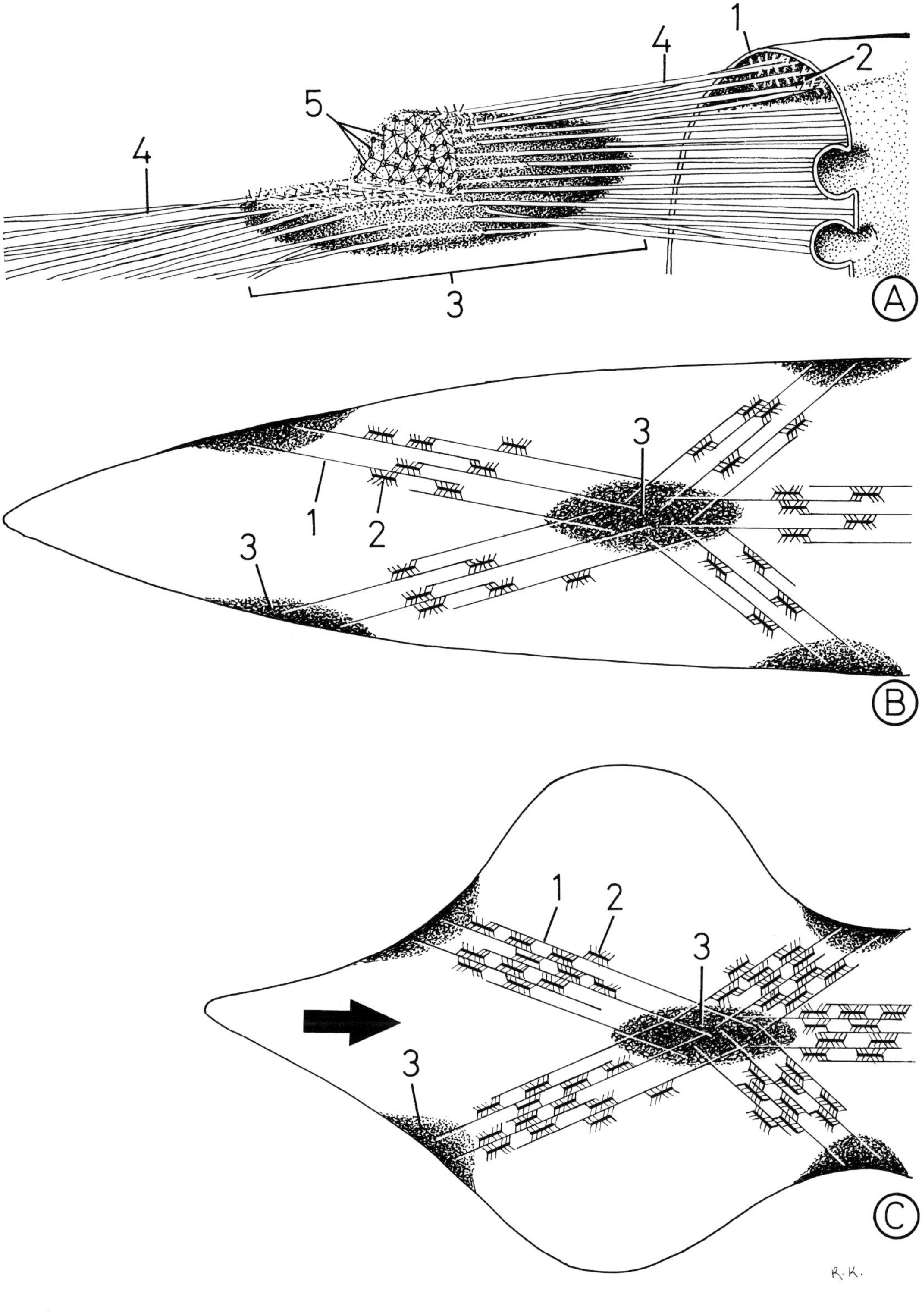

1
2
3
4
5
A
B
C
R.K.

Tafel 123. Myoepithelzellen.
Beispiel: Schweißdrüse des Menschen

Die Myoepithelzellen stammen, wie in Tafel 116 angedeutet, nicht aus dem Mesenchym, sondern aus dem Ektoderm. Es sind besonders differenzierte Epithelzellen, die wegen ihrer Kontraktionsfähigkeit den glatten Muskelzellen ähneln. Deshalb werden sie mit dem Muskelgewebe beschrieben.

In Form von verzweigten „Korbzellen“ oder parallel angeordneten „Stabzellen“ kommen sie zur Unterstützung des Sekretabflusses in Speicheldrüsen, Milchdrüse, Tränendrüse, Ceruminaldrüse und Schweißdrüsen vor. Für die Zeichnung dieser Tafel wurde eine Schweißdrüse gewählt.

Einige spindelförmige Myoepithelzellen (**1**) umgeben das aus hellen (**2**) und dunklen (**2 a**) isoprismatischen Epithelzellen gebaute Endstück einer Schweißdrüse. Wie die glatten Muskelzellen enthalten die Myoepithelzellen einen stäbchenförmigen Kern und ein Endoplasma (**3**) mit Zellorganellen. Ihr Cytoplasma ist von Myofilamenten (**4**) und Befestigungsplatten (**5**) durchzogen.

Die Myoepithelzellen haben mit dem sezernierenden Epithel immer eine gemeinsame Basallamina (**6**). Die stachelförmigen Zellfortsätze (**7**) sind durch Vermittlung der reticulären Mikrofibrillen (**8**) mit den umliegenden Kollagenfibrillen (**9**) verfilzt. Dadurch entstehen stabile Insertionspunkte für eine die Sekretelimination bewirkende Kontraktion der Myoepithelzellen (s. Tafel 156 in Krstić, R. V.: Ultrastruktur der Säugetierzelle).

Vergrößerung: 5500fach

Literatur

Ellis RA (1965) Fine structure of the myoepithelium of the eccrine sweat glands of man. J Cell Biol 27:551–563

Emerman JT, Vogl WA (1986) Cell size and shape in myoepithelium of the mammalian gland during differentiation. Anat Rec 216:405–415

Murakami M, Sugita A, Abe J, Hamasaki M, Shimada T (1981) SEM observation of some exocrine glands with special reference to configuration of the associated myoepithelial cells. Biomed Res [Suppl] 2:99–102

Richardson KC (1962) The fine structure of autonomic nerve endings in smooth muscle of the rat vas deferens. J Anat 96:427–442

Ross R (1971) The smooth muscle cell: II. Growth of smooth muscle in culture and formation of elastic fibers. J Cell Biol 50:172–185

Tandler B (1965) Ultrastructure of the human submaxillary gland: III. Myoepithelium. Z Zellforsch 68:852–863

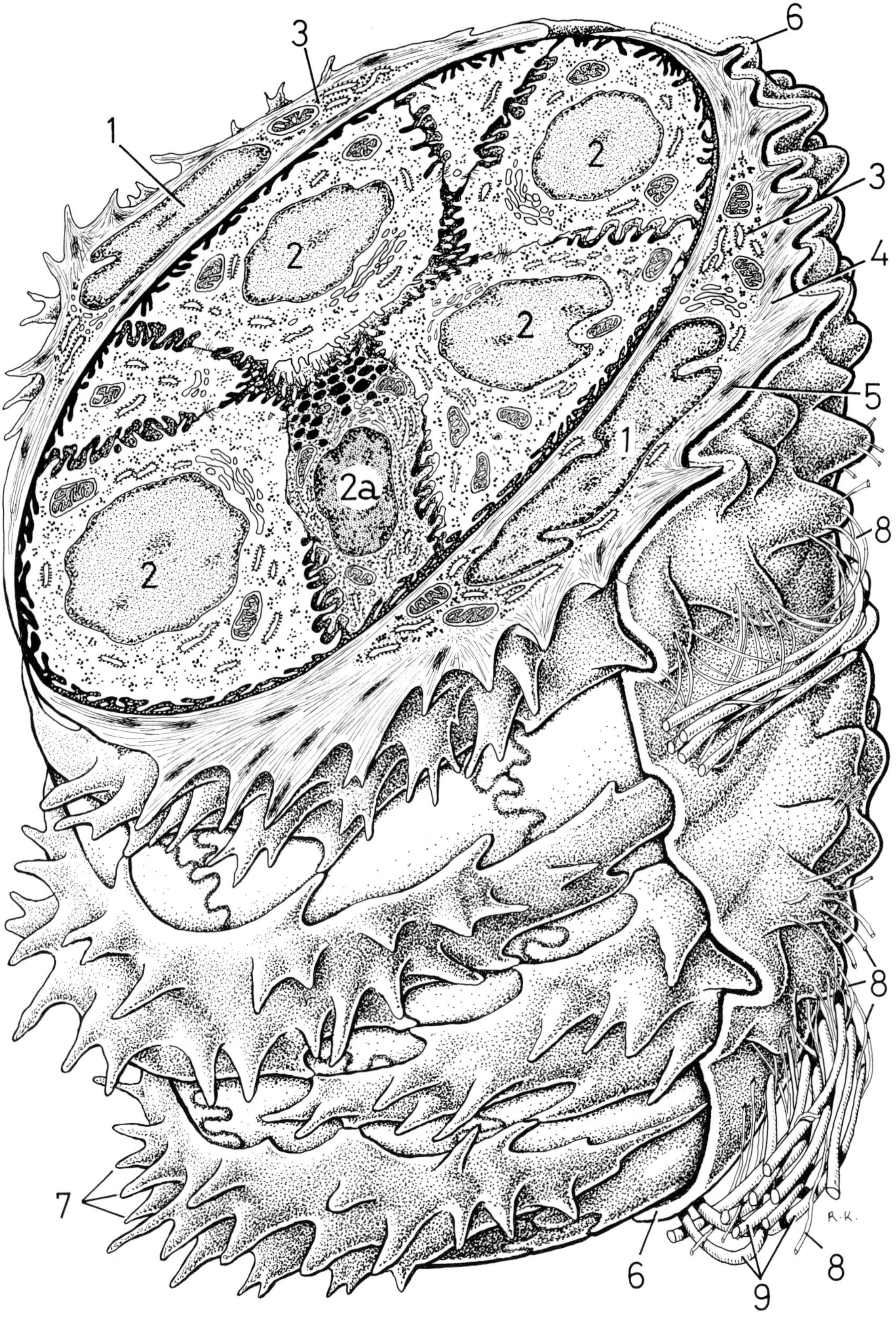

6
3
1
2
3
4
2
2
5
1
2a
2
8
8
7
R.K.
6
9
8

Tafel 124. Histogenese der Skeletmuskulatur

In einem frühen Stadium der Entwicklung (beim Menschen um den 20. Tag) erscheinen seitlich der Neuralrinne (Abb. **A 2**) die Somiten (Abb. **A 1**). Die Somitenzellen proliferieren und wandern z. T. zur Chorda dorsalis (Abb. **B 1**), wo sie das Sclerotom (Abb. **B 2**) bilden. Etwas später entsteht aus der Somitenwand eine neue Zellschicht, das Myotom (Abb. **C 1**).

Die Myotomzellen werden spindelförmig und bilden die sich lebhaft teilenden mutmaßlichen Myoblasten (Pfeilrichtungen; **M** und **S**). Einige davon differenzieren sich allmählich in die echten Myoblasten (**D**). Diese ordnen sich hintereinander (**E**), und ihre in Kontakt stehenden Zellmembranen verschmelzen miteinander (**F**). So entstehen die syncytialen Muskelschläuche (**F**), welchen sich noch weitere Myoblasten anschließen können (**F 1**). Andere mutmaßliche Myoblasten (**S**) bleiben undifferenziert und wandern zu den Muskelschläuchen, wo sie zu Satellitenzellen (**S**) werden.

Die differenzierten Muskelschläuche (**G**) sind lange, zylindrische Elemente mit den in der Achsenzone reihenförmig orientierten Kernen (**G 1**) der früheren Myoblasten. Die Muskelschläuche und Satellitenzellen (**G–I, S**) werden von der gleichen Basallamina (**G–I, 2**) umhüllt.

Manche Satellitenzellen teilen sich mitotisch weiter (**G 3**) und liefern Kerne für die Muskelschläuche (**H 1**). Auf diese Weise vergrößert sich die Anzahl der Kerne in den Muskelschläuchen. Gleichzeitig spielen sich eine weitere Differenzierung und Myofibrillogenese ab, in deren Folge die Kerne zum Plasmalemm (auch hier Sarkolemm genannt) geschoben werden (**I**). So entstehen die quergestreiften Muskelfasern. Eine gewisse Anzahl von Satellitenzellen in undifferenziertem Zustand bleibt den Muskelfasern als teilungsfähiges Reservematerial angeschlossen.

Unter Myofibrillogenese versteht man die Bildung von Myofibrillen bei der Differenzierung von Myoblasten über Muskelschläuche bis zur reifen quergestreiften Muskelfaser. Um diesen Vorgang zu zeigen, wurde je ein Ausschnitt aus den Zeichnungen **D, F, H** u. **I** in den Abb. **O–R** nachvergrößert.

Die Myoblasten enthalten ein vacuolenartiges granuläres endoplasmatisches Reticulum (**O 1**). An den helicoidalen Polyribosomen (**O 3**) werden die Myofilamente (**O 2**) synthetisiert, die vorläufig völlig ungeordnet im Cytoplasma liegen.

In einem jungen, eben geformten Muskelschlauch wachsen aus dem granulären endoplasmatischen Reticulum (**P 2**) fingerförmige glattwandige Ausstülpungen (**P 1**), während sich die beiden Myofilamentarten (**P 3**) in Längsrichtung ordnen. Das Sarkolemm bildet eine leichte Vertiefung (**P 4**).

In den weiteren Differenzierungsphasen verschwindet das granuläre endoplasmatische Reticulum, und die glatten fingerförmigen Schläuche treten miteinander in Verbindung. Somit entsteht die Anlage des longitudinalen L-Systems des sarkoplasmatischen Reticulums (**Q 1**). Während die Myofilamente (**Q 2**) noch regelmäßig geordnet werden, vertieft sich die Plasmalemmeinstülpung (**Q 3**).

Schließlich bildet sich die Struktur der Triaden (**R 1**), und damit ist die Differenzierung der quergestreiften Skeletmuskelfaser abgeschlossen.

Vergrößerungen: Abb. **O–R** 10 000fach

Literatur

Goldspink DF (ed) (1980) Development and specialization of skeletal muscle. Cambridge University Press, Cambridge

Isobe Y, Shimada Y (1983) Myofibrillogenesis in vitro as seen with the scanning electron microscope. Cell Tissue Res 231:481–494

Nag AC, Foster JD (1981) Myogenesis in adult mammalian skeletal muscle in vitro. J Anat 132:1–8

Pearson ML, Epstein HF (eds) (1982) Muscle development: Molecular and cellular control. Cold Spring Harbor Laboratory, New York

Russell RG, Oteruelo FT (1981) An ultrastructural study of the differentiation of skeletal muscle in the bovine fetus. Anat Embryol 162:403–417

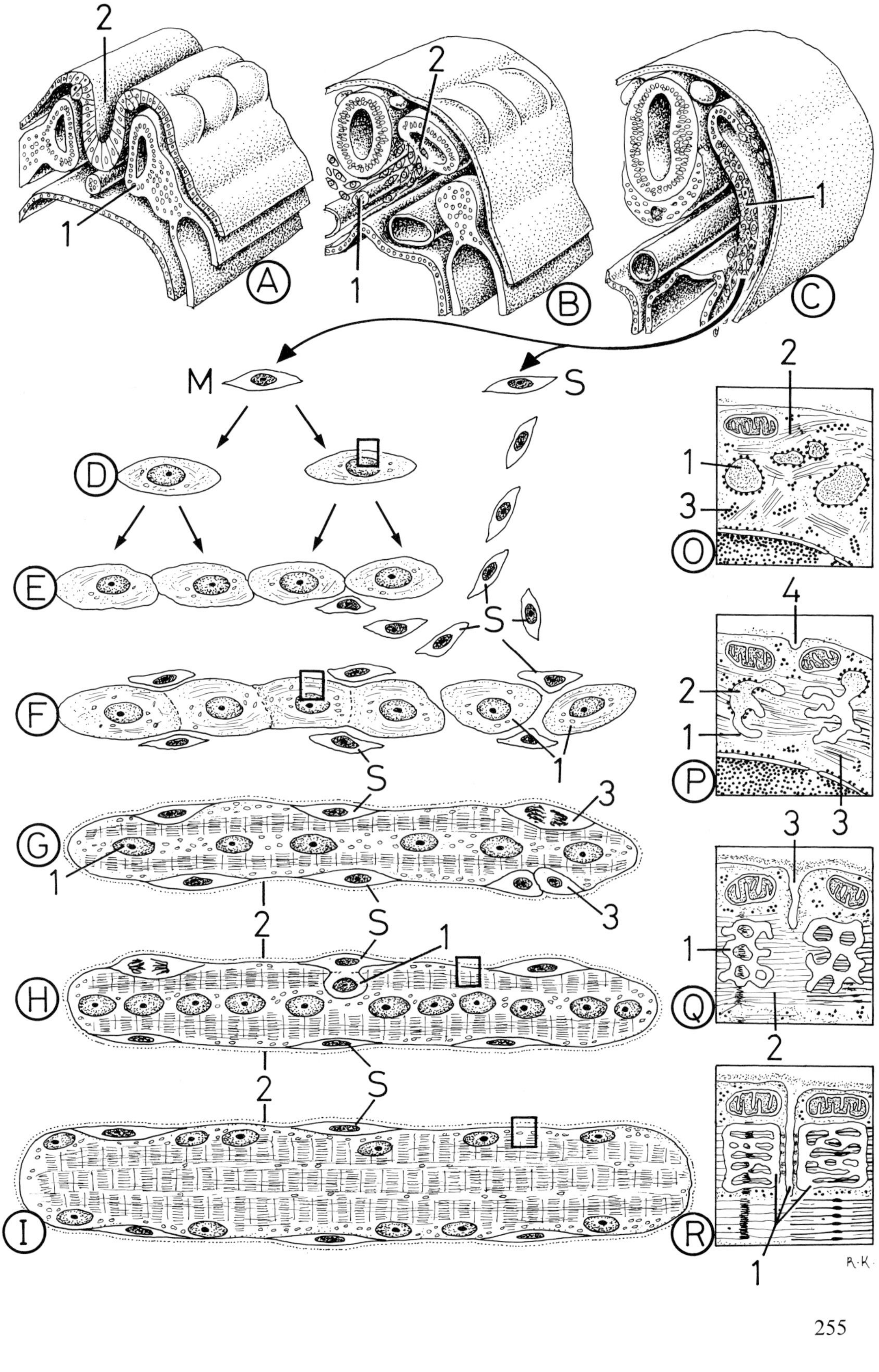

A
B
C
M
S
D
E
F
G
H
I
O
P
Q
R
1
2
3
4
R.K.

Tafel 125. Skeletmuskulatur.
Aufbau eines Muskels und lichtmikroskopisches Aussehen der Muskelfasern

Die kleinsten morphologischen Einheiten der Skeletmuskulatur sind die quergestreiften Muskelfasern (Abb. **A 1**). Sie haben beim Menschen eine Länge von mehreren Zentimetern und einen Durchmesser von 10–100 µm. Mehrere Muskelfasern werden durch zartes faseriges Bindegewebe (Perimysium internum, Abb. **A 2**) zum Primärbündel (Abb. **A 3**) zusammengefaßt, welches als kleinste funktionelle Einheit der Skeletmuskeln gilt. Eine Anzahl von Primärbündeln wird dann vom gefäß- und nervenführenden lockeren Bindegewebe (Perimysium externum, Abb. **A 4**) zu Sekundärbündeln (Abb. **A 5**) vereinigt.

Mehrere Sekundärbündel bilden einen Muskel (Abb. **A 6**). Mit der aus straffem Bindegewebe gebauten Fascie (Abb. **A 7**) verbindet ihn das lockere Epimysium (Abb. **A 8**).

Der Muskel endet in der am Periost (Abb. **A 9**) befestigten Sehne (Abb. **A 10**).

Die Strukturen im kleinen Kreis (Abb. **A**) sind lichtmikroskopisch vergrößert in Abb. **B** zu sehen. Ein Längsschnitt ist im Viereck (Abb. **C**) dargestellt.

Von außen nach innen erkennt man zuerst die Fascie (Abb. **B 1**), dann die Verschiebungsschicht, Epimysium (Abb. **B 2**), und das davon ausgehende Perimysium externum (Abb. **B 3**). Ein sehr feines lockeres Bindegewebe, das an Blut- und Lymphgefäßen sowie an Nervenfasern reiche Endomysium (Abb. **B 4**), liegt zwischen den Muskelfasern (Abb. **B 5**).

Die Muskelfasern sind mit einer deutlich sichtbaren Zellmembran, dem Sarkolemm (Abb. **B 6**), umgeben. Die Kerne (Abb. **B 7**) sind an die Innenseite des Sarkolemms gedrückt. Im Cytoplasma (Sarkoplasma) der Muskelfasern fallen klar voneinander getrennte, punktierte Cohnheim-Felder (Abb. **B 8**) auf, welche Bündel quergeschnittener Myofibrillen darstellen.

Die Muskelfasern (Abb. **C 1**) sind lange, mit Sarkoplasma gefüllte Zylinder, in welchen Hunderte bis Tausende von am Sarkolemm liegenden Kernen (Abb. **C 2**) vorkommen. Im Sarkoplasma erscheint eine feinere Längs- und eine gröbere Querstreifung mit periodisch wechselnden hellen, polarisationsoptisch isotropen I- und dunklen, anisotropen A-Bändern.

Zwischen den Muskelfasern sieht man das Endomysium mit Blutcapillaren (Abb. **C 3**).

Vergrößerungen: Abb. **B** u. **C** 500fach

Literatur

Bonilla E (1983) Ultrastructural study of the muscle cell surface. J Ultrastruct Res 82:341–345

Enesco M, Puddy D (1964) Increase in the number of nuclei and weight in skeletal muscle of rats of various ages. Am J Anat 114:235–244

Kelly AM, Zacks SI (1969) The histogenesis of rat intercostal muscle. J Cell Biol 42:135–153

Moss FP, Leblond CP (1971) Satellite cells as the source of nuclei in muscles of growing rats. Anat Rec 170:421–436

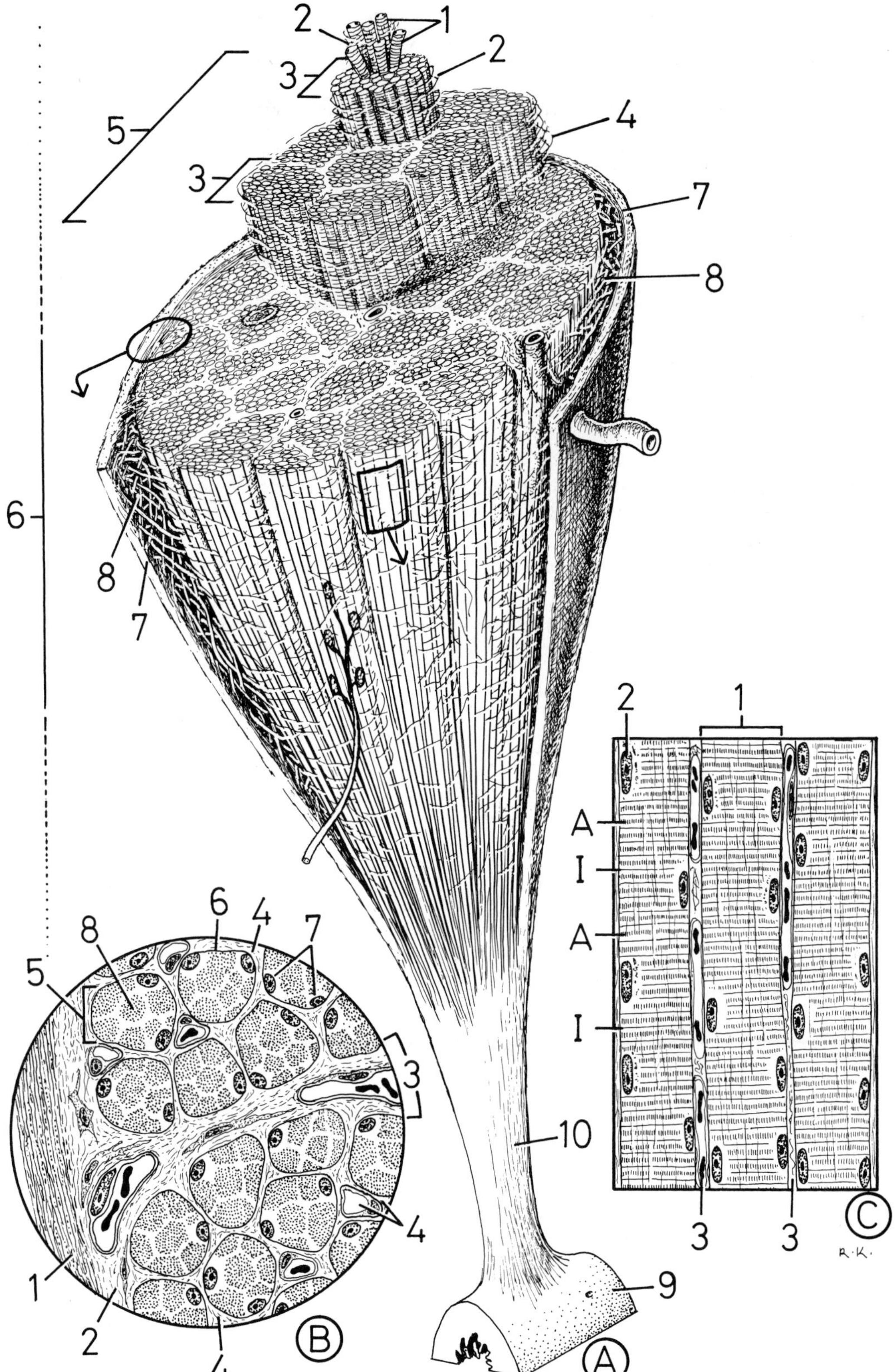

1
2
2
3
4
5
3
7
8
6
8
7
2
1
A
I
A
I
3
3
C
R.K.
6
4
7
8
5
3
10
4
1
2
4
B
9
A

Tafel 126. Skeletmuskulatur. Aufbau eines Primärbündels („Fleischfaser")

Das faserige Bindegewebe des Perimysium internum (**1**) umhüllt ein Primärbündel und setzt sich als Endomysium (**2**) zwischen den Muskelfasern (**3**) fort. Die an das Sarkolemm geschmiegten Kerne (**4**) sind sowohl auf Quer- als auch auf Längsschnitten sichtbar. An den Myofibrillen (**5**) der vier längs angeschnittenen Muskelfasern kann man deutlich die dunklen (**A**) und hellen (**I**) Bänder mit Z-Streifen erkennen.

Die Satellitenzellen (**6**) scheinen in die Muskelfasern eingepreßt zu sein.

Die Blutgefäße (**7**) dringen senkrecht in die Primärbündel ein, verlaufen innen aber anschließend parallel. Innerhalb des Primärbündels liegen, von reticulären und kollagenen Mikrofibrillen umgeben, marklose (**8**) und markhaltige (**9**) Nervenfasern sowie neuromusculäre Spindeln (**10**). Von der letztgenannten Struktur wurde für diese Tafel nur ein peripherer, verjüngter Abschnitt gezeichnet.

Vergrößerung: 2000fach

Literatur

Gauthier GF (1979) Ultrastructural identification of muscle fiber types by immunocytochemistry. J Cell Biol 82:391–400

Ishikawa H (1966) Electron microscopic observations of satellite cells with special reference to the development of mammalian skeletal muscles. Z Anat Entwickl Gesch 125:43–63

Schiaffino S, Hanzlikova V, Pierobon S (1970) Relations between structure and function in rat skeletal muscle fibers. J Cell Biol 47:107–119

Schmalbruch H, Hellhammer U (1976) The number of satellite cells in normal human muscle. Anat Rec 185:279–288

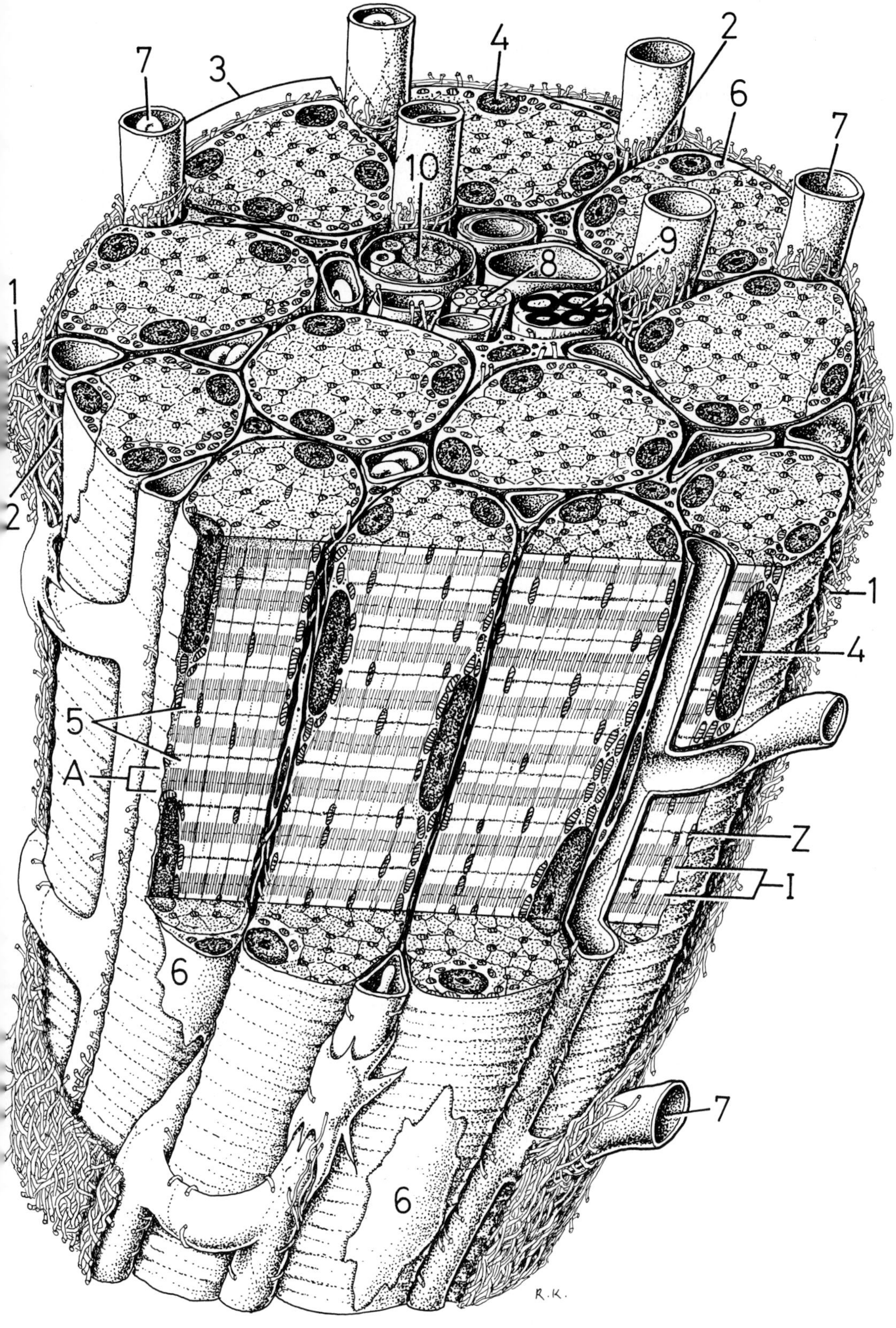
7
3
4
2
6
7
10
9
8
1
2
1
4
5
A
Z
I
6
7
6
R.K.

Tafel 127. Skeletmuskulatur. Weiße Muskelfaser und Satellitenzelle

Es ist schon seit langem bekannt, daß es rote und weiße Muskeln gibt. Aber auch innerhalb eines Muskels bestehen weiße und rote Fasern, die in routinemäßig gefärbten Schnitten nicht auffallen. Zu ihrer Darstellung muß man besondere Methoden anwenden, wie z. B. eine Succinodehydrogenase-Reaktion.

An das Sarkolemm (**1**) schließen sich eine Basallamina (**2**) und ein Filzwerk aus reticulären (**3**) und kollagenen (**4**) Mikrofibrillen an. Die Kerne sind mehr oder weniger ellipsoidal, häufig eingekerbt, mäßig chromatinhaltig und mit 1–2 deutlichen Nucleoli versehen. In Kernnähe liegen ein kleiner Golgi-Apparat und vereinzelte Doppellamellen des granulären endoplasmatischen Reticulums. Die Muskelfasern haben keine Centriolen.

Verglichen mit den roten Muskelfasern sind die weißen dicker, aber ärmer an Mitochondrien und Myoglobin. Sie enthalten dagegen mehr Myofibrillen (**5**) als die roten und infolgedessen weniger Sarkoplasma. Die Ultrastruktur der Myofibrillen ist jedoch in beiden Muskelfasern die gleiche und besteht aus zwei verschiedenen Myofilamentarten.

Die im polarisierten Licht etwa 1,5 µm langen und 15 nm dicken anisotropen Myosinfilamente (**6**) bilden den Hauptanteil der dunklen A-Bänder. Dazwischen befinden sich, je nach Kontraktionsgrad auch im Bereich der A-Bänder, die Actinfilamente (**7**). Diese sind etwa 1 µm lang und 5 nm dick. An Stellen, an denen nur Actinfilamente verlaufen, sieht man im polarisierten Licht die isotropen I-Bänder. In der Mitte der I-Bänder erscheinen in weißen Muskelfasern dünnere und in roten dickere osmiophile Streifen, die sog. Z-Streifen, an welchen die Actinfilamente befestigt sind. Zwei Z-Streifen begrenzen jeweils die kleinste kontraktile Einheit, das Sarkomer (**8**). Da in den A-Bändern die Actinfilamente nicht ganz bis zur Mitte reichen, entsteht dort die hellere H-Zone, in der man infolge der Verdickungen der Myosinfilamente das Mesophragma, d. h. den M-Streifen sehen kann. Zwischen den Myofibrillen liegen Mitochondrien. Sie sind in den weißen Muskelfasern nicht nur schwächer vertreten als in den roten, sondern besitzen auch weniger Cristae.

Die weißen Muskelfasern sind zu schnelleren Kontraktionen fähig, ermüden aber wegen der beschränkten Oxidationsmöglichkeiten (weniger Mitochondrien und Myoglobin) erheblich früher als die roten.

Die abgeflachten, lichtmikroskopisch nur sehr schwer erkennbaren Satellitenzellen (**9**) liegen auf der Oberfläche der Skeletmuskelfaser. Sie enthalten einen im Vergleich mit den Muskelfasern etwas chromatinreicheren Kern, wenig Cytoplasma, spärlich entwickelte Zellorganellen und Centriolen (**10**). Mit den Skeletmuskelfasern haben sie die Basallamina (**2**) gemeinsam.

Neuere autoradiographische und elektronenmikroskopische Untersuchungen haben gezeigt, daß die Satellitenzellen zur Synthese von Desoxyribonucleinsäure und zu Mitosen fähig sind. Dieser Eigenschaften wegen werden sie als undifferenzierte Stammzellen betrachtet, die sich im gegebenen Moment – z. B. bei der Muskelregeneration – in myoblastenähnliche Elemente umwandeln können (s. Tafeln 124 u. 133) (s. Tafeln 69, 70 in Krstić, R. V.: Ultrastruktur der Säugetierzelle).

Vergrößerung: 10 000fach

Literatur

Gibson MC, Schultz E (1982) The distribution of satellite cells and their relationship to specific fiber types in soleus and extensor digitorum longus muscles. Anat Rec 202:329–337

Ishikawa H (1980) Fine structure of the striated myofibril as revealed by high-voltage electron microscopy. Biomed Res 1:15–23

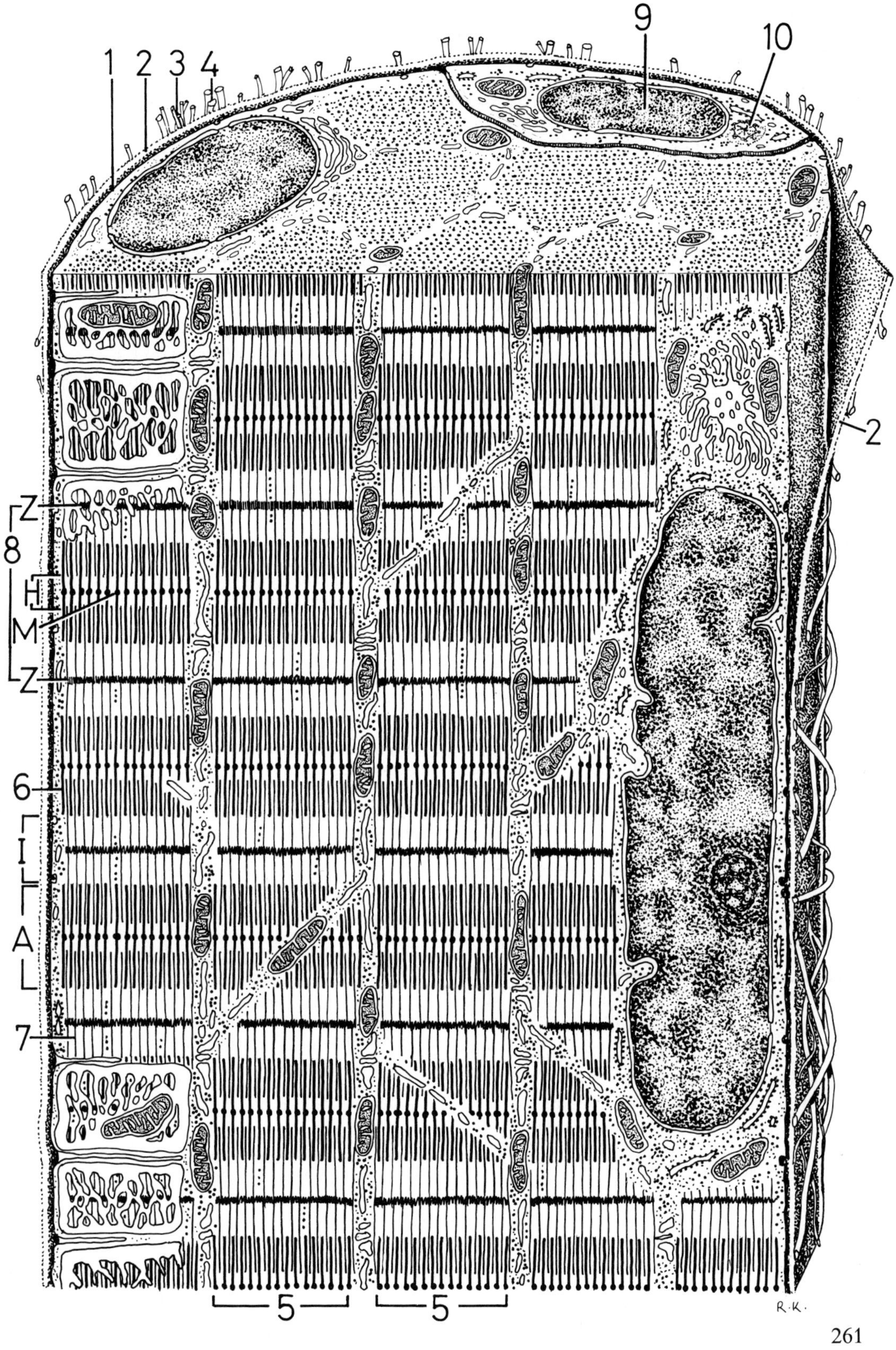

1
2
3
4
9
10
2
Z
8
H
M
Z
6
I
A
7
5
5
R.K.

Tafel 128. Skeletmuskulatur. Rote Muskelfaser

Die roten Muskelfasern haben, verglichen mit den weißen, einen kleineren Durchmesser, weniger Myofibrillen (**1**), aber deshalb relativ mehr Sarkoplasma und Myoglobin. Form und Struktur der Kerne und Golgi-Apparte sind in beiden Fasern gleich. Der Hauptunterschied liegt in der wesentlich größeren Anzahl cristaereicher Mitochondrien (**2**) in den roten Fasern. Diese Organellen sind großenteils unter dem Sarkolemm angehäuft, wodurch die Faseroberfäche leicht vorgewölbt wird. Außerdem findet man sie auch in großer Zahl zwischen den Myofibrillen. Innerhalb der Mitochondrienansammlungen sind mehrere Lipidtröpfchen (**3**) zu erkennen.

Wie auch in den weißen Muskelfasern ist jede Myofibrille in ein segmentiertes glattes sarkoplasmatisches Reticulum (**4**) gewickelt. Dieses besteht in den weißen wie auch in den roten Fasern aus einem den Myofibrillen parallelen, longitudinalen (L-)Röhrchensystem, das auf beiden Seiten in eine Terminalzisterne (**5**) mündet. An der Grenze der I- und A-Bänder schiebt sich zwischen die terminalen Zisternen ein immer transversal zur Myofibrille gerichteter T-Tubulus, welcher sich in der Horizontalebene verzweigt und das T-System bildet. Zwei Terminalzisternen formen mit dem dazwischenliegenden T-Tubulus eine Triade. Man beachte die Öffnungen der T-Tubuli an der Oberfläche der Muskelfasern (Pfeilspitzen).

Die sog. intermediären Muskelfasern haben einige Kennzeichen mit den weißen und roten Muskelfasern gemeinsam. Sie werden in diesem Buch nicht gezeigt.

Infolge ihres Reichtums an Mitochondrien sind in den roten Muskelfasern stärkere Oxidationsprozesse möglich. Deshalb können sie sich viel ausdauernder, dafür aber langsamer als die weißen Muskelfasern kontrahieren (z. B. in Atmungsmuskulatur). Diese Fähigkeit wird durch die höhere Myoglobinkonzentration (größere Sauerstoffreserve!) unterstützt. Es ist deshalb selbstverständlich, daß auch mehr Capillaren (**6**) die roten Muskelfasern begleiten.

Vergrößerung: 10 000fach

Literatur

Fleischer S, Tonomura Y (eds) Structure and function of sarcoplasmic reticulum. Academic, Orlando

Gauthier GF, Padykula HA (1966) Cytological studies of fiber types in skeletal muscle. A comparative study of mammalian diaphragm. J Cell Biol 28:333–354

Hess A, Rosner S (1970) The stellite cell bud and myoblast in denervated mammalian muscle fibers. Am J Anat 129:21–40

Kelly AB (1978) Perisynaptic satellite cells in the developing and mature rat soleus muscle. Anat Rec 190:891–904

Meis L (1980/81) The sarcoplasmic reticulum, vols 1, 2. Wiley, New York

Schmalbruch H (1985) Skeletal muscle. In: Oksche A, Vollrath L (eds) Handbook of microscopic anatomy, vol 2/part 6. Springer, Berlin Heidelberg New York Tokyo

Schultz E (1976) Fine structure of satellite cells in growing skeletal muscle. Am J Anat 147:49–70

Shafiq SA, Gorycki M, Goldstone L, Milhorat AT (1966) The fine structure of fiber types in normal human muscle. Anat Rec 156:283–302

Sommer JR, Wallace NR, Junker J (1980) The intermediate cisterna of the sarcoplasmic reticulum of skeletal muscle. J Ultrastruct Res 71:126–142

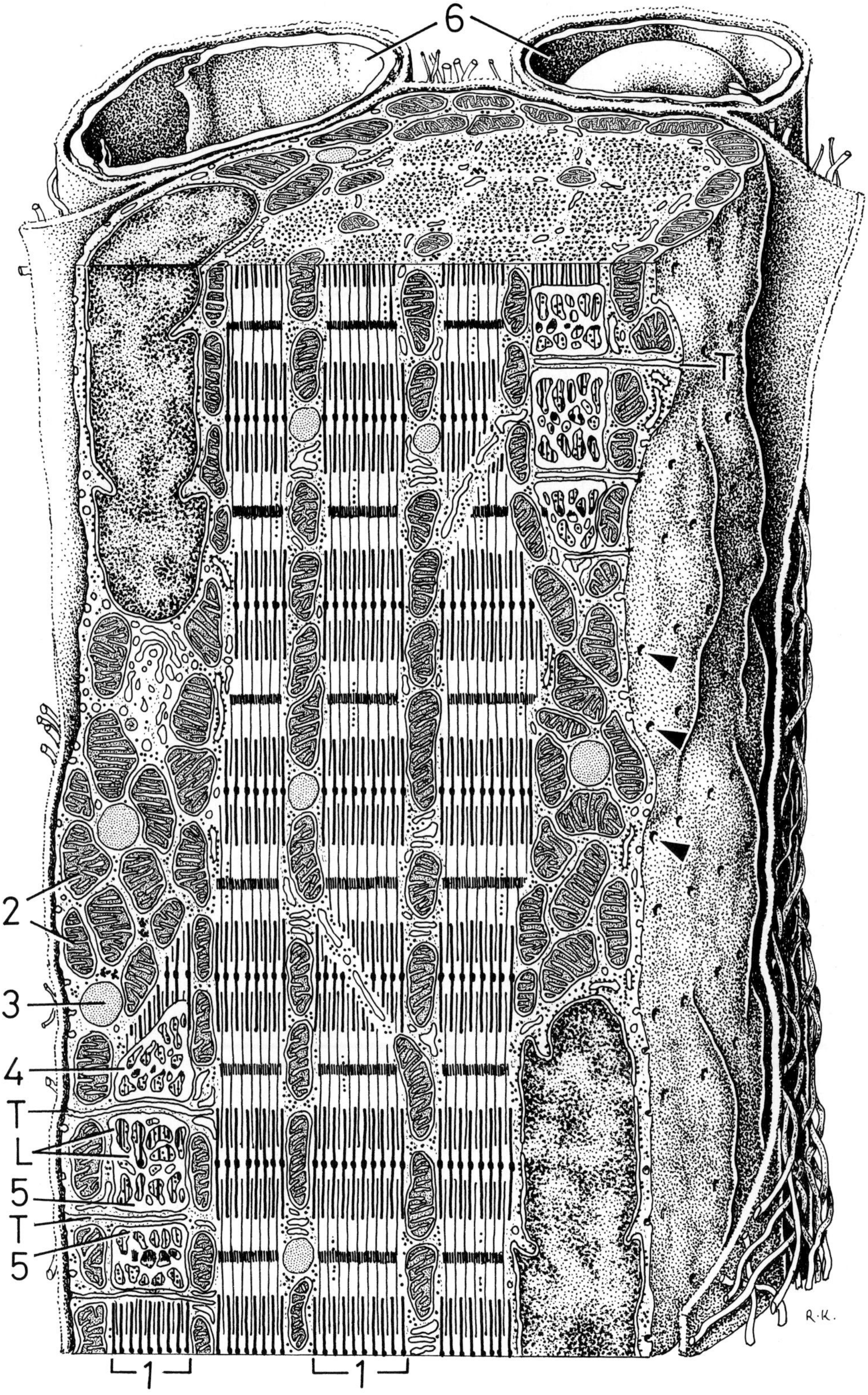
6
T
2
2
3
4
T
L
5
T
5
1
1
R·K.

Tafel 129. Skeletmuskulatur.
Dreidimensionale Darstellung des inneren Aufbaus einer Muskelfaser

Jede Myofibrille (**1**) wird in Höhe der A- und I-Bänder vom segmentierten sarkoplasmatischen Reticulum (**2**) umhüllt. Seine Schläuche verlaufen in diesen Abschnitten longitudinal, d.h. den Myofibrillen parallel. Deshalb bezeichnet man diese Anordnung der Tubuli als L-System. An der Grenze zwischen den A- und I-Bändern treten alle Schläuche eines Segmentes miteinander in Verbindung und bilden die transversal zur Myofibrille gerichtete Terminalzisterne (**3**).
Benachbarte Terminalzisternen berühren sich aber nicht, da sie immer durch eine quer zur Myofibrille verlaufende, tubuläre Einstülpung (**5** = T-Tubulus) des Sarkolemms (**6**) voneinander getrennt sind. Die T-Tubuli bilden ein nur transversal anastomosierendes T-System. Das sarkoplasmatische Reticulum an der ersten Myofibrille von rechts ist, ebenso wie die T-Tubuli, tangential angeschnitten. Bei der mittleren Myofibrille sind zwei terminale Zisternen und ein dazwischenliegender T-Tubulus im Schnitt quer getroffen. Diese dreiteilige Struktur – zwei terminale Zisternen mit einem T-Tubulus in der Mitte – nennt man Triade (**4**).
Im unteren Teil der Muskelfaser sieht man die nur transversal anastomosierenden T-Tubuli (**5**), die in direkter Verbindung mit dem Intercellularraum stehen. An der Oberfläche der Muskelfaser erscheinen in regelmäßigen Abständen die Öffnungen der T-Tubuli (Pfeilköpfe). An das Sarkolemm (**6**) anliegt die Basallamina (**7**) sowie reticuläre und kollagene Mikrofibrillen (**8**). Das sarkoplasmatische Reticulum spielt bei der Muskelkontraktion eine wichtige Rolle. Während der Kontraktion verlassen die Ca^{++}-Ionen das Reticulum und konzentrieren sich dort wieder während der Erschlaffung.
(Über weitere Einzelheiten orientieren Biochemie- und Physiologielehrbücher.)

Vergrößerung: 24000fach

Literatur

Dowben RM, Shay JW (eds) (1983) Cell and muscle motility, vol 4. Plenum, New York
Hayashi K, Miller RG, Brownell KW (1987) Three-dimensional architecture of sarcoplasmic reticulum and T-system in human skeletal muscle. Anat Rec 218:275–283
Kelly DE (1969) The fine structure of skeletal muscle triad junctions. J Ultrastruct Res 29:37–49
Ogata T, Yamasaki Y (1987) High-resolution scanning electron microscopic studies on the three-dimensional structure of mitochondria and sarcoplasmic reticulum in the different twich muscle fibers of the frog. Cell Tissue Res 250:489–497
Rowe RW (1971) Ultrastructure of the Z line of skeletal muscle fibers. J Cell Biol 51:674–685
Walker SM, Schrodt GR, Currfier GJ, Turner VE (1975) Relationship of the sarcoplasmic reticulum to fibril and triadic junction development in skeletal muscle fibers of fetal monkeys and humans. J Morphol 146:97–128

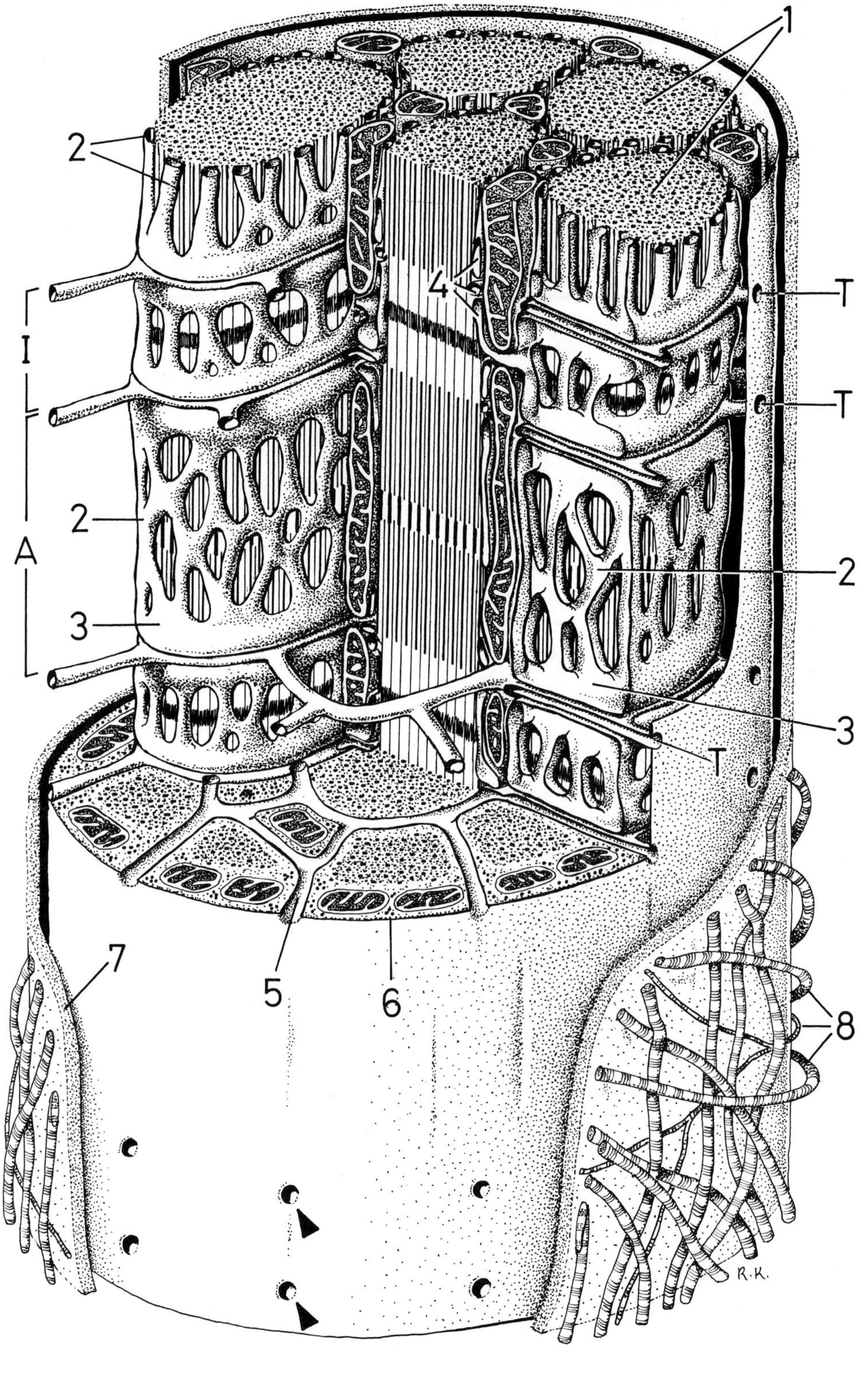

1
2
I
A
2
3
4
T
T
2
3
T
5
6
7
8
R.K.

Tafel 130. Skeletmuskulatur. Schematische Darstellung einer erschlafften und einer kontrahierten quergestreiften Myofibrille (teilweise in Anlehnung an HAM und CORMACK, 1979)

Bei einer stark erschlafften Myofibrille (Abb. **A**) greifen die Actin- (Abb. **A** u. **B 1**) und Myosinfilamente (Abb. **A** u. **B 2**) nur wenig ineinander.
Es wirde heute allgemein angenommen, daß während einer Kontraktion (Abb. **B**) die dünnen Actinfilamente tiefer zwischen die dickeren Myosinfilamente gegen den M-Streifen gleiten. Es kommt also dabei zu keiner Verkürzung der Myofilamente. Allerdings werden die beiden Filamentarten durch die in der folgenden Tafel ausführlich beschriebenen, beweglichen Meromyosinköpfe (Abb. **A** u. **B 3**) weiter voneinander entfernt. Damit vergrößert sich der Durchmesser einer Myofibrille resp. des ganzen Muskels. Durch die Ineinanderschiebung der Myofilamente kommen sich die Z-Streifen näher, und die I-Bänder und H-Zonen werden schmäler oder verschwinden ganz, was eine polarisationsoptische Anisotropie des kontrahierten Muskels zur Folge hat.
Querschnitte zeigen je nach Schnitthöhe ein unterschiedliches Bild der ineinandergeschobenen Myosin- und Actinfilamente. In den Kreisen wird das Aussehen der verschiedenen Querschnittflächen einer Myofibrille gezeigt.
Der Schnitt in Höhe des I-Bandes enthält nur die Profile hexagonal angeordneter Actinfilamente (Abb. **C**). Wo die Myosin- und Actinfilamente ineinandergreifen, umgeben je 6 Actinfilamente ein Myosinfilament (Abb. **D**). Im Querschnitt duch den M-Streifen besteht eine hexagonale Anordnung der dickeren Teile der Myosinfilamente (**E**). In dieser Ebene sind die Myosinfilamente durch sog. M-Filamente (Abb. **A, B** und **E 4**) miteinander verbunden. Das hexagonale Muster bilden in Höhe der H-Zone die dünneren Teile der gleichen Filamente (Abb. **F**).
Während ihres Verlaufes durch das I-Band in Richtung auf den Z-Streifen ändern die Actinfilamente ihre Lage um etwa 10 nm, wodurch das in Abb. **G** gezeigte quadratische Muster entsteht. Ein kleiner Ausschnitt aus einer erschlafften und einer kontrahierten Myofibrille (Sternchen) ist in der folgenden Tafel in Abb. **A** u. **B** dargestellt (s. Tafel 71 in KRSTIĆ, R. V.: Ultrastruktur der Säugetierzelle).

Literatur

Bagshaw CRF (1982) Muscle contraction. Chapman and Hall, New York

Clarke M (1984) Two states of attachment. Nature 310:275

Franzini-Armstrong C (1970) Studies on the triad: I. Structure of the junctions in frog twitch fibers. J Cell Biol 47:488–499

Franzini-Armstrong C, Porter KR (1964) The Z disc of skeletal muscle fibrils. Z Zellforsch 61:661–672

Ham AW, Cormack DH (1979) Histology, 8th edn. Lippincott, Philadelphia

Kelly DE (1967) Models of muscle Z-band fine structure based on a looping filament configuration. J Cell Biol 34:827–840

Kelly DE, Cahill MA (1972) Filamentous and matrix components of skeletal muscle Z-discs. Anat Rec 172:623–642

Pepe FA, Ashton FT, Stree C, Weisel J (1986) The myosin filament. X. Observation of nine subfilaments in transverse section. Tissue Cell 18:499–508

Tsukita S, Yano M (1985) Actomyosin structure in contracting muscle detected by rapid freezing. Nature 317:182–184

Wallimann T, Eppenberger HM (1985) Localization and function of M-line bound creatin kinase. In: Shay JW (ed) Cell and muscle motility, vol 6. Plenum, New York

Wang K, Ramirez-Mitchell R (1983) A network of transverse and longitudinal intermediate filaments is associated with sarcomeres of adult vertebrate skeletal muscle. J Cell Biol 96:562–570

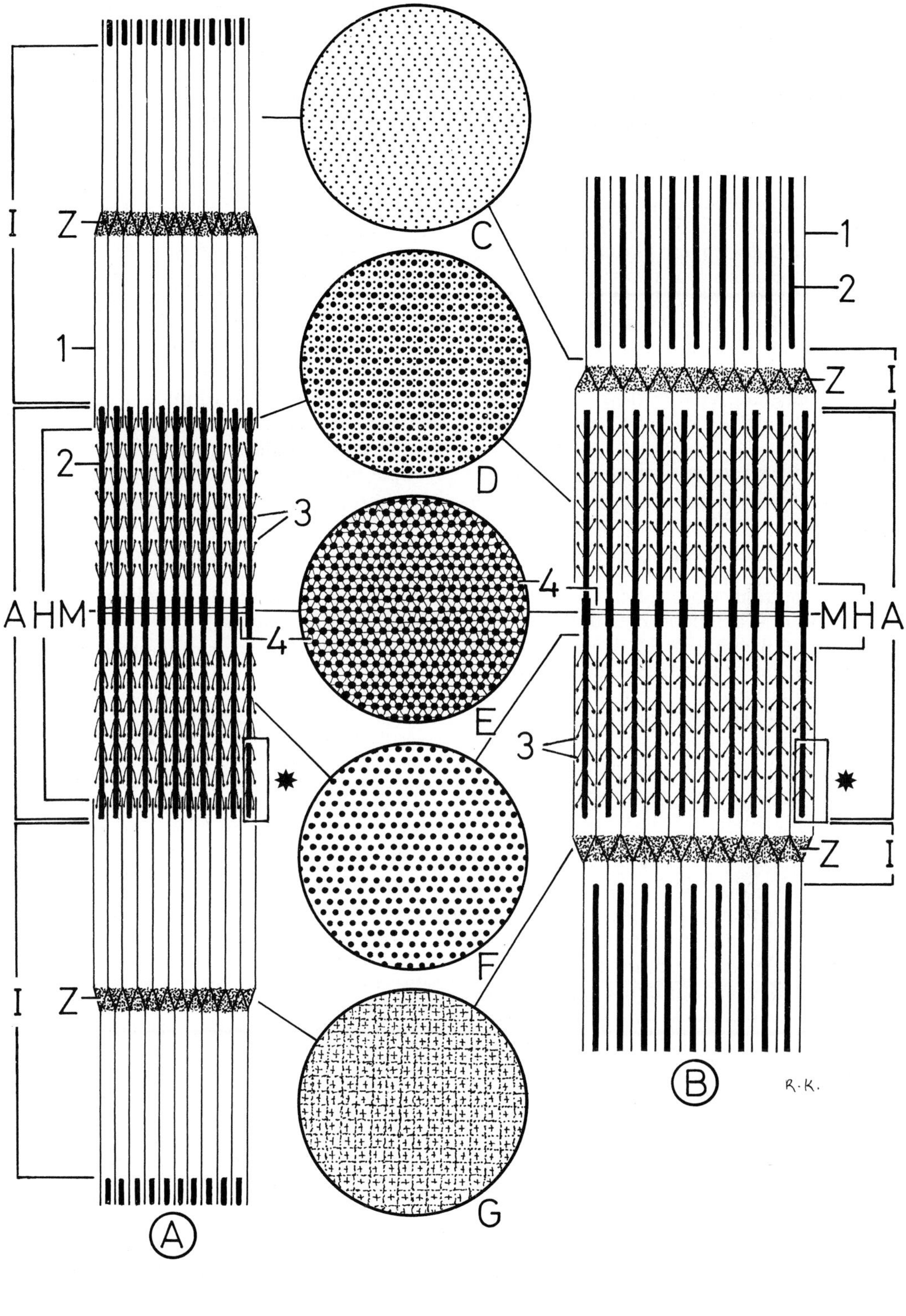

I
Z
1
2
3
A
H
M
4
I
Z
C
D
E
F
G
A
1
2
Z
I
4
M
H
A
3
Z
I
B
R.K.

Tafel 131. Teilweise hypothetische Darstellung der Beziehungen zwischen Actin- und Myosinfilamenten in erschlafften und kontrahierten Myofibrillen (in Anlehnung an Ham, 1974 und Morel und Pinset-Härström, 1975)

Die dicken Myosinfilamente (Abb. **A** u. **B 1**) sind aus zweiteiligen, etwa 150 nm langen, fadenförmigen Myosinmolekülen zusammengesetzt. Das etwa 80 nm lange, sog. leichte Meromyosin (Abb. **A** u. **B 2**) bildet das eigentliche Rückgrat der Myosinfilamente, während der kürzere, aus schwerem Meromyosin (Abb. **A** u. **B 3**, **S-2**) bestehende Abschnitt an seinem Ende eine globuläre Einheit (Abb. **A** u. **B 4**, **S-1**) trägt.

Röntgendiffraktometrische Untersuchungen haben gezeigt, daß sich die globulären Köpfchen(**4**) paarweie an beiden Seiten des Myosinfilamentes gegenüberliegen. Jedes Paar ist gegen das darauffolgende um 120° gedreht, wodurch 6 Reihen dieser globulären Einheiten entlang den Myosinfilamenten erscheinen. In der Längsrichtung sind die globulären Paare 14,3 nm voneinander entfernt, weshalb die Meromyosinköpfchen einer gleichen Reihe in 42,9 nm Abstand liegen.

Die dünnen Actinfilamente (Abb. **A** u. **B 5**) setzen sich aus zwei helicoidal umeinandergewickelten *f*ibrillären Ketten von F-Actin zusammen, welche als Ergebnis einer longitudinalen Aggregation der 5,6 nm messenden *g*lobulären Moleküle des G-Actins gebildet werden. Zwischen den F-Actin-Fädchen kommen dünne, etwa 40 nm lange Tropomyosinmoleküle (Abb. **A** u. **B 6**) vor. Entlang den Actinfilamenten, in Abständen von 40 nm, liegen die ans Tropomyosin gebundenen Troponinmoleküle (Abb. **A** u. **B 7**).

Während der Erschlaffung wird durch die eingeschobenen Tropomyosinmoleküle (**6**) eine Interaktion der Meromyosinköpfe (**4**) und der Actinfilamente (**5**) verhindert (Abb. **A**).

Zu Beginn der Kontraktion wirkt jedoch unter dem Einfluß von Ca^{++}-Ionen das Troponin auf das Tropomyosin, so daß letzteres in die Furche zwischen den Actinglobuli zu liegen kommt. Diese Bewegung des Tropomyosins bringt die Actin- und Myosinelemente miteinander in Kontakt. Gleichzeitig breiten sich (unterbrochene Pfeile, Abb. **B**) schwere Meromyosinäste aus, wodurch die Actinfilamente nach oben (Hohlpfeil) und seitlich verschoben werden. Im weiteren Verlauf werden auch die Bewegungen der Meromyosinköpfe (in Richtung der kurzen Pfeile, Abb. **B**) auf die Actinfilamente übertragen. Es ist sogar möglich, daß die Meromyosinköpfe, ähnlich den Füßchen einer Raupe, über die Actinglobuli laufen können.

Die Energie für die Kontraktion wird durch die Spaltung von Adenosintriphosphat (ATP) geliefert.

(Andere Einzelheiten s. Biochemie- und Physiologielehrbücher.)

Literatur

Eaton BL (1976) Tropomyosin binding to F-actin induced by myosin heads. Science 192:1337–1338

Ham AW (1974) Histology, 7th edn. Lippincott, Philadelphia

Huxley GE (1969) The mechanism of muscular contraction. Science 164:1356–1366

Huxley HE (1983) Molecular basis of contraction in cross-striated muscles and relevance to motile mechanisms in other cells. In: Stracher A (ed) Muscle and nonmuscle motility, vol 1. Academic, New York

Morel JE, Pinset-Härström I (1975) Ultrstructure of the contractile system of striated skeletal muscle and the processes of muscular contraction: I. Ultrastructure of the myofibril and source of energy. Biomedicine 22:88–96

Pepe FA (1983) Macromolecular assembly of myosin. In: Stracher A (ed) Muscle and nonmuscle motility, vol 1. Academic, New York

Squire JM (1983) Molecular mechanisms in muscular contraction. Trends in Neurosci 6:409–413

Toma M, Berl S (1982) Structural characterization of myosin from bovine brain. Eur J Cell Biol 28:122–129

Toyoshima Y, Kron SJ, McNally EM, Niebling KR, Toyoshima C, Spudich JA (1987) Myosin subfragment-1 is sufficient to move actin filaments *in vitro*. Nature 328:536–539

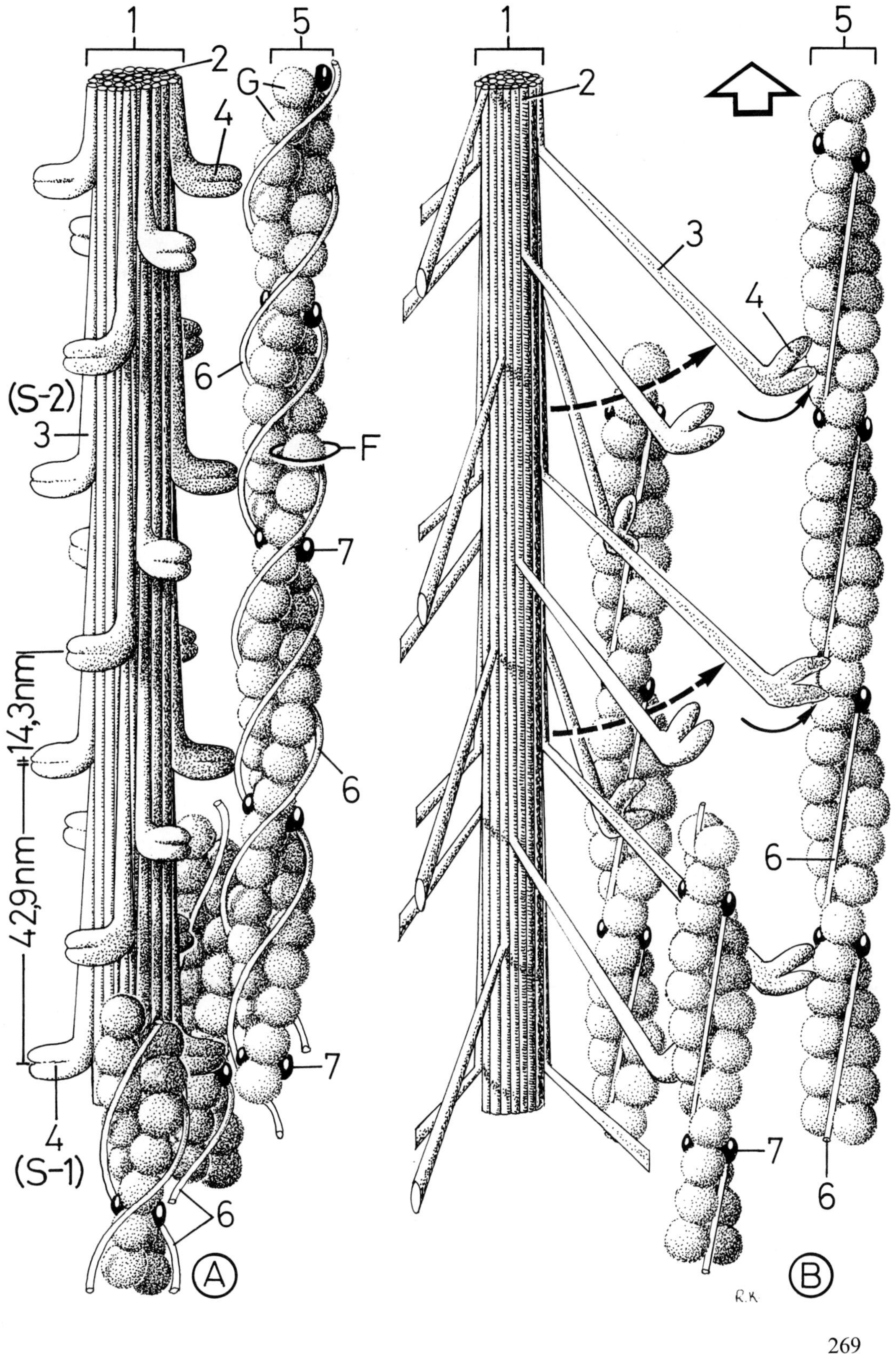

1
2
5
G
4
(S-2)
3
6
F
7
14,3nm
42,9nm
6
7
4
(S-1)
6
A
1
2
5
3
4
6
7
6
B
R.K.

Tafel 132. Skeletmuskulatur. Verbindung der Muskelfaser mit der Sehne

Wie aus der lichtmikroskopischen Vergrößerung in Abb. **A** ersichtlich ist, setzt sich das die Muskelfasern (Abb. **A 2**) umhüllende Bindegewebe (Abb. **A 1**) allmählich in die Sehnenfaser (Abb. **A 3**) fort. Eine Abgrenzung der kegelförmigen Enden der Muskelfasern gegenüber der Sehne ist der Beweis dafür, daß es zwischen der kontraktilen Substanz und dem kollagenen Faserwerk keine echte Kontinuität gibt. Zur Erklärung der Muskel-Sehne-Verknüpfung wurden die Strukturdetails im Viereck für die Abb. **B** nachvergrößert.

Am Ende der Muskelfasern bestehen tiefe, von der Basallamina (Abb. **B 3**) ausgekleidete, längsgerichtete Einsenkungen (Abb. **B 1**) und röhrenförmige Invaginationen (Abb. **B 2**), in welche die Sehnenmikrofibrillen (Abb. **B 4**) eindringen. Durch diese Vertiefungen wird die Kontaktfläche der Muskelfaser mit den Kollagenfibrillen erheblich vergrößert, was natürlich die Verknüpfung zwischen Sehne und Muskelfaser festigt. Allerdings können sich die kollagenen Sehnenmikrofibrillen nicht direkt in der Basallamina verankern; sie brauchen dazu die Hilfe der reticulären Mikrofibrillen (Abb. **B 5**).

Dieses Verhalten ist in Abb. **C** stärker vergrößert dargestellt (nach Hanak u. Böck, 1971).

Am äußeren Blatt des Sarkolemms (Abb. **C 1**) der Muskelfaser liegen zahlreiche, die Basallamina (Abb. **C 3**) durchdringende Schlingen der reticulären Mikrofibrillen (Abb. **C 2**). An ihren freien Enden außerhalb der Basallamina verfilzen sie sich mit den Sehnenmikrofibrillen (Abb. **C 4**), wodurch eine etwas elastische und trotzdem feste Verbindung des Sarkolemms mit dem Sehnenfaserbündel zustande kommt.

Vergrößerungen: Abb. **A** 300fach; Abb. **B** 20000fach; Abb. **C** 85000fach

Literatur

Hanak H, Böck P (1971) Die Feinstruktur der Muskel-Sehneverbindung von Skelet- und Herzmuskel. J Ultrastruct Res 36:68–85

Mackay B, Harrop TJ, Muir AR (1969) The fine structure of the muscle-tendon junction in the rat. Acta Anat (Basel) 73:588–604

Ovalle WK (1987) The human muscle-tendon junction. Anat Embryol 176:281–294

Tidball JG, Daniel TL (1986) Myotendinal junctions of tonic muscle cells: structure and loading. Cell Tissue Res 245:315–322

Trotter JA, Corbett K, Avner BP (1981) Structure and function of the murine muscle-tendon junction. Anat Rec 301:293–302

Trotter JA, Baca JM (1987) A stereological comparison of the muscle-tendon junctions of fast and slow fibers in the chicken. Anat Rec 218:256–266

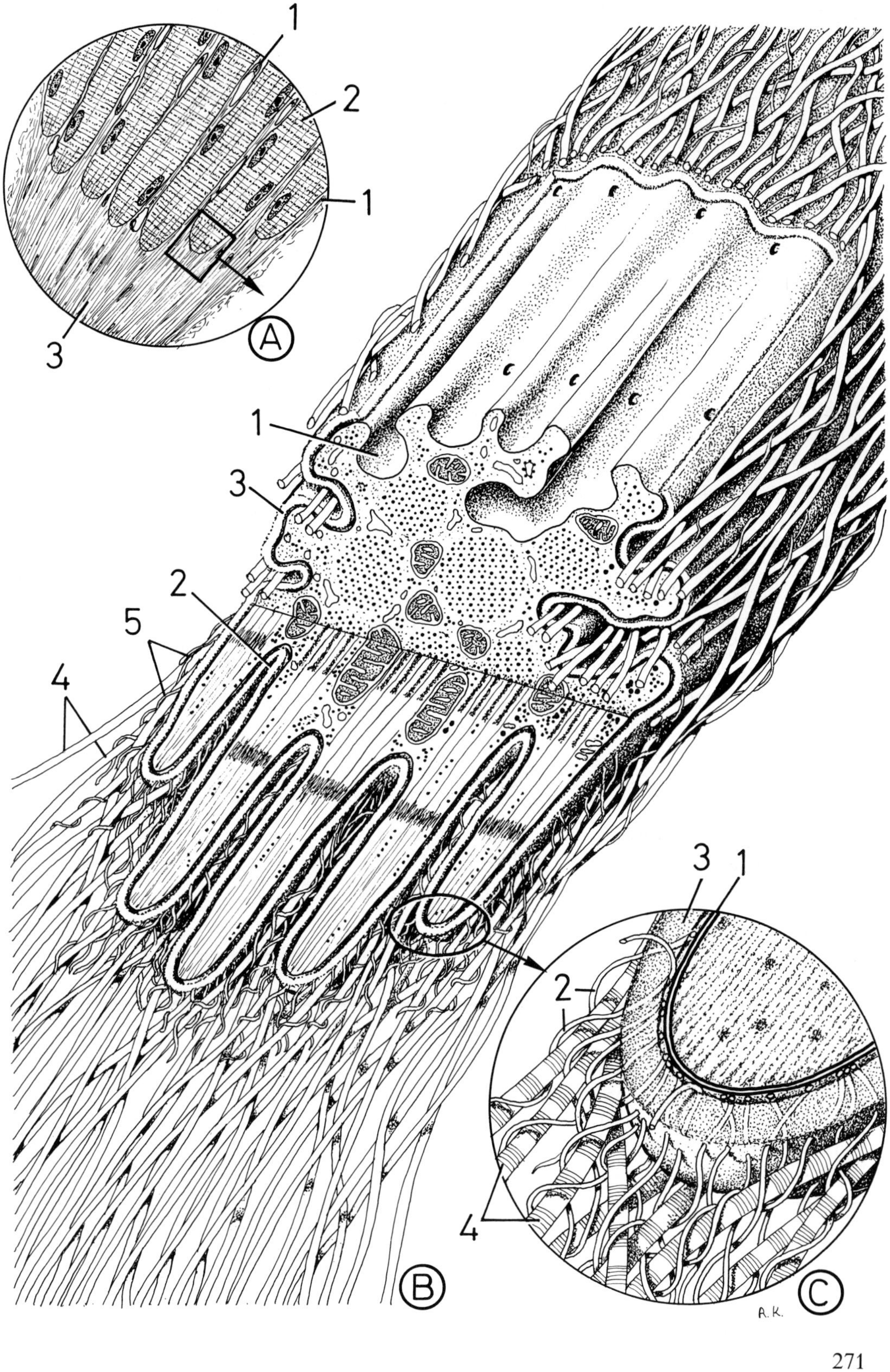
1
2
1
3
A
1
3
2
5
4
B
3
1
2
4
C
A.K.

Tafel 133. Skeletmuskulatur. Regeneration der quergestreiften Muskelfasern

Trotz sehr hoher morphofunktioneller Differenzierung können sich die quergestreiften Muskelfasern regenerieren. Die wichtigsten Bedingungen dafür sind eine ununterbrochene Basallamina und eine nicht allzu große Entfernung von unbeschädigten Muskelfaserteilen.
Die Muskelfasern regenerieren sich
I. kontinuierlich und
II. diskontinuierlich.
I. Auf vereinfachte Weise läßt sich die erste Möglichkeit wie folgt zusammenfassen: Durch die Basallamina (Abb. **A 3**) dringen Makrophagen (Abb. **A 1**) in die zerstörte Zone der Muskelfaser (Abb. **A 2**) und phagocytieren dort die Trümmer (Abb. **A 4**). Etwa 3–4 Tage nach der Nekrose werden die Muskelfaserkerne (Abb. **B 5**) in den unbeschädigten Faserenden größer. Sie ordnen sich hintereinander und wandern in die inzwischen entstandenen Knospen (Abb. **B 6**), welche sich gegeneinander schieben (Pfeile) und verschmelzen.
In der wiederhergestellten Muskelfaser haben die Kerne, wie in den Muskelschläuchen, zunächst eine zentrale Lage (Abb. **C**), werden aber bald danach von den sich bildenden Myofibrillen gegen das Sarkolemm gedrückt (Abb. **D**). Damit ist die kontinuierliche Regeneration etwa 2 Wochen nach der Beschädigung der Muskelfasern beendet.
II. Die diskontinuierliche Regeneration erfordert die Mitwirkung der Satellitenzellen. Auch hier reinigen die Makrophagen (Abb. **E 1**) zuerst den beschädigten, aber in die Basallamina (Abb. **E 4**) gehüllten Muskelfaserabschnitt (Abb. **E 3**) von seinen Trümmern (Abb. **E 2**). Die Satellitenzellen (Abb. **E 5**) zeigen in diesem Stadium noch keine Mitosen.
Etwa 3–4 Tage nach der Beschädigung beginnen die Satellitenzellen, sich zu teilen (Abb. **F 5**) und – in Richtung der Pfeile – einander zu nähern. Bald wird die nekrotische Zone von jungen, den Myoblasten ähnlichen Zellen überbrückt (Abb. **G 6**), die danach miteinander verschmelzen. Dadurch entsteht wieder das Muskelrohrsyncytium mit den zunächst zentral gelegenen Kernen (Abb. **H**), welche nach abgeschlossener Myofibrillogenese an die Peripherie des Sarkoplasmazylinders gedrückt werden (Abb. **I**).
Zu Abb. **F** muß noch gesagt weren, daß sich die Mitosen der Satellitenzellen in Wirklichkeit viel unauffälliger abspielen, als es hier dargestellt ist. Man hat zwar schon lange die peripheren Mitosen bei regenerierenden Muskelfasern lichtmikroskopisch festgestellt, sie aber den Muskelfaserkernen zugeschrieben.

Literatur

Carlson BM (1973) The regeneration of skeletal muscle – a review. Am J Anat 137:119–150

Carlson BM, Gutmann E (1975) Regeneration in free grafts of normal and denervated muscles in the rat: morphology and histochemistry. Anat Rec 183:47–61

Christ B, Čihák R (eds) (1986) Development and regeneration of skeletal muscles. Bibliotheca anatomica, vol 29. Karger, Basel

Hall-Craggs ECB (1974) The regeneration of skeletal muscle fibers per continuum. J Anat 117:171–178

Jakubiec-Puka A, Kulesza-Lipka D, Kordowska J (1982) The contractile apparatus of striated muscle in the course of atrophy and regeneration: II. Myosin and actin filaments in mature rat soleus muscle regenerating after reinnervation. Cell Tissue Res 227:641–650

Ontell M, Hughes D, Bourke D (1982) Secondary myogenesis of normal muscle produces abnormal myotubes. Anat Rec 204:199–207

Snow MH (1977) Monogenic cell formation in regenerating rat skeletal muscle injured by mincing: I. A fine structural study; II. An autoradiographic study. Anat Rec 188:181–218

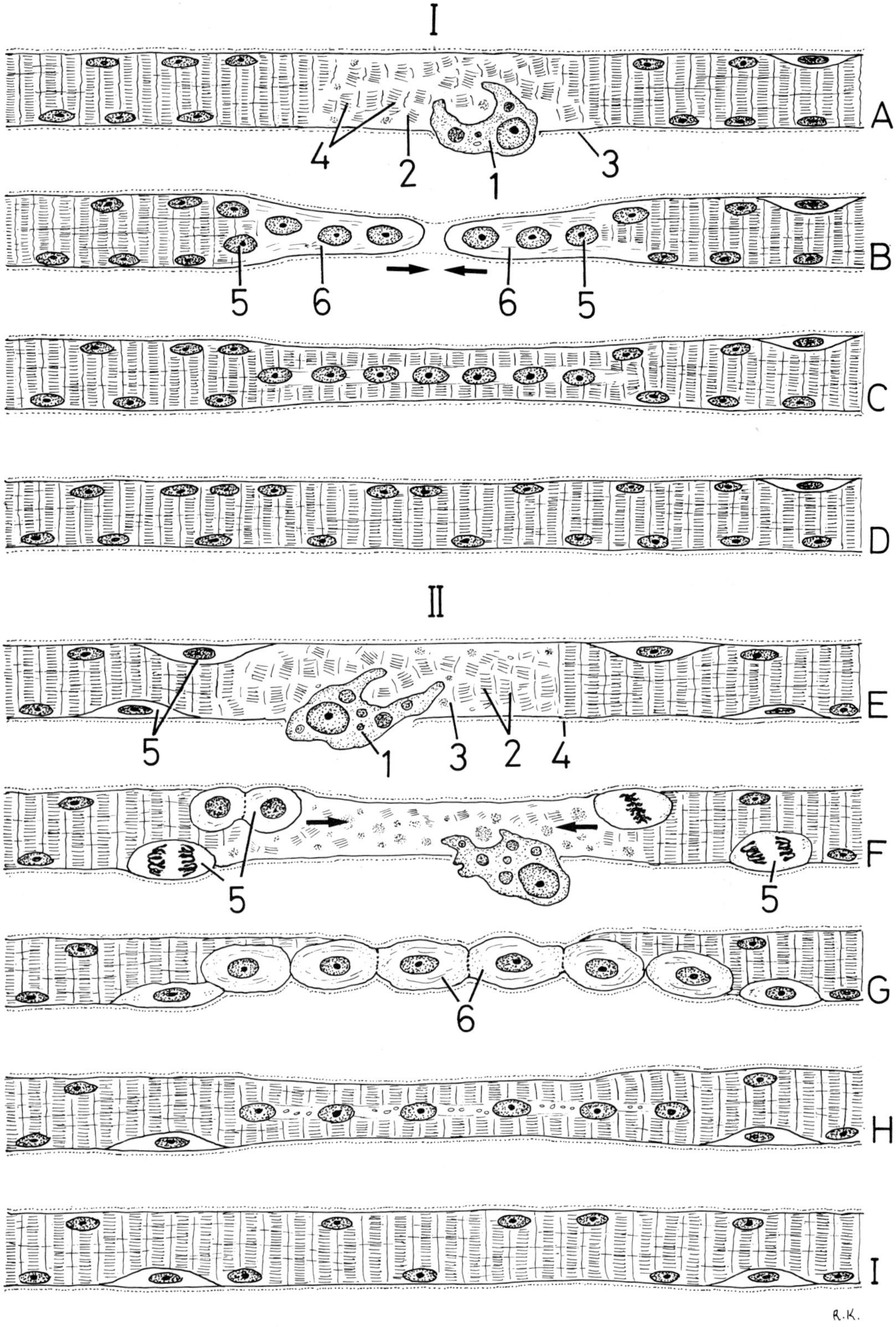
I
A
4
2
1
3
B
5
6
6
5
C
D
II
E
5
1
3
2
4
F
5
5
5
G
6
H
I
R.K.

Tafel 134. Herzmuskulatur. Lichtoptisches Aussehen

Die Herzmuskulatur bildet die Hauptmasse des Herzens (Abb. **A**). Ein Stück der Ventrikelwand ist quer- und längsgeschnitten in den Abb. **B** bzw. **C** dargestellt. An Querschnitten der Herzmuskulatur fällt die Mannigfaltigkeit ihrer Fasern (Abb. **B 1**) auf; keine gleicht der anderen in Form und Durchmesser. Die in der Mitte des Sarkoplasmas liegenden Kerne (Abb. **B 2**) sind von radiären Myofibrillenfeldern (Abb. **B 3**) umgeben. Zwischen den Fasern befindet sich ein gut entwickeltes lockeres Bindegewebe (Endomysium, Abb. **B 4**) mit vielen Blutcapillaren (Abb. **B 5**).

Der Längsschnitt der Herzmuskulatur zeigt die Verzweigung und netzartige Verbindung der Muskelfasern – eine Erscheinung, die weder bei der glatten noch bei der Skeletmuskulatur bekannt ist.

Die Kerne (Abb. **C 1**) sind von auseinanderweichenden quergestreiften Myofibrillen umgeben. An beiden Kernpolen entstehen somit – wie in glatten Muskelzellen – kleine kegelförmige Sarkoplasmabezirke, die man auch hier als Endoplasma (Abb. **C 2**) bezeichnet. Weitere lichtoptisch sichtbare und für die Herzmuskulatur charakteristische Strukturen sind die sog. Glanzstreifen oder Disci intercalares (Abb. **C 3**). Diese durchqueren die Muskelfasern treppenförmig und unterteilen sie in 50–120 µm lange, ein- oder auch zweikernige Segmente, d. h. in regelrechte Zellen (Abb. **C 4**).

Die Herzmuskulatur wird also, genau wie die glatte Muskulatur, aus zelligen Elementen gebildet, welche sich zu Herzmuskelfasern vereinigen. Im Gegensatz zur Skelettmuskelfaser stellt die Herzmuskulatur kein Syncytium dar.

Ein gut entwickeltes und capillarenreiches Endomysium (Abb. **B** u. **C 5**) liegt zwischen den Herzmuskelfasern.

Vergrößerungen: Abb. **B** u. **C** 600fach

Literatur

Canale ED, Campbell GR, Smolich JJ, Campbell JH (1986) Cardiac muscle. In: Oksche A, Vollrath L (eds) Handbook of microscopic anatomy, vol 2, part 7. Springer, Berlin Heidelberg New York Tokyo

Fawcett DW, McNutt NS (1969) The ultrastructure of the cat myocardium: I. Ventricular papillary muscle. J Cell Biol 42:1–45

Grzycki S, Tochman A (1975) Some observations on the intercalated disc of a rat cardiac muscle. Z Mikrosk Anat Forsch 89:219–230

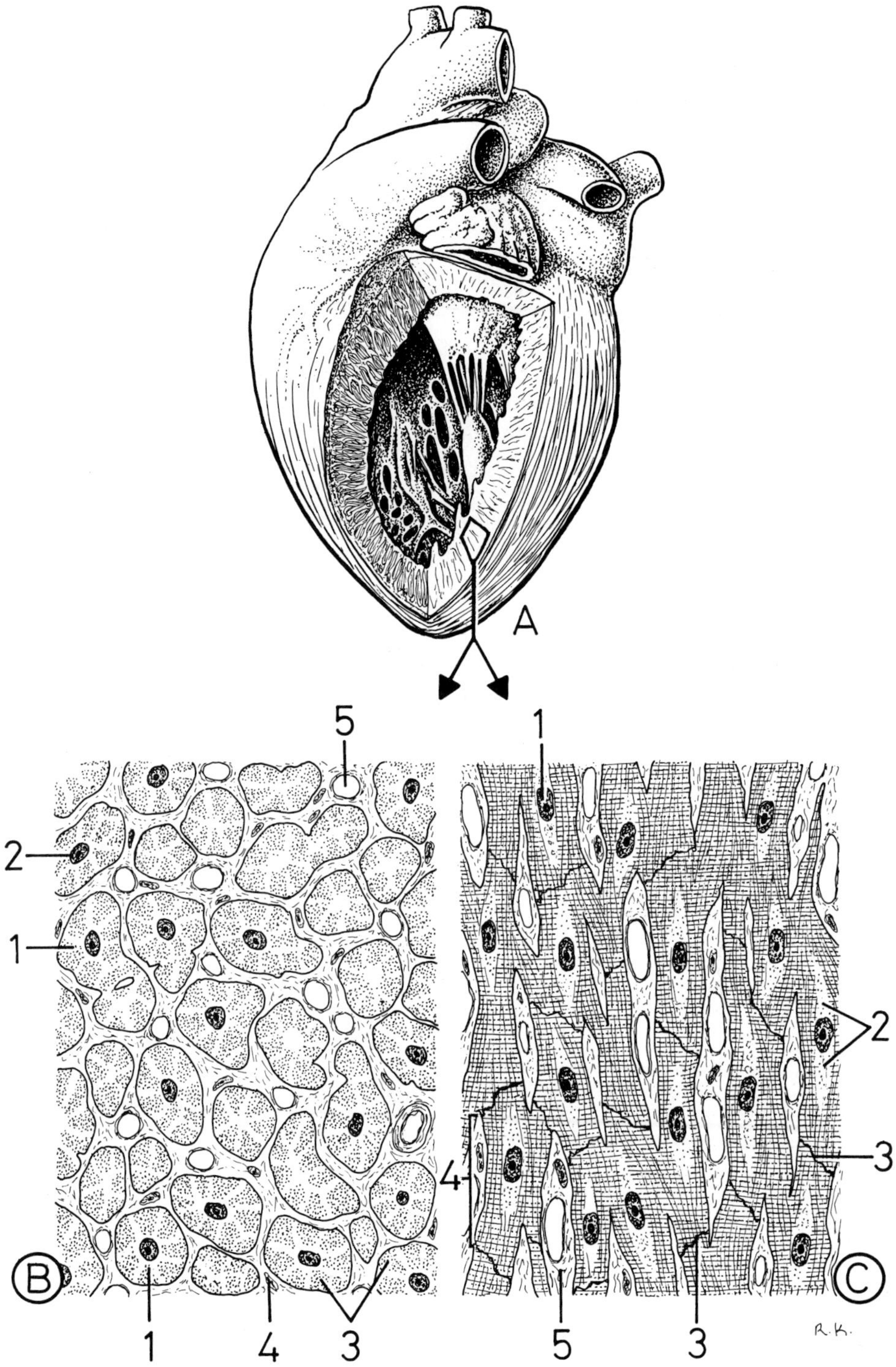
A
5
1
2
1
2
3
4
B
C
1
4
3
5
3
R.K.

Tafel 135. Herzmuskulatur. Dreidimensionale Darstellung einiger Fasern

Die Herzmuskelfasern (**1**) bilden, wie schon erwähnt, einen netzartigen Verband, in dessen Maschen zahlreiche Capillaren (**2**) und das lockere faserige Bindegewebe des Endomysiums (**3**) liegen.
Auf Querschnitten sind die unregelmäßigen Umrisse der Herzmuskelfasern mit ihren zentral gelegenen Kernen deutlich sichtbar. Eine große Anzahl Mitochondrien (**4**) tritt sowohl auf Quer- als auch auf Längsschnitten in Erscheinung.
Die Disci intercalares (**5**) sowie die Unterteilung der Fasern in ein- bzw. zweikernige Herzmuskelzellen sind dagegen nur an Längsschnitten zu erkennen.
Eine einkernige Herzmuskelzelle (Pfeil) ist in Tafel 137 räumlich dargestellt.

Vergrößerung: 2200fach

Literatur

McNutts NS, Fawcett DW (1974) Myocardial ultrastructure. In: Mammalian myocardium. Wiley, New York

Page E, McCallister LP (1973) Studies on the intercalated disk of rat left ventricular myocardial cells. J Ultrastruct Res 43:388–411

Piper HM, Spieckermann PG (eds) (1985) Adult heart muscle cell. Springer, Ijmuiden

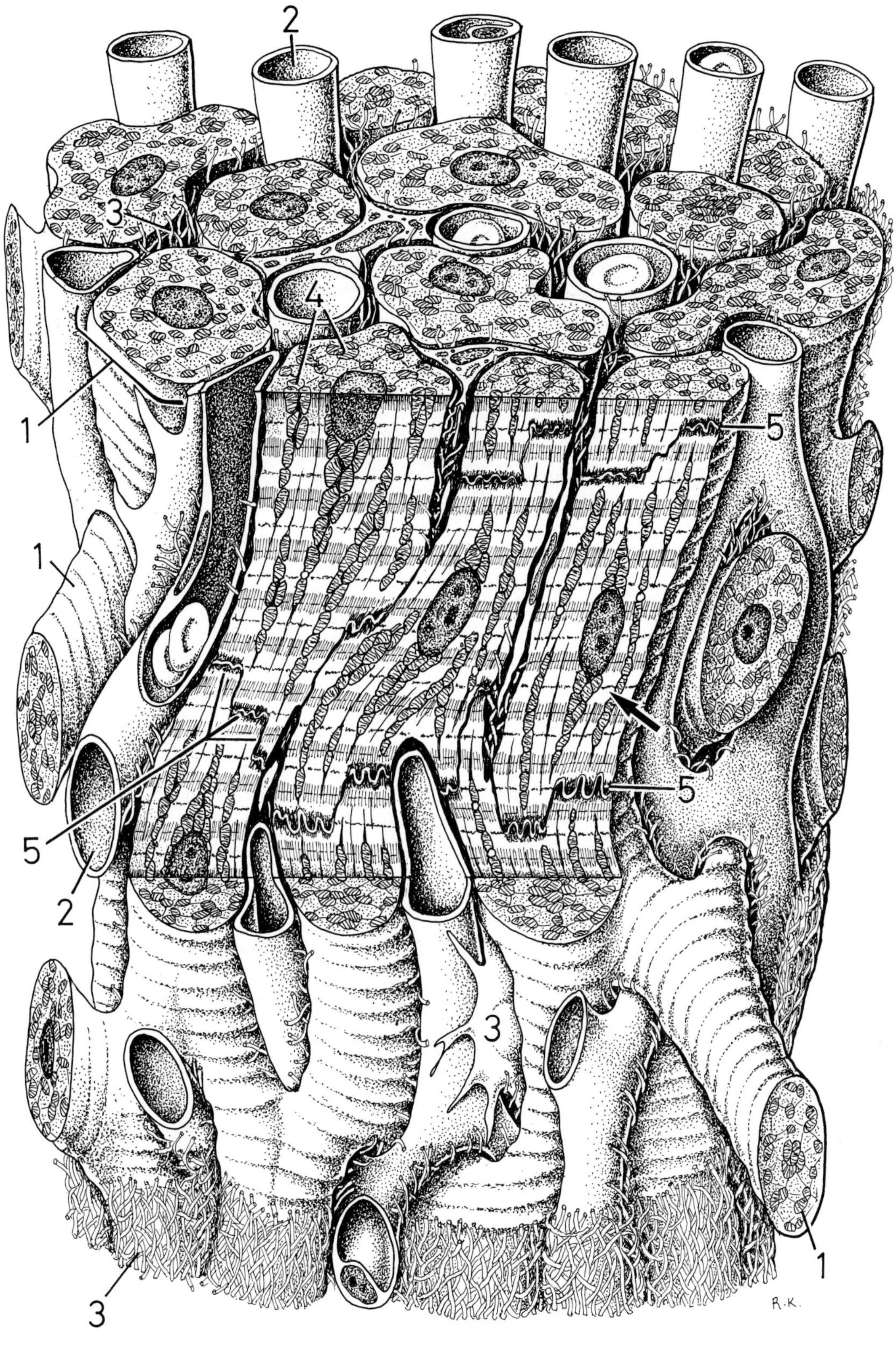
2
3
4
1
5
1
5
5
2
3
3
1
R.K.

Tafel 136. Herzmuskulatur. Elektronenmikroskopisches Bild der quer- und längsgeschnittenen Herzmuskelfaser

An einer quergeschnittenen Herzmuskelfaser (Abb. **A**) fallen zuerst der zentral gelegene Kern und die vielen Mitochondrien auf. Die Myofibrillen (Abb. **A1**) sind hier wesentlich schlechter gegeneinander abgegrenzt als in der Skeletmuskulatur, zeigen aber die gleiche Anordnung der Myosin- und Actinfilamente. Je nach Höhe der Schnittebene kann man auf Querschnitten der Herzmuskelfasern alle bereits in Tafel 130 gezeigten Muster sehen.

In der peripheren Sarkoplasmazone und zwischen den Mitochondrien erkennt man viele Glykogengranula (Abb. **A2**) und einige Doppellamellen des glatten endoplasmatischen Reticulums (Abb. **A3**).

Eine feine bindegewebige Hülle aus reticulären und kollagenen Mikrofibrillen (Abb. **A4**) und eine Basallamina (Abb. **A5**) umgeben die Herzmuskelfaser. Durch die Zwischenräume ziehen zahlreiche Blutcapillaren (Abb. **A6**), die für den sehr starken Stoffwechsel nötig sind.

Auf Längsschnitten fallen zuerst die großen Mitochondrien mit ihren vielen Cristae auf. Die Triaden (Abb. **B1**), deren Struktur hier nicht so deutlich ist wie in der Skeletmuskulatur, kommen in den Herzmuskelfasern in Höhe der Z-Streifen vor. Zwischen den Myofilamenten und in den interfibrillären Räumen erscheinen wieder zahlreiche Glykogengranula (Abb. **B2**).

Morphologisch gesehen ist ein Glanzstreifen nichts anderes als eine intercelluläre Grenzlinie, die aus einem quer durch die Faser ziehenden, stark verzahnten und einem längsgerichteten, glatten Abschnitt besteht. In den Fasciae adhaerentes (Abb. **C1**) der quergerichteten Teile befestigen sich die Actinfilamente (Abb. **C2**). Eine andere Art etwa 10 nm starker intermediärer Mikrofilamente ist in den Desmosomen (Abb. **C3**) verankert.

Im Bereich der Fascia adhaerens und in den Desmosomen liegen die beiden Zellmembranen 20–30 nm voneinander entfernt und sind durch ein glykoproteinhaltiges Material miteinander verkittet.

Die längsgerichteten Abschnitte der Glanzstreifen sind als Nexus gebaut (Abb. **C4**). Im linken Kreis sieht man zwischen den beiden Zellmembranen (Abb. **C5**) einen etwa 20 nm breiten Spalt (Abb. **C6**), dem nach Gefrierätzung eine Fläche aus hexagonal angeordneten Membranpartikeln entspricht (Kreis rechts unten).

Die stark ineinander verzahnten, quergerichteten Abschnitte der Glanzstreifen sichern die zugfesten Zellkontakte, während sich durch die Nexuszonen – wie zwischen den glatten Muskelzellen – die bioelektrischen Impulse für die Herzmuskelkontraktion ausbreiten (s. Tafel 15 in Krstić, R.V.: Ultrastruktur der Säugetierzelle).

Vergrößerungen: Abb. **A** 17000fach;
Abb. **B** u. **C** 35000fach;
Kreise 85000fach

Literatur

Barr L, Dewey MM, Berger W (1965) Propagation of action potentials and the structure of the nexus in cardiac muscle. J Gen Physiol 48:797–824

Forssmann WG (1986) Herz als endokrines Organ. Verh Anat Ges 80:543–545

McNutt NS, Weinstein RS (1970) The ultrastructure of the nexus. A correlated thin-section and freeze-cleavage study. J Cell Biol 47:666–688

Robinson TF (1980) Lateral connections between heart muscle cells as revealed by conventional and high voltage transmission electron microscopy. Cell Tissue Res 211:353–359

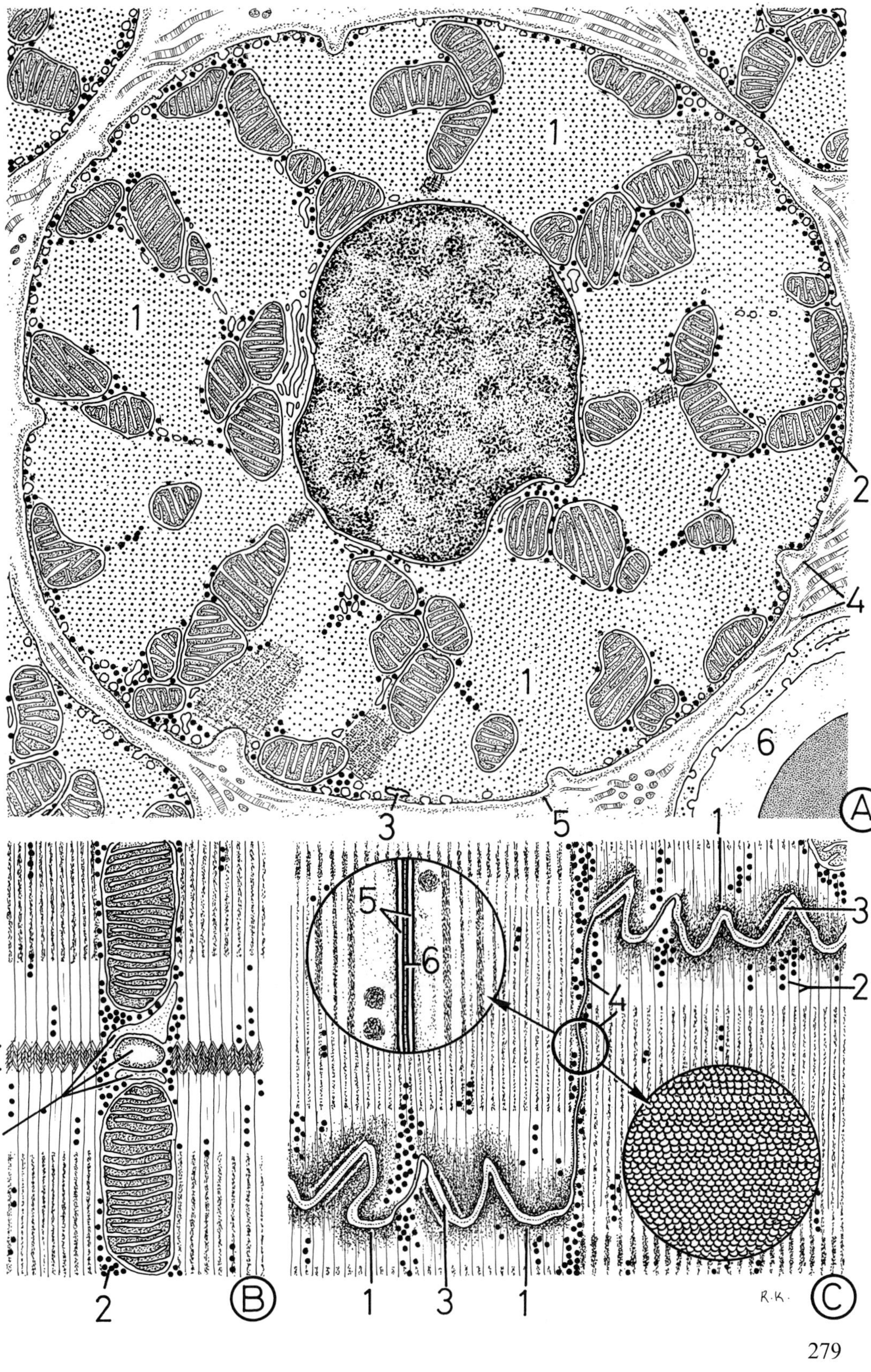

1
1
1
2
4
6
3
5
A
Z
1
2
B
5
6
4
1
3
2
1
3
1
R.K.
C

Tafel 137. Herzmuskulatur.
Dreidimensionale Darstellung einer isolierten Herzmuskelzelle

In der Mitte des Zellkörpers liegt der Kern (Abb. **A1**) mit seinen auffälligen Poren. An beiden Kernpolen entstehen zwischen den auseinandergedrängten Myofibrillen (Abb. **A2**) sarkoplasmareiche Höfe (Endoplasma, Abb. **A3**) mit Zellorganellen, Glykogen, Lipidgranula und – in der Muskulatur der Vorhöfe – sog. spezifische Vorhof- oder Atrialgranula (Pfeil; Abb. **B1**). Bei den letzteren handelt es sich um von einer Membran umgebene 0,3–0,4 µm große, stark osmiophile Granula, welche den atrialen natriuretischen Faktor enthalten. Da die Herzmuskelzellen zu jenen Zellen gehören, die nicht imstande sind, die Rest- bzw. Lipofuscinkörperchen aus dem Cytoplasma auszuscheiden, sammeln sich diese im Laufe des Lebens an, weshalb man bei älteren Individuen im Endoplasma reichlich Abnutzungspigmentgranula (Abb. **A4**) finden kann.

Die – wie in der Skeletmuskulatur – auf der Anwesenheit zweier Myofilamentarten beruhende Querstreifung ist ebenfalls bezeichnend für die Herzmuskelzellen.

Rechts unten sieht man in Höhe eines Z-Streifens einen T-Tubulus und die unter der Basallamina (Abb. **A5**) liegenden Öffnungen anderer T-Tubuli (Pfeilspitzen). Die unregelmäßig verzweigten Röhrchen des glatten endoplasmatischen Reticulums (Abb. **A6**) schmiegen sich dem T-Tubulus an.

Der quergerichtete Teil der Glanzstreifen hat kürzere und längere Fortsätze (Abb. **A7**), die sich mit anderen Zellen verzahnen. Die der Zellachse parallel verlaufende Nexusfläche (Abb. **A8**) ist durch die Anwesenheit membrangebundener Partikel gekennzeichnet.

Außerhalb der Basallamina befinden sich einige kollagene und reticuläre Mikrofibrillen (Abb. **A9**) der Bindegewebshülle (s. Tafeln 59, 113, 114 in Krstić, R. V.: Ultrastruktur der Säugetierzelle).

Vergrößerungen: Abb. **A** 6000fach;
Abb. **B** 30 000fach

Literatur

Arendt RM, Gerbes AL (1986) Atrialer natriuretischer Faktor. Dtsch Med Wochenschr 48:1849–1855

DiDio LJA, Franco-Saenz R, Morse DE (1987) Endocrine cardiomyocytes. J Submicrosc Cytol 19:683–694

Forssmann WG, Birr C, Carlquist M, Christmann M, Finke R, Henschen A, Hock D, Kirchheim H, Kreye V, Littspeich F, Metz J, Mutt V, Reinecke M (1984) The auricular myocardiocytes of the heart constitute an endocrine organ. Cell Tissue Res 238:425–430

Hibbs RG, Ferrans VJ (1969) An ultrastructural and histochemical study of rat atrial myocardium. Am J Anat 124:251–280

McNutt NS, Fawcett DW (1969) The ultrastructure of the cat myocardium: II. Atrial muscle. J Cell Biol 42:46–67

Saetersdal T, Rotevatn S, Myklebust R, Ødegården S (1980) Development of specific granules in embryonic cardiac myocytes of the human auricular wall. Anat Embryol 160:1–9

Segretain D, Rambourg A, Clermont Y (1981) Three dimensional arrangement of mitochondria and endoplasmic reticulum in the heart muscle fiber of the rat. Anat Rec 200:139–151

Seiden D (1979) Specific granules of the rat atrial muscle cell. Anat Rec 194:587–602

Sugawara M (1987) Ultrastructural evidence for exocytotic release of atrial natriuretic polypeptide in the rat atrial muscle with the use of the tannic acid method. Biomed 8:9–17

Yunge L, Benchimol S, Cantin M (1980) Ultrastructural cytochemistry of atrial muscle cells: VIII. Radioautographic study of synthesis and migration of proteins. Cell Tissue Res 207:1–11

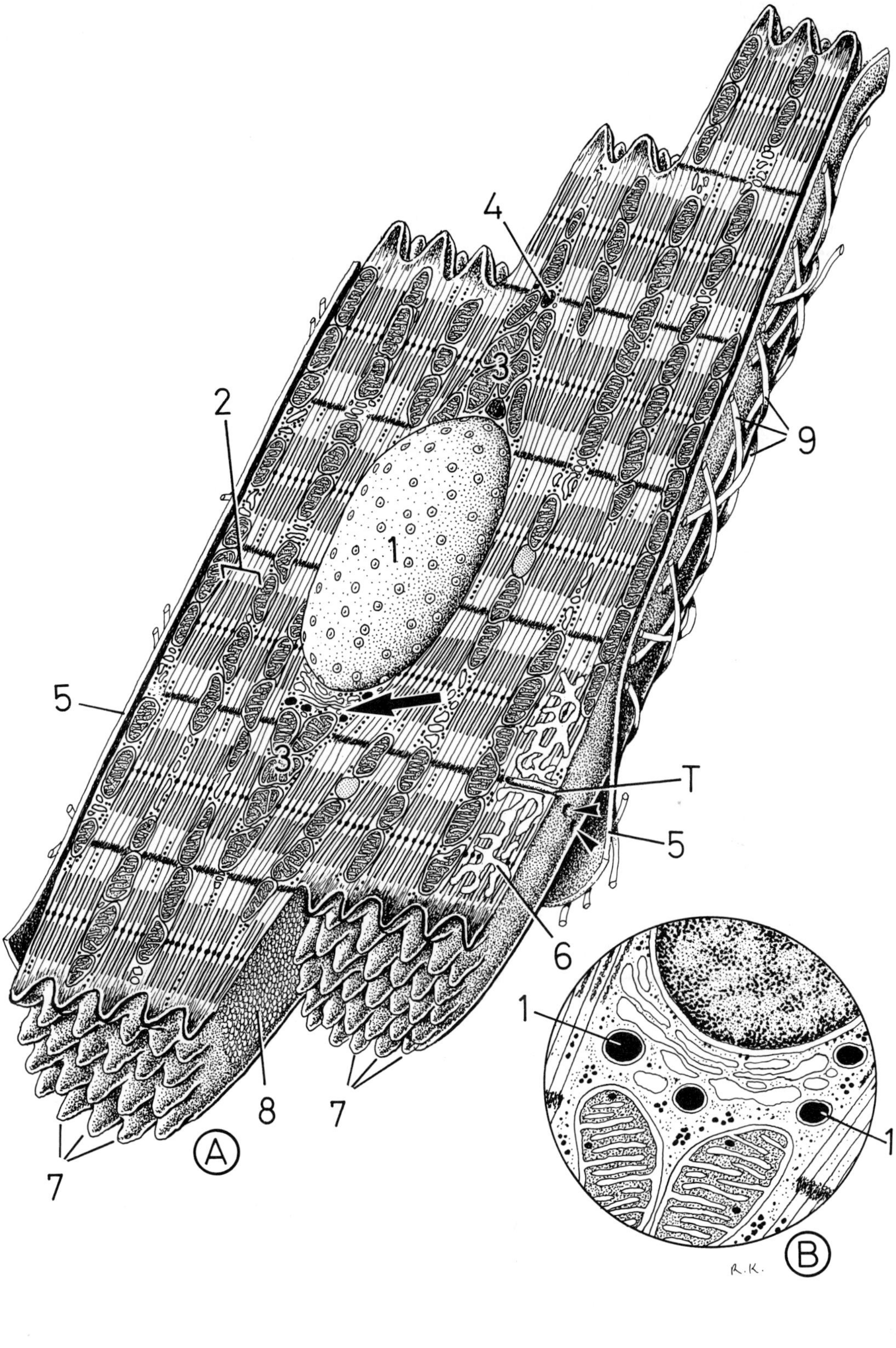
1
2
3
3
4
5
5
6
7
7
8
9
T
A
1
1
B
R.K.

Tafel 138. Herzmuskulatur. Dreidimensionale Darstellung des inneren Aufbaus einer Herzmuskelfaser

Eine Herzmuskelfaser wurde in der Ebene des Z-Streifens geschnitten, damit man die intracelluläre Ausbreitung eines T-Tubulus sehen kann.

Durch ein quadratisches Muster der Z-Matrix zieht ein transversaler Tubulus (T). Er enthält einen glycosaminoglykanhaltigen Saum, den man als Fortsetzung der Basallamina (**1**) betrachten kann. Aus diesem Grund sind die T-Tubuli in der Herzmuskulatur von erheblich größerem Durchmesser (100–200 nm) als in der Skeletmuskulatur (50 nm).

Da die T-Tubuli in der Höhe der Z-Streifen liegen, besteht in jedem Sarkomer nur ein Segment des sarkoplasmatischen Reticulums (**2**). Dieses umgibt, wie in der Skelettmuskulatur, jede Myofibrille. Die sarkoplasmatischen Schläuche eines Sarkomers stehen stellenweise in Verbindung mit denen des benachbarten Sarkomers.

Im Gegensatz zu anderen gleichwertigen Strukturen in der Skeletmuskelfaser hat das sarkoplasmatische Reticulum der Herzmuskelfaser weder ein regelrechtes System longitudinal anastomosierender Röhrchen (L-System) noch die Terminalzisternen. So berühren die sackförmigen Endigungen des sarkoplasmatischen Reticulums die T-Tubuli nur stellenweise, und an den Kontaktstellen entstehen viel häufiger Diaden (**3**) als Triaden. Unlängst hat man bei manchen Tieren ein System von longitudinalen Verbindungsröhrchen zwischen den T-Tubuli entdeckt. Vorläufig wurde es als "transverse-axial tubular system" (TAxTS) bezeichnet.

Wie in der Skeletmuskulatur spielen sarkoplasmatisches Reticulum und T-System auch bei der Herzmuskelkontraktion eine wichtige Rolle. Dabei werden die Ca^{2+}-Ionen noch durch die Einwirkung von cAMP unterstützt, was in der Skeletmuskulatur nicht der Fall ist (über Einzelheiten orientieren Biochemie- und Physiologielehrbücher).

Man beachte die vielen Mitochondrien und Glykogengranula (**4**) im Sarkoplasma. Im unteren Teil der Faser ist ihre Kontinuität durch einen Glanzstreifen (**5**) unterbrochen.

Ein Netzwerk reticulärer und kollagener Mikrofibrillen (**6**) umhüllt die Herzmuskelfaser.

Vergrößerung: 24000fach

Literatur

Forbes MS, Hawkey LA, Jirge SK, Sperelakis N (1985) The sarcoplasmic reticulum of mouse heart: Its division, configuration, and distribution. J Ultrastruct Res 93:1–16

Forssmann WG, Girardier L (1970) A study of the T-system in rat heart. J Cell Biol 44:1–19

Nakamura S, Asai J, Hama K (1986) The transverse tubular system of rat myocardium: its morphology and morphometry in developing and adult animal. Anat Embryol 173:307–315

Scales DJ (1983) Three-dimensional electron microscopy of mammalian cardiac sarcoplasmic reticulum at 80 kV. J Ultrastruct Res 83:1–9

Tomita Y, Ferrans VJ (1987) Morphological study of the transverse-axial tubular system (TAxTS) in rat heart using ferrocyanide-osmium method and thick sectioning. J Submicrosc Cytol 19:523–535

Yoshikane H, Nihei T, Moriyama K (1986) Three-dimensional observation of intracellular membranous structures in dog heart muscle cells by scanning electron microscopy. J Submicr Cytol 18:629–636

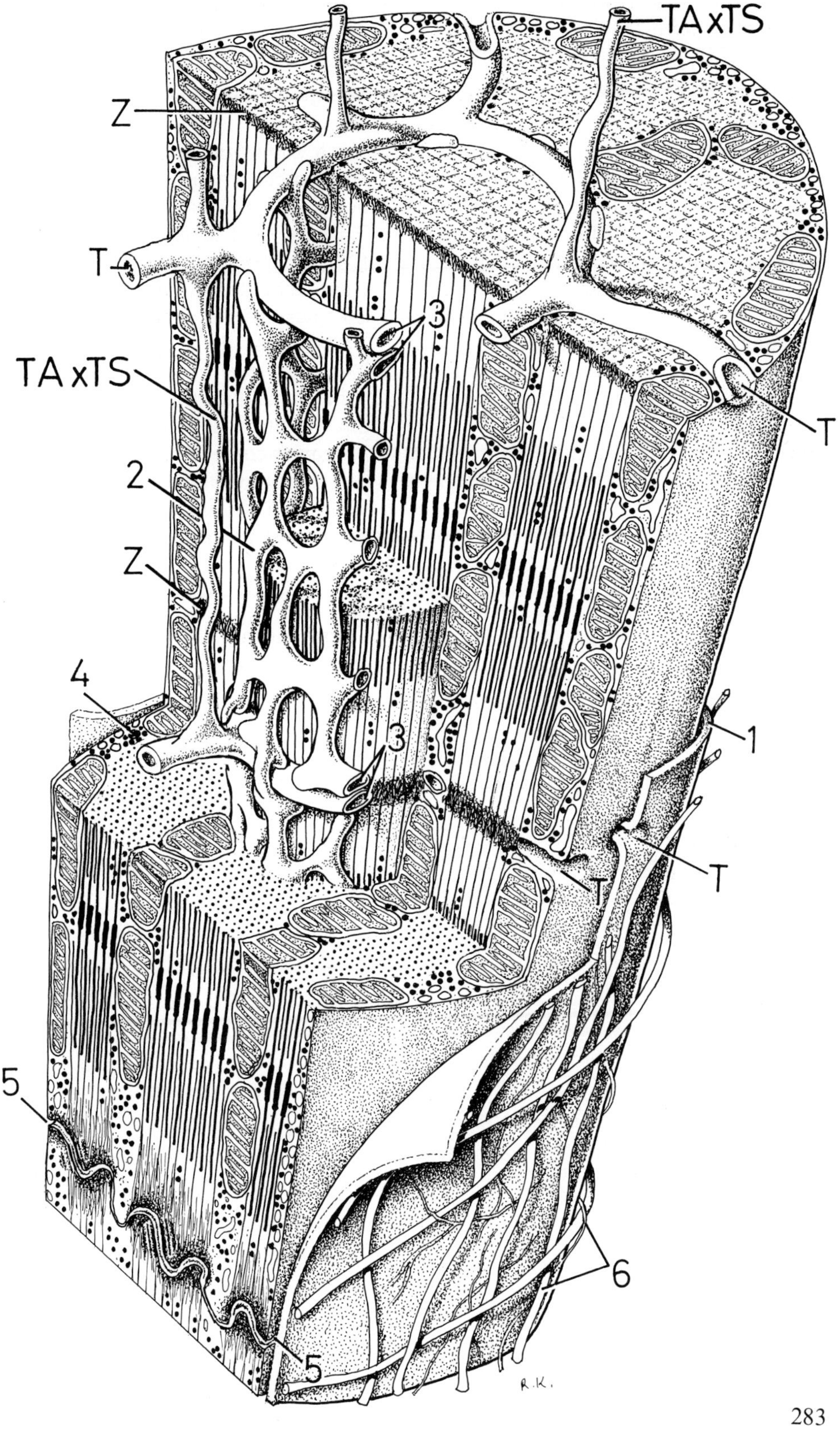
TAxTS
Z
T
3
TA xTS
T
2
Z
4
3
1
T
T
5
6
5
R.K.

Tafel 139. Herzmuskulatur. Vascularisation, Nekrose, Transplantation

Die ununterbrochenen Kontraktionen des Herzmuskels erfordern außerordentlich viel Energie und damit eine intensive Blutversorgung. Abbildung **A** veranschaulicht die Verzweigung der größeren Arterien (Abb. **A 1**) und die Entfaltung eines dichten Capillarnetzes in der Ventrikelwand des Rattenherzens. Berechnungen haben ergeben, daß praktisch jede Muskelzelle mit einer Capillare in Berührung steht.

Eine plötzliche Verstopfung der größeren Äste der Kranzarterien, Aa. coronariae (Abb. **B 1**), führt zur Bildung eines Infarktes (Abb. **B 2**). Es handelt sich dabei um einen örtlichen anämischen Nekroseherd, der je nach Größe und Lokalisation lebensgefährlich sein kann. An solchen Stellen geht natürlich das Herzmuskelgewebe zugrunde und wird, da es nicht regenerationsfähig ist, durch eine bindegewebige Narbe ersetzt. Diese ist dem hämodynamischen Druck nicht angepaßt und deshalb einer ständigen Rupturgefahr ausgesetzt.

Heutzutage versucht man bei sehr schweren Erkrankungen des Herzens die Herzmuskulatur homoplastisch zu transplantieren. Einen der möglichen operationstechnischen Eingriffe zeigen die Abb. **C** u. **D** (in Anlehnung an NETTER, 1971).

Nach Unterbindung der großen Blutgefäße schneidet man die Ventrikel (Abb. **C 1**) des kranken Herzens heraus, wobei die Vorhöfe oder Teile davon (Abb. **C 2**) im Körper bleiben. Danach näht man den entsprechend präparierten Ventrikel des Spenders an die Vorhöfe (Abb. **D**). Nach Verbindung aller Gefäße bringt man das transplantierte Herz durch elektrische Schläge zur Kontraktion und somit dazu, die Funktion des erkrankten Herzens zu übernehmen.

Für die Transplantatabstoßung gelten die gleichen Bedingungen und Mechanismen, die in Tafel 115 bereits beschrieben wurden.

(Ausführliche Information s. Chirurgie- bzw. Immunologielehrbücher.)

Vergrößerung: Abb. **A** 30fach

Literatur

Forbes RDC, Kuramochi T, Guttmann RD, Klassen J, Knaack J (1975) A controlled segmential morphologic study of hyperacute cadiac allograft rejection in the rat. Lab Invest 33:280–288

Netter FH (1971) The Ciba collection of medica illustration, vol 5, heart. Colopress, New York

Polezhaev LV (1975) Myocardial regeneration. Ontogenez 6:154–162 (russisch)

Rumyantsev P (1977) Interrelations of the proliferation and differentiation processes during cardiac myogenesis and regeneration. Int Rev Cytol 51:187–273

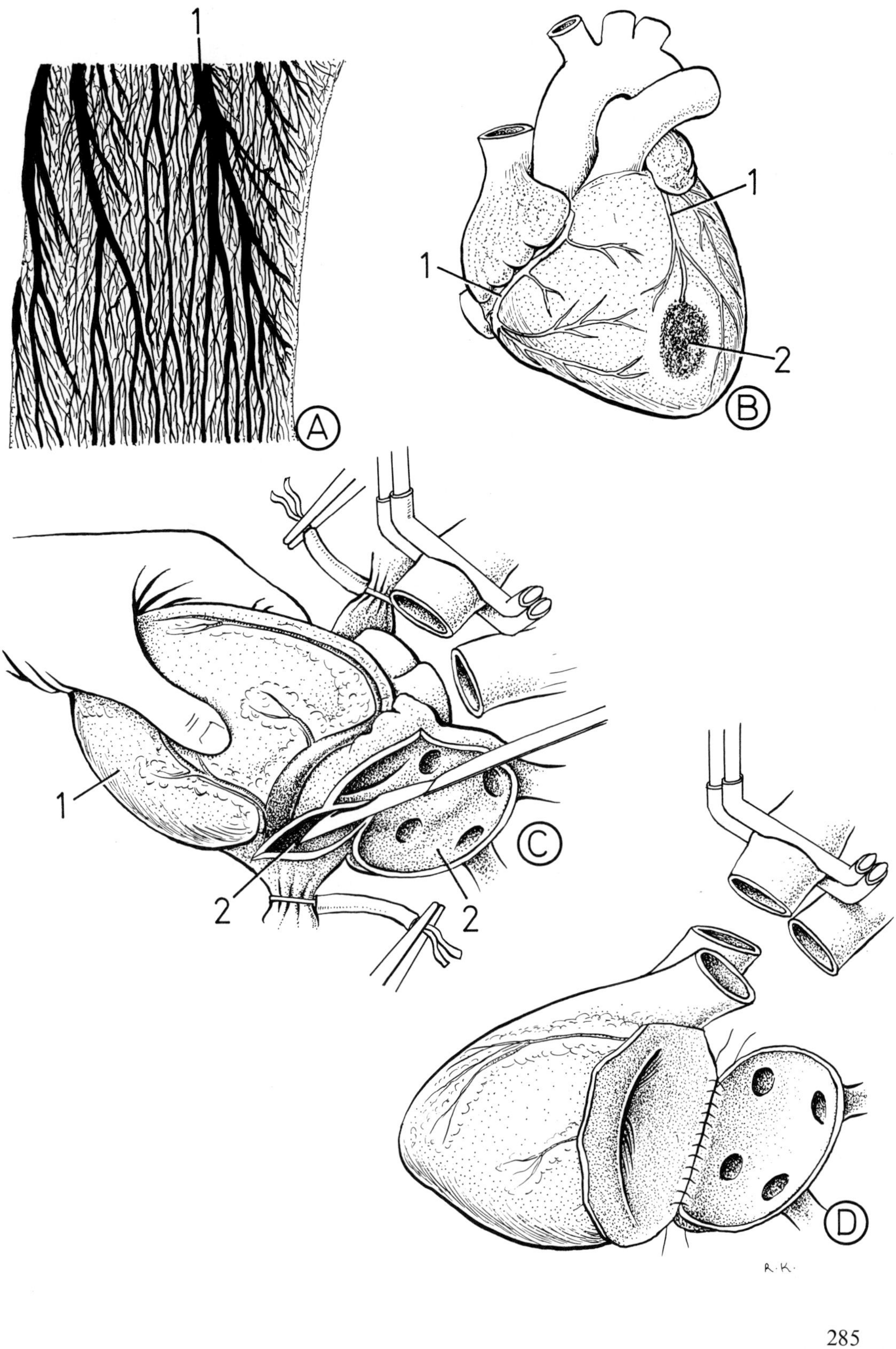
1
A
1
1
2
B
1
2
2
C
D
R.K.

Tafel 140. Herzmuskulatur. Reizleitungssystem

Eine Besonderheit der Herzmuskulatur ist das zur Steuerung und Verbreitung der rhythmischen Herzkontraktionen spezifisch differenzierte Herzmuskelgewebe, das sog. Reizleitungssystem.

Als Schrittmacher der Herzaktion wird der Sinusknoten (nicht dargestellt) bezeichnet. Die in ihm erzeugte Erregung gelangt zu den Atrioventricularknoten (Abb. **A1**), breitet sich weiter durch das sog. His-Bündel (Abb. **A2**) aus und erreicht schließlich dessen Verästelungen in der Herzmuskulatur, die sog. Purkinje-Fasern (über weitere Einzelheiten s. Anatomielehrbücher).

Wie die Purkinje-Fasern im Herzmuskel lichtmikroskpisch aussehen, zeigen die Abb. **B** u. **C**. Sie wurden nach einem Präparat des für die Darstellung des Reizleitungssystems besonders geeigneten Schafherzens gezeichnet.

Die Purkinje-Fasern (Abb. **B1**) sind aus kettenartig aneinandergereihten, großen, etwa 100 µm langen und 50 µm breiten, oft zweikernigen Zellen (Abb. **B** u. **C2**) gebaut. Durch ihr glykogenreiches Sarkoplasma ziehen vereinzelte, meist längsgerichtete Myofibrillen (Abb. **B** u. **C3**). Einige verlaufen jedoch spiralartig durch den Zellkörper und erscheinen auf Schnitten als hypolemmale Zirkularfibrillen (Abb. **C4**).

Von der benachbarten Arbeitsmuskulatur (Abb. **B4**) sind die Purkinje-Fasern durch eine bindegewebige Hülle getrennt (Abb. **B** u. **C5**).

Vergrößerungen: Abb. **B** 150fach;
Abb. **C** 800fach

Literatur

Davies MJ, Anderson RH, Becker AE (1982) The conductive system of the heart. Huber, Bern

Defelice LJ, Challice CE (1969) Anatomical and ultrastructural study of the electrophysiological arioventricular node of the rabbit. Circ Res 24:457–474

Shimada T, Noguchi T, Asami I, Campbell GR (1986) Functional morphology of the conduction system and the myocardium in the sheep heart as revealed by scanning and transmission electron microscpic analyses. Arch Histol Jpn 49:283–295

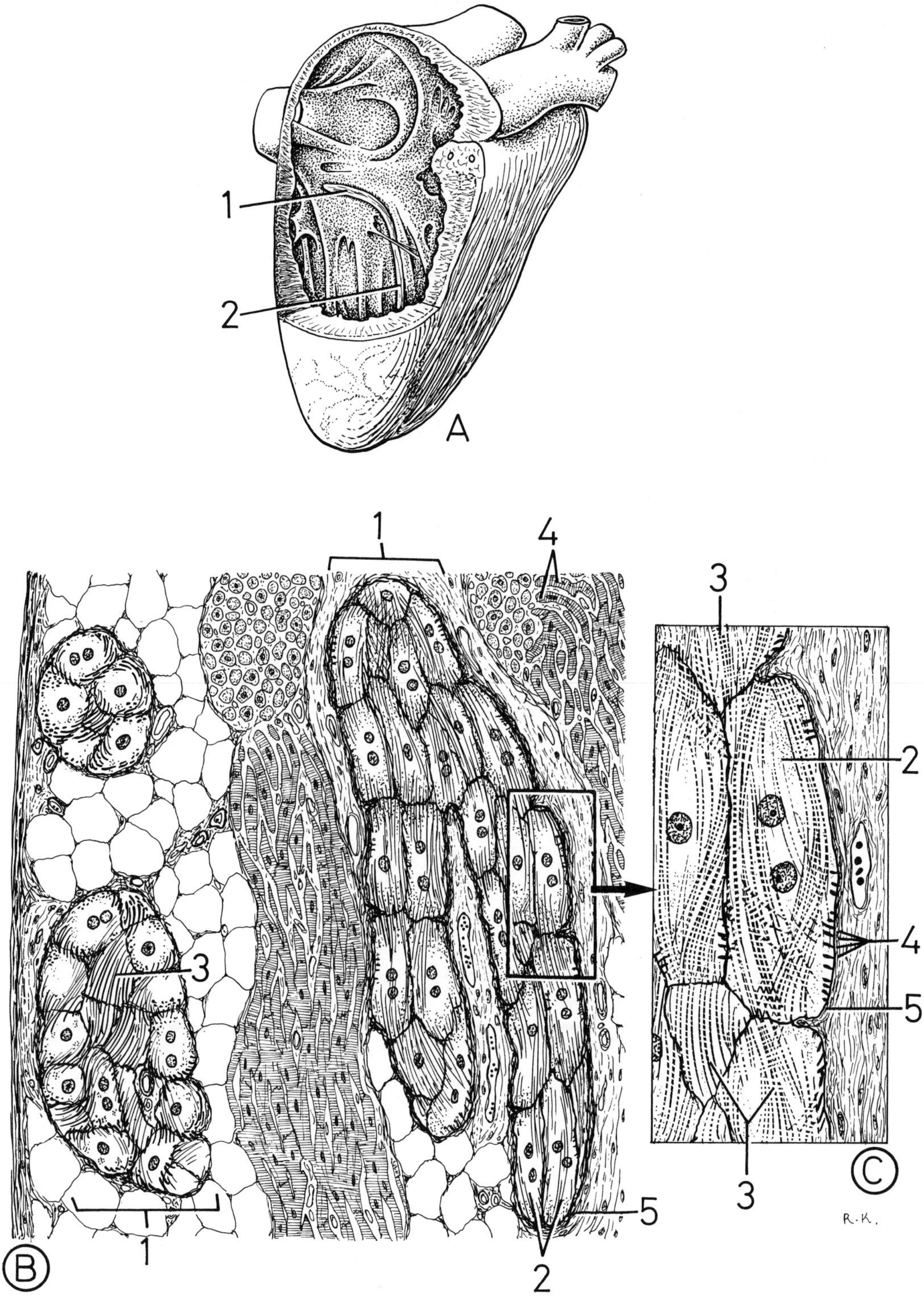
1
2
A
1
4
3
2
3
4
5
1
3
5
2
3
B
C
R.K.

Tael 141. Herzmuskulatur. Dreidimensionale Darstellung einer Purkinje-Faser

Außer zwei Kernen fallen im Sarkoplasma der Purkinje-Zellen Teile der längs- (Abb. **A1**) und quergeschnittenen (Abb. **A2**) Myofibrillen sowie kleine Mitochondrien (Abb. **A3**) und Glykogenansammlungen (Abb. **A4**) auf. In der Kernnähe liegen mehr oder weniger gut entwickelte Golgi-Apparate. Das sarkoplasmatische Reticulum ist wenig vertreten, und das T-System fehlt völlig.

Die Zellgrenzen sind unregelmäßig und die Zellen auf komplizierte Weise ineinander verzahnt. In Abb. **B**, die den kleinen, längsgerichteten Zellgrenzabschnitt im Viereck stärker vergrößert zeigt, erkennt man ein Desmosom (Abb. **B1**) und eine Nexusregion (Abb. **B2**).

Die quer verlaufenden Zellgrenzen im Reizleitungssystem entsprechen grosso modo denen der Glanzstreifen der Herzmuskelfasern, was durch die Anwesenheit von Desmosomen (Abb. **C1**), seltenen Fasciae adhaerentes (Abb. **C2**) und manchmal begrenzten "gap junctions" (Nexus) (Abb. **C3**) bewiesen wird.

Jede Purkinje-Faser ist von einer Basallamina (Abb. **A5**) und einem kollagenfaserigen Filzwerk (Abb. **A6**) umgeben.

In dieser Tafel kann man den Durchmesser der Zellen des Reizleitungssystems mit dem der Herzmuskelfasern der Arbeitsmuskulatur (Abb. **A7**) vergleichen. Einfachheitshalber wurde die Basallamina der letztgenannten nicht gezeichnet.

Vergrößerungen: Abb. **A** 2200fach; Abb. **B** u. **C** 35000fach

Literatur

Canale E, Campbell GR, Uehara Y, Fujiwara T, Smolich JJ (1983) Sheep cardiac Purkinje fibers: Configurational change during the cardiac cycle. Cell Tissue Res 232:97–110

Forsgren S, Strehler E, Thornell LE (1982) Differentiation of Purkinje fibres and ordinary ventricular and atrial myocytes in the bovine heart: an immuno- and enzyme histochemical study. Histochem J 14:929–942

Kim S, Baba N (1971) Atrioventricular node and Purkinje fibers in the guinea pig heart. Am J Anat 132:339–354

Nakamura S, Hama K, Asai J, Trisawa H (1986) Observations on the fine structure of nodal, Purkinje and working myocardial cells isolated from rabbit hearts. Arch Histol Jpn 49:105–116

Shimada T, Nakamura M, Notohara A (1984) The Purkinje fiber-myocardial cell region in the goat heart as studied by combined scanning electron microscopy and chemical digestion. Experientia 40:849–850

Truex RC, Copenhaver WM (1947) Histology of the moderator band in man and other mammals, with special reference to the conduction system. Am J Anat 80:173–201

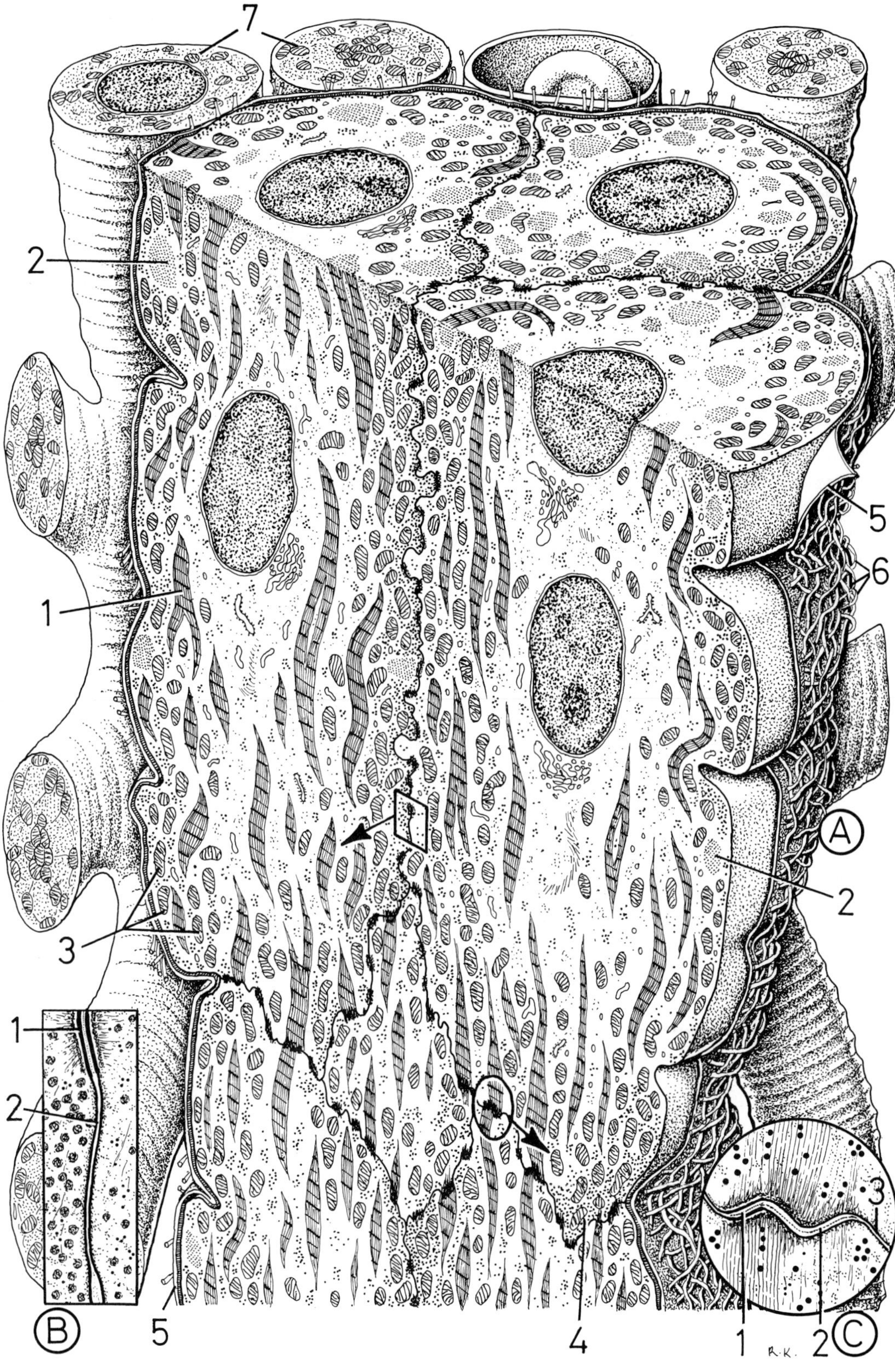

7
2
5
6
1
A
2
3
1
2
B
5
4
1
2
3
C
R.K.

Tafel 142. Herzmuskulatur. Dreidimensionale Darstellung einer Zelle des Reizleitungssystems

Die Anwesenheit von Myofibrillen (**1**) in den Purkinje-Zellen (**2**) macht diese kontraktionsfähig. Das ist von großer Bedeutung, denn die letzte Zelle des Reizleitungssystems verknüpft sich mit der ersten Zelle der Arbeitsmuskulatur (**3**), welche dem ihr übertragenen Kontraktionsrhythmus folgt.

In der vorliegenden, durchsichtig gezeichneten Purkinje-Zelle kann man die Ausbreitung der Myofibrillen (**1**) im Sarkoplasma verfolgen. Während die meisten längsgerichtet sind, verlaufen die hypolemmalen Fibrillen in Spiralen durch den Zellkörper. An den Insertionsstellen der Myofibrillen entstehen Fasciae adhaerenes (**4**). Die kleinen kugeligen Gebilde entsprechen den Mitochondrien (**5**).

Hinsichtlich der Ausstattung mit Enzymen unterscheiden sich die Zellen der Arbeitsmuskulatur von den Purkinje-Zellen. Während in den ersteren Enzyme für die aerobe Glykolyse vorkommen (Cytochromoxydase, Bernsteinsäuredehydrogenase), ist der Stoffwechsel der Purkinje-Zellen auf eine anaerobe Glykose ausgerichtet, für welche unter anderem die Milchsäuredehydrogenase notwendig ist. Der geringere Sauerstoffbedarf der Purkinje-Zellen erkärt das relativ spärliche Vorhandensein von Mitochondrien.

Bei Ausfall oder schweren Störungen der Steueraktion des Sinus- und Atrioventricularknotens entziehen sich die Zellen der Purkinje-Fasern der Kontrolle beider Knoten und erzeugen selbständig Impulse für die Herzkontraktion, was lebensbedrohend sein kann. Diese Gefahr beseitigt man durch die Implantation eines winzigen elektrischen Generators (**6**, Schrittmacher oder „pacemaker") unter die Bauchhaut. Die in diesem Gerät durch chemische oder durch Kernreaktionen gewonnenen elektrischen Impulse werden mit Hilfe feiner implantierter Elektroden (**7**) zur Arbeitsmuskulatur geleitet.

Vergrößerung: 4000fach

Literatur

Bogusch G (1979) Electron microscpic investigations on the differentiation of Purkinje cells in the ontogenetic development of the chicken heart. Anat Embryol 155:259–271

Numez-Duran H (1980) Sarcoplasmic reticulum in Purkinje cells of the goat heart. A three-dimensional reconstruction. Acta Anat 107:177–187

Osculati F, Franceschini F, Cinti S, Gazzanelli G, Amati S (1980) Subcellular aspects of Purkinje fibres in the pig heart. J Submicrosc Cytol 12:73–84

Sommer JR, Johnson EA (1968) Cardiac muscle. A comparative study of Purkinje fibers and ventricular fibers. J Cell Biol 36:497–526

Thaemert JC (1973) Fine structure of the atrioventricular node as viewed in serial sections. Am J Anat 136:43–66

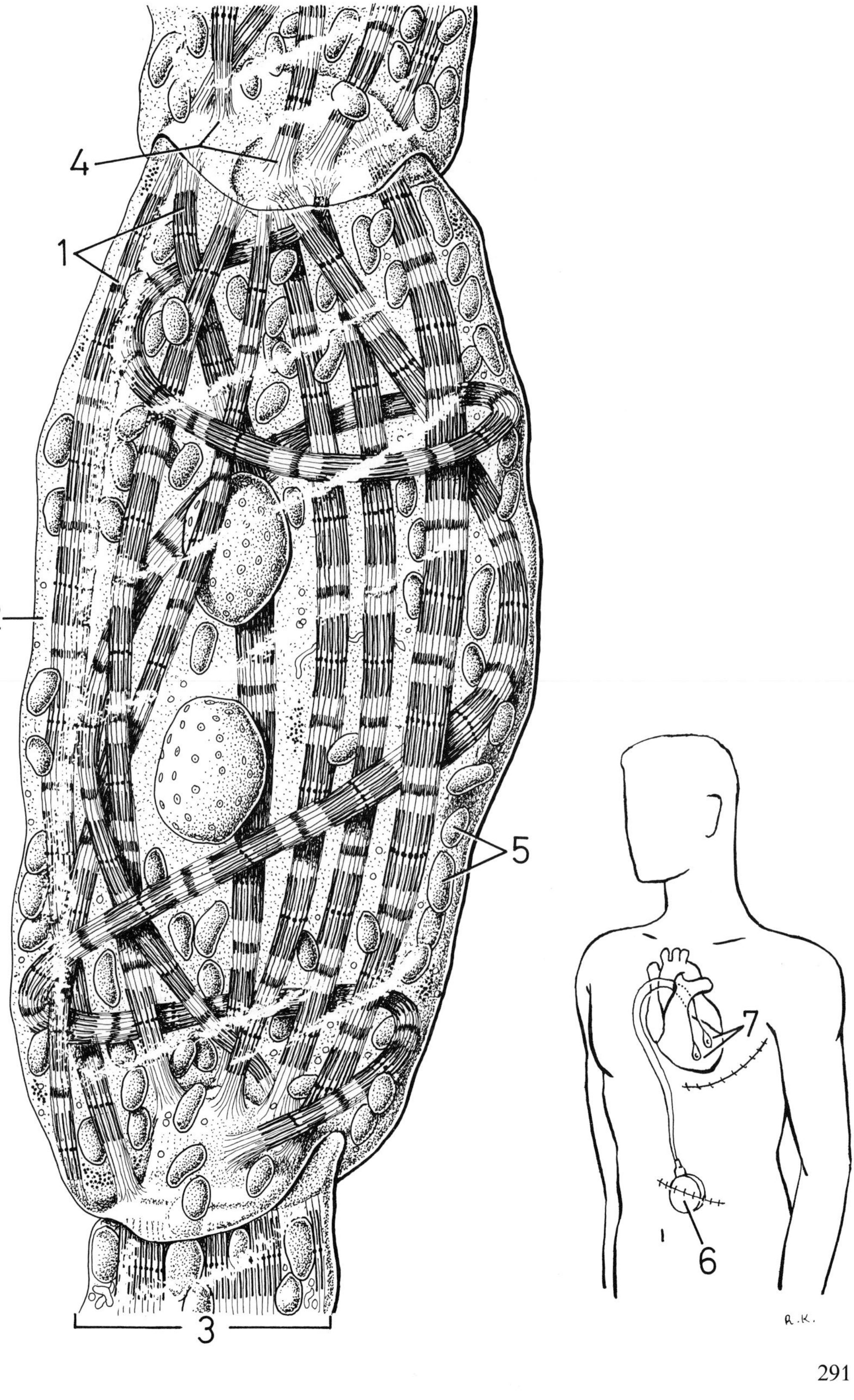
4
1
2
5
3
7
6
R.K.

V. Nervengewebe

Tafel 143. Histogenese des Nervengewebes

Das gesamte Nervengewebe entwickelt sich aus dem Ektoderm (s. Tafel 1). Zu Beginn ist es ein einschichtiges prismatisches Epithel (Abb. **a** u. **A**), unter welchem die Chorda dorsalis liegt (Abb. **a–e, Ch**). Diese induziert die Bildung der Medullar- oder Neuralplatte (Abb. **b 1**), deren Wand durch mitotische Teilungen zu einem dikken mehrreihigen Epithel geworden ist (Abb. **B**). Im weiteren Verlauf vertieft sich die Neuralplatte und formt die Neuralrinne (Abb. **c 1**). An ihren beiden lateralen Wülsten treten vorübergehend die Neuralleistenzellen (Abb. **c 2**) auf, während sich das Epithel der Neuralrinne durch zahlreiche Mitosen weiter verdickt hat (Abb. **C**).
Etwas später verschmelzen die Neuralwülste, und es entsteht das Medullar- oder Neuralrohr (Abb. **d**). Gleichzeitig trennen sich die Neuralleistenzellen von den Wülsten und liegen dann als kontinuierliche Platte (Abb. **d 1**) unter dem Oberflächenektoderm (Abb. **d 2**). Nach der Schließung des Neuralrohres teilen sich die Epithelzellen weiter, wodurch seine Wand noch dicker wird (Abb. **D**). Dieses mehrreihige Epithel bezeichnet man als Neuroepithel. Erst nach der Bildung des Neuralrohrs (Abb. **e**) differenziert sich aus den Neuroepithelzellen ein neuer Zelltyp, die sog. primitiven Nervenzellen oder Neuroblasten, deren Zahl sich durch lebhafte Teilungen bald vergrößert. Sie gruppieren sich in einer leicht erkennbaren Mantelschicht (Abb. **e** u. **E 1**).
Wenn die nur kurz dauernde Genese der Neuroblasten beendet ist, entstehen aus den Neuroepithelzellen die primitiven Stützzellen, Glioblasten, welche ebenfalls in die Mantelschicht wandern.
Die Neuronen, d. h. die definitiven Nervenzellen mit ihren sämtlichen Fortsätzen, können nur durch Differenzierung aus den Neuroblasten gebildet werden. Aus den sich weiter vermehrenden Glioblasten entstehen durch Differenzierung Gliazellen. Im späteren Verlauf wird die Mantelschicht zur grauen Substanz des Rückenmarks. Die Ausläufer der Neuroblasten formen eine periphere Margialschicht (Abb. **e** u. **E 2**), aus welcher die weiße Substanz des Rückenmarks hervorgeht.
Vom Neuroektoderm bleibt zuletzt nur eine (ehemals Matrix genannte) Schicht kubischer Zellen mit basalen Fortsätzen – Ependymoblasten – übrig (Abb. **e** u. **E 3**), die sich zu den den Zentralkanal (Abb. **e 4**) und die Hirnventrikel auskleidenden Ependymzellen differenzieren. Die Zellen dieser Schicht dienen auch als Anlage für die Entwicklung anderer Bestandteile des Zentralnervensystems (s. Tafel 144).
Im Stadium des Neuralrohres wird die Neuralleiste in rundliche Segmente unterteilt (Abb. **e 5**), die verschiedene Zelltypen liefern (s. Tafel 144). (Einzelheiten s. Embryologielehrbücher.)

Vergrößerung: Abb. **A–E** 1000fach

Literatur

Bourne GH (ed) (1972) Structure and function of nervous tissue, vols 1–5. Academic, New York
Meller K, Tetzlaff W (1975) Neuronal migration during the early development of the cerebral cortex. Cell Tissue Res 163:313–325

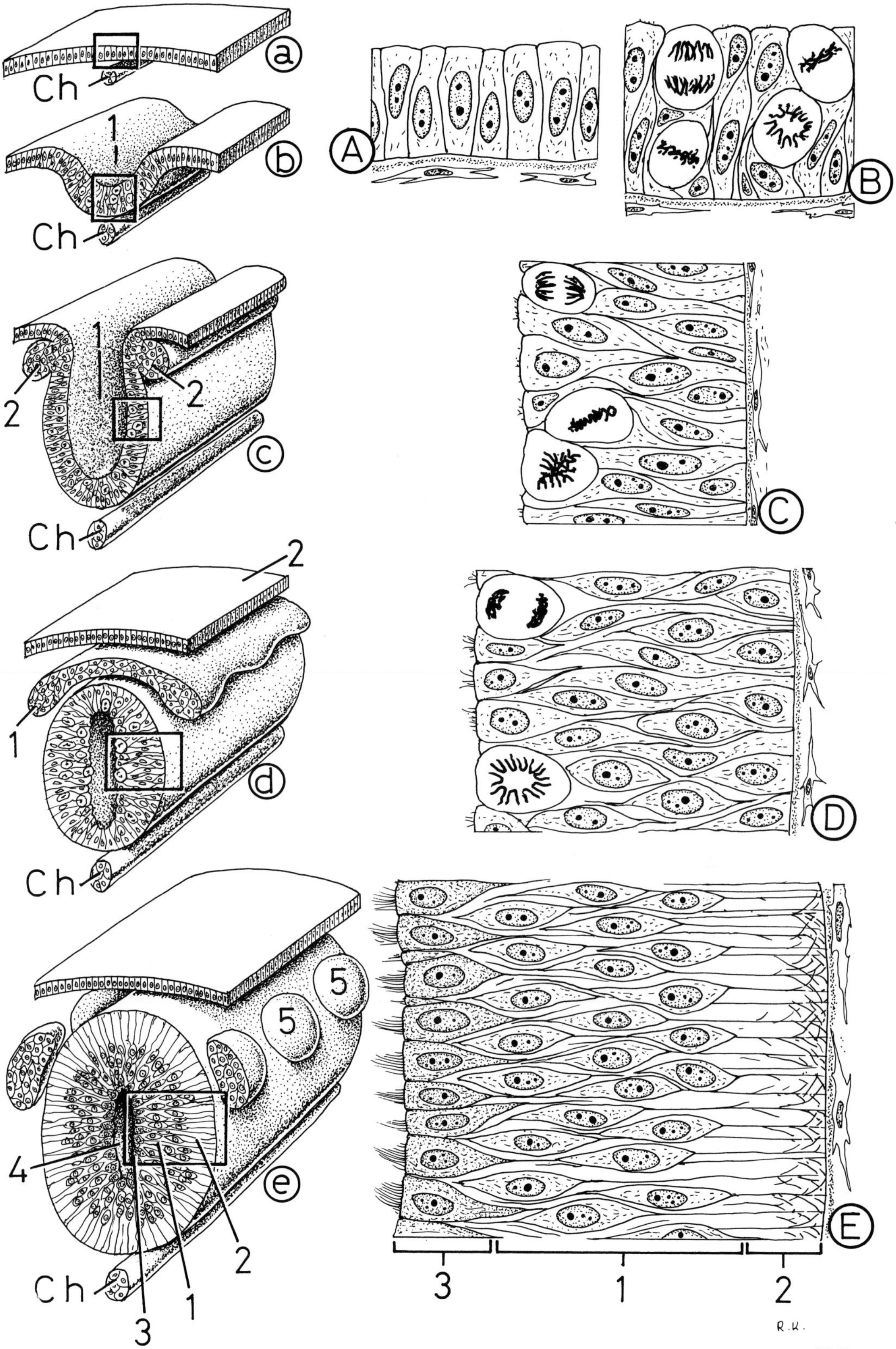

a
b
c
d
e
Ch
1
2
3
4
5
A
B
C
D
E
R.K.

Tafel 144. Übersicht der von Neuralrohr und Neuralleiste abstammenden Zellen

Die vorliegende Tafel gibt eine Übersicht über die Zellen, die aus Neuralleiste (**A**), Mantel- (**B**) und Matrixschicht (**C**) des Neuralrohrs abgeleitet werden.

A. Aus der Neuralleiste entstehen:

1. Neuroblasten bzw. Nervenzellen der Spinalganglien

2. Glioblasten der peripheren Glia, aus welchen sich die Satellitenzellen (**2a**) der Spinal- und vegetativen Ganglienzellen als auch die Schwann-Zellen (**2b**) bilden

3. Sympathoblasten, die einerseits die Nervenzellen der sympathischen Ganglien (**3a**), andererseits die Medulloblasten, d.h. die chromaffinen Zellen des Nebennierenmarks (**3b**) und eines Teils der Paraganglien liefern

4. Melanoblasten bzw. Melanocyten (**4a**)

5. Mikrogliazellen sowie ein Teil des Mesenchyms im Kopfbereich („Mesektoderm")

6. C-Zellen der Schilddrüse und möglicherweise andere endokrine Zellen des sog. APUD-Systems (*a*mine *p*recursor *u*ptake and *d*ecarboxylation)

7. Zellen der weichen Hirnhäute.

B. Aus der Mantelschicht des Neuralrohrs entwickeln sich:

8. Glioblasten bzw. Gliazellen des Zentralnervensystems: protoplasmatische (**8a**) und fibrilläre (**8b**) Astrocyten sowie Oligodendrocyten (**8c**)

9. Neuroblasten bzw. Nervenzellen des Zentralnervensystems (**9a**) und ein Teil der Sinneszellen (**9b**).

C. Aus der Matrixschicht bilden sich:

10. Ependymoblasten bzw. Ependymocyten (**10a**) und sog. ependymale Differenzierungen

11. Epithelzellen des Plexus chorioideus und der Aderhäute (Laminae chorioideae)

12. Pituicyten, d.h. Zellen des Hypophysenhinterlappens

13. Pinealocyten, d.h. Zellen der Zirbeldrüse.

Obwohl über einige Einzelheiten dieser Aufstellung noch Widersprüche bestehen (s. Embryologielehrbücher), gibt sie einen Eindruck von der Pluripotenz von Neuralrohr und -leiste.

Literatur

Blakemore WF, Jolly RD (1972) The subependymal plate and associated ependyma in the dog. An ultrastructural study. J Neurocytol 1:69–84

Bruni JE, Clattenburg RE, Montemurro DG (1974) Ependymal tanycytes of the rabbit third ventricle: a scanning electron microscopic study. Brain Res 73:145–150

Leonhardt H, Lindemann B (1973) Über ein supraependymales Nervenzell-, Axon- und Gliazellsystem. Eine raster- und transmissionselektronenmikroskopische Untersuchung am IV. Ventrikel des Kaninchengehirns. Z Zellforsch 139:285–302

Millhouse EO (1972) Light and electron microscopic studies of the ventricular wall. Z Zellforsch 149:149–174

Schmitt FO, Worden FG, Adelman G, Dennis SG (eds) (1981) The organization of the cerebral cortex. MIT Cambridge

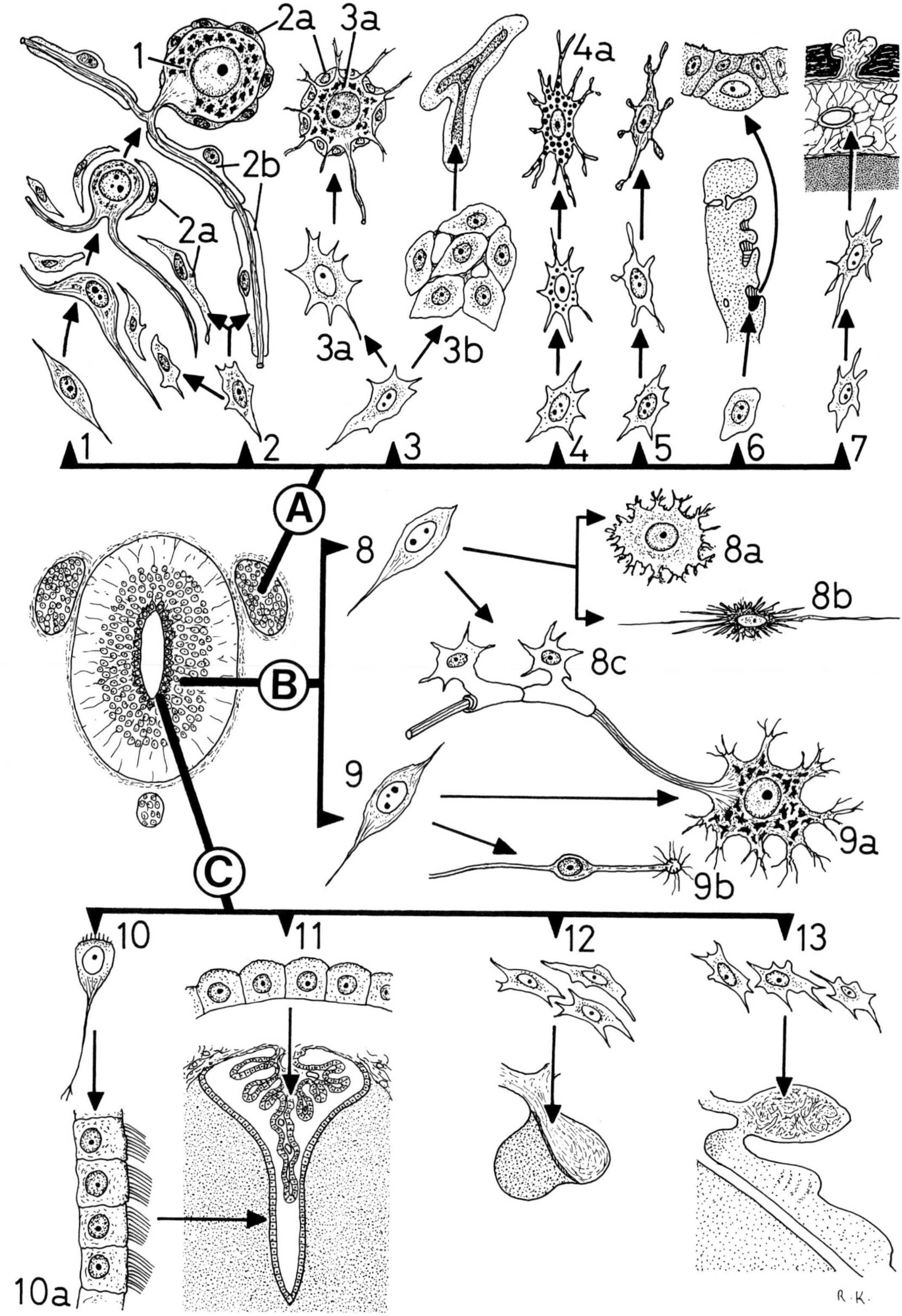

1
2a
3a
4a
2b
2a
3a
3b
1
2
3
4
5
6
7
A
8
8a
8b
8c
B
9
9a
9b
C
10
11
12
13
10a
R.K.

Tafel 145. Allgemeines. Aufteilung des Nervengewebes. Zentrales und peripheres Nervensystem

Das Zentralnervensystem ist aus Großhirn (**1**), Hirnstamm, Kleinhirn (**2**) und Rückenmark (**3**) aufgebaut.
Spinalganglien (**4**), periphere Nerven (**5**), efferente und afferente Nervenendigungen (**6**) sowie vegetative Ganglien (**7**) bilden das periphere Nervensystem.
(Über weitere Einzelheiten informiert die Anatomie.)

Literatur

Braak H (1980) Architectonics of the human telencephalic cortex. Springer, Berlin Heidelberg New York

Leonhardt H (1976) Die Liquorkontaktfortsätze im Zentralkanal des Rückenmarks. Z Mikrosk Anat Forsch 90:1–15

Lindemann B, Leonhardt H (1973) Supraependymale Neuriten, Gliazellen und Mitochondrienkolben im caudalen Abschnitt des Bodens der Rautengrube. Z Zellforsch 140:401–412

Mestres P, Breipohl W (1976) Morphology and distribution of supraependymal cells in the third ventricle of the albino rat. Cell Tissue Res 168:303–314

Noack W, Dumitrescu L, Schweichel JU (1972) Scanning and electron microscopical investigation of the surface structures of the lateral ventricles in the cat. Brain Res 46:121–129

Oksche A, Vollrath L (eds) (1978) Handbuch der mikroskopischen Anatomie des Menschen, vol 4, part 1, Nervengewebe. Das peripherische Nervensystem. Das Zentralnervensystem. Springer, Berlin Heidelberg New York

Vigh-Teichmann I, Vigh B (1975) The infundibular cerebrospinal fluid contacting neurons. Adv Anat Embryol Cell Biol 50/2:1–91

Yamadori T, Yagihashi S (1975) A scanning and transmission electron microscopic observation of the fourth ventricular floor in the mouse. Arch Histol Jpn 37:415–432

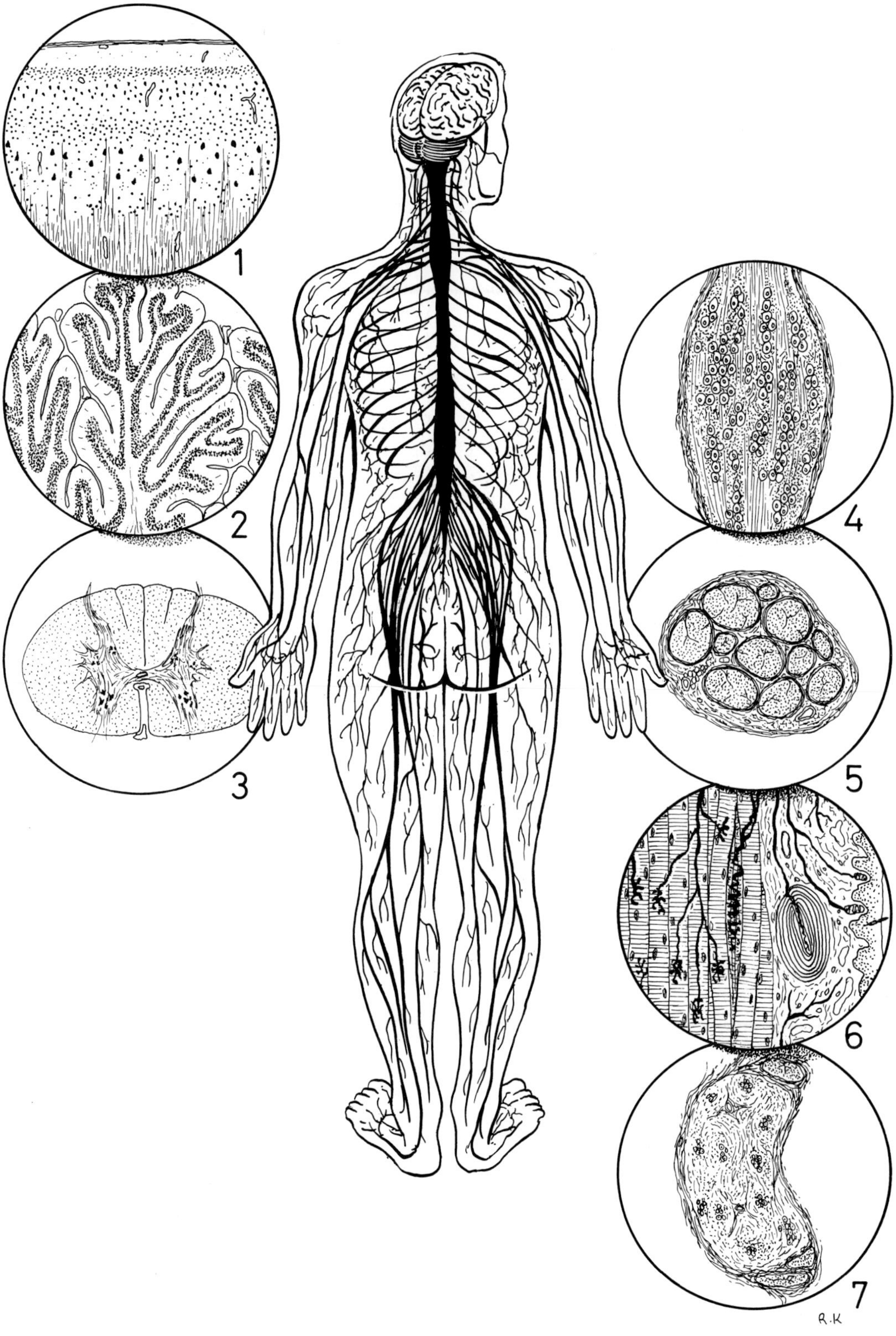
1
2
3
4
5
6
7
R.K

Tafel 146. Vereinfachtes Schema der Beziehungen zwischen Neuronen und Gliazellen im zentralen und peripheren Nervensystem (in Anlehnung an Rhodin, 1974)

Im Rechteck sind die Zellen des Zentralnervensystems (ZNS) dargestellt. Die Strukturen außerhalb gehören dem peripheren Nervensystem an. Mit den Pfeilen werden die Richtungen der Nervenimpulse angegeben.

Das Zentralnervensystem ist aus Nervenzellen (**1**) und Gliazellen gebaut. Jede Nervenzelle hat einen Körper – Soma oder Perikaryon – und meistens mehrere Ausläufer. Im Körper befindet sich der Kern (**2**), umgeben vom Cytoplasma, hier Neuroplasma genannt. Im Prinzip hat eine Nervenzelle nur einen cellulifugalen Ausläufer – Axon, Neurit oder Achsenzylinder (**3**) – und mehrere cellulipetale Fortsätze, die Dendriten (**4**).

Eine Nervenzelle mit ihren Ausläufern stellt eine strukturelle und funktionelle Einheit dar, die man als Neuron bezeichnet. An bestimmten Stellen – den Synapsen (**5**) – berühren sich die Neuronen. Dadurch entstehen für die Funktion des Nervensystems unentbehrliche neuronale Schaltkreise.

Als sehr hoch differenziertes Gewebe besitzt das Nervengewebe sein eigenes Stützgewebe, die Neuroglia oder, kürzer, Glia. Diese stellt außerdem ein zwischen die Blutcapillaren (**6**) und die Neuronen eingeschobenes, für deren Stoffwechsel äußerst wichtiges Zellsystem dar.

In der grauen Masse des Zentralnervensystems kommen zwischen den Körpern der Neuronen und den Capillaren protoplasmatische Astrocyten (**7**) vor. Mit ihren dicht aneinandergefügten Ausläufern (**7 a**) trennen sie das ZNS vom peripheren Nervensystem und dem anliegenden Bindegewebe. In der weißen Substanz werden die Nervenfasern von den faserigen Astrocyten (**8**) gestützt. Die Axonen sind im Bereich des Zenralnervensystems in einer von Oligodendrocyten (**9**) synthetisierten Myelinscheide eingeschlossen. Diese segmentierten Hüllen sind durch sog. Ranvier-Schnürringe (**10**) voneinander getrennt. Die Mesoglia- oder Hortega-Zellen (**11**) sind die Phagocyten im Zentralnervensystem.

Im peripheren Nervensystem (PNS) gibt es zwei Arten von Neuronen, die jeweils in den spinalen (**12**) und vegetativen (**13**) Ganglien vorkommen. Auch hier umgibt die – diesmal aber periphere – Glia die Nervenzellen. So umhüllen die Amphicyten (Satelliten- oder Mantelzellen, **14**) die Neuronen der peripheren Ganglien (**12**, **13**). Die Neuriten liegen im peripheren Nervensystem in den Schwann-Zellen (**15**), und zwar bei sog. markhaltigen Nervenfasern (**16**) nur ein Neurit pro Zelle, während bei sog. marklosen Nervenfasern (**17**) mehrere Axonen in eine Schwann-Zelle (**15**) eingebettet sind. Dort, wo die Schwann-Zellen der markhaltigen Nervenfasern aneinandergrenzen, liegen die Ranvier-Schnürringe (**10**).

Die aus den vegetativen Ganglien (**13**) stammenden Fasern innervieren die inneren Organe (**18**). Aus dem Zentralnervensystem stammende markhaltige Axonen (**16**) leiten die efferenten Nervenimpulse zur Skeletmuskulatur (**19**). Die Informationen aus der Peripherie (z. B. aus einem Epithel, **20**) erreichen das Zentralnervensystem durch Vermittlung der Spinalganglienzellen (**12**), deren Fasern deshalb als afferent bezeichnet werden. Zwischen efferenten und afferenten Fasern bestehen keine histologischen Unterschiede.

Alle aufgezählten peripheren Nervenfasern sind Bestandteile der Spinalnerven (**21**).

Literatur

Rhodin JAG (1974) Histology. A Text and Atlas. Oxford University Press, New York London Toronto

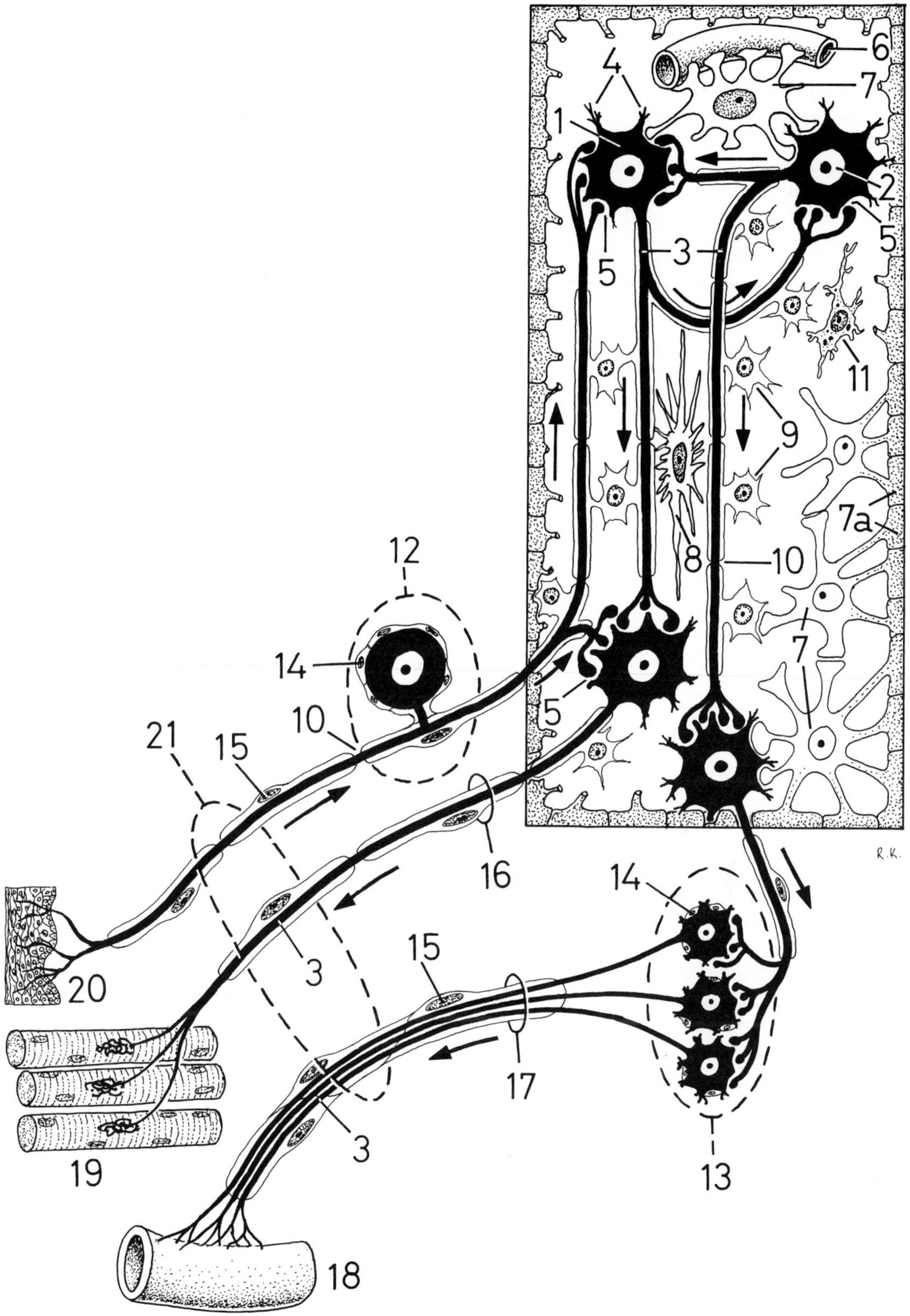
6
4
7
1
2
5
3
5
11
9
9
7a
8
10
12
14
7
5
10
21
15
R.K.
16
14
3
20
15
17
19
3
13
18

Tafel 147. Glia des Zentralnervensystems. Ependymzellen

Die Neuroglia erfüllt im Nervensystem mehrere wichtige Aufgaben. Außer ihrer stützenden und isolierenden Wirkung dient sie auch dem Stoffaustausch, der Myelinscheidensynthese, der Phagocytose und der Narbenbildung.

Die Neuroglia wird folgendermaßen unterteilt:

A. Glia des Zentralnervensystems

1. Ependymzellen
2. Astrocyten (Makroglia)
3. Oligodendrocyten
4. Mikroglia (Hortega-Zellen oder Mesoglia)
5. Epithelzellen des Plexus chorioideus (s. Tafel 12)

B. Glia des peripheren Nervensystems

1. Schwann-Zellen
2. Amphicyten (Mantel- oder Satellitenzellen).

Das Ependym bildet eine Lage einschichtiger kubischer oder prismatischer Zellen, welche die Hohlräume des Gehirns und Rückenmarks auskleiden. Beim Embryo wächst von ihrer Basis ein verzweigter Fortsatz, Ependymfaser (Abb. **A1**) aus, der sich beim Erwachsenen, mit wenigen Ausnahmen, zurückbildet (Abb. **A2**). So z. B. entsteht aus den verflochtenen Ependymfasern im reifen Organismus das Septum medianum posterius des Rückenmarks (Abb. **A3**). Bei allen fetalen Ependymzellen ist die freie Oberfläche noch mit Kinocilien (Abb. **A4**) versehen.

Die differenzierten Ependymzellen haben einen runden, basal oder zentral gelegenen Kern (Abb. **B1**) mit Nucleolus. Die Mitochondrien sind in der basalen Zellhälfte etwas zahlreicher vertreten als im supranucleären Cytoplasma. Der Golgi-Apparat besteht aus nur wenigen abgeflachten Säckchen und Vacuolen. Die Doppellamellen des granulären endoplasmatischen Reticulums sind schmal und kurz. Im Zellkörper verstreut liegen noch zahlreiche freie Ribosomen, einige glatte Vesikel, Lysosomen, Restkörperchen und Mikrofilamente.

Die meisten differenzierten Ependymzellen besitzen auf ihrer Oberfäche neben Mikrovilli straußartig gebündelte Kinocilien (Abb. **B2**).

Ein vom Basalpol mancher Ependymocyten ausgehender Fortsatz (Abb. **B3**) dringt zwischen die unter dem Ependym liegenden Zellen und berührt die Blutcapillaren (Abb. **B4**). Solche Ependymzellen werden Tanycyten genannt.

Auf der Oberfläche verschiedener Ependymbezirke wurde neuerdings ein Geflecht von langen Ausläufern entdeckt. Nähere Untersuchungen haben gezeigt, daß es sich hauptsächlich um supraependymale marklose Axonen mit mitochondrienreichen Anschwellungen (Abb. **B5**) handelt. Diese treten in synapsenartige Kontakte (Abb. **B6**) mit den Ependymzellen.

Außer den Axonen liegen an der Ependymoberfläche Nervenzellen (Abb. **B7**), aus welchen vermutlich diese Axonen stammen. Die Funktion dieser Zellen ist noch unklar; möglicherweise stellen sie eine Art Receptoren dar.

Unter den Ependymzellen findet man eine bis mehrere zellarme, subependymale Gliazellschichten, das sog. Hypendym (Abb. **B8**) mit überwiegend horizontal verlaufenden Gliafasern (Abb. **B9**). Diese Zone undifferenzierter Gliaelemente dient auch bei Erwachsenen zur Neubildung von Gliazellen.

Zwischen die durch Schlußleisten miteinander verbundenen Ependymzellen schieben sich die mit Kinocilien bestückten Ausläufer der sog. Liquorkontaktneuronen (Abb. **B10**), deren genaue Aufgabe noch nicht genügend erforscht ist (s. Tafel 170, 171 in Krstić, R. V.: Ultrastruktur der Säugetierzelle).

Vergrößerung: Abb. **B** 7000fach

Literatur

Bruni JE, Clattenburg RE, Millar E (1983) Tanycyte ependymal cells in the third ventricle of young and adult rats: a Golgi study. Anat Anz 153:53–68

Coates PW, Davis SL (1982) Tanycytes in long-term ovatriectomized ewes treated with estrogen exhibit ulrastructural features associated with increased cellular activity. Ant Rec 203:179–187

Leonhardt H (1980) Ependym und circumventriculäre Organe. In: Oksche A, Vollrath L (eds) Handbuch der mikroskopischen Anatomie des Menschen, vol 4, part 10. Nervensystem. Springer, Berlin Heidelberg New York

Rajtova V (1986) The ependyma of sheep. Z mikroanat Forsch 100:628–638

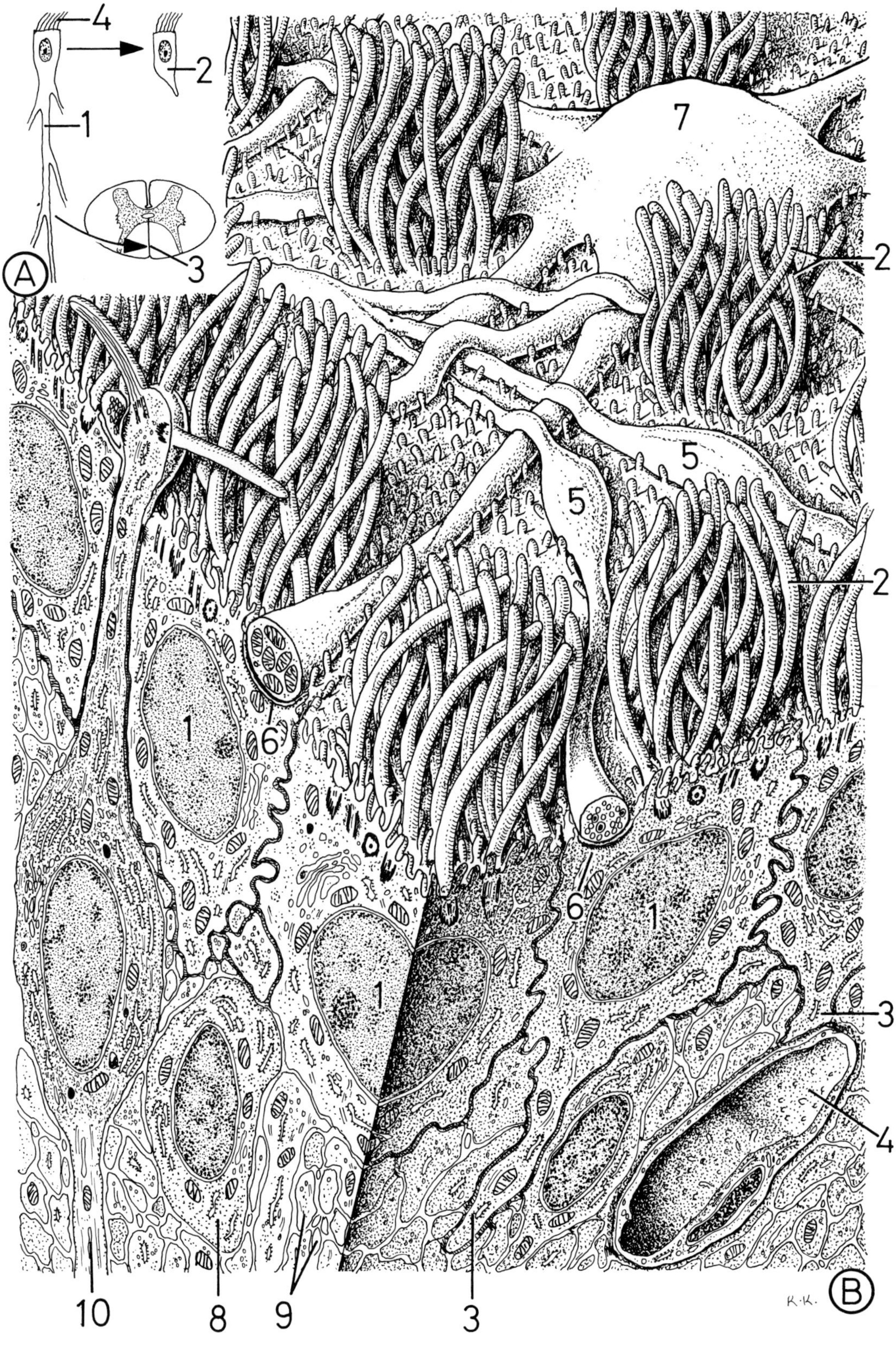
4
2
1
3
A
7
2
5
5
2
1
6
6
1
1
3
4
10
8
9
3
K·K.
B

Tafel 148. Glia des Zentralnervensystems. Astrocyten. Lichtmikroskopisches Aussehen

Die aus Teilen des Zentralnervensystems – Großhirn (Abb. **A 1**), Rückenmark (Abb. **A 2**) und Kleinhirn (Abb. **A 3**) – angefertigten Schnitte sind in den Abb. **B–D** so wiedergegeben, wie sie nach einer Routinefärbung lichtoptisch aussehen. In jeder Zeichnung ist jeweils ein Viereck in die graue und ein Kreis in die weiße Substanz eingetragen. Die Strukturen in den Vierecken sind in Abb. **E** zusammengefaßt.

Die protoplasmatischen Astrocyten (Abb. **E 1**) erscheinen nach der Golgi-Imprägnationsmethode als sternförmige Zellen, die mit ihren Ausläufern einerseits die Nervenzellen (Abb. **E 2**), andererseits die Blutcapillaren (Abb. **E 3**) berühren. Die gegenseitigen Kontakte der Astrocyten führen zur Bildung eines Gliagerüstes, in dessen Maschen die Neuronen eingelagert sind.

Die den Capillaren anliegenden Astrocytenfortsätze enden mit fußartigen Verbreiterungen („Gefäßfüßchen"), mit welchen sie die Capillaren größtenteils bedecken. So entsteht eine Membrana limitans gliae perivascularis, die im Zentralnervensystem die bindegewebige Capillarhülle ersetzt und sich an der Bildung der Blut-Hirn-Schranke beteiligt. Ein anderer Teil der Astrocytenfortsätze bildet an der Oberfläche des Zentralnervensystems die Membrana limitans gliae superficialis (s. Tafel 153).

Den kreisförmigen Ausschnitten aus Abb. **B–D** entspricht die in Abb. **E** eingefügte Vergrößerung eines faserigen Astrocyten (Abb. **F 1**). Da diese Zellen in der weißen Substanz vorkommen, folgen ihre Fortsätze dem Weg der Nervenfasern (Abb. **F 2**), sind also hauptsächlich diesen parallel gerichtet.

Die kleineren, neben den Nervenzellen (Abb. **E 2**) und zwischen den Nervenfasern sichtbaren Zellen sind Oligodendrocyten (Abb. **E 4** u. Abb. **F 3**).

Eine weitere, besondere Art von Astrocyten (Abb. **G 1**) fällt im Kleinhirn auf. Sie sind flügelähnlich gebaut und treten im Bereich der Parenchyminseln (Abb. **G 2**) der Körnerschicht auf (s. Tafel 152).

Vergrößerungen: Abb. **B** 20fach; Abb. **D** 10fach; Abb. **E** u. **F** 400fach; Abb. **G** 700fach

Literatur

Allt G (1980) Astrocytes, filaments, and microtubules. Trends Neurosci 3:72–73

Phillips DE (1973) An electron microscopic study of macroglia and microglia in the lateral funiculus of the developing spinal cord in the fetal monkey. Z Zellforsch 140:145–167

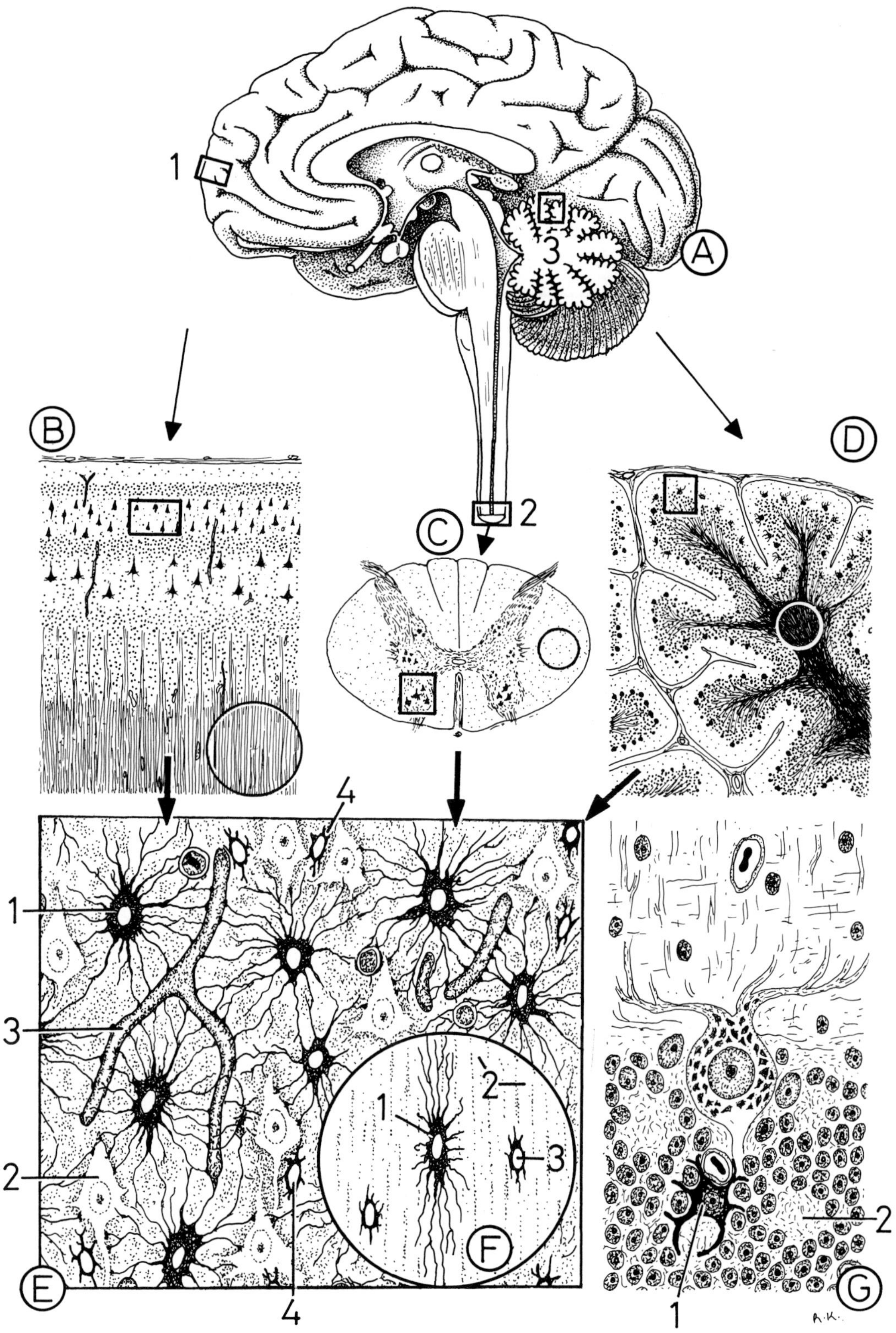
1
3
A
2
B
C
D
1
3
2
4
4
1
2
3
E
F
G
1
2
A.K.

Tafel 149. Glia des Zentralnervensystems. Membrana limitans gliae perivascularis. Dreidimensionale Übersichtsdarstellung

Zum besseren Verständnis der Beziehung zwischen einer Nervenzelle (**1**), den protoplasmatischen Astrocyten (**2**), des Oligodendrocyten (**3**) und den Blutcapillaren (**4**) wurde die vorliegende Tafel angefertigt.

Eine Nervenzelle (**1**) hat in der Regel mehrere verästelte Dendriten (**5**) und ein Axon (**6**). Sowohl auf dem Dendriten als auch auf dem Axon liegen kurz abgeschnittene Endknöpfe (**7**) anderer Nervenfasern, die mit dem hier gezeigten Neuron Synapsen bilden.

In der Nähe der Nervenzellen befinden sich zwei Astrocyten (**2**), deren verschieden lange Ausläufer (**8**) mit ihren füßchen- bzw. plattenförmigen Endigungen (**9**) auf einer Seite die Nervenzelle (**1**) und auf der anderen, als sog. Gefäßfüßchen, die Capillaren (**4**) berühren. Die Astrocyten stehen an der durch einen Pfeil gekennzeichneten Stelle ebenfalls miteinander in Kontakt. Die Gefäßfüßchen der Astrocyten überdecken als Membrana limitans gliae perivascularis etwa 80% der Capillaroberfläche. Freie Bezirke (**10**), an welchen nur die Capillarbasallamina vorhanden ist, sind selten.

Der Körper der Astrocyten bildet auch kürzere, plumpe Ausstülpungen (**11**), die den zahlreichen Fortsätzen der verschiedenen Nervenzellen als Stütze dienen.

Ein Oligodendrocyt (**3**) umgibt mit seinen Markscheiden (**12** und **12a**) die Abschnitte von zwei Axonen (**6** und **6a**), wobei das Axon (**6a**) selbstverständlich einer anderen Nervenzelle angehört. Unterhalb und/ oder oberhalb der Ranver-Schnürringe (**13**) werden andere Oligodendrocyten den Axonen die Myelinscheidensegmente liefern.

Um Mißverständnisse bei der Interpretation der vorliegenden Tafel zu vermeiden, muß gesagt weren, daß sich zwischen den Zellen und Capillaren noch unzählige Zellausläufer jeder Art befinden (sog. Neuropil), die hier einfachheitshalber nicht gezeichnet sind. Wie ein Schnitt des geschlossenen Verbandes des Nervengewebes tatsächlich aussieht, wurde bereits in Tafel 2 gezeigt.

Vergrößerung: 27000fach

Literatur

Kings JS (1968) A light and electron microscopic study of perineuronal glial cells and processes in the rabbit neocortex. Anat Rec 161:111–124

Lierse W (1968) Die Hirncapillaren und ihre Glia. Acta Neuropathol (Berl) Suppl 4:40–52

Ling EA, Patterson JA, Privat A, Mori S, Leblond CP (1973) Identification of glial cells in the brain of young rats. J Comp Neurol 149:43–72

Oksche A (1980) Neuroglia I. In: Oksche A, Vollrath L (eds) Handbuch der mikroskopischen Anatomie des Menschen, vol 4, part 10, Nervensystem. Springer, Berlin Heidelberg New York

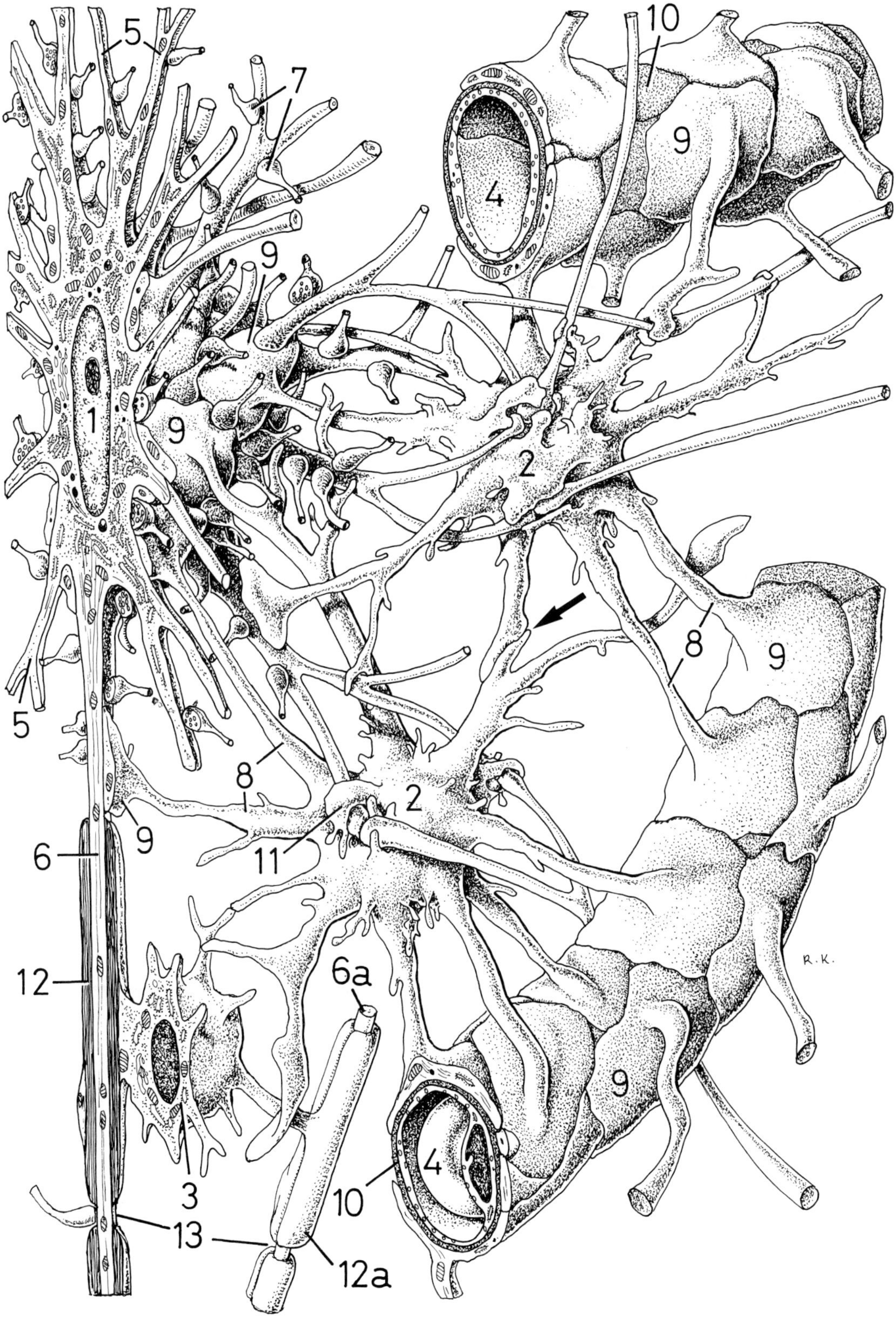
5
7
10
9
4
9
1
9
2
8
8
9
5
8
2
9
11
6
12
6a
3
4
10
9
13
12a
R.K.

Tafel 150. Glia des Zentralnervensystems. Protoplasmatischer Astrocyt (sog. Kurzstrahler)

Ein protoplasmatischer Astrocyt (**1**) ist eine relativ große, sternförmige, überwiegend in der grauen Gehirn- und Rückenmarksubstanz vorkommende Gliazelle.

Im Zellkörper liegt ein großer, kugeliger, äußerst chromatinarmer Kern. Diese Tatsache erleichtert die Erkennung der Astrocyten im Elektronenmikroskop. In der Kernumgebung treten mehrere kurze Zisternen des granulären endoplasmatischen Reticulums und ein mittelgroßer Golgi-Apparat auf. Außer einer kleinen Anzahl von Mitochondrien findet man im wenig osmiophilen Cytoplasma mehrere Glykogengranula und Centriolen, denn die Astrocyten sind unter bestimmten Umständen teilungsfähig.

Besonders charakteristisch für die Astrocyten sind die Gliofibrillen (**2**). Man sieht sie quer- und längsgeschnitten überwiegend in Kernnähe, von wo aus sie in die Fortsätze ziehen. Jede Gliofibrille ist aus 5–10 nm dicken intermediären Gliofilamenten zusammengesetzt, die aus sauerem gliofibrillärem Protein gebaut sind und eine mechanische Aufgabe erfüllen.

Die kurzen Ausläufer eines protoplasmatischen Astrocyten erreichen auf der einen Seite die Nervenzellen (**3**), auf der anderen die Blutcapillaren (**4**). Während sich zwischen Capillaren und Gefäßfüßchen (**5**) eine 30–50 nm dicke Capillarbasallamina (**6**) einschiebt, schmiegen sich die cytoplasmatischen Endplatten (**7**) den Nervenzellen bis auf 20 nm an. Dabei können sie einige axosomatische Synapsen (**8**) überdecken.

Um den Astrocytenkörper liegen in nur 20 nm Entfernung viele marklose (**9**) und markhaltige (**10**) Nervenfasern sowie Nervenendigungen (**11**). Sie drücken die Oberfläche des Zelleibs etwas ein, was die Entstehung vieler kleiner plattenförmiger Cytoplasmaausstülpungen zur Folge hat. Man vermutet deshalb, daß ein Astrocyt nicht nur Nervenfasern, sondern auch verschiedene Synapsen (z. B. axodentritische, **12**; Dornsynapsen, **13**; usw.) umfassen kann. Einige Dornfortsätze (**14**) sind auch außerhalb des Astrocytenkörpers zu beobachten.

Die Anwesenheit von Glykogen im Cytoplasma der Astrocyten und die starke Phosphorylaseaktivität beweisen, daß diese Zellen für den Kohlehydratstoffwechsel im Zentralnervensystem von großer Bedeutung sind. Im Gegensatz zu den Nervenzellen zeigen die Gliaelemente keine Acetylcholinesteraseaktivität, aber eine erhöhte Konzentration der an die Zellmembran gebundenen Adenosintriphosphatase (ATP). Durch ihre energetische Beteiligung an der Natriumpumpe spielen die Astrocyten eine wichtige Rolle bei der Ionenregulation im ZNS.

Für eine Phagocytosefähigkeit der Astrocyten liegen bis jetzt nur wenige Beweise vor.

Vergrößerung: 10000fach

Literatur

Duncan D, Morales R (1973) Fine structue of astrocyte mitochondria in the spinal cord of the dog, cat, and monkey. Anat Rec 175:519–528

Frederickson RG, Low FN (1969) Blood vessels and tissue space associated with the brain of the rat. Am J Anat 125:123–146

Ling EA, Paterson JA, Privat A, Mori S, Leblond CP (1973) Investigation of glial cells in semithin sections: I. Identification of glial cells in the brain of young rats. J Comp Neurol 149:43–72

Phillips DE (1973) An electron microscopic study of macroglia and microglia in the lateral funiculus of the developing spinal cord in the fetal monkey. Z Zellforsch 140:145–167

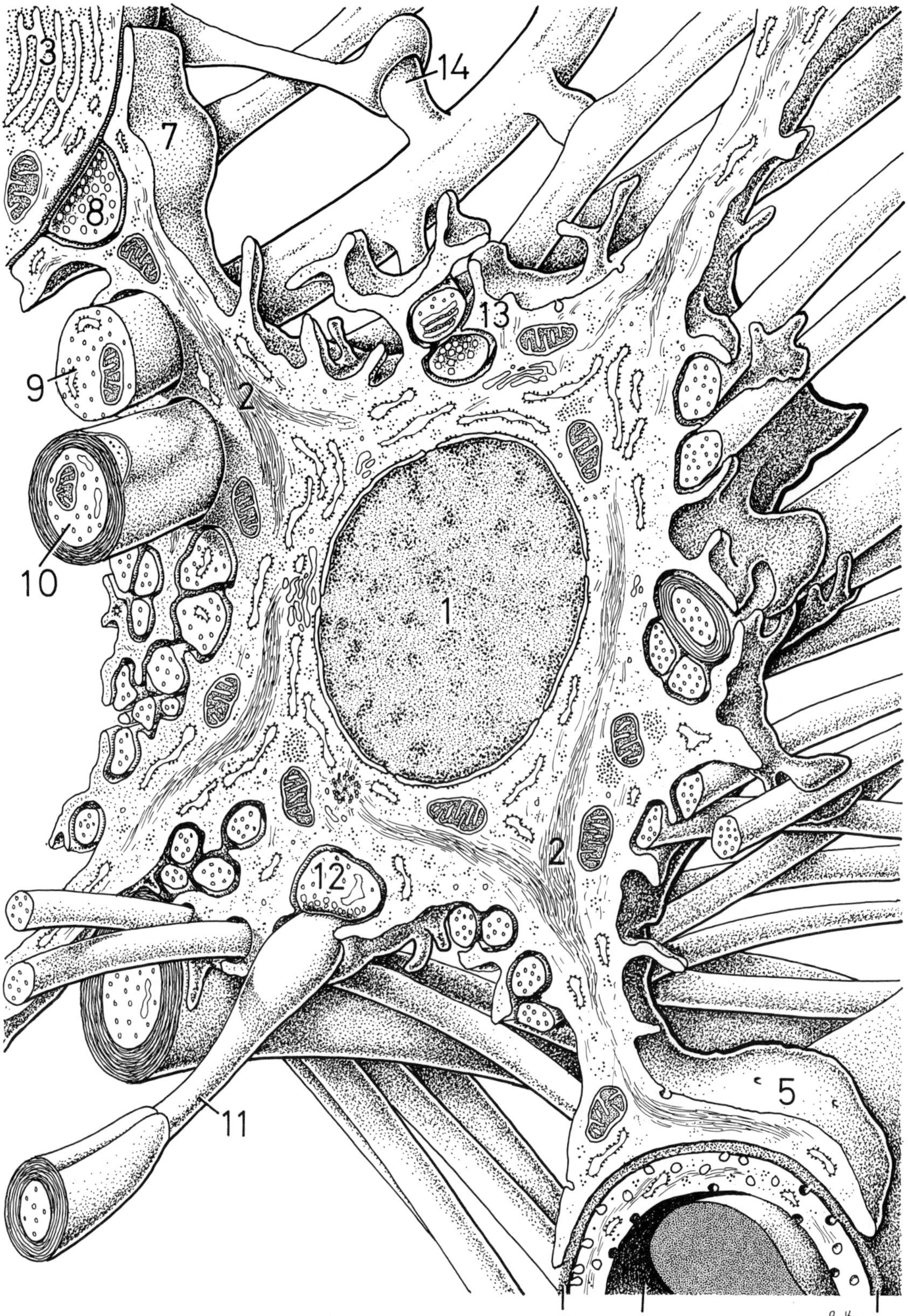

1
2
2
3
4
5
6
6
7
8
9
10
11
12
13
14
R.K.

Tafel 151. Glia des Zentralnervensystems. Faseriger oder fibrillärer Astrocyt (sog. Langstrahler)

Die 8–10 μm großen faserigen Astrocyten kommen, wie bereits in Tafel 148 erwähnt, überwiegend in der weißen Substanz des Zentralnervensystems vor.

Diese Zellen zeichnen sich durch 20–40 kürzere und längere, „drahtartige" und manchmal verzweigte Fortsätze (**1**) aus, die sich zwischen die markhaltigen (**2**) und marklosen (**3**) Nervenfasern einschieben. Während die längeren Ausläufer mit den Nervenfasern parallel verlaufen, erreichen manche Querfortsätze (Pfeil) eine Blutcapillare (**4**).

Der Astrocytenkörper enthält einen auffallend heterochromatinarmen Kern, mittelmäßig entwickelte Organellen und einige Lysosomen. Glykogenpartikel (**5**) kommen im Cytoplasma in kleineren Gruppen vor.

An metaplasmatischen Differenzierungen sind in den fibrillären Astrocyten – wie in den protoplasmatischen – die aus Gliofilamenten gebauten Gliofibrillen (**6**) vertreten. Sie bilden im Perikaryon und seinen Ausläufern ein mechanisch widerstandsfähiges Skelet.

Die faserigen Astrocyten erfüllen in der weißen Substanz die gleichen histophysiologischen Aufgaben wie die Kurzstrahler in der grauen Masse des Zentralnervensystems. Es ist deshalb denkbar, daß es sich um zwei Arten eines gleichen, jeweils seiner Umgebung angepaßten Zelltyps handelt.

An der Ausfüllung der nach einem Verlust von Nervengewebe entstandenen leeren Räume sind vor allem die fibrillären Astrocyten beteiligt. Obwohl die Teilungsbereitschaft der Gliazellen nach der Geburt gering ist, können unter den erwähnten Umständen wieder Mitosen auftreten. Auf diese Weise kommt es zu einer Narbenbildung im ZNS, die man als Gliosis bezeichnet.

Zwei Ranvier-Schnürringe (**7**) sind an den markhaltigen Nervenfasern zu erkennen (s. Tafel 68 in Krstić, R. V.: Ultrastruktur der Säugetierzelle).

Vergrößerung: 8000fach

Literatur

Hirano A, Dembitzer HM (1967) A structural analysis of the myelin sheath in the central nervous system. J Cell Biol 34:555–567

Ribadeau Dumas J-L, Poirier J (1972) L'astrocyte. Nouv Presse Med 1:1091–1096

Vaughn JE, Peters A (1967) Electron microscopy of the early postnatal development of fibrous astrocytes. Am J Anat 121:131–152

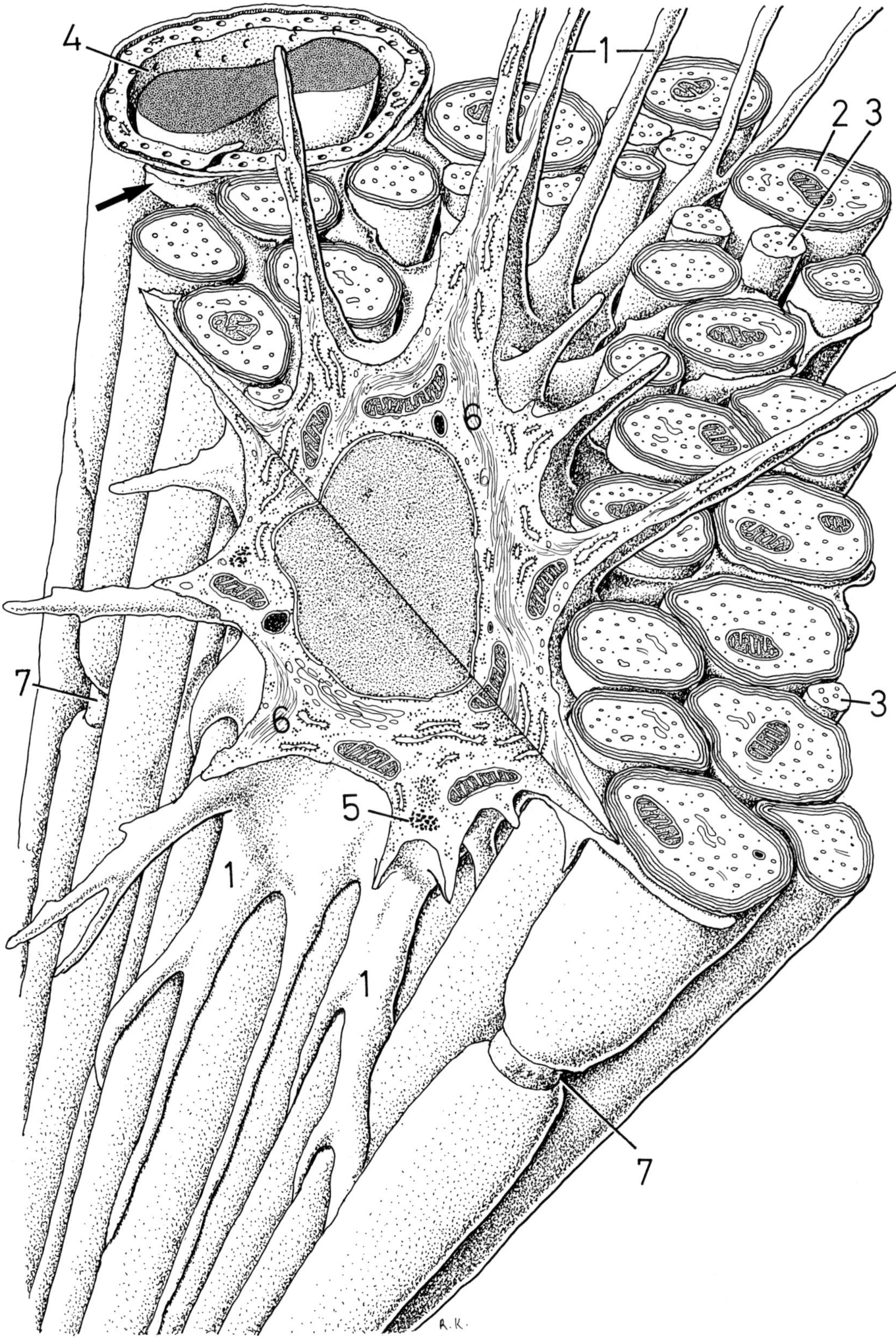

4
1
2 3
6
6
7
3
6
5
1
1
7
R.K.

Tafel 152. Glia des Zentralnervensystems. Flügelartiger Astrocyt (Rekonstruktion nach elektronenmikroskopischen Aufnahmen von CHAN-PALAY und PALAY, 1972)

In der vorigen Tafel wurde veranschaulicht, wie die faserigen Astrocyten mit ihren Fortsätzen die Nervenfasern festhalten. Diese bilden, zusammen mit den Gliazellen und den Blutcapillaren, das zwischen den Perikaryen der Nervenzellen gelegene Neuropil. Die vorliegende Abbildung zeigt, daß die Astrocyten auch in den umfangreichen Synapsenbezirken eine wichtige mechanische und metabolische Rolle spielen.

Die lichtmikroskopische Morphologie der flügelartigen Astrocyten in der Körnerschicht des Kleinhirns wurde bereits in Tafel 148 dargestellt. Nach speziellen Färbungen erscheinen diese Zellen sternförmig. Die Zahl ihrer Ausläufer ist jedoch relativ klein.

Elektronenmikroskopische Untersuchungen haben gezeigt, daß es sich um eine besonders differenzierte Astrocytenart handelt, die anstatt zylindrischen flügelähnliche, an Kohlblätter erinnernde Ausläufer (Pfeile) besitzt. Mit diesen Cytoplasmablättern umhüllen sie nicht nur die Capillaren (**1**) und Nervenzellen (**2**), sondern auch Teile der sog. Parenchyminseln (**3**). Letztere sind eine Besonderheit des Kleinhirns. Im Lichtmikroskop erscheinen sie als helle kernlose Bezirke (s. Tafel 148). Elektronenmikroskopisch stellte man fest, daß es in ihnen u. a. zu einem synaptischen Kontakt zwischen den Moosfasern (**4**) und den Dendriten (**5**) der kleinen Körnerzellen kommt. Diese komplizierten Strukturen sind also mehr oder weniger durch die Flügel der Astrocyten begrenzt. Auch die Nervenzellen (hier eine kleine Körnerzelle, **2**) sind z. T. mit astrocytären Cytoplasmablättern umhüllt. Es ist anzunehmen, daß dabei einige Dendriten (**5**) oder/und Axonen (**6**) die Astrocytenflügel durchbohren.

Die hier frei gezeichneten Cytoplasmablätter umgeben natürlich andere, aus didaktischen Gründen weggelassene Nervenzellen oder Parenchyminseln.

Aus dem Verhalten der Ausläufer dieser Astrocytenart wird ersichtlich, daß sie nicht nur dem Stoffwechsel der Nervenzellen, sondern auch der Versorgung von synaptischen Verbindungen mit Energie dienen.

Man beachte die zwischen den Astrocytenflügeln und der nicht fenestrierten Blutcapillare eingeschobene Basallamina (**7**).

Vergrößerung: 5000fach

Literatur

Chan-Palay V, Palay LS (1972) The form of velate astrocytes in the cerebellar cortex of monkey and rat: high voltage electron microscopy of rapid Golgi preparations. Z Anat Entwickl Gesch 138:1–19

Reese TS, Karnovsky MJ (1967) Fine structural localization of a blood-brain barrier to exogenous peroxidase. J Cell Biol 34:207–218

Vaughn JE, Peters A (1968) A third neuroglial cell type. An electron microscopic study. J Comp Neurol 133:269–288

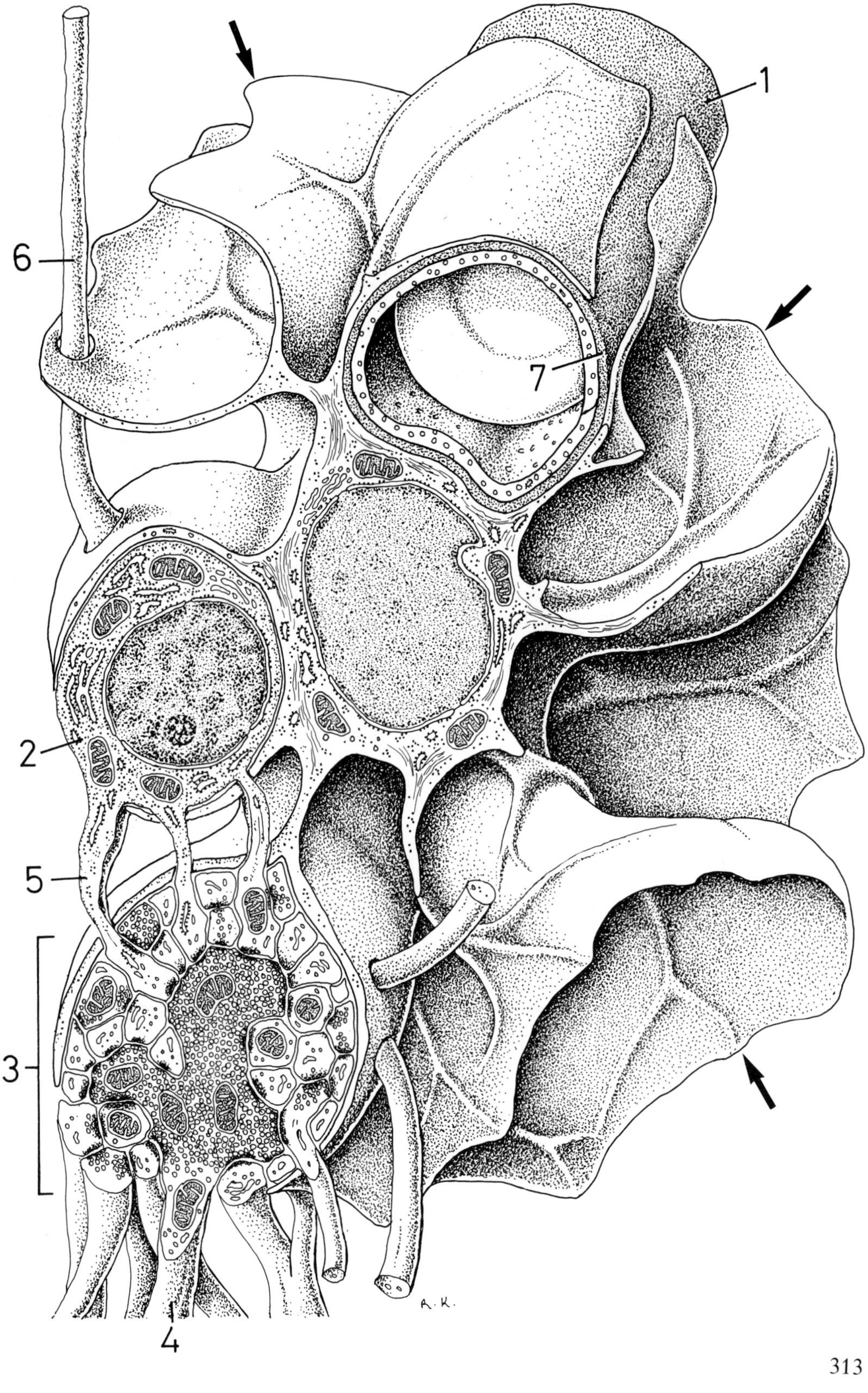
1
6
7
2
5
3
4
R. K.

Tafel 153. Glia des Zentralnervensystems. Membrana limitans gliae superficialis et perivascularis

Die Astrocyten haben unter anderem auch die Aufgabe, die Gewebe des ZNS gegen die Organoberfläche und gegen die in Gehirn und Rückenmark eindringenden Blutgefäße abzugrenzen. Das geschieht folgendermaßen:
Die protoplasmatischen Astrocyten (**1**) bilden mit ihren Ausläufern ein dreidimensionales Netz, in dessen Maschen die Neuronen gelagert sind, auf deren Darstellung hier verzichtet wurde.
Alle die Gehirnoberfläche erreichenden, füßchenartigen Astrocytenfortsätze sind so aneinandergefügt, daß eine Membrana limitans gliae superficialis (**2**) entsteht. Ihr liegt die erste der weichen Hirnhäute, die Pia mater (**3**), eng an. Über der Pia mater befindet sich eine gefäßarme Bindegewebsschicht, die Arachnoidea (**4**), die durch ein lockeres Balkenwerk (**5**) mit der Pia in Verbindung tritt. So entsteht zwischen den beiden weichen Hirnhäuten ein von vielen Blutgefäßen (**6**) durchzogener Raum, den man Spatium subarachnoidale oder Spatium leptomeningicum (**7**) nennt. Zwischen der Arachnoidea und der aus straffem faserigem Bindegewebe gebauten Dura mater (**8**) liegt ein spaltförmiges Spatium subdurale (**9**).
Bis zu einer gewissen Tiefe begleiten Ausläufer des Spatium subarachnoidale – sog. Virchow-Robin-Räume (**10**) – die in das Gehirn eindringenden Blutgefäße (**11**). Diese Räume enthalten zahlreiche Bindegewebsfasern, die mit der Verkleinerung des Blutgefäßdurchmessers ständig reduziert werden, so daß den Capillaren (**12**) schließlich eine Bindegewebshülle völlig fehlt. Dafür bilden die schon in den Tafeln 149 und 150 erwähnten astrocytären Gefäßfüßchen eine Membrana limitans gliae perivascularis (**13**) um jedes Haargefäß.
Die beiden Gliamembranen sichern ein dem Nervengewebe des ZNS notwendiges spezifisches Milieu und seine Isolierung. Dabei spielt die Membrana limitans gliae perivascularis eine besondere Rolle, denn sie bildet einen Teil der Blut-Hirn-Schranke.
Die Strukturen in den Vierecken **A** und **B** sind in den entsprechenden Abbildungen der folgenden Tafel nachvergrößert.

Vergrößerung: 1000fach

Literatur

Bondareff W, McLone DG (1973) The external glial limiting membrane in Macaca: ultrastructure of a laminated glioepithelium. Am J Anat 136:277–296

Jones EG (1970) On the mode of entry of blood vessels into the cerebral cortex. J Anat 106:507–520

Lierse W (1969) Was wissen wir über die Blut-Hirn-Schranke? Wissenschaft Dienst „Roche“ 37:9–16

Morse DE, Low FN (1972) The fine structure of the pia mater of the rat. Am J Anat 133:349–368

9
3
8
6
5
4
3
6
2
5
2
7
13
11
A
13
3
10
1
1
13
B
12
1
1
12
13
R.K.

Tafel 154. Glia des Zentralnervensystems. Membrana limitans gliae superficialis et perivascularis. Blut-Hirn-Schranke (BHS). Schrankenlose Gehirnbezirke. Fortsetzung der Tafel 153

Die Endfüßchen (Abb. **A 1**) der Astrocyten treten durch Nexus (Abb. **A 2**) miteinander in Kontakt und bilden die Membrana limitans gliae superficialis. Von der Pia mater (Abb. **A 3**) mit ihren kollagenen Mikrofibrillen (Abb. **A 4**), Fibrocytenausläufern (Abb. **A 5**) und Blutcapillaren (Abb. **A 6**) sind die Gliafortsätze durch eine Basallamina (Abb. **A 7**) getrennt. Unterhalb der oberflächlichen Gliamembran findet man zahlreiche Nerven- und Gliafasern (Abb. **A 8**) des Neuropils.

Die Membrana limitans gliae perivascularis wird, wie bereits erwähnt, von den Gefäßfüßchen (Abb. **B 1**) der Astrocyten gebaut. Die perivasculäre Gliaschicht ist von den mit einem nichtfenestrierten Endothel versehenen Hirncapillaren (Abb. **B 2**) und ihren Pericyten (Abb. **B 3**) durch eine 20–50 nm dicke Basallamina (Abb. **B 4**) getrennt. Außerhalb der Membrana limitans gliae perivascularis befindet sich das Neuropil (Abb. **B 5**). Berechnungen haben gezeigt, daß bei der Ratte von 25–80% des Neuropilvolumens auf die Gliafortsätze entfallen. Dem umrahmten Ausschnitt in Abb. **B** entspricht die Abb. **C**.

Es ist seit langem bekannt, daß Vitalfarbstoffe, wie z. B. Trypanblau, die gewisse Zellen blau färben, in das Gehirn – abgesehen von einigen wenigen Bezirken – nicht eindringen können. Das gilt ebenfalls für die meisten im Blut zirkulierenden Plasmastoffe. Diese spezifische, die Stoffaustauschvorgänge betreffende Selektivität des Gehirns wird als Blut-Hirn-Schranke (BHS) bezeichnet.

Morphologisch besteht die BHS aus nichtfenestrierten und durch Zonulae occludentes (Abb. **C 1**) miteinander verbundenen Endothelzellen (Abb. **C 2**), einer Basallamina (Abb. **C 3**) und den Astrocytengefäßfüßchen (Abb. **C 4**). Das Fehlen von Pericapillarräumen ist für die BHS sehr charakteristisch.

Die Extracellulärräume im ZNS machen 17–20% des Gesamtvolumens der Hirnsubstanz aus. Sie enthalten, wie die neueren Untersuchungen gezeigt haben, eine Grundsubstanz, welche eine freie Ionendiffusion verhindern könnte. Außerdem können Endothelzellen und Astrocyten die Selektivität der BHS regulieren. Man nimmt an, daß manche Endothelzellen polar differenziert sind und somit bestimmte Stoffe nur in einer Richtung transportieren. (Weitere Erklärungen s. Physiologielehrbücher.)

Es gibt aber auch BHS-freie Bezirke im Gehirn. Dort sind die Capillaren fenestriert und von breiten Pericapillarräumen umgeben. Die Membrana limitans gliae perivascularis ist nur teilweise vorhanden. Außer im Plexus chorioideus (Abb. **D 1**) treten diese strukturellen Besonderheiten noch in der Zirbeldrüse (Abb. **D 2**), Subcommissuralorgan (Abb. **D 3**), Area postrema (Abb. **D 4**), Hypophysenhinterlappen (Abb. **D 5**), Eminentia mediana (Abb. **D 6**) und Infundibulum auf.

In der Praxis ist die BHS von größter Wichtigkeit bei der medikamentösen Therapie von Hirnerkrankungen, denn sie kann ebenfalls den Übertritt von Arzneimitteln in das Nervengewebe verhindern (s. Tafeln 148, 150 in Krstić, R. V.: Ultrastruktur der Säugetierzelle).

Vergrößerungen: Abb. **A** u. **B** 10 000fach; Abb. **C** 40 000fach

Literatur

Bouchaud C, Bosler O (1986) The circumventricular organs of mammalian brain with special reference to monoaminergic innervation. Int Rev Cytol 105:283–327

Cragg B (1979) Brain extracellular space fixed for electron microscopy. Neurosci Lett 15:301–306

Goldstein GW, Betz LA (1986) The blood-brain barrier. Sci Am 255/3:70–79

Hajos F, Basco E (1984) Surface-contact glia. Adv Anat Embryol Cell Biol 84:1–100

Wagner H-J, Barthel J, Pilgrim C (1983) Permeability of the external glial limiting membrane of rat parietal cortex. Anat Embryol 166:427–437

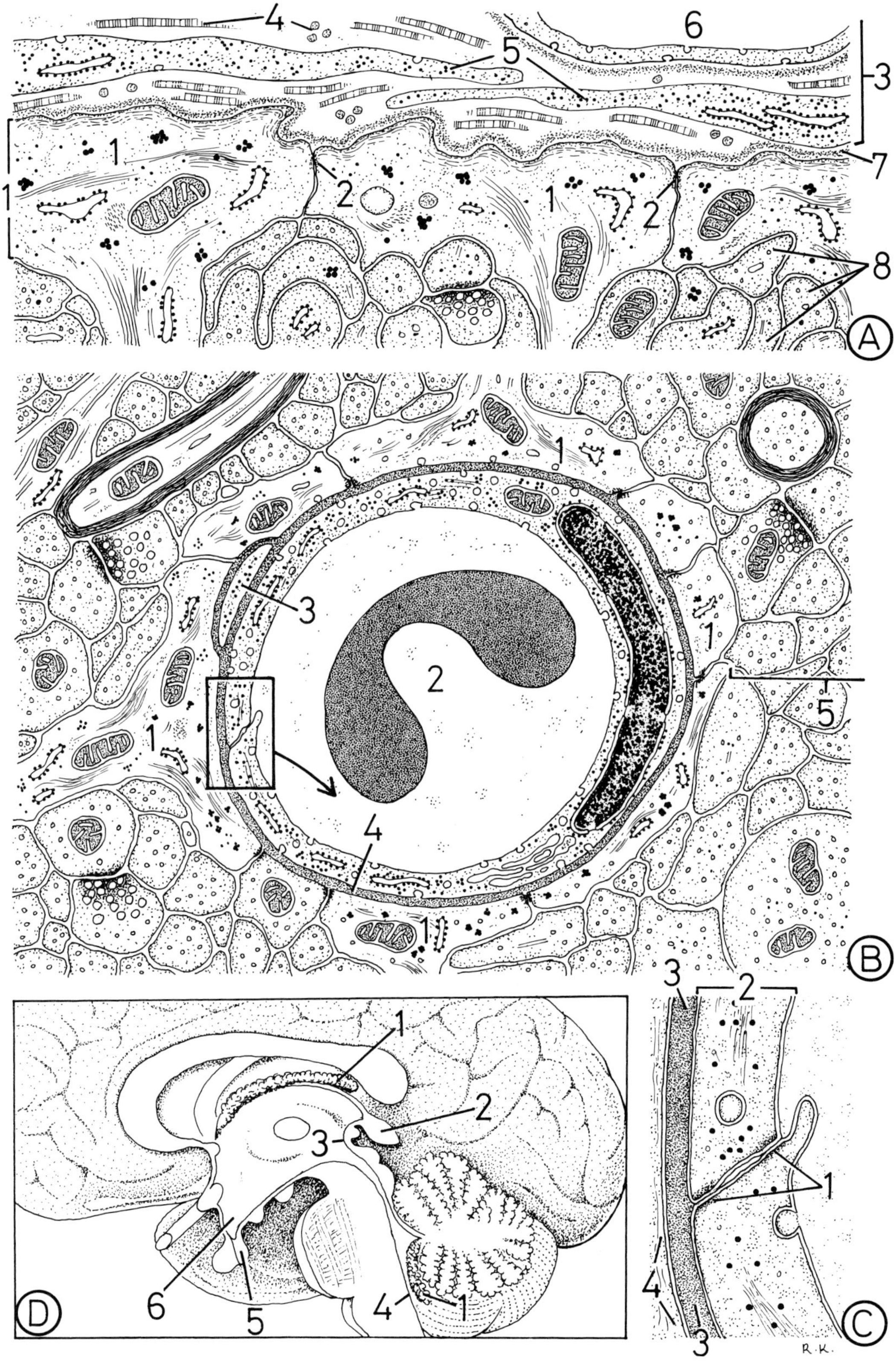
A
B
C
D
R.K.

Tafel 155. Glia des Zentralnervensystems. Oligodendrocyten

Die 6–8 µm großen Oligodendrogliazellen kommen in unmittelbarer Nähe der Nervenzellen und deren Fortsätzen sowie der Blutcapillaren vor. Wie sie lichtmikroskopisch aussehen, ist in Tafel 148 bereits dargestellt.

Die Oligodendrocyten (Abb. **A1**) erscheinen im Elektronenmikroskop meistens als ovoide oder ellipsoidale Zellen mit großem chromatinreichem Kern. Im schmalen Cytoplasmagürtel sind einige Mitochondrien und verhältnismäßig geräumige Golgi-Komplexe zu finden. Wegen der in großer Zahl vorhandenen Zisternen des granulären endoplasmatischen Reticulums und freien Ribosomen erscheint das Cytoplasma der Oligodendroglia wesentlich dunkler als das der Astrocyten. Die Oligodendrocyten senden nur wenige kegel- und plattenförmige Ausläufer aus. Funktionell gesehen sind diese von besonderer Bedeutung, denn sie bilden die Markscheiden im Zentralnervensystem. Man nimmt heute an, daß sich die blattförmigen Ausläufer mit ihren zungenförmigen cytoplasmatischen Verdickungen (Abb. **A2**) auf unbekannte Weise um die Axonen (Abb. **A3**) rollen. Ein Oligodendrocyt kann mehreren Neuriten ein Segment (Internodium) der Myelinscheide (Abb. **A4**) liefern. Wo sich die Ranvier-Schnürringe (Pfeile) befinden, fehlen die Markscheiden. An diesen Stellen haben die Axonen direkten Kontakt mit ihrer Umgebung, z. B. auch mit synaptischen Endknöpfen (Abb. **A5**). Die Schmidt-Lanterman-Einkerbungen sind in den Myelinscheiden des ZNS fast nie vorhanden.

Rechts oben auf der Zeichnung sieht man eine angeschnittene Nervenzelle (Abb. **A6**) und den Ursprungskegel eines Axons (Abb. **A7**). Mehrere synaptische Endknöpfe (Abb. **A8**) berühren das Neuron. Abbildung **B** zeigt die Entstehung der Markscheiden, wie man sie sich heute vorstellt, und zwar basierend auf der Tatsache, daß die innerste Myelinlamelle immer die kürzeste ist. Wenn man annimmt, daß die blattförmigen Oligodendrocytenfortsätze (Abb. **B1**) trapezoid und mit der breiteren Basis (Abb. **B2**) zellwärts gerichtet wären, dann könnte sich, nach Befestigung ihrer schmäleren Seite (Abb. **B3**) auf dem Axon (Abb. **B4**) der Fortsatz um das Axon oder dieses um sich selbst drehen und so die Myelinscheide (Abb. **B5**) bilden.

Die eigenartige in der Gewebekultur beobachtete Pulsation der Oligodendrocyten ist noch weitgehend ungeklärt (s. Tafel 89 in Krstić, R. V.: Ultrastruktur der Säugetierzelle).

Vergrößerung: Abb. **A** 14000fach

Literatur

Gonatas NK, Hirayama M, Stieber A, Silberberg DH (1982) The ultrastructure of isolated rat oligodendroglial cell cultures. J Neurocytol 11:997–1008

Hirano A (1968) A confirmation of the oligodendroglial origin of myelin in the adult rat. J Cell Biol 38:637–640

Knobler RL, Stempak JG, Laurencin M (1976) Nonuniformity of the oligodendroglial ensheathment of axons during myelination in the developing rat central nervous system. J Ultrastruct Res 55:417–432

Kruger L, Maxwell DS (1966) Electron microscopy of oligodendrocytes in normal rat cerebrum. Am J Anat 118:411–436

Matthieu J-M, Omlin FX (1984) Murine leukodystrophies as tool to study myelogenesis in normal and pathological conditions. Neuropediatrics 15:37–52

Norton WT (1984) Oligodendroglia. Advances in neurochemistry, vol 5. Plenum, New York

Sturrock RR (1982) Gliogenesis in the prenatal rabbit spinal cord. J Anat 134:771–793

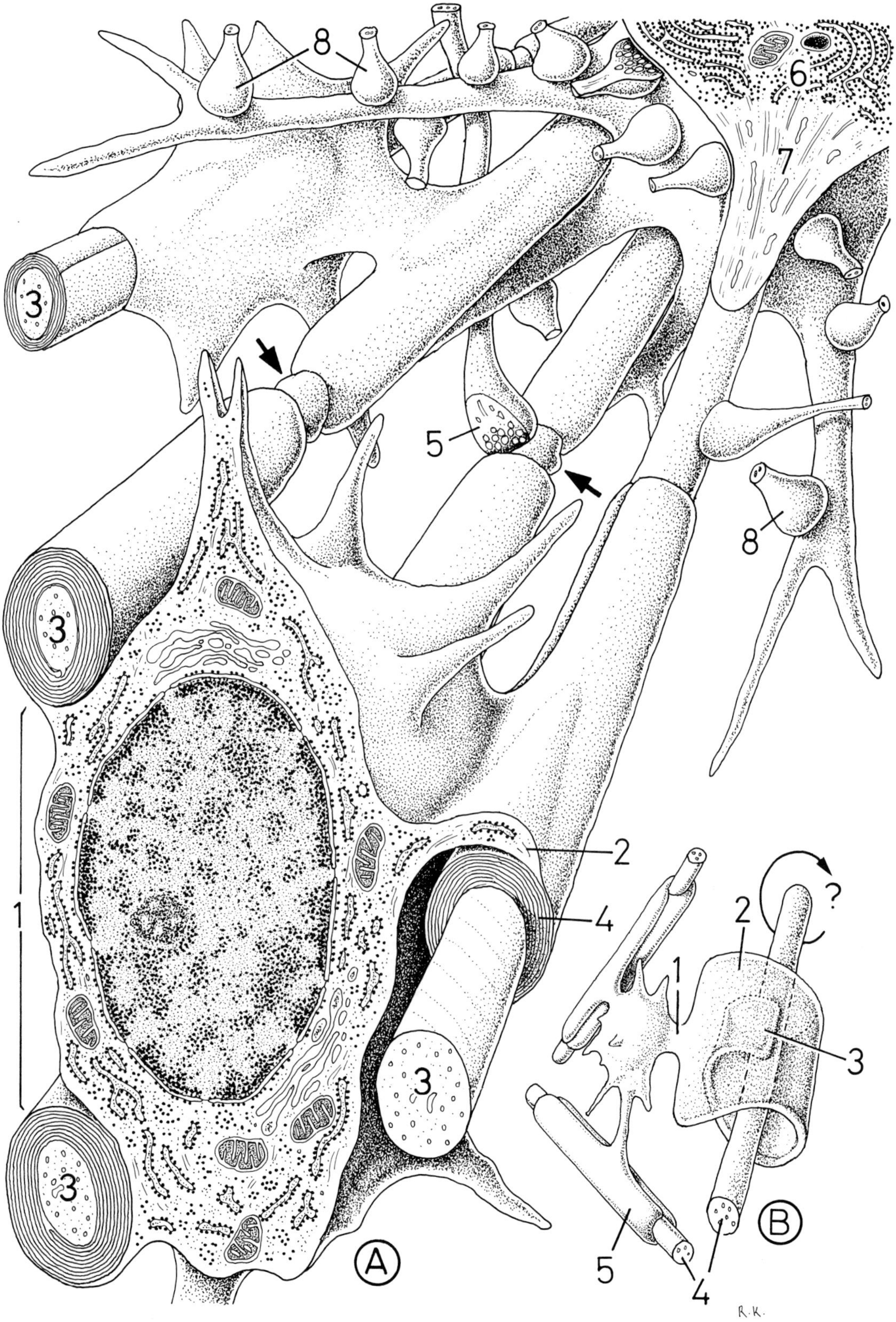
8
6
7
3
5
8
3
1
2
4
3
3
?
2
1
3
5
4
4
A
B
R.K.

Tafel 156. Glia des Zentralnervensystems, Mikroglia, Mesoglia oder Hortega-Zellen (in Anlehnung an Hager, 1968)

Nach Anwendung spezieller Imprägnationsmethoden treten in allen Bezirken des ZNS, vorwiegend aber in der Capillarumgebung, die nach dem spanischen Histologen Pio del Rio Hortega (1882–1945) benannten Zellen (Abb. **A** u. **B1**) hervor. Aus ihrem mehr oder weniger langgestreckten Körper gehen ungleichmäßige, manchmal büschelförmige Fortsätze ab (Abb. **A**).

Unter dem Elektronenmikroskop erscheinen die Mikroglia-Zellen als sehr unregelmäßig gestaltete Elemente mit ellipsoidalem chromatinarmem Kern. Außerdem erkennt man in ihrem dichten, ribosomenreichen Cytoplasma einen mäßig bis stark entwickelten Golgi-Apparat, eine wechselnde Anzahl Mitochondrien und Zisternen des granulären endoplasmatischen Reticulums sowie periphere Vacuolen (Abb. **B2**). Besonders bezeichnend für die Mikrogliazellen ist die Anwesenheit mehrerer Lysosomen (Abb. **B3**), Phagolysosomen (Abb. **B4**) und Restkörperchen (Abb. **B5**).

Die Mikroglia-Zellen sind amöboid beweglich. Sie können sich deshalb von den Capillaren entfernen. Dabei perforieren sie an den mit Pfeilen gekennzeichneten Stellen die Basallamina (Abb. **B6**), schieben sich zwischen den Astrocytenfüßchen (Abb. **B7**) der Membrana limitans gliae perivascularis bis in das Neuropil (Abb. **B8**) vor, dringen dann in die Bezirke ein, in denen es zum Untergang von Nervengewebe gekommen ist und phagocytieren dort die Zelltrümmer. Die Mikrogliazellen zeichnen sich ebenfalls durch ihre Bereitschaft aus, Eisen und Pigmente zu speichern.

Der Ursprung der Mikrogliazellen ist noch nicht endgültig geklärt. Da sie hauptsächlich aus dem Capillargebiet auswandern, glauben einige Forscher, daß es sich bei diesen Zellen um speziell differenzierte Pericyten handelt (sog. perivasculäre Mikrogliazellen). Wenn man einen Pericyten (Abb. **B9**) mit einer Mikrogliazelle vergleicht, stellt man tatsächlich mehrere morphologische Ähnlichkeiten fest. Nach anderer Auffassung könnten sich die im Neuropil liegenden, kleineren abgerundeten Zellen (Abb. **B10**) mit kugeligem Kern und dichtem Cytoplasma (sog. intermediäre Mikrogliazellen) zu Hortega-Zellen differenzieren. Die Behauptung, daß diese aus Monocyten entstehen, ist ebenfalls bis heute nicht bewiesen.

Es steht jedoch fest, daß die Mikrogliazellen aus dem Mesektoderm der Neuralleiste stammen und mit den Blutgefäßen in das ZNS eingewandert sind.

Vergrößerungen: Abb. **A** 1500fach; Abb. **B** 10000fach

Literatur

Baron M, Gallego A (1972) The relation of the microglia with the pericytes in the cat cerebral cortex. Z Zellforsch 128:42–57

Boya J (1976) An ultrastructural study of the relationship between pericytes and cerebral macrophages. Acta Anat (Basel) 95:598–609

Hager H (1968) Pathologie der Makro- und Mikroglia im elektronenmikroskopischen Bild. Acta Neuropathol (Berl) Suppl 4:86–97

Imamoto K, Fujiwara R, Nagai T, Maeda T (1982) Distribution and fate of macrophagic ameboid cells in the rat brain. Arch Histol Jpn 45:505–518

Kaur C, Ling EA, Wong WC (1986) Labelling of ameboid microglial cells in rat of various ages following an intravenous injection of horse-radish peroxidase. Acta Anat 125:132–137

Ling EA (1981) The origin and nature of microglia. In: Fedoroff S, Hertz L (eds) Advances in cellular neurobiology, vol 2. Academic, New York

Murabe Y, Sano Y (1982) Morphological studies on neuroglia: VI. Postnatal development of microglial cells. Cell Tissue Res 225:469–485

Tseng CY, Ling EA, Wong WC (1983) Light and electron microscopic and cytochemical identification of amoeboid microglial cells in the brain of prenatal rats. J Anat 136:837–849

Van Deurs B (1976) Observations on the blood-brain barrier in hypertensive rats, with particular references to phagocytic pericytes. J Ultrastruct Res 56:65–77

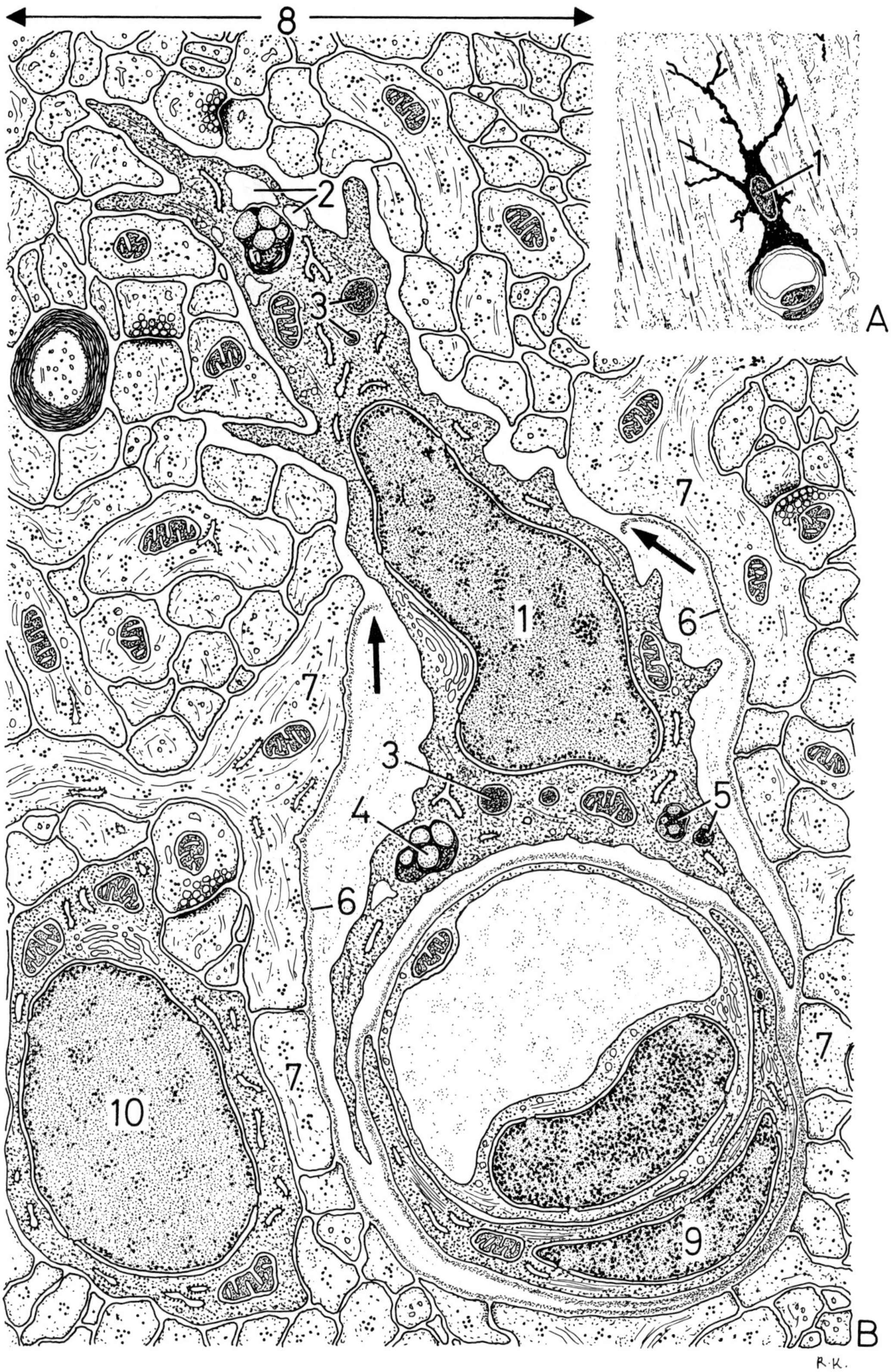

8
1
2
3
4
5
6
7
9
10
A
B
R.K.

Tafel 157. Form der Nervenzellen im Lichtmikroskop

Erregbarkeit, Erregungsleitung und Informationsverarbeitung sind die Grundeigenschaften der Nervenzellen (Neurocyten, Ganglienzellen). Ihre Morphologie läßt sich mit Hilfe der Golgi-Totalimprägnationsmethode studieren.
Wie aus der vorliegenden Tafel ersichtlich ist, gibt es einfach und kompliziert geformte Ganglienzellen, die jedoch immer nach dem gleichen Prinzip gebaut sind. Am Beispiel einer einfach gestalteten bipolaren Ganglienzelle aus dem Corti-Ganglion wird die Gliederung einer Nervenzelle erklärt (Abb. **A1**).
Der Dendrit (Abb. **A2**) leitet die Erregungen in Pfeilrichtung zum Zellkörper, d. h. er ist der receptive Zellteil. Im Perikaryon wird die Information bearbeitet, geändert und dann an das Axon (Abb. **A3**) ebenfalls in Pfeilrichtung weitergegeben. Ein Neurit hat also eine effektorische Funktion.
Die Nervenzellen mit ihren sämtlichen Fortsätzen stellen genetische, morphologische, biologische und regenerative Einheiten des Nervengewebes dar, die man als Neuronen bezeichnet. Zusammen mit den Elementen der Neuroglia bilden sie das Nervengewebe.
Je nach Funktion kann das Verhalten der Ausläufer und die Form des Perikaryons einer Nervenzelle erheblich schwanken. So sind z. B. die multipolaren Ganglienzellen aus dem Rückenmark durch ein unregelmäßig geformtes Perikaryon (Abb. **D1**) gekennzeichnet. Sie haben viele, in verschiedene Richtungen ausstrahlende Dendriten (Abb. **D2**) und nur ein, manchmal 1 m langes Axon (Abb. **D3**) mit seitlichen Verzweigungen, sog. Collateralen oder Paraxonen (Abb. **D4**). Wie man sieht, hat das Axon im Gegensatz zu den Dendriten immer etwa den gleichen Durchmesser.
Die Pyramidenzellen aus der grauen Substanz des Großhirns zeigen am Schnitt ein dreieckiges Perikaryon (Abb. **E1**) und viele horizontal abgehende, mit kleinen Dornen versehene Dendriten (Abb. **E2**). An der Basis des Dreiecks verläßt ein Neurit mit Paraxonen (Abb. **E3**) das Perikaryon.
Der Körper der Purkinje-Zellen aus dem Kleinhirn hat die Form einer Birne (Abb. **G1**) und trägt bäumchenartig verästelte Dendriten (Abb. **G2**) mit unzähligen Dornfortsätzen (Abb. **G**, Pfeile) sowie ein langes Axon (Abb. **G3**).
Die eben beschriebenen Neuronen gehören dem sog. Golgi-Typ I an, d. h. den Nervenzellen, die durch viele Dendriten und lange, in die weiße Substanz ziehende Axonen charakterisiert sind.
Die kleinen Neuronen, wie z. B. die Korbzellen (Abb. **F**) und Körnerzellen (Abb. **H**) des Kleinhirns, sind zwar reich an Dendriten (Abb. **F** u. **H1**), haben aber nur kurze Axonen (Abb. **F** u. **H2**), welche die graue Substanz nicht verlassen. Sie werden als Deiters- oder Golgi-Typ II-Nervenzellen bezeichnet und dienen zur Weiterleitung der Impulse auf mehrere Neuronen innerhalb der grauen Substanz.
Die vorliegende Tafel zeigt auch 2 Ausnahmen von der Regel, nach welcher jede Nervenzelle Neurit und Dendriten haben muß. So betrachtet man die Spinalganglienzellen (Abb. **B**) als biaxonale, dendritenlose und die amakrinen Zellen (Abb. **C**) aus der Netzhaut als nur dendritenhaltige Nervenzellen.
Man beachte auch das in allen Nervenzellen vorkommende Neurofibrillengerüst (Abb. **A4**).

Vergrößerung: Abb. **A–H** 600fach

Literatur

Bray D, Gilbert D (1981) Cytoskeletal elements in neurons. Ann Rev Neurosci 4:505–523
Peters A, Palay SL, Webster H de F (1970) The fine structure of the nervous system: The cells and their processes. Harper and Row, New York
Pfenninger KH (1978) Organization of neuronal membranes. Ann Rev Neurosci 1:445–471

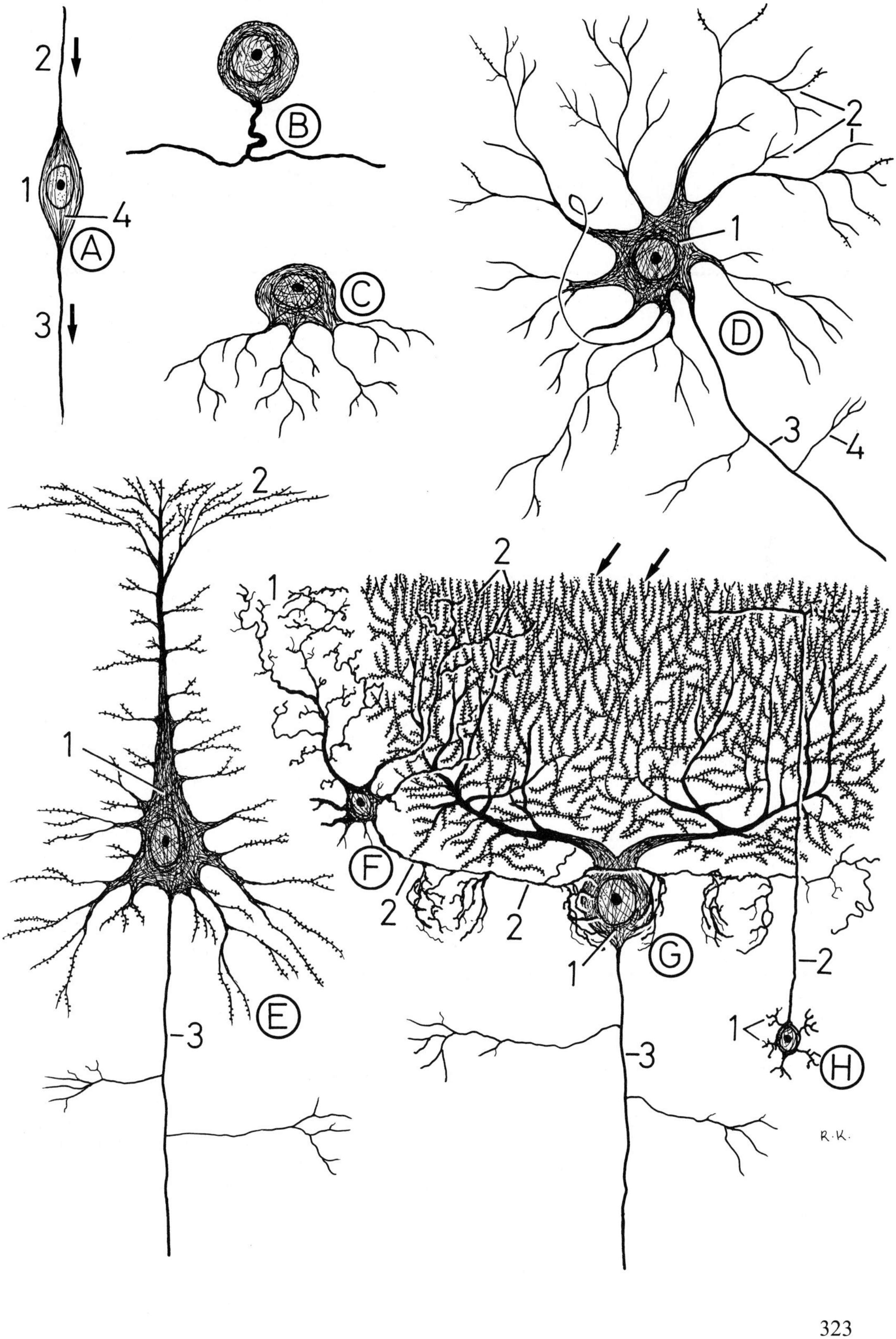
A
B
C
D
E
F
G
H
1
2
3
4
R.K.

Tafel 158. Verschiedene Typen von Nervenzellen

Wenn man die Form des Zellkörpers und die Zahl der Zellausläufer als Kriterium nimmt, kann man folgende Neuronentypen unterscheiden:

A. Apolare Nervenzellen sind Neurocyten ohne Dendriten und Axonen, die nur am Anfang der Histogenese vorkommen (Abb. **A 1**). Später differenzieren sie sich in die beschriebenen Nervenzellen (Abb. **A 2**). Im weitesten Sinne kann man zu den apolaren Zellen die Receptorzellen des Gleichgewichts- und des Hörorgans (Abb. **A 3**) sowie der Geschmacksknospen zählen.

B. Unipolare Nervenzellen erscheinen lediglich in Gestalt von Stäbchen- (Abb. **B 1**) und Zapfenzellen (Abb. **B 2**) der Netzhaut. Beide haben von einem einzigen Pol ausgehende neuritähnliche Fortsätze (Pfeile).

C. Pseudounipolare Nervenzellen sind zunächst bipolare Neuronen (Abb. **C 1**), deren Ausläufer sich infolge asymmetrischen Zellwachstums in der Nähe ihres Ursprungs vereinigen (Abb. **C 2**; Pfeilrichtung). So entsteht ein für die Ganglienzellen der Rückenmarks- und Hirnnerven – mit Ausnahme des N. stato-acusticus – charakteristischer T-förmiger Fortsatz (Abb. **C 3**).

D. Bipolare Nervenzellen haben einen Dendriten (Abb. **D 1**) und ein Axon (Abb. **D 2**), die sich morphologisch nur schwer unterscheiden lassen. Die bipolaren Nervenzellen befinden sich in der Retina (als zweites Neuron der Sehbahn) sowie im Ganglion spirale und im Ganglion vestibulare (als erstes Neuron des Hör- bzw. Gleichgewichtsorgans).

E. Multipolare Nervenzellen sind die am häufigsten auftretenden Neuronen. Wie bereits in der vorigen Tafel beschrieben, gibt es zwei Arten von multipolaren Neuronen: Golgi-Typ I mit langen Axonen und Deiters- oder Golgi-Typ II mit kurzen Neuriten.

Literatur

Akert K (1971) Struktur und Ultrastruktur von Nervenzellen und Synapsen. Klin Wochenschr 49:509–519

Hyden H (ed) (1967) The neuron. Elsevier, Amsterdam

Picard D, Michel-Bechtel M, Athouel AM, Rua S (1972) Granules neurosécrétoires, lysosomes et complexe GRL dans le noyau supra-optique du rat. Bipolarité des complexes golgiens. Exp Brain Res 14:331–353

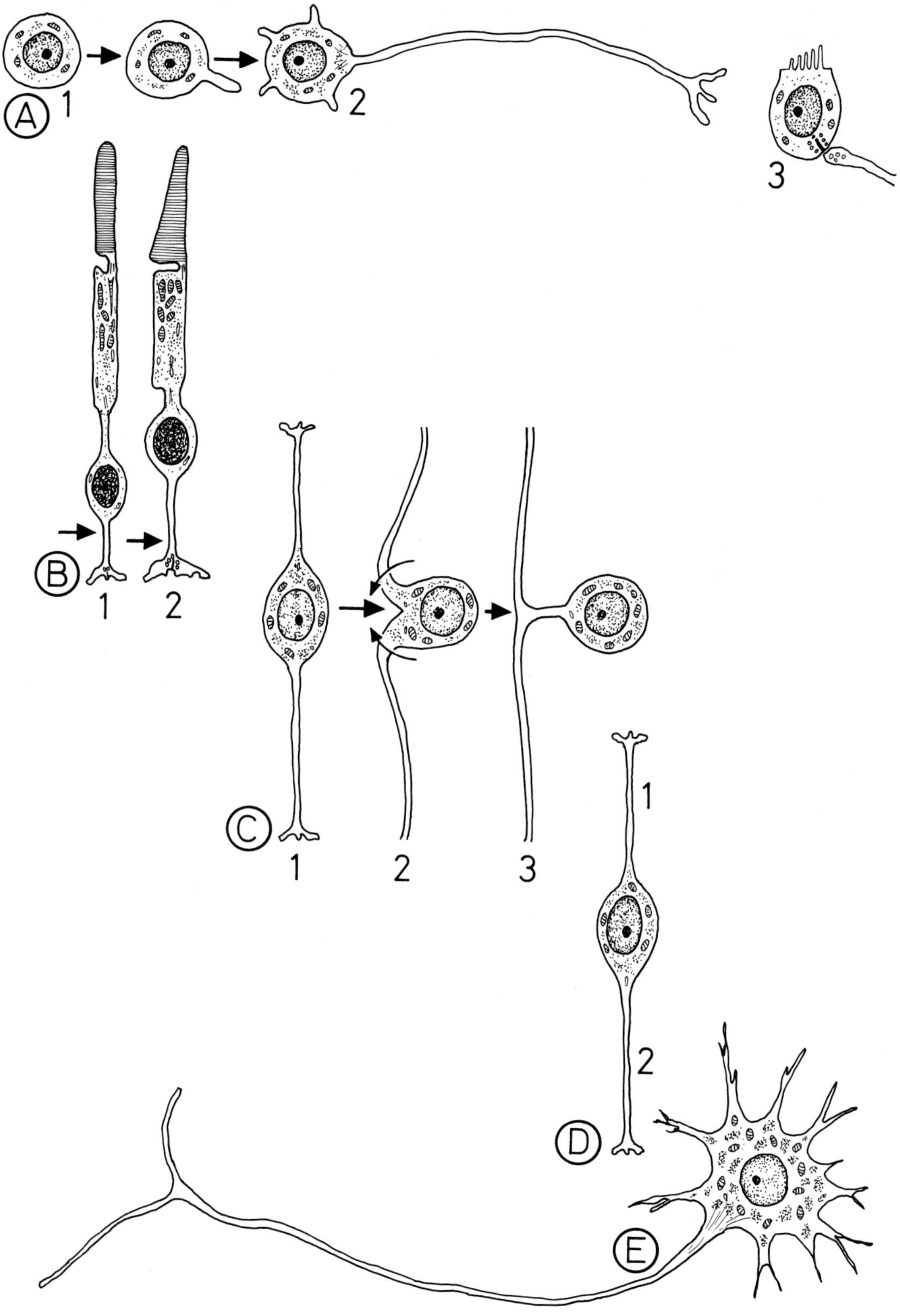
A
1
2
3
B
1
2
C
1
2
3
D
1
2
E
R.K.

Tafel 159. Anordnung der Nervenzellen

In der grauen Masse des Groß- und Kleinhirns bilden die Neuronen mehr oder weniger gut begrenzte Schichten. In anderen Teilen des Zentralnervensystems kommen sie gruppenweise vor, d. h. sie haben keine genau definierte Anordnung im Neuropil.
Die Purkinje-Zellen (**1**) des Kleinhirns stellen jedoch eine Ausnahme dar.
In der Aufsicht erscheinen diese Neuronen wie in Tafel 157 bereits gezeigt. Es hat sich aber herausgestellt, daß die Purkinje-Zellen völlig abgeflachte, dicht hintereinander angeordnete Elemente sind. Ihre stark verästelten Dendriten (**2**) mit Dornfortsätzen (**3**) verlaufen nur in einer quer zur Lamelle des Kleinhirns gerichteten Ebene.
An Querschnitten erscheinen die Purkinje-Zellen (**1 a**) spindel- bzw. flaschenförmig und schmal mit schwach entwickelten Dendriten.

Eine kleine Körnerzelle (**4**) kommt über ihr T-förmig gegabeltes Axon (**5**) in synaptischen Kontakt mit sehr vielen aneinander gelagerten Purkinje-Zellen.

Vergrößerung: 1500fach

Literatur

Fox CA, Barnard JW (1957) A quantitative study of the Purkinje cell dendritic branchlets and their relations to afferent fibers. J Anat 91:299–313

Hanna RB, Hirano A, Pappas GD (1976) Membrane specializations of dentritic spines and glia in the weaver mouse cerebellum: a freeze-fracture study. J Cell Biol 68:403–410

Herndon RM (1963) The fine structure of the Purkinje cell. J Cell Biol 18:167–180

Scherini E, Bolchi F, Biggiogera M, Bernocchi G (1981) Further evidence of different morphofunctional aspects in the Purkinje cell population of adult rat cerebellum. An ultrastructural study. J Submicrosc Cytol 13:17–29

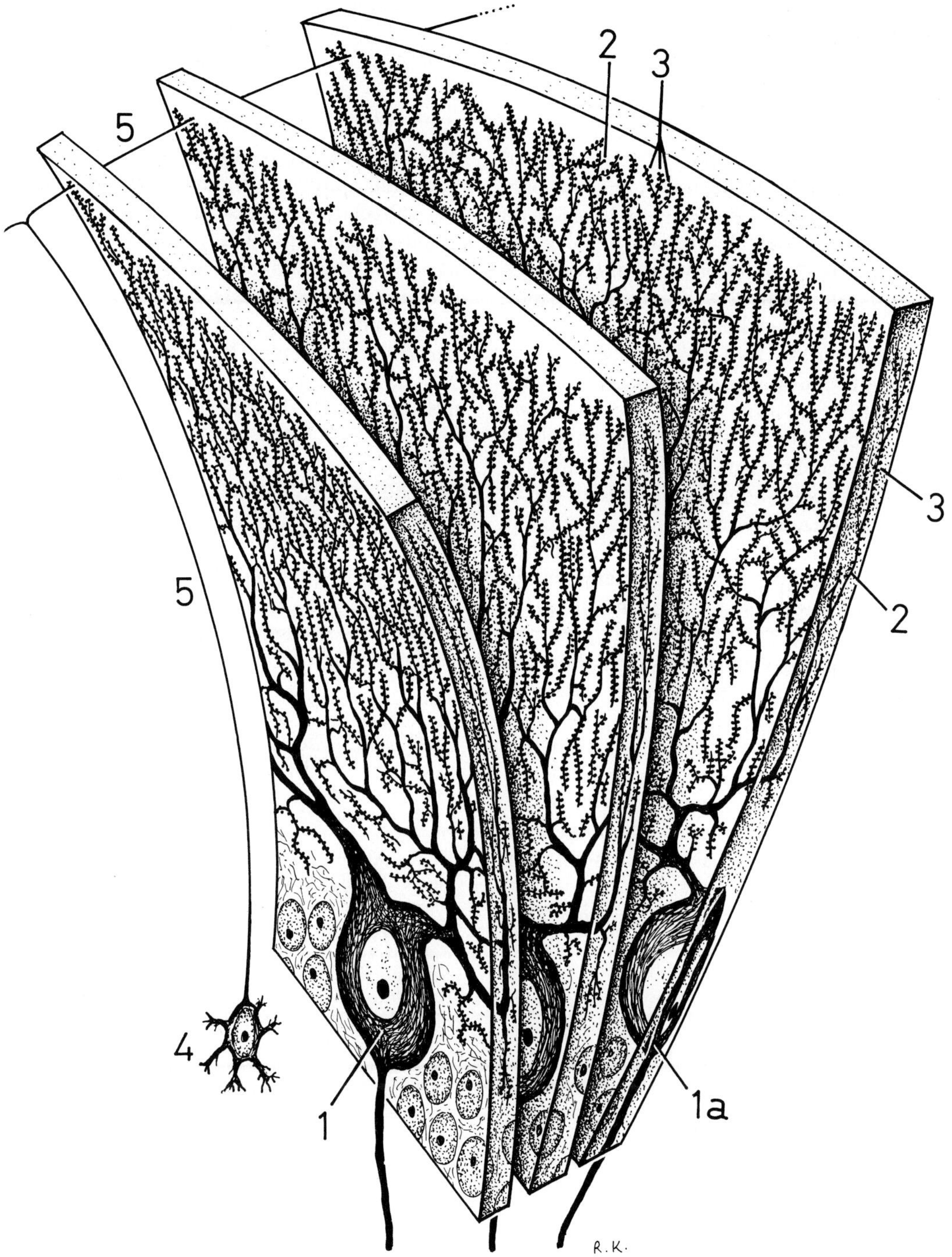

2
3
5
3
2
5
4
1
1a
R.K.

Tafel 160. Nervenzellen und Neuropil

Aus dem voluminösen Perikaryon einer Pyramidenzelle gehen mehrere Dendriten (**1**) und ein myelinisiertes Axon (**2**) ab. Im Cytoplasma der Nervenzellen (Neuroplasma) liegt ein Kern (**3**) mit deutlich sichtbarem Nucleolus (**4**) und in Kernnähe ein gut entwickelter, häufig multipler Golgi-Apparat (**5**). Die Zisternen des granulären endoplasmatischen Reticulums sind ebenfalls stark ausgebildet. Sie kommen meistens als Gruppen von parallelen Doppellamellen vor, welche die charakteristischen Nissl-Schollen (**6**) bilden. Diese sind im ganzen Neuroplasma und auch im Dendriten reichlich vertreten. Nur in einer kleinen Zone, wo das Axon den Zellkörper verläßt, dem sog. Ursprungskegel (**7**), findet man sie nicht.

Zwischen den ergastoplasmatischen Lamellen des rauhen Reticulums sind mehrere Mitochondrien, Lysosomen und manchmal Lipofuscingranula zu sehen.

Die im Neuroplasma sehr zahlreichen, 20 nm dicken Neurotubuli und 7–10 nm starken Neurofilamente bilden gemeinsam die lichtmikroskopisch sichtbaren Neurofibrillen.

Da die Nervenzellen ihre Teilungsfähigkeit völlig verloren haben, fehlen ihnen die Centriolen.

Dem Plasmalemm der Nervenzelle liegen sehr viele synaptische Endknöpfe (**8**) und mehrere Astrocytenfüßchen (**9**) an. Eines dieser Füßchen (Pfeil) berührt gleichzeitig den Neurocyten und eine Capillare (**10**).

Die vorliegende Pyramidenzelle wurde so gezeichnet, daß sie aus dem dicht gepackten, würfelartig ausgeschnittenen Neuropil (**11**) herausragt. Auf diese Weise kann man den Weg der Glia- und Nervenzellfortsätze besser verfolgen und eine genauere Vorstellung von dem geschlossenen Zellverband des Nervengewebes des ZNS gewinnen (s. Tafeln 44, 45, 119–121 in Krstić, R. V.: Ultrastruktur der Säugetierzelle).

Vergrößerung: 3500fach

Literatur

Broadwell RD, Cataldo AM (1983) The neuronal endoplasmic reticulum: Its cytochemistry and contribution to the endomembrane system: I. Cell bodies and dendrites. J Histochem Cytochem 31:1077–1088

Brunk U, Ericsson JLE (1972) Electron microscopical studies on rat brain neurons. Localization of acid phosphatase and mode of formation of lipofuscin bodies. J Ultrastruct Res 38:1–15

Chan-Palay V (1973) The cytology of neurons and their dendrites in the simple mammalian nucleus lateralis. An electron microscope study. Z Anat Entwickl Gesch 141:289–317

Conradi S, Kellerth JO, Berthold CH (1979) Electron microscopic studies of serially sectioned cat spinal α-motoneurons: II. A method for the description of architecture and synaptology of the cell body and proximal dendritic segments. J Comp Neurol 184:741–754

Palay SL, Chan-Palay V (1973) High voltage electron microscopy of the central nervous system in Golgi preparations. J Microsc 97:41–47

Pfenninger KH (1973) Synaptic morphology and cytochemistry. Progr Histochem Cytochem 5:1–86

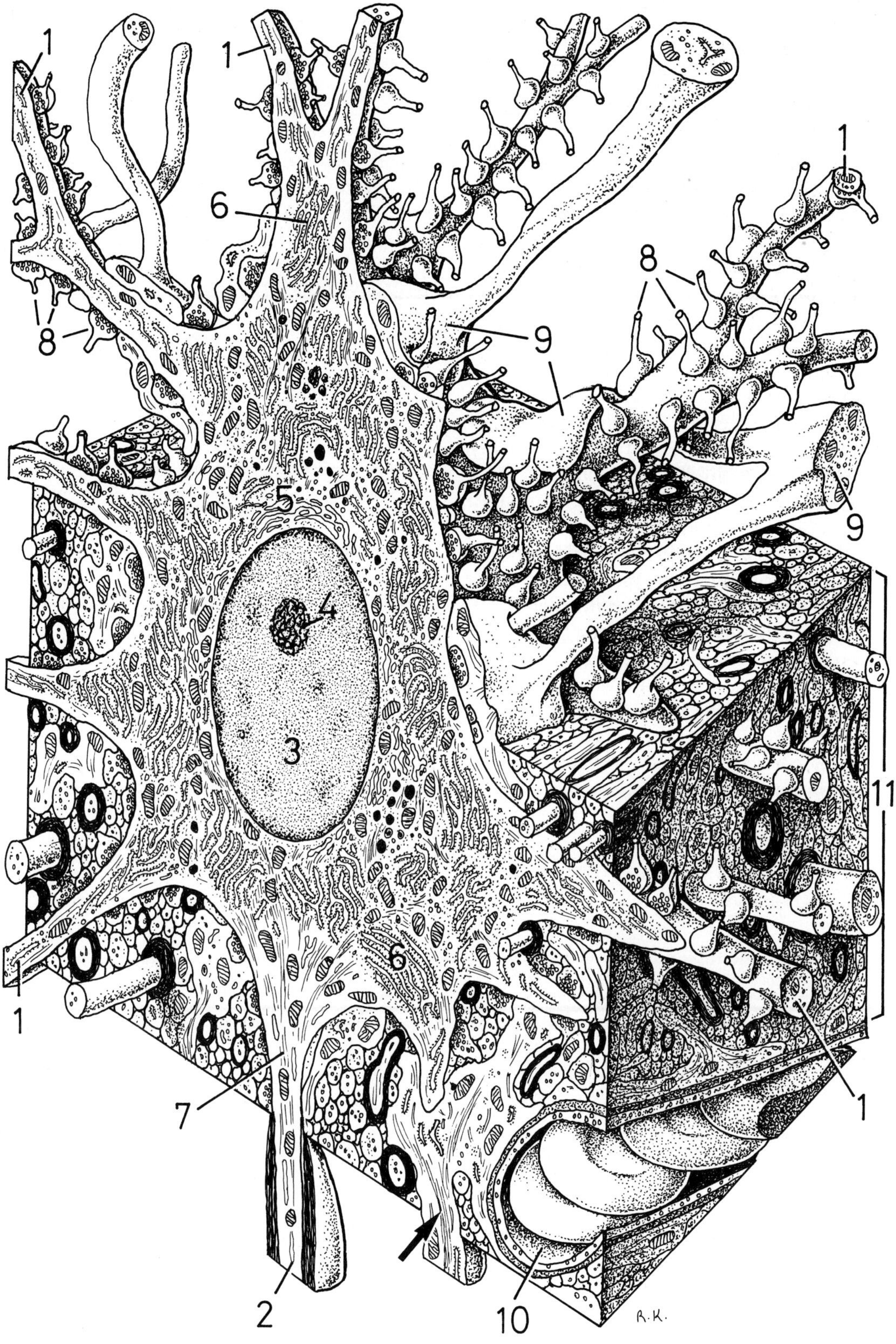
1
1
1
6
8
8
9
9
5
4
3
9
11
6
1
1
7
2
10
R.K.

Tafel 161. Nervenzellen. Neurofibrillen

Das lichtmikroskopische Aussehen der Neurofibrillen ist bereits in Tafel 157 dargestellt.
Die vorliegende Rekonstruktion (mit gewissen Schematisierungen) wurde nach der Analyse 2–3 µm dicker Schnitte im Höchstspannungselektronenmikroskop angefertigt.
In der Mitte des Nervenzellkörpers befindet sich der Kern (**1**). Er ist von abgeflachten, durchlöcherten Säckchen des multiplen Golgi-Apparates (**2**) umgeben. Über viele dünne Röhrchen (**3**) stehen diese an Schnitten als Golgi-Felder erkennbaren Strukturen miteinander in Verbindung.
Überall ziehen durch das Perikaryon die aus Neurofilamenten und Neurotubuli zusammengesetzten Neurofibrillen (**4**), die sich auch in die Dendriten (**5**) und im Axon (**6**) fortsetzen. So entsteht im Körper jeder Nervenzelle ein fibrilläres Gerüst, das der Zelle nicht nur mechanische Widerstandsfähigkeit verleiht, sondern möglicherweise auch vesiculäre Strukturen durch den Zellkörper leitet.

In den Lücken des neurofibrillären Maschennetzes liegen die Mitochondrien (**7**) (s. Tafeln 31–33, 66 in Krstić, R. V.: Ultrastruktur der Säugetierzelle).

Vergrößerung: 4000fach

Literatur

Bargmann W (1966) Neurosecretion. Int Rev Cytol 19:183–201
Bargmann W (1971) Die funktionelle Morphologie des endokrinen Regulationssystems. In: Bargmann W, Kühnau J, Siebenmann RE, Steiner H, Uehlinger E (eds) Endokrine Regulations- und Korrelationsstörungen. Handbuch der allgemeinen Pathologie, vol 8/1, pp 1–106. Springer, Berlin Heidelberg New York
Kilarski W, Koprowski HZ (1976) Observation of whole, cultured human brain cells using 100 kilovolts electron microscopy. M Microsc Biol Cell 25:73–80
Leterrier JF, Liem RKH, Shelanski ML (1982) Interactions between neurofilaments and microtubule-associated proteins: a possible mechanism for intraorganellar bridging. J Cell Biol 95:982–986
Normann TC (1976) Neurosecretion by exocytosis. Int Rev Cytol 46:1–78
Rash JE (1983) The rapid-freeze technique in neurobiology. Trends Neurosci 6:208–212

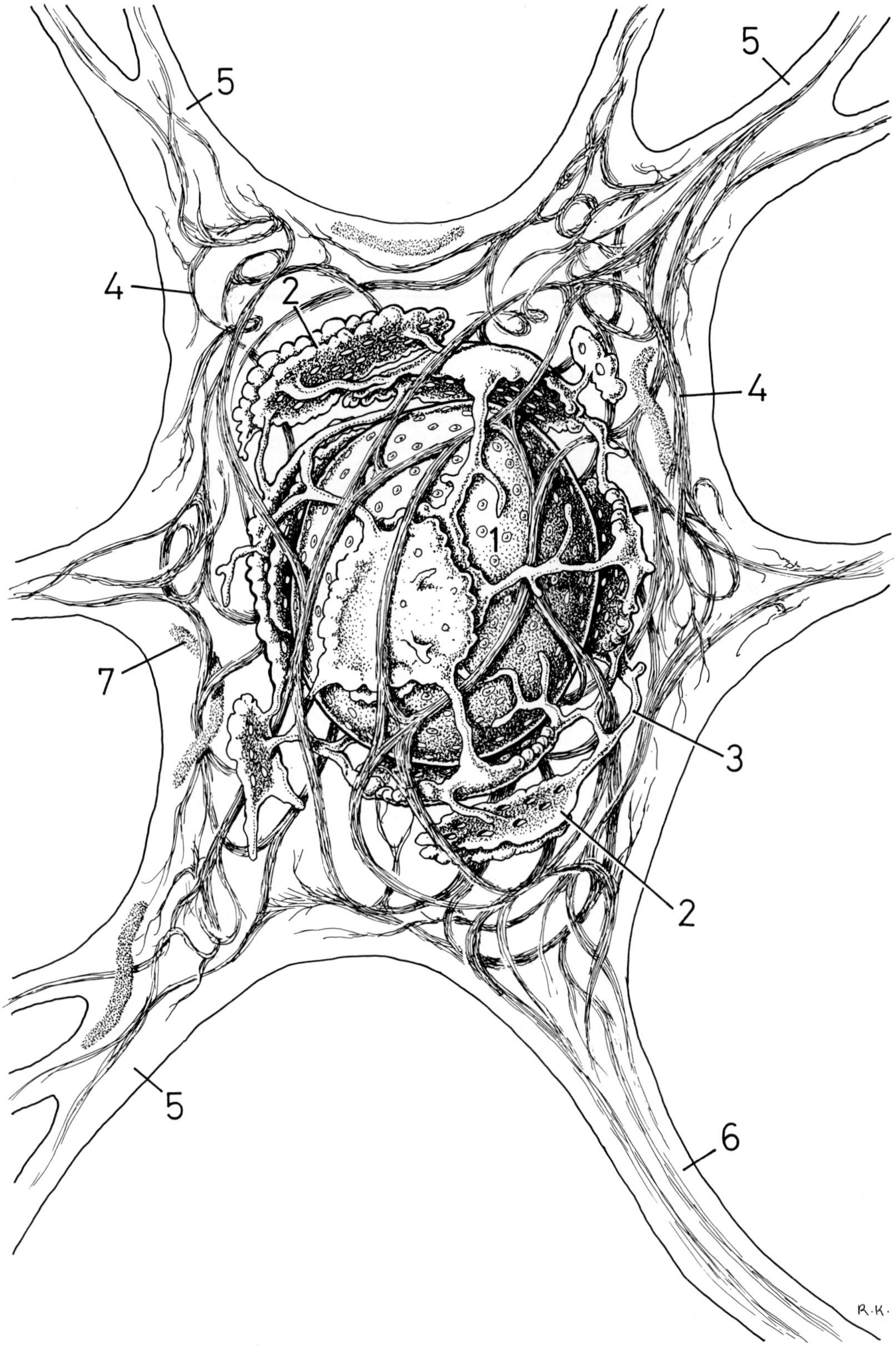
5
5
4
2
4
1
7
3
2
5
6
R.K.

Tafel 162. Neurosekretorische oder neuroendokrine Nervenzellen. Beispiel: Zellen der Nuclei supraoptici et paraventriculares

Es gibt besondere Nervenzellen, die auf Reize nicht mit bioelektrischen Impulsen, sondern mit sekretorischer Tätigkeit reagieren. Diese sog. neuroendokrinen Zellen kommen gruppenweise – als sog. Nuclei – vorwiegend im Hypothalamus (Abb. **A**, Viereck) vor.

Ein dreidimensionaler, schematischer Ausschnitt aus dem Hypothalamus ist in Abb. **B** dargestellt. Auf den sternförmigen Neuronen des Nucleus supraopticus (NSO) und des Nucleus paraventricularis (NPV) enden mehrere Endknöpfe (Abb. **B 1**) anderer Nervenzellen. Einige Fortsätze (Abb. **B 2**) aus nahe an der Ventrikelwand liegenden Ganglienzellen schieben sich durch das Ependym (Abb. **B 3**) und erreichen den Liquor cerebrospinalis. Es sind neurosekretorische Liquorkontaktneuronen (s. Tafel 147). Aus den Perikaryen der NSO- und NPV-Zellen ziehen Axonen (Abb. **B 4**) zum Hinterlappen der Hypophyse (Abb. **B 5**). Auf ihrem Weg berühren einige davon die Blutgefäßschlingen (Abb. **B 6**) im Hypophysenstiel, während sich die anderen mit ihren erweiterten Endigungen den Capillaren (Abb. **B 7**) des Hinterlappens anschmiegen. Entlang den Axonen erkennt man zahlreiche aufgereihte Verdickungen, die sog. Herring-Körper (Abb. **B 8**). Alle diese Axonen bilden zusammen die neurosekretorische hypothalamo-hypophysäre Bahn (Tractus hypothalamo-hypophyseus, Abb. **B 9**).

Nach Anwendung spezieller Färbemethoden erscheinen die neurosekretorischen Zellen als spindel- oder sternförmige Elemente meistens in Capillarennähe (Abb. **C**). Zwischen den Nervenzellen findet man mit Sekretionsprodukt beladene Axonen (Abb. **C 1**).

Dem Viereck in Abb. **C** entspricht Abb. **D**. Wie alle anderen Nervenzellen enthalten auch die neurosekretorischen Zellen Nissl-Schollen (Abb. **D 1**), Mitochondrien und Lysosomen. Aus dem Golgi-Apparat lösen sich osmiophile, 100–200 nm große, in eine Membran gehüllte, mit Neurohormon beladene Elementargranula (Abb. **D 2**) ab und fließen in das Axon (Abb. **D 3**). Die Nervenzelle ist von der Capillare (Abb. **D 4**) durch einen äußerst dünnen Astrocytenüberzug (Abb. **D 5**) und Basallaminae (Abb. **D 6**) getrennt. Am Zellkörper und seinen Fortsätzen liegen synaptische Endknöpfe (Abb. **D 7**).

Zeichnung **E** ist die Fortsetzung der Abb. **D** und stellt einen kleineren Herring-Körper dar. Hier kommen zahlreiche neurosekretorische Granula (Abb. **E 2**) sowie Mitochondrien und Säckchen des glatten endoplasmatischen Reticulums (Abb. **E 8**) vor. Die Neurohormone sind in den Elementargranula an eine Trägersubstanz – Neurophysin – gebunden.

Weiter unten endet der neurosekretorische Neurit (Abb. **F 3**) in unmittelbarer Nähe einer Capillare (Abb. **F 9**) mit fenestriertem Endothel. Außer Mitochondrien, glatten Doppelmembranen und Neurotubuli sind in der Axonendigung viele Elementargranula und sog. synaptoide Vesikel (Abb. **F 10**) angehäuft. Es bestehen auch synaptische Kontakte (Abb. **F 11**) mit anderen Neuriten.

Aus den Axonendigungen werden je nach Bedarf neurosekretorische Granula (Abb. **F 2**) durch Exocytose in die Pericapillarräume (Abb. **F 12**) ausgeschieden. Von dort gelangen die vom Neurophysin befreiten Neurohormone in die Blutzirkulation und werden zu effektorischen Zellen transportiert, wo sie ihre spezifische Aufgabe erfüllen.

Die neurosekretorischen Zellen des NSO synthetisieren das Neurohormon Adiuretin (Vasopressin) und die des NPV das Oxytocin (s. Tafeln 32, 33, 64 in Krstić, R. V.: Ultrastructur der Säugetierzelle).

Vergrößerungen: Abb. **C** 400fach; Abb. **D–F** 17000fach

Literatur

Farner DS, Lederis K (eds) (1981) Neurosecretion. Plenum, New York

Krieger D, Hughes JC (1980) Neuroendocrinology. Blackwell, Oxford

Nordmann JJ, Labouesse J (1981) Neurosecretory granules: Evidence for an aging process within the neurohypophysis. Science 211:595–597

Vincent J-D, Simonnet G (1986) Les neurohormones. J Physiol (Paris) 81:51–87

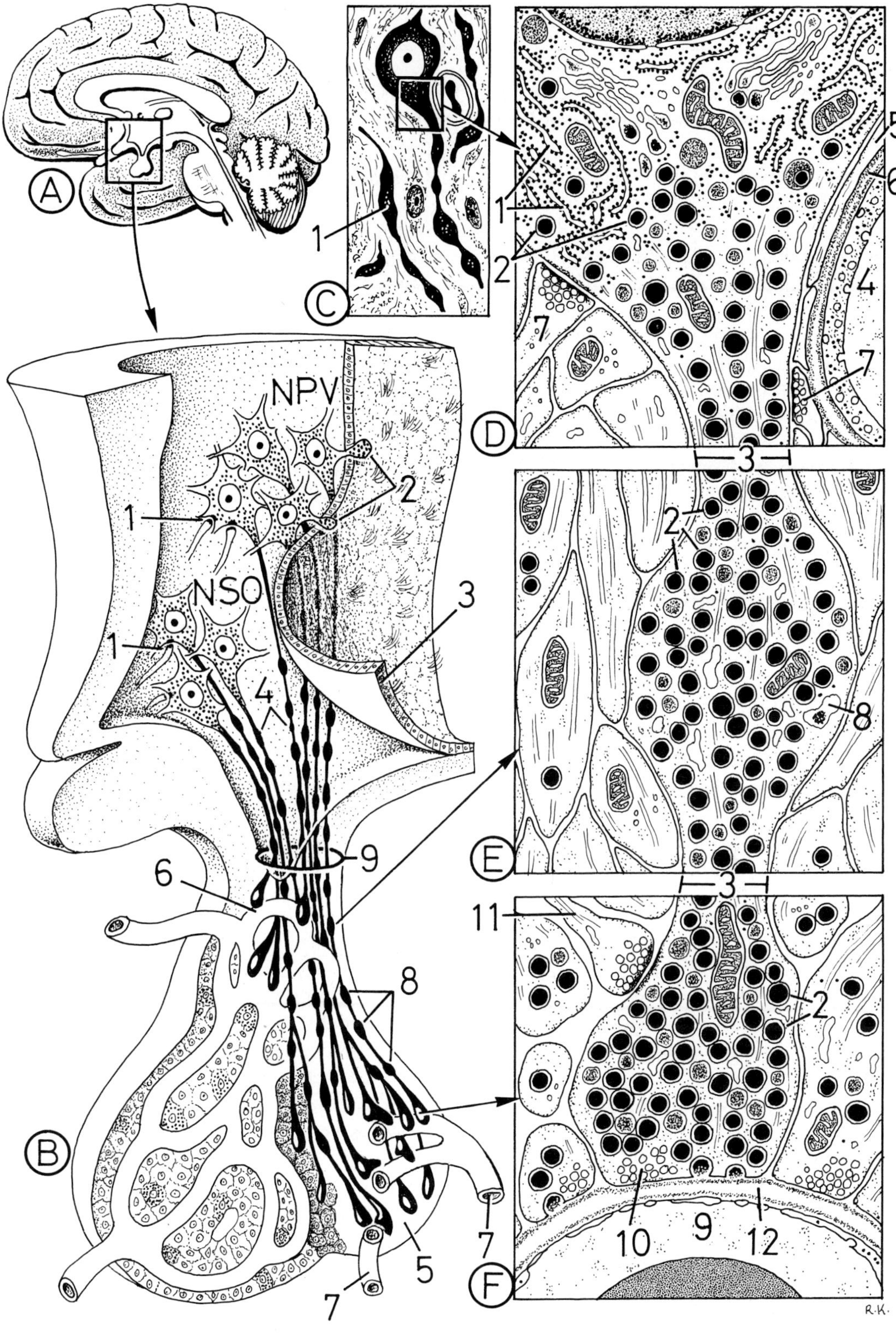
A
B
C
D
E
F
NPV
NSO
1
2
3
4
5
6
7
8
9
10
11
12
R.K.

Tafel 163. Neurosekretorische Nervenzelle. Vereinfachtes, allgemeines Schema der Wirkungsweise von Peptid- und Proteohormonen

Die Fortschritte in der Neuroendokrinologie haben gezeigt, daß die neurosekretorischen Zellen am Anfang einer Kette von hormonalen Ereignissen stehen. Ferner wurde in letzter Zeit die Wirkungsweise der Hormone molekularbiologisch näher untersucht. Aufgrund der neuen Befunde ist dieses vereinfachte und teilweise noch hypothetische Schema der Wirkungsmechanismen einiger Hormone gezeichnet.

Durch die in Tafel 162 bereits erwähnten synaptischen Kontakte (**1**), aber auch durch andere mögliche Reize werden die neuroendokrinen Zellen (**2**) in Richtung der hohlen Pfeile erregt. Sie synthetisieren ihr Hormon und sondern es in die Blutzirkulation ab (symbolisiert als schwarze Kügelchen, **3**). Da das Hormon eine Information für das Verhalten bestimmter Zellen trägt, wird es als primärer Botenstoff ("first messenger") bezeichnet.

Für die weitere Hormonwirkung von wesentlicher Bedeutung ist eine spezifische Verbindung des Hormons mit einem erblich gegebenen Receptor im Plasmalemm der Effektor ("target cell", Zielzelle). Mehrere solcher Receptorstellen sind als halbkugelige Vertiefungen (**4**) in der Ebene des äußeren Zellmembranblattes (**5**) zu sehen. Die „Erkennung" des Hormons ist also von der Form des Receptors an der Membran der Effektorzelle abhängig: Man glaubt, daß das Hormon in die Receptorstellen wie ein Schlüssel in sein Schloß paßt.

Der Hormon-Receptor-Komplex (**6**) aktiviert ein auf der Innenseite der Zellmembran lokalisiertes Enzym, die sog. Adenylcyclase (**7**), welches aus Adenosintriphosphat (ATP) in Anwesenheit von Mg^{++}-Ionen das cyclische Adenosinmonophosphat (cAMP) bildet. Auf diese Weise gelangt die 10^5–10^9mal verstärkte hormonale Information in die Zelle, ohne daß das Hormon selbst in das Cytoplasma übergeht. Da das cAMP in fast allen Zellen vorkommt, wird es als sekundärer Botenstoff ("second messenger") bezeichnet. Es aktiviert nicht nur die spezifischen Enzyme der Effektorzellen, sondern kann auch ihre Permeabilität und Genaktivität beeinflussen.

Die Zielzelle scheidet ihrerseits eigene spezifische Produkte (**8**) aus. Diese können auf andere Zellen wirken (**9**) oder im Sinne einer negativen Rückkoppelung ("feedback") die Aktivität der hormonproduzierenden Zellen hemmen (**10**). Nach der Stimulierung der Adenylcyclase durch den Hormon-Receptor-Komplex wird das Hormon inaktiviert (**11**).

Die hohe Spezifität des Hormons ist ebenfalls auf dieser Zeichnung dargestellt. Es ist klar, daß die anderen beiden Zellen (**12** u. **13**) mit morphologisch (und chemisch) verschiedenen Receptoren nicht imstande sind, das strukturell anders gestaltete Hormon zu binden.

Das vorliegende Schema ist für die Wirkung des Adrenalins und aller Peptid- resp. Proteohormone gültig. Aus praktischen und didaktischen Gründen kann man annehmen, daß die Wirkungsweise der Neurohormone dem gleichen Mechanismus unterliegt. Die Wirkungsweise der Steroidhormone kann im Rahmen dieses Buches nicht erörtert werden (s. Tafeln 153, 155 in Krstić, R. V.: Ultrastruktur der Säugetierzelle).

(Weitere Einzelheiten s. Biochemie- bzw. Physiologielehrbücher.)

Literatur

Crapo L (1985) Hormones, messengers of life. Freeman & Co Ltd, Oxford

Litwack G (ed) (1982) Biochemical actions of hormones. Academic, New York

Vincent J-D, Simonnet G (1986) Les neurohormones. J Physiol (Paris) 81:51–87

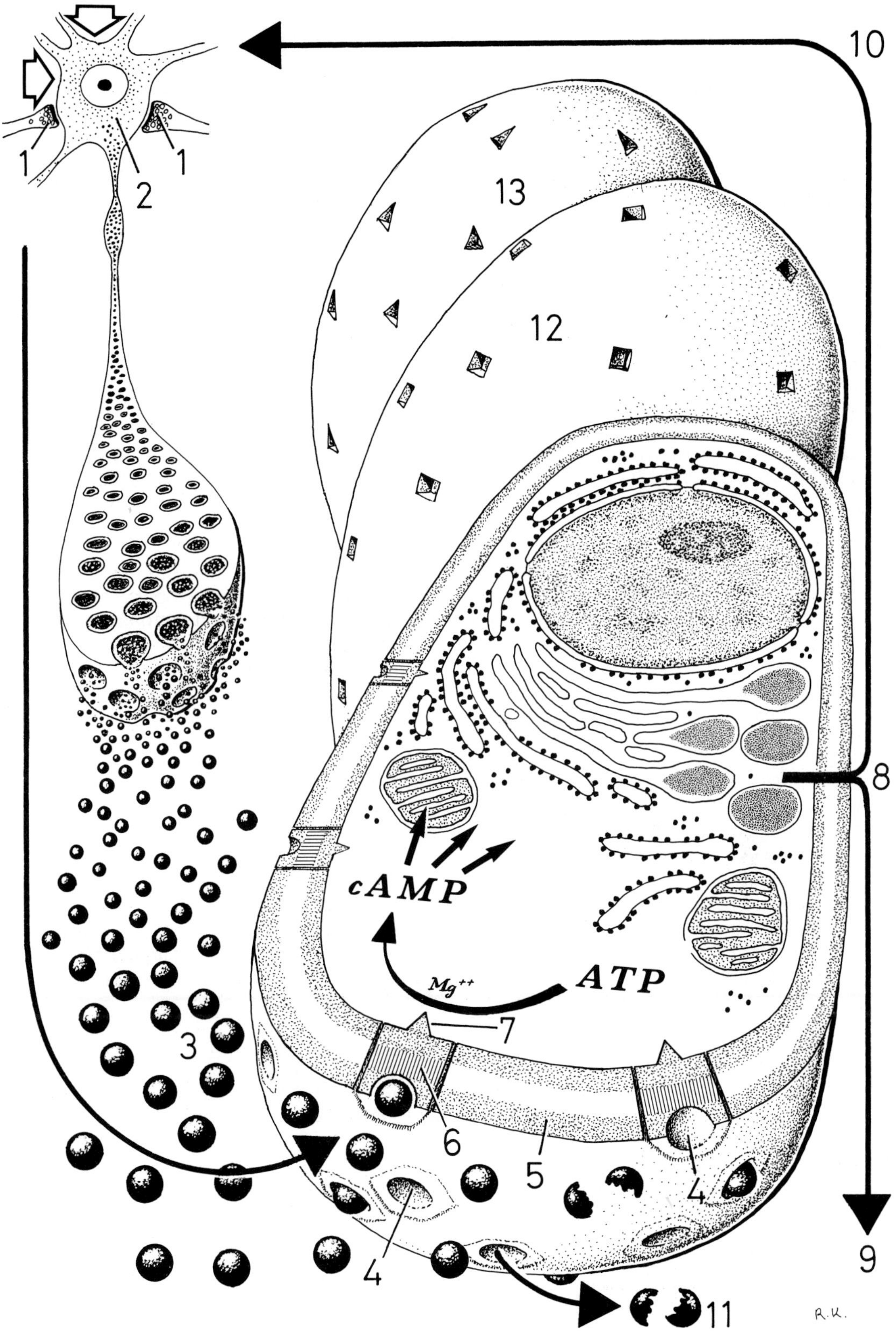

10
1
2
1
13
12
8
cAMP
Mg++
ATP
7
3
6
5
4
4
9
4
11
R.K.

Tafel 164. Nervenfasern und Schwann-Zellen

Unter dem Begriff Nervenfaser versteht man ein Axon und seine Hüllen.
Es gibt zwei Arten Nervenfasern: markhaltige und marklose.
Die markhaltigen, schnell leitenden Nervenfasern haben einen Durchmesser von 1–20 µm und sind bis zu 1 m lang. Auf einem für die Markscheidendarstellung gefärbten Querschnitt erscheint die Markscheide als schwarzer Kreis (Abb. **A 1**) mit einem hellen Zentrum, das dem Axon entspricht (Abb. **A** u. **B 2**). Dabei sieht die Schwann-Zelle (Abb. **A** u. **B 3**) wie ein Siegelring aus. An Routinepräparaten wird die lipidhaltige Markscheide herausgelöst, weshalb nur ein ihren Proteinkomponenten entsprechendes, schwammartiges Neurokeratingerüst übrigbleibt (Abb. **B 4**).
Auf Längsschnitten erkennt man wieder das Axon (Abb. **C 1**), die Markscheide (Abb. **C 2**) und die Schwann-Zelle (Abb. **C 3**). Wo die Myelinscheide unterbrochen ist, befinden sich die im peripheren und zentralen Nervensystem vorhandenen Ranvier-Schnürringe (Abb. **C 4**). Einem etwa 1 mm langen Segment zwischen zwei Schnürringen, dem Internodium (Abb. **C 5**), entspricht nur eine Schwann-Zelle (im ZNS ein Oligodendrocytenfortsatz, s. Tafel 155). Die hellen, schrägen Linien innerhalb der Markscheide, die sog. Schmidt-Lanterman-Einkerbungen (Abb. **C 6**), sind fast ausschließlich ein Kennzeichen der peripheren Nervenfasern.
Im Elektronenmikroskop beobachtet man an einer quergeschnittenen markhaltigen Nervenfaser von innen nach außen zuerst das Axon mit Neurofilamenten (Abb. **D 1**), Neurotubuli (Abb. **D 2**), glatten Säcken von endoplasmatischem Reticulum (Abb. **D 3**) und Mitochondrien (Abb. **D 4**). Das Axon ist vom Axolemm (Abb. **D 5**) gegen die Myelinscheide (Abb. **D 6**) begrenzt. Die Markscheide wird von vielen, aus dem Plasmalemm der Schwann-Zelle entstandenen Myelinlamellen gebildet, die das Axon nach einem nicht genau bekannten Mechanismus umwickeln. Es ist klar, daß die Myelinscheide ein Bestandteil der Schwann-Zelle ist.
Die Schwann-Zellen oder Lemnocyten (Abb. **D 7**), die die innere Nervenfaserhülle (Neurolemm) darstellen, gehören zur peripheren Glia und haben einen ellipsoidalen Kern, schwach entwickelte Organellen, aber eine größere Menge freier Ribosomen. Durch das Cytoplasma der Schwann-Zelle links zieht eine Plasmalemmverdoppelung, das sog. äußere Mesaxon (Abb. **D 8**).
Die äußere Nervenfaserscheide (Endoneuralscheide), die nur im PNS vorkommt, setzt sich aus der Basallamina (Abb. **D 9**) der Schwann-Zelle und einem Gerüst reticulärer und kollagener Mikrofibrillen (Abb. **D 10**) zusammen. Während die der Basallamina anliegende Schicht der Endoneuralscheide als Filzwerk gebaut ist (Abb. **10 a**), besteht die äußere Schicht aus longitudinal orientierten kollagenen Fibrillen (Abb. **10 b**) (nach Ushiki u. Ide 1986). Ein Stück der Basallamina ist abgehoben, damit man die fingerartigen Fortsätze der Schwann-Zellen (Abb. **D 11**) im Bereich des Ranvier-Schnürringes (Abb. **D 12**) sehen kann.
In einer markhaltigen Nervenfaser enthält die Schwann-Zelle jeweils nur ein Axon, in einer marklosen Nervenfaser (Abb. **D**, rechts) hingegen mehrere (Abb. **D 13**). Die letztgenannten haben meistens ein Mesaxon (Abb. **D 14**), manche dagegen sind sog. nackte Axonen (Abb. **D 15**). Die marklosen Fasern sind nicht segmentiert (s. Tafel 146), besitzen aber im peripheren Nervensystem auch eine, im Vergleich zu den markhaltigen Nervenfasern wesentlich schwächer ausgebildete Endoneuralscheide (Abb. **D 9** u. **10**).

Es gibt keine morphologischen Merkmale, nach welchen man afferente und efferente Nervenfasern voneinander unterscheiden könnte (s. Tafeln 86–88 in Krstić, R. V.: Ultrastruktur der Säugetierzelle).

Vergrößerungen: Abb. **A–C** 2000fach; Abb. **D** 14000fach

Literatur

Ushiki T, Ide C (1986) Three-dimensional architecture of the endoneurium with special reference to the collagen fibril arrangement in relation to nerve fibers. Arch Histol Jpn 49:553–563

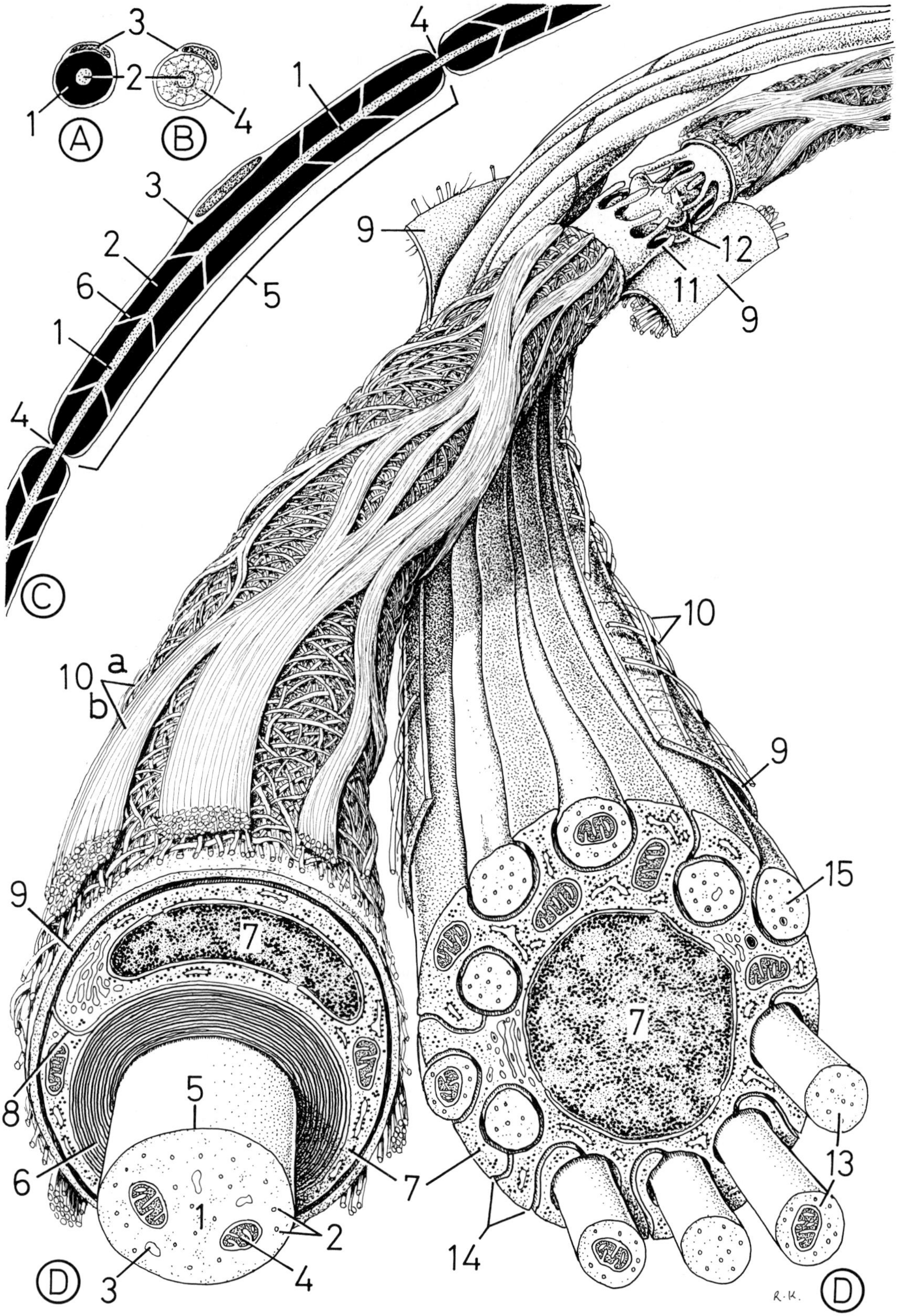

3
2
1
4
A
B
1
4
3
2
6
1
4
5
C
9
12
11
9
10
10
a
b
9
15
9
7
7
8
5
6
7
1
2
3
4
D
14
13
13
R.-K.
D

Tafel 165. Nervenfaser. Ranvier-Schnürring

Die kleinen Zeichnungen (rechts unten) zeigen das lichtmikroskopische Aussehen der Ranvier-Schnürringe oder Knoten nach Azanfärbung (**A**), Osmiumfixierung (**B**) und Silberimprägnation (**C**). Bei der letztgenannten Methode entsteht infolge der Diffusion des Silbernitrates im Bereich des Knotens ein Kreuz (Ranvier-Kreuz, Abb. **C1**).

Zwischen den paranodalen Endteilen zweier Schwann-Zellen (Abb. **D1**) bildet das Axon (Abb. **D2**) eine Anschwellung. An dieser Stelle kommt das Axolemm (Abb. **D3**) in Kontakt mit den fingerartigen, ineinander verzahnten Ausläufern der Schwann-Zellen (Abb. **D4**) und der Basallamina (Abb. **D5**) der Nervenfaser. Es ist möglich, daß das Axon in diesem Gebiet die Endoneuralscheide direkt berührt. Im Innern des Axons liegen Neurofilamente (Abb. **D6**), Neurotubuli (Abb. **D7**) und Zisternen des glatten endoplasmatischen Reticulums (Abb. **D8**). (Die Mitochondrien wurden nicht gezeichnet.) Von außen schmiegen sich die cytoplasmatischen Taschen der Schwann-Zellen (Abb. **D9**) an den Neuriten. Alle Schwann-Cytoplasmaausläufer sind durch Mesaxonen (Abb. **D10**) voneinander getrennt und mittels einer dichten Substanz (Abb. **D11**) mit dem Axolemm verbunden. Die cytoplasmatischen Taschen sind auf der äußeren Axonfläche schraubenartig gerillt (Abb. **D12**). In der oberen Schwann-Zelle wurden einige Mesaxonen und cytoplasmatische Taschen nur teilweise entfernt. Hier sieht man, daß die innersten Myelinlamellen gleichzeitig die kürzesten sind. Es ist deshalb anzunehmen, daß das Einrollen der Myelinlamellen etwa nach dem bereits in Tafel 155 gezeichneten Mechanismus verläuft, wobei hier aber die ganze Zelle eine trapezoidale Form hätte. In beiden Lemnocyten sind die äußeren Mesaxonen (Abb. **D13**) und außerhalb der Basallamina (Abb. **D5**) die faserigen Elemente der Endoneuralscheide (Abb. **D14**) zu erkennen.

Die Fortpflanzungsgeschwindigkeit der Reize schwankt in markhaltigen Nervenfasern zwischen 0,5–120 m/sec. Sie hängt vom Bau der betreffenden Nervenfasern ab.

Bei den myelinisierten Nervenfasern spielen sich alle Erregungs- und Leitungsvorgänge der Aktionspotentiale an den Ranvier-Schnürringen ab. Das Aktionspotential springt von einem Schnürring zum anderen, was man als „saltatorische" oder sprunghafte Erregungsleitung bezeichnet. Die Myelinscheiden der internodalen Segmente sind dabei als Isolation zu betrachten (s. Tafel 88 in Krstić, R. V.: Ultrastruktur der Säugetierzelle). (Weitere Informationen s. Physiologielehrbücher.)

Vergrößerungen: Abb. **A–C** 900fach; Abb. **D** 55000fach

Literatur

Caley DW, Butler AB (1974) Formation of central and peripheral myelin sheaths in the rat. An electron microscopic study. Am J Anat 140:339–349

Gabriel G, Thomas PK, King RHM, Stolinski C, Breatnach AS (1986) Freeze-fracture observations on human peripheral nerve. J Anat 146:153–166

Ghabriel MN, Allt G (1982) The node of Ranvier. In: Harrison RJ, Nava-Ratam V (eds) Progress in anatomy, vol 2. Cambridge University Press, Cambridge

Glees P, Meller K (1968) Morphology of neuroglia. In: Bourne GH (ed) The structure and function of nervous system: I. Structure. Academic, New York, pp 301–325

Raine CS, Finch H, Masone A (1983) Axoplasmic asymmetry at the node of Ranvier. J Neurocytol 12:533–536

Waxman SG (1974) Ultrastructural differentiation of the axon membrane at synaptic and nonsynaptic central nodes of Ranvier. Brain Res 65:338–342

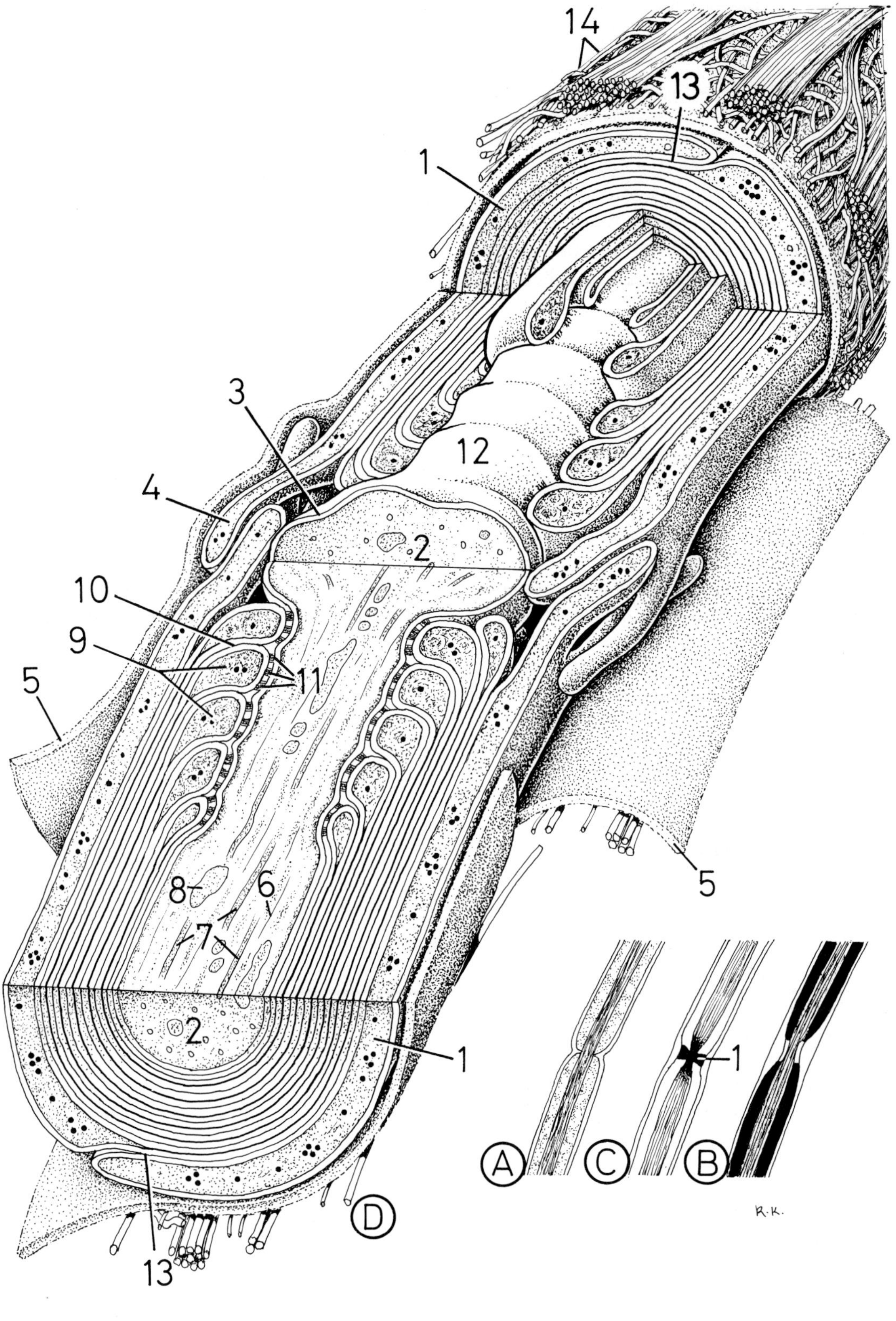
14
13
1
3
12
4
2
2
10
9
11
5
5
8
6
7
2
1
1
A
C
B
D
13
R.K.

Tafel 166. Nervenfaser. Schmidt-Lanterman-Einkerbung

Wie bereits in Tafel 164 gezeigt wurde, kommen innerhalb der Myelinscheide der peripheren Nervenfasern die Schmidt-Lanterman-Einkerbungen vor. Ihre Morphologie ist von den Präparations- und Färbemethoden abhängig. So z. B. zeigt Abb. **A** die Einkerbung nach OsO_4-Fixation und Abb. **B** nach Eisenhämatoxylinfärbung. Bei letzterer entsprechen die Einkerbungen den sog. Golgi-Trichtern, zwischen welchen die zylindrokonischen Segmente (Abb. **B 1**) liegen.
Im elektronenmikroskopischen Bild erscheinen die Schmidt-Lanterman-Einkerbungen als Zonen, in welchen die Myelinlamellen (Abb. **C 1**) voneinander getrennt verlaufen. Zwischen den Lamellen befindet sich Cytoplasma der Schwann-Zelle. Ein äußeres Mesaxon (Abb. **C 2**), die Basallamina (Abb. **C 3**) und die faserige Hülle (Abb. **C 4**) sind ebenfalls dargestellt. Die Funktion der Schmidt-Lanterman-Einkerbungen ist noch unklar. Ob sie die Plastizität der Nervenfasern bei Biegung, Streckung usw. sichern, muß noch geprüft werden. Die Tatsache, daß diese Strukturen fast nie im ZNS auftreten, d. h. dort, wo keine mechanischen Kräfte auf die Nervenfasern wirken, dürfte für die oben angegebene Hypothese sprechen.

Vergrößerungen: Abb. **A** u. **B** 2000fach; Abb. **C** 55 000fach

Literatur

Celio MR (1976) Die Schmidt-Lanterman'schen Einkerbungen der Myelinscheide des Mauthner-Axons: Orte longitudinalen Myelinwachstums? Brain Res 108:221–235

Friede RL, Samorajski T (1969) The clefts of Schmidt-Lanterman: a quantitative electron microscopic study of their structure in developing and adult sciatic nerves of the rat. Anat Rec 165:89–102

Metuzals J (1965) Ultrastructure of the nodes of Ranvier and their surrounding structures in the central nervous system. Z Zellforsch 65:719–759

Mira J-C (1976) Études quantitatives sur la régénération des fibres nerveuses myelinisées. Arch Anat Microsc Morphol Exp 65:225–284

Shanklin WM, Azzam NA (1964) Histological and histochemical studies on the incisures of Schmidt-Lanterman. J Comp Neurol 123:5–10

Small JR, Ghabriel MN, Allt G (1987) The development of Schmidt-Lanterman incisures: an electron microscope study. J Anat (London) 150:277–286

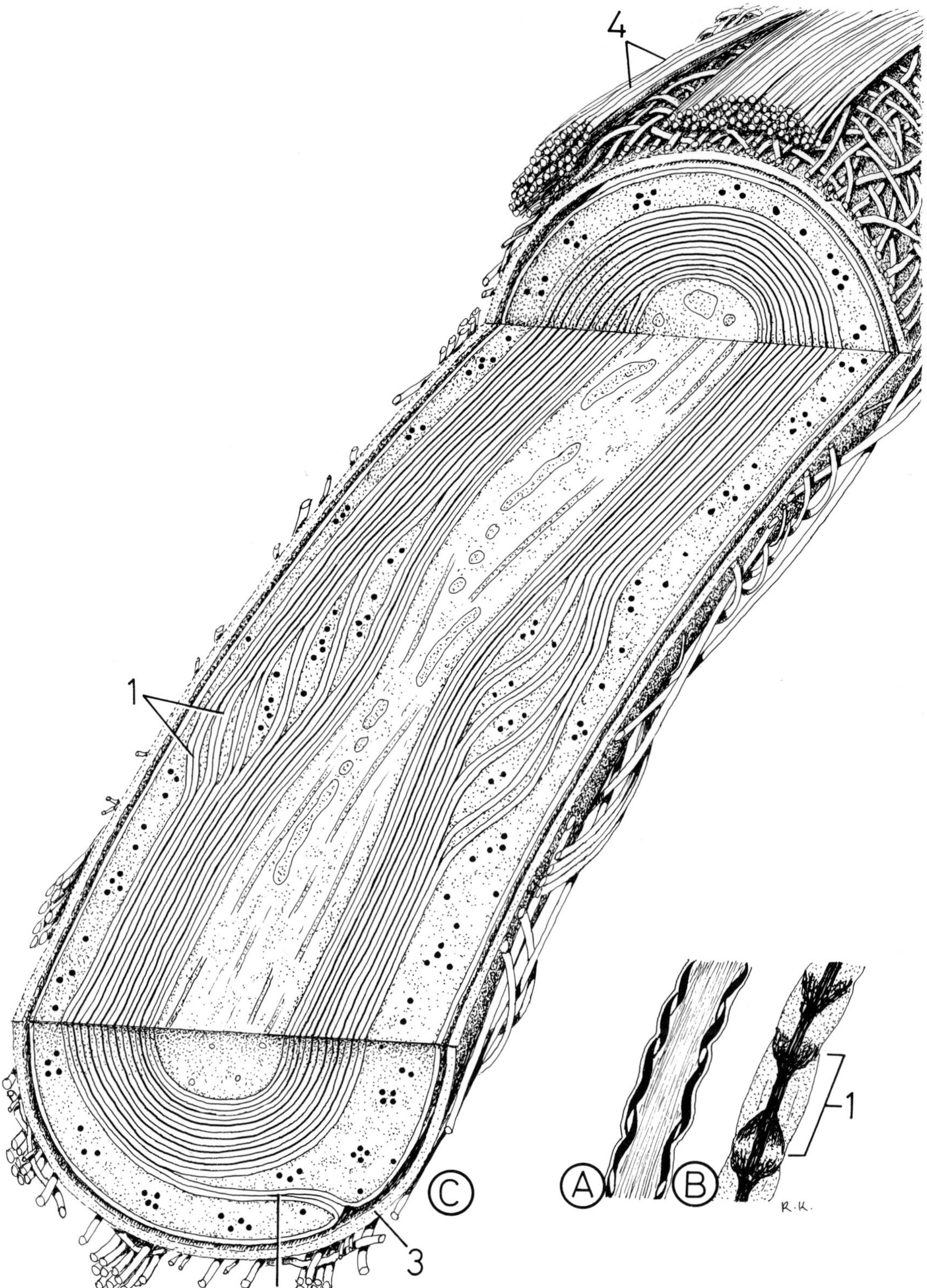

4
1
1
2
3
C
A
B
R.K.

Tafel 167. Regeneration der Nervenfasern (in Anlehnung an Willis und Willis, 1972)

Es ist bekannt, daß durchschnittene Nervenfasern sofort die Fähigkeit der Reizleitung verlieren und binnen einiger Wochen degenerieren. Doch können die Nervenfasern unter gewissen Bedingungen regenerieren. Wie das geschieht, soll die vorliegende Tafel demonstrieren.

Nach der Abtrennung eines Axons (Abb. **A–E 1**) vom Körper der Nervenzelle (Abb. **A–E 2**) wird während der ersten 3 Tage die Myelinscheide fragmentiert und nach etwa 2–3 Wochen in schollige Lipidkügelchen, die „Markballen" (Abb. **A** u. **B 3**), umgewandelt. Gleichzeitig zerfällt das abgeschnittene Axon. Diese absteigende oder Waller-Degeneration erstreckt sich bis zu den sensiblen und motorischen Endigungen (z. B. motorische Endplatten, Abb. **A–E 4**). Die Schwann-Zellen (Abb. **A–E 5**) degenerieren hingegen nicht. Querschnitte der zerfallenden Nervenfasern sind auf kleinen zusätzlichen Zeichnungen gegeben.

Die Durchtrennung des Axons kann das Perikaryon der Nervenzelle beeinflussen. Dieses schwillt dann an, die Nissl-Substanz verschwindet (sog. Chromatolyse oder Tigrolyse), und der Kern wird an die Zellmembran gedrängt (Fischaugenzellen). Wenn die Schädigung nicht in unmittelbarer Nähe des Perikaryons liegt, erholen sich die Nervenzellen schnell von dem Trauma. Die aufsteigende Degeneration der Nervenfasern verbreitet sich nur bis zum nächsten Ranvier-Schnürring (**R**).

Von der zweiten Woche bis zum zweiten Monat werden die Markscheidenlipoide allmählich abgebaut und von Mikrogliazellen im ZNS oder Makrophagen (Abb. **B 6**) des Bindegewebes im peripheren Nervensystem phagocytiert und abtransportiert. Die Schwann-Zellen an den Enden der proximalen und distalen Stümpfe beginnen bereits in der ersten Woche, sich zu teilen und einander zu nähern (s. Pfeile). Dadurch entstehen die sog. Büngner-Bänder (Abb. **B 7**), welche die Lücken überbrücken.

Das aus dem proximalen Stumpf vorwachsende Axon (Abb. **C 1**) benutzt die Gliastreifen, um den Weg zum Erfolgsorgan zu finden. Bei seinem Vorrücken – etwa 1–2 mm täglich – wird der Neurit mit der Markscheide versehen. Während dieser Regenerationsphase, die bis zu 3 Monaten dauern kann, atrophieren die Muskelfasern (Abb. **C 8**) sowie andere Effektoren infolge ihrer Inaktivität.

Zunächst wird der Kontakt mit dem Erfolgsorgan durch ein dünnes, schwach markhaltiges Axon wiederhergestellt (Abb. **D**). Im Verlauf der Reifungsphase, die noch einige Monate dauern kann, nehmen Durchmesser und Leistungen der regenerierenden Nervenfaser zu.

Bei Amputationen oder auch bei umfangreicheren Nervenfaserzerstörungen ohne operative Intervention schiebt sich Bindegewebe zwischen die Stümpfe, so daß die Gliabänder die Lücke nicht überbrücken können. Die proximalen Schwann-Zellen wuchern dann und bilden mit dem auswachsenden Axon und dem anliegenden Bindegewebe eine Anschwellung, das sog. Amputationsneuron (Abb. **E 9**).

Beim Menschen gibt es keine Regeneration der Nervenfasern des Zentralnervensystems.

Literatur

Adrian EK, Elliot MJ (1972) Cell proliferation in the spinal cord following dorsal root transection. Anat Rec 172:259–260

Bray GM, Aguayo AJ (1974) Regeneration of peripheral unmyelinated nerves. Fate of the axonal sprouts which develop after injury. J Anat 117:515–529

Klauer G (1986) The mechano-receptors in the vertebrates' skin: morphology and classification. Z mikro-anat Forsch 100:273–289

Ohara S, Takahashi H, Ikata F (1986) Perineural cells in early stage of Wallerian degeneration. Lab Invest 54:213–221

Willis RA, Willis AT (1972) The principle of pathology and bacteriology. Butterworths, London

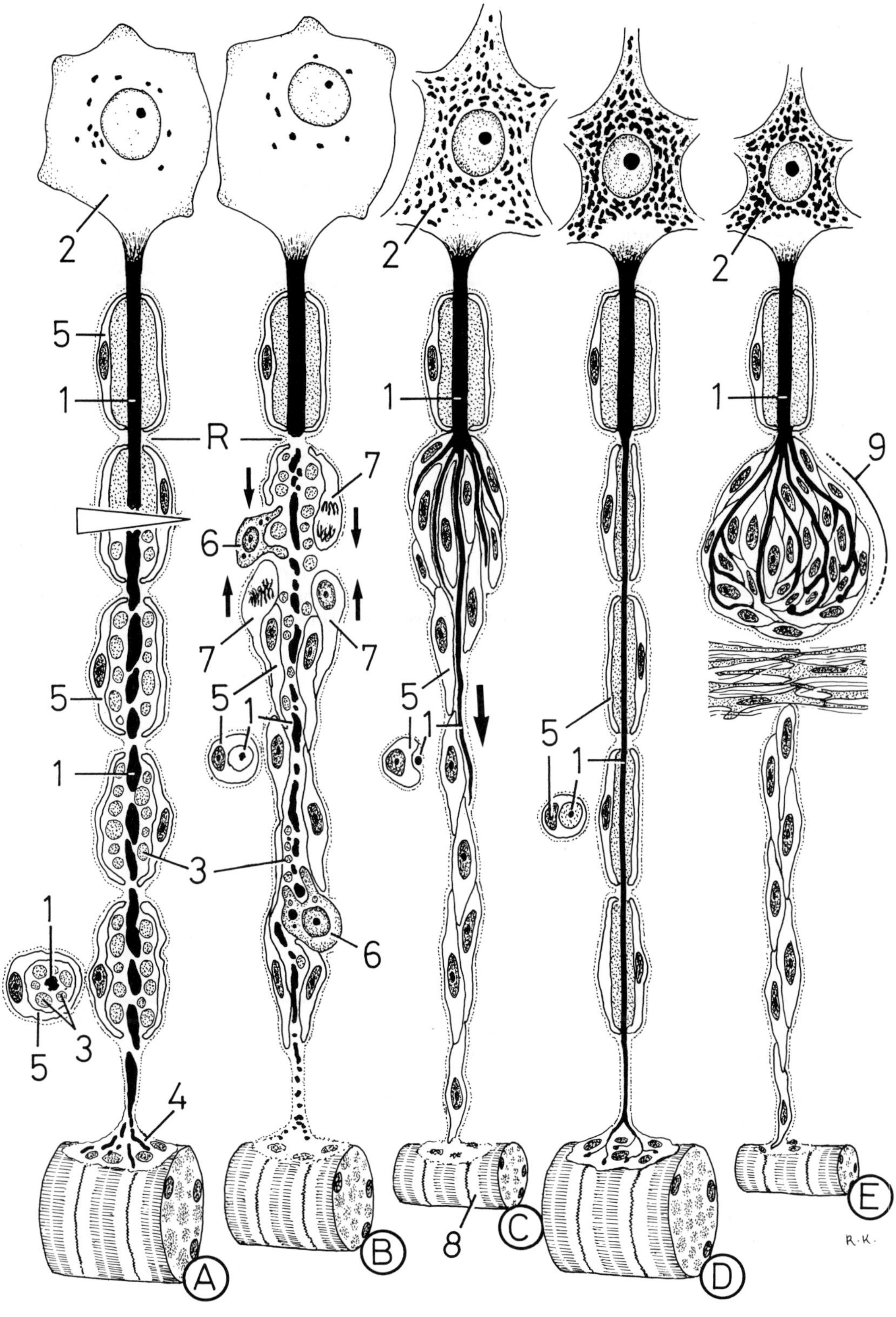

2
5
1
R
6
7
3
4
8
9
A
B
C
D
E
R.K.

Tafel 168. Synapsen. Einteilung

Die intercellulären Kontakte, die zur Erregungsübertragung von einem Neuron auf ein anderes oder auf das Erfolgsorgan dienen, nennt man Synapsen.
Die Synapsen werden nach ihrem Funktionstyp in elektrische (Abb. **A**) und chemische (Abb. **B–F**) unterteilt. Die zweite Gruppe ist die am meisten verbreitete.
Während die elektrischen oder elektrotonischen Synapsen, deren Morphologie der des Nexus entspricht, besonders häufig im Muskelgewebe auftreten (s. Tafeln 119, 120 u. 136, 137), sind sie im Nervengewebe relativ selten (Abb. **A**). Wo sie vorkommen, ist der elektrische Widerstand des Plasmalemms sehr niedrig, was die Erregungsübertragung begünstigt.
Die selten vorkommenden chemischen Synapsen – die synaptischen Stäbchen (Abb. **B**) – befinden sich, wie bereits in Tafel 158 gezeigt, in den Receptorzellen des Gleichgewichts- und Hörorgans und außerdem in den hellen Zellen der Zirbeldrüse. Sie bestehen aus einem osmiophilen, 180–320 nm langen und etwa 35 nm breiten, von synaptischen Vesikeln (Abb. **B1**) umgebenen Stäbchen (Abb. **B2**). Man weiß noch nicht, welche Übertragungs- bzw. Transmittersubstanz die etwa 40–80 nm großen Bläschen enthalten. Einigen Angaben zufolge könnte es sich um GABA (γ-Aminobuttersäure) handeln.
Die lamellären Synapsen (Abb. **C1**) befinden sich in den Endausbreitungen der Stäbchen- und Zäpfchenzellen der Netzhaut (s. Tafel 158). Die Natur des Transmitters in den umliegenden synaptischen Vesikeln ist ebenfalls noch nicht mit Sicherheit definiert.
Die meistverbreiteten chemischen Synapsen sind jene mit synaptischen Endknöpfen. Hier unterscheidet man einen erweiterten präsynaptischen Axonteil, den eigentlichen Endknopf (Abb. **D1**), einen synaptischen Spalt (Abb. **D2**) und einen postsynaptischen Teil (Abb. **D3**). In dem verbreiterten Endteil des Neuriten kann man außer Mitochondrien, Doppellamellen des glatten endoplasmatischen Reticulums, Neurofilamenten (Abb. **D4**) und Neurotubuli (Abb. **D5**) noch zwei Arten synaptischer Vesikel unterscheiden. Die einen sind klein und scheinbar leer (Abb. **D6**), die anderen hingegen wesentlich größer (Abb. **D7**), aber viel seltener und mit einer feinkörnigen, dichten Substanz gefüllt. In den erstgenannten wurde Acetylcholin und in den zweiten das 5-Hydroxytryptamin (Serotonin) und/oder Dopamin nachgewiesen. Zum synaptischen Spalt hin erscheint eine präsynaptische Verdichtung (Abb. **D8**).
Der synaptische Spalt ist etwa 20 nm breit und mit einem feingranulierten, schwach osmiophilen Material ausgefüllt. Die angrenzende postsynaptische Membran (Abb. **D9**) zeigt eine filzartige Verdichtung (Abb. **D10**). Da in diesem Synapsentyp die Vesikel kugelig sind, wird er als S-Typ („spherical") oder auch Typ I (nach Gray) bezeichnet.
In den F-Synapsen mit engerem und fast leerem synaptischem Spalt (Abb. **E1**) kommen überwiegend abgeflachte („*f*lat"), leicht bikonkave synaptische Vesikel (Abb. **E2**) mit unbekanntem Transmitter vor. Die prä- und postsynaptischen Verdichtungen (Abb. **E3**) liegen an bestimmten Stellen einander gegenüber. Diese Synapsenart wird auch Typ II (nach Gray) genannt.
Während sich in den bis jetzt beschriebenen Synapsen die Erregungen nur in einer Richtung, und zwar vom prä- zum postsynaptischen Teil, verbreiten, können die Impulse in reciproken Synapsen in beiden Richtungen fließen (Abb. **F**). Dieser Synapsentyp ist selten: Er wurde im Bulbus olfactorius des Hundes beschrieben.
Die Wirkungsweise der chemischen Synapsen läßt sich wie folgt zusammenfassen: Wenn eine Erregung ankommt, entladen die synaptischen Bläschen ihren Inhalt in den synaptischen Spalt. Dadurch wird die postsynaptische Membran depolarisiert und die Information von einer Zelle auf die andere übertragen. Das morphologische Aussehen der Vesikel erlaubt keine endgültigen Schlüsse über die Funktion der betreffenden Synapse. Man weiß heute, daß die meisten acetylcholinergen S-Synapsen excitatorisch wirken. Andererseits muß die verlockende Hypothese einer inhibitorischen Aktion der F-Synapsen zuerst noch näher überprüft werden (s. Tafeln 119–128 in Krstić, R. V.: Ultrastruktur der Säugetierzelle). (Weitere Informationen s. Physiologielehrbücher.)

Vergrößerungen: Abb. **A** 100000fach; Abb. **B** 40000fach, Abb. **C** 30000fach; Abb. **D–F** 33000fach

Literatur

Bodian D (1970) An electron microscpic characterization of classes of synaptic vesicles by means of controlled aldehyde fixation. J Cell Biol 44:115–124

Gershon MD, Schwartz JH, Kandel ER (1981) Morphology of chemical synapses and patterns of interconnection. In: Kandel ER, Schwartz JH (eds) Principles of neural science. Elsevier, New York

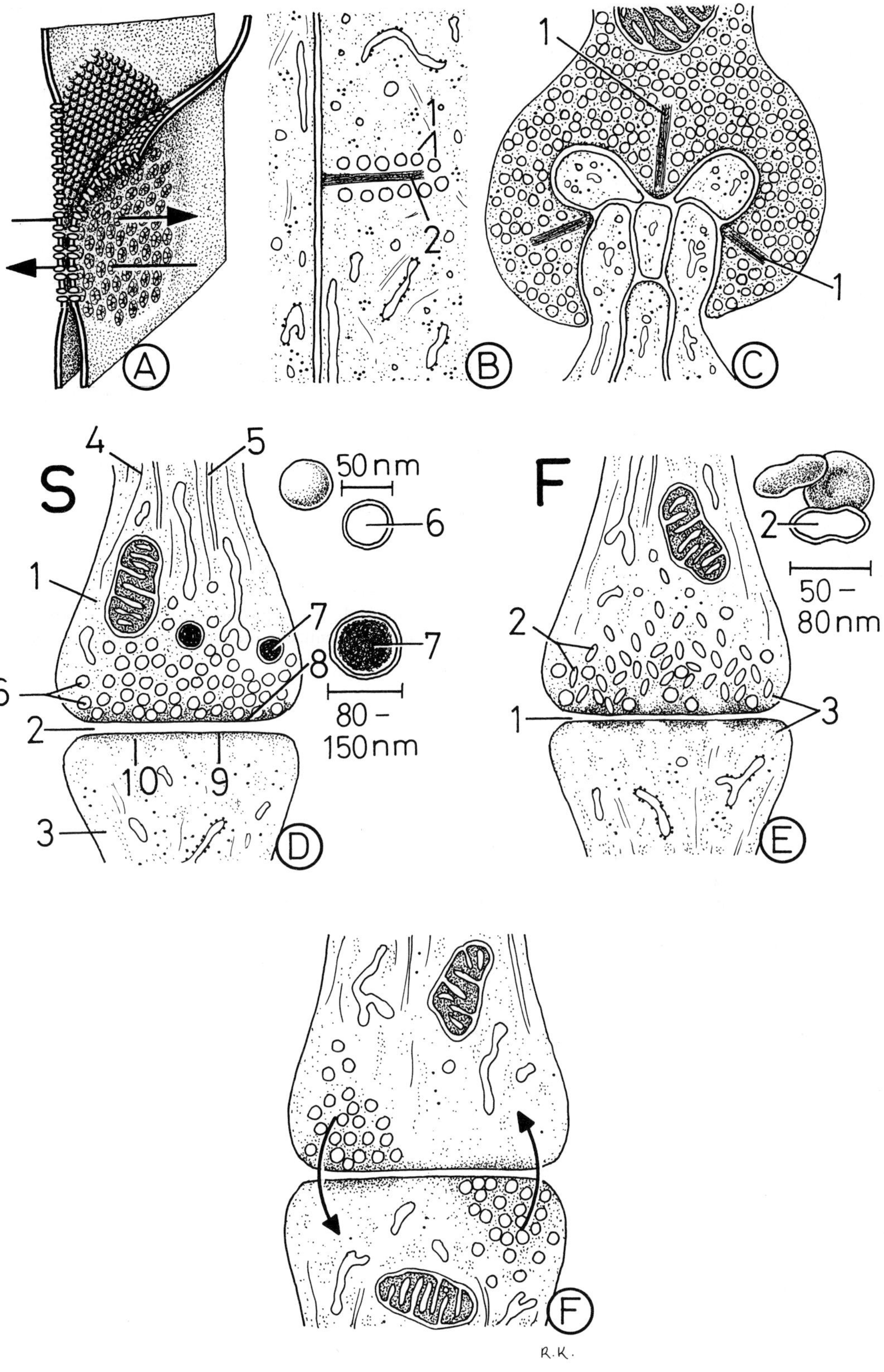
A
1
2
B
1
1
C
S
4
5
50 nm
6
1
7
7
6
8
2
10
9
80 –
150 nm
3
D
F
2
50 –
80 nm
2
1
3
E
F
R.K.

Tafel 169. Vereinfachte Systematik von interneuronalen Synapsen (in Anlehnung an Andres, 1975)

Die synaptischen Endknöpfe können grundsätzlich auf dem Körper – Soma (**S**) –, den Dendriten (**D**) und den Axonen (**A**) der Nervenzellen enden. Man unterscheidet dementsprechend axo-somatische, axo-dendritische und axo-axonale Synapsen. Diese wiederum weisen verschiedene Kombinationen auf, die von der Morphologie der jeweiligen Kontaktstelle und der gegenseitigen Beziehung der Endknöpfe abhängen.

So findet man auf dem Zellkörper:

1. einfache axo-somatische Synapsen
2. invaginierte axo-somatische Synapsen
3. axo-somatische Dornsynapsen;

auf den Dendriten:

4. einfache axo-somatische Synapsen
5. Dornsynapsen
6. cristaförmige Synapsen
7. verzweigte Dornsynapsen
8. „en passant"-Synapsen
9. axo-dendritische reciproke Synapsen
10. polysynaptische Endigungen
11. verzahnte Dornsynapsen;

auf dem Ursprungskegel des Axons:

12. axo-axonale Synapsen
13. axo-axonale inhibitorische Synapsen (morphologisch schwer erkennbar);

zwischen den Axonen:

14. axo-axonale Synapsen
15. „en passant"-Synapsen,

und damit ist die Synapsensystematik noch nicht erschöpft (s. Tafeln 119–125 in Krstić, R. V.: Ultrastruktur der Säugetierzelle).

Literatur

Andres KH (1975) Morphological criteria for the differentiation of synapses in vertebrates. J Neural Transmiss Suppl 12:1–37
Benshalom G (1970) Ultrastructure of an excitatory synapse. Cell Tissuee Res 200:291–298
Bodian D (1972) Neuron junctions: A revolutionary decade. Anat Rec 174:73–82
Galbraith S (1980) Electron-microscopic study of the synapses of the cerebral cortex in man. Acta Anat 107:46–51
Gray EG, Guillery RW (1966) Synaptic morphology in the normal and degenerating nervous system. Int Rev Cytol 19:111–182
Heuser JE, Reese TS (1977) Structure of the synapse. In: Kandel ER (ed) The nervous system, vol 1. American Physiological Society, Bethesda (Handbook of physiology)
Jones DG (1978) Some current concepts of synaptic organization. Adv Anat Embryol Cell Biol 55/4:1–69
Kasa P, Jancso G, Karcsu S, Toth L (1974) Analysis of synaptic vesicles in F-type axon terminals. Acta Histochem 49:46–50
Manina AA (1979) The synapses of the nervous system. Int Rev Cytol 57:345–383
Robertis E De (1967) Ultrastructure and cytochemistry of the synaptic region. Science 156:907–914
Loos H Van der (1963) Fine structure of synapses in the cerebral cortex. Z Zellforsch 60:815–825

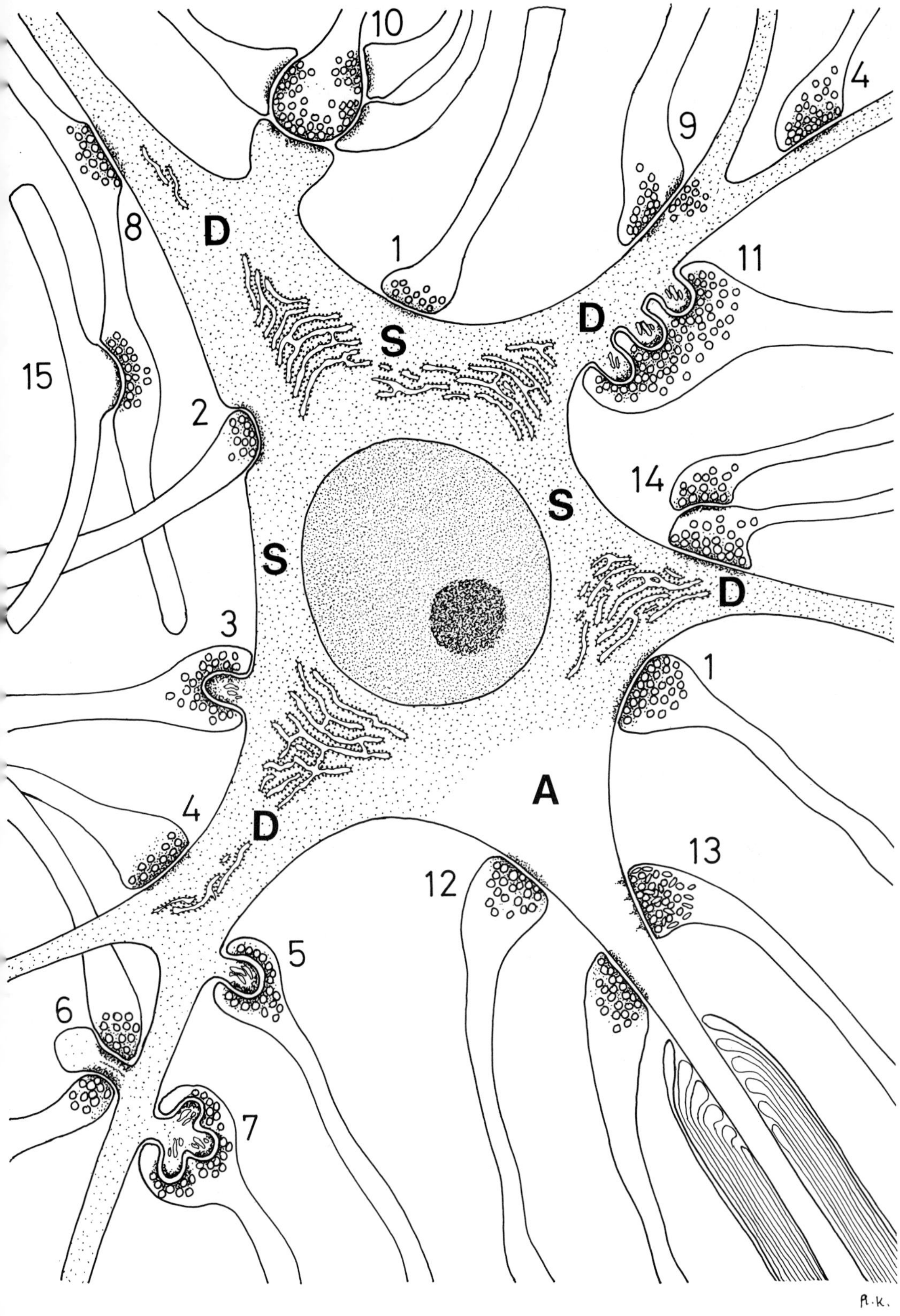
10
4
9
8
D
1
11
D
S
15
2
14
S
S
D
3
1
A
4
D
13
12
5
6
7
A.K.

Tafel 170. Strukturelemente des peripheren Nervensystems

Histologisch gesehen sind folgende Teile der PNS wichtig:

1. Spinalganglien
2. Spinalnerven
3. periphere Nervenendigungen
a. efferente (motorische Endplatten, Endigungen vegetativer Nerven)
b. afferente (Muskelspindeln, Sehnenspindeln, Endkörperchen)
4. sympathischer Grenzstrang mit Grenzstrangganglien (**4a**) und prävertebrale sympathische Ganglien (**4b**).

Hier eine kurze Erklärung der neuronalen Verbindungen zwischen den Bestandteilen der PNS. Die Pfeile weisen auf die Richtung der Erregungsausbreitung.

Die Axonen (**5**) der großen, multipolaren, somatomotorischen Nervenzellen (**6**) in der Vordersäule der grauen Substanz des Rückenmarks bilden den Hauptteil der peripheren Nerven (**2**) und innervieren als efferente Nervenfasern die Skeletmuskulatur.

Aus den sympathischen Nervenzellen (**7**) im Nucleus intermediolateralis der Seitensäule der grauen Rückenmarksubstanz ziehen die Neuriten durch die Rami communicantes albi (**9**) zu den Ganglien des sympathischen Grenzstranges (**4a**) oder weiter zu den prävertebralen Ganglien (**4b**). In den Grenzstrangganglien kommt es zu synaptischen Verbindungen zwischen den Axonen der sympathischen Rückenmarkzellen und den dort lokalisierten multipolaren Nervenzellen (**10**), deren postganglionäre, marklose Neuriten durch die Rami communicantes grisei (**11**) in den Spinalnerv eintreten. Diese Axonen (unterbrochene Linie) sichern die vegetative Innervation der Drüsen, Muskeln usw. (**3a**).

Aus den prävertebralen Ganglien (z.B. Ggl. coeliacum, Ggl. mesentericum superius usw.) verlaufen postganglionäre Nervenfasern zu den inneren Organen (z.B. dem Darmrohr), wo sie in synaptische Verbindungen mit den intramuralen Ganglienzellen (**12**) treten.

Aus der Peripherie, d.h. aus den sensiblen Nervenendigungen (**3b**) verschiedener Art (freie und corpusculäre Endigungen, Muskelspindel, Sehnenspindel), gelangen afferente Impulse durch die Nervenfasern zu den in den Spinalganglien (**1**) lokalisierten pseudounipolaren Ganglienzellen (**13**). Von da aus werden die Erregungen durch den cellulifugalen Zweig (**14**) des T-Fortsatzes zum Rückenmark weitergeleitet. Dort verknüpfen sich einige Collateralen (**15**) mit den somatomotorischen Neuronen (**6**), und es entsteht ein einfacher Reflexbogen.

(Weitere Informationen s. Anatomielehrbücher.)

Literatur

Guerin J, Bioulac B, Henry P, Loiseau P (1979) Système nerveux végétatif. Sandoz-Edition, Baslě
Oehmichen M, Torvik A (1976) The origin of reactive cells in retrograde and Wallerian degenerations. Cell Tissue Res 173:343–348
Poritsky R (1969) Two and three dimensional ultrastructure of boutons and glial cells on the motoneuronal surface in the cat spinal cord. J Comp Neurol 135:423–452

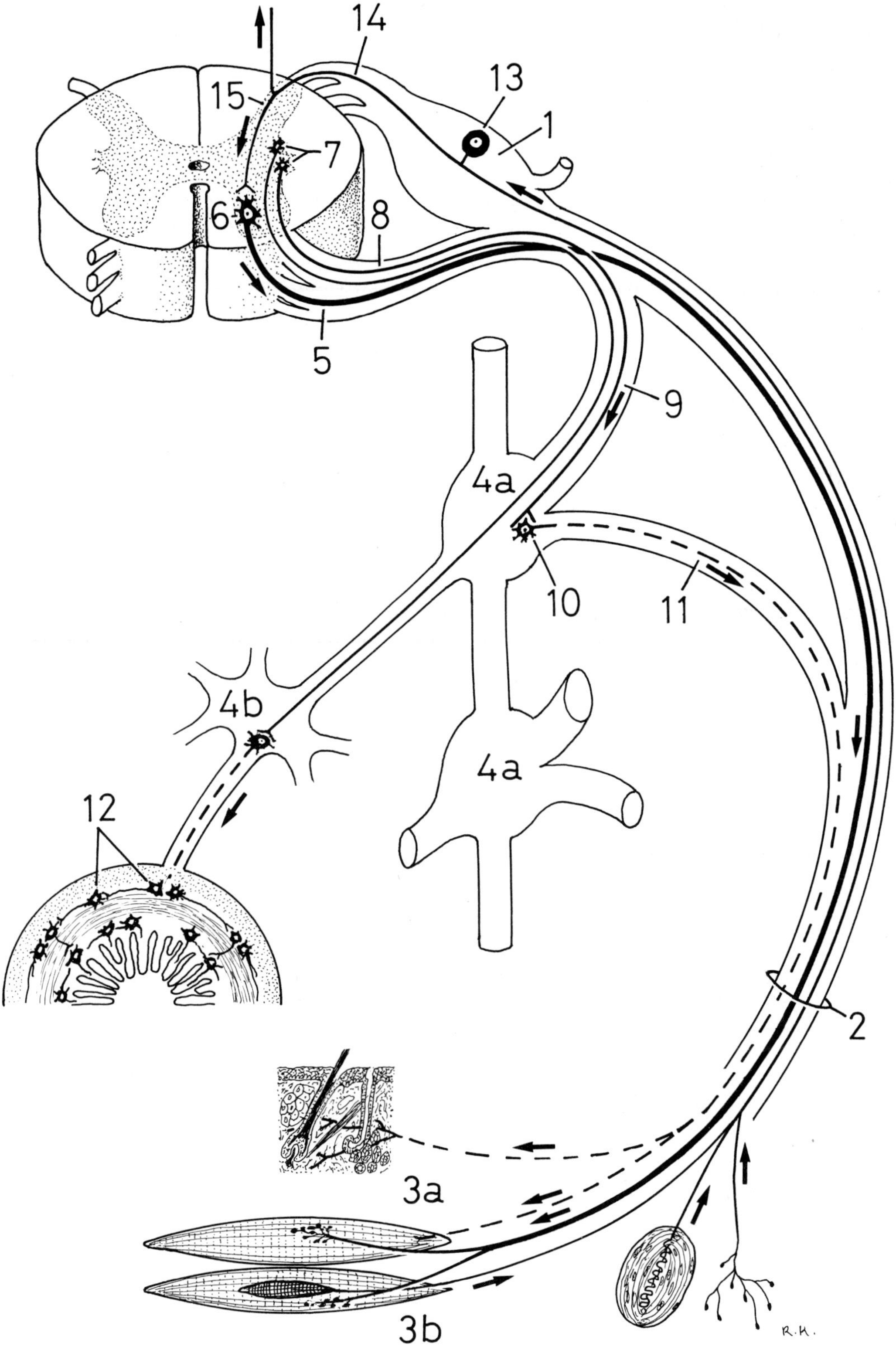

14
13
15
1
7
6
8
5
9
4a
10
11
4b
4a
12
2
3a
3b
R.K.

Tafel 171. Spinalganglion. Lichtmikroskopisches Aussehen

Ein Spinalganglion (Abb. **A1**) ist in die hintere Wurzel (Abb. **A2**) des Spinalnervs eingefügt und besitzt eine aus zwei Schichten bestehende Kapsel. Deren innere Schicht ist die Fortsetzung der Arachnoidea (s. Tafel 174), die sich als Perineuralepithel (Abb. **A3**) auf Spinalganglion und -nerv erstreckt. Die aus starken Bindegewebsfasern gebaute äußere Kapselschicht (Abb. **A4**) stammt aus der Dura mater (s. Tafel 174) und geht allmählich in das perineurale Bindegewebe und das Epineurium (Abb. **A5**) der Spinalnerven über. Die vordere (Abb. **A6**) und die hintere Wurzel bilden zusammen einen Spinalnerv (Abb. **A7**).

Das Perineuralepithel (Abb. **A3**) ist teilweise entfernt, damit man seine Schichtung und seine mit abgeflachten Zellen (Abb. **A8**) bedeckte, zum Ganglion gerichtete Oberfläche sehen kann. Der Raum (Abb. **A9**) zwischen der Kapsel und dem Gewebe des Ganglions wurde aus didaktischen Gründen breiter gezeichnet.

Im Innern des Ganglions kommen die Ganglienzellen gruppenweise vor (Abb. **A10**). Zwischen den Zellanhäufungen verlaufen viele Nervenfasern (Abb. **A11**).

Nach gewöhnlichen Färbungen erscheinen die Ganglienzellen rund mit einem Durchmesser von manchmal bis 100 μm (Abb. **B1**). Sie zeichnen sich durch kugelige, chromatinarme Kerne (Abb. **B2**) mit sehr gut ausgebildetem Nucleolus (Abb. **B3**) aus. In ihrem Cytoplasma treten Nissl-Schollen und Lipofuscingranula (Abb. **B4**) auf. An günstigen Schnitten bemerkt man einen hellen Ursprungskegel (Abb. **B5**).

Den Ganglienzellen schmiegen sich die Satelliten gleich Mantelzellen oder Amphicyten (Abb. **B6**) eng an. Da dieser Kontakt nicht besonders fest ist, können sich die Ganglienzellen infolge einer durch Fixation hervorgerufenen Schrumpfung von den Mantelzellen ablösen (Abb. **B7**).

Außerhalb der Mantelzellen befindet sich das lockere Bindegewebe des Endoneuriums (Abb. **B8**) mit marklosen und markhaltigen Nervenfasern (Abb. **B9**).

Nach einer Silberimprägnation sieht man in den Perikaryen der Ganglienzellen viele Neurofibrillen (Abb. **C1**) und besonders gut ihre gegabelten T-Fortsätze (Abb. **C2**). Im Endoneurium treten zahlreiche geschwärzte Nervenfasern (Abb. **C3**) in Erscheinung.

Vergrößerungen: Abb. **A** 20fach; Abb. **B** u. **C** 350fach

Literatur

Andres KH (1961) Untersuchungen über den Feinbau von Spinalganglien. Z Zellforsch 55:1–48

Nishimura T, Kon I, Awataguchi S, Ishida M, Yamamoto N (1965) Submicroscopic studies on the spiral ganglion in guinea pigs: I. The fine structure of the normal spiral ganglion. Hirosaki Med J 17:1–19

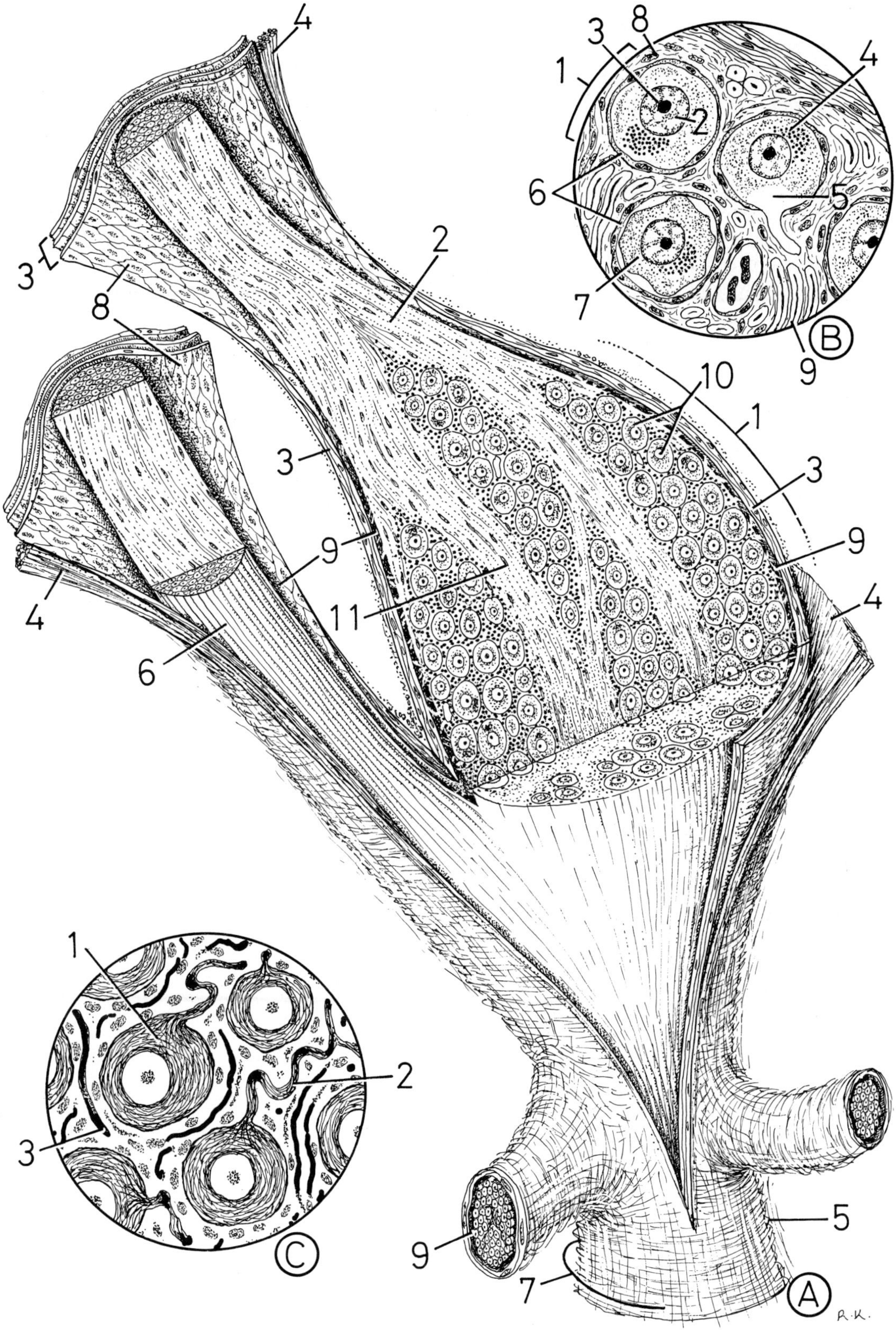
4
3
8
1
2
4
6
5
7
9
B
10
3
8
2
1
3
3
9
9
9
11
4
4
6
1
2
3
C
5
9
7
A
R.K.

Tafel 172. Spinalganglion. Pseudounipolare Spinalganglienzelle

Der Körper einer kugeligen Ganglienzelle enthält einen großen Kern mit Nucleolus, verstreute Nissl-Schollen (**1**), sehr geräumige Golgi-Felder (**2**) sowie zahlreiche Mitochondrien und Lysosomen. Seine metaplasmatischen Bestandteile sind Neurofilamente und Neurotubuli.
Die Amphicyten (**3**) liegen dicht am Perikaryon der Nervenzellen. Dazwischen besteht keine Basallamina. Die Amphicyten sind im Profil abgeflachte und in der Aufsicht sternförmige, tief ineinander verzahnte Zellen mit chromatinreichem Kern, osmiophilem Cytoplasma und spärlich entwickelten Organellen. Von dem endoganglionären Bindegewebe (Endoneurium) sind sie durch eine Basallamina (**4**) getrennt, die mit den Faserstrukturen (**5**) des lockeren endoneuralen Bindegewebes in Verbindung steht.
In unmittelbarer Nähe der Ganglienzellen befinden sich außer den Fibrocyten (**6**) und Capillaren (**7**) noch mehrere markhaltige (**8**) und marklose (**9**) Nervenfasern. Jede dieser Strukturen außer Fibrocyten hat natürlich ihre eigene Basallamina.
Wie in der vorigen Tafel im lichtmikroskopischen Bild gezeigt wurde, haben die pseudounipolaren Ganglienzellen einen T-förmigen, teilweise mit Mantelzellen bedeckten Fortsatz (**10**). Wegen Platzmangels ist er hier wesentlich kürzer als in Wirklichkeit gezeichnet.
Man bemerkt, daß sich die beiden horizontalen T-Zweige innerhalb einer Schwann-Zelle (**11**) befinden, welche ihnen die Myelinscheide (**12**) liefert. Morphologisch betrachtet stellt also eine pseudounipolare Ganglienzelle ein biaxonales Element dar. Elektrophysiologisch kann man ihren aus der Peripherie kommenden erregungsleitenden (afferenten) Fortsatz als Dendriten (**13**) und den in das Rückenmark ziehenden als Axon (**14**) bezeichnen.

Vergrößerung: 5500fach

Literatur

Pannese E (1969) Electron microscopical study on the development of the satellite cell sheath in spinal ganglia. J Comp Neurol 135:381–422

Pannese E (1981) The satellite cells of the sensory ganglia. Adv Anat Embryol Cell Biol 65:1–111

Rambourg A, Marraud A, Chretien M (1973) Tri-dimensional structure of the forming face of the Golgi apparatus as seen in the high voltage electron microscope after osmium impregnation of the small nerve cells in the semilunar ganglion of the trigeminal nerve. J Microsc 97:49–57

Wuerker RB, Kirkpatrick JB (1972) Neuronal microtubules, neurofilaments, and microtubules. Int Rev Cytol 33:45–75

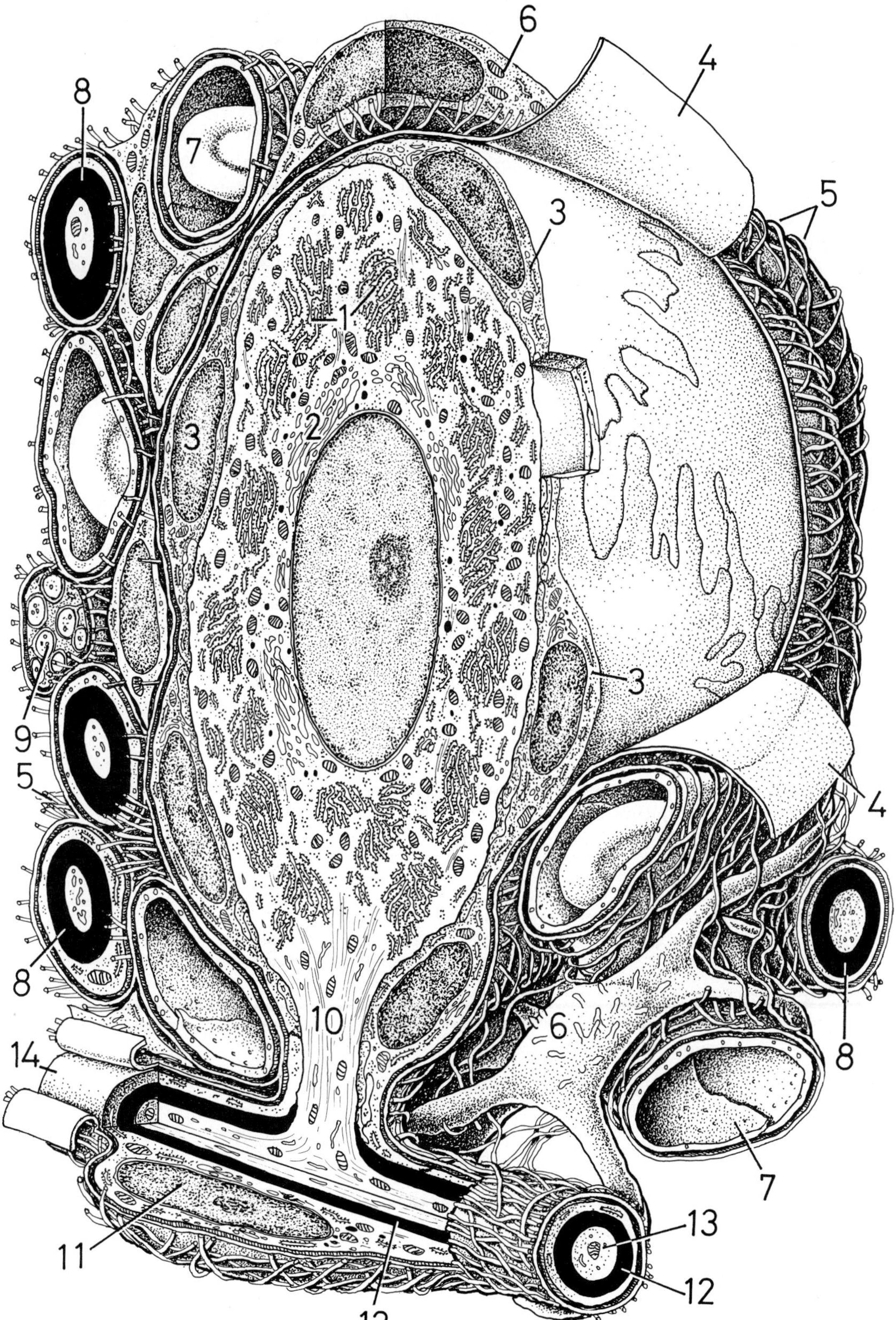
1
2
3
3
3
4
4
5
5
6
6
7
7
8
8
8
9
10
11
12
12
13
14
R.K.

Tafel 173. Bipolare Ganglienzelle des Ganglion spirale (Corti)

Von allen im Organismus vorkommenden Ganglienzellen stellen die bipolaren Zellen des Ganglion spirale wegen der sie umgebenden Myelinlamellen eine Besonderheit dar.

Die Zellen des Ganglion spirale befinden sich gut geschützt in der knöchernen Achse der Schneckenspindel, dem Modiolus (Abb. **A 1**). Während ihre Dendriten bis zu den Hörzellen ziehen, treten ihre aufsteigenden Axonen in Verbindung mit den Nervenzellen der Hörkerne der Rautengrube (s. Anatomielehrbücher).

Nach einer Färbung der Markscheiden (Abb. **B**) erkennt man, daß nur ein Teil der Corti-Ganglienzellen myelinisiert ist (Abb. **B 1**). Im umliegenden Endoneurium – denn obwohl sie im Schädelknochen eingebettet sind, gehören diese Nervenzellen zum PNS – findet man myelinisierte Nervenfasern (Abb. **B 2**) und Blutcapillaren.

Die Ganglienzellen sind spindelförmig und haben nur zwei Ausläufer: einen Dendriten (Abb. **C 1**) und ein Axon (Abb. **C 2**). Im Zellkörper liegt ein kugeliger, häufig eingekerbter, chromatinarmer Kern mit großem Nucleolus. Wie in jeder anderen Nervenzelle kommen im Neuroplasma zahlreiche Nissl-Schollen vor, die sich lediglich in den Dendriten, aber nicht in den Ursprungskegel des Axons (Abb. **C 3**) erstrecken.

Alle anderen Zellorganellen sind in bipolaren Ganglienzellen reichlich vertreten. Einige Lysosomen und Restkörperchen befinden sich zwischen den ergastoplasmatischen Membranen.

An ihrer Außenseite sind die bipolaren Zellen von Myelinlamellen (Abb. **C 4**) der Schwann-Zellen (Abb. **C 5**) bedeckt. Diese Umhüllung setzt sich auf den Dendriten und das Axon fort, die deshalb morphologisch schwer voneinander zu unterscheiden sind.

Vom umliegenden endoneuralen lockeren Bindegewebe sind die Schwann-Zellen durch eine Basallamina (Abb. **C 6**) getrennt.

Der Zweck dieser außerordentlich guten Isolation der bipolaren Ganglienzellen ist noch nicht ganz klar. Möglicherweise steht sie im Dienste des tonalen „Auflösungsvermögens" des Hörorgans (s. Tafel 107 in KRSTIĆ, R. V.: Ultrastruktur der Säugetierzelle).

Vergrößerungen: Abb. **A** 20fach; Abb. **B** 600fach; Abb. **C** 7000fach

Literatur

Awataguchi S, Nishimura T, Kon I, Ishida M, Yananoto N (1965) Submicroscopic studies on the spiral ganglion in guinea pigs: II. The transfigurations of the fine structures of the spiral ganglion exposed to the acoustic stimulation. Hirosaki Med J 17:20–32

Keithley EM, Feldman ML (1979) Spiral ganglion cell counts in an age-graded series of rat cochleas. J Comp Neurol 188:429–442

Peach R (1972) Fine structural features of light and dark cells in the trigeminal ganglion of the rat. J Neurocytol 1:151–160

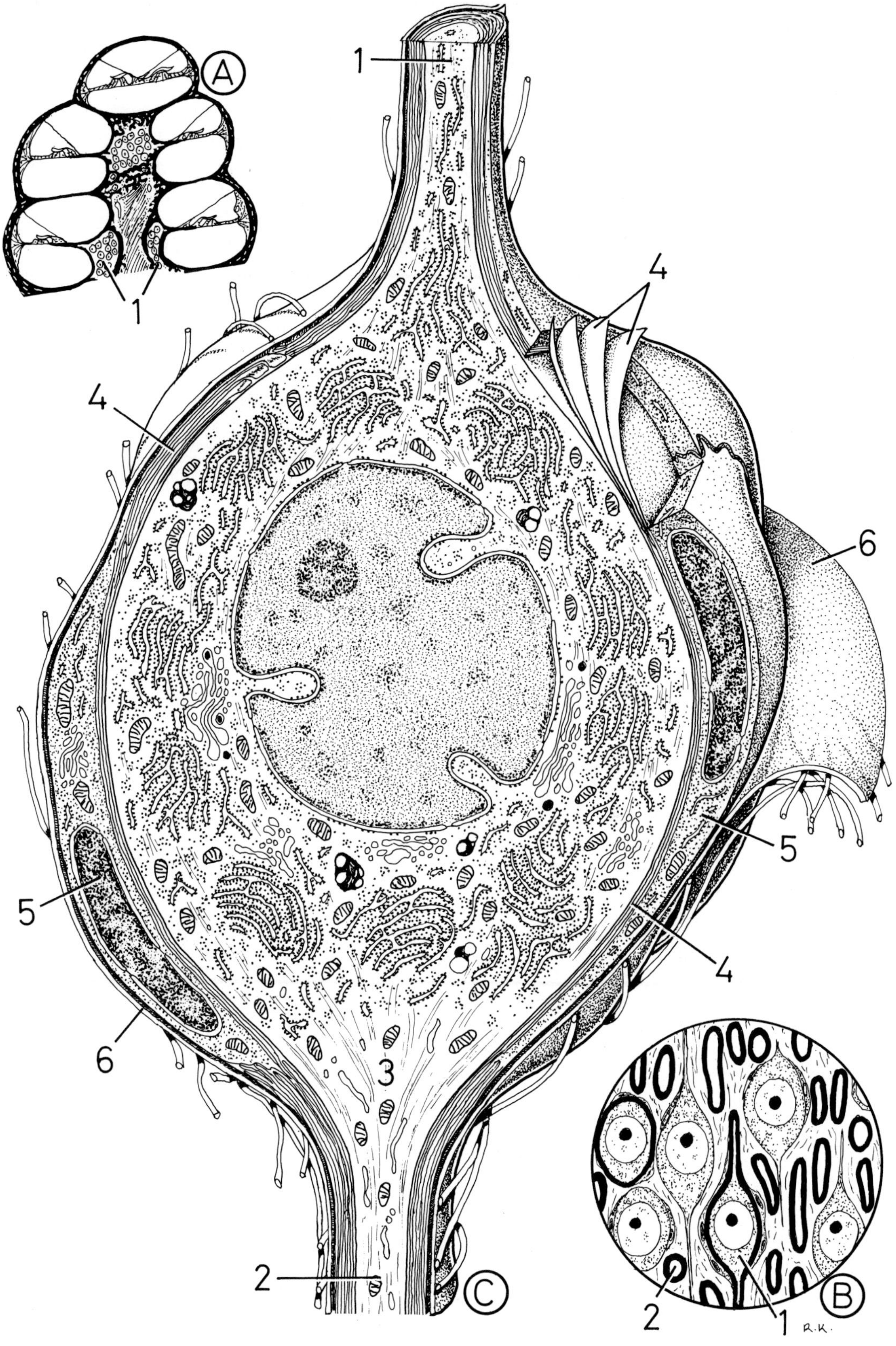

A
1
1
4
4
4
6
5
5
4
6
3
2
C
B
2
1
R.K.

Tafel 174. Spinalnerv. Übersichtsdarstellung

Wie bereits in Tafel 170 erwähnt, entsteht nach Vereinigung der vorderen (**1**) und hinteren (**2**) Wurzel ein Spinalnerv (**3**). Er ist hier zur besseren Übersicht in einer übertriebenen Perspektive gezeichnet. Außerdem veranschaulicht vorliegende Tafel den Übergang der Hüllen des Rückenmarks in die Scheiden eines Spinalnervs. Das Rückenmark ist, wie alle anderen Teile des ZNS, in die Pia mater (**4**) gehüllt. Sie wurde an der Austrittsstelle der motorischen Nervenwurzel geöffnet und nach beiden Seiten etwas abgehoben. Die zweite weiche Hirnhaut, die Arachnoidea (**5**), setzt sich als Perineuralepithel (**6**) auf den Bereich des Spinalnerven fort, wo mehrere Nervenfasern (**7**) zu einem Nervenfaserbündel (**8**) vereinigt werden.

Die perineurale Epithelscheide ist aus 3–15 konzentrischen Schichten stark abgeflachter Zellen des Perineuralepithels gebaut. Auf der dem Rückenmark und den Nervenfasern zugewandten Seite treten die perineuralen Epithelzellen (**9**) deutlich in Erscheinung. Aus der Zeichnung ist ersichtlich, daß der Subarachnoidalraum (**10**) mit dem Inneren jedes Nervenfaserbündels kommuniziert [s. Pfeil vom Spinalganglion (**11**) bis zu dem geöffneten Nervenfaserbündel].

Die Außenfläche der Arachnoidea liegt nahe an der Dura mater (**12**), welche peripheriewärts in das perineurale Bindegewebe und das Epineurium (**13**) übergeht. Die kräftigen, leicht gewellten, längsorientierten Faserelemente (**14**) des Epineuriums binden alle Nervenfaserbündel zu einem Nerv (**3**) zusammen.

In der Zeichnung sind noch sympathische Grenzstrangganglien (**15**) zu sehen. Zu ihnen ziehen markhaltige und deshalb makroskopisch weiß erscheinende Rami communicantes albi (**16**). Die marklosen und deshalb grauen Rami communicantes grisei (**17**) verlassen die Ganglien und treten mit dem Spinalnerv in Verbindung (s. Tafel 170).

Da in jedem Spinalnerv nicht nur markhaltige motorische und sensible, sondern auch vegetative (symapthische und parasympathische) Nervenfasern auftreten, spricht man von gemischten peripheren Nerven.

Literatur

Himango WA, Low FN (1971) The fine structure of a lateral recess of the subarachnoid space in rat. Anat Rec 171:1–20

Kahn R (1976) Membrane receptors for hormones and neurotransmitters. J Cell Biol 70:261–286

McCabe JS, Low FN (1969) The subarachnoid angle: an area of transition in peripheral nerve. Anat Rec 164:15–34

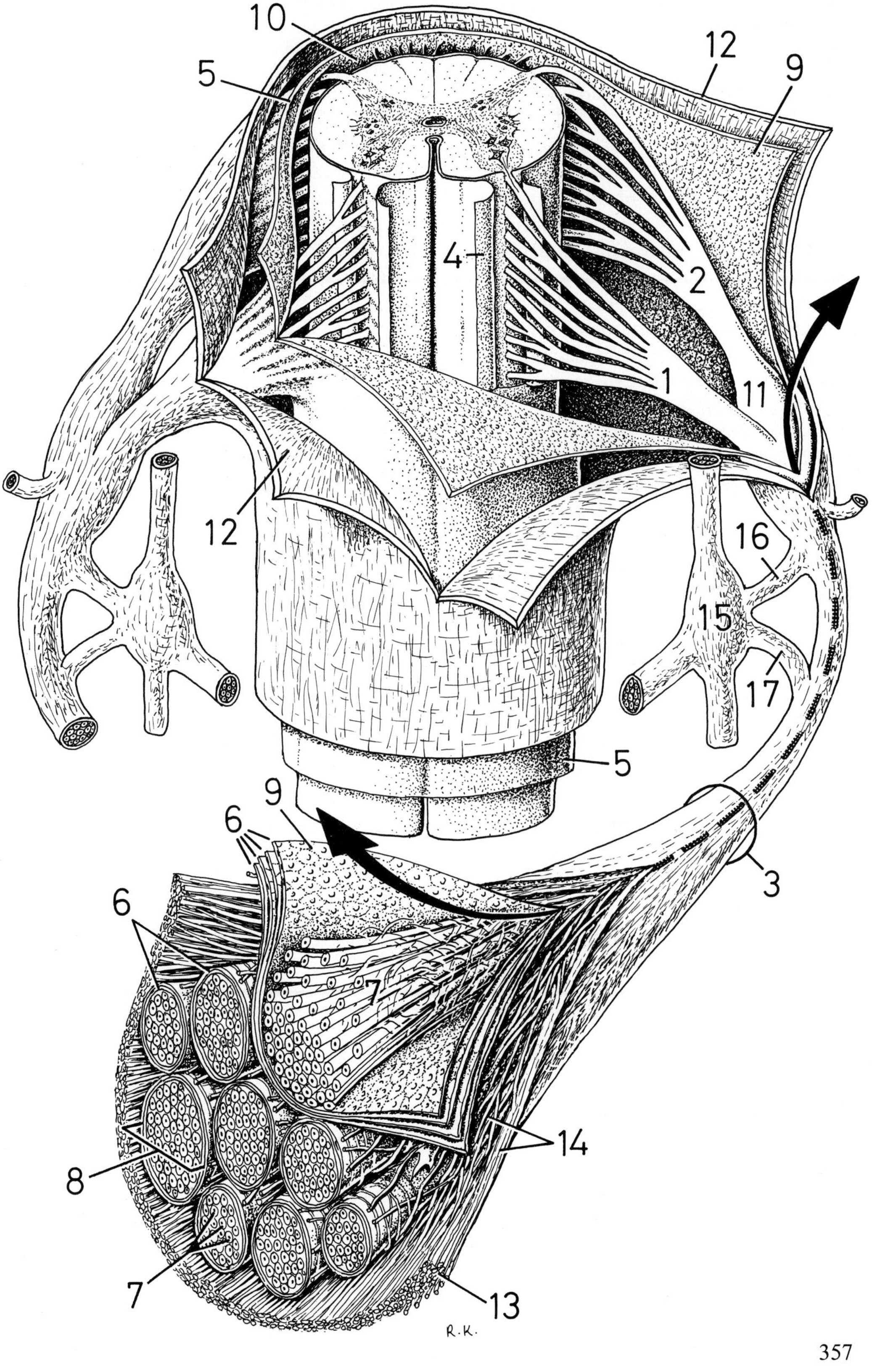
10
12
9
5
4
2
1
11
12
16
15
17
5
9
6
3
6
7
14
8
7
13
R.K.

Tafel 175. Aufbau eines Spinalnervs

Jeder periphere Nerv ist aus einer verschieden großen Zahl rundlicher primärer Nervenfaserbündel (Abb. **A 1**) zusammengesetzt, und jedes Nervenfaserbündel besteht seinerseits aus einer unterschiedlichen Anzahl von Nervenfasern (Abb. **A 2**). Eine von konzentrischen Lamellen gebildete Hülle, das Perineurium (Abb. **A 3**), umgibt die einzelnen Faserbündel. Die Nervenfasern liegen in einem zarten faserigen Bindegewebe, dem Endoneurium (Abb. **A 4**).

Ein oberflächliches Primärbündel wurde angeschnitten und sein Perineurium geöffnet, damit das Perineuralepithel (Abb. **A 5**) und der gewellte Verlauf der Nervenfasern sichtbar werden.

Die starken kollagenen Fasern des Epineuriums (Abb. **A 6**) sind längsgerichtet und ebenfalls gewellt, worauf eine gewisse Elastizität der Nerven beruht. Das Epineurium faßt alle Nervenfaserbündel zusammen, erstreckt sich aber mit seinen Blutgefäßen (Abb. **A 7**) und dem Fettgewebe (Abb. **A 8**) auch zwischen die Faserbündel.

Eine weitere, aus lockerem faserigem Bindegewebe gebaute Verschiebeschicht, das Paraneurium (Abb. **A 9**), umgibt den Nerv. Die Strukturen im Rechteck der Abb. **A** entsprechen der Abb. **B** und die im Quadrat der Abb. **C**.

Wie bereits in Tafel 164 gezeigt wurde, sieht man an den längsgeschnittenen markhaltigen Nervenfasern (Abb. **B 1**) die Axonen (Abb. **B 2**), Myelinscheiden (Abb. **B 3**) und Ranvier-Schnürringe (Abb. **B 4**). Durch das Endoneurium ziehen die Blutcapillaren (Abb. **B 5**).

Nach der routinemäßigen Färbung eines Querschnittes erkennt man die konzentrischen Schichten des Perineuriums (Abb. **C 1**), das Epineurium (Abb. **C 2**) und zwischen den Nervenfasern (Abb. **C 3**) das lockere Endoneurium (Abb. **C 4**) mit Capillaren (Abb. **C 5**). Man beachte das sternartige Neurokeratingerüst (Abb. **C 6**) um die Axonen (Abb. **C 7**).

Vergrößerungen: Abb. **A** 35fach; Abb. **B** u. **C** 700fach

Literatur

Bishcoff A, Moor H (1967) Ultrastructural differences between the myelin sheaths of peripheral nerve fibers and CNS white matter. Z Zellforsch 81:303–310

Davison AN, Peters A (1970) Myelination. Thomas, Springfield

Landon DN (ed) (1967) The peripheral nerve. Chapman and Hall, London

Spencer PS, Lieberman AR (1971) Scanning electron microscopy of isolated peripheral nerve fibers. Z Zellforsch 119:534–551

Steer JM (1971) Some observations on the fine structure of rat dorsal spinal nerve roots. J Anat 109:467–485

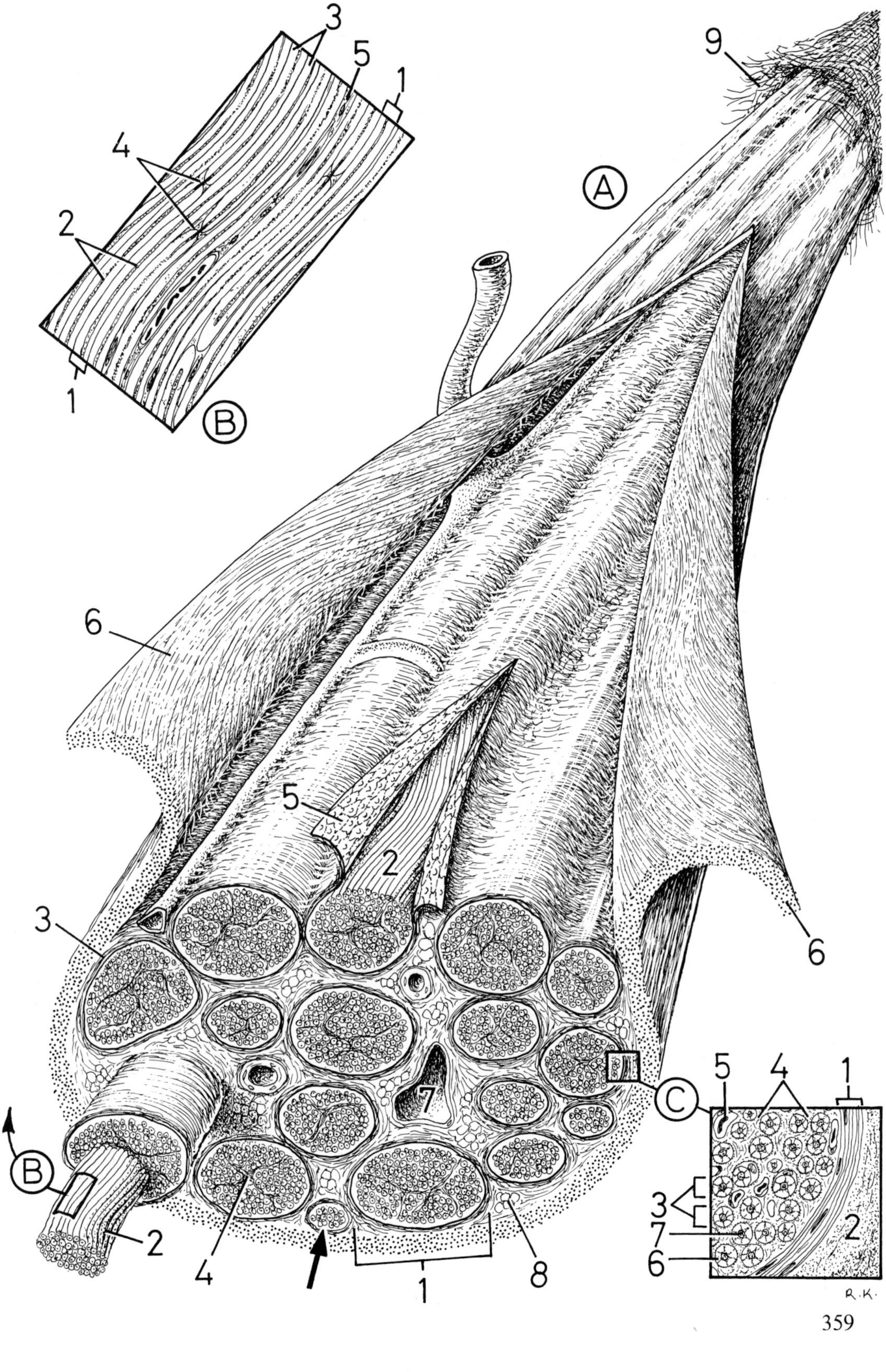
A
B
C
1
2
3
4
5
6
7
8
9
R.K.

Tafel 176. Bau des Perineuriums. Querschnitt

Das Perineurium (**1**) besteht, wie bereits in den Tafeln 174 u. 175 erwähnt wurde, aus 3–15 konzentrischen Lagen stark abgeflachter Epithelzellamellen [(**2**) Perineuralepithel oder auch Perineuralendothel] und einem perineuralen Bindegewebe.
Die nur etwa 0,1–0,3 µm dicken Epithelzellen sind an den Überlappungsflächen durch 4–5 Zonulae occludentes (**3**) und Desmosomen (**4**) miteinander verbunden. Jede Epithelzellamelle ist beidseitig mit einer Basallamina (**5**) bedeckt. Zwischen den konzentrischen Perineuriumschichten kommen hauptsächlich longitudinal verlaufende kollagene Mikrofibrillen (**6**) vor. Die Epithelzellen selbst haben stark abgeflachte, chromatinreiche Kerne, unauffällige Zellorganellen und außerordentlich viele mikropinocytotische Vesikel (**7**) im dünnen Cytoplasmasaum.
Die äußerste perineurale Epithellamelle berührt die relativ dünne perineurale Bindegewebsscheide (**8**). Noch weiter nach außen schließen sich die longitudinalen Kollagenfasern des Epineuriums (**9**) an. Innerhalb des Nervenfaserbündels findet man außer einer markhaltigen (**10**) und einer marklosen (**11**) Nervenfaser noch faserige und zellige Bestandteile des Endoneuriums: Kollagene Mikrofibrillen (**12**), Fibrocyten (**13**) usw. Man beachte auch die Endoneuralscheide (**14**) der beiden Nervenfasern (s. Tafel 164).

Vergrößerung: 17 500fach

Literatur

Akert K, Sandri C, Weibel ER, Peper K, Moor H (1976) The fine structure of the perineural endothelium. Cell Tissue Res 165:281–295
Burkel WE (1967) The histological fine structure of perineurium. Anat Rec 158:177–190
Shinowara NL, Michel ME, Rapoport SI (1982) Morphological correlates of permeability in the frog perineurium: Vesicles and "transcellular channels." Cell Tissue Res 227:11–22

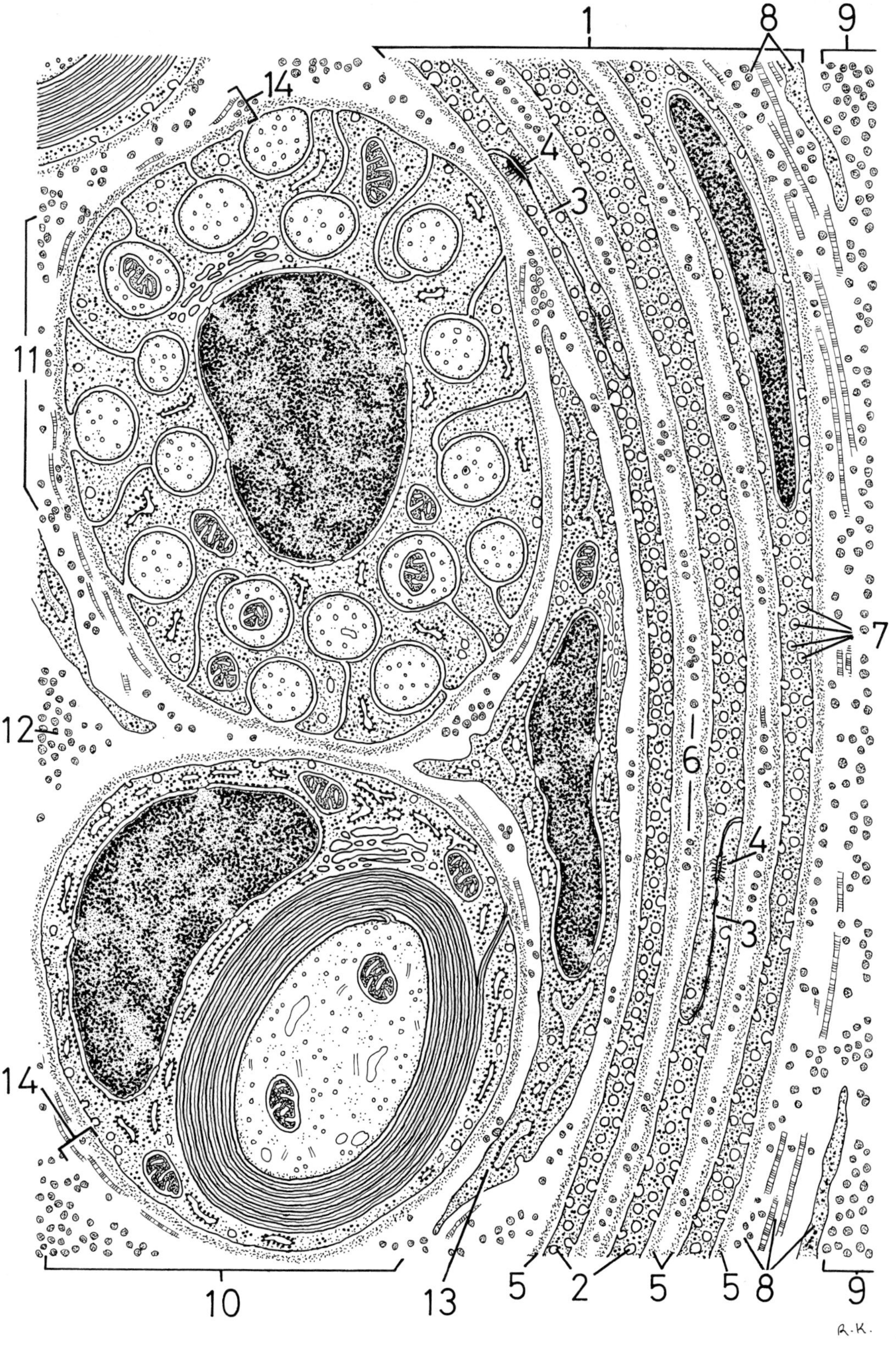
1
8
9
14
4
3
11
7
12
6
4
3
14
10
13
5
2
5
5
8
9
R.K.

Tafel 177. Nervenfaserbündel mit Perineurium. Dreidimensionale Darstellung

Das Perineurium (**1**) eines Nervenfaserbündels wurde teilweise entfernt, damit man seine Schichtung besser überblicken kann.
Die Epithellamellen (**2**) sind aus stark abgeplatteten, langgezogenen Zellen zusammengesetzt. Ein Überlappungsteil wurde abgehoben, damit die charakteristische Struktur einer Zonula occludens (**3**) sichtbar wird. Auf der Außen- und Innenfläche der Epithelzellen sieht man zahlreiche Öffnungen (**4**), welche den mikropinocytotischen Vesikeln entsprechen.
Zwischen den mit Basallaminae (**5**) überzogenen Epithelzellen befinden sich viele longitudinale kollagene Mikrofibrillen (**6**). Im Innern des Nervenfaserbündels liegen markhaltige (**7**) und marklose (**8**) Nervenfasern, die wie die Blutcapillaren (**9**) eine eigene Basallamina besitzen. Damit man die Insertion des äußeren Mesaxons (**10**) erkennen kann, wurde die Basallamina (**11**) einer myelinisierten Nervenfaser aufgeschnitten und teilweise abgehoben (links unten). Im Endoneurium treten außerdem viele längsgerichtete kollagene Mikrofibrillen (**12**) und Fibrocyten (**13**) auf.
Die äußere Hülle des Nervenfaserbündels besteht aus dem perineuralen faserigen Bindegewebe (**14**). Auf die Darstellung des Epineuriums wurde verzichtet.

Das multilamelläre Perineuralepithel stellt eine hoch selektive Diffusionsbarriere zwischen den Nervenfasern und dem umliegenden epineuralen Bindegewebe dar. Ein morphologischer Beweis dafür ist die Anwesenheit unzähliger mikropinocytotischer Vesikel in den miteinander fest verbundenen Epithelzellen. Versuche haben gezeigt, daß z. B. Ferritin, Meerrettichperoxidase und/oder Farbstoffe außerstande sind, durch die Perineuriumschichten zu dringen. Aus diesem Grunde spricht man heute auch von einer Blut-Nerven-Schranke (BNS), die mit der Blut-Hirn-Schranke vergleichbar wäre.

Vergrößerung: 3000fach

Literatur

Aker D (1972) A study of hematic barriers in peripheral nerves of albino rabbits. Anat Rec 174:21–38

Livingston RB, Pfenninger K, Moor H, Akert K (1973) Specialized paranodal and interparanodal glial-axonal junctions in the peripheral and central nervous system: a freeze-etching study. Brain Res 58:1–24

Reale E, Luciano L, Spitznas M (1976) Freeze-fracture aspects of the perineurium of spinal ganglia. J Neurocytol 5:385–394

Revel J-P, Hamilton DW (1969) The double nature of the intermediate dense line in peripheral nerve myelin. Anat Rec 163:7–16

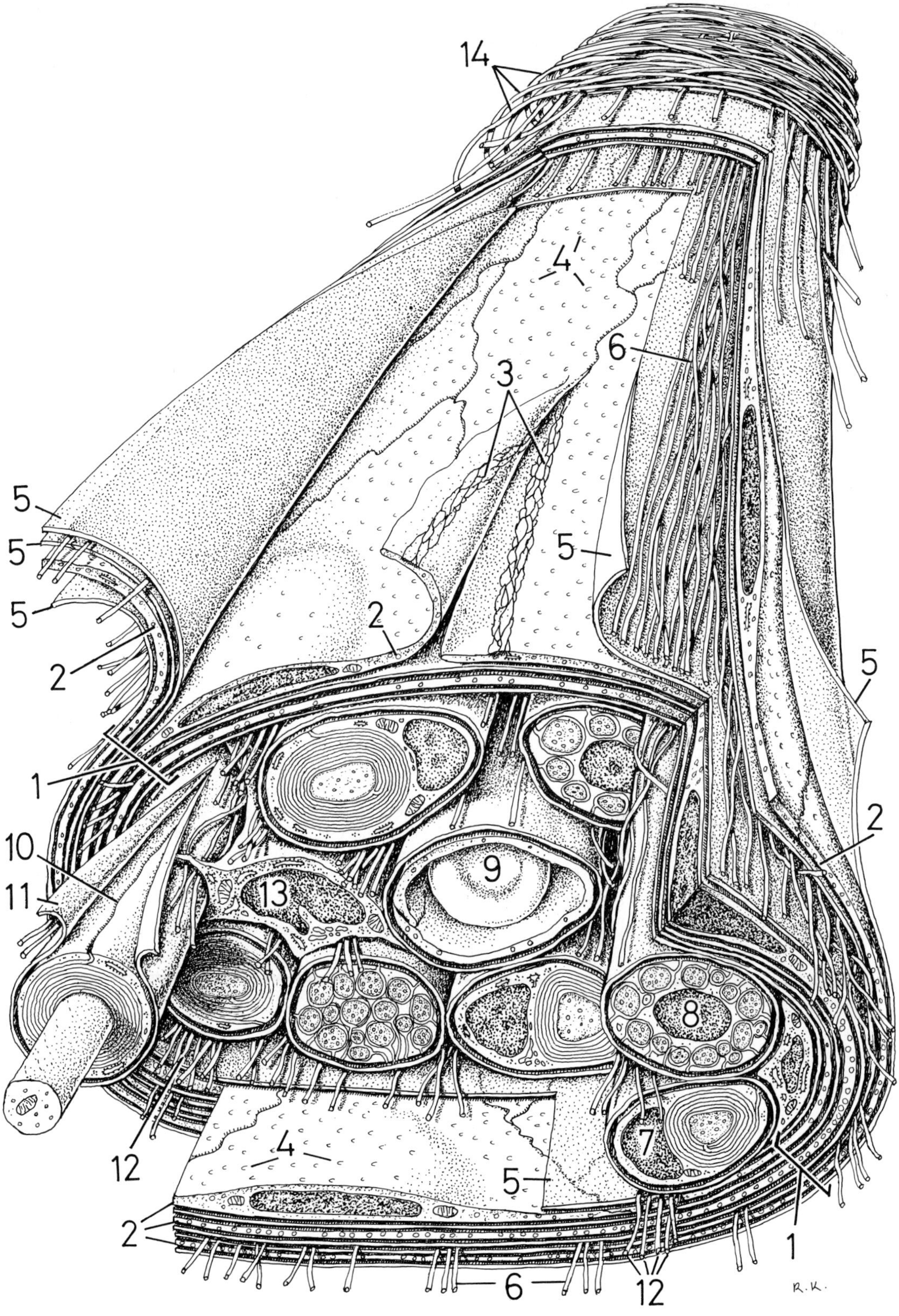
14
4
3
6
5
5
5
5
2
2
5
1
2
10
11
13
9
8
7
12
4
5
2
2
1
6
12
R. K.

Tafel 178. Endigungen efferenter Nervenfasern. Motorische Endplatte

Nach einer Goldchloridimprägnation werden die in Routinepräparaten kaum erkennbaren motorischen Endplatten (Abb. **A 1**) deutlich sichtbar.
In ihrem Bereich verzweigen sich die zuführenden Nervenfasern traubenartig („en grappe") über die quergestreifte Skeletmuskelfaser (Abb. **A 2**). Die zwischen der Nervenfaserverästelung erscheinenden Kerne (Abb. **A 3**) gehören zu den sog. Telogliazellen, d. h. den der Muskelfaser anliegenden, speziell differenzierten Schwann-Zellen. Andere Kerne gehören meistens zu den Muskelfasern.
In Abb. **B** ist ein der Abb. **A** entsprechendes Gebiet dreidimensional dargestellt.
Drei markhaltige, efferente Nervenfasern (Abb. **B 1**) mit Ranvier-Schnürringen (Abb. **B 2**) treten in Kontakt mit den Skeletmuskelfasern (Abb. **B 3**). Die Berührungsstellen sind durch Telogliazellen (Abb. **B 4**) gekennzeichnet. Die mittlere der drei Nervenfasern ist so angeschnitten, daß man die Einsenkung ihres Axons (Abb. **B 5**) in eine Vertiefung der Muskelfaser sieht.
Eine Nervenfaser kann je nach Körperregion verschieden viele Muskelfasern innervieren. In Muskeln mit sehr präziser Funktion (z. B. in der äußeren Augen- und in der Kehlkopfmuskulatur) innerviert – wie im gezeichneten Falle – manchmal eine Nervenfaser eine einzige Muskelfaser. In Muskeln, deren Kontraktion eine geringere Präzision erfordert, versorgt eine Nervenfaser mit ihren Kollateralen ein ganzes Bündel von Muskelfasern. Eine motorische Einheit wird dementsprechend als das von einer motorischen Nervenzelle innervierte Muskelgebiet definiert.
In der Zeichnung sind noch Satellitenzellen (Abb. **B 6**) und ein größtenteils entferntes Endomysium (Abb. **B 7**) abgebildet.
Man beachte die senkrecht zur Muskelfaser verlaufenden Präcapillaren (Abb. **B 8**), aus welchen die logitudinalen Capillaren (Abb. **B 9**) hervorgehen. Die letzteren anastomosieren miteinander durch Queräste (Abb. **B 10**) (s. Tafel 129 in Krstić, R. V.: Ultrastruktur der Säugetierzelle).

Vergrößerungen: Abb. **A** 750fach; Abb. **B** 2000fach

Literatur

Coers C (1967) Structure and organization of the myoneural junction. Int Rev Cytol 22:239–268
Couteaux R (1973) Motor end plate structure. In: Bourne GH (ed) The structure and function of muscle. Academic, New York
Dreyer F, Peper K, Akert K, Sandri C, Moor H (1973) Ultrastructure of the "active zone" in the frog neuromuscular junction. Brain Res 62:373–380
Gauthier GF (1976) The motor end plate. In: Landon DN (ed) The peripheral nerve. Chapman and Hall, London

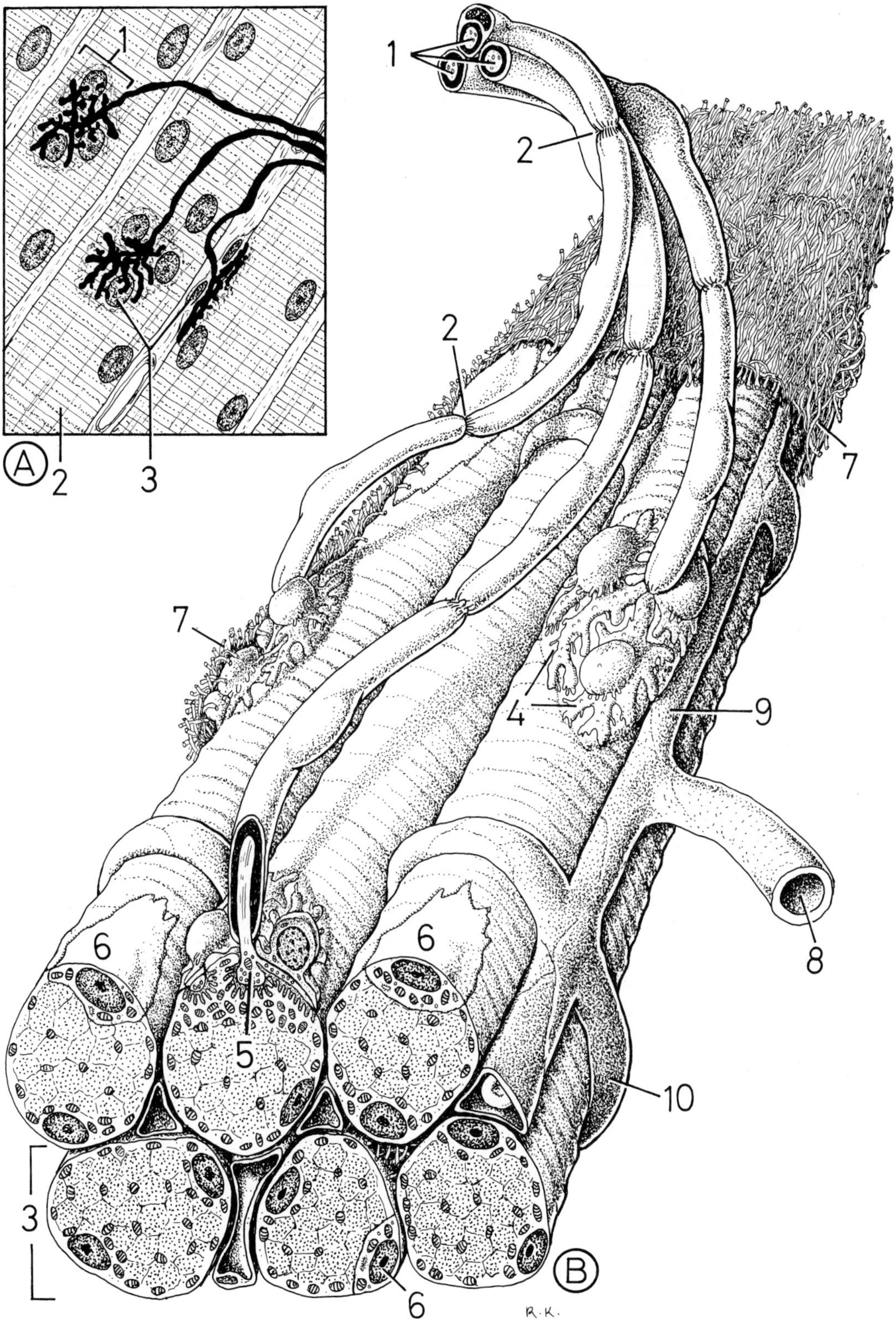

1
2
3
A
1
2
2
7
7
4
9
8
6
6
5
10
3
6
B
R.K.

Tafel 179. Motorische Endplatte. Dreidimensionale Darstellung (modifiziert nach Ogata und Yamasaki, 1984, 1985)

Jedes Axon (**1**) verliert in der Nähe seiner Endverzweigung die Myelinscheide (**2**), und die Schwann-Zellen (**3**) wandeln sich in Telo- oder Endgliazellen (**4**) um, deren abgeflachte Ausstülpungen (**5**) die Axonverzweigungen (**10**) bedecken. Die Basallamina (**6**) der Schwann-Zellen bedeckt gleichzeitig die Telogliazellen und geht in die Basallamina (**7**) der Muskelfaser (**8**) über. In der vorgewölbten Sohlenplatte (**9**) der Muskelfaser verzweigt sich das Axon in mehrere kürzere, an ihren Enden dicker werdende Ästchen (**10**), welche in den dafür vorgesehenen Sarkoplasmarinnen liegen.

Das Axolemm kommt jedoch nicht in direkten Kontakt mit dem Sarcolemm der Muskelfaser, denn in dem Spalt, der sie voneinander trennt, befindet sich immer eine glykoproteinreiche amorphe Substanz (Pfeilköpfe), die außerhalb der Synapse in die Basallamina (**7**) der Muskelfaser übergeht. Die Endstücke zweier Axonästchen (**11**) wurden abgehoben, damit man die Sarkoplasmafurchen des subneuralen Apparates (**12**) von oben betrachten kann. Auf der unteren Seite der Neuritzweigchen unterscheidet man parallel angeordnete, membrangebundene Partikel der sog. aktiven Zonen (**13**).

In der vordersten, längs- und quergeschnittenen Axonendigung erkennt man zahlreiche synaptische Bläschen (**14**), die zwar leer erscheinen, aber Acetylcholin enthalten. Unterhalb des Neuritkolbens sind die mit feingranulierter amorpher Substanz gefüllten Mikrofalten (**15**) des subneuralen Apparates zu sehen.

In der Sohlenplatte zeigt das Sarkoplasma keine Myofibrillen (**17**), aber viele Mitochondrien (**16**).

Kurz zusammengefaßt funktioniert eine motorische Endplatte wie folgt:

Wenn eine Erregung die terminale Verzweigung eines motorischen Axons erreicht, wird in den synaptischen Spalt (**18**) zwischen Axolemm und Sarcolemm der Muskelfaser das depolarisierend wirkende Acetylcholin freigesetzt und dadurch eine Muskelkontraktion ausgelöst. Vor jeder neuen Erregungsübertragung wird es durch das Enzym Cholinesterase zerstört.

Man beachte die Öffnungen der T-Tubuli (**19**) und das faserige Filzwerk des Sarkolemms (**20**) (s. Tafel 130 in Krstić, R. V.: Ultrastruktur der Säugetierzelle).

(Über weitere Einzelheiten informieren die Physiologielehrbücher.)

Vergrößerung: 20000fach

Literatur

Ellisman MH, Rash JE, Staehelin LA, Porter KR (1976) Studies of excitable membranes: II. A comparison of specialization at neuromuscular junctions and nonjunctional sarcolemmas of mammalian fast and slow twitch muscle fibers. J Cell Biol 68:752–774

Kelly AM, Zacks SI (1969) The fine structure of motor endplate morphogenesis. J Cell Biol 42:154–169

Ogata T, Yamasaki Y (1984) Scanning electron microscope studies on the Schwann cells in rat motor endplates with special references to their finger-like projections. Arch Histol Jpn 47:533–539

Ogata T, Yamasaki Y (1985) The three-dimensional structure of motor endplates in different types of rat intercostal muscle. Cell Tissue Res 241:465–472

Padykula HA, Gauthier GF (1970) The ultrastructure of the neuromuscular junctions of mammalian red, white and intermediate skeletal muscle fibers. J Cell Biol 46:27–41

Uehara Y, Campbell GR, Burnstock G (1976) Muscle and its innervation. Arnold, London

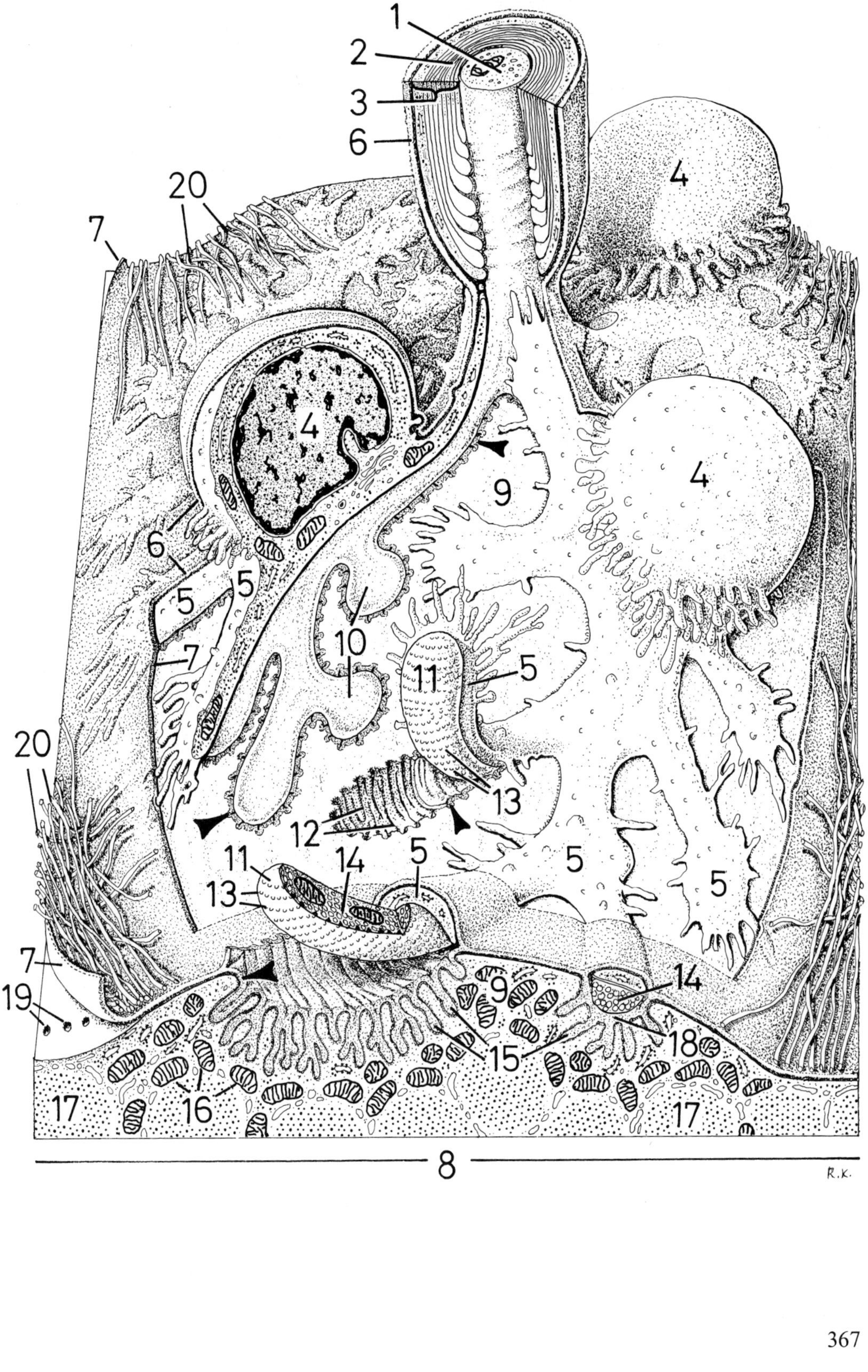
1
2
3
6
4
20
7
4
9
4
6
5
5
10
7
11
5
20
13
12
11
14
5
5
5
13
7
9
14
19
18
15
16
17
17
8
R.K.

Tafel 180. Endigungen vegetativer Nerven in der glatten Muskulatur

Nach einer Silberimprägnation erscheinen die adrenergen vegetativen Fasern und ihre Endigungen in der glatten Muskulatur netzartig angeordnet (Abb. **A**). Mit Hilfe einer fluorescenzmikroskopischen Analyse (Abb. **B**) kann man in den vegetativen Endausbreitungen – und besonders in den kleinen varicösen Erweiterungen (Abb. **B 1**) – eine höhere Konzentration von Catecholaminen feststellen.

In Abb. **C** ist die Verzweigung eines Muskelzellbündels (Abb. **C 1**) gezeichnet. Die spindelförmigen Muskelzellen (Abb. **C 2**) sind in einem Gitterwerk aus mehr oder weniger longitudinal angeordneten reticulären Fasern (Abb. **C 3**) eingeschlossen.

Die vegetativen Nervenendigungen (Abb. **C 4**) haben ihre Schwann-Scheide verloren und liegen „nackt" zwischen den Muskelzellen. In den Geflechten der vegetativen Nervenfasern kommen häufig axo-axonale Synapsen „en passant" (Abb. **C 5**) vor. Verkoppelungen zwischen synaptischen und parasynaptischen Axonen wurden ebenfalls festgestellt. Zwischen den Muskelzellen und den vegetativen Fasern bestehen keine den motorischen Endplatten vergleichbaren Differenzierungen. Nur selten berühren die axonalen Endanschwellungen direkt oder indirekt – durch die Basallamina – die Membran der Muskelzellen. Noch seltener dringen sie in dafür vorbereitete Vertiefungen des Sarkolemms ein (s. Tafel 120).

Eine varicöse Erweiterung (Abb. **C 6**) ist stärker vergrößert in Abb. **D** gezeichnet. Die elektronenmikroskopisch leicht feststellbare Charakteristik dieser Strukturen sowie der Axonendstücke (s. Tafel 120) ist die Anwesenheit von 50–80 nm großen synaptischen Vesikeln mit osmiophilem Zentrum (Abb. **D 1**). Dazwischen erkennt man einige wenige, dafür bis zu 150 nm messende Bläschen mit dichtem Inhalt (Abb. **D 2**). Im Axoplasma liegen außerdem Mitochondrien (Abb. **D 3**) und die Röhrchen des glatten endoplasmatischen Reticulums (Abb. **D 4**).

In den kleinen, kernhaltigen synaptischen Bläschen befindet sich Noradrenalin und in den größeren Dopamin. Beide Transmitter werden je nach Bedarf aus den Endigungen ausgeschieden und wirken auf die ganze Membranoberfläche der Muskelzellen. Die erzeugten Erregungswellen verbreiten sich zwischen den Muskelzellen durch die Nexuszonen.

Die cholinergen Nervenendigungen sind durch eine Vielzahl scheinbar leerer synaptischer Vesikel gekennzeichnet. Es ist aber sehr schwierig, anhand morphologischer Kriterien die Natur der vegetativen Endausbreitungen festzustellen (s. Tafel 131 in Krstić, R. V.: Ultrastruktur der Säugetierzelle).

Vergrößerungen: Abb. **A** u. **B** 200fach; Abb. **C** 2000fach; Abb. **D** 30 000fach

Literatur

Avery JK, Cox CF, Chieco DJ Jr (1980) Presence and location of arenergic nerve endings in the dental pulps of mouse molars. Anat Rec 198:59–71

Chiba T, Yamauchi A (1970) On the fine structure of the nerve terminals in the human myocardium. Z Zellforsch 108:324–338

Hand AR (1972) Adrenergic and cholinergic nerve terminals in the rat parotid gland. Electron microscopic observations on permanganate-fixed glands. Anat Rec 173:131–140

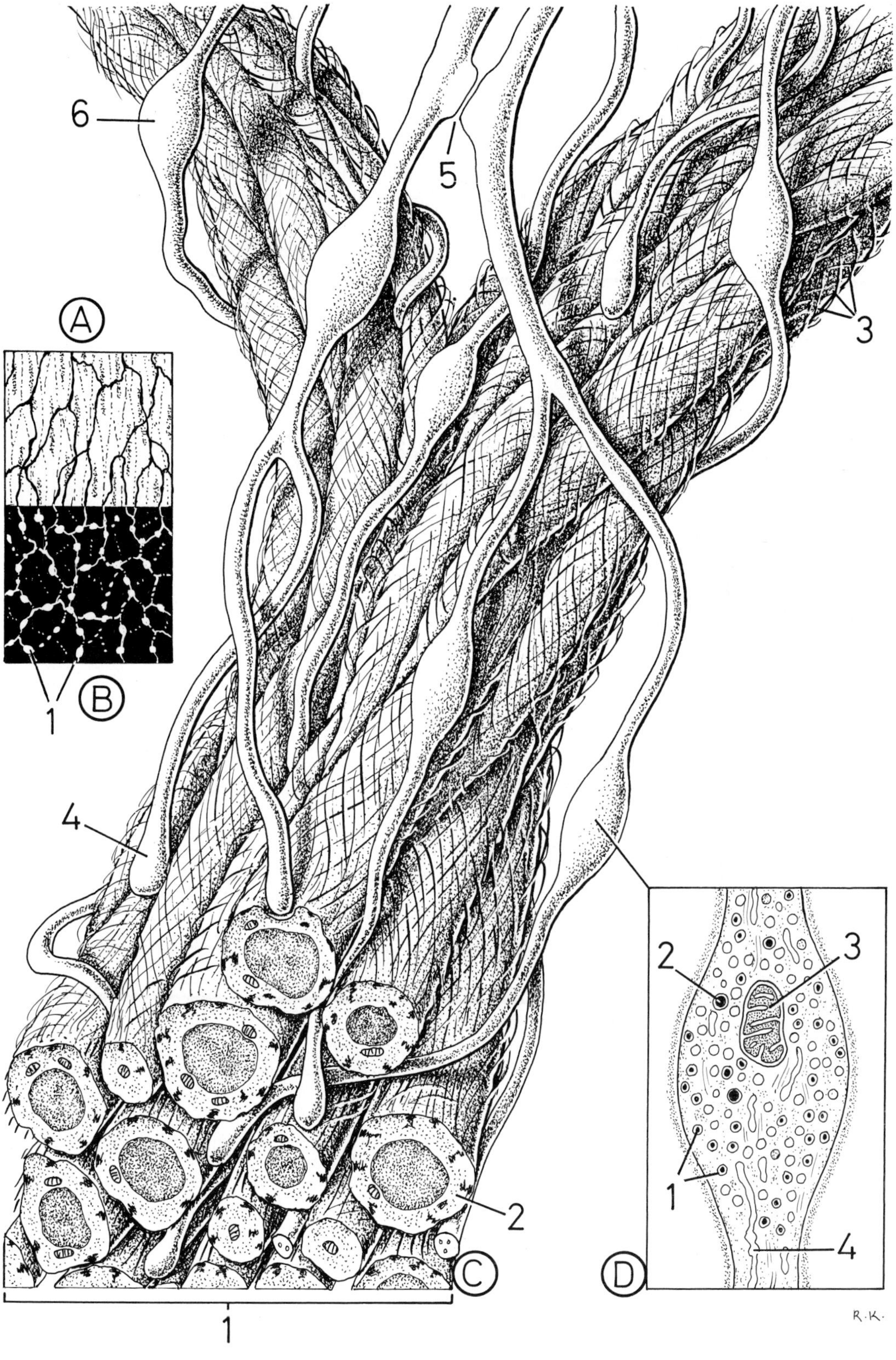

6
5
3
A
B
1
4
2
3
2
1
4
C
D
1
R.K.

Tafel 181. Endigungen afferenter Nervenfasern. Muskelspindel

Die Muskelspindeln sind in die Skeletmuskulatur eingebettet, 2–10 mm lang und 0,5 mm dick. Sie stehen im Dienste der Tiefensensibilität (Proprioceptivität).
In Abb. **A** ist eine quergeschnittene Muskelspindel aus der äußeren Augenmuskulatur und in Abb. **B** eine aus dem Mm. lumbricales gezeichnet.
Beide Gebilde sind von einer mehr oder weniger dicken Kapsel (Abb. **A** u. **B 1**) umgeben, in der man lichtmikroskopisch noch sog. intrafusale Muskelfasern (Abb. **A** u. **B 2**) und Nervenfasern (Abb. **A** u. **B 3**) erkennt. Außerhalb der Muskelspindel liegen die Skeletmuskelfasern (Abb. **A** u. **B 4**).
An einem lichtmikroskopisch vergrößerten Längsschnitt (Abb. **C**) kann man die Kapsel (Abb. **C 1**) der Muskelspindel weniger gut abgrenzen. Dagegen fallen zwei Arten von intrafusalen Muskelfasern auf. Die einen, mit ihren aufeinander gestapelten Kernen, werden als Kernkettenfasern ("nuclear chain"-Fasern) bezeichnet (Abb. **C 2**). In den anderen gruppieren sich die Kerne in einer zentralen, sackartigen Erweiterung, weshalb sie Kernsackfasern ("nuclear bag"-Fasern) genannt werden (Abb. **C 3**).
Nach einer Metallimprägnation kann man die Ausbreitung der Nervenfasern in der Muskelspindel verfolgen. Es fallen zunächst die sog. anulospiralen sensiblen Endigungen (Abb. **D 1**) auf, die jede intrafusale Muskelfaser auf einem etwa 300 μm langen Abschnitt umschlingen. Andere zu den intrafusalen Muskelfasern ziehende Nervenendigungen bilden dort die motorischen Endplatten (Abb. **D 2**). Außerhalb der Muskelspindel erkennt man die extrafusalen Nervenfasern für die Innervation der Skeletmuskulatur mit erheblich größeren motorischen Endplatten (Abb. **D 3**). Auf dem elektronenmikroskopischen Bild einer quergeschnittenen Muskelspindel sieht man deutlich ihre äußere Kapsel (Abb. **E 1**), die als eine Ausbreitung des Perineuriums betrachtet werden muß. Sie weist (s. auch Tafel 176) einen lamellenartigen Bau auf. Zwischen den Kapselschichten verlaufen Capillaren (Pfeile). Die äußere und innere Kapsel (Abb. **E 2**) begrenzen den sog. periaxialen Raum (Abb. **E 3**) mit seinen marklosen (Abb. **E 4**) und markhaltigen (Abb. **E 5**) Nervenfasern.
Während die Kernkettenfasern (Abb. **E 6**) schlank sind, zeichnen sich die Kernsackfasern (Abb. **E 7**) durch mehrere Kerne in den erweiterten Mittelabschnitten aus. Zwischen den intrafusalen Muskelfasern beobachtet man außer Fibrocyten (Abb. **E 8**) wiederum marklose und markhaltige Nervenfasern. Natürlich gibt es innerhalb der Muskelspindel auch Capillaren.

Vergrößerungen: Abb. **A–D** 250fach; Abb. **E** 2000fach

Literatur

Adal MN, Chew Cheng SB (1980) Capsules of duck muscle spindles. Cell Tissue Res 211:465–474

Banks RW (1981) A histological study of the motor innervation of the cat's muscle spindle. J Anat 133:571–591

Barker D (1974) The motor innervation of muscle spindles. In: Beallairs R, Gray EG (eds) Essays on the nervous system. Clarendon, Oxford

Boyd LA, Gladden MH (eds) (1986) The muscle spindle. Macmillan, Houndmills

Rumpelt H-J, Schmalbruch H (1969) Zur Morphologie der Bauelemente von Muskelspindeln bei Mensch und Ratte. Z Zellforsch 102:601–630

Scalzi HA, Price HM (1971) The arrangement and sensory innervation of the intrafusal fibers in the feline muscle spindle. J Ultrastruct Res 36:375–390

Taxi J (ed) (1980) Ontogenesis and functional mechanisms of peripheral synapses. Elsevier, Amsterdam

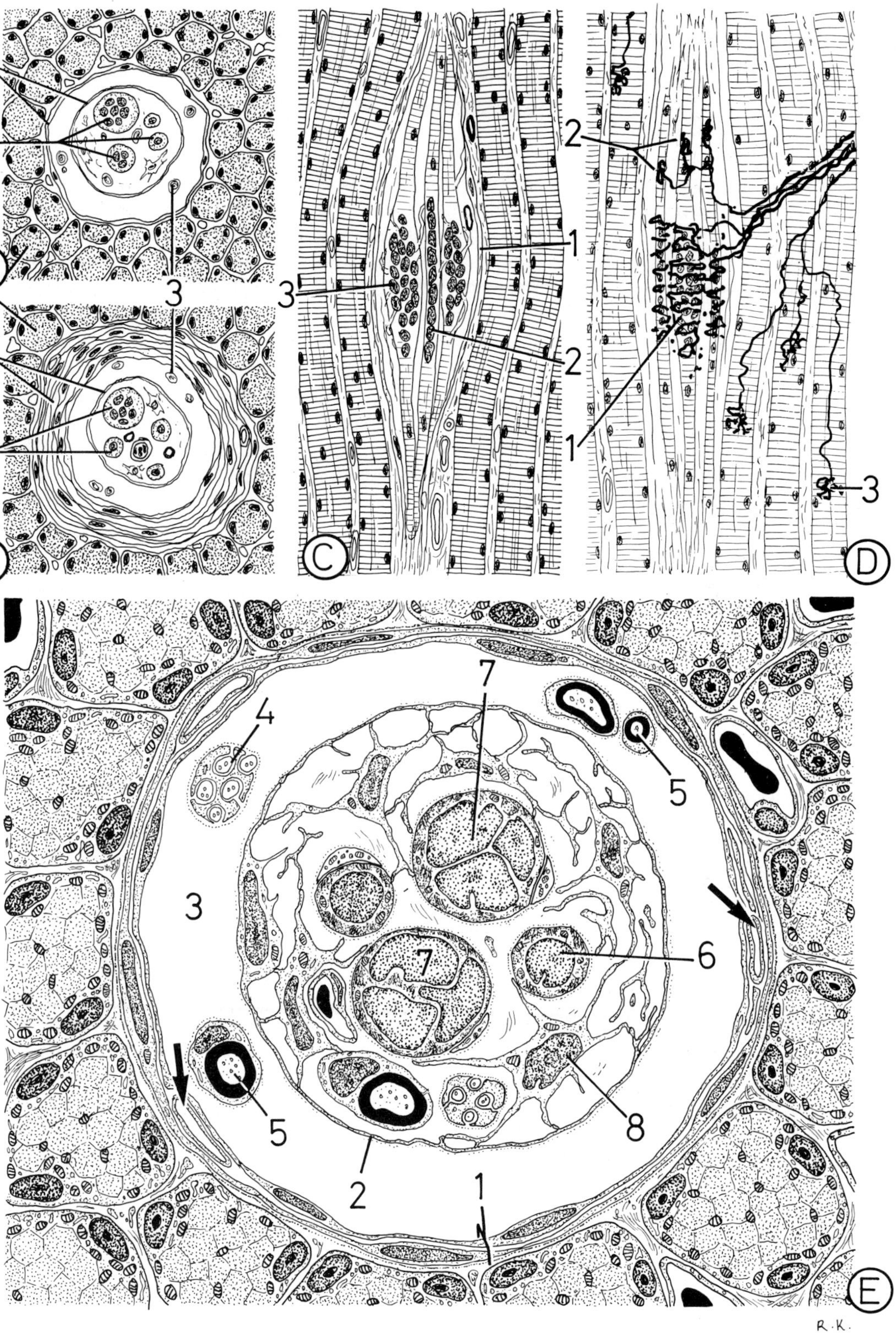
A
B
C
D
E
1
2
3
4
5
6
7
8
R.K.

Tafel 182. Endigungen afferenter Nervenfasern. Muskelspindel. Dreidimensionale Darstellung

Auf einer längs geöffneten Muskelspindel unterscheidet man eine äußere (**1**) und eine innere (**2**) Kapsel. Die erstgenannte stellt eine Fortsetzung des Perineuriums (**3**) dar.
Die dünnen, quergestreiften intrafusalen Kernkettenfasern (**4**) und die Kernsackfasern (**5**) verbinden sich an ihren Enden mittels der reticulären und kollagenen Mikrofibrillen (**6**) mit der Innenseite der äußeren Kapsel.
Um den mittleren Teil jeder Muskelfaser wickeln sich die anulospiralen Endigungen der dicken, sensiblen sog. Ia-Nervenfasern (Aff. I).
Fast ausschließlich an den Endabschnitten der Kernkettenfasern liegen dünnere, ebenfalls sensible Nervenfasern vom Typ II (Aff. II), die sog. Blütendolden-Endigungen („flower-spray").
Außer der sensiblen besitzen die intrafusalen Muskelfasern ebenso wie die extrafusalen eine motorische Innervation. Es handelt sich um sog. γ-Fasern, die an den intrafusalen Muskelfasern mit motorischen Endplatten (**7**, Eff. II) und -netzen (**8**, Eff. III) enden. Hier muß erwähnt werden, daß zur Unterscheidung all dieser Nervenfasern die Metallimprägnationsmethoden nützlicher sind als die Elektronenmikroskopie. Im Innern der Muskelspindel kommen auch Fibrocyten (**9**) vor. An den dicken Skeletmuskelfsern (**10**) außerhalb der Spindelkapsel enden die α-Nervenfasern.
Das Endomysium (**11**) umhüllt die Muskelspindel und verbindet sie mit den extrafusalen Muskelfasern. Diese Tatsache ist für die Funktion der Muskelspindel von großer Bedeutung.

Die Muskelspindeln sind Dehnungsreceptoren, welche die Information über die Länge des Muskels nicht nur zum Kleinhirn, sondern auch über eine Collaterale direkt zu den multipolaren somatomotorischen Nervenzellen der grauen Rückenmarksubstanz leiten. So wird z. B. eine durch γ-Fasern erzeugte Kontraktion der intrafusalen Nervenfasern auf die anulospiralen Endigungen übertragen, die dann durch ihre Collateralen die motorischen Neuronen erregen. Als Antwort werden von dort die Impulse durch α-Fasern auf die extrafusalen Muskelfasern geleitet, die eine der Belastung des betreffenden Muskels entsprechende Kontraktion bewirken. Auf gleiche Weise entsteht bei plötzlicher Muskeldehnung eine sofortige Muskelkontraktion (z. B. Patellarsehnenreflex).

Vergrößerung: 1500fach

Literatur

Banks RW, Harker DW, Stacey MJ (1977) A study of mammalian intrafusal muscle fibers using a combined histochemical and ultrastructural technique. J Anat 123:783–796

Bridgman CF, Shumpert EE, Eldred E (1969) Insertions of intrafusal fibers in muscle spindles of the cat and other mammals. Anat Rec 164:391–402

Dow PR, Shinn SL, Ovalle WK Jr (1980) Ultrastructural study of a blood-muscle spindle barrier after systemic administration of horseradish peroxidase. Am J Anat 157:375–388

Kucera J (1981) Histochemical profiles of cat intrafusal muscle fibers and their motor innervation. Histochemistry 73:397–418

Mayr R (1970) Zwei elektronenmikroskopisch unterscheidbare Formen sekundärer sensorischer Endigungen in einer Muskelspindel der Ratte. Z Zellforsch 110:97–107

Soukup T (1976) Intrafusal fiber types in rat limb muscles spindles. Histochemistry 47:43–57

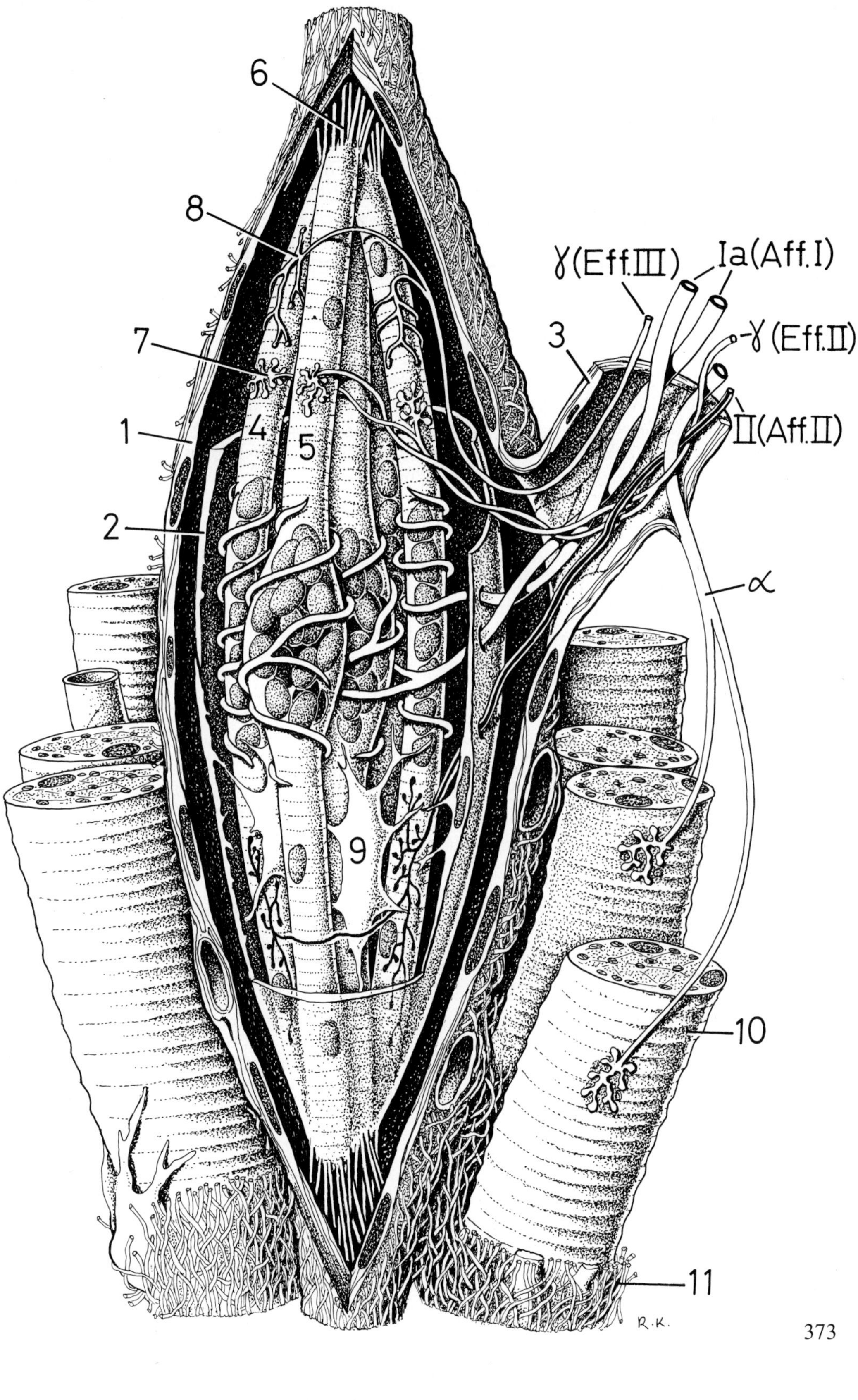
6
8
7
1
2
4
5
3
γ(Eff.III)
Ia(Aff.I)
-γ(Eff.II)
II(Aff.II)
α
9
10
11
R.K.

Tafel 183. Endigungen afferenter Nervenfasern. Intrafusale Muskelfaser

In vorliegender Tafel sind eine Kernketten- (Abb. **A 1**) und eine Kernsackfaser (Abb. **A 2**) stärker vergrößert und durchsichtig dargestellt. Bei diesen beiden Muskelfaserarten sind die Myofibrillen (Abb. **A 3**) – wie die der Muskelschläuche (s. Tafel 124) – an das Sarcolemm gedrückt und fehlen in den Zentralabschnitten der Fasern. Diese Bereiche sind also kontraktionsunfähig.

In den leptomerern Myofibrillen (Abb. **A**, Pfeile; Abb. **B**), die häufig in den intrafusalen Muskelfasern vorkommen, erscheinen Bezirke mit einer Anhäufung von Strukturen, die an die Z-Streifen erinnern (Abb. **B 1**). Sie verlaufen in einer Entfernung von 100 nm überwiegend quer zu den Myofibrillen. Da die leptomeren Streifen auch ihre Richtung ändern, entsteht das an Längsschnitten sichtbare Zebramuster. Die leptomeren Myofibrillen sind nur selten in der Skelet- und Herzmuskulatur zu finden, öfter dagegen in Muskelfasern, die noch einige embryonale Merkmale aufweisen (Purkinje-Zellen des Reizleitungssystems, intrafusale Muskelfasern). Die Funktion der leptomeren Fibrillen ist noch wenig erforscht. Man glaubt, daß sie eine Anlage für die normal gestreiften Myofibrillen sind. Demzufolge sollten die leptomeren Streifen den Z-Streifen entsprechen.

Bei den Nervenelementen unterscheidet man die bereits in Tafel 182 beschriebenen anulospiralen Endigungen (Abb. **A 4**), Blütendoldenfasern (Abb. **A 5**) und die beiden motorischen γ-Fasern (Abb. **A 6** u. **7**). Die oben rechts mit einem Kreis umgebene Stelle ist in Abb. **C** nachvergrößert.

Eine anulospirale marklose Endigung (Abb. **C 1**) ist vom Sarcolemm der Muskelfaser durch einen etwa 20 nm messenden Spalt getrennt. Gelegentlich sieht man in diesem Bereich Zonulae adhaerentes (Abb. **C 2**). Im Innern der Endigung findet man zahlreiche Mitochondrien, Röhrchen des glatten endoplasmatischen Reticulums und Vesikel.

Die die Muskelfaser bedeckende Basallamina (Abb. **C 3**) überzieht ebenfalls die anulospirale Endigung. Diese liegt also – im Gegensatz zu den motorischen Endplatten – hypolemmal, d. h. unterhalb der Basallamina der Muskelfaser.

Die Endigungen der Blütendoldenfasern haben eine den anulospiralen Fasern ähnliche Struktur. Alle γ-motorischen Endplatten stimmen morphologisch mit den bereits in Tafel 179 beschriebenen völlig überein.

Das Kollagenfilzwerk der unteren Abschnitte der intrafusalen Muskelfasern setzt sich in eine feine Sehne (Abb. **A 9**) fort (s. Tafel 182).

Vergrößerungen: Abb. **A** 4000fach; Abb. **B** 10000fach; Abb. **C** 25000fach

Literatur

Adal MN (1969) The fine structure of the sensory region of cat muscle spindles. J Ultrastruct Res 26:332–354

Banks RV (1986) Observations on the primary sensory ending of tenuissimus muscle spindles in the cat. Cell Tissue Res 246:309–319

Kucera J (1982) A study of sensory innervation to long nuclear chain intrafusal fibers in the cat muscle spindle. Histochemistry 75:113–121

Kucera J (1982) The topography of long nuclear chain intrafusal fibers in the cat muscle spindle. Histochemistry 74:183–197

Kucera J, Hughes R (1983) Histological study of motor innervation to long nuclear chain intrafusal fibers in the muscle spindle of the cat. Cell Tissue Res 288:553–547

Ovalle WK Jr (1972) Motor nerve terminals on rat intrafusal muscle fibers, a correlated light and electron microscopic study. J Anat 111:239–252

Payne CM (1982) A quantitative analysis of leptomeric fibrils in an adriamycin/carnitine chronic mouse model. J Submicrosc Cytol 14:337–345

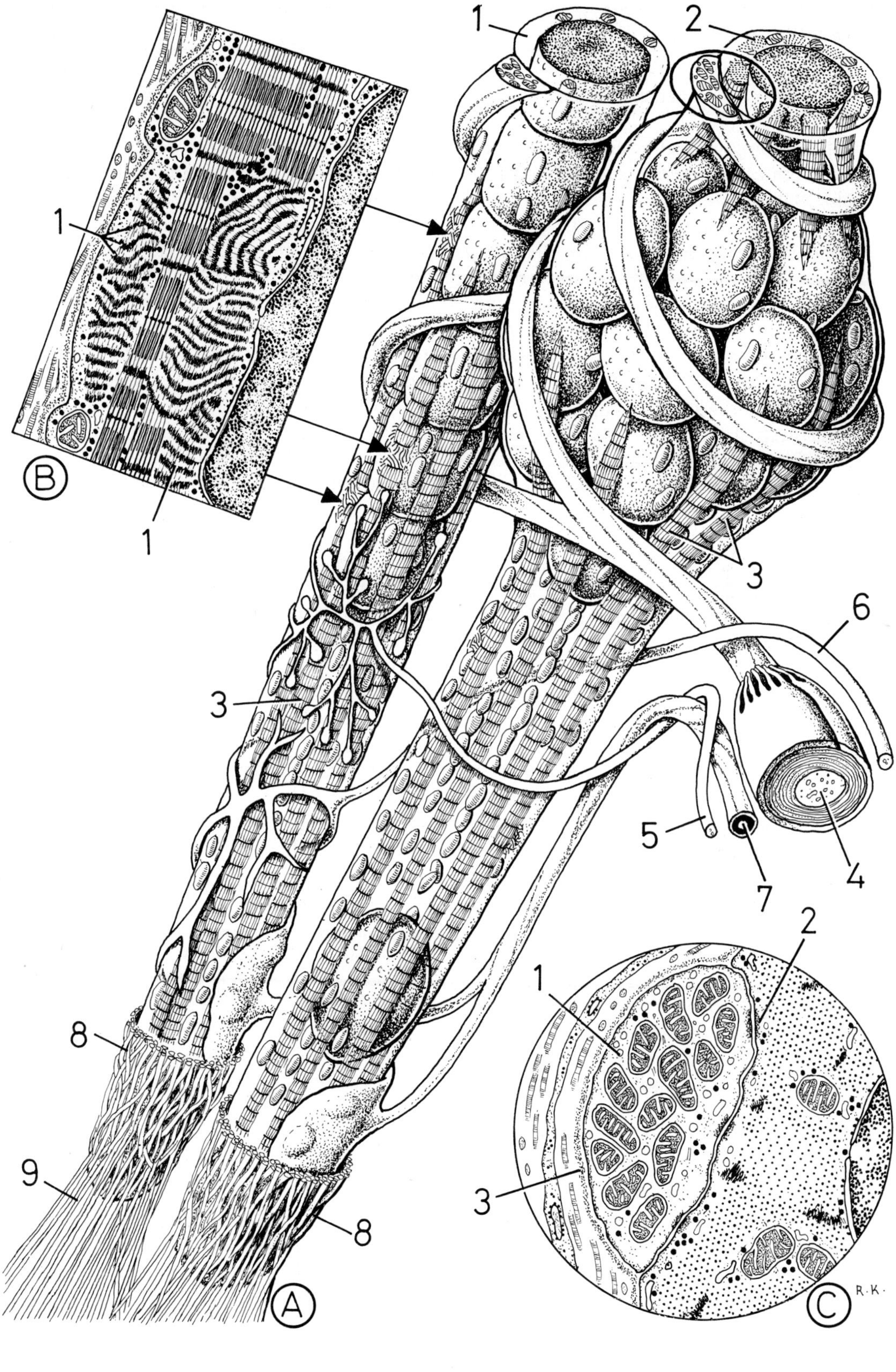

1
2
1
1
B
1
3
3
6
5
7
4
8
9
8
A
2
1
3
C
R.K.

Tafel 184. Endigungen afferenter Nervenfasern. Sehnenspindel oder Golgi-Sehnenorgan

An der Übergangsstelle des Muskels in die Sehne findet man vereinzelte Sehnenspindeln. Nach Metallimprägnierung erkennt man in ihnen eine reiche Verzweigung der sensiblen Nervenfasern (Abb. **A 1**). Im oberen Teil dringen die quergestreiften Skeletmuskelfasern (Abb. **A 2**) in die Spindel ein. Unten geht die lichtmikroskopisch schwer abgrenzbare Kapsel mit ihren Kollagenfasern in die Sehne (Abb. **A 3**) über.

In Zeichnung **B** ist die Kapsel geöffnet, damit man auch das Innere der Sehnenspindel überschauen kann.

Wie im Falle der Muskelspindel ist auch in der Sehnenspindel die lamellär gebaute Kapsel (Abb. **B 1**) eine direkte Fortsetzung des Perineuriums (Abb. **B 2**). Die stark abgeflachten Zellen des perineuralen Epithels (Abb. **B 3**) sind sowohl auf der inneren als auch auf der äußeren Kapseloberfläche zu erkennen.

Das gesamte Golgi-Sehnenorgan ist in ein Filzwerk aus reticulären und kollagenen Mikrofibrillen gehüllt (Abb. **B 4**). Alle faserigen Strukturen setzen sich in die Sehnenfasern (Abb. **B 5**) fort. Andere Sehnenfasern (Abb. **B 6**) umgeben die ganze Spindel.

Durch den Innenraum der Sehnenspindel laufen mehrere, miteinander anastomosierende, aber aufgelockerte Kollagenfasern (Abb. **B 7**). Sie sind nichts anderes als die Fortsetzungen der kollagenfaserigen Hülle der in die Golgi-Organe eindringenden Muskelfasern (Abb. **B 8**).

Die in die Sehnenspindel eintretenden markhaltigen Nervenfasern (Abb. **B 9**) verlieren bald danach die Myelinscheide, aber nicht das Neurolemm. Die reichlichen Axonverzweigungen umwickeln die Kollagenfasern und enden in knotenartigen Verdickungen (Abb. **B 10**).

Die Beziehung zwischen Kollagenfasern und Nervenendigungen ist plastisch in Abb. **C** wiedergegeben (teilweise in Anlehnung an Schoultz and Swett, 1972). Die Kollagenfasern (Abb. **C 1**) drücken sich tief in die Enderweiterungen des Axons (Abb. **C 2**). Man hat den Eindruck, daß die neuronalen Elemente die gesamten Räume zwischen den Kollagenfasern ausfüllen. Die Neuriten sind von Schwann-Zellen (Abb. **C 3**) begleitet.

Die Funktionsweise der Sehnenspindel läßt sich so zusammenfassen: Infolge einer Muskelkontraktion werden die lockeren intrafusalen Kollagenfasern gestreckt. Dadurch kommen sie sich in Pfeilrichtung näher und drücken auf die axonalen Knoten, was eine Reizung der Nervenendigungen bewirkt. Die entstandenen Impulse werden zum Rückenmark geleitet.

Vergrößerungen: Abb. **A** 150fach; Abb. **B** 500fach; Abb. **C** 22000fach

Literatur

Bridgman CF (1968) The structure of tendon organs in the cat: a proposed mechanism for responding to muscle tension. Anat Rec 162:209–220

Bridgman CF (1970) Comparisons in structure of tendon organs in the rat, cat and man. J Comp Neurol 138:369–372

Schoultz TW, Swett JE (1972) The fine structure of the Golgi tendon organ. J Neurocytol 1:1–26

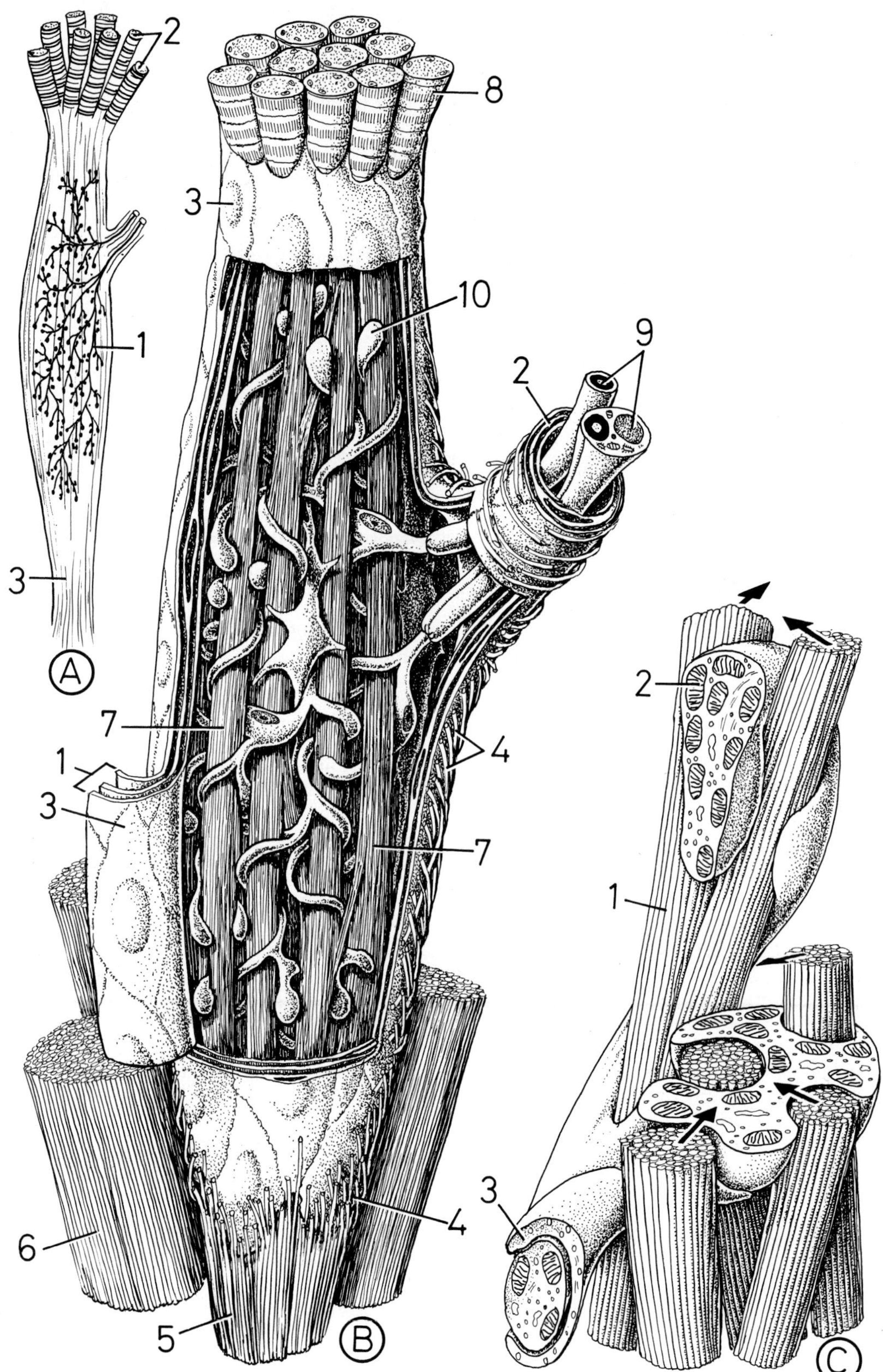

2
8
3
10
9
2
1
3
A
2
7
4
1
3
7
1
6
4
3
5
B
C
R.K.

Tafel 185. Endigungen afferenter Nervenfasern im Epithel- und Bindegewebe

Abbildung **A** gibt einen schematisierten Hautausschnitt wieder, bei welchem auf die detaillierte Darstellung aller anderen Schichten außer der Epidermis (Abb. **A1**) verzichtet wurde.
Die endoepidermalen Nervenendigungen können sowohl frei (Abb. **A2**) als auch an besonderen Zellen (Abb. **A3**) enden. Andere freie Nervenfaserausbreitungen findet man um die Haaarwurzelscheiden (Abb. **A4**) angeordnet.
Im Bindegewebe, unterhalb der Epidermis, liegen eingekapselte Endkörperchen, von welchen in diesem Buche lediglich die Meissner-Tastkörperchen (Abb. **A5**) und die Vater-Pacini-Lamellenkörperchen (Abb. **A6**) dargestellt werden.
Außer Nervenausbreitungen erkennt man auf der Zeichnung noch eine Haarwurzel (Abb. **A7**), ferner Talg- (Abb. **A8**) und Schweißdrüsen (Abb. **A9**) sowie den Musculus arrector des Haares (Abb. **A10**).
Dem umrahmten Ausschnitt entspricht Abb. **B** (teilweise in Anlehnung an Halata, 1975).
Die in die Epidermis eindringenden Nervenendigungen verlieren zunächst ihre Markscheide und beim Durchdringen der Epithelbasallamina (Abb. **B1**) auch ihr Neurolemm. Die Basallaminae der Schwann-Zellen (Abb. **B2**) und der Epidermis gehen ineinander über. Die Axonen liegen in den intracellulären Räumen und erreichen auf ihrem senkrechten Weg durch die Keimschicht fast das Stratum granulosum (Abb. **B3**). Ähnliche endoepitheliale Nervenverzweigungen kommen ebenfalls in der Hornhaut und in verschiedenen Schleimhäuten vor.
Durch die Reizung der freien Nervenendigungen werden sehr wahrscheinlich Schmerz- und Kälteempfindungen vermittelt.
Eine andere Art von endoepithelialen Nervenendigungen, die in der Leisten- und Felderhaut auftreten, sind in Abb. **B** rechts gezeigt.
Zwei Neuriten verlieren ihre Markscheide (Abb. **B4**) und werden auf einer kurzen Strecke nur noch von den Schwann-Zellen (Abb. **B2**) umgeben. In die Epidermis dringen sie scheidenlos ein und verlaufen zu den speziell differenzierten Merkel-Tastzellen (Abb. **B5**). Dort verbreitert sich jede Axonendigung zu einem Tastmeniscus (Abb. **B6**), dem je eine Tastzelle unter Bildung synapsenähnlicher Kontakte (Abb. **B7**) eng anliegt (Merkel-Tastscheibe). Neben mehreren fingerförmigen Ausläufern enthalten die Tastzellen in ihrem Cytoplasma elektronendichte, etwa 100 nm große und von einer Membran umgebene Granula, deren Bedeutung noch unbekannt ist.
Die Merkel-Tastscheiben reagieren auf Druck- und Vibrationsreize, weshalb sie den Mechanoreceptoren zugeordnet werden.

Vergrößerungen: Abb. **A** 70fach; Abb. **B** 1200fach

Literatur

Cauna N, Ross LL (1960) The fine structure of Meissner's touch corpuscles of human fingers. J Biophys Biochem Cytol 8:467–482

Halata Z (1975) The mechanoreceptors of the mammalian skin. Adv Anat Embryol Cell Biol 50(5):1–77

Malinovsky L (1986) Mechanoreceptors and free nerve endings. In: Bereiter-Hahn J, Matoltsy AG, Richards KS (eds) Biology of the integument, vol 2. Vertrebrates. Springer, Berlin Heidelberg New York Tokyo

Nurse CA, Mearow KM, Holmes M, Visheau B, Diamond J (1983) Merkel cell distribution in the epidermis by quinacrine fluorescence. Cell Tissue Res 228:511–524

Pellegrini MS (1972) Richerche ultrastrutturali sulle giunzioni mioneurali nella tunica muscolare de alcuni organi del ratto. Arch Ital Anat Embriol 77:69–81

Saxod R (1980) Development of Merkel corpuscles in the chicken beak. The problem of their origin and identity. Biol Cell 37:61–66

Straile WE (1969) Encapsulated nerve end-organs in the rabbit, mouse, sheep and man. J Comp Neurol 136:317–336

Turner DF (1983) The morphology and distribution of Merkel cells in primate gingival mucosa. Anat Rec 205:197–205

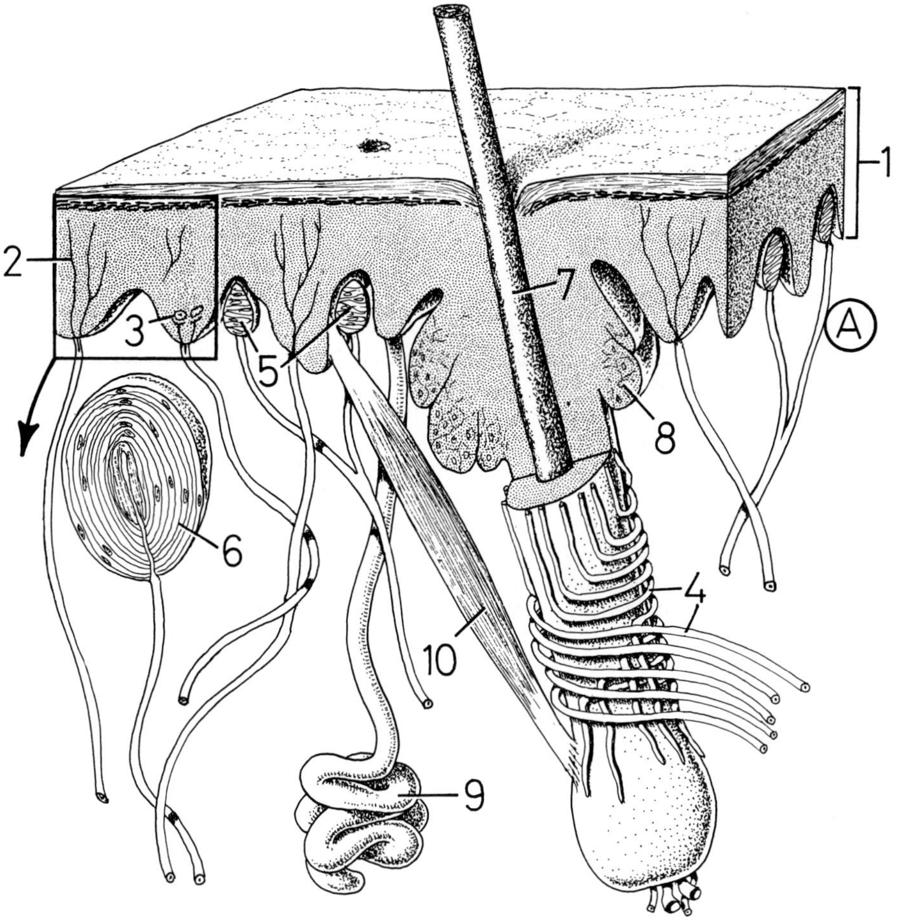
1
2
3
5
7
8
6
4
10
9
A

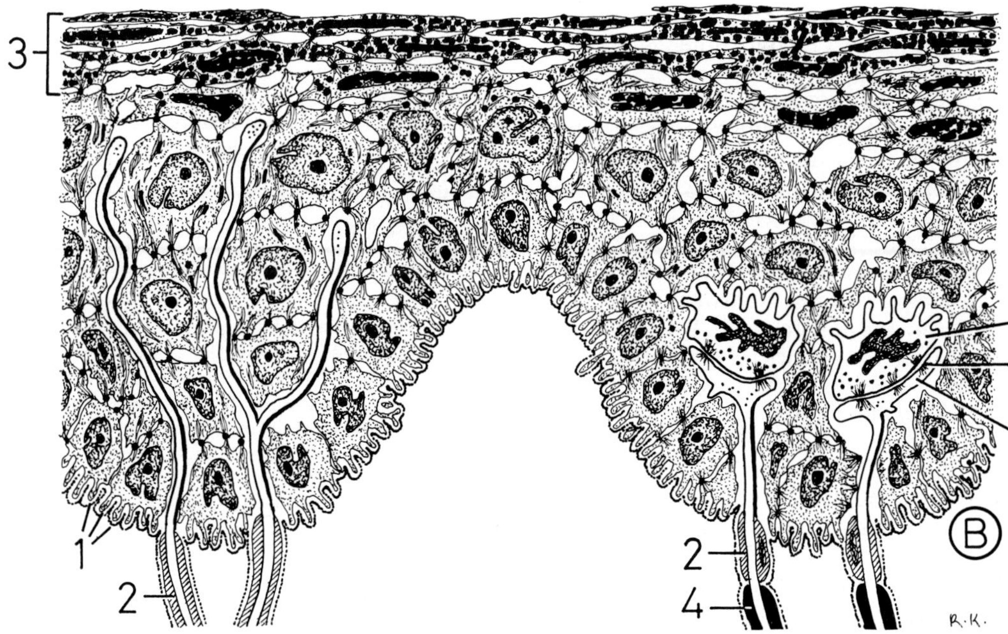
3
5
7
6
1
2
2
4
B
R.K.

Tafel 186. Endigungen afferenter Nervenfasern um die Haarwurzelscheiden (in Anlehnung an ANDRES und DÜHRING, 1973; HALATA, 1975; MUNGER, 1971)

Jede Haarwurzel mit ihren Scheiden ist von mehreren longitudinal angeordneten afferenten Nervenendigungen umgeben.
Auf einem Querschnitt der Haarwurzel unterscheidet man von innen nach außen zunächst die Haarwurzel (Abb. **A1**) und dann die innere (Abb. **A2**) und äußere (Abb. **A3**) epitheliale Wurzelscheide. Zwischen der äußeren epithelialen und der bindegewebigen Scheide (Abb. **A4**) befindet sich eine Basallamina (Abb. **B5**).
In der bindegewebigen Wurzelscheide liegen, der Haarrichtung parallel, mehrere sensible Nervenfasern (Abb. **A6**), deren Basallamina (Abb. **A7**) in die der äußeren epithelialen Wurzelscheide übergeht (s. auch Abb. **B6**).
Die Nervenfasern enden in einem zylindrischen Abschnitt (Abb. **A8**), in dem eine abgeflachte Axonendigung (Abb. **A9**) seitlich von zwei Schwann-Zellen (Abb. **A10**) sandwichartig bedeckt ist. Nur ein schmaler Gürtel des eingepreßten Axons wölbt sich zwischen den beiden Schwann-Zellen vor. Zwischen den Nervenendigungen sieht man einige kollagene Mikrofibrillen (Abb. **A11**) und elastische Fasern (Abb. **A12**) der bindegewebigen Wurzelscheide.
In Abb. **B** ist die „Sandwichpackung" eines Axons im Querschnitt wiedergegeben. Im oberen Teil der Zeichnung erkennt man noch die peripheren Zellabschnitte (Abb. **B1**) der Epithelscheide. Ihre Basallamina (Abb. **B2**) ist durch zahlreiche Halbdesmosomen (Abb. **B3**) an den Zellen befestigt. Die den Neuriten flankierenden Schwann-Zellen (Abb. **B4**) zeichnen sich durch ein helles Cytoplasma und mehrere mikropinocytotische Bläschen aus. Die abgeflachte Axonendigung (Abb. **B5**) enthält auffallend viele Mitochondrien und liegt nur 100–200 nm vom Haarscheidenepithel entfernt.
Eine dreidimensionale Rekonstruktion der sensitiven Nervenendigungen ist in den Abb. **C** u. **D** veranschaulicht.
Im unteren Teil der Abb. **C** endet die vorletzte normal gestaltete Schwann-Zelle (Abb. **C** u. **D1**) mit den schon in Tafel 165 erwähnten cytoplasmatischen Taschen (Abb. **C2**). Sie ist natürlich von der Basallamina umhüllt (Abb. **C** u. **D3**). Die Ursprungslinie des äußeren Mesaxons ist auf Abb. **D4** erkennbar.
Nach dem Austritt aus der vorletzten Schwann-Zelle wird das Axon (Abb. **C** u. **D5**) von den beiden letzten Gliazellen zu einer Art Lanzenspitze modelliert.
In Abb. **D**, wo die Nervenendigung (**5**) teilweise abgeschnitten wurde, sieht man noch die mikropinocytotischen Bläschen (Abb. **D6**) auf der dem Axon zugewandten Oberfläche sowie den Kern (Abb. **D7**) einer Schwann-Zelle.
Jede Bewegung des Haares reizt die Axonendigungen, und die Impulse werden zum Zentralnervensystem geleitet.

Vergrößerungen: Abb. **A** 2500fach;
Abb. **B** 18000fach;
Abb. **C** u. **D** 14000fach

Literatur

Andres KH, Düring M v (1973) Morphology of cutaneous receptors. In: Autrum H, Jung R, Lowenstein WR, MacKay DM, Teuber HL (eds) Handbook of sensory physiology, vol 2. Springer, Berlin Heidelberg New York
Halata Z (1975) The mechanoreceptors of the mammalian skin. Adv Anat Embryol Cell Biol 50(5):1–77
Halata Z, Munger BL (1980) The sensory innervation of primate eyelid. Anat Rec 198:657–670
Munger BL (1971) Patterns of organisation of peripherical sensory receptors. In: Autrum H, Jung R, Loewenstein WR, MacKay DM, Teuber HL (eds) Handbook of sensory physiology, vol 1. Springer, Berlin Heidelberg New York
Tay SSW, Wong WC, Ling EA (1983) An ultrastructural study of small granule-containing cells in the heart of the monkey (Macaca fascicularis). J Anat 136:35–45

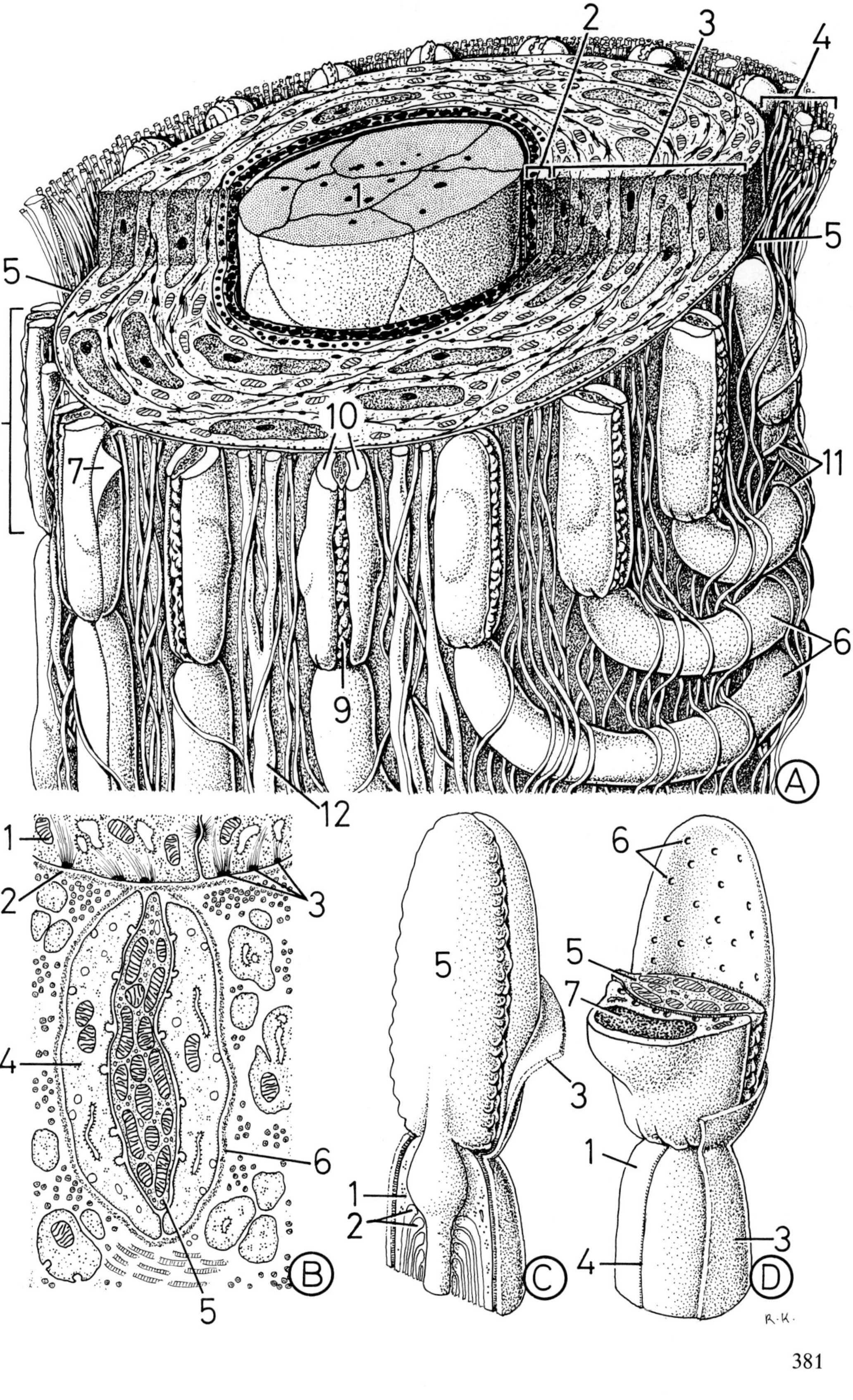
1
2
3
4
5
5
6
7
8
9
10
11
12
A
1
2
3
4
5
6
B
5
3
1
2
C
6
5
7
1
4
3
D
R.K.

Tafel 187. Endigungen afferenter Nervenfasern. Meissner-Tastkörperchen (in Anlehnung an Andres und Dühring, 1973)

Die Meissner-Tastkörperchen gehören zur Gruppe der sog. eingekapselten Endorgane.
Nach Metallimprägnation erscheinen die in der Spitze einer Bindegewebspapille liegenden Körperchen (s. Tafel 185) als eiförmige, 50–150 µm lange und 60 µm breite Gebilde (Abb. **A**). Sie bestehen aus aufeinandergestapelten, z. T. abgeflachten birnenförmigen Kolben- oder Tastzellen (Abb. **A1**), deren Kerne überwiegend an der Peripherie des Körperchens zu sehen sind. Zwischen den Kolbenzellen besteht ein Netzwerk aus marklosen Fasern (Abb. **A2**), die, wenn sie das Körperchen verlassen, markhaltig werden (Abb. **A3**).
Die Meissner-Körperchen sind von einer Kapsel umhüllt (Abb. **A4**). Aus ihr strahlen Kollagenfasern (Abb. **A5**) zu den Basalzellen der Epidermis, und in ihrer Umgebung trifft man immer Blutcapillaren an (Abb. **A6**).
In einer anhand elektronenmikroskopischer Beobachtungen angefertigten Darstellung erscheint das Meissner-Körperchen wie ein Ei im Eierbecher (Abb. **B**). Der ovoiden Struktur entspricht eine größere Anzahl von blattartig abgeflachten Cytoplasmaschichten (Abb. **B1**) der Tastzellen (Abb. **B2**), die gelegentlich als besonders differenzierte Schwann-Zellen betrachtet werden. Bei genauerer Untersuchung stellt man fest, daß aus den peripheren Kernregionen viele Cytoplasmalamellen abgehen, die sich auf eine mehr oder weniger komplizierte Weise mit gleichartigen Fortsätzen gegenüberliegender Kolbenzellen verzahnen.
Die von unten ins Endkörperchen eintretenden markhaltigen Nervenfasern (Abb. **B3**) verlieren ihre Myelinscheide und winden sich in verschlungenen und mehrfach sich aufteilenden Spiralen zwischen den cytoplasmatischen Lamellen (Abb. **B4**) durch. Innerhalb des Körperchens sind die Axonen nur von einer Schwann-Scheide umgeben. Jedes Axon endet mit einer abgeflachten kolbenartigen Verdickung (Abb. **B5**), die mit den Tastzellen synapsenartige Kontakte bilden kann.
Die mit einem Pfeil gekennzeichnete quergeschnittene Nervenfaser ist in Abb. **C** räumlich dargestellt.
Ein mitochondrienreiches Axon (Abb. **C1**) wird von abgeflachten Schwann-Zellen (Abb. **C2**) umfaßt. Das Ganze ist von einer Basallamina umhüllt (Abb. **C3**).
Die Tastzellen befinden sich in einer unvollkommenen Kapsel (Abb. **B6**), die zum Perineurium gehört. Wie alle anderen bisher beschriebenen perineuralen Hüllen ist auch die vorliegende aus mehreren Schichten von Perineuralepithelzellen aufgebaut. Der Raum zwischen den Kolbenzellen und der Kapsel ist nur aus didaktischen Gründen wesentlich breiter gezeichnet, als er in Wirklichkeit ist.
Viele kollagene Mikrofibrillen und Fasern (Abb. **B7**) verbinden die Tast- und Kapselzellen mit den Wurzelfüßchen der basalen Epithelzellen. So erscheint das Meissner-Körperchen wie am Epithel hängend. Diese Verbindungen des Endkörperchens mit der Epidermis sind von Bedeutung für seine Funktion. Jede Deformation der Epidermis durch einen auf sie ausgeübten Druck überträgt sich auf die Meissner-Körperchen. Da sie besonders zahlreich an den Fingern und Zehenspitzen auftreten, vermutet man, daß sie für die Tast- und Druckempfindung verantwortlich sind.

Vergrößerungen: Abb. **A** 800fach; Abb. **B** 3500fach; Abb. **C** 15000fach

Literatur

Castano P, Ventura RG (1979) The Meissner's corpuscle of the green monkey (Cercopithecus aethiops L.): II. The connective tissue component. Some considerations from a functional standpoint. J Submicrosc Cytol 11:185–191

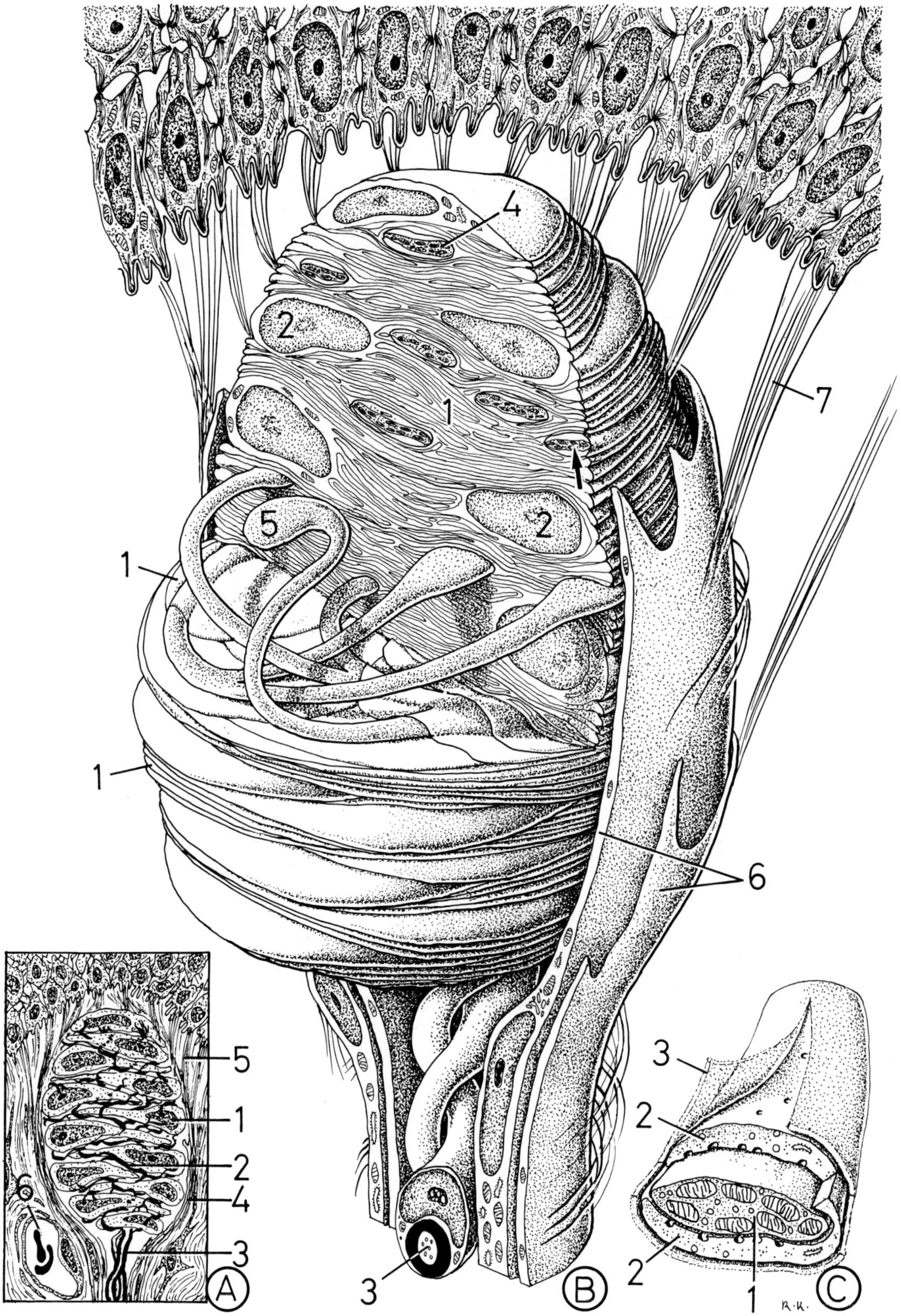
4
2
1
2
5
1
1
7
6
3
B
5
1
2
4
6
3
A
3
2
2
1
C

Tafel 188. Endigungen afferenter Nervenfasern. Vater-Pacini-Körperchen

Die Vater-Pacini-Lamellenkörperchen sind die größten aller eingekapselten Nervenendigungen. Sie können eine Länge von 3–4 mm und eine Dicke von 2 mm erreichen. Man findet sie in verschiedenen inneren Organen und in der Subcutis der Haut. Besonders häufig kommen Lamellenkörperchen in der Haut der Fingerbeeren und des Handtellers vor. Eine größere Anzahl wurde auch entlang der arteriovenösen Anastomosen festgestellt.

Lichtmikroskopisch unterscheidet man an quergeschnittenen Endkörperchen zunächst eine Kapsel (Abb. **A 1**) und dann eine zwiebelschalenartig gestaltete Lamellenschicht (Abb. **A 2**). Im Zentrum liegt der Innenkolben (Abb. **A 3**) mit dem Axon.

In einer aufgrund ultrastruktureller Analysen gezeichneten Darstellung erkennt man die lamelläre Struktur der Kapsel (Abb. **B 1**), der außen Blutcapillaren (Abb. **B 2**) und Bindegewebsfasern eng anliegen.

Die Lamellenschicht ist aus einer zwischen 10 und 60 variierenden Zahl gegeneinander abgedichteter dünner, zirkulärer Zellschalen (Abb. **B 3**) gebaut. Die zwischen den Zellschichten vorkommenden flüssigkeitsgefüllten Räume enthalten außer kollagenen Mikrofibrillen (Abb. **B 4**) noch vereinzelte Capillaren (Abb. **B 5**).

Die Kapsel und die Lamellen sind nichts anderes als die direkte Fortsetzung des Perineuriums (Abb. **B 6**), mit dem einzigen Unterschied, daß im Perineurium eines Nervs die Räume zwischen den Epithelzellen außerordentlich eng sind (s. Tafel 176).

Rechts im Bild sieht man den Eintritt einer Nervenfaser (Abb. **B 7**) und zweier Capillaren (Abb. **B 8**) in das Lamellenkörperchen. In dieser Gegend verliert das Axon (Abb. **B 9**) seine Myelinscheide (Abb. **B 10**), wird aber von den Schwann-Zellen weiterbegleitet, die ihrerseits den Innenkolben (Abb. **B 11**) bilden. Nur der in ihm gelegene Teil des Neuriten hat receptorische Eigenschaften. Das Axon, das gelegentlich kleine laterale Knospen bilden kann, endet mit einer knotenartigen Verdickung (Abb. **B 12**).

Um den kompliziert gestalteten Innenkolben näher zu erklären, wird der zusätzliche vereinfachte Querschnitt gegeben (Abb. **C**).

Der Innenkolben ist aus zwei symmetrischen Anhäufungen dicht ineinandergreifender Halblamellen (Abb. **C 1**) gebaut. Sie sind durch einen radiär verlaufenden Spalt (Abb. **C 2**) streckenweise voneinander getrennt. Im Zentrum des Innenkolbens liegt der empfindliche Axonabschnitt (Abb. **C 3**).

Jede durch Druck verursachte Deformation des Vater-Pacini-Körperchens überträgt sich durch die mit Flüssigkeit gefüllten Räume zwischen den perineuralen Epithelschalen und erregt die marklose Axonstrecke im Innenkolben.

Die Fähigkeit der Vater-Pacini-Körperchen, auf Druck zu reagieren, erklärt ihr Vorkommen nicht nur in der Haut, sondern auch in der Umgebung der arteriovenösen Anastomosen, wo sie eine blutdruckregulierende Funktion haben sollen. Außer durch Druck werden die Vater-Pacini-Endorgane auch durch Vibrationen gereizt.

Vergrößerungen: Abb. **A** 70fach; Abb. **B** 1200fach; Abb. **C** 1700fach

Literatur

Ide C, Saito T (1980) Electron microscopic histochemistry of cholinesterase activity of Vater-Pacini corpuscle. Acta Histochem Cytochem 13:298–305

Ide C, Nitatori T, Munger BL (1987) The cytology of human pacinian corpuscles: evidence for sprouting of the central axon. Arch Histol Jpn 50:363–383

Malinovsky L (1986) Mechanoreceptors and free nerve endings. In: Bereiter-Hahn J, Matoltsy AG, Richards KS (eds) Biology of the integument, vol 2. Vertebrates. Springer, Berlin Heidelberg New York Tokyo

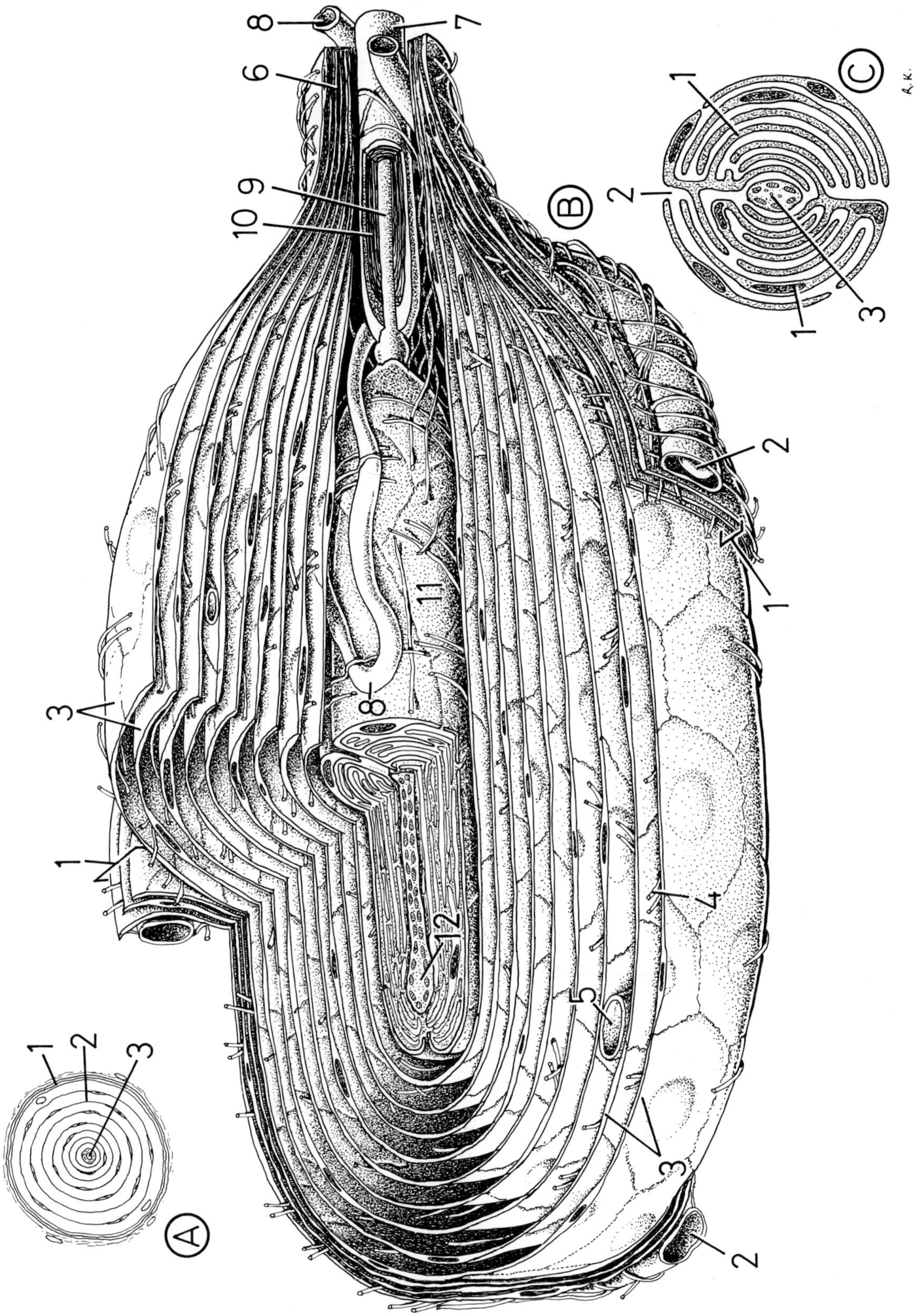
A
B
C
1
2
3
4
5
6
7
8
9
10
11
12

Tafel 189. Sympathischer Grenzstrang. Lichtmikroskopisches Aussehen der vegetativen Nervenzellen

Eine schematische Darstellung der Verbindungen des Rückenmarks mit den sympathischen Ganglien wurde bereits in Tafel 170 gegeben.

Von den Grenzstrangganglien (Abb. **A 1**) gehen Äste zu den prävertebralen Ganglien (Abb. **A 2**) ab. Der horizontale Schnitt eines prävertebralen Ganglions (Pfeil) ist in Abb. **B** gezeichnet.

Wie alle anderen Teile des peripheren Nervensystems sind die sympathischen Ganglien und ihre Abzweigungen in eine Kapsel gehüllt (Abb. **B 1**), die außen durch ein überwiegend kollagenes Faserwerk verstärkt wird. Im Innern des Ganglions überwiegt ein gut entwickeltes Endoneurium (Abb. **B 2**), welches die Nervenzellen zu kleineren Anhäufungen (Abb. **B 3**) gruppiert. An der Peripherie des Ganglions sieht man einige Rami communicantes (Abb. **B 4**).

Die beiden umrahmten Ausschnitte aus dem Ganglion sind in den Abb. **C** u. **D** nachvergrößert.

In routinemäßig gefärbten Schnitten (Abb. **C**) unterscheidet man die Kapsel (Abb. **C** u. **D 1**) und im Innern des Ganglions das gefäßreiche Endoneurium (Abb. **C** u. **D 2**) mit vielen markhaltigen und marklosen Nervenfasern. Die spindelförmigen oder polygonalen Sympathicuszellen (Abb. **C** u. **D 3**) sind kleiner als die Spinalganglienzellen. Ihre Kerne sind kugelig und chromatinarm, enthalten aber ein bis zwei relativ große Nucleoli.

Außer der Nissl-Substanz findet man in den Ganglienzellen, häufiger als in den Spinalganglienzellen, Lipofuscinkörnchen. Ein weniger regelmäßiger Belag von Satellitenzellen (Abb. **C 4**) trennt die Nervenzellen vom Endoneurium.

Nach einer Silberimprägnation (Abb. **D**) kann man die genaue Form der sympathischen Ganglienzellen erkennen und feststellen, daß es sich um multipolare Nervenzellen handelt. Im Innern des Zellkörpers werden viele Neurofibrillen (Abb. **D 4**) dargestellt. Dendriten und Axonen der multipolaren Nervenzellen kann man nur schwer unterscheiden. Einige Beobachtungen sprechen dafür, daß die sympathischen Ganglienzellen möglicherweise sogar mehrere Neuriten haben. Die Zellfortsätze bilden in der Nähe des Perikaryons mehr oder weniger dichte Geflechte und Knäuel. Außerdem beobachtet man im Endoneurium viele mit den Ganglienzellen in synaptischen Kontakt kommende Nervenfasern (Abb. **D 5**). Die Mantelzellen treten nach Silberimprägnation weniger deutlich in Erscheinung.

Vergrößerung: Abb. **B** 20fach;
Abb. **C** u. **D** 350fach

Literatur

Brooks CMC (1983) Newer concepts of the autonomic system's role derived from reductionist and behavioral studies of various animal species. J Auton Nerv Syst 7:199–212

Grillo MA (1966) Electron microscopy of sympathetic tissues. Pharmacol Rev 18:387–399

Sulkin DF, Sulkin NM, Rothrock ML (1968) Fine structure of autonomicganglia in recovery following experimental scurvy. Lab Invest 19:55–66

Zypen E Van der (1967) Elektronenmikroskopische Befunde an der Endausbreitung des vegetativen Nervensystems und ihre Deutung. Acta Anat (Basel) 67:481–515

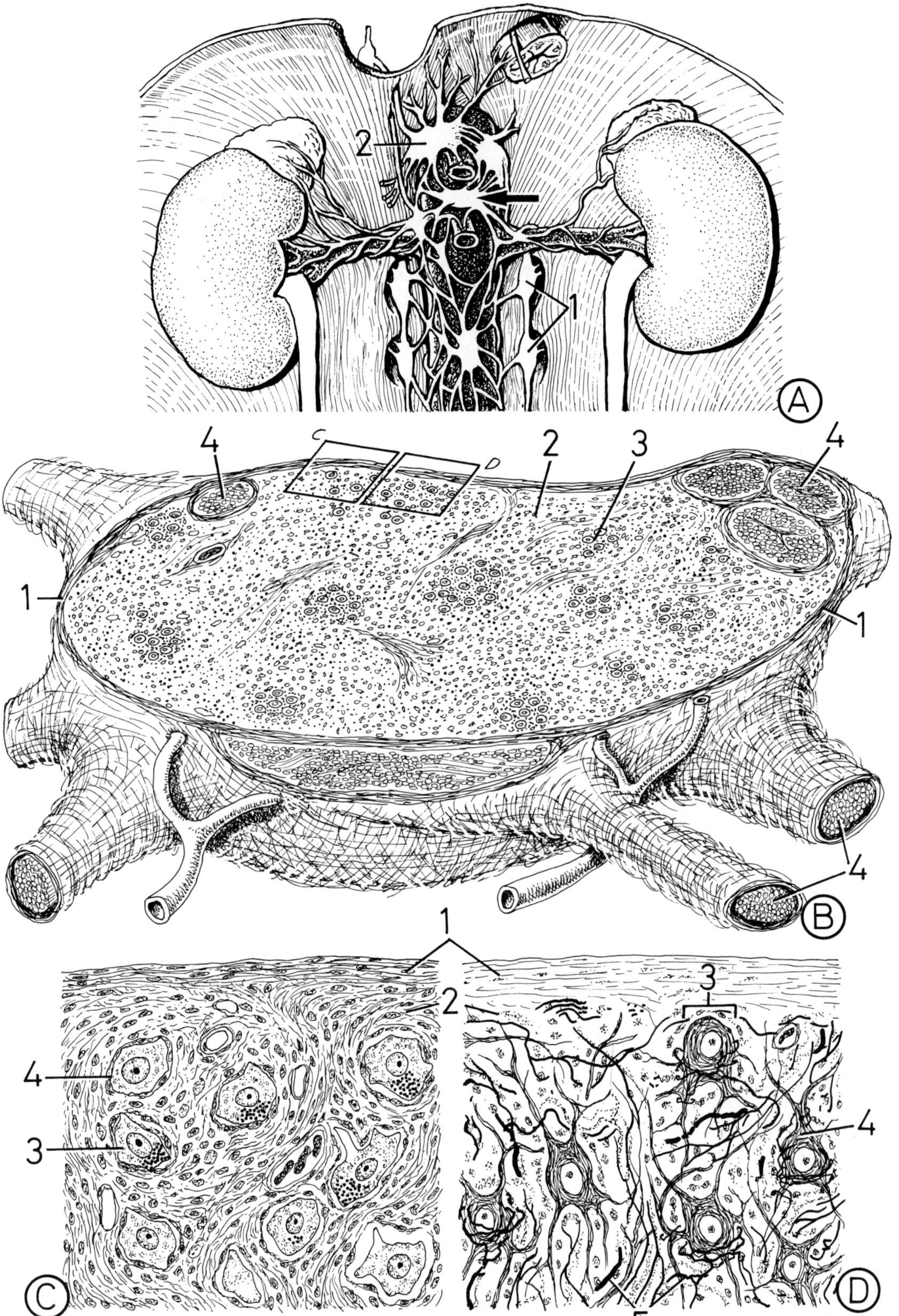

2
1
A
4
C
D
2
3
4
1
1
4
4
B
1
2
4
3
3
4
C
5
D
R.K.

Tafel 190. Sympathischer Grenzstrang. Multipolare vegetative Ganglienzelle

Im sternförmigen Körper einer vegetativen Nervenzelle befindet sich ein großer Kern mit gut ausgebildetem Nucleolus. Gelegentlich werden auch mehrkernige vegetative Nervenzellen gefunden.

Die Nissl-Substanz (**1**), als auffälligstes Element des Neuroplasmas, ist in den vegetativen Zellen sehr gut entwickelt und breitet sich auch in die Dendriten aus (**2**). Sie fehlt lediglich im Ursprungskegel (**3**) des Axons.

Der Golgi-Apparat ist verschieden stark entwickelt. In seiner Umgebung erscheinen dichte Granula und Vesikel. Die vegetativen Nervenzellen enthalten außerdem zahlreiche Mitochondrien. Bei älteren Individuen treten Lipofuscingranula auf.

Einige noch nicht genügend gut begründete Angaben sprechen dafür, daß sich die vegetativen Nervenzellen sogar noch nach der Geburt teilen können. Doch sind in den vegetativen Ganglienzellen bis jetzt keine Centriolen nachgewiesen. Die Neurotubuli und Neurofilamente ziehen in verschiedenen Richtungen durch das Cytoplasma.

Vom Perikaryon gehen mehrere Fortsätze ab. An den Dendriten liegen synaptische Endknöpfe (**4**) anderer vegetativer, entweder nackter (**5**) oder von einer Schwann-Scheide (**6**) begleiteter Axonen. Es gibt natürlich auch axo-axonale Synapsen (**7**).

Von außen umhüllen mehrere Satellitenzellen (**8**) das Perikaryon und z. T. auch den Anfang der Dendriten. Je mehr man sich von den Grenzstrangganglien entfernt, desto weniger Mantelzellen umgeben eine vegetative Nervenzelle. Doch scheint der Amphicytenüberzug in den Grenzstrangganglien fast lückenlos zu sein, wie in der vorliegenden Zelle, während die intramuralen Ganglienzellen nur von einer Endoneuralscheide umgeben sind. Zwischen den Mantel- und Nervenzellen gibt es keine Basallamina; manchmal aber überdecken die Satellitenzellen die axosomatischen Synapsen (**9**). Die Basallamina (**10**) der Amphicyten setzt sich in die der Schwann-Zellen (**11**) fort. In der Nähe der vegetativen Nervenzellen verlaufen im Endoneurium zahlreiche vegetative Nervenfasern (**12**).

Morphologisch kann man die vegetativen Nervenzellen des Sympathicus und des Parasympathicus nicht unterscheiden (s. Tafeln 119, 120 in Krstić, R. V.: Ultrastruktur der Säugetierzelle).

Vergrößerung: 10 000fach

Literatur

Baluk P (1986) Scanning electron microscopic studies of bullfrog sympathetic neurons exposed by enzymatic removal of connective tissue elements and satellite cells. J Neurocytol 15:85–95

Chang PL, Taylor JJ, Wozniak W, Young PA (1976) An ultrastructural study of sympathetic ganglion satellite cells in the rat: II. Effect of preganglionic sympathectomy. J Neural Transm 38:43–47

Lemos C De, Pick J (1966) The fine structure of thoracic sympathetic neurons in the adult rat. Z Zellforsch 71:189–206

Eränkö O, Soinila S, Päivärinta H (eds) (1980) Histochemistry and cell biology of autonomic neurons, SIF cells, and paraneurons. Advances in biochemistry and psychopharmacology, vol 25. Raven, New York

Forssmann WG (1964) Studien über den Feinbau des Ganglion cervicale superius der Ratte. Acta Anat (Basel) 59:106–140

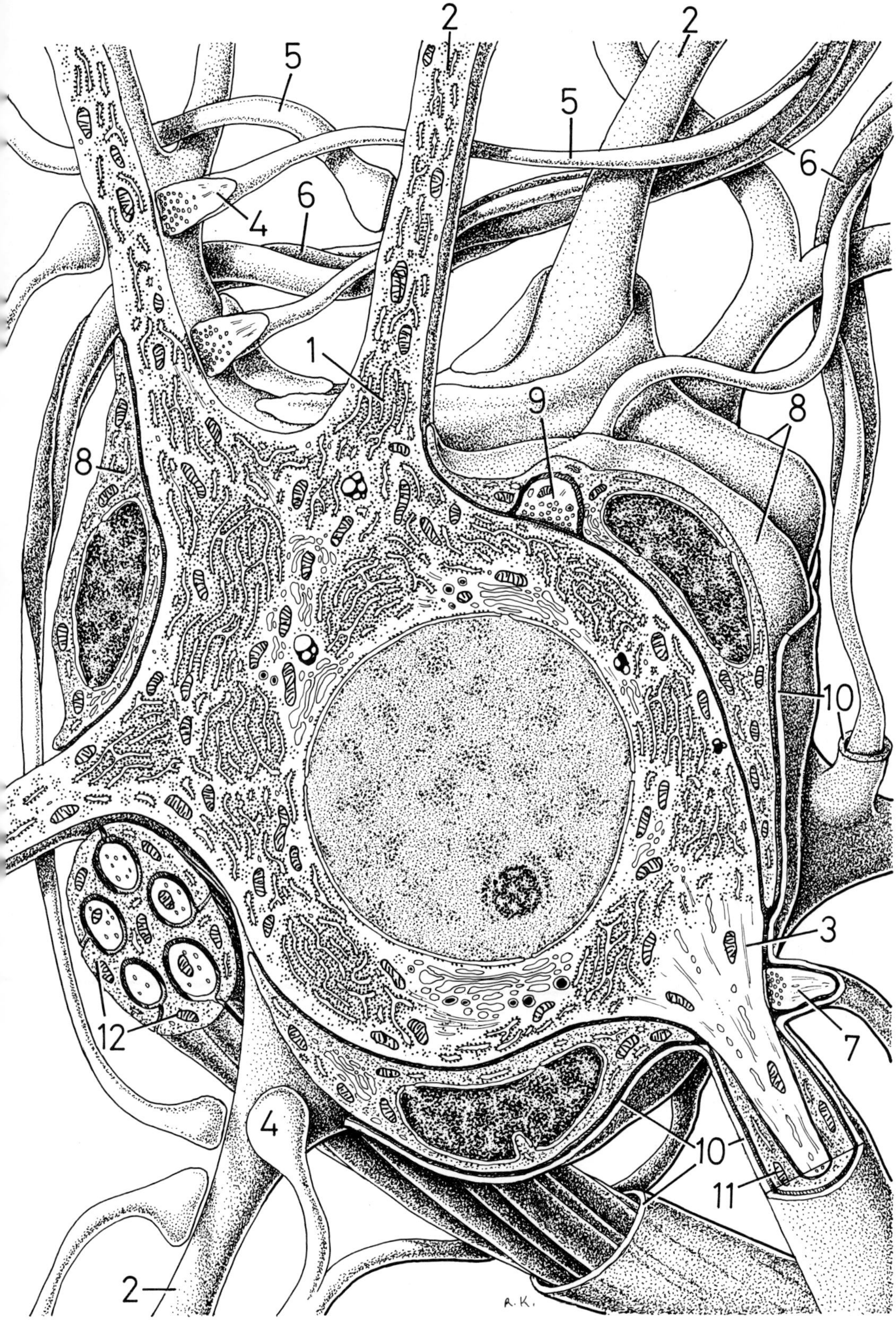

2
2
5
5
6
4
6
6
1
9
8
8
10
3
7
12
4
10
11
2
R.K.

Allgemeine Literatur

Alberts B, Bray D, Lewis J, Raff M, Roberts K, Watson JD (1983) Molecular biology of the cell. Garland, New York
Allen JM (ed) (1967) Molecular organization and biological function. Harper and Row, New York
Babel J, Bischoff A, Spoendlin H (1970) Ultrastructure of the peripheral nervous system and sense organs. Thieme, Stuttgart
Bargmann W (1977) Histologie und mikroskopische Anatomie des Menschen, 7th edn. Thieme, Stuttgart
Bielka H (ed) (1969) Molekulare Biologie der Zelle. VEB Fischer, Jena
Bloom W, Fawcett DW (1986) A textbook of histology, 11th edn. Saunders, Philadelphia
Breatnach AS (1971) An atlas of the ultrastructure of human skin. Churchill, London
Bucher O (1980) Cytologie, Histologie und mikroskopische Anatomie des Menschen, 10th edn. Huber, Bern
Carr KE, Toner PG (1982) Cell structure. An introduction to biomedical electron microscopy. 3rd edn. Churchill Livingstone, Edinburgh
Constantinides P (1974) Functional electronic histology. Elsevier, Amsterdam
DeRobertis EDP, Nowinski WW, Saez FA (1975) Cell biology, 5th edn. Saunders, Philadelphia
Ebe T, Kobayashi S (1972) Fine structure of human cells and tissues. Igaku Shoin, Tokyo
Fawcett DW (1981) The cell, 2nd edn. Saunders, Philadelphia
Freeman WH, Bracegirdle B (1969) An atlas of histology. Heinemann, London
Fujita T, Tanaka K, Tokunaga J (1981) SEM atlas of cells and tissues. Igaku-Shoin, Tokyo
Ham AW, Cormack DH (1979) Histology, 8th edn. Lippincott, Philadelphia
Hamilton WJ, Boyd JD, Mossman HW (1972) Human embryology, 4th edn. Hefer, Cambridge; Williams and Wilkins, Baltimore
Hirsch GC, Ruska H, Sitte P (eds) (1973) Grundlagen der Cytologie. VEB Fischer, Jena
Ganong WF (1981) Review of medical physiology, 10th edn. Lane Medical, Los Altos
Junqueira LC, Carneiro J (1980) Basic histology, 3rd edn. Lange Medical, Los Altos
Kessel RG, Kadon RH (1979) Tissue and organs: a text-atlas of scanning electron microscopy. Freeman, San Francisco
Krstić RV (1979) Ultrastructure of the mammalian cell. An atlas. Springer, Berlin
Krstić RV (1984) Illustrated encyclopedia of human histology. Springer, Berlin
Laguens RP, Gómez Dumm CLA (1969) Atlas of human electron microscopy. Mosby, St. Louis
Lentz TL (1971) Cell fine structure. An atlas of drawings of whole-cell stucture. Saunders, Philadelphia
Leonhardt H (1985) Histologie und Cytologie des Menschen, 7th edn. Thieme, Stuttgart
Maillet M (1975) Abrégé de cytologie. Masson, Paris
Maillet M (1976) Les épithéliums de revêtement. Vigot Frères, Paris
Maillet M (1976) Le tissu musculaire. Vigot Frères, Paris
Maillet M (1977) Les épithéliums glandulaires. Vigot Frères, Paris
Maillet M (1977) Le tissu nerveux. Vigot Frères, Paris
Matthews JL, Martin JH (1971) Atlas of human histology and ultrastructure. Lea and Febiger, Philadelphia
Metzner H (ed) Die Zelle. Struktur und Funktion. Wissenschaftliche Verlagsgesellschaft, Stuttgart
Motta P (1984) Anatomia microscopica. Atlante di microscopia ottica ed elettronica, 3rd edn. Piccin, Padova
Motta P, Andrews PM, Porter KR (1977) Microanatomy of cell and tissue surfaces: An atlas of scanning electron microscopy. Lea and Febiger, Philadelphia
Orci L, Perrelet A (1975) Freeze-etch histology. A comparison between thin sections and freeze-etch replicas. Springer, Berlin
Reale E (1973) Elektronenmikroskopie der Zellen und Gewebe. Fischer, Stuttgart
Rhodin JAG (1974) Histology. A text and atlas. Oxford University Press, London
Sandborn EB (1970) Cells and tissus by light and electron microscopy. Vols I and II. Academic, New York
Schade JP (1971) Die Funktion des Nervensystems. Fischer, Stuttgart
Schiebler TH, Peiper U (1984) Histologie. Nach der amerikanischen Ausgabe von Junqueira LC und Carneiro. Springer, Berlin
Weiss L (ed) (1983) Cell and tissue biology, 5th edn. Macmillan, New York
Wheater PR, Burkitt HG, Daniels VG (1979) Functional histology. Churchill Livingstone, Edinburgh

Sachverzeichnis

Alle Ziffern entsprechen der Tafelnumerierung. Ziffern in halbfett weisen auf die Hauptbehandlung des Stoffes hin. In diesem Atlas wurde C-Schreibung angewandt. Stichwörter, die unter C nicht gefunden werden können, sind unter K bzw. Z nachzusehen.